목조주택

하나부터 열까지

따라하기

목조주택
하나부터 열까지
따라하기

지 은 이 | 강산택/나무집협동조합
펴 낸 이 | 김원중

편   집 | 심성경, 송보경
디 자 인 | 박선경, 안은희
제   작 | 허석기
관   리 | 차정심
마 케 팅 | 박혜경

초판인쇄 | 2014년 03월 20일
개정 4 쇄 | 2016년 02월 22일

출판등록 | 제313-2007-000172 (2007.08.29)

펴 낸 곳 | 상상예찬(주)
            도서출판 상상나무
주   소 | 경기도 고양시 덕양구 행주산성로 5-10(행주내동)
전   화 | (031) 973-5191
팩   스 | (031) 973-5020
홈페이지 | http://smbooks.com

ISBN   978-89-93484-99-1(13540)

값 35,000원

목/조/주/택/시/공 실/무/지/침/서

목조주택
하나부터 열까지
따라하기

강산택 지음/나무집협동조합

상상나무

우리나라는 주택의 90%가 아파트로 콘크리트 주택이고 목조주택은 2% 정도로 연간 1만여 채 정도 지어지고 있습니다. 그에 반해 선진국의 경우는 90% 이상이 목조주택입니다. 아직은 걸음마 단계인 국내 목조주택 시장에서 우리나라 실정에 맞추어진 시공 이론과 실무가 많이 부족한 게 현실이며 국내의 목조건축 관련 자료 서적은 외국 기술서적의 번역판이나 참고 도서에 한정되어 국내의 시공 환경과 상당 부분 어긋나 있는 것이 사실입니다.

저자는 나무집사랑모임이라는 목수들의 조직을 통하여, 수년간에 걸친 목수의 기본 교육과 시공 경험을 바탕으로 목수들이 집을 짓는 데 있어 필요한 기본개념과 이해를 위한 교재를 발간하게 되었으며 어느덧 4판째 발행을 하게 되었습니다.

본 책은 기초부터 골조, 마감까지 목조주택에 대한 기본원리를 이해하는 데 중점을 두었고 목조주택의 구조 개념을 파악할 수 있도록 주택 구조학 개론까지 첨가하여 시공현장에서의 적용이 편이하게 책을 구성하였습니다.

집을 짓는 목수는 물론이고 건축주도 제대로 된 집을 짓기 위해서 반드시 알아야 할 기초 원리에 대한 설명을 주로 하였으며 특히 목조주택의 가장 커다란 장점인 주택 단열과 주택 결로에 대한 쉬운 이해를 통하여 적은 건축비로 고단열 저에너지 주택을 지을 수 있게 하였습니다.

꾸준히 발전하는 시공방법, 주택 자재의 새로운 발견과 개발 등에 맞춰서 미흡한 부분은 조금씩 보완해 국내 실정에 적합한 교재를 만들기 위해 부단한 노력을 계속해서 이어가겠습니다.

이 책의 집필에 도움을 주신 사단법인 목조건축기술협회 김진희 명예회장, 목조건축교육원 김화룡 원장, 박준용 대표, 이상주 대표에게 감사의 인사를 드립니다.

끝으로 출판에 도움을 주신 상상나무 김원중 대표와 관계자 여러분들의 많은 노고에 감사드립니다.

2016년 2월 새해를 맞이하면서

지은이 강 산 택

나무집사랑모임 대표목수 / 나무집협동조합 대표목수

CHAPTER 3

목조주택의 구조 개론

CHAPTER 6

목조주택의 벽체 골조

CHAPTER 8

목조주택의 계단

CHAPTER 9

목조주택의 창호와 문

CHAPTER 10

목조주택의 외벽 마감

차 례

CHAPTER 14

목조주택의 결로

목조주택의
준비 단계

목조주택의
준비 단계

1. 경골목구조 (Light-Frame Wood Structure)

1830년 미국 시카고에서 엔지니어이면서 목재상 주인이 원목을 균일한 소단면 각재로 제재하여 시공이 간편하고 저렴하게 대량 공급하는 방법으로 경골목구조를 개발하였다.

(1) 가변성과 응용성: 증축, 구조 변경 등이 쉽다.

(2) 에너지 효율 및 내화성: 단위 건축자재 생산과정의 소요 에너지가 가장 낮고 친환경 재료이며 재활용이 가능한 재료이다.

(3) 경제성: 시공 과정의 단순화와 공시 기간의 단축으로 인건비가 절감된다.

(4) 흡음성: 목조주택은 콘크리트, 흙, 벽돌, 스티로폼 등에 비하여 실온변동비가 적고 흡음률이 높아서 실내의 음이 울리지 않고 빨리 줄어들며 잔향 시간이 짧은 특징이 있다.

2. 목조주택 포인트 (POINT)

(1) 반지하 공간(Crawl Space): 건물의 기초 바닥 깊이만큼의 공간으로 온도의 변화가 거의 없어 여름에는 자연냉장고의 역할을 하며, 집의 설비 배관과 배선을 반지하 공간에 두게 되기 때문에 관리가 쉽다. 창고나 세탁실 등으로 활용도 가능하다.

(2) 환기(Ventilation): 단열을 위해 확실한 기밀 시공을 한 집에서는 열회수교환장치

등의 환기시설이 반드시 필요하며, 목조주택의 특성상 외벽과 지붕의 환기 장치의
중요성이 강조되어야 한다.

(3) 세틀 다운(Settle Down) 현상: 목조주택의 하중과 습도, 온도차 등으로 목재가 자
리를 잡으면서 가라앉는 현상을 잘 이해해야 한다. 특히 플레이트 부재의 수축은
1개 층에 최소 12mm(1/2″) 이상의 수축을 가져온다.

(4) 단열(Heat Insulation): 주택의 단열 성능을 좌우하는 것은 단열재와 기밀 시공이
다. 단열재의 역할은 결로방지, 습기조절, 흡음효과 등이 있다. 목조주택에서 유리
섬유로 시공하는 경우 섬유 사이의 공기층을 확보할 수 있도록 여유 있게 시공한
다(특히 틈새 메꿈 시 빡빡하게 시공하지 않는 것이 중요).

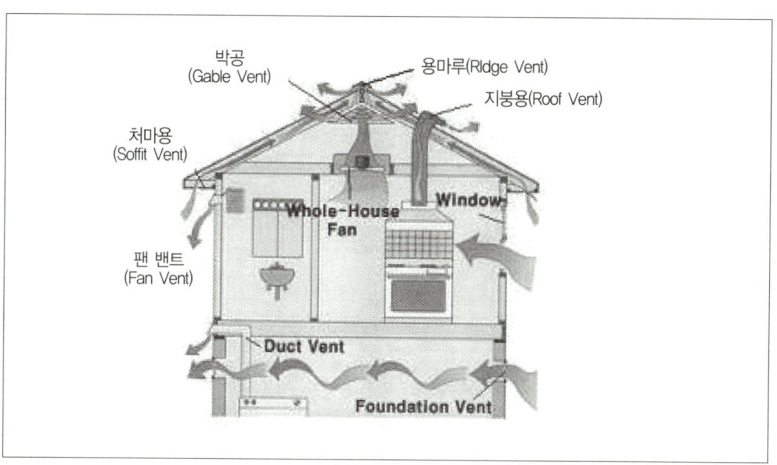

3. 목조주택의 시공방식

(1) 기둥보 구조(Post&Beam): 기둥보 구조는 가장 오래된 목구조 방식 중 하나로 큰
단면의 부재 사용으로 지간 거리를 늘릴 수 있어 자재 및 인력을 줄일 수 있다.
또한, 노출되는 목재의 자연스러운 질감을 살릴 수 있고 기둥 사이는 비내력벽이
므로 대규모의 개구부나 외부 조망을 위한 대형창을 만들 수 있는 장점이 있다.

(2) 벌룬 구조(Balloon Construction): 길이가 긴 스터드를 사용하여 하부층과 상부
층의 공간을 개방할 경우에 많이 사용하며 벽체와 바닥의 결합방식으로 화염 진
행 차단의 방화막 기능이 취약한 단점이 있다.

(3) 플랫폼 구조(Platform Construction): 층마다 평탄한 플랫폼 위에서 작업하게 되
고, 구조의 부재 길이가 짧아지고 가벼워서 작업이 쉽다.

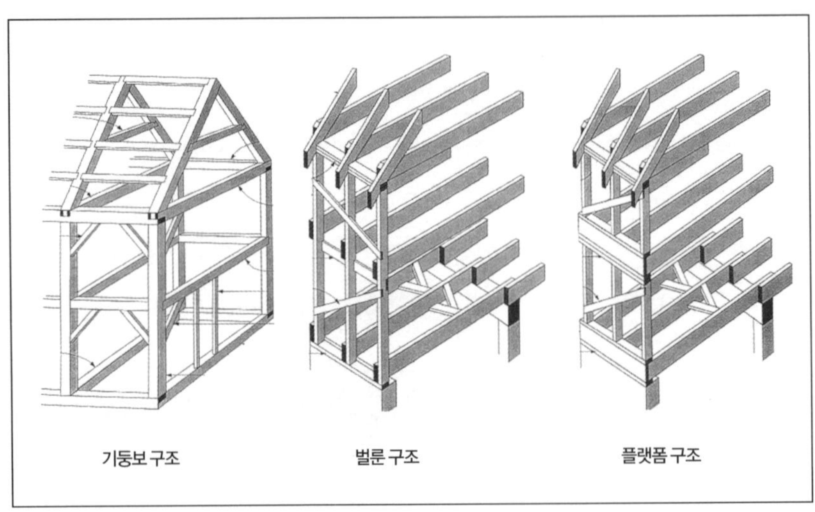

팀버 프레임

4. 목조건축구조 설계기준

국토해양부 고시(제2009-833호) 건축설계기준 제8장 0806 목구조에 규정된 단독주택에 적용되는 법규이다.

(1) 아래 표의 범주 내에서 주택을 설계, 시공할 경우 적용한다.

(2) 건축구조설계기준 제8장 0806은 목조주택에 바람과 지진 등 횡 방향 하중에 저항할 수 있도록 내력벽의 설치를 규정한다.

(3) 건축구조설계기준 제8장 0806에 따르지 않는 목조건축물은 건축구조기준 제8장에 따른 구조계산을 하여야 한다.

(4) 건축구조설계기준 제8장 0806은 목조건축물의 방화 설계에 대한 성능 기준과 규범적인 기준을 규정하고 있다.

구 분	상 한
층 수	3층(스프링클러를 각 층에 설치한 경우 4층까지 가능하며, 이 경우 구조계산 필요)
바닥 면적	3,000㎡(스프링클러를 각 층에 설치한 경우 6,000㎡)
높 이	지붕 높이 18m 이하/ 처마 높이 15m 이하
구조부재의 간격	650㎜ 이하
바닥 적재 자중	2.5kN/㎡ 이하
지붕 적재 하중	1.5kN/㎡ 이하(적설 하중은 포함하지 않음)
기본 풍압	노출 정도에 따라 다름

5. 개인 장비와 팀 장비

(1) 보안경(Goggle): 톱밥이나 타카핀 등이 눈으로 들어가지 않도록 보호한다.

(2) 장갑(Glove): 장갑은 작업하면서 나무나 합판 등을 자를 때 미끄럽지 않게 해주고
약품 처리된 목재로부터 피부를 보호해 준다.

(3) 안전화: 안전화는 작업하는 동안 발을 편안하게 해주고 발을 보호하는 역할을
한다.

(4) 작업복: 작업복은 가볍고 활동하기 편한 것이 좋다.

(5) 개인 공구: 툴 벨트, 망치, 삼각자, 커터칼, 계산기, 캣포, 줄자, 초크 라인, 연필,
수평 등이 있고, 초보단계를 지나면 원형 톱, 못총(Nail Gun)을 준비한다.

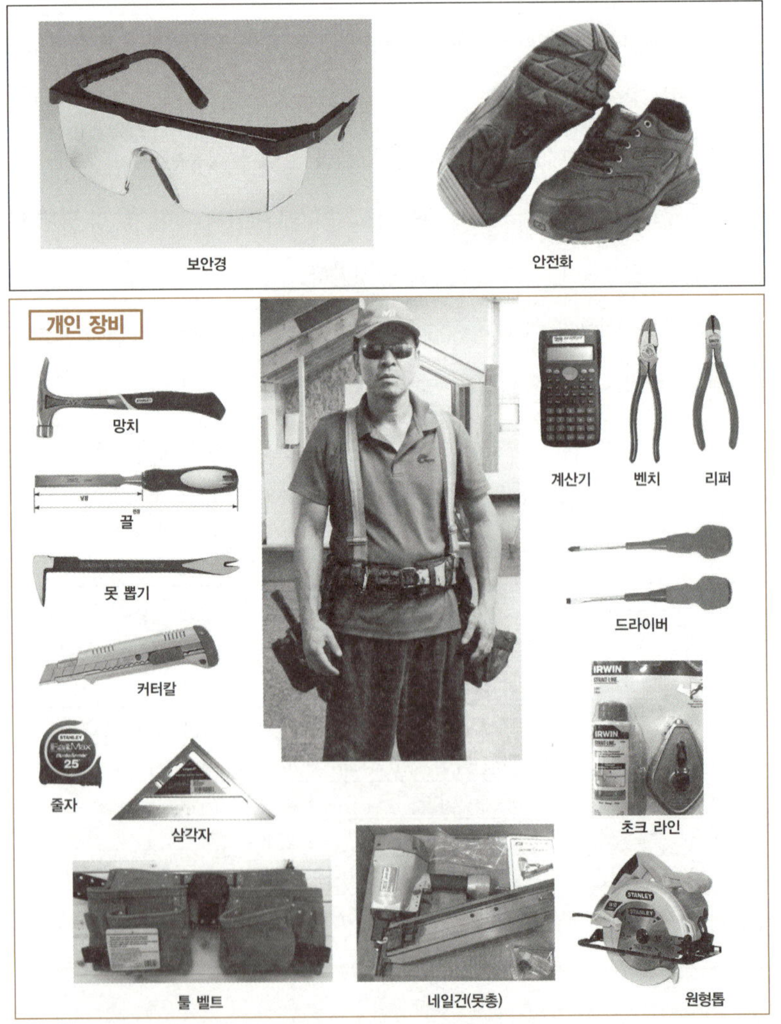

보안경

안전화

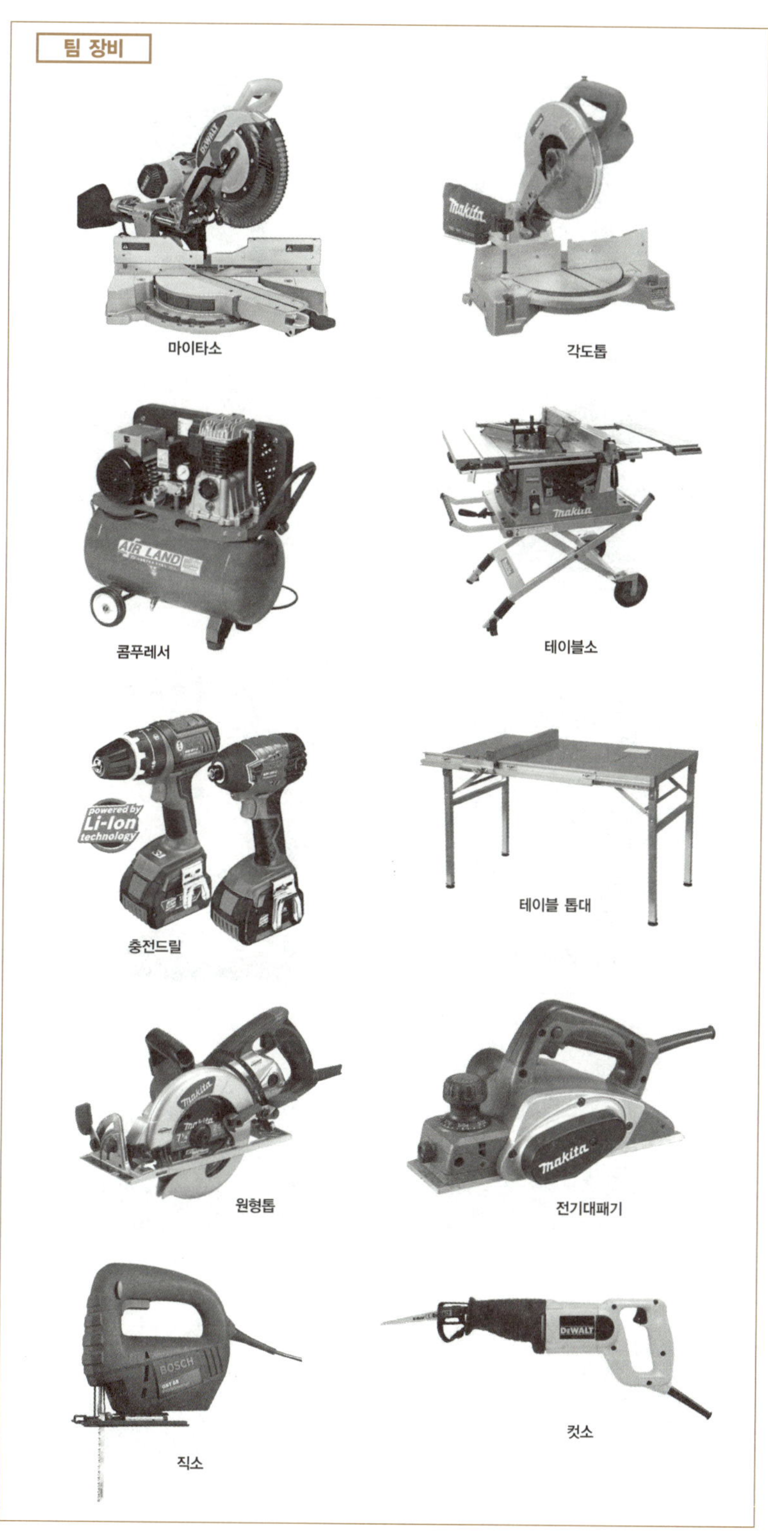

마이타소
각도톱
콤푸레서
테이블소
충전드릴
테이블 톱대
원형톱
전기대패기
직소
컷소

팀 장비

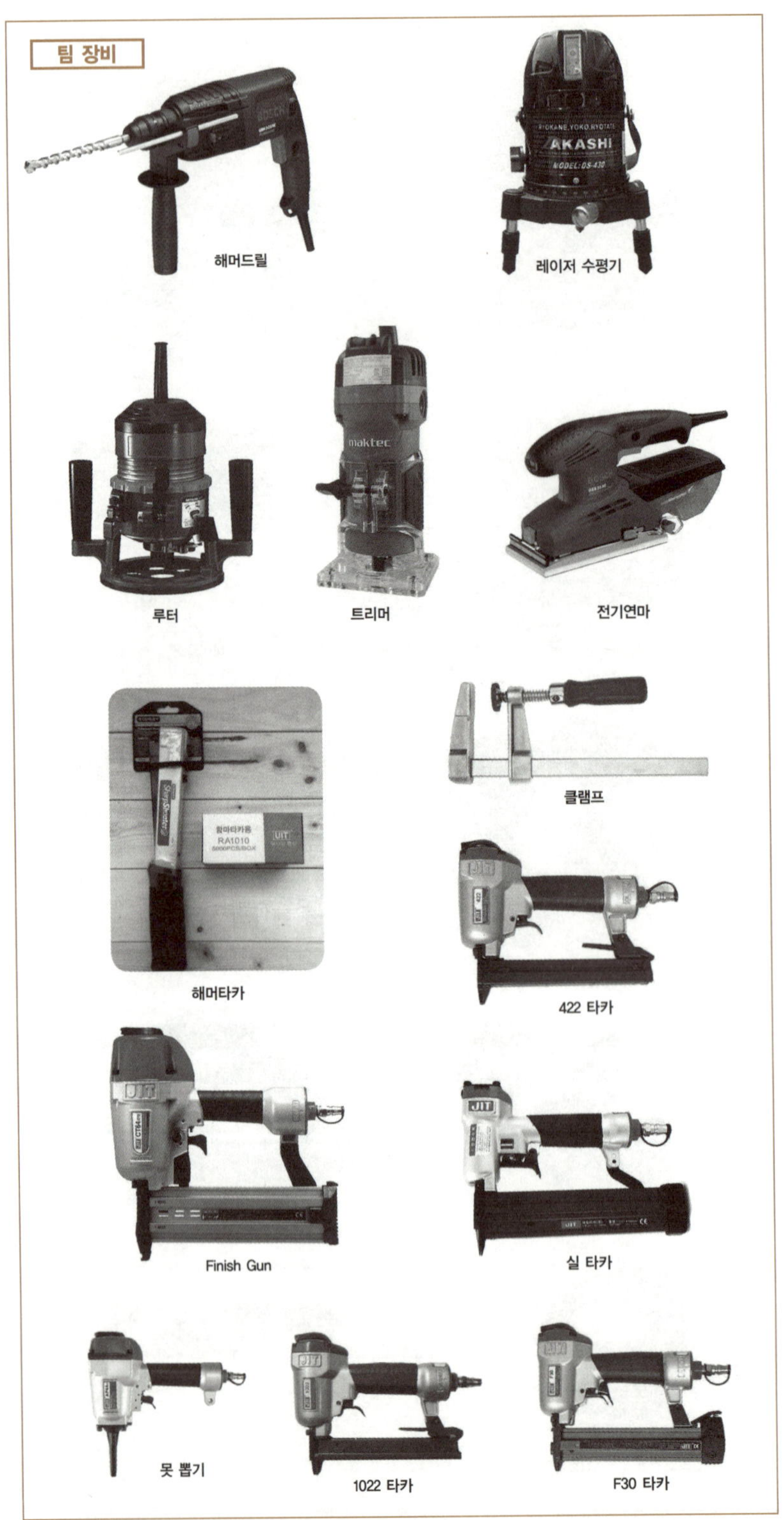

해머드릴
레이저 수평기
루터
트리머
전기연마
해머타카
클램프
422 타카
Finish Gun
실 타카
못 뽑기
1022 타카
F30 타카

① 줄자의 앞부분에 있는 홈은 자를 걸기 위해 못머리 만큼의 홈을 파놓은 것이다.

② 줄자의 앞부분에 유격은 줄자를 걸어서 재거나 밀어서 잴 때 두께의 오차를 없애기 위한 것이다.

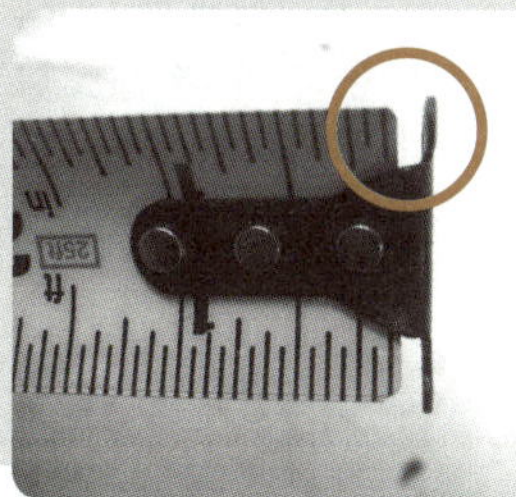 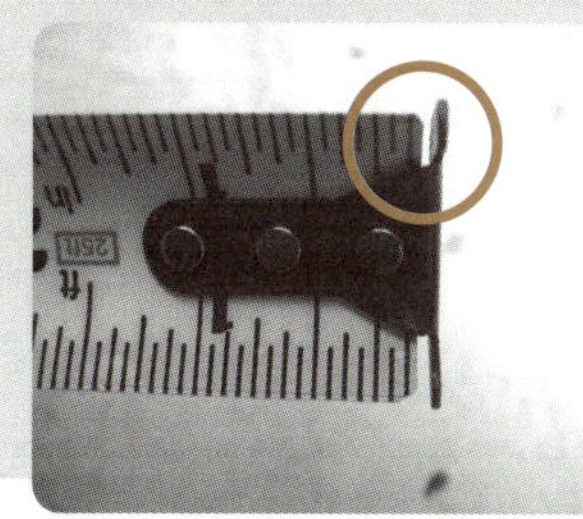

① 줄자를 사용한 다음 자를 집어넣을 때 충격을 주게 되면 자의 수명이 짧아진다. 이런 경우 엄지와 검지로 줄자를 잡아 속도를 줄여줌으로써 줄자가 케이스 속으로 들어갈 때 마지막 충격을 완화하는 것이 줄자를 오래 사용하는 비결이다.

② 비나 눈이 왔을 경우 반드시 기름걸레로 자를 닦아 주는 것이 좋다.

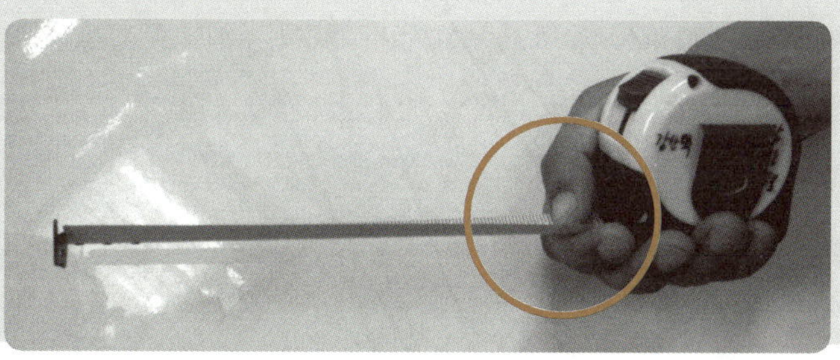

6. 기본 단위의 이해

(1) 길이: 1″ (인치) = 25.4mm

      1′ (피트) = 12″

(2) 구조재의 공칭 규격 및 실제 치수

공칭 치수	실제 치수		비고
2″ × 4″	$1 \cdot \frac{1}{2}$″ × $3 \cdot \frac{1}{2}$″	38mm × 89mm	공칭 치수의 목재를 1차 제재한 후 함수율 18%로 건조하여 다시 4면 대패(S4S)하여 실제 치수가 되면서 건조과정에서의 수축과 4면 대패 가공에서 줄게 된 치수가 실제 치수가 됨
2″ × 6″	$1 \cdot \frac{1}{2}$″ × $5 \cdot \frac{1}{2}$″	38mm × 140mm	
2″ × 8″	$1 \cdot \frac{1}{2}$″ × $7 \cdot \frac{1}{4}$″	38mm × 184mm	
2″ × 10″	$1 \cdot \frac{1}{2}$″ × $9 \cdot \frac{1}{4}$″	38mm × 235mm	
2″ × 12″	$1 \cdot \frac{1}{2}$″ × $11 \cdot \frac{1}{4}$″	38mm × 286mm	
1″ × 4″	$\frac{3}{4}$″ × $3 \cdot \frac{1}{2}$″	19mm × 89mm	
4″ × 4″	$3 \cdot \frac{1}{2}$″ × $3 \cdot \frac{1}{2}$″	89mm × 89mm	

7. 못

(1) 목재의 고정을 위해 쓰이지만, 플라스틱, 석벽, 벽돌, 콘크리트의 고정에도 쓴다.

(2) 못의 종류와 특징

  ① 일반못(Common Nail): 망치못으로 골조, 사이딩, 데크 고정용으로 사용된다.

  ② 무두못(Casing Nail): 머리 모양이 작아 못머리를 감추는 마감용으로 많이 쓰인다.

  ③ 둥근머리못(Round Head Nail): 못머리가 둥글게 나와 마감의 모양이 좋다.

  ④ 행거네일(Joist Hanger Nail): 전단력에 강하도록 두께가 두껍게 만들어졌다.

  ⑤ 루핑못(Roofing Nail): 지붕 상수를 위해 머리 모양이 크다.

  ⑥ 델타피스(Delta Screw): 석고 고정용 못으로 주로 사용된다.

  ⑦ 육각컷팅 델타피스: 내수성 및 실용성이 좋아 외부 데크용, 골조 고정용으로 사용한다.

- 녹이 쉽게 발생하는 단점이 있기 때문에 외부작업이 어렵다.

② 전기 아연도금(Electro Galvanizing)

- 무도금 못에 전기를 통하게 하고 여기에 액체의 아연을 흐르게 하여 얇게 코팅한다.

- 표면이 얇고 매끄러우며 은색의 밝은 광택이 난다.

- 염수분무 테스트(염분 5% 함유된 물)를 하면 48~72시간에 녹이 발생한다.

- 불량률이 적고 습기가 적은 곳에 주로 사용된다.

③ 용융도금(Hot Dipping)

- 무도금 못을 녹은 아연 용액에 담근 후 그대로 말려 도금을 두껍게 입힌 형태이다.

- 스테인리스에 비해 가격이 저렴하고 반영구적인 녹 방지 효과를 볼 수 있다.

- 염수분무 테스트에서 500~1,000시간 정도 견딜 수 있다.

- 표면이 두껍고 거칠며 진회색에 광택이 없다.

- 비교적 불량률이 높고, 외부용에 주로 사용된다.

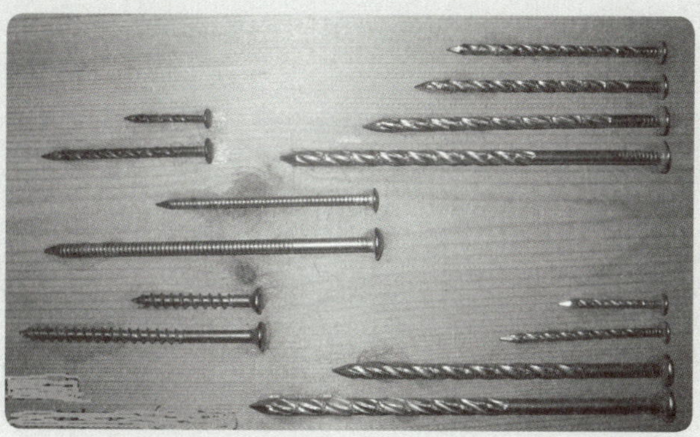

#TIP 못치수 문자 *D = 페니(Penny)

① 이 약자는 경화를 의미하는 로마자 '데나리우스(denarius)'의 첫 글자를 딴 것이며, 현대 영어에서는 페니(Penny)라고 한다. 이 단어는 원래 특정한 못 100개의 가격을 뜻하였으나 현재는 단순히 못의 치수를 의미하며 기호 'd'를 사용한다.

- 못 길이를 표시하는 '페니'의 약어

- 예를 들면 8d 못은 1-1/2 길이의 8-페니 못을 말한다.

② 16d= 89mm= 3·1/2˝(골조 고정용 3·1/4˝ DS호환가능)

③ 10d= 75mm= 3˝

④ 8d= 63.5mm= 2·1/2˝(합판 고정용 2˝ DS호환가능)

① 표면 못박기: 일반적인 못박기 방법이며 부재의 직각으로 직접 못을 박는 방법, 살짝
기울기를 줘서 못을 박는 것이 접착력을 강화한다.

② 끝면 못박기: 하중이 많이 작용하는 부위에 해서는 안 되며 이를 피할 수 없는 경우에
는 별도의 철물이나 받침목을 대어 사용 접합부를 보강하여야 한다.

③ 경사 못박기: 일반적으로 30°의 경사를 가지고, 부재의 끝면으로부터 못 길이의 약
1/3 정도 되는 지점에서 박기 시작하면 된다.

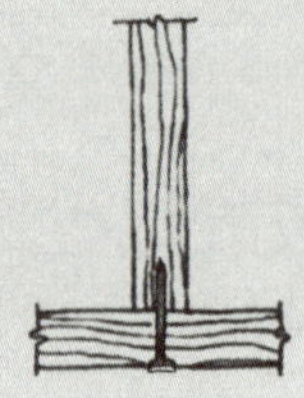
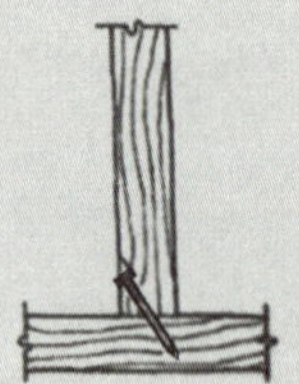

표면 못박기　　　　끝면 못박기　　　　경사 못박기

8. 철물(Strong Tie)

목재와 목재의 결속력을 강화해주고, 못을 적게 박아도 최적의 하중을 받을 수 있도
록 시공성을 높여준다.

⑴ 못 구성 자리의 특징

⑵ 기초공사용 철물

⑶ 포스트 베이스(Post Base)용 철물

⑷ 지붕(Roof)용 철물

⑸ 장선받이 철물(Joist Hanger)

⑹ 각종 연결 철물

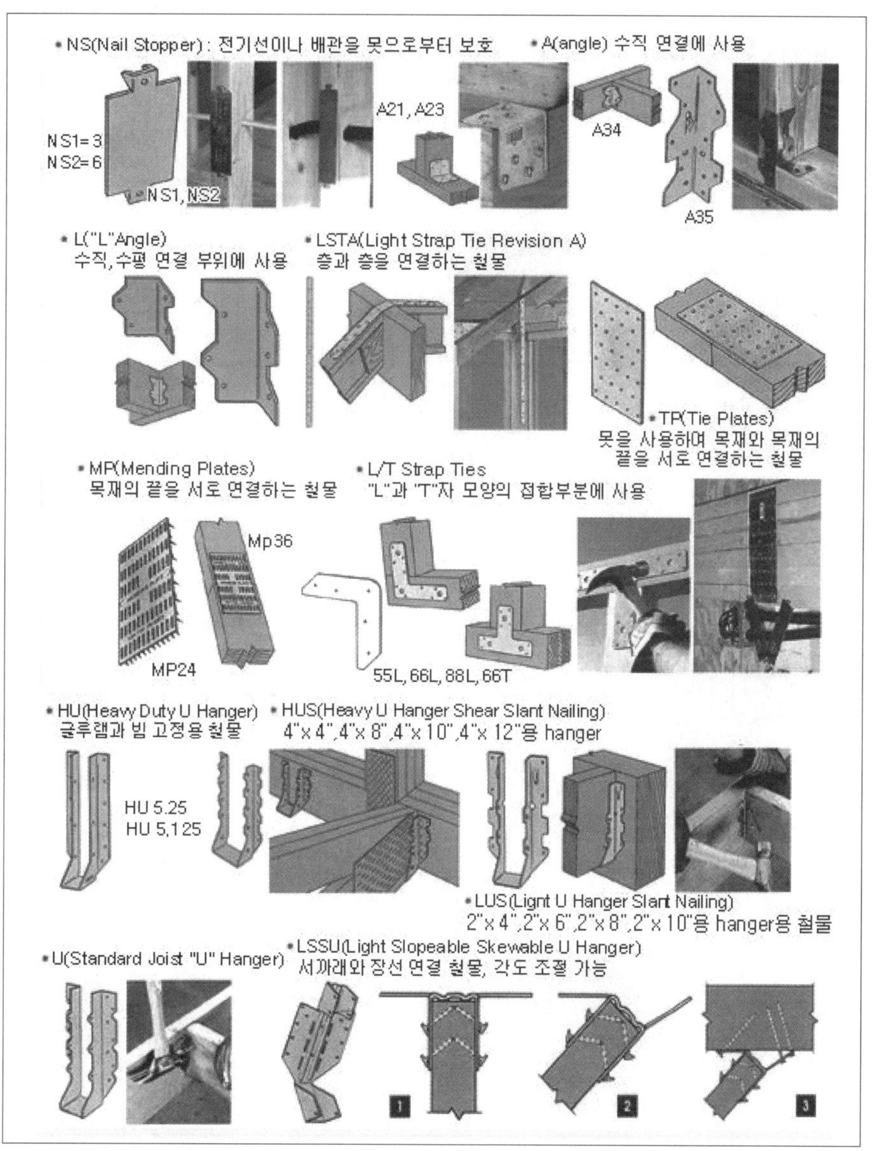

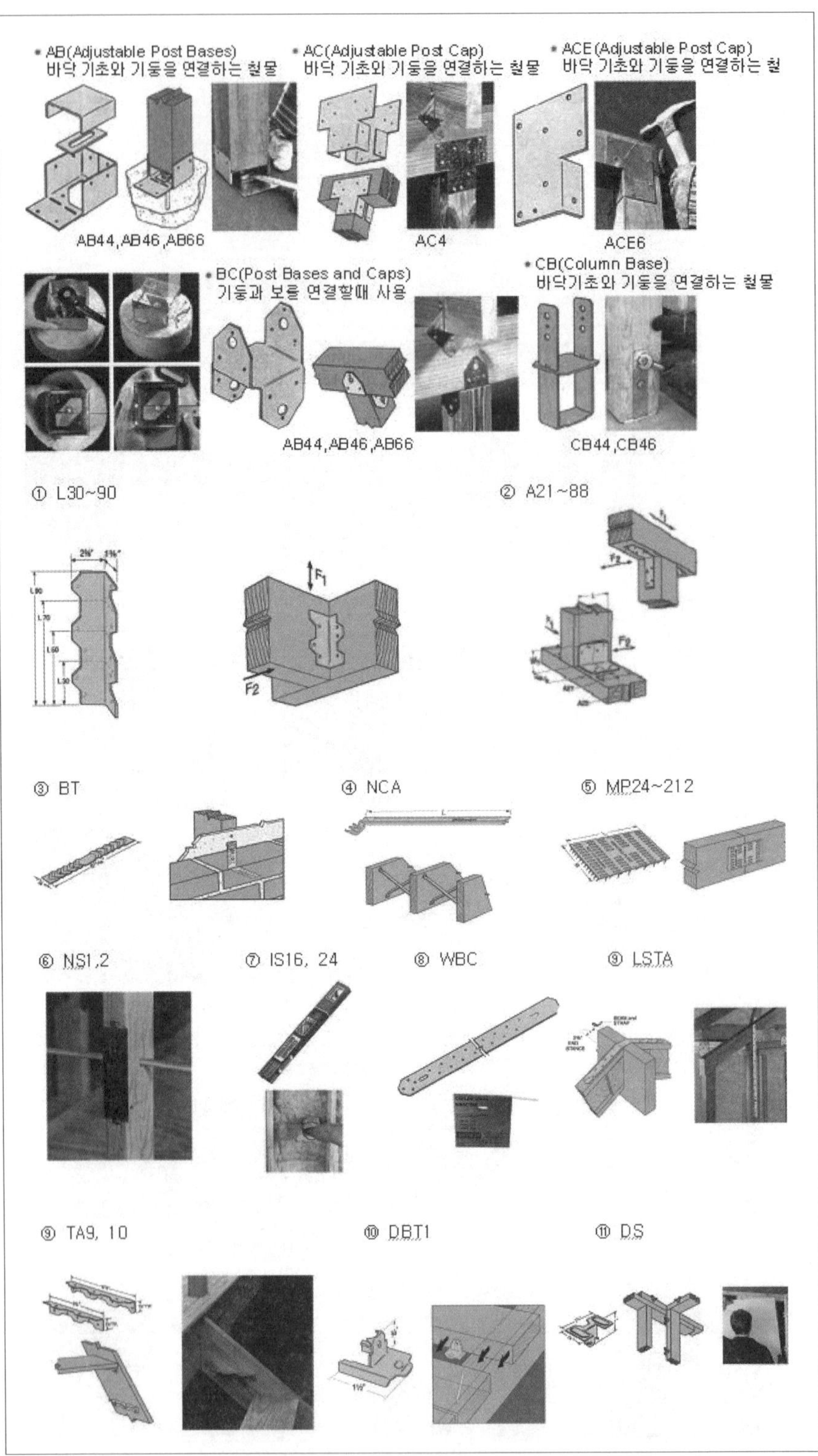

※ AB(Adjustable Post Bases)
바닥 기초와 기둥을 연결하는 철물
AB44,AB46,AB66
※ AC(Adjustable Post Cap)
바닥 기초와 기둥을 연결하는 철물
AC4
※ ACE(Adjustable Post Cap)
바닥 기초와 기둥을 연결하는 철
ACE6
※ BC(Post Bases and Caps)
기둥과 보를 연결할때 사용
AB44,AB46,AB66
※ CB(Column Base)
바닥기초와 기둥을 연결하는 철물
CB44,CB46
① L30~90
② A21~88
③ BT
④ NCA
⑤ MP24~212
⑥ NS1,2
⑦ IS16, 24
⑧ WBC
⑨ LSTA
⑨ TA9, 10
⑩ DBT1
⑪ DS

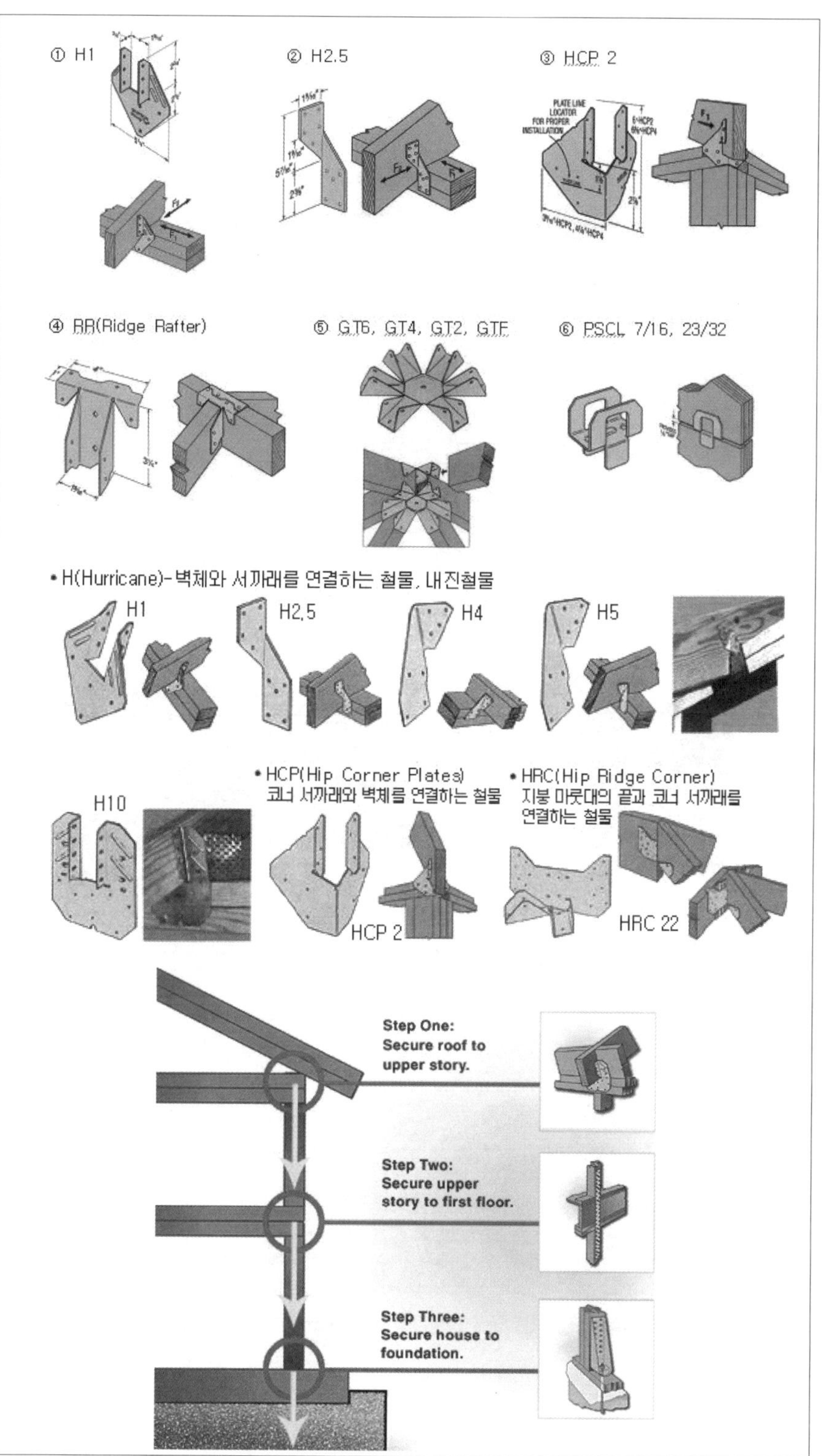

① H1
② H2.5
③ HCP 2
④ RR(Ridge Rafter)
⑤ GT6, GT4, GT2, GTF
⑥ PSCL 7/16, 23/32
• H(Hurricane)-벽체와 서까래를 연결하는 철물, 내진철물
H1
H2.5
H4
H5
H10
• HCP(Hip Corner Plates) 코너 서까래와 벽체를 연결하는 철물
HCP 2
• HRC(Hip Ridge Corner) 지붕 마룻대의 끝과 코너 서까래를 연결하는 철물
HRC 22
Step One:
Secure roof to upper story.
Step Two:
Secure upper story to first floor.
Step Three:
Secure house to foundation.

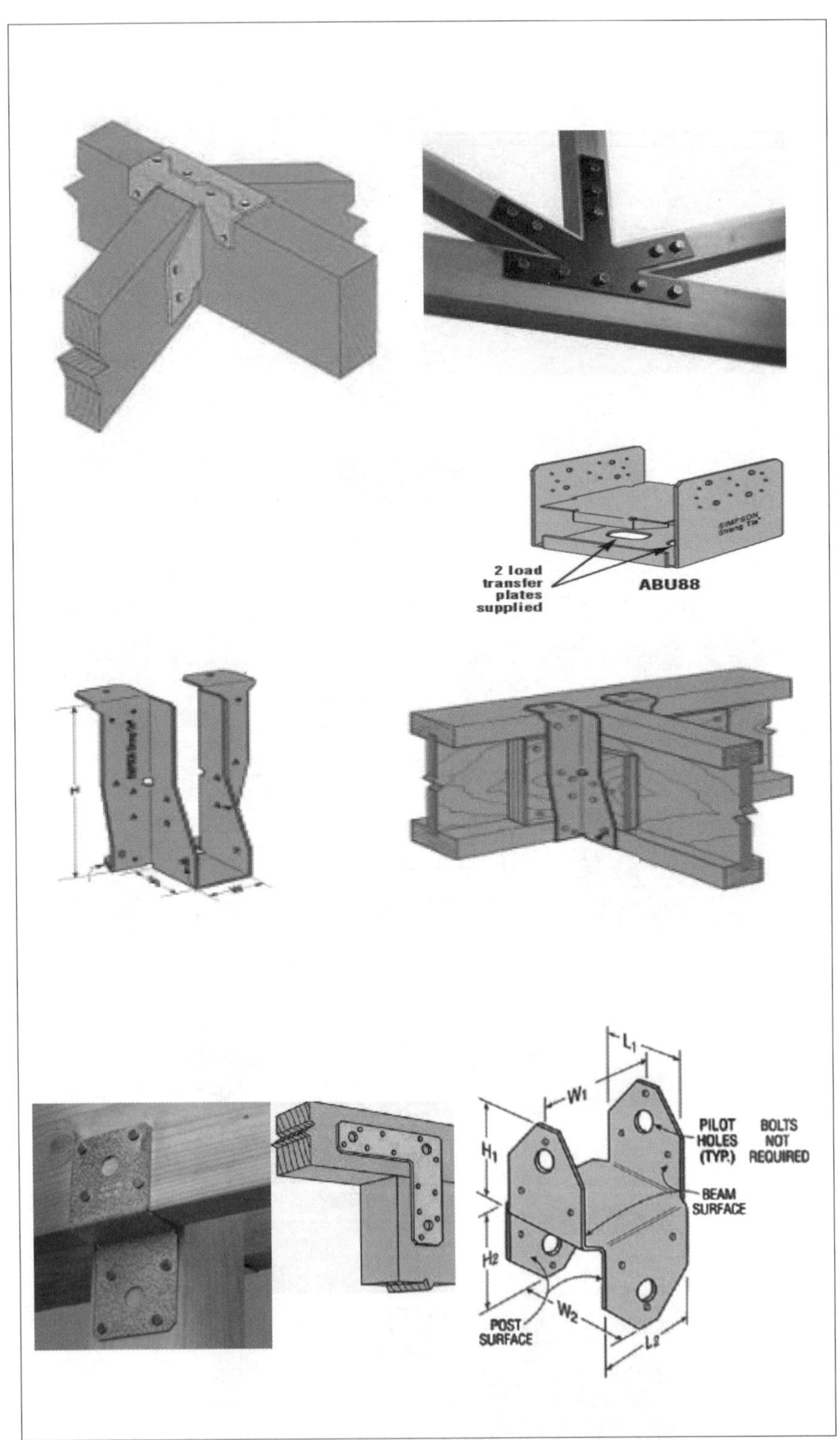
2 load
transfer
plates
supplied
ABU88
L₁
W₁
PILOT
HOLES
(TYP.)
BOLTS
NOT
REQUIRED
H₁
BEAM
SURFACE
H₂
POST
SURFACE
W₂
L₂

9. 현장수칙

제1조(작업시간)

① (작업시간) 작업시간 08:00~17:00, 여름철에는 하루 작업시간의 범위에서 임의 조절한다.

② (장비 정리시간) 작업시간 이후 현장 장비 정리시간은 별도로 20~30분을 둔다.

제2조(팀 미팅)

① (미팅) 오전과 오후 작업 시작 전 10분간 작업내용에 관한 팀 회합을 한다.

② (미팅의 목적) 팀 회합을 통해 전 팀원이 작업내용을 숙지할 수 있도록 한다.

제3조(안전수칙)

① (음주금지) 작업시간 중 음주는 금지하며 숙취가 남은 상태에서의 작업도 금지한다.

② (고성금지) 현장에서 큰소리로 지시하거나 다투는 것을 철저히 금지한다.

③ (위험작업) 장선작업을 위해 탑플레이트 위를 걷는 것을 금지하며, 천장 작업이나 지붕 작업에서 안전장치 없이 작업하는 것을 금지한다. 조금이라도 위험성이 있는 작업에서는 안전장치를 먼저 설치하고 작업해야 한다.

④ (기타) 현장에서 뛰지 말아야 한다.

제4조(현장정리)

① (청소) 오전과 오후 현장정리를 각 1회씩 실시하도록 하며 오전과 오후 작업이 종료된 후에는 깨끗한 현장이 유지되어야 한다.

② (자재정리) 일과시간이 끝난 후에 남은 자재는 잘 정돈하여 둔다.

③ (청결) 현장은 청결하게 관리하는 것을 최우선으로 한다.

④ (흡연) 흡연장은 별도로 만들고, 현장 바닥에 담배꽁초를 버리면 안 된다.

⑤ (폐기물) 폐기물정리장을 만들어 마대에 쌓아서 정리한다.

제5조(장비관리)

① (개인 장비) 개인 장비로는 툴 벨트, 망치, 삼각자, 자를 갖고 있어야 하며 중급의
경우 원형톱, 네일건을 개인장비로 갖추어야 한다.

② (팀 장비) 3만 원 이상의 고가장비에 대한 A/S는 본부 일일 관리비에서 지출한다.

③ (공용 장비) 공용장비는 각 팀장이 긴밀히 협조하여 관리한다.

④ (정비) 모든 장비는 최소한 일주일에 한 번 전체 정비를 하도록 한다.

제6조(공정관리)

① (공정) 공정은 집짓기 골조에서부터 마감까지의 전 과정에 대한 품수를 정리한 것
으로 한다.

② (공정산정) 골조가 시작하기 전까지 팀장은 각 현장의 공정품수를 산정해서 각 현
장 게시판에 올려두어야 한다.

③ (공정관리) 팀장은 골조, 외부마감, 내부마감, 지붕, 데크 등 마무리까지 각각 5단
계를 설정하여 공정관리를 한다(별첨 공정표 참조).

제7조(자재관리)

① (구조재) 구조재는 한 뼘(10㎝) 정도 이하만 버린다. 그 이상 되는 구조재는 잘 정
리했다가 건축자재로 활용할 수 있도록 노력한다.

② (자재산출) 적정한 자재산출을 통한 건축비 절감을 위해 노력하는 모습을 보여
야 한다.

③ (자재관리) 철저한 자재관리를 통해 자재 손실을 줄일 수 있어야 한다.

제8조(남는 자재의 정리 및 결제)

① (남는 자재 가격의 산정) 사용하지 않은 자재의 가격은 완제품 가격의 80% 선으로 정한다.

② (결제방법) 남는 자재는 가까운 현장으로 옮겨 사용하되 결제는 각 현장의 건축주끼리 직접 입금해 주는 방법으로 한다.

③ (자투리 자재) 남은 자재는 가까운 현장으로 옮겨 마지막까지 최대한 사용한다. 이러한 경우 자재 가격은 결산하지 않아도 된다.

④ (운반비) 운반비용은 1/2등분으로 각 현장의 건축주 부담으로 한다.

10. 작업공정표

작업 시작일:　　　.　　.　　.　　　　작업종료일(예상) :　　　.　　.　　.

공정		시공 내용	특기사항	작업 인원	작업 일수	품수	비고
기초		점 기초, 통 기초, 시스모					
골조		2x4, 2x6					
지붕	방 수	일반, 고무					
	지붕재	싱글, 기와					
외부	타이벡						
	레인스크린	OSB, 방부목					
	문 트림	MDF, 스프러스					
	사이딩	시멘, 스벤스조, 시다					
	소 핏						
	페인트						
내부	석 고	1ply(12mm), 2ply(9mm)					
	창 호						
	문짝 달기	멤브레인, 홍송 원목, 세살문					
	거실 천장	공갈보					
	붙박이장	( )개					
	계 단	다락, 2층					
	바닥 난방	건식난방, 흙 미장					
마감	문선 몰딩	문, 창호					
	천장 몰딩	사각, 크라운					
	방 수	욕실, 다용도실					
	설 비						
	루 바	거실, 방, 다락					
외부 도급	전 기						
	벽 지						
	마 루						
	설 비						
	욕 실	도기, 수전 설치					
	싱크대						
데크	상 판	방부 상판, 라취, 반킬라이					
	기 둥	4x4, 6x6					
	디자인						
조경 기타	테이블	혼합, 분리					
	정 자	사각, 육각, 팔각					
	대 문	대문 형태, 대문 기둥					
	펜 스	펜스 길이					
	기 타	그네, 개집, 우체통					
전체 품수							

목재의 성질

목재의 성질

1. 목재의 일반적 성질

(1) 열전도율이 낮고 절연, 흡음 물질이다.

(2) 향기나는 휘발성, 아름답고 따뜻한 느낌

(심리 치료)이다.

(3) 친환경적이고 생산 및 폐기 비용이 저렴하다.

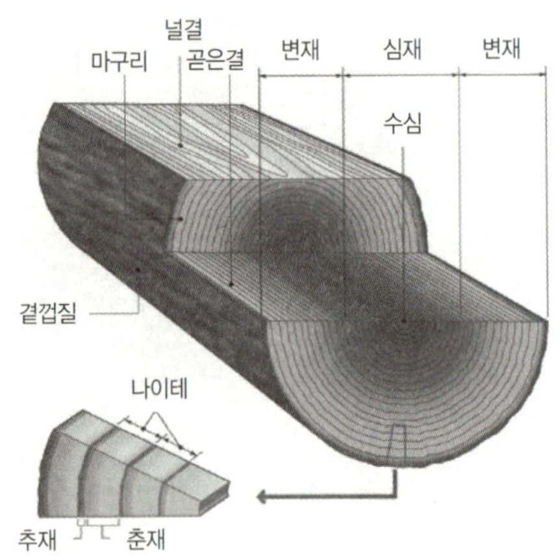

2. 목재의 구조

줄기는 나무를 지탱해주고 양분과 물의 이동통로 역할을 한다. 그리고 나무의 줄기는 나뭇잎을 햇빛이 잘 드는 높은 곳까지 올려주고, 나뭇잎이 땅에 사는 동물의 먹이가 되지 않도록 한다. 나무줄기는 양분이나 물의 통로뿐만 아니라 곤충, 곰팡이, 기생식물의 서식지로도 중요하다.

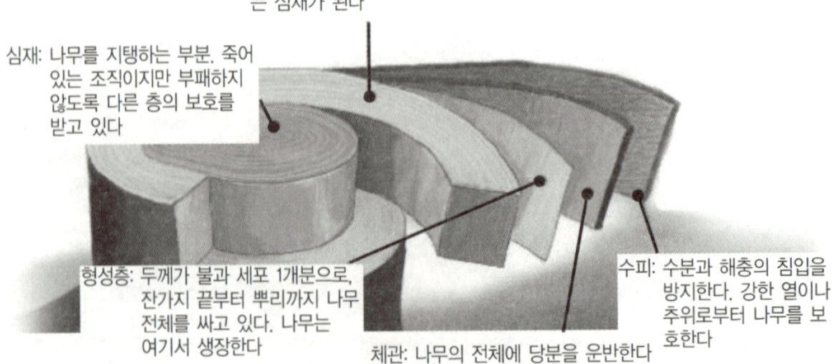

3. 목재의 차음 성능

(1) 목재는 다른 재료에 비하여 비중이 작고 진동에 의해 큰 내부마찰을 일으키기 때문에 진동에 대한 우수한 성질을 갖게 되며, 기계의 받침대, 손잡이 등의 진동 흡수제로, 그리고 악기의 재료로 중요하게 이용된다.

(2) 목재에 음이 투사되면 목재에 의한 반사, 흡수, 투과가 일어나게 되는데 음이 흡수되는 때에는 목재 중의 진행 음파에 대하여 점성저항이 작용하여 음향에너지는 목재 구성요소의 진동에너지나 열에너지로 바뀌게 된다. 목질 재료는 다른 재료에 비해 내장재로서 흡음성이 높은 이점이 있다.

(3) 흡음성(흡음계수, %)

	재료	주파수(cps)		
		125	500	2000
벽(walls)	목재(wood)	8	6	6
	벽돌(brick)	2	3	5
마루(floors)	목재(wood)	5	3	3
	콘크리트	1	2	2

4. 목재의 단열 성능

(1) 목재의 열 전도성이 다른 물질에 비해 낮다고 하는 것은 열을 천천히 흐르게 한다는 말과 같다. 주전자 손잡이를 흑단목으로 만드는 것은 목재가 열을 차단하는 성질을 이용한 것이다.

(2) 목조건물은 콘크리트 건물보다 여름에는 2℃ 정도 낮고, 겨울에는 4℃ 정도 높다는 연구결과도 있다.

(3) 철골조가 화재 시 쉽게 붕괴하는 것과는 달리 대경재를 사용한 목구조는 오랜 시간을 버틸 수 있다.

(4) 4인치 두께의 미송 목재와 같은 단열 효과를 얻기 위한 콘크리트의 벽 두께를 산출해 보면 60인치 두께가 되어야 한다(열저항 값−목재: 0.8, 콘크리트: 5.0).

5. 목재의 내화성

(1) 목재와 강철의 내화성 비교 시험결과, 화재 시 400℃에서 목재의 연소속도는 1분에 0.6㎝ 정도인데, 이는 30분간 불에 타도 표면에서 18㎜ 정도밖에 타들어 가지 않는다는 뜻이다. 반면 강철재질은 5분도 지나지 않아 강도가 50% 이상 줄어 목재의 20%에 훨씬 못 미친다. 이는 2001년 미국에서 일어났던 세계무역센터(WTC) 참사에서도 알 수 있는 부분이다.

(2) 목조건물이 불에 강한 이유는 '굵은 나무기둥으로 만들어진 목조주택의 경우 탄화층(목재가 타기 시작하면서 표면이 검어진 것)에 열전달이 잘되지 않으며, 산소전달이 쉽지 않아서 불에 연소하는 속도가 느려지기 때문'이다.

(3) 주거 내장재의 많은 부분이 가공성이 용이한 석유화학 제품을 원료로 한 폴리아마이드, 폴리우레탄, 멜라민수지, 폴리에틸렌, 에폭시수지 등을 사용하고 있는데 이들은 화재 시 유독가스를 발생시킨다. 그러나 목재는 연소 시 소량의 일산화탄소와 1,500㎎/g 정도의 이산화탄소를 배출할 뿐이며 치명적인 유해 가스는 발생하지 않는다.

6. 함수율

(1) 함수율은 목재가 수분을 포함하는 정도를 나타내는 수치로, 목재가 함유한 수분 무게에 대한 전건 목재의 중량 비율로 정의되고, 백분율 함수율로 표시된다.

(2) 함수율의 정확한 조절은 목재의 정확한 치수가 요구될 때 매우 중요하다.

(3) 목재는 길이 방향(섬유 방향)으로 수축률이 작고, 직각 방향의 수축률이 크다.

(4) 생나무의 함수율은 완전 건조 목재의 중량비로 60~150%

　① 구조재 함수율: 18~24%

　② 마감, 가구재 함수율: 13~15%

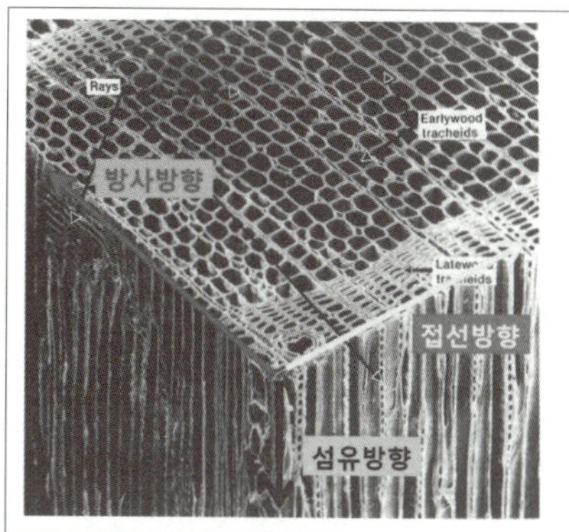

목재의 현미경 사진
A–소나무, B–물푸레나무,
C–자작나무, 1–횡단면,
2–방사단면, 3–접선단면

7. 목재의 수축 및 팽창

(1) 목재의 수축은 두께 및 폭 방향(나뭇결에 수직)으로 수축한다.

(2) 평형 함수율에 도달할 때까지 수축한다.

> ※ **평형 함수율(Equilibrium MC): 주위 온도와 습도에 관련하여 목재가 더 이상 수분을 흡습, 방습하지 않게 되는 상태의 함수율(8~12%)을 말한다.**

(3) 섬유포화점: 목재 섬유 간극수만 완전히 증발된 상태이다.

(4) 기건 상태: 목재를 자연 건조해 공기습도와 평형상태를 이루는 것으로 목재의 건조, 수축이 정지되는 이상적 상태이다.

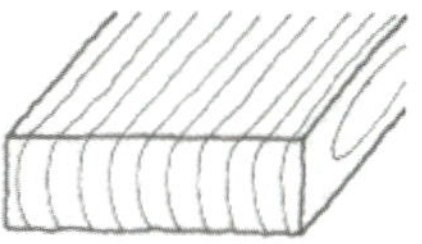
바른결재의 변형 전

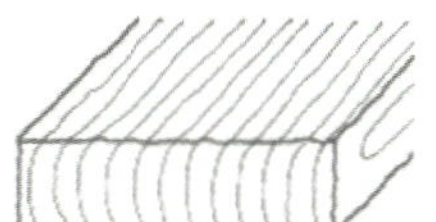
바른결재의 변형 후 바른결재의 변형 –크기가 축소되고 형태변화는 거의 없다

널결재의 변형 전

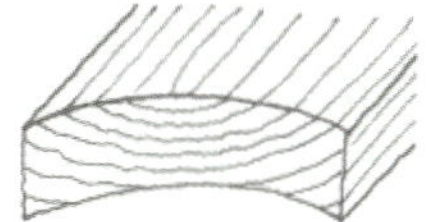
널결재의 변형 후:널결재의 변형 ☞ 크기가 축소되고 나이테의 중심점 방향으로 배가 나오듯 휘어진다

8. 건조에 따른 목재의 변화

(1) 할렬(Split): 섬유 방향으로 갈라지는 것으로 폭의 1.5배까지 허용

(2) 윤할(Shake): 나이테 방향으로 터지는 것

(3) 옹이(Knots): 일률적으로 잘 분포된 옹이는 일정 치수를 초과하지 않을 경우 허용

(4) 뒤틀림(Warping): 휘거나 비틀리는 등의 기형으로 변형되는 것

(5) 찌그러짐: 급한 건조에 따라 물의 장력에 의해 세포 일부가 납작하게 되는 것

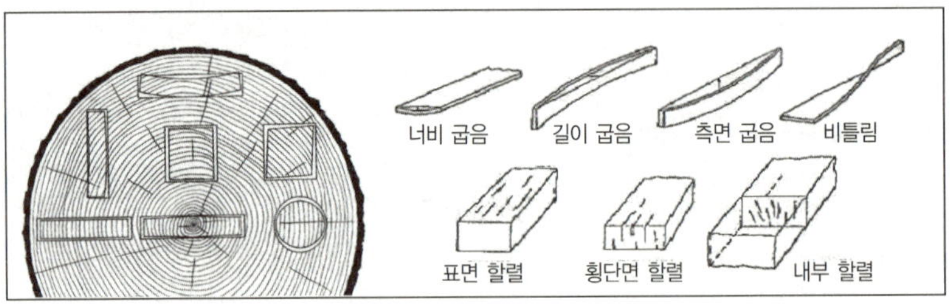

9. 침엽수와 활엽수

침엽수	활엽수
▪잎이 좁고 단단한 바늘 모양 ▪목질이 물러서 연목재라고 함 ▪가볍고 나뭇결이 고움 ▪구조재로 쓰기 좋은 목재	▪잎이 넓적하고 목질이 단단함 ▪단단하고 무늬가 아름다움 ▪세포의 길이가 짧고 세포벽이 얇아 재질이 치밀하나 부러지는 경향이 있음
소나무, 전나무, 잣나무, 낙엽송, 삼나무	느티나무, 오동나무, 단풍나무, 밤나무
구조재, 장식재(기둥)	가구제작, 실내장식

10. 침엽수 구조재의 수종 구분

수종 군	수종
낙엽송 류	비중 0.50 이상인 수종 낙엽송, 더글라스퍼, 미국 낙엽송, 북양 낙엽송
소나무 류	비중 0.45~0.50 소나무, 편백, 리기다소나무, 미국 솔송나무, 미국 전나무
잣나무 류	비중 0.40~0.45 잣나무, 가문비나무, 북양적송, 라디에이터 소나무
삼나무 류	비중 0.35~0.40 삼나무, 전나무, 미국 삼나무

11. 방부목(Preservative Treatment Lumber)

(1) 외부 사용을 목적으로 화학 방부 처리하여 기초 위 토대나 데크재, 외장 마감재로 쓰이는 목재

(2) 방부처리 방식: 가압, 침전, 도포 등

(3) 방부처리 약품

① C.C.A: 크롬, 구리, 비소를 주성분으로 방부성능이 가장 우수하며 용탈이 적다. 일반 소각이 불가

② A.C.Q: 구리, 알킬암모늄을 주성분으로 미국이나 캐나다에서 주거용으로 많이 사용 중이며, 철 부식성 있음

③ 비소(Tanalith): 구리, 붕소, 테부코나졸을 주성분으로 소각과 매립이 가능하며 북유럽에서 많이 사용

(4) 수종

① Hem Fir: 기초토대용(Mud Sill), 데크 구조재 등으로 많이 사용

② Red Pine: 데크 상판재(Comb), 트림재(Trim) 등으로 많이 사용

③ S.P.F.: SE급 이상의 구조재를 방부하여 사용하지만, 방부성능이 저하됨

④ 천연 방부목: Western Red Cedar, 방킬라이, 멀바우, 자라목 등 활엽수 계통

(5) 외관 특징

① Comb: 목재의 한 면에 골이 파진 것

② Incising(PT: Preasure Treted): 균질한 방부재의 침윤층을 얻기 위해 방부액 주입 전에 목재 표면에 나뭇결 방향으로 작고 가는 흠집을 내는 것으로 2×8 이상과 4″이상 두꺼운 소재에 적용

③ Edge Round: 방부목 데크 양쪽 끝 부분을 라운드 처리해 놓은 것

(6) 방부목 사용 환경

① H1: 건조한 실내조건, 방충성, 변색오염균 방지성능이 필요한 환경

② H2: 비나 눈을 맞지 않는 조건에서 결로는 발생하나 흰개미 피해가 없는 환경

③ H3: 눈, 비를 맞는 곳, 흰개미 피해가 우려되는 환경-비소(Tanalith) 사용 가능

④ H4: 땅에 묻히거나 콘크리트와 접하는 환경

⑤ H5: 땅에 묻히거나 물, 또는 바닷물과 접촉하는 환경

12. 구조재(Dimension Lumber)

(1) 건축물의 골격을 구성하는 목재

(2) 주로 침엽수재(Softwood)이며, 곧게 자라고 생산량이 많고 가격이 저렴

(3) 구조적 변형이 작고 가공성이 용이(못질, 톱질)

(4) 목구조 프레임(Framing)용 규격 구조재: Douglas-Fir, Hem-Fir, S.P.F.

▪ S.P.F.#2: 가문비나무(Spruce), 소나무(Pine), 전나무(Fir)의 수종들이 섞여 있는 수종그룹. NO.2 & Better

(5) 구조재의 상태에 따른 종류

① S-GRN: 생재

② S-DRY(Skin Dry): 자연건조(실외에서 자연적으로 건조하는 방법 (함수율 18% 이하))

③ KD(Kiln Dry): 인공건조(적당한 온도, 습도로 맞추어 건조한 것 (함수율 15% 이하로 수입))

④ S4S(Surfaced 4 Sides): 4면 대패가 되어 있는 것

⑤ SE(Square Edge): 모서리 4각이 살아 있는 것

(6) S-GRN(생재목)을 건조 처리하여 S-DRY(건조재)가 되면 밀도가 증가하면서 최대 3배 정도 강도가 증가

명칭	구분	표기	수분 함량	비고
Kin-Dried Lumber	인공 건조	KD-15	15% 이하	
		KD	19% 이하	건조로 내에서 건조하여 규격이 일정
		KD-HT	15% 이하	코어가 56° 이상 최소 30분 열처리
Air-Dried Lumber	자연 건조	MC-15	15% 이하	수분 함량 15% 이하
		S-Dry	19% 이하	최종 대패 작업 시 수분함량 19% 이하
		S-Green	19% 이상	최종 대패 작업 시 수분함량 19% 이상

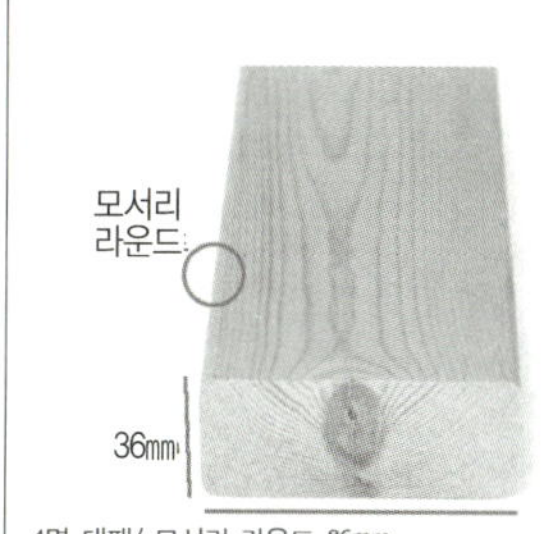

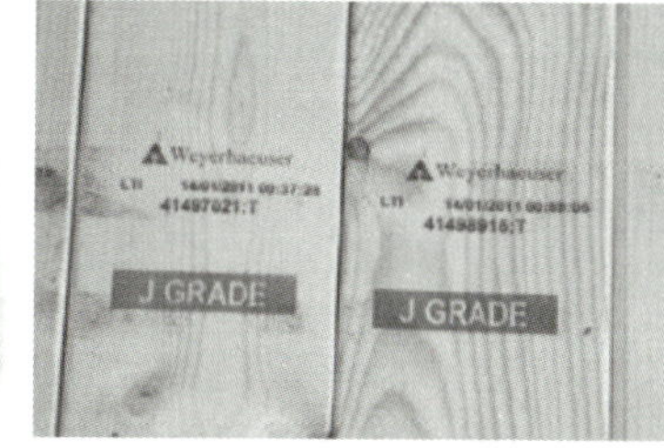

구조재 중 가장 상위등급인 JAS등급 중 좋은 품질을 한 번 더 선별하여 모서리와 면을 다듬었기 때문에 균열, 옹이깨짐, 도장마크, 페인트, 피죽 등이 거의 없음

#TIP 구조재 등급의 결정

① S.P.F. 구조재의 등급은 일반적으로 NLGA(National Lumber Grades Authority)의 규정에 의하여 결정된다(한국산업규격: 수직부재 3등급 이상, 수평부재 2등급 이상).

② J-grades: Japan-grades로서 피죽(Wane)이 없어 외양상으로 우수하다.

③ 2 & Btr: 영구적인 건축 구조재로 사용된다.

④ Utility: 일시적이거나 비영구적인 건설물의 각재로 사용된다.

⑤ Economy: 가장 낮은 등급으로 팔레트, 콘크리트폼, 포장재 등에 사용되며 가격이 저렴하다.

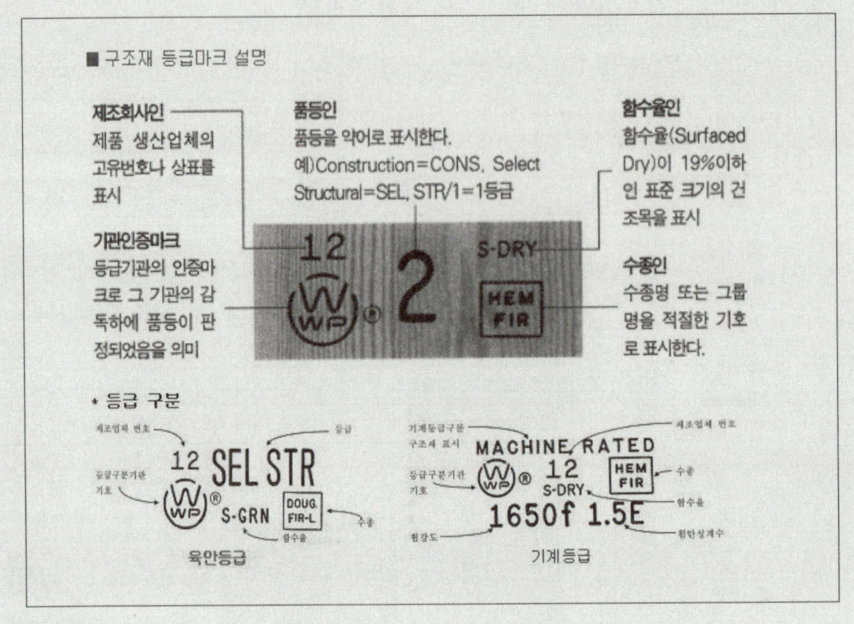

13. 공학목재 (Engineered Wood)

단판을 쌓아 접착시켜 제조하는 집성재(Glulam)로서 지름이 작은 목재나 폐자재를 재구성하여 접착, 성형하여 만들어 내는 공학용 목재는 규격의 제약이 없고 재질상 변형이 없어 정확한 구조계산이 가능한 고강도의 자재이다.

강도가 명확하고 신뢰성이 높으며 건조에 따른 품질안정과 길고 큰 부재가 가능하고 형상과 디자인에서 자유롭다. 또한 노출이 가능하며 내화와 차음 성능이 높은 장점이 있다.

목재 형태의 제품군으로는 글루램(Glulam), I-Joist, LVL, PSL, LSL, 림보드(Rim Board)가 있으며 구조용 패널(Structural Panels)로는 Plywood, OSB가 있다.

(1) 글루램(Glulam)

① 글루램은 100년 이상에 걸쳐 연구되어온 제품으로 최근 특수접착제와 첨단소재의 개발 등으로 다양성과 기능성이 한층 향상되었다.

② 같은 단면 크기를 갖는 제재목에 비해 강한 강도를 갖는 큰 보나 장선을 만들기 위해 제재목의 폭, 면들을 서로 접착시켜 제작한다.

③ 내진 설계와 기둥-보 구조방식의 사양으로 적합할 뿐 아니라 공동주택과 고압선 전주에서 교량까지 다양한 쓰임새가 있다.

④ 규격: 일명 Glue-laminated timber, 폭-60~220mm, 두께-150~720mm 범위

⑤ 구성: 응력 구분이 된 두께 1인치 이하의 건조제재목을 이용하여 핑거조인트(Finger Joint) 방식으로 장축 부재로 만들고 평행하게 여러 층으로 적층, 접착 후 재가공한다.

⑥ 사용 수종: 침엽수 계통의 스프러스, 더글라스 등이며 국내에서는 낙엽송을 가장 많이 사용한다.

⑦ 등급마크 해설

1. 인증기관	American Plywood Association Engineered Wood System
2. 구조 이용	B: 비균형보, CB: 균형보, C: 압축부재, T: 인장부재
3. 외관 등급	IND: 비노출, ARCH: 노출, PRE: 외관중요부재, FRM: 구조재 조합 등
4. 수종	수종/수종군: DF→Douglas-Fir
5. 구조 등급	탄성계수 및 허용 강도

⑧ 내화성능: 30분간 약 3/4인치 정도만 타며, 목재 표면에 탄소 피막이 목재 내부를 보호하여 구조적인 성능을 유지한다(탄화를 감안한 단면 여유치).

⑨ 시공성: 치수의 정밀도가 높고 변형 등의 결점이 거의 없으며 노출구조로서 별도의 치장이 필요 없다. 해체 및 복원이 가능하며 재활용성이 좋고, 유지보수가 간단하다.

⑩ 성능: 목재의 결점을 줄이고 함수율을 통제하여 일반 구조재보다 1.5배의 강

도를 발휘한다.

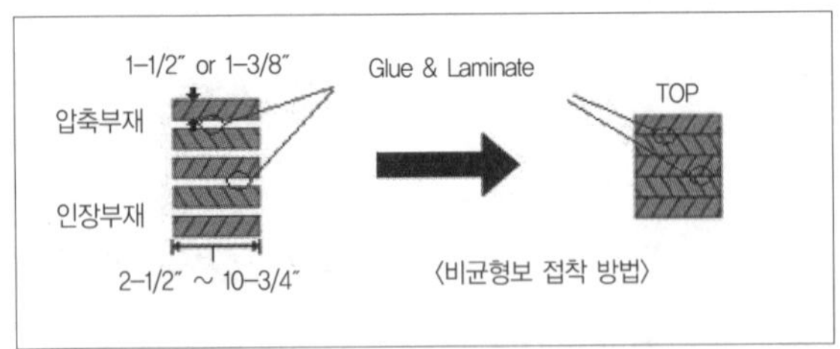

(2) I형 장선(I-joist)

① 구성: 플랜지(Flange)와 웹(Web)으로 구성된 조립보이다.

- 플랜지: LVL 및 일반 규격재(MSR)로 DRN성

- 웹: 합판 및 OSB(구조용판재)로 구성

② 성능: I형 구조로 최적의 부피로 최경량화, 12m까지 긴 부재로 사용이 가능

하고 설치가 빠른 경량소재로 취급이 용이하며, 동일하중에서 바닥의 처짐이

현저히 적다.

③ 등급마크 해설

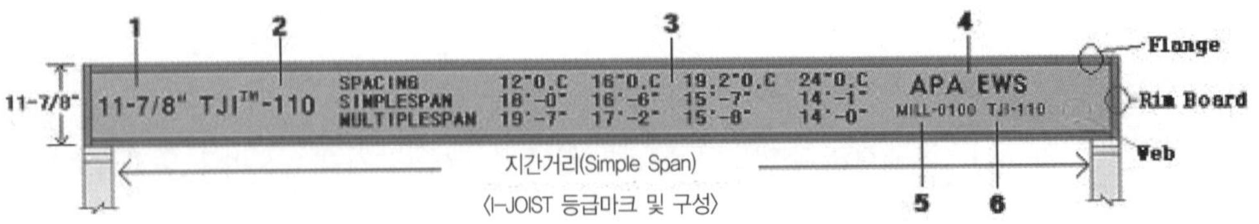

1. 춤 규격	I-joist 실제 춤의 치수
2. 강도	110 → 강도의 등급을 나타내며 높을수록 강도가 커진다.
3. 경간 거리표	부재간격(O.C) / 최대 지간 거리(지지조건: SS, MS)
4. 인증기관	American Plywood Association Engineered Wood System
5. MILL-0100	공장 제재소 이름 및 번호
6. TJI-110	아이 조이스트 제품기준서(플랜지 폭, 웹 춤)

④ 규격

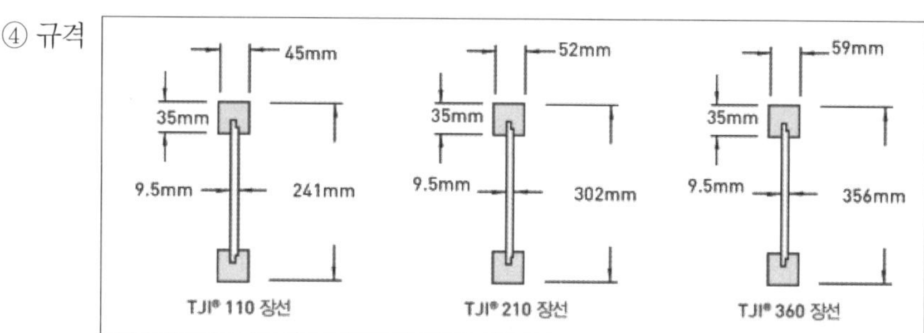

⑤ 지간 거리표(L/480 활하중 처짐)

깊이	TJI™	40PSF 활하중/ 10PSF 사하중 (건식)				40PSF 활하중/ 30PSF 사하중 (습식)			
		12″o.c	16″o.c	19.2″o.c	24″o.c	12″o.c	162″o.c	19.2″o.c	24″o.c
11 · 7/8″	110	19′–6″	17′–10″	16′–10″	15′–4″	18′–5″	15′–11″	13′–8″	10′–11″
	210	20′–6″	18′–8″	17′–8″	16′–5″	20′–2″	17′–6″	15′–2″	12′–1″
	360	22′–11″	20′–11″	19′–8″	18′–4″	22′–11″	20′–11″	17′–5″	13′–11″

- 사하중으로 인한 장기간의 처짐을 위 표에는 고려하지 않는다.

- 색으로 표시된 부분은 0.33″를 초과하는 초기 사하중 처짐을 나타낸다.

- 바닥 합판을 접착 없이 못으로만 시공하는 경우 6″의 경간이 감소한다.

⑥ 구멍 뚫기 기준

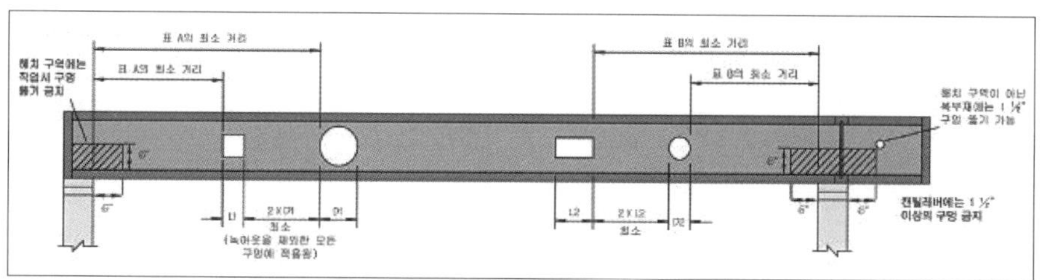

⑦ 사용조건

- 장선이 사용되는 곳이 선단지지대(SS)인지 중간지지대(MS)인지 파악한다.

- '표'를 사용하여 구멍 모양, 크기, 장선의 깊이를 선택(구멍이 커질수록 지점과 거리가 멀다)한다.

- 웹(Web) 부분에서는 구멍의 수직 위치를 제한하지 않지만, 위와 아래 최소 3㎜(1/8″) 이상 남긴다.

- 플랜지(Flange) 부분을 자르거나 따내어서는 안 된다.

- 캔틸레버 보강재 부분에 구멍을 뚫을 수 없다.

- 바텀 플랜지(Bottom Flange) 부분에는 경미한 하중만 부담해야 한다.

- 노출시공은 안 되며 시공 전 비나 습기의 피해가 없어야 한다.

〈플랜지 및 캔틸레버 보강재 손상 금지〉

⑧ 시공 방법: 구조적인 특성이 I 형태의 단면에 의존하므로 사용 부위에 맞는 적절한 시공 디테일을 사용해야 한다.

- 림 조이스트(Rim Joist)와 관련된 부분

- 기둥과 같은 집중하중이 작용하는 부분

- Hanger 철물로 고정하는 부분

⑨ 시공 시 주의사항

- 브레이스를 설치하기 전까지 장선 위에서 작업해서는 안 된다.

- 측면에서 브레이스 설치하면 장선이 불안정하다.

- 메탈 크로스 브레이스 및 Z클립을 사용하면 시공의 완성도가 증가한다.

- 장선의 보관은 항상 세워서 보관해야 한다.

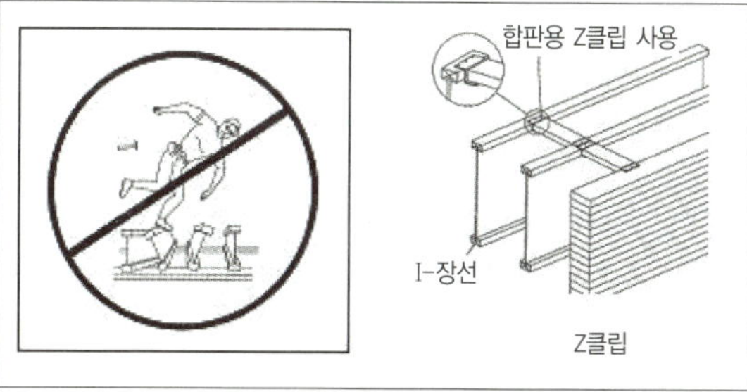

- 블로킹(Blocking)이나 림 조이스트(Rim Joist) 등에 일반 규격재를 사용하면 안 된다.

(3) LSL(Laminated Strand Lumber) Rim Board

① 최신의 복합구조재로 OSB와 유사하게 아스펜의 넓고 짧은 스트랜드로 제조된다.

② I-장선(Joist)과 규격이 같고 목조주택의 테두리장선과 창호의 헤더로 사용되기도 한다.

③ 치수 안정성이 높지만, 강도가 그다지 크지 않다.

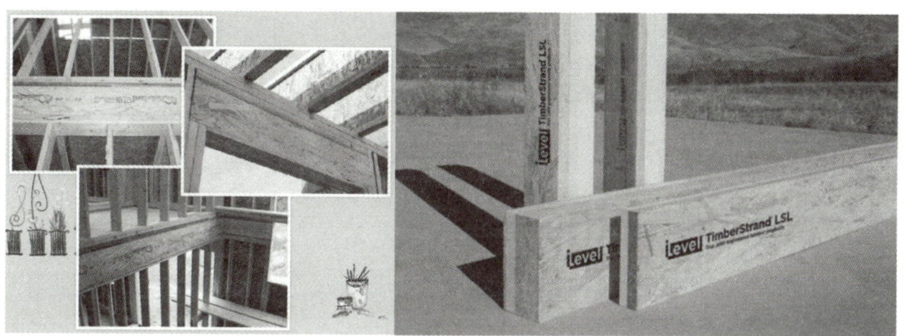

#TIP LSL Rim Board Stair Stringers

계단 부분에 사용되며 일반 규격재에서 일어날 수 있는 변형 및 수축이 없어서 삐걱거림, 변형 등이 없다. 긴 계단을 일체형으로 만들 수 있으며, 자재 파괴를 막는다.

(4) Parallel(PSL, Parallel Strand Lumber)

① 구성 및 특징(스트랜드 평행배열재): 스프랜드칩과 석탄산수지(외부용접착제)로 만들어지며 LVL과 OSB의 중간형태 목질복합재료이다.

② 집성재나 단판적층재보다 높은 수준의 강도를 지닌다.

③ 보 및 기둥재로 사용되며, 다양한 두께와 폭으로 만들어진다.

④ PSL은 무결점재에 속하기 때문에 전체 길이의 강도가 일정하다.

⑤ 방부처리가 쉽다. 단, 이런 경우 구조적인 성능이 감소한다.

⑥ 받침 폭

반력(t)	1.8t	2.7t	3.6t	4.5t	5.4t	6.3t	7.2t	8.1t	9t	9.9t	10.8t	11.7t
3 · 1/2″ PSL	1·3/4″	2·1/2″	3·1/4″	4″	4·3/4″	5·1/2″	6·1/4″	7″	7·3/4″			
5 · 1/4″ PSL	1·1/2″	1·3/4″	2·1/4″	2·3/4″	3·1/4″	3·3/4″	4·1/4″	4·3/4″	5·1/4″	5·3/4″	6·1/4″	6·3/4″

⑦ 허용되는 구멍 규격

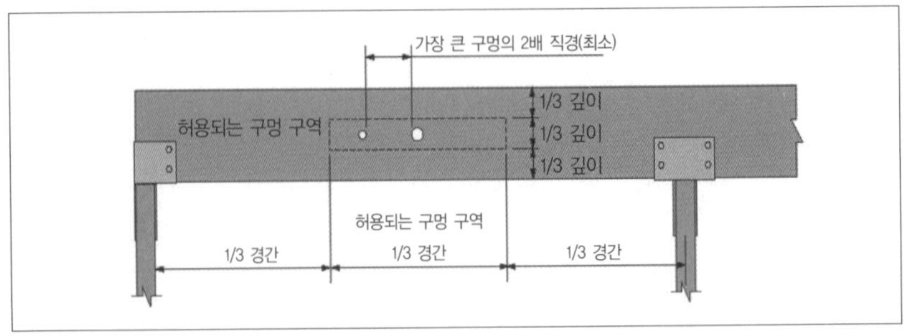

- 허용되는 구멍 구역은 등분포 하중이 적용되는 빔에만 해당된다.

- 사각형 구멍 및 캔틸레버에는 구멍을 뚫을 수 없다.

- 허용된 구멍 구역 외에서의 따내기나 구멍을 뚫을 수 없다.

- 빔 깊이가 11·1/8″ 경우 최대 원형구멍 크기는 2″이다.

⑧ 마루 거더 빔

마루하중 (PSF)	마루 프레임 길이	열 간격			
		8′	10′	12′	14′
40L/L + 12D/L (건식)	24′	3·1/2″×11·7/8″	3·1/2″×11·7/8″	3·1/2″×11·7/8″	5·1/4″×11·7/8″
	28′	3·1/2″×11·7/8″	3·1/2″×11·7/8″	3·1/2″×11·7/8″	5·1/4″×11·7/8″
	32′	3·1/2″×11·7/8″	3·1/2″×11·7/8″	5·1/4″×11·7/8″	(2)3·1/2″×11·7/8″
	36′	3·1/2″×11·7/8″	3·1/2″×11·7/8″	5·1/4″×11·7/8″	(2)3·1/2″×11·7/8″
	40′	3·1/2″×11·7/8″	3·1/2″×11·7/8″	5·1/4″×11·7/8″	(2)3·1/2″×11·7/8″
	44′	3·1/2″×11·7/8″	3·1/2″×11·7/8″	5·1/4″×11·7/8″	
40L/L + 32D/L (습식)	24′	3·1/2″×11·7/8″	3·1/2″×11·7/8″	3·1/2″×11·7/8″	5·1/4″×11·7/8″
	28′	3·1/2″×11·7/8″	3·1/2″×11·7/8″	5·1/4″×11·7/8″	(2)3·1/2″×11·7/8″
	32′	3·1/2″×11·7/8″	3·1/2″×11·7/8″	5·1/4″×11·7/8″	
	36′	3·1/2″×11·7/8″	5·1/4″×11·7/8″	5·1/4″×11·7/8″	
	40′	3·1/2″×11·7/8″	5·1/4″×11·7/8″	(2)3·1/2″×11·7/8″	
	44′	3·1/2″×11·7/8″	5·1/4″×11·7/8″	(2)3·1/2″×11·7/8″	

(5) 단판적층재(LVL, Laminated Veneer Lumber)

① 얇은 목재 단판을 나뭇결 방향에 평행하도록 적층하여 접착한다.

② 잣나무, 소나무, 또는 포플러나무 등이 사용되고 각기 다른 강도의 등급도 가능하다.

③ 2차 대전 중 비행기의 프로펠러로 사용하기 위해 개발되었다고 하며, 판재보다는

기둥과 보에 주로 사용된다.

④ LVL은 목조건물의 지붕과 바닥 등 하중을 많이 받는 부분에 쓰이며, 콘크리트 거푸집용 등 상대적으로 무게가 가볍고 강한 강도가 요구되는 곳에 사용할 수 있다. 다른 어떤 부재보다 변형이 없고 약재 처리가 용이하다.

⑤ 집성재보다 얇은 단판으로 못을 박을 때 할렬이 쉽게 일어난다.

#TIP 공학 목재에 사용되는 접착제

명칭	통칭	색상	내수성	내구성	사용성	포르말린
요소수지 접착제	요소	유백색	△	×	○	○
멜라민수지 접착제	멜라민	투명	○	○	×	○
석탄수지 접착제	석탄산	갈색	○	○	△	△
레조르시놀수지 접착제	레조	갈색	○	○	△	△
수성고분자계 접착제	수성비닐우레탄	유백색	○	○	○	×
초산비닐수지 에멀전 접착제		유백색	×	×	○	×

① 요소수지 계통: 자극적인 냄새의 포름알데히드(Formaldehyde)가 경화 후에도 계속 방출되며, 병든 주택(Sick House)이라고 불리게 한 장본인이다. 저렴한 가격과 무색, 작업성이 좋아서 합판(Plywood), 파티클 보드 등에 많이 사용된다.

② 멜라민수지 계통: 요소수지보다 물과 열에 강하지만, 가격이 비싸고 사용성이 떨어진다. 내수성이 요구되는 내수합판용에 주로 사용된다.

③ 석탄산수지 계통: 내후성, 내수성, 내구성이 높으며 공학 목재 제조에 주로 이용된다. 열을 사용하여 가압하고 갈색의 색상을 가진다. 초기에는 포르말린이 검출되지만 한번 경화되고 시간이 경과하면 거의 문제되지 않는다.

④ 레조르시놀수지 계통: 경화시간이 오래 걸리며, 대형 집성재에 주로 사용된다. 가격이 고가이며, 포르말린에 관해서는 석탄산 수지와 동일한 성능을 가진다.

⑤ 이소시아네트 계통: 비포르말린 계통이며 실온에서 30분 만에 경화되고, 유백색으로 목재에 착색 오염이 없다. 레조르시놀수지에 비해 내후성이 떨어져서 실외용 및

대단면 집성재에는 사용되지 않는다. 호흡기 문제로 완전한 고착 및 건조가 필수다.

⑥ 천연 계통: 완전 비포르말린 계통이며, 천연 고분자를 원료로 한 접착제(우유의 카세인, 아교)이다.

⑦ 초산비닐 계통: 일반 목공용 본드가 여기에 속하며, 비포르말린 계통이지만 내수성 및 내후성이 많이 떨어진다.

14. 판상재(Sheathing Material)—O.S.B(Oriented Standard Board)

(1) 무단판의 성능 등급이 매겨진 구조용 판넬로 스트랜드 모양의 작은 나뭇조각을 한 방향으로 배열하여 단판으로 제작한 것으로 2″~3″의 목재 칩을 서로 교차하여 액체 페놀수지나 분말 페놀로 접착하여 만든다.

(2) 규격(실제 치수)

① 벽체용, 지붕용 – 두께: 9.5mm(3/8″), 11.1mm(7/16″)

규격: 1,220mm×2,440mm(4′×8′)

② 바닥용(T&G) – 두께: 18.3mm(23/32″)

규격: 1,220mm×2,440mm(4′×8′)

(3) OSB는 외장재로서의 정상적인 기능을 수행하는데 한계가 있다.

(4) 수평과 수직 모두 설치가 가능하지만, 수평일 때는 벽돌 모양으로 엇갈려 설치한다.

(5) 이음 부분에는 못박기를 위한 블로킹(Blocking) 설치

(6) 글자가 있는 부분을 안쪽에 설치(미끄럼 방지)

(7) 모든 이음 부분에서는 3mm(1/8″)를 띄운다(수축 팽창 고려).

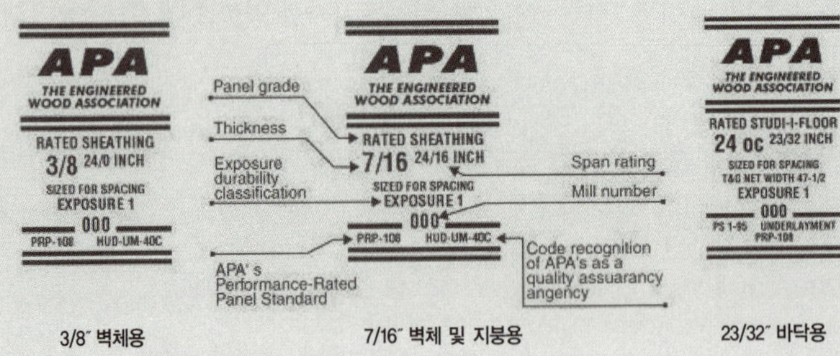

3/8″ 벽체용   7/16″ 벽체 및 지붕용   23/32″ 바닥용

① APA(American Plywood Association): 인증기관

② 성능표시(Panel grade)

- Rated Sheathing: 경골목구조의 바닥, 벽, 지붕 덮개용 판재

- Rated Siding: 덮개 재료에 사이딩 기능까지 겸해서 사용할 수 있는 판재

- Rated Sturd-I-Floor: 경골목구조의 바닥 덮개용으로 만들어진 판재

③ 두께(Thickness)

④ 지간 등급(Span rating)

- **24**/16: 지붕 사용 시 서까래의 간격이 최대 24″까지 설치 가능

- 24/**16**: 바닥 설치 시 장선의 간격이 최대 16″까지 설치 가능

⑤ Sized For Spacing: 이음 부분의 띄운 치수 3mm(1/8″)만큼 줄어 나올 수 있다(확인 후 시공).

⑥ 노출등급(내후성)

- Exterior: 완전 내수성의 판재로, 외기 또는 수분의 영구적 노출에 적합

- Exposure 1: 오랫동안 건축이 중단되거나 사용 중 높은 습도에 노출되는 용도에 적합(외부용)

- Exposure 2: 일반 건축물에서 외부로부터 보호된 상태의 구조에 적합(내부용)

- Interior: 실내용 접착제로 제작(완전 실내용)

15. 합판(Plywood)

(1) 가장 폭넓게 사용되는 공학 판넬로서, 원목을 넓고 얇게 깎은 단판(Veneer)을 각 단판의 섬유 방향이 서로 직교되도록 겹쳐 접착하여 만든다. 접착된 단판의 겹수는 3, 5, 7겹 등으로 앞면과 뒷면의 섬유 방향이 같아지도록 홀수로 접착하며 3mm에서 30mm까지 다양한 두께가 있다.

(2) 규격

① 두께: 3mm~30mm(공칭 치수)

② 900×1,800, 900×2,400, 1,200×2,400, 1,220×2,440(4′×8′)

(3) APA rated: 등급

(4) 구조재 간격 610mm(24″) O.C에서는 최소 12mm 이상의 합판을 사용하는 것이 효과적이다.

(5) 수평과 수직 모두 설치 가능하지만 수평일 때는 벽돌 모양으로 설치하여야 하고, 이음 부분에는 못박기를 위한 블로킹(Blocking)을 설치한다.

(6) 합판의 이음 부분은 최소 3mm(1/8″)를 띄운다(수축 팽창 고려).

#TIP 합판의 등급 마크

① 합판용 단판의 등급

- N: 특별히 제작되는 천연무늬결의 단판, 구조용으로 사용하지 않는다.
- A: 옹이 없고 표면이 매끈하며 나뭇결이 평행하다.
- B: 썩은 부분이 없고, 산 옹이는 섬유 방향으로 직경 1″까지 허용한다.
- C plugged: C등급 단판의 한 종류이며 C등급보다 엄격한 품질 제한을 받은 것이다.
- D: 직경 1″ 내에 옹이 구명 직경이 1·1/2″까지 허용한다. 외장용으로 최하급이다.

② A-C : 앞판은 A등급, 뒤판은 C등급을 말한다.

③ 내수(멜라민 수지)-Exterior

④ 준내수(요소 수지)-Exterior 1, 2

⑤ 비내수(카세인 수지)-Interior

16. 시공 부자재 및 공구

(1) 접착제(Glue)+글루 전용 건(Glue Gun)

　① 바닥장선 위 합판 접착 시 사용하며 완전히 굳지 않아 충격을 흡수하는 기능성

　② 방음효과가 있으며 사용 후 15분 이내에 합판을 붙이는 것이 좋다.

(2) 합판 클립(PSCL)

　① 합판의 수축팽창을 고려하여 3mm(1/8˝) 띄우기 위한 철물

　② 합판 부분연결을 통해 구조성능 향상

　③ 종류: 7/16˝, 23/32˝

17. 제조방법에 따른 합판의 분류

(1) 코어 합판: 각목을 붙이고 양쪽에 합판을 붙인 것이다.

(2) 집성목: 작은 판재나 각재에 접착제를 칠하여 나뭇결이 서로 평행하도록 압착하여 만든다(고무나무, 레드파인, 스프러스, 오크, 부빙가 등).

(3) 칩보드(Chip Board): 목재 조각을 접착제로 붙여 만든 것(싱크대, 파티클보드)이다.

(4) 저밀도 섬유판(Insulation Board): 흡음 및 단열재로 사용한다.

⑸ 중밀도 섬유판(MDF): 부엌가구나 신발장, 인테리어 등에 사용, 수분에 매우 약하다.

⑹ 고밀도 섬유판(HDF): 강화마루 재료이다.

⑺ 기능성 합판

① 자작나무 합판: 아름다운 무늬결, 차음 성능과 경량자재로 친환경적인 것이 최대 장점이다.

② 아라우코 합판: 다양한 표면 처리 기술, 친환경적이고 도장성이 좋다.

③ 오크 합판

④ 체리 합판

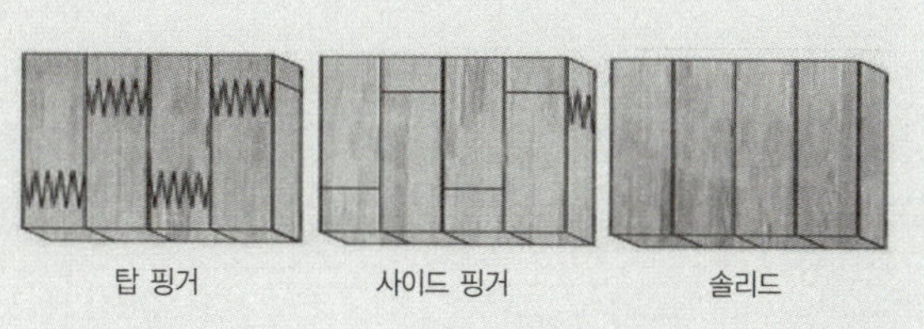

목조주택의
구조 개론

CHAPTER 3

목조주택의 구조 개론

1. 기본 이론

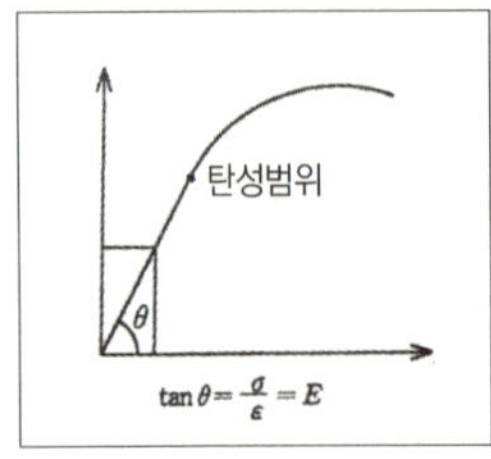

(1) 탄성계수: 고체역학에서 재료의 강성도를 나타내는 값으로 응력과 변형도의 비율로 정의된다. 다른 곳에서는 영계수, 영률, 수직 탄성률, 수직 탄성계수라고 불린다.

(2) 영률(영계수): 고체 탄성률의 하나로, 굵기가 고른 막대의 한 끝을 고정하고 다른 쪽 끝을 잡아당기거나 밀 때에 막대의 단면에 단위 면적당 작용하는 힘의 크기는 막대의 단위 길이 당 늘어나는 양이나 줄어드는 양에 비례하는데, 이 비례 상수를 말한다.

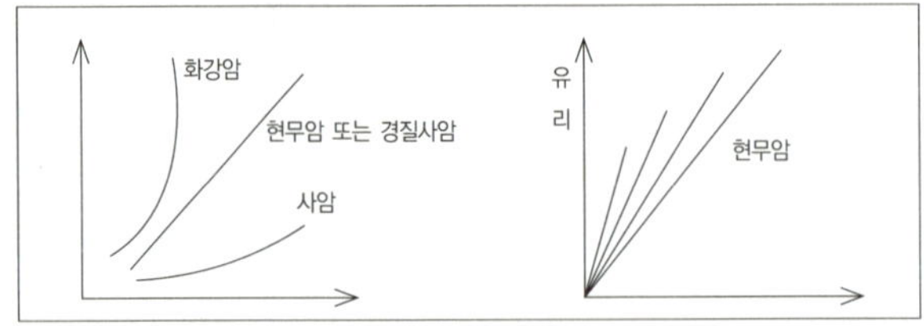

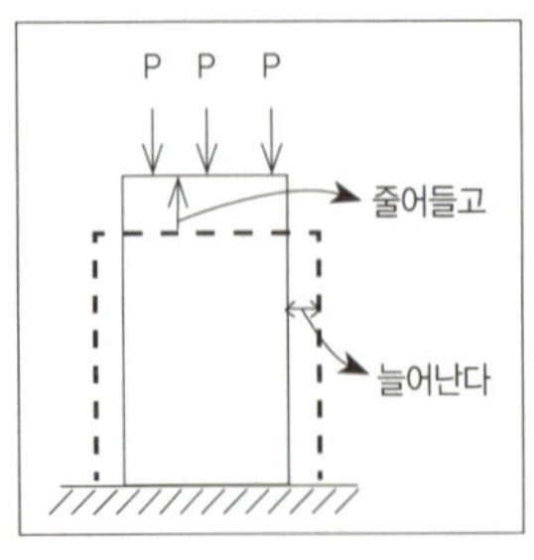

(3) 프와송비(Poisson Ratio): 재료는 위에서 아래로 누르면 찌그러지는 만큼 옆으로도 늘어나는데 이러한 비율을 프와송비라고 한다. 예컨대 석재의 프와송비가 0.25: 25/100인 경우 위·아래 방향으로 100의 길이가 줄었다면 옆으로 25의 길이가 늘어난다.

2. 재료의 역학적 성질

(1) 응력과 변형: 재료에 가해지는 힘과 그 힘에 의한 재료의 변화

(2) 탄성과 소성: 물체가 외부로부터 힘을 받아 그 부피와 모양이 일정한 정도로 바뀌었다가 그 힘이 없어지면 다시 본래의 모양으로 되돌아가려는 성질이 탄성, 소성은 원상태로 돌아가지 않는 성질

(3) 인성과 취성: 인성은 재료가 파괴되기까지 높은 응력에 잘 견디면서 많은 변형을 나타내는 재료이고, 취성은 작은 변형에도 쉽게 파괴되는 성질

(4) 연성과 전성: 연성은 재료가 인장응력을 받아 큰 신장을 나타내는 것이고, 전성은 얇게 두들겨 펴지는 성질

(5) 경도: 재료의 단단한 정도

(6) 내구성과 피로성: 내구성은 재료가 변하지 않고 오래 견디는 성질이며, 피로성은 지속적으로 반복되는 외력에 저항하는 성질

3. 하중

(1) 장기하중: 고정하중(Dead Load)과 활하중(생활하중, Live Load)이 있다.

재료	단위 체적중량(t/㎥)	비고
철근콘크리트	2.4	
철골	7.85	
목재	0.3~0.8	평균 0.5

부분별 활하중(kg·f/㎡)		
주택	• 주거용 거실, 복도	200
	• 공동주택 발코니	300
사무실	• 일반 사무실, 복도	250
	• 로비	400
학교	• 교실, 복도	300
도서관	• 서고	750
공장	• 경공업 공장	600
	• 중공업 공장	1,200

주차장	▪ 승용차 전용	600
	▪ 트럭, 중량 버스	1,600
지붕	▪ 접근이 곤란한 지붕	100
	▪ 적재물이 거의 없는 지붕	200
	▪ 정원 및 집회 용도	500
	▪ 헬리콥터 정착장(대형 제외)	500

(2) 단기하중: 적설하중, 풍하중, 지진하중

적설하중(kg·f/m²)	
일반 지역	50
인천	80
속초	200
강릉	300
울릉도, 대관령	700

① 깨끗한 눈의 경우 적설 시의 하중은 $2kg \cdot f/cm/m^2$, 다설지역에 잔설로 쌓이는 경우 $3kg \cdot f/cm/m^2$, 또는 그 이상이다.

② 지붕에 작용하는 적설하중의 영향이 지붕면의 최소 적재하중보다 클 경우 적설하중을 설계하중의 기본값으로 한다.

③ 적설하중의 기본값은 재현주기 100년에 대한 수직 최심 적설 깊이를 기준으로 한다.

(3) 기타하중: 지하수압, 토압, 유체압, 기타 충격하중 등

4. 응력(Stress)

(1) 인장

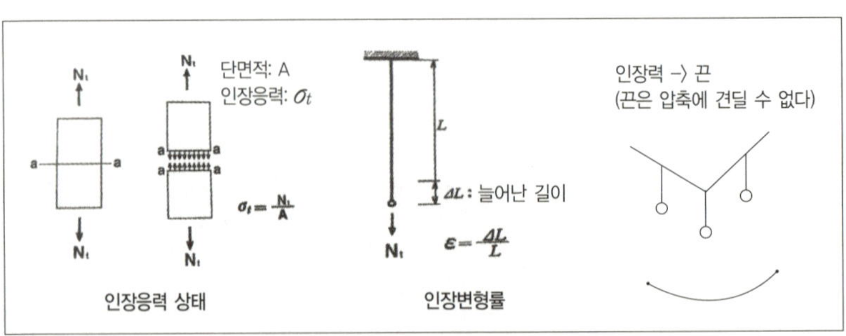

(2) 압축

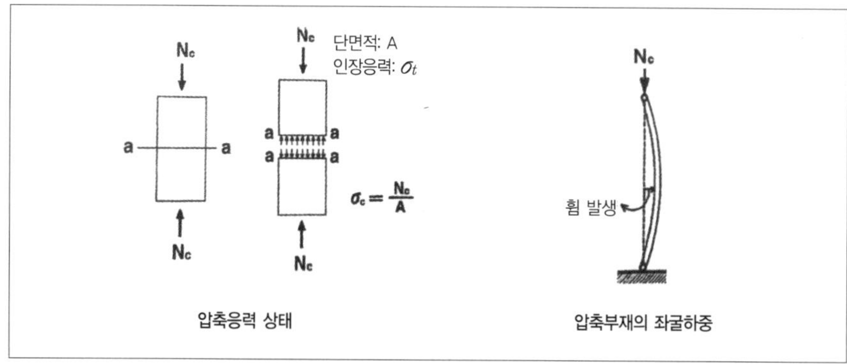

압축응력 상태　　　　　　압축부재의 좌굴하중

(3) 전단

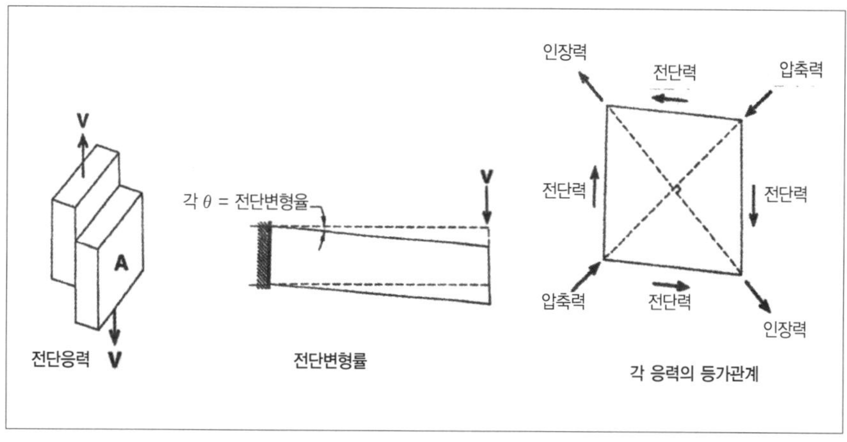

전단응력　　　　　전단변형률　　　　　각 응력의 등가관계

(4) 휨

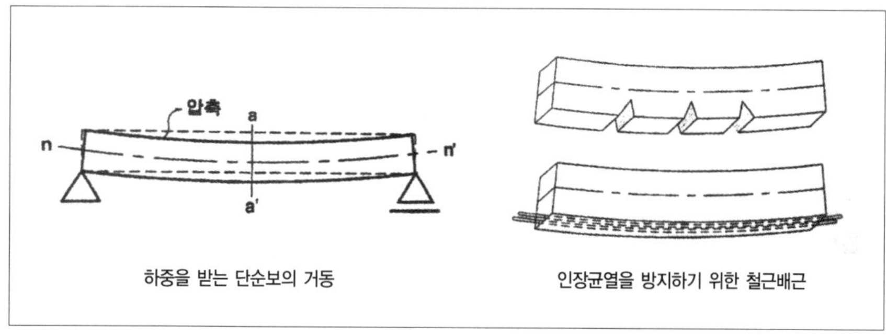

하중을 받는 단순보의 거동　　　　　인장균열을 방지하기 위한 철근배근

5. 허용응력도

(1) 완전한 양질의 목재 재료의 압축강도는 보통 450kg·f/㎡ 정도 된다. 여기에서 설계 시 반영되는 단기응력의 계산에서 품질 편차(0.6)×흠집(0.5)을 곱해서 설계에 반영하면 목재는 실제의 30% 정도를 믿을 수 있는 강도로 본다.

※ 참고: 수종별 압축강도(kg·f/㎡)−참나무(641), 낙엽송(638), 단풍나무(564), 벚나무(534), 노송나무(517), 미송(480), 육송(440), 적나왕(413)

(2) 목재의 나뭇결 방향 허용응력도

종류			장기 응력(kg·f/㎡)			단기 응력
			압축	인장(휨)	전단	
침엽수		육송, 아카시아	50	60	4	장기응력 수치의 1.5배로 한다
		전나무, 가문비나무, 미삼송, 미솔송	60	70	5	
		잣나무, 벚나무	70	80	6	
		낙엽송, 적송, 흑송, 미송	80	90	7	
활엽수		밤나무, 물참나무	70	95	10	
		느티나무	80	110	12	
		떡갈나무	90	125	14	
		나왕	70	90	6	

※ 참고로 콘크리트의 압축강도 200kg·f/㎡, 인장강도 30kg·f/㎡

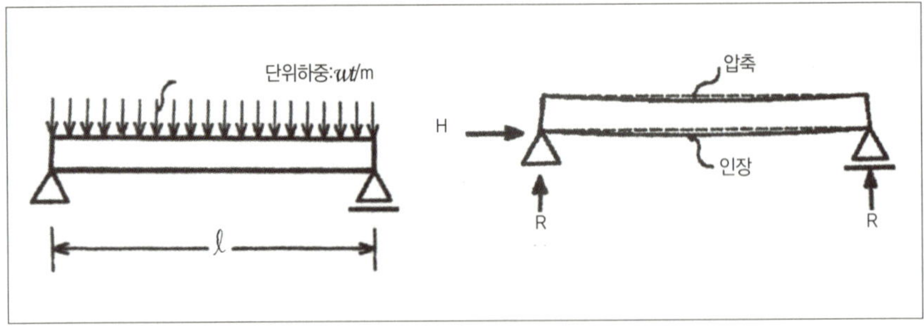

6. 구조재의 허용 설계 하중

(1) 2×4 구조재의 허용 설계 기준

우리나라 목조주택에서 주로 사용하는 구조재의 기본 규격은 S.P.F.#2, 2×4 구조재이다.

S.P.F.#2 구조재의 설계 허용 응력은 압축강도 80kg·f/㎠이고 인장강도는 70kg·f/㎠이다(참고로 콘트리트의 압축강도는 200kg·f/㎠, 인장강도는 30kg·f/㎠).

나무는 옹이, 할렬(갈라짐) 등 구조적 결함 때문에 원래 가지고 있는 압축강도의 $\frac{1}{3}$만 설계하중에 반영한다. 그러므로 나무의 압축강도는 콘크리트보다 강하다고 할 수 있다.

(2) 2×4 구조재 압축 하중 계산

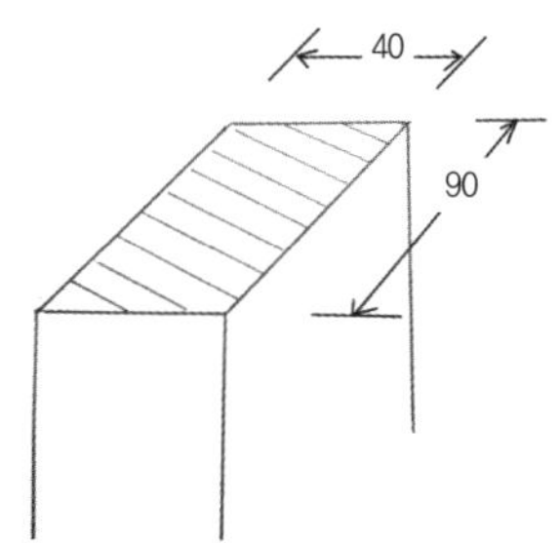

● 2×4 구조재의 단면적은 4cm×9cm = 36㎠이고 1㎠당 허용 압축하중은 80kg·f이다. 그러므로 2×4 구조재 단면의 허용 압축하중을 계산하면

36㎠×80kg=2,880kg으로 약 3톤의 압축하중을 견딜 수 있다.

(3) 30평 기준 목조주택의 하중 60톤

2×4 구조재 하나가 견딜 수 있는 수직 압축하중은 약 3톤이 되며 통상 30평 기준으로 목조주택 전체의 무게는 약 60톤 정도로 추산되는데 이러한 경우 2×4 구조재 20개 정도면 30평 목조주택 전체의 하중을 지탱할 수 있다.

참고로 30평 목조주택에서 벽체 구조재(스터드)는 약 200개 이상 설치된다.

(4) 2×6 구조재의 허용 설계 기준

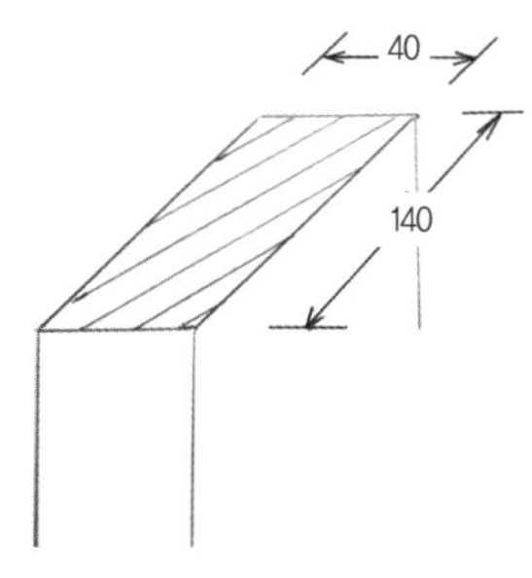

● 2×6 구조재의 단면적은 4cm×14cm=56㎠이고 1㎠당 허용 압축하중은 80kg·f이다. 그러므로 2×6 구조재 단면의 허용 압축하중을 계산하면

56㎠×80kg=4,480kg으로 약 4.5톤의 압축하중을 견딜 수 있다.

(5) 2×6 구조재 14개면 충분

30평 기준 목조주택의 총 무게를 약 60톤 정도로 추정하면 2×6 구조재를 사용하는 경우 14개의 구조재(스터드)면 30평 목조주택의 하중을 견딜 수 있다.

우리나라 목조주택에서 벽체 구조재(스터드)는 통상 200개 이상 설치되므로 2×4 또는 2×6 구조재의 설계 압축하중을 고려해보면 충분한 설계 하중을 갖고 있음을 알 수 있다.

북미(미국, 캐나다)에서 5층까지는 별도의 구조계산 없이 건축허가가 나오는 것을 보면 그 이유를 충분히 이해할 수 있다.

7. 보(Beam)

(1) 항아리보: 전통건축에 사용된 보의 단면을 보면 윗면, 즉 압축력을 받는 부분이 인장력을 받는 아랫면보다 더 크게 되어 있다. 이런 보를 항아리보라고 하는데 이는 현대건축에서 사용하는 T자형 보와 같은 원리다. 밑에서 볼 때 보를 작게 보이게 함으로써 시각적으로도 매우 훌륭한 역할을 한다.

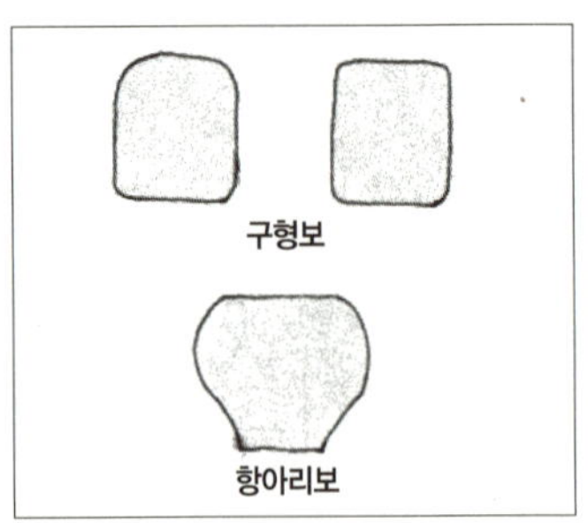

(2) 단순보: 등분포와 집중하중을 받는 단순보를 말한다.

(3) 고정단보: 고정단보가 압축을 받을 경우 좌굴에 대해서 더 많은 외력에 저항할 수 있다. 좌굴하중이 압축 길이의 자승에 비례하고 좌굴 길이는 고정단보가 단순보 상태의 1/2에 불과하므로 압축을 받는 고정단보나 기둥은 단순지지된 경우보다 좌굴강도가 4배나 된다고 할 수 있다.

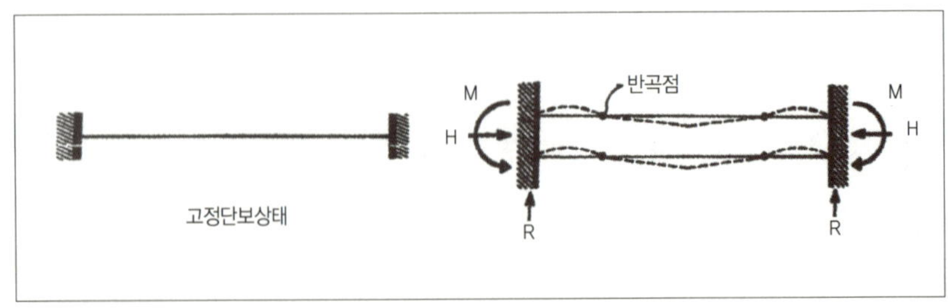

8. 캔틸레버 보(Cantilever Beam)

(1) 구조재 2×8인 경우 400㎜

(2) 구조재 2×10인 경우 600㎜

(3) 캔틸레버의 길이가 600㎜ 이상이거나 1개층 이상의 하중을 받는 경우에는 구조
설계를 해야 한다.

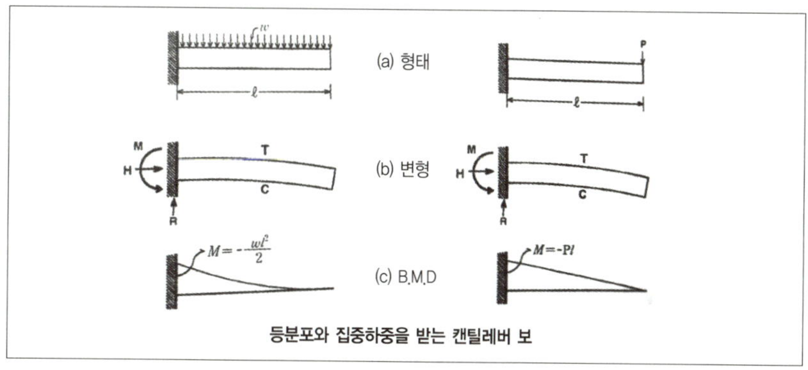

9. 트러스(Truss)

(1) 힘의 평형

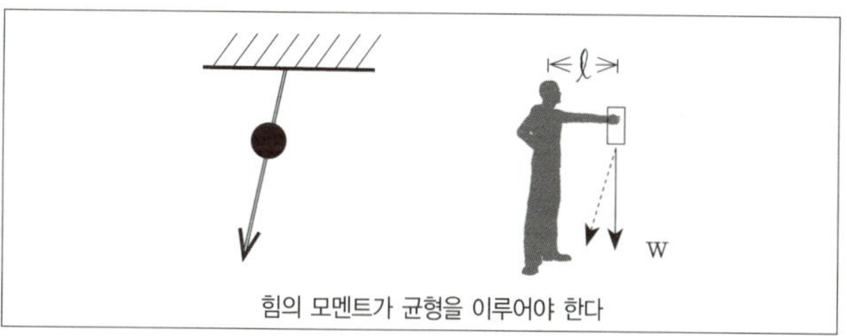

(2) 힘의 합성과 분해

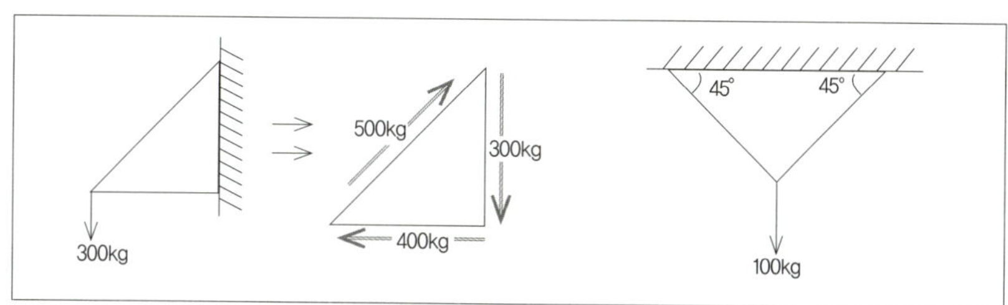

(3) 트러스의 원리

① 트러스에서는 각 부재에 천부 축력만 걸린다. 축력이므로 압축력, 또는 인장
력만이 작용한다.

② 역학상 축력만이 작용하는 구조재가 가장 효율적이다.

③ 부재의 가운데는 힘을 받지 않기 때문에 부재의 중간 부분을 없애서 부재의
낭비적 요소를 줄이는 것이 트러스이다. 철골구조의 H빔 구조를 생각하면 쉽
게 이해할 수 있다.

④ 트러스의 기본

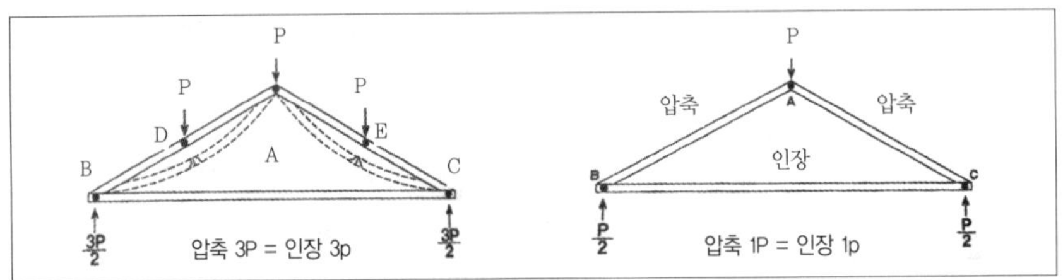

⑤ 상현재에 휨이 발생하지 않도록 한 보강방법

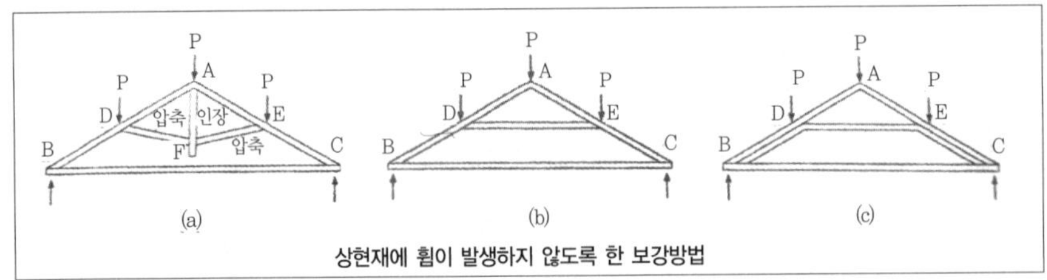

⑥ Sloped Truss의 형태변환

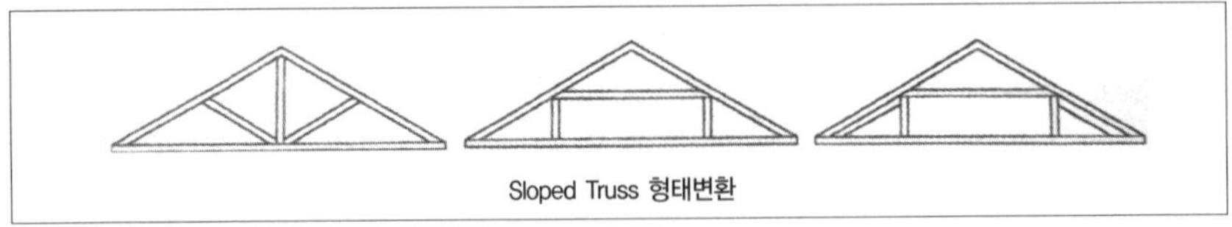

(4) 트러스 구조해설

① 경사 트러스: 그림과 같이 웨브재 중 사재가 압축력을 받고 수직재가 인장력
을 받도록 조립된 경사 트러스의 경우를 말한다.

- D, F점에 작용된 w_2 하중은 DJ, FJ, 부재에 압축으로 작용한 EJ 인장부재에 의하여 트러스의 정점 E로 전달된다.

- w_3 하중에 의한 CI, GK 부재에 작용한 압축력도 DI, FK 부재에 의해 정점 D, F로 전달된다.

- 이러한 과정을 거쳐 압축력은 트러스 상현재를 통하여 지점 A, B에 도달한다.

- 따라서 상현재는 지지점에 가까운 AC나 GB 부재가 CD나 FG 부재보다 압축력을 더 받고 있으며, 역시 CD 및 FG 부재는 DE나 EF 부재보다 더 큰 압축응력이 요구된다.

- 인장재 역시 트러스 정점으로 하중이 집중되어 분산되므로 EJ 수직재가 다른 수직재보다 더 큰 인장력을 받고 있으며, 하현재에서는 단부에 가까운 부재(AH>HI>IJ)에 더 큰 인장력이 발생함을 알 수 있다.

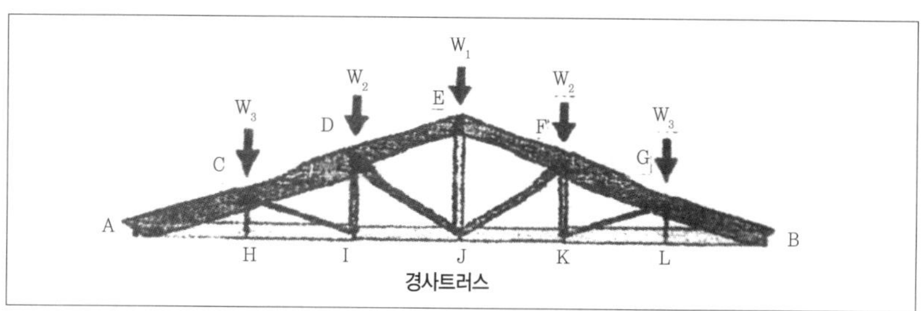

경사트러스

② 평트러스

- 하중 w_1 DMS 인장수직재에 의하여 J에서 E로 올려져 하중이 전달되고, 압축재에 의하여 E에서 I, K점에 전달된다.

- 이때 IK 부재는 트러스 추력에 의하여 인장력이 발생하면서 삼각형 트러스인 IEK 가 I와 K에서 인접 격간에 연결한 상태가 된다.

- 추가하중 w_2 는 인장수직재에 의하여 D, F에 전달되고 압축사재에 의하여 H와 L에 전달된다.

- 평트러스는 보와 같은 구조적 거동을 하므로 트러스 중앙부에서 인장과 압축응력에 최대로 저항하면서 전단에 의하여 지지점으로 하중을 전달시키므로,

상·하현재는 중앙부에서 최대 부재력을 나타내고, 사재인 압축부재는 단부로 갈수록 더 큰 응력에 저항하게 된다.

- 부재 응력으로 비교한다면 평트러스는 경사트러스와는 반대의 성질을 나타낸다고 할 수 있다.

- 이 트러스에서는 수직재 MA와 NB 및 상현재 MC, GN은 필요하지 않음을 알 수 있다.

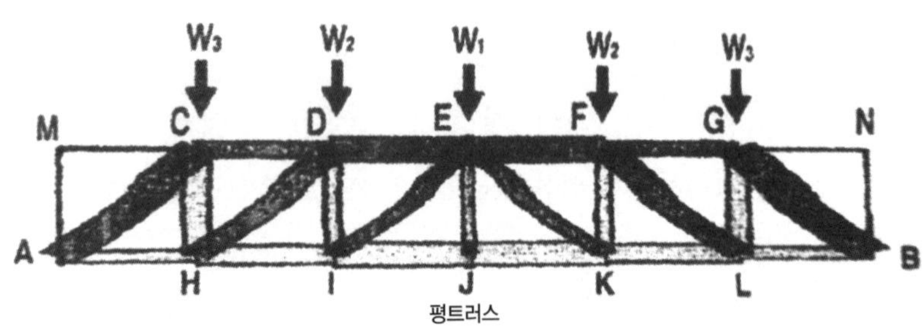

평트러스

③ 특허 받은 철골 트러스

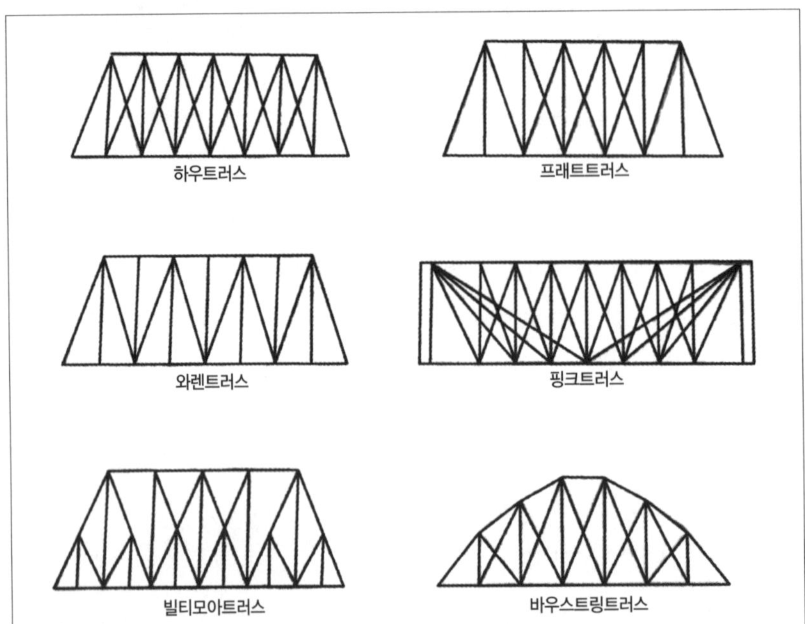

10. 라멘구조(Rahmen)

(1) 기둥을 서로 연결하고 이를 건물의 기본골격으로 삼는 구조

(2) 압축력에 강한 콘크리트와 인장력이 강한 철근을 일체화시킨 구조

(3) 지진 등 재해에도 잘 견디는 비교적 튼튼한 구조로 알려졌으나, 투입된 철근의 양
과 그 배근 상태에 의해 강도가 크게 좌우되는 취약점을 안고 있다.

(4) 라멘구조는 상가나 업무용 건물과 같이 층별로 벽체의 구획이 다른 건물에 많
이 적용된다.

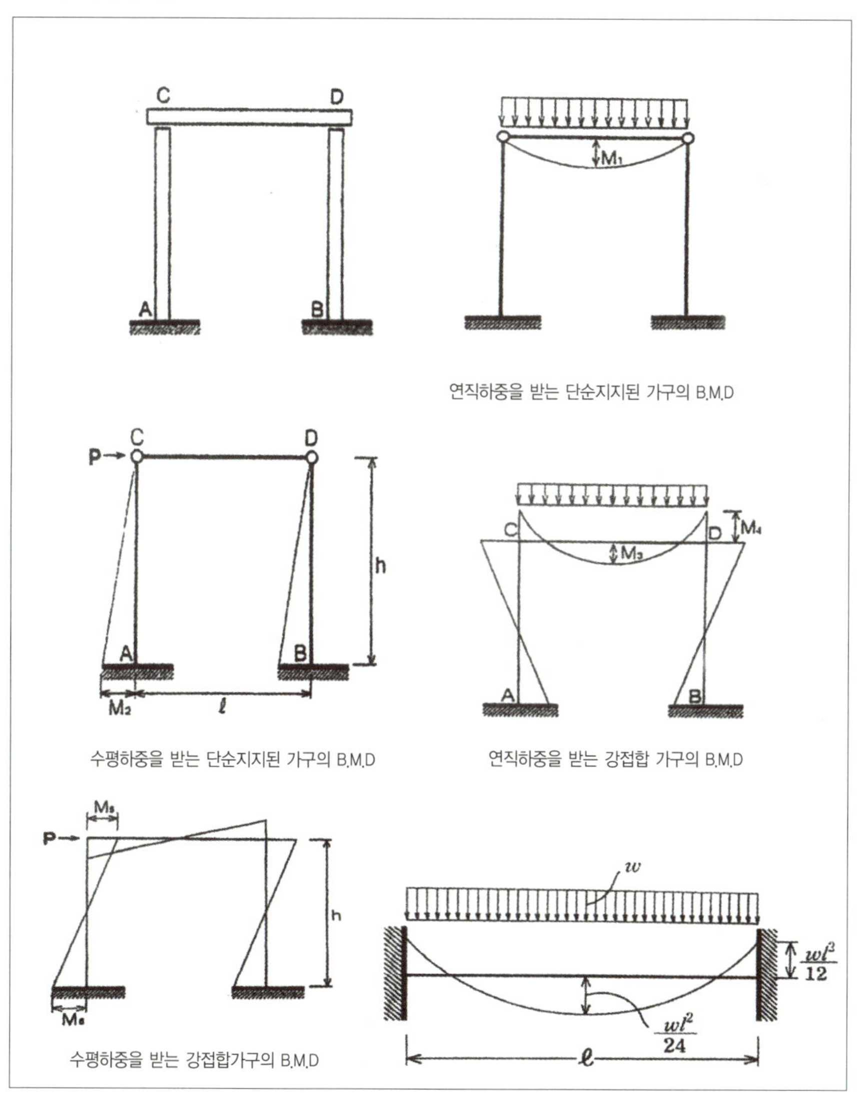

11. 벽체

(1) 벽식 구조는 기둥이나 들보 따위의 골조를 쓰지 않고 벽이나 마루로만 구성된 건

축 구조로서, 슬래브→내력벽→기초 순으로 하중을 전달하는 구조

(2) 벽체는 건물의 구조를 이루는 부분으로 수평력을 부담하는 역할

(3) 횡력 부담을 전적으로 책임지는 구조체(기둥은 횡력 부담력이 거의 없다)

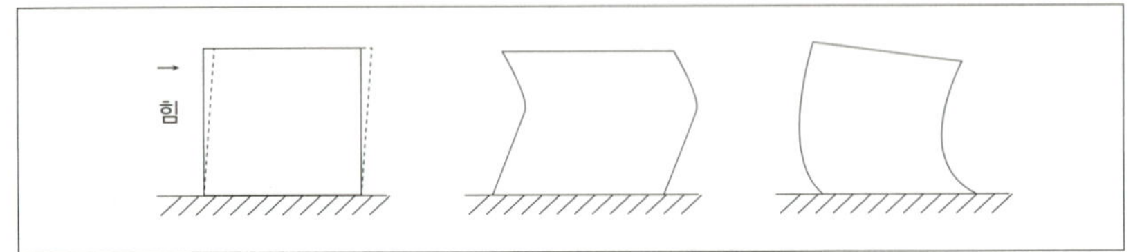

(4) 벽체가 일체화되어야 완벽한 횡력 부담을 소화할 수 있다(합판블로킹의 효용)

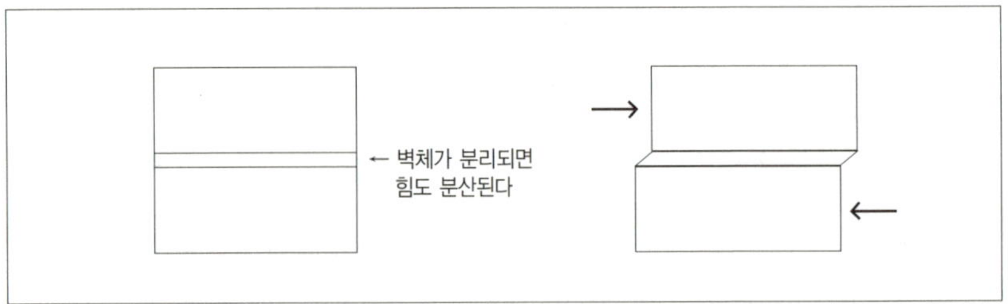

12. 슬래브(Slabs)

(1) 슬래브 면에 작용한 하중이 슬래브를 지지하는 보에 전달되는 힘의 관계는 격자

보의 하중전달 과정을 이해해야 한다. 아래의 그림에서 P점에 작용하는 하중은

AB와 CD보의 양단부 지지점으로

분산된다.

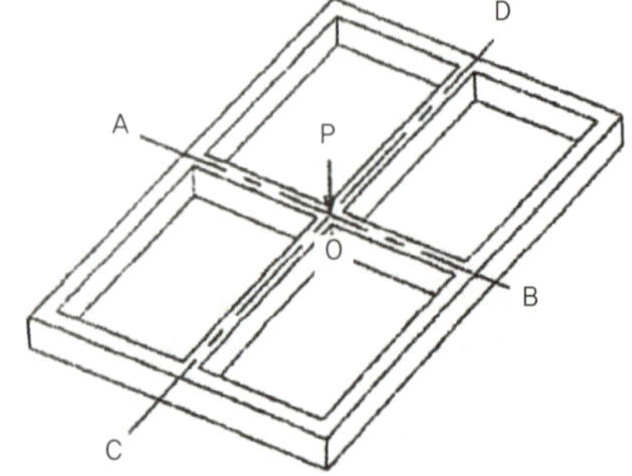

(2) 하중을 받고 있는 AB보와 CD보의 처짐
곡선은 다를 수 있지만, 일체식 구조이
므로 2개의 보가 교차하는 P점에서의
처짐량은 같은 값이 된다.

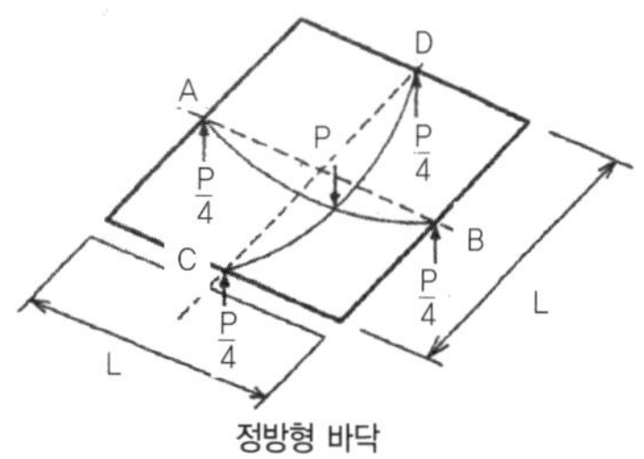

(3) 동일한 단면일 경우 보의 강성은 길이가 짧을수록 큰 값을 나타내므로 단변인
AB보가 장변인 CD보보다 더 큰 강성을 갖게 된다. 강성이 큰 단변의 AB보가 보
다 유연한 장변의 CD보와 같은 처짐량을 갖기 위해서는 AB보에 더 큰 하중작
용이 필요할 것이므로 P점에 작용된 하중은 단변인 AB보가 장변인 CD보보다도
더 MS 몫의 하중을 분담하여 각 지지점에 전달된다.

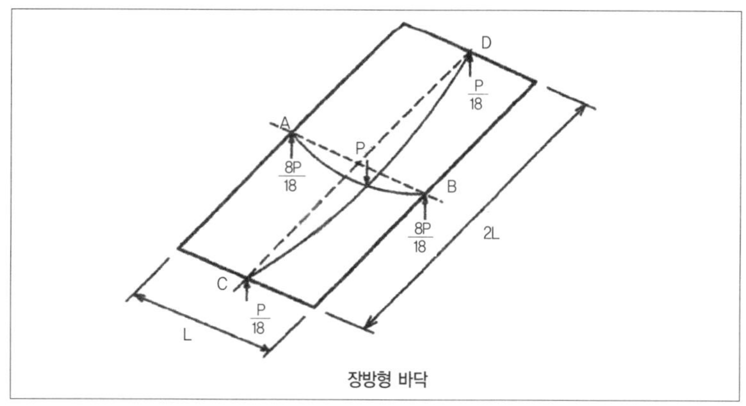

(4) 단변과 장변이 동일한 정방형 중앙에 집중하중 P가 작용한다면, 지지점 A, B, C,
D에는 첫 번째 그림과 같이 1/4P의 하중이 균등하게 전달될 것이나 장변이 단변
의 2배인 경우에는 보의 강성은 길이 3승에 비례하므로 두 번째 그림과 같이 단
변인 A, B 점에는 8/18P씩, 장변의 C, D점에는 1/18P씩 하중이 전달되므로 작용
하중 대부분은 단변으로 배분된다.

(5) 장변 길이가 단변의 2배를 넘으면 수직 하중의 90% 이상이 단변 방향으로 전해진다.

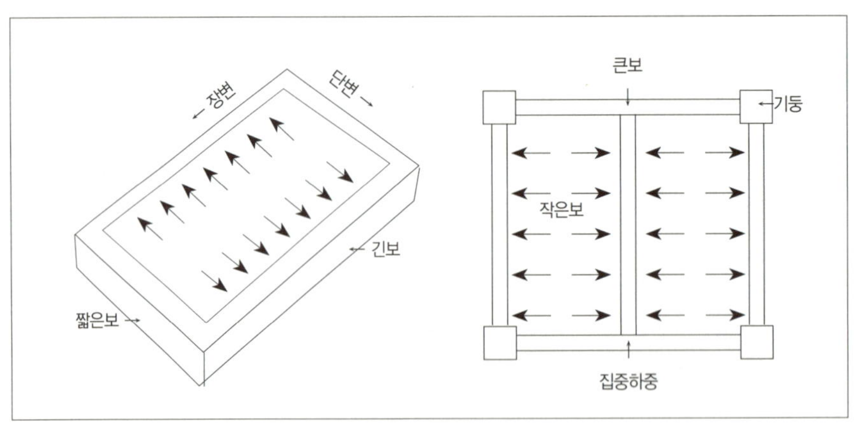

13. 공포(栱包)의 원리

공포의 사전적 의미는 "처마 끝의 무게를 받치기 위하여 기둥머리에 짜 맞추어 댄 나무쪽"으로 중국에서는 보통 '도우공'으로 일본에서는 '구미모노'로 불리 우는 부재이다.

(1) 기본원리

세로로 세워진 나무는 위에 올라선 돌의 무게를 비교적 쉽게 견딜 수 있지만, 오른쪽처럼 가로로 놓인 나무는 위에 놓인 돌의 무게를 견디기 어렵다.

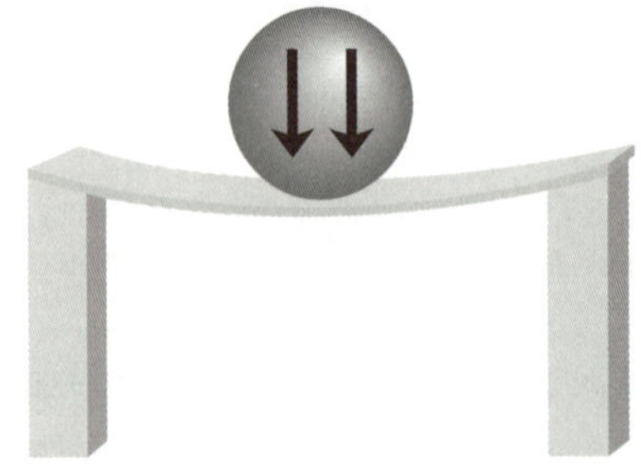

기둥 사이에 간격을 좁게 하거나 두 기둥 사이에 또 다른 기둥을 세우지 않으면 가로보는 아래로 처지게 된다. 돌 아래 기둥을 추가로 세우는 경우 공간 활용을 못 하게 된다.

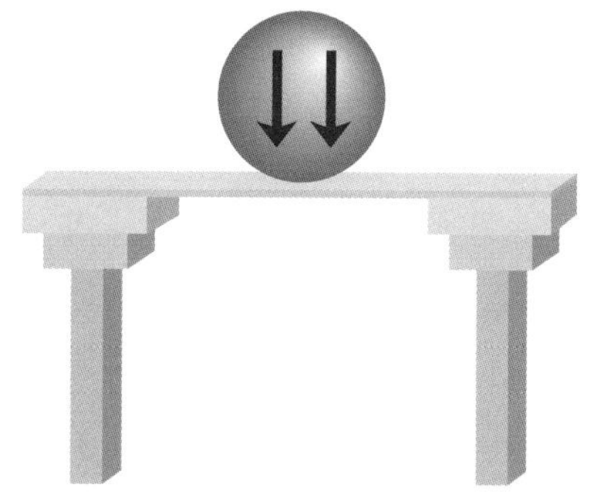

왼쪽 그림과 같이 가로 나무를 덧대어 놓게 되면 가로로 놓인 나무가 얇거나 기둥 사이가 넓어지더라도 위에 놓인 돌의 무게를 견딜 수 있게 된다. 이것이 공포의 기본원리이다.

(2) 수직 하중의 전달 원리

공포가 생김으로 기둥 사이를 넓힐 수 있어서 공간을 보다 더 넓게 효율적으로 쓸 수 있게 되었으며 주택의 처마를 길게 뺄 수 있게 되었다.

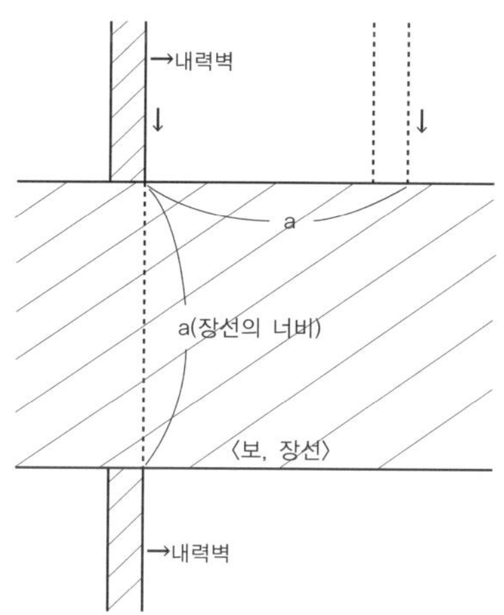

① 상부 내력벽의 위치를 옮길 경우 하부 내력벽의 보에서 장선의 너비 이상 떨어져서는 안 된다(I.R.Code 502.4). 즉 보의 두께(a)만큼 위에 놓인 내력벽을 이동하여도 된다.

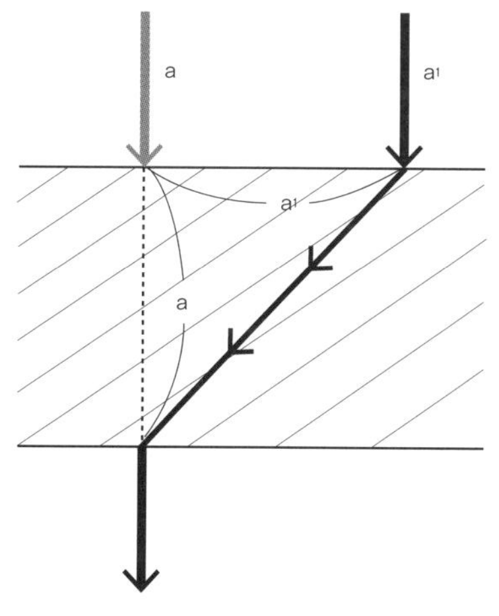

② (a)에서 (a1)로 내력벽을 옮기면 (a1)에서의 수직 하중은 빗금 친 선을 따라서 아래 기둥으로 전달된다.

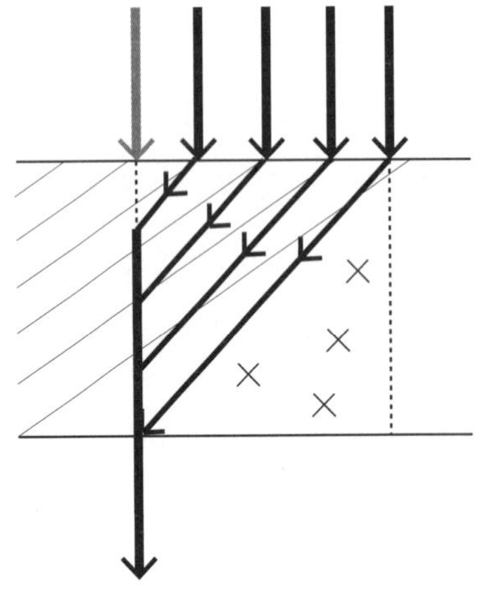

③ 빗금 쳐진 보에서만 위의 수직 하중을 받게 되면 빗금이 쳐지지 않은 보에서는 위에서 내려오는 수직 하중의 힘을 전혀 받지 않는다.

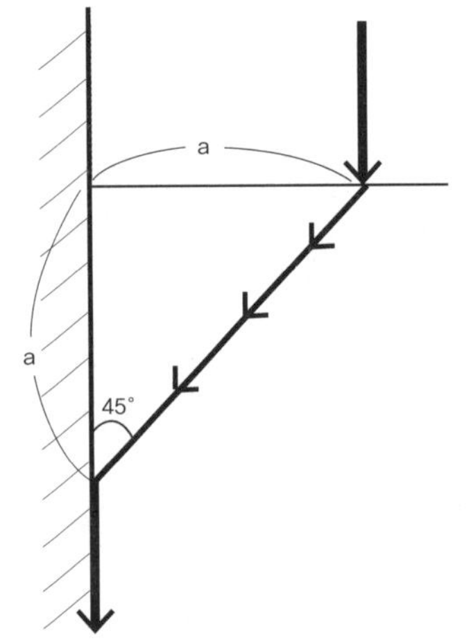

④ 위에서 내려오는 수직 하중이 100% 아래 기둥으로 전달될 때의 각도는 45° 이내이다.

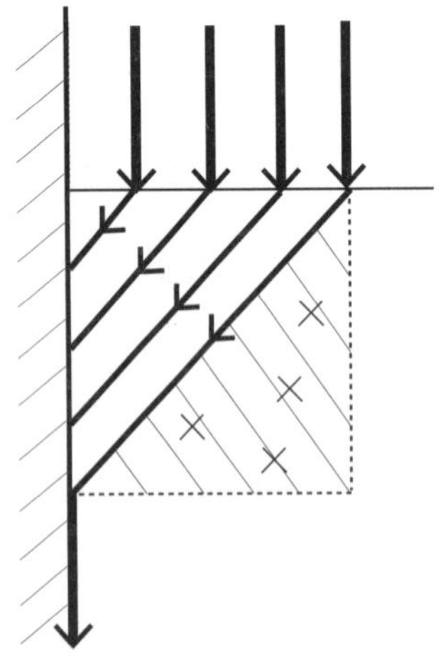

⑤ 45° 브레이스 각도가 유지될 때 위에서 발생하는 모든 수직 하중은 기둥으로 연결되며 이때 빗금 쳐진 부분에서는 위에서 내려오는 수직 하중의 영향을 전혀 받지 않는 관계로 필요 없는 공간이 된다.

(3) 한옥에서의 공포 적용

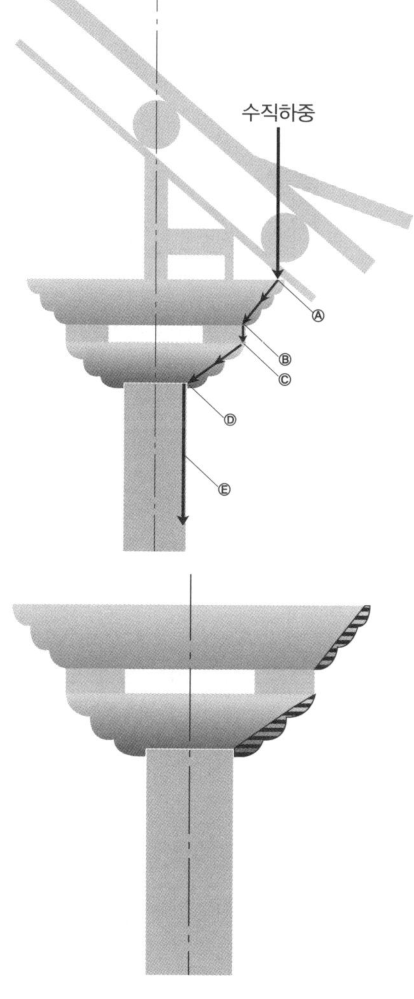

① 하중의 전달과정

한옥 지붕 전체의 무거운 하중은 ⓐ 지점에 걸리고 ⓐ 지점의 하중은 45° 빗면을 따라서 전체 하중이 ⓑ 지점으로 전달된다.

ⓑ 지점의 하중은 수직으로 낙하하여 ⓒ 지점으로 전달되고 ⓒ 지점의 하중은 45° 빗면을 따라 전체 하중이 ⓓ 지점으로 전달된다.

ⓓ 지점에 모아진 전체 하중은 기둥에 걸리게 되며 결국은 기둥 하나가 지붕 전체의 수직 하중을 견디게 되는 것이다.

그림에서 빗금 쳐진 부분이 지붕의 수직 하중을 전혀 받지 않는 관계로 단청 등 장식용으로 활용된다. 한옥에서 하앙의 가양화(하앙이 가짜로 만들어져 장식이 됨)가 가능한 이유이다.

(4) 육중한 지붕의 하중을 기둥에 합리적으로 전달, 분배하기 위하여 공포를 사용했다.

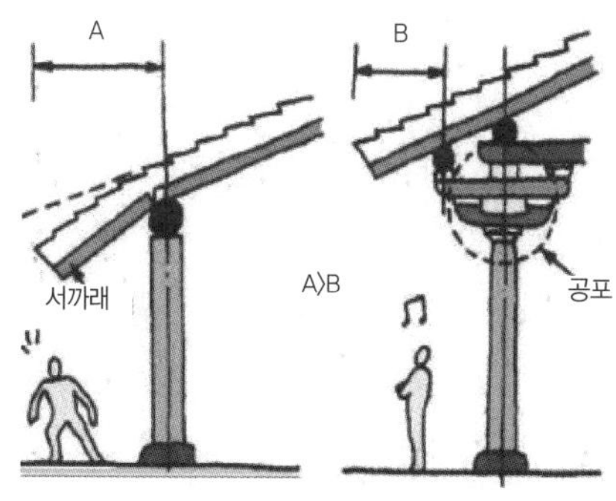

14. 황금 비율

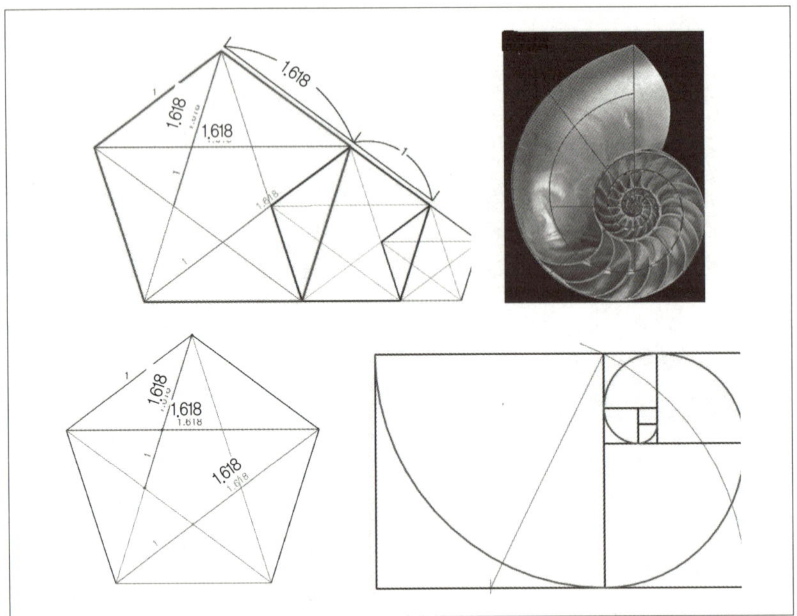

(1) 선분을 크기가 다른 두 부분으로 나눌 때, 긴 부분과 짧은 부분의 비를 전체와 긴 부분의 비와 같게 했을 때의 비를 말한다. 일반적으로 이 비는 약 1.618대 1로, 가장 조화로운 비로 여겨지고 있다.

(2) 1:1.618 = 5:8 (하나를 두 개로 나누는 가장 아름다운 비율)

(3) 지붕각의 경우 5/8, 7/12(7각, 30°)이 가장 아름다운 각도이다.

(4) 카드의 가로세로 비율, 국기의 가로세로 비율, 석굴암 불상의 비율, 자연에서 피보나치 수열의 예가 바로 황금비율이다.

#TIP 지붕각이란

① 지붕각 6각, 7각, 8각이란 밑변이 12이고 높이가 6, 7, 8이란 뜻이다.

② 밑변이 12를 기준으로 높이가 6이면 6각, 7이면 7각이라고 한다.

③ 7각일 경우 지붕의 각도는 계산해 보면 30.256°

④ 마찬가지로 6각 = 26.56°, 8각 = 33.7°

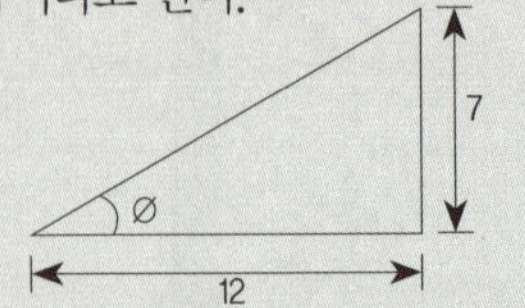

15. 착시현상의 이해

(1) 파르테논 신전을 보면 강당처럼 넓은 천장의 정확한 수평이다(정확한 수평인 경우 가운데가 처져 보임).

(2) 기둥이 동일한 지름일 경우 가운데가 홀쭉해 보인다(긴 수평선은 가운데가 쳐져 보임).

(3) 기둥 지름이 다른데, 허공을 배경으로 하는 기둥이 50㎜ 더 굵다.

(4) 같은 기둥이 반복해서 서 있을 때 양쪽 모서리로 갈수록 기둥간격이 넓어 보인다. 그래서 2.4m인 기둥간격이 모서리로 가면서 600㎜가 좁아진다.

(5) 건물 모서리 상단이 밖으로 벌어져 보이는 현상으로 양 끝단 기둥을 약간씩 안으로 기울여 만들었다.

목조주택의 기초 다지기

CHAPTER 4

목조주택의 기초 다지기

1. 동결심도

(1) 동결심도(Freezing Depth)란

① 동결심도란 겨울철 외부 온도에 따라 땅에 동결작용이 발생하는 깊이를 말한다. 기초 지반은 겨울철 얼어붙어 있던 땅이 봄철이 되어 융해될 때 연약해지면서 지반이 침하되고 이때 상부 구조물에 하자가 발생하게 된다. 대기 온도가 영하로 내려가면 지표면의 물이 얼기 시작하고, 땅이 얼어서 지표면이 부풀어 오르는 현상을 동결작용이라고 한다. 이 동결작용은 흙 속 물의 이동과 관계있기 때문에 모래 또는 자갈같이 입자가 큰 흙에서는 일어나지 않고 실트와 같은 비교적 입자가 작은 토사에서 쉽게 일어난다.

② 원래 동결심도는 도로 공사에서 도로의 균열 및 침하를 방지하기 위해 도입된 개념으로 어찌하다 주택 현장에서 불문율로 지켜지게 되었는지 알 수 없다. 실제 국내 규정을 살펴보면 1986년 구조물기초설계기준에 있던 동결심도 내용(동결깊이 계산식)도 2008년 개정판에서 삭제된 사실이 있고, 건축구조기준(개정 2009.12.29.) 0803.2.4. 규정에 의하면 기초(4) – "기초 밑면은 함수량의 변화 및 동결의 우려가 없는 위치로 한다." 라고 되어 있다.

③ 동결심도에 대해 논란은 있지만 그렇다고 무시할 수는 없다. 주택에서는 건축물 자체가 보온 역할을 한다는 사실과 국제 기준인 IR Code에서의 FPSF(동결을 방

지하는 기초 깊이)를 이해하고, 국내 동결심도 기준인 1980년 건설부 도로 조사
단에서 작성된 표를 근거로 하고 가장 최근 자료인 2003년 한국도로공사 도로교
통기술원에서 작성된 동결지수 현황표를 기준으로 동결심도를 설명하려고 한다.

(2) FPSF(Frost Protected Shallow Foundation, 동결 방지 기초 깊이)란

건축물은 대지 조건에 따라 동결깊이가 다르다. 말하자면 숲이나 눈 또는 나뭇잎으
로 덮인 흙이나 건축물 등에서는 동결심도가 극히 낮아지고 도로 등의 상부에 아무것
도 없는 곳에서는 동결심도가 깊어진다. 이런 여러 가지 경우를 고려하여 동결을 방지
하는 기초 깊이를 정하는 것을 말한다.

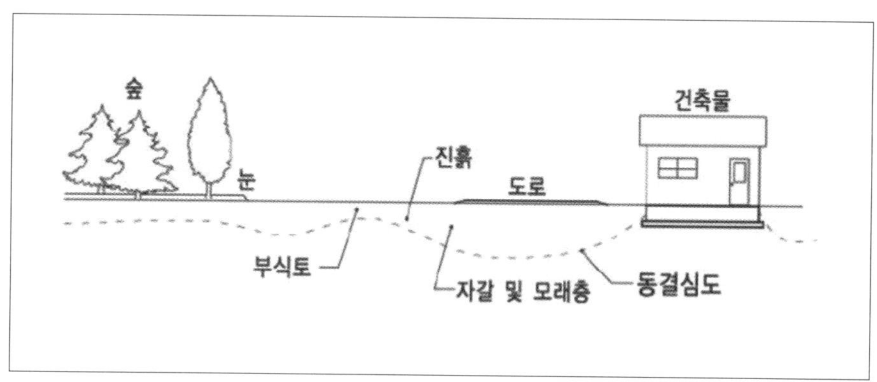

(3) 2003년 전국 동결지수(최근 자료)

2003년 한국도로공사 도로교통기술원에서 작성한 전국 동결지수와 동결지수선도
가 별도로 있다.

<전국 동결지수 및 동결기간 현황 - 2003>

지역	측후소 지반고(m)	동결지수 (℃·일)	동결기간 (일)	지역	측후소 지반고(m)	동결지수 (℃·일)	동결기간 (일)
속초	17.6	181.6	66	합천	32.1	193.0	62
대관령	842.0	873.8	127	거창	224.9	278.2	74
춘천	74.0	539.0	92	영천	91.3	237.8	64
강릉	26.0	167.2	57	구미	45.5	278.1	76
서울	85.5	380.9	80	의성	73.0	425.2	78
인천	68.9	354.7	78	영덕	40.5	138.8	57
원주	149.8	613.0	94	문경	172.1	279.4	55
울릉도	221.1	129.3	32	영주	208.0	417.8	77
수원	36.9	468.4	79	성산포	17.5	–	–
충주	69.4	528.4	89	고흥	60.0	83.5	49
서산	26.4	313.2	76	해남	22.1	102.6	49
울진	49.5	121.6	57	장흥	43.0	130.1	52
청주	59.0	411.6	78	순천	74.0	179.9	64
대전	67.2	317.7	68	남원	89.6	272.4	67
추풍령	245.9	303.9	78	정읍	40.5	223.9	61
포항	2.5	98.5	52	임실	244.0	420.3	86
군산	26.3	194.9	61	부안	7.0	244.7	61
대구	57.8	160.9	54	금산	170.7	372.5	77
전주	51.2	233.5	61	부여	16.0	330.0	74
울산	31.5	83.6	46	보령	15.1	254.8	76
광주	73.9	141.4	55	천안	24.5	405.4	78
부산	69.2	49.6	27	보은	170.0	461.7	76
통영	25.0	37.4	27	제천	264.4	610.2	91
목포	36.5	75.6	33	홍천	141.0	635.4	98
여수	67.0	62.2	31	인제	199.7	614.5	91
완도	37.5	38.1	26	이천	68.5	511.0	89
제주	22.0	4.1	3	양평	49.0	619.7	91
남해	49.8	148.9	38	강화	46.4	486.2	89
거제	41.5	52.1	39	진주	21.5	132.8	51
산청	141.8	141.8	49	서귀포	51.9	–	–
밀양	12.5	180.2	62	철원	154.9	685.0	109

위 표에서 동결지수(℃·일)는 영하 이하인 온도×영하 이하로 유지된 시간.

즉 기온이 영하 이하로 떨어진 모든 시간의 합을 말한다.

 ◈ 목조주택 하나부터 열까지 따라하기

<전국 동결지수선도>

2400
1400
1600
1400
1000
1200
1000
700
600
300
400
500
800
800
600
400
500
600
300
300
400
100
800
중강
강계
수풍
신의주
구성
회천
안주
장진
평양
남포
사리원
전계
평강
황주
해주
개성
서울
춘천
대관령
강릉
원주
울진
풍기
대구
울산
진주
광주
목포
여수
제주
울릉도
선봉
청진
혜산
김책
함흥
신포
양덕
장전
속초
포항

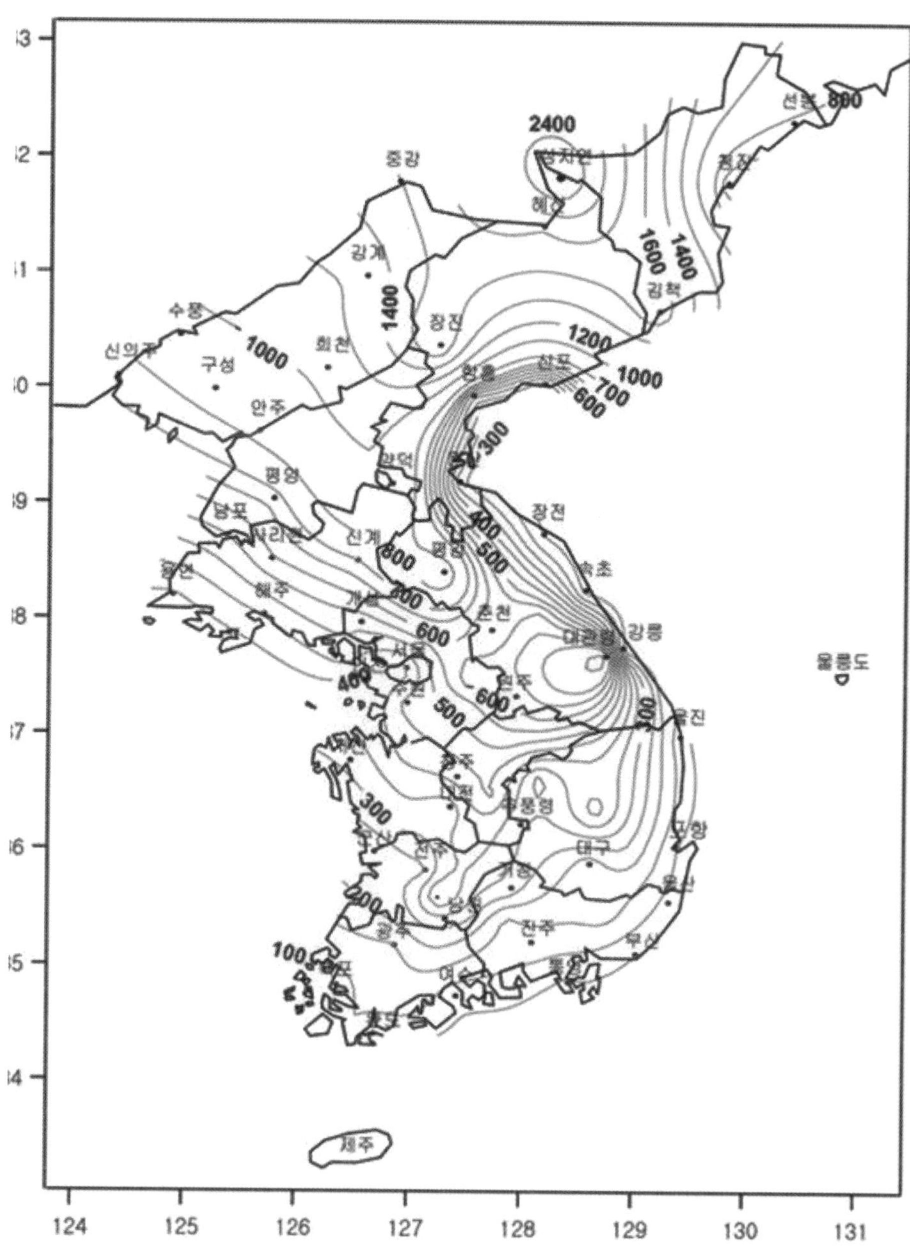

(4) 국제 기준의 기초 깊이

국제 기준인 IRC(International Residential Code)에서 설명하는 동결을 방지하는 기초 깊이에 대한 기준.

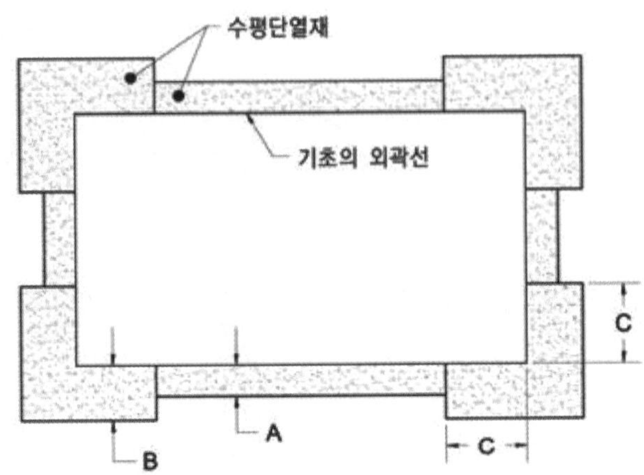

여기에서 A, B, C, D의 길이에 대한 기준은 다음과 같다.

〈IRC에 의한 단열재 설치와 기초 깊이에 관한 사항〉

동결지수 (℃·일)	기초 깊이 D(mm)	수직단열성능 (W/㎡k)	수평단열성능 (W/㎡k)		수평단열길이 (mm)		
			벽면	코너	A	B	C
~815	305	1.27	–	–	–	–	–
1,093	360	1.01	–	–	–	–	–
1,371	410	0.85	3.34	1.16	305	610	1,020
1,648	410	0.73	0.87	0.66	305	610	1,020
1,926	410	0.63	0.71	0.51	610	760	1,530
2,204	410	0.56	0.54	0.44	610	915	1,530

① 동결지수(℃·일) 815 이하일 경우 기초 깊이는 305mm로 하되 수직단열 즉, 기초 벽면에 EPS(스티로폼) 40mm 정도를 시공해 주면 되며 수평단열은 의미를 두지 않는다.

② 여기에서 동결지수(℃·일) 815 이하는 우리나라 전 지역에 해당하기 때문에(대관령만 유일하게 842) 우리나라에서의 기초 깊이는 전 지역을 통틀어 기초 깊이 300mm 정도면 충분하다고 해석된다.

③ 우리 조상들도 과거 집을 지을 때 기초는 한자 깊이(300mm)만 팠다고 전해진다.

(5) IRC(International Residential Code) 기준 기초

기단부 높이는 최소한 300㎜를 두고, 기초 벽체(수직단열재)에 EPS(스티로폼) 단열재 두께 40㎜를 시공하고 수평단열재와 기초 하단부의 잡석다짐은 필요 시 적정한 두께에서 시공한다.

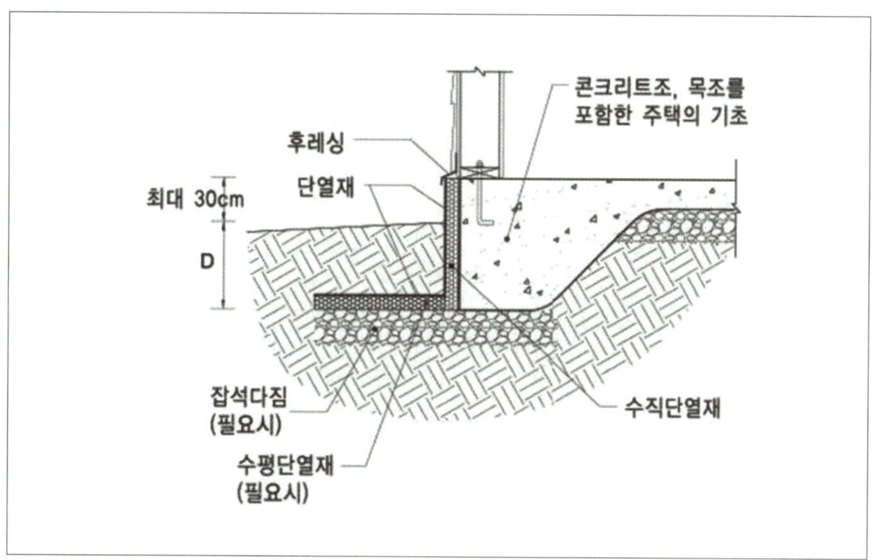

2. 기초가 지탱해야 하는 하중

집터는 햇볕이 잘 들고 물빠짐이 좋은 땅이어야 한다. 물빠짐을 위한 기울기는 건물에서 3m 밖으로 하고 150㎜(포장 시에는 2%)의 경사를 최소치로 한다. (IRC 401.3)

또한 성토하지 않은 자연 상태의 안정된 지반을 기준으로 하지만 성토(1회 300mm, 95% 다짐)할 경우에는 토질과 건물의 층수, 구조에 따른 별도의 토양분석 및 구조계산에 따른 토목공사를 해야 한다(IRC 403.1).

- 100㎜ 이상의 잡석다짐(IRC 506.2.2)

- 100㎜ 이상의 기초배수 유공관 시공(IRC 405.1)

- 기단부는 300㎜ 이상으로 시공

(1) 건물의 자체 하중

(2) 건축물로부터 전달되

　는 하중

　: 고정하중+적재하중

　+풍하중+지진하중+

　적설하중

(3) 기초벽에 가해지는

　수·토압

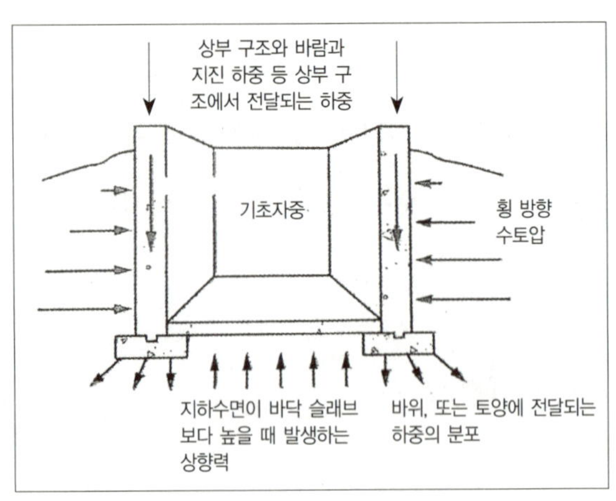

3. 부등침하

기초는 시간의 경과에 따라 심하게, 또는 불균일하게 침하되지 않아야 한다.

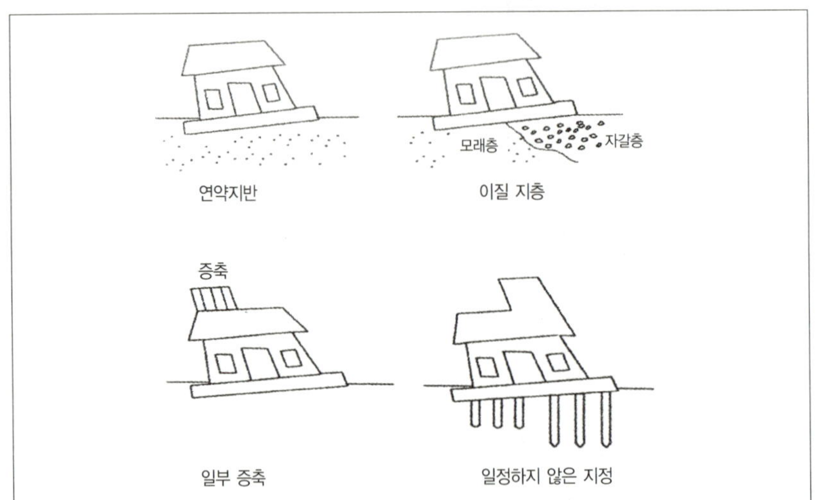

4. 기초방수

지표수, 토양수가 기초벽이나 기초바닥을 통하여 건물 안으로 들어오지 않아야 한다.

: 유공관 매립, 기초 내·외벽 방수막 설치 등의 조치

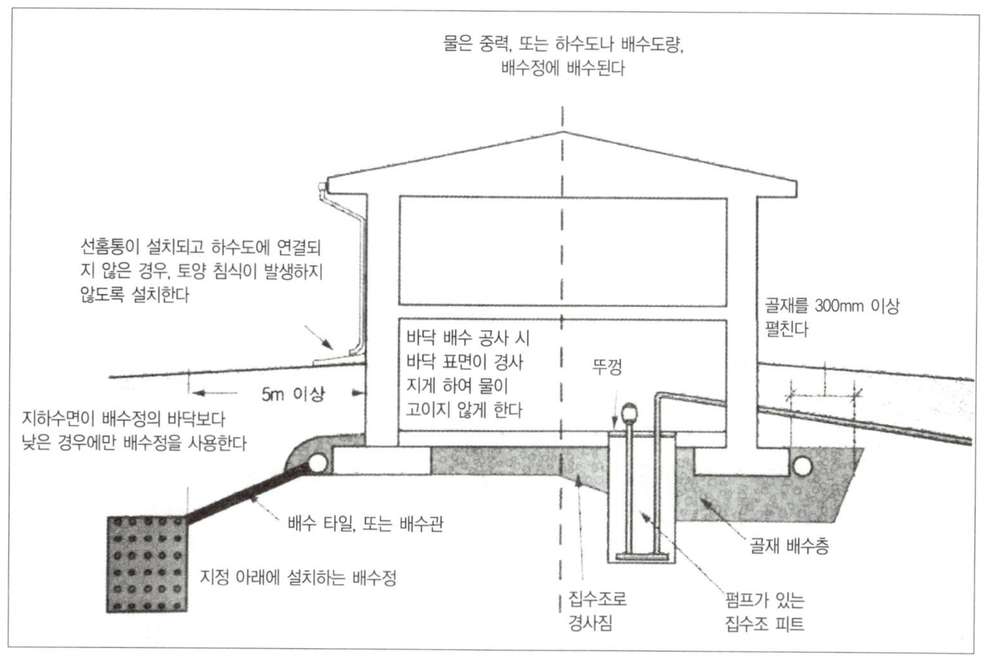

5. 에너지 보전

에너지 보전이란 기초 단열을 통한 건물의 에너지 보전과 지하실 공간, 크롤 스페이스(Crawl Space)를 활용한 공기의 유동 제어, 또는 지열 등을 활용한 에너지 보급을 말한다.

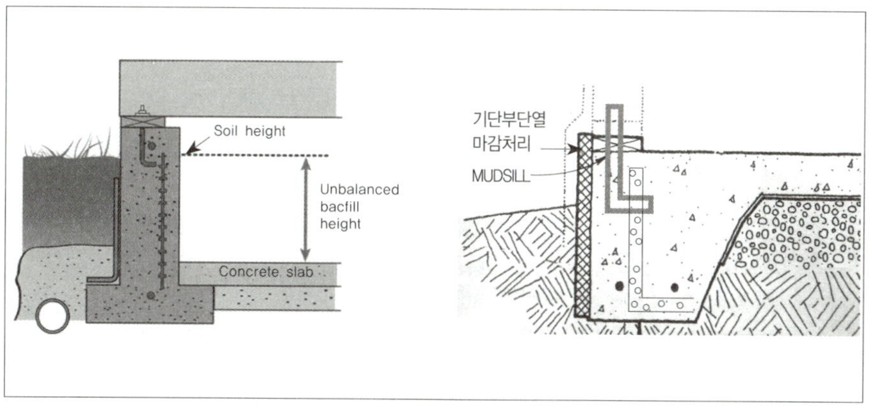

6. 기초의 종류

(1) 점기초(독립기초)

① 전통 한옥의 기초 방식이다.

② 한 개의 기초가 한 개의 기둥을 지지하는 기초 방식이다.

③ 기둥마다 터파기를 해야 한다.

④ 점기초(독립기초)는 횡력에 약해 이음보, 연결보 및 지중보가 필요한 경우가 있다.

⑤ 기초 모양에 따라 자연석기초, 막돌기초, 인공석기초 등으로 나뉜다.

(2) 줄기초(연속기초)

① 일정한 폭과 길이 방향으로 연속된 띠 형태의 기초를 말한다.

② 외벽을 기준으로 내력벽의 하단에 주로 만들어진다.

③ 지하실 공간, 크롤 스페이스(Crawl Space)로 활용하는 등 공간활용에 좋다.

④ 설비 및 보일러 시설이 놓여질 수 있다.

⑤ 습기제거와 단열 효과가 있다.

⑥ 땅에서 올라오는 방사선 라돈 가스의 차단효과가 있다.

⑦ 기초모양에 따라 하이빔(Hi-Beam)줄기초, 블록줄기초 등으로 나뉜다.

(3) 통기초(온통기초)

① 건물 전체의 바닥에 연속된 철근 콘크리트 바닥판을 설치한 기초를 뜻한다.

② 지내력이 약한 지반에 효과적이다.

7. 목조주택 기초의 크기

층수		1층	2층	3층
기초벽 두께	콘크리트	152mm(6″)	203mm(8″)	254mm(10″)
	블 럭	152mm(6″)	203mm(8″)	254mm(10″)
기초판 폭		305mm(12″)	381mm(15″)	457mm(18″)
기초판 두께		152mm(6″)	178mm(7″)	203mm(8″)

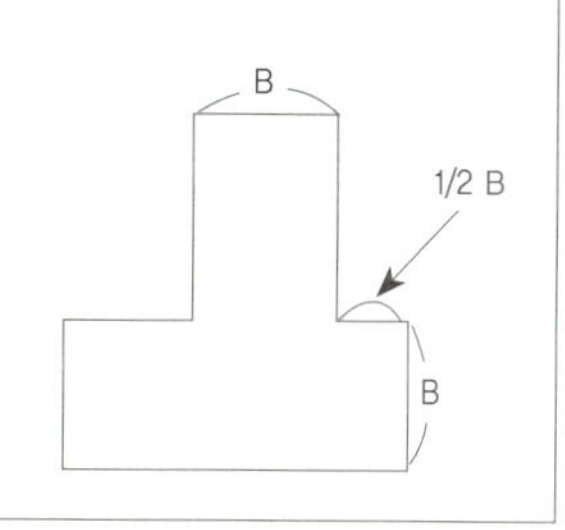

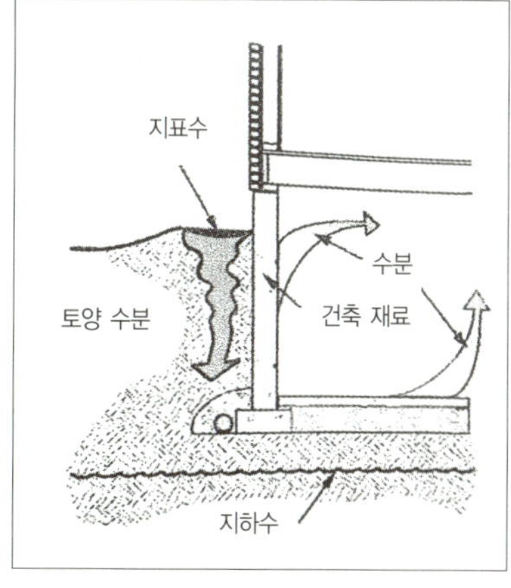

(1) 외벽 합판의 덮개는 기초보다 1~2″내려서 시공한다.

(2) 내부는 흙으로 다지고 4″이상 자갈층으로 다진 후 콘크리트 타설한다.

(3) 2′ 이상의 결로 방지용 단열재와 비닐을 깔아 습기의 침투를 막는다.

(4) 외벽이 목재사이딩인 경우 지면에서 200mm(8″) 이상 띄운다.

8. 터파기

(1) 대지에서 기초의 위치는 기초의 종류와 지방조례, 설비 등에 따라 달라질 수 있다.

(2) 승인된 도면에 따라 건축물의 경계선을 지면에 표시한다.

(3) 휴식각 고려: 경계선 주위에 작업과 배수를 위하여 800㎜ 정도 공간을 추가하여 작업한다.

(4) 터파기 주의사항

  ① 대지와 인근 지역에 대한 법적 내력과 도시계획 상황(도로계획, 재개발 등) 확인

  ② 토양과 지하지질의 물리적 특성 확인(지내력, 배수관계, 조경계획 등)

  ③ 대지측량은 필수적이다(대지와 인근지역의 구획현황 파악).

  ④ 땅을 파기 전에 지하에 묻힌 시설물 확인(가스관, 수도, 통신 케이블 등)

9. 수분침투 방지

(1) 방습: 토층의 수분이 모세관 현상으로 인해 콘크리트를 통하여 지하층, 또는 바닥 밑 공간, 상부구조로 이동하는 것을 방지해야 한다.

(2) 습기제거: 외벽에 방습제를 뿌리거나 바르고, 지하공간의 환기 시스템을 적용해 습기제거를 한다.

(3) 방수: 방수공사는 외벽방수를 기준으로 하며, 거푸집 타이를 제거한 후 구멍을 메꾸고 발수제를 바르는 등 방수를 한다(여러 방법을 혼용하여 사용하기도 함).

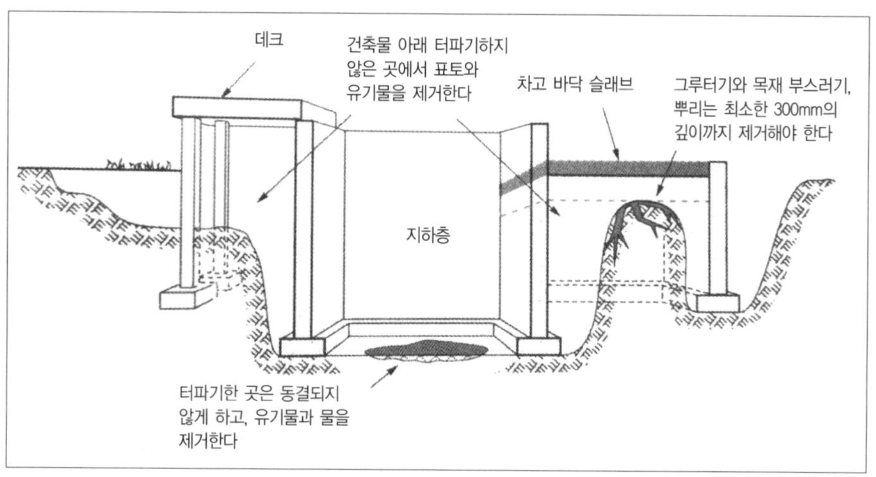

10. 배수

(1) 자연배수: 지하층 외부의 마감 지면에 경사를 두어 자연스럽게 지표수를 배수한다.

(2) 집수정 설치: 기초 주변에서 발생하는 지표수 및 수분을 모이게 하여 배출한다.

(3) 유공관 설치: 기초벽 주변에 수분이 모이는 것을 방지하기 위해 유공관은 경사를 두고 설치하고, 유공관의 구멍을 막지 않도록 여과천(부직포)으로 감싼 후 기초벽 주변에 자갈을 덮어 유공관으로 물을 유도한다.

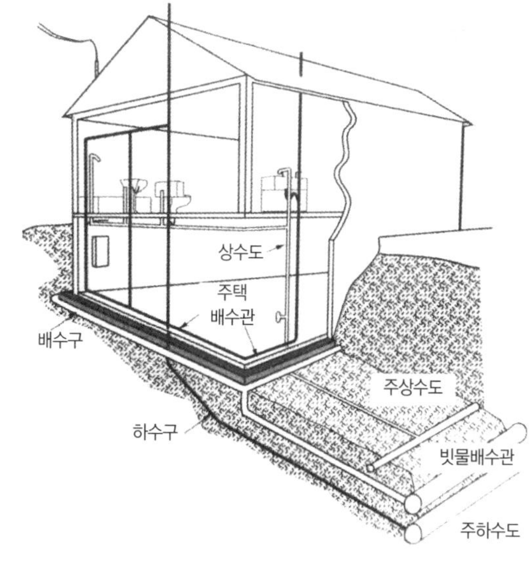

(4) 청소구를 두어 배수관 내의 청소가 용이하도록 한다.

11. 지정 및 기초판

(1) 기초판을 받치기 위한 모래·자갈·잡석다짐이나 말뚝 등을 설치한 것

(2) 주로 버림 콘크리트를 50~100㎜ 정도 타설하며, 타설 전에 홈을 내거나 철근 등
으로 보강한다.

(3) 지정을 설치하기 전에 상·하수도관, 전화선, 가스관, 배수관 등의 설치를 검토하
고 시공한다.

(4) 배관을 설치한 후 배관용 도랑에 흙을 채우고 다진다(시공 시 충격 완화).

(5) 해충의 침입이 우려되는 지역에서는 토양 방부 및 침입 방지막을 설치한다.

(6) 연약지반에서는 그 지지력을 높이고, 침하방지를 위해 지반을 개량한다(토질 교
체, 진동공법, 말뚝공법, 탈수공법 등).

12. 기초벽

(1) 기초벽은 상부구조의 자충과 수·토압에 의한 수평하중, 지진하중 등의 하중을
지지한다.

(2) 기초벽의 시공방법은 부어 넣기, 콘크리트와 벽돌, 방부목, 통기초 등이 있다.

(3) 구조는 주로 철근 콘크리
트로 하며 이때 타설하는
콘크리트의 슬럼프, 압축강
도, 골재의 크기와 철근배
근 등은 구조계산에 의해
산정하여 시공한다.

(4) 엘앙카는 설치기준에 맞게
철근에 고정한 후 콘크리트
를 타설한다.

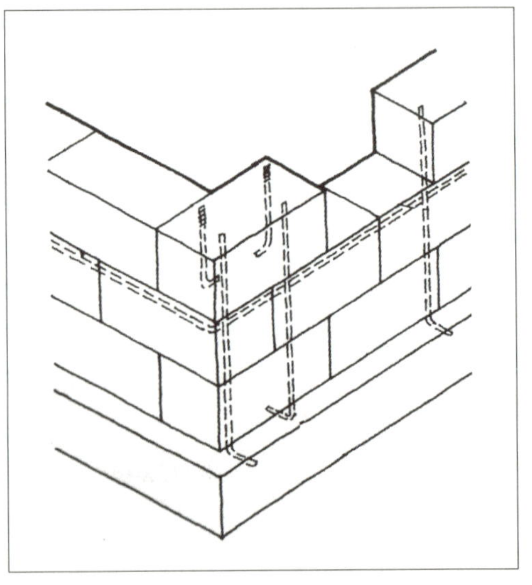

(5) 거푸집은 1주일 정도 두는 것을 권장한다(물을 뿌려 건조속도를 늦추면 균열을 최소화할 수 있음).

(6) 조적블록 기초벽: 블록 사이에 철근을 배근하고 콘크리트로 메운다.

(7) P.C블록 기초벽: 이음 부분의 처리문제와 방수에 어려움이 있다.

13. 되메우기 및 콘크리트 타설

(1) 콘크리트가 양생되고 벽체가 바닥 구조에 의해 횡 방향으로 지지되면 줄기초 내부에 되메우기한다.

(2) 방수 및 단열재 등에 손상이 가지 않도록 주의하며 배수가 잘되는 토양을 사용하는 것이 좋다.

(3) 콘크리트의 양생: 콘크리트의 안전율은 1.4로서 60%의 강도만 가지면 된다. 콘크리트 타설 후 7일 정도면 50%의 강도를 가지며, 28일 정도면 70~80%의 강도를 가진다.

14. 무배근공법

(1) 와이어 메시 대체용

(2) 콘크리트의 인장강도 30kgf/㎠

(3) 철근의 인장강도 2,500kgf/cm²

(4) 하이코플라 인장강도 5,000kgf/cm²

15. 기초 먹매김

(1) 기초상태를 확인 후 기초 위를 청소한다.

(2) 기준점을 선정하여 기초 위에 기준선의 실제 치수를 표기한다.

(3) 기준선의 직각인 벽체선은 실체 치수를 반지름으로 이용하여 직각이 예상되는 부분에 표시한다.

(4) 직각의 두 벽선의 빗변 길이를 구한 후(피타고라스의 정리) 실체 치수를 반지름으로 이용하여 표시한다.

(5) 교차점이 바로 기준 벽선의 직각 벽선이 되는 것이다.

(6) 위와 같은 방법으로 순차적으로 벽선을 그려 나간다.

(7) 우천에 대비하여 교차점에는 투명 락카를 뿌려 먹선을 보호한다.

(8) 레이아웃을 하는 동안 다른 팀원들은 스터드, 헤더 등 각종 부재들을 미리 가공해 둔다.

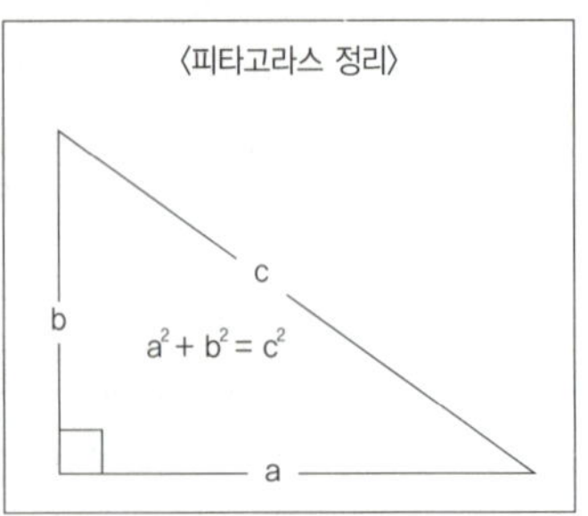

16. 반지하 공간(Crawl Space)

(1) 난방을 하지 않기 때문에 환기(Foundation Vent)가 중요하다.

① 환기면적은 바닥면적의 최소 1/150 이상으로 한다.

② 내부에 증기 차단막으로 지면을 덮는 경우 1/1,500까지 환기면적을 줄일 수도 있다.

③ 해충의 침입 방지막과 빗물 침투가 되지 않도록 망과 캡을 이용한다.

④ 환기구 높이의 편차를 두어 환기를 원활하게 한다.

(2) 환기 방향은 직선보다는 사선으로 유도하며 환기가 되지 않는 공간이 없어야 한다.

(3) 반지하 공간은 설비의 집중관리, 주택의 바닥 습기 차단에 효과가 크다.

(4) 땅에서 올라오는 방사선 라돈가스(폐암 발생의 원인)의 차단에 효과가 있다.

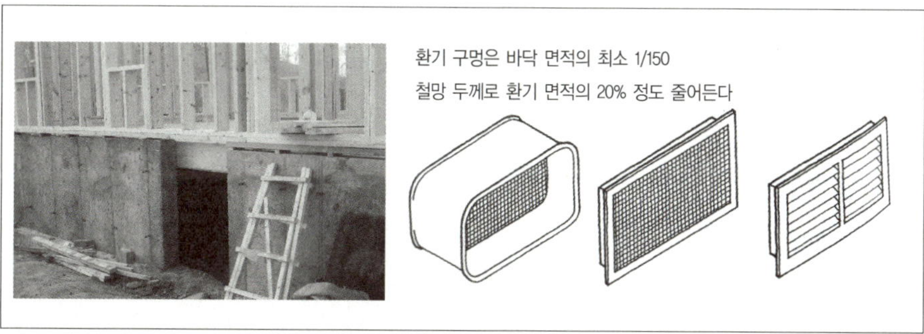

#TIP 기초바닥판의 습식공법과 건식공법

① 습식공법: 일반적인 기초바닥을 만드는 방법으로, 기초바닥을 콘크리트로 만드는 것을 말한다.

② 건식공법: 기초바닥부터 구조재를 사용하여 바닥판을 만드는 방법을 말한다. 이런 경우 기초 아랫부분을 여러 용도로 활용할 수 있는 장점이 있다.

17. 지하실 방수

지하실이 새는 경우는 부등침하, 토압으로 인한 균열, 기초벽의 누수 등이 원인이다.

18. 기초 확인

(1) 기초 양생 후 벽체 제작 전에 기초의 수평 상태를 먼저 확인해야 한다.

(2) 수직이 맞지 않고 기초가 큰 경우

　① 정, 또는 햄머드릴 등으로 쪼아내거나 다이아몬드 날로 절단한다.

　② 쪼아내기 어려운 경우 후레싱을 감아 내려 물빠짐 처리를 해준다.

　③ 벽체 치수를 수정하여 시공한다.

(3) 토대의 내밈은 토대 폭의 1/3 이내여야 한다.

(4) 기초의 높이가 맞지 않는 경우(수평 확인) 평쐐기를 활용하여 스터드 위치 밑에서 높이를 맞춘다.

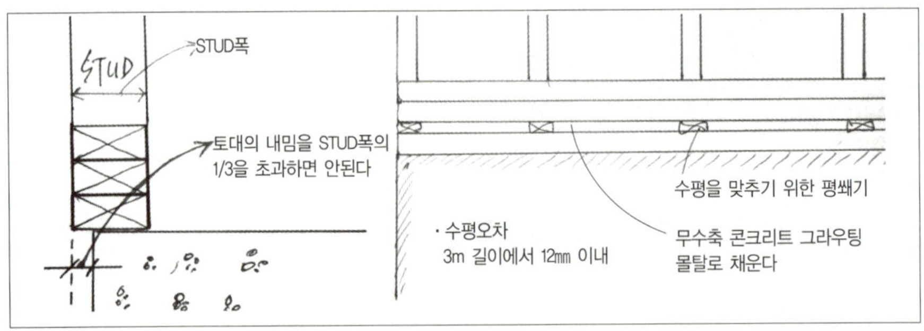

19. 앙카볼트 (IRC 403, KBC 0806.2.2)

(1) 지름 12mm, 길이 230mm 이상(180mm 이상 기초 콘크리트에 묻혀야 하고 바텀플레이트 위로 노출되어야 한다(KBC 0827.2.2.(3)).

(2) 한 개의 실플레이트에 최소 2개의 앙카볼트를 시공한다.

(3) 실플레이트의 양끝면에서 최소 100 이상~300mm 이하 떨어져서 시공한다.

(4) 앙카볼트의 간격은 일반적으로는 1.8m, 3층 이상 1.2m 이내로 설치한다.

(5) 앙카볼트 하단부는 기초에 묻혀있는 횡 방향 철근과 결속돼야 한다.

(6) 노출시공한다.

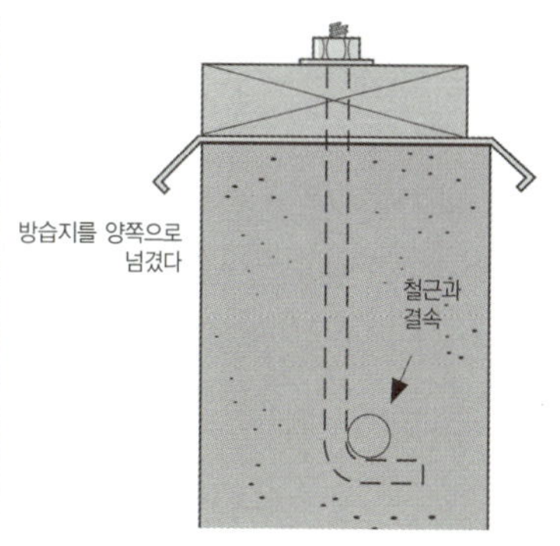

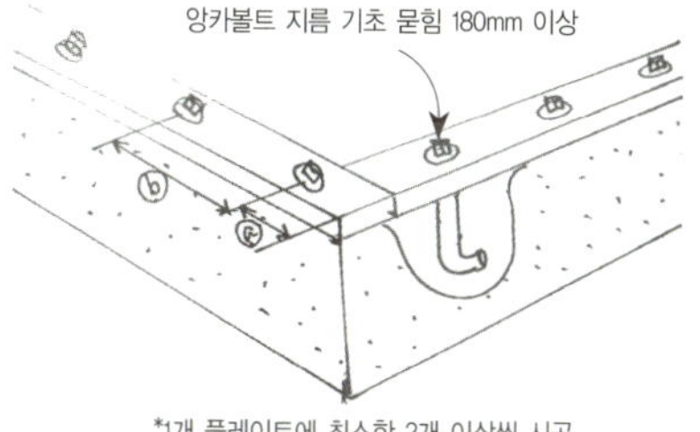

① 끝단부에서 4″ ~12″ (100mm~300mm) 띄워야 한다.

② 일반 벽체의 경우 6′ (1,829mm) 이내, 3층 이상 전단벽의 경우 4′ (1,219mm) 이내 간격으로 앙카 볼트를 시공한다.

20. 홀다운 철물 (IRC 403)

(1) 홀다운 철물은 전용 앙카볼트를 사용하고, 2중 스터드, 또는 4X 이상의 기둥재에 고정한다.

(2) 2층 이상의 경우 같은 위치에 기초까지 연결되어야 한다.

(3) 내진 설계기준에 맞는 구조설계를 요구한다.

목조주택의 장선

CHAPTER 5

목조주택의 장선

1. 장선이란?

장선은 주택 상부의 고정하중과 적재하중을 지지하는 부재로서 주택의 바닥을 만들어 준다. 구조재 S.P.F # 2등급 자재나 이와 동등한 이상의 품질을 지닌 목재로 너비 140mm 이상의 것을 사용한다.

바닥장선은 하중 조건, 수종에 따라 부재의 크기와 시공간격이 달라지며, 미리 계산된 바닥장선 경간표를 이용하여 결정한다(IBC2308.8). 장선 경간표를 이용할 수 없는 경우에는 별도의 구조 계산을 하여야 한다.

(1) 바닥장선은 고정하중과 적재하중을 지지하며 구조계산에 의한 부재를 선정한다.

(2) 장선의 최대간격은 610mm(24인치)

(3) 바닥의 전체 면적은 3,000㎡ 이하로 하되, 1,000㎡마다 방화 구획한다.

(4) 스프링클러를 각 층에 설치하는 경우 전체 면적은 6,000㎡ 이하로 하되, 2,000㎡마다 방화 구획한다.

(5) 바닥의 적재하중은 각기 $2.5_{kPa}(255kg \cdot f/m^2)$을 초과하지 않는다.

(6) 위의 제한 사항을 초과하거나 3층 이상의 경우에는 별도의 구조설계가 필요하다.

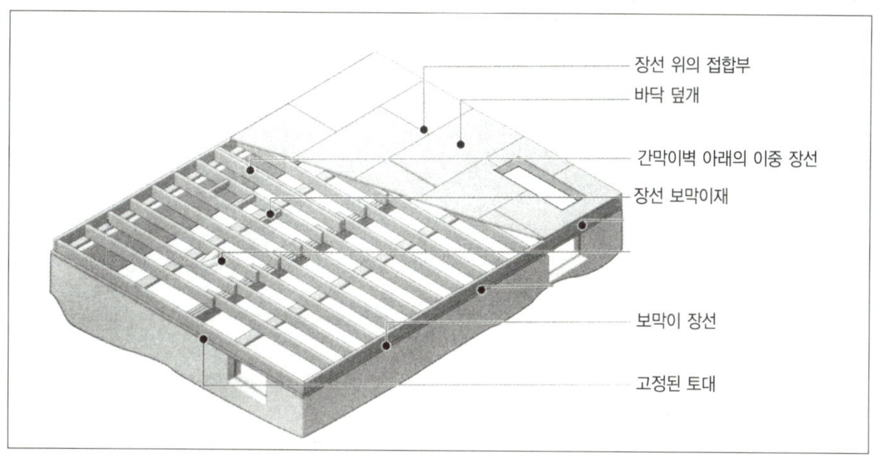

2. 바닥 구조 시공

(1) 토대(Sill Plate): 가압방부처리된 규격 구조재(방부목)를 사용한 토대를 기초벽 상단기초의 엘앙카와 고정볼트로 체결한다.

(2) 가스켓(Sill Sealer): 토대와 콘크리트 기초 사이의 틈을 밀폐하며 콘크리트로부터 올라오는 습기를 차단한다.

(3) 단열 및 방습 효과를 높이기 위해 투습방수지를 같이 감아올릴 수 있다.

(4) 보막이 장선(Rim Joist)은 장선 끝면에서 접합하여 토대 위에 고정한다.

(5) 장선(Joist)은 건축물의 폭을 가로 질러 토대(Sill Plate)와 보, 장선 띠장으로 고정 지지가 된다.

(6) 장선(Joist)은 처지는 것을 고려해서 배가 부른 쪽(Camber)을 위로 설치한다.

(7) 장선 띠장, 또는 장선 가새, 장선 보막이재(블로킹)는 지지할 장선 사이에 고정한다.

(8) 설비, 전기 등 배관작업을 한 후 단열작업을 시행한다. 단열재의 방습지는 아래를 향하고 빈틈없이 시공한다.

(9) 바닥 아래 마감이 없는 경우에는 단열재가 처지지 않도록 조치한다(IS 철물, 기밀막, 장선널을 이용).

(10) 바닥덮개(T&G)는 구조방향으로 벽돌쌓기 모양으로 시공하며, 이음매는 장선 위

에 위치한다.

(11) 바닥덮개(T&G)를 시공할 부분에는 글루를 발라 작업에 불편함이 없어야 하고, 글루는 작업 후 15분 이내에 덮개를 시공해야 한다.

(12) 바닥덮개(T&G)는 팽창을 고려하여 3mm(1/8″) 띄워서 시공한다.

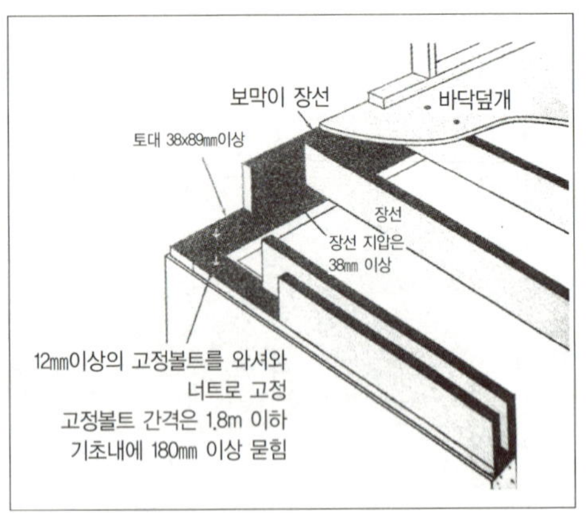

3. 바닥 구조의 고정

(1) 수직(고정, 적재, 지진), 수평(바람, 지진) 하중에 저항할 수 있도록 바닥 구조를 기초에 고정한다.

(2) 토대(Sill Plate)는 기초에 엘앙카, 철물 등으로 고정한 후 1층 바닥장선과 전체 바닥구조를 접합한다.

(3) 기초벽에 홈을 파서 바닥장선을 설치하지 않는 것이 좋다.

(4) 토대(Sill Plate)는 2×4 이상 되는 부재를 사용한다.

(5) 2층 바닥일 경우 더블플레이트에 장선을 고정한다.

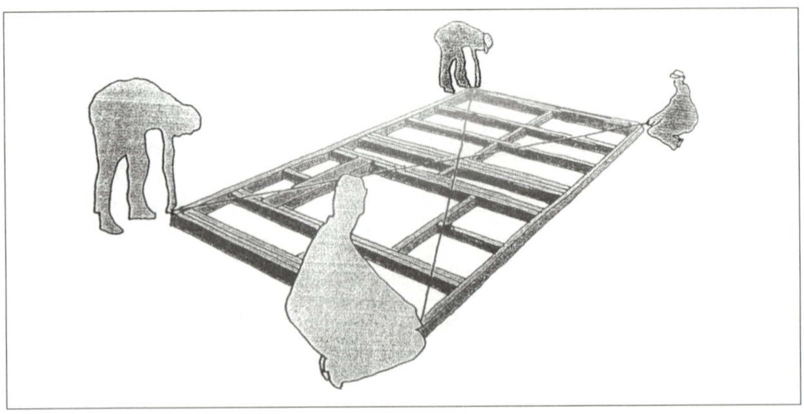

4. 수분방지

(1) 1층은 마감 지면으로부터 300㎜ 이상 높여서 시공한다(포장시 150㎜).

(2) 해충의 피해가 우려되는 지역에서는 지면으로부터 450㎜ 이상 높여서 시공한다.

(3) 지하층이 없는 경우 바닥 밑 반지하 공간에는 환기와 방습처리를 해야 한다.

(4) 지면을 방수막으로 덮고, 토대는 규정된 방부목으로 쓴다.

(5) 기초벽에 파놓은 홈에 바닥장선을 설치할 때 여유 공간에는 단열재나 기밀재로
채우지 않는다.

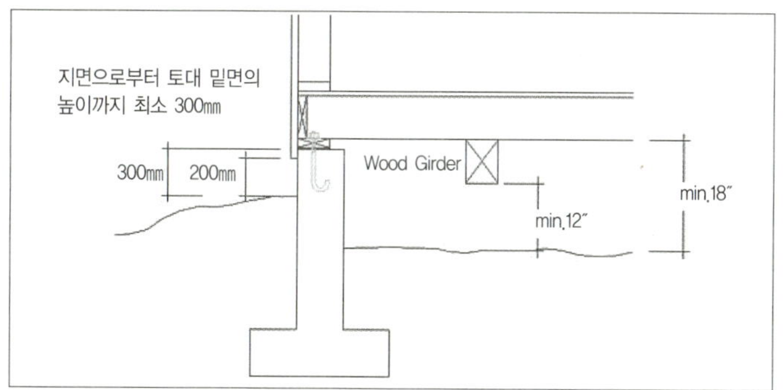

5. 보(Beam, Girder)

(1) 바닥의 보는 기초벽 사이에 위치하여 기둥으로 지지되기도 한다.

(2) 바닥의 보는 바닥장선과 보 상부층의 하중, 지붕 하중을 지지한다.

(3) 기초벽의 상단이나 속에 시공하는
보, 콘크리트 지정에 설치하는 목재
기둥은 방부목으로 사용한다.

(4) 방부처리제의 침투 범위와 잔류특
성 상 절단부와 노출면에는 2차 방
부 처리를 해 준다.

(5) 조립보의 이음이다.

(6) 조립보에 못이나 볼트를 접합한다.

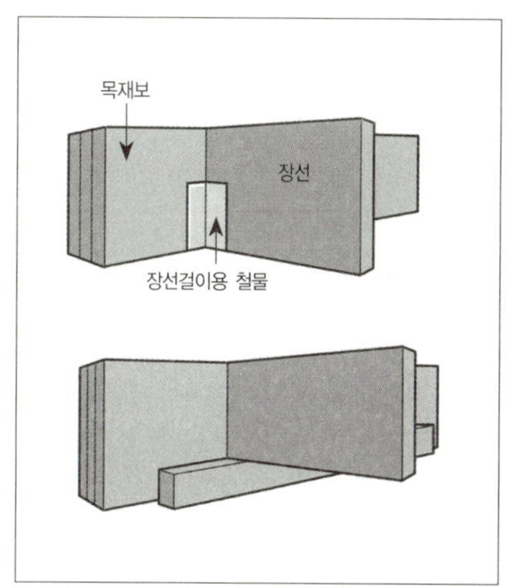

6. 바닥 구조의 하중 분산

(1) 장선걸이용 철물의 사용: 표면 못박기가

되지 않는 경우와 장선이 6´이상인 경우

(2) 장선받이 이용

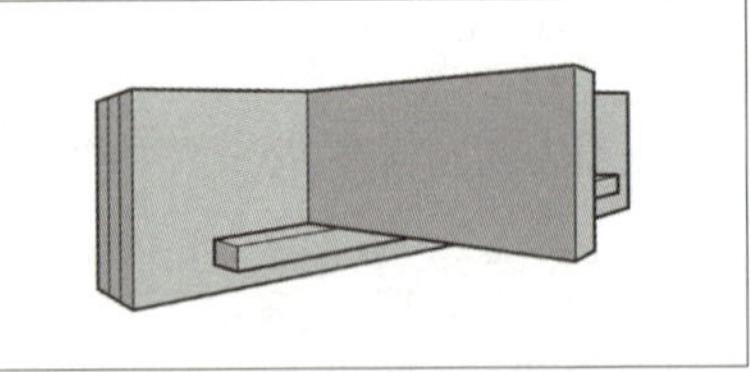

7. 바닥장선의 걸침 길이

(1) 탑플레이트에 최소한 38mm 이상(I-Joist=45mm) 걸쳐져야 한다.

(2) 벽돌, 콘크리트 위에 최소 76mm 이상 걸쳐져야 한다.

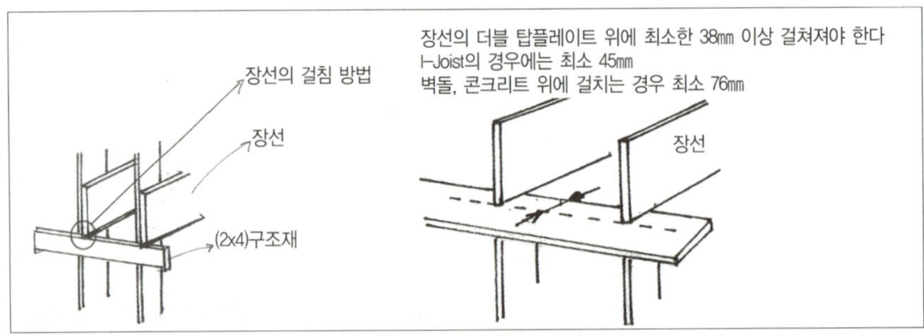

8. 장선의 보강

(1) 바닥장선에 직각으로 놓인 상부 내력벽은 장선부터 장선의 너비 이상 떨어져서는 안 된다. 이 추가적인 하중을 지탱하기에 충분하지 않을 경우 하부내력벽, 또는 보(Girder)로부터 장선의 너비 이상 떨어져서는 안 된다.

(2) 바닥장선에 평행으로 놓인 상부 내력벽은 보(Beam, Girder), 이중 장선, 또는 벽체 등으로 지지되어야 한다.

(3) 바닥장선과 평행으로 놓인 상부 내력벽에 배관이 필요한 경우 장선 블로킹을 1.2m 간격으로 시공해야 한다.

⑷ 바닥장선과 평행으로 놓인 비내력벽의 경우, 바로 밑에 장선을 설치하거나 블로
킹을 1.2m 간격으로 시공해야 한다.

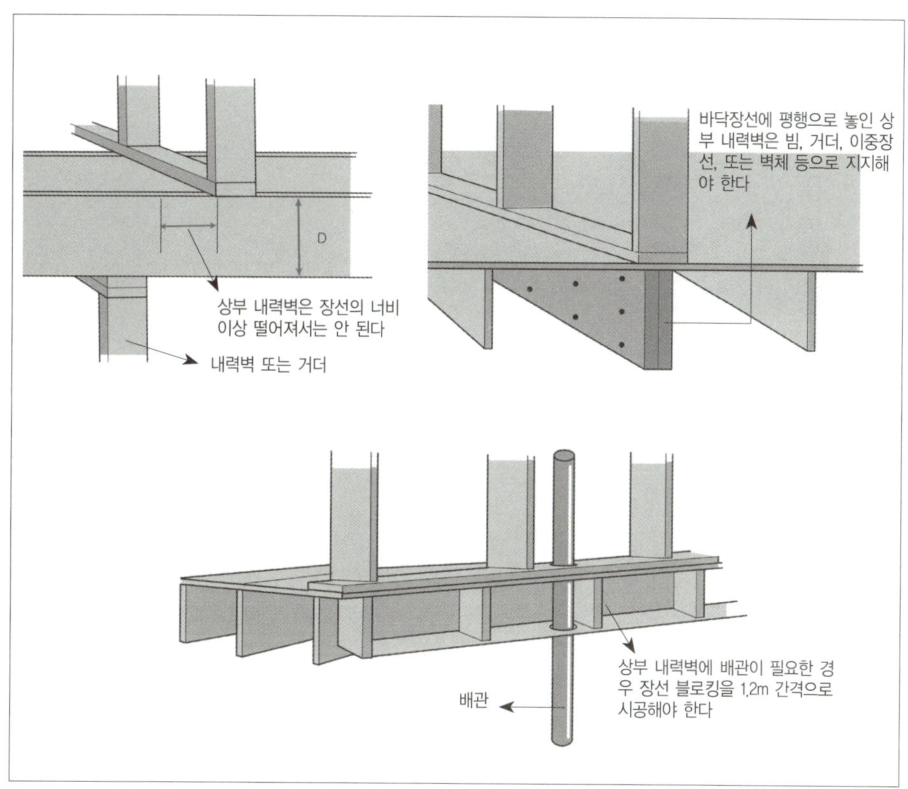

9. 바닥장선 블로킹

⑴ 바닥장선은 다른 장선과 서로 76㎜ 이상 겹치게 해야 한다.

⑵ 장선이 겹치는 부분에는 블로킹을 시공해야 한다.

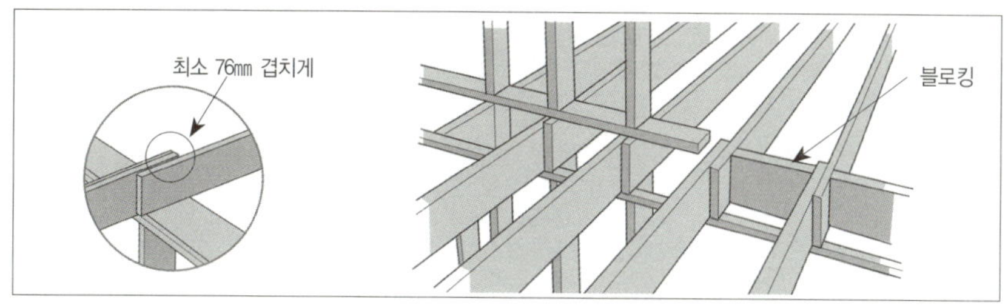

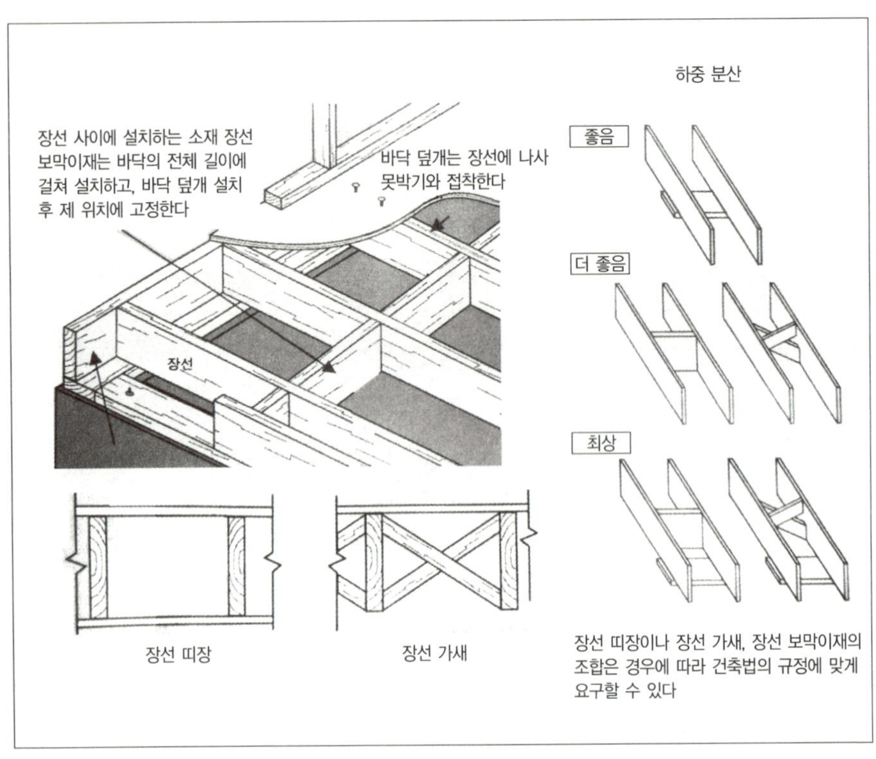

#TIP 스트롱백

▪ 장선 전체 블로킹을 2×4 구조재로 한 번에 할 수 있다.

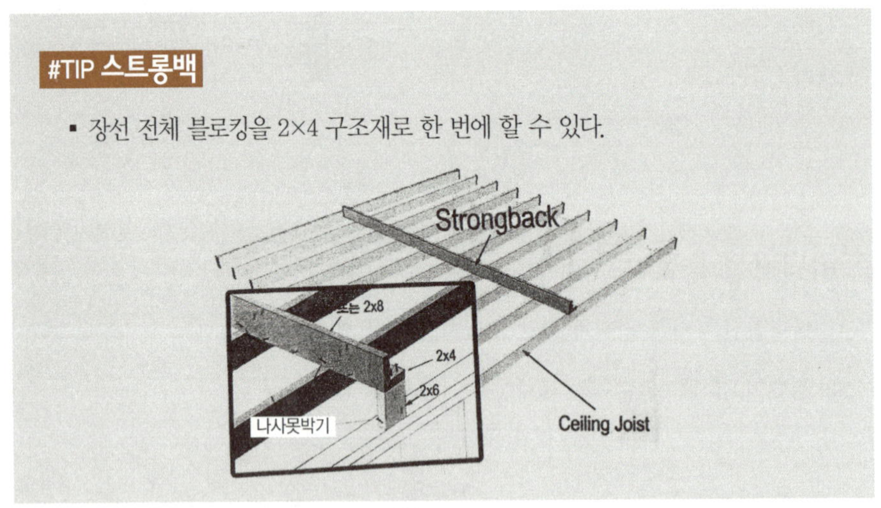

10. 조립보(구조재를 3중~5중 접합)

(1) 규정에 맞게 못박기를 한 목재 조립보는 단일 구조재와 동일한 성능을 가진다.

(2) 못박기 대신 지름 12㎜ 이상의 볼트와 와셔로 접합할 수 있다. 이런 경우 볼트의 중심 간격은 1.2m 이하로 하고 부재의 끝부분에서는 600㎜ 안쪽에서 접합한다.

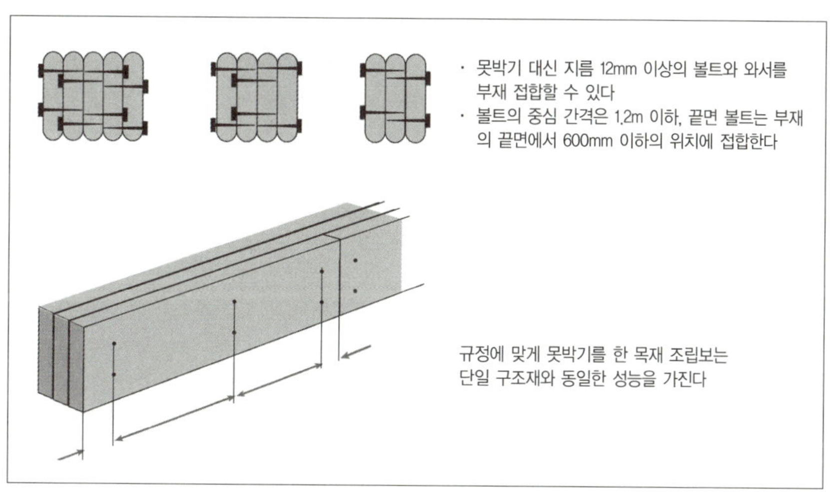

11. 강재보에 장선 접합

(1) 강재보는 큰 하중하에서 횡좌굴의 발생 우려가 있어 강재보의 측면에 접합된 장선 좌굴을 방지한다.

(2) 이음재와 강재보 사이에는 장선의 수축을 고려하여 12㎜ 이상의 간격을 둔다.

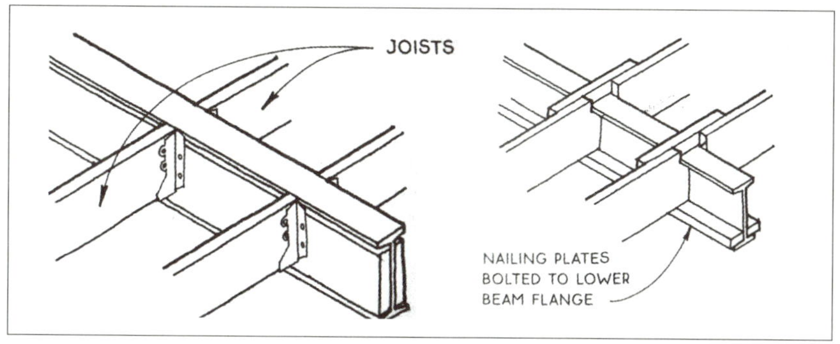

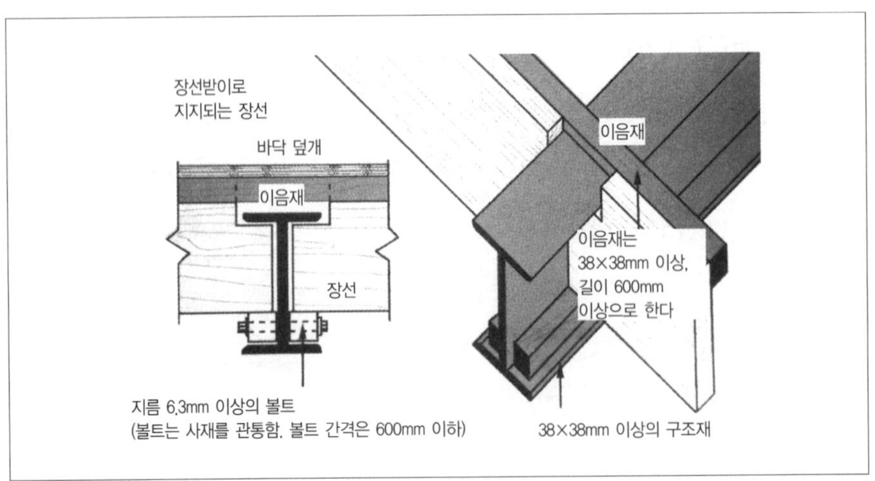

장선받이로
지지되는 장선
바닥 덮개
이음재
장선
이음재
이음재는
38×38mm 이상,
길이 600mm
이상으로 한다
지름 6.3mm 이상의 볼트
(볼트는 사재를 관통함. 볼트 간격은 600mm 이하)
38×38mm 이상의 구조재

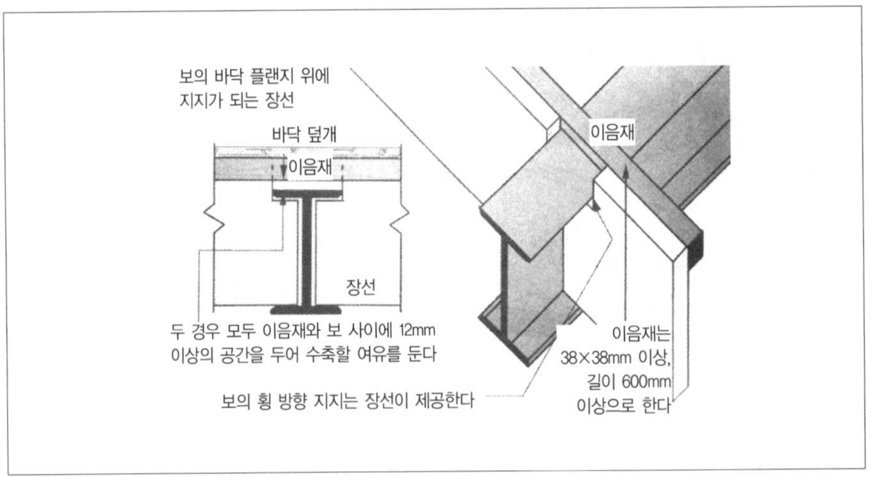

보의 바닥 플랜지 위에
지지가 되는 장선
바닥 덮개
이음재
이음재
장선
두 경우 모두 이음재와 보 사이에 12mm
이상의 공간을 두어 수축할 여유를 둔다
보의 횡 방향 지지는 장선이 제공한다
이음재는
38×38mm 이상,
길이 600mm
이상으로 한다

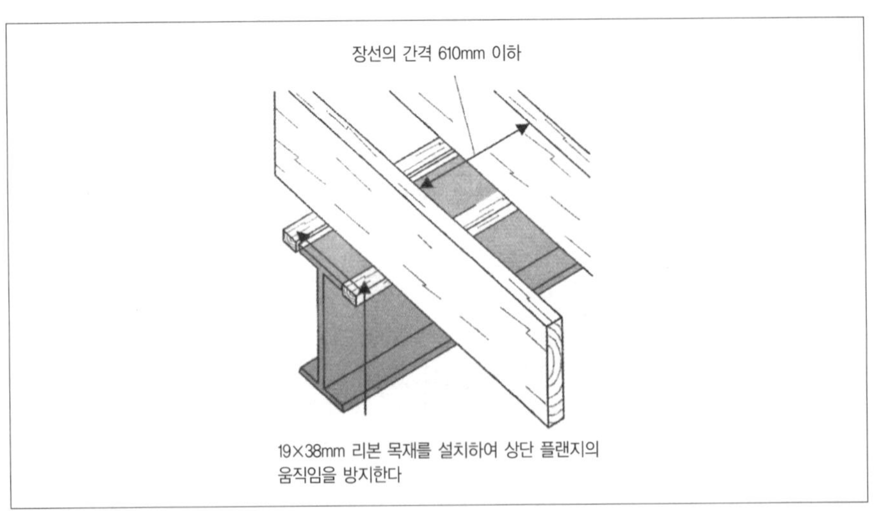

장선의 간격 610mm 이하
19×38mm 리본 목재를 설치하여 상단 플랜지의
움직임을 방지한다

12. 개구부 구조보강(계단, 다락, 천창)

(1) 헤더의 폭이 1.2m를 초과할 경우 개구부에 면한 장선과 헤더는 이중으로 해야 한다.

(2) 헤더의 폭이 1.2m를 초과, 1.8m 이하이고 꼬리 장선(Tail Joist) 길이가 3.6m 이하일 때 헤더는 못으로만 고정 가능하다.

(3) 꼬리 장선(Tail Joist) 길이가 3.6m를 초과할 때는 철물을 사용하여 고정해야 한다.

(4) 헤더의 폭이 1.8m를 초과할 경우에도 철물을 사용하여 고정해야 한다.

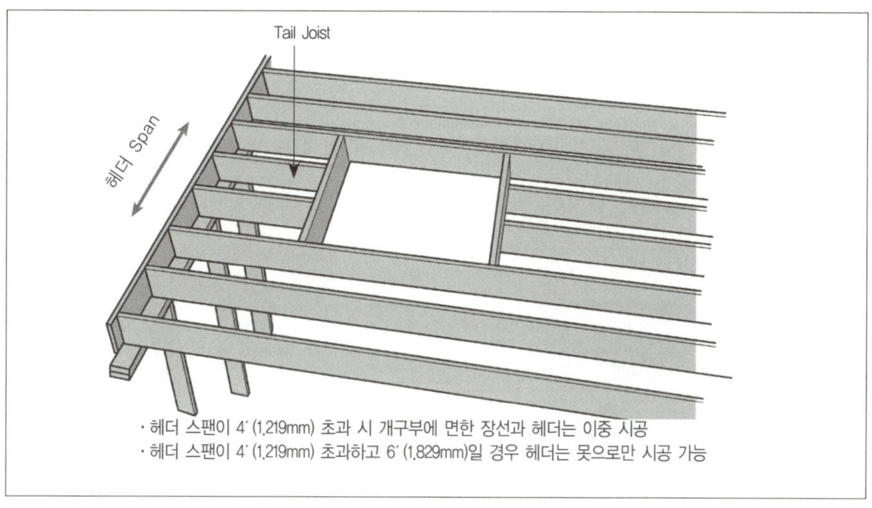

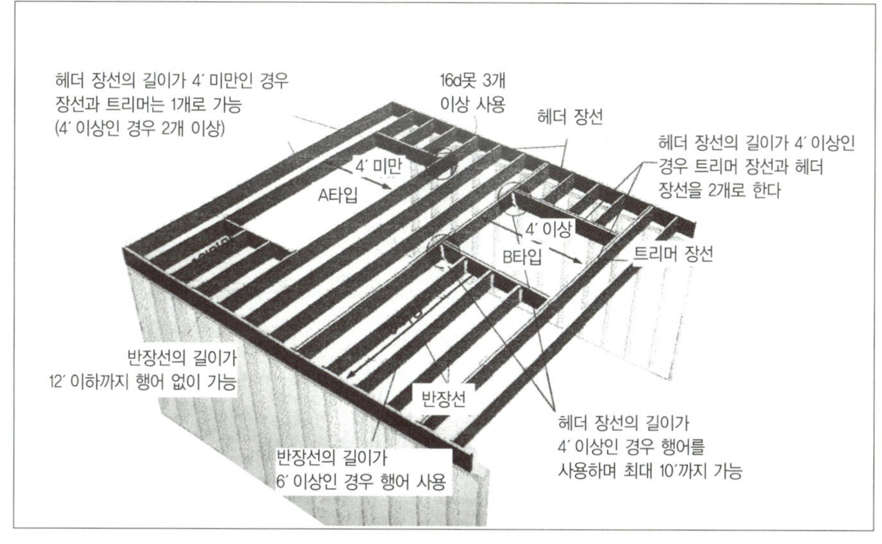

13. 내벽 지지

(1) 바닥장선에 평행인 내력벽은 강도가 충분한 보나 벽체로 지지하여 하중을 수직
지점에 전달할 수 있도록 한다.

(2) 바닥장선에 직각인 내력 내벽은 지지하는 보나 내력벽으로부터 600mm 이내에 위
치해야 한다.

(3) 장선에 직각인 비내력 내벽은 지지하는 보나 내력벽으로부터 900mm 이내에 위
치해야 한다.

(4) 장선에 평행인 비내력 내벽은 벽체 바로 아래 위치한 장선, 또는 장선 사이에 설
치한 장선 보막이재로 지지해야 한다.

(5) 장선 보막이재는 2×4 이상의 부재를 사용해야 하며 간격은 1.2m 이내로 한다.

(6) 벽체를 장선 바로 위에 설치하는 경우, 이중 장선으로 하는 것이 좋다.

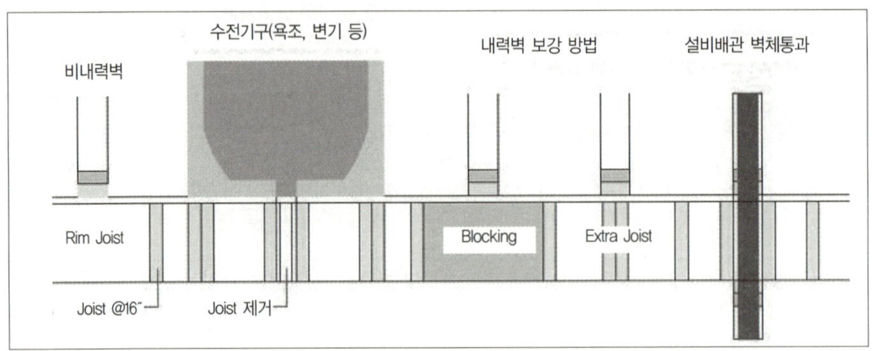

14. 캔틸레버

(1) 장선의 치수 2×8일 때 400mm까지

(2) 장선의 치수 2×10일 때 600mm까지

(3) 위의 길이를 넘기거나 다른 층의 바닥, 또는 지붕 하중을 지지하는 경우 구조계
산이 필요하다.

(4) 캔틸레버 장선이 주 바닥장선에 직각인 경우, 지점의 안쪽에 위치한 꼬리장선

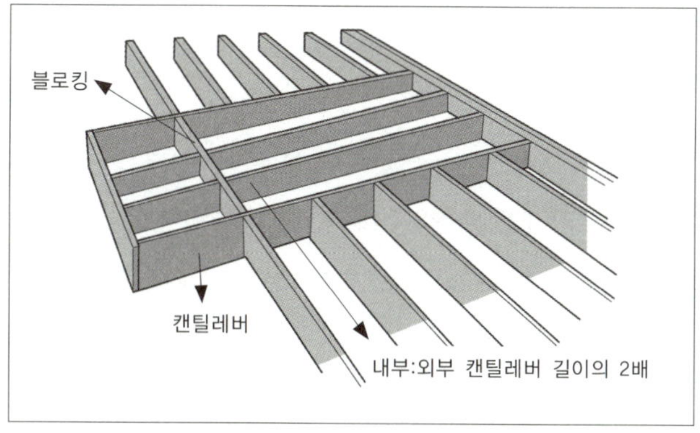

(Tail Joist) 길이는 내민 구조 길이의 6배 이상으로 하며 꼬리장선(Tail Joist)의 끝면을 이중 장선에 접합한다.

15. 바닥 합판(T&G)

(1) 침엽수 합판, 또는 O.S.B, 파티클 보드 등 구조용 목질판재가 덮개로 사용된다.

(2) 침엽수 합판과 O.S.B는 목재의 나뭇결 방향이나 표층의 스트랜드 방향인 길이 방향의 강도가 크다.

(3) 바닥 구조의 강도를 크게 하려면 목질 판재의 표층 길이 방향이 장선에 직각으로 시공한다.

(4) 설치 시 바닥 합판은 벽돌쌓기 모양으로 덮고 이음매 부분은 3㎜(1/8″)의 틈을 두고 시공한다(합판의 팽창으로 인한 변형방지).

(5) 바닥 합판의 두께와 간격 기준

장선 간격	바닥 합판의 최대 두께(mm)	
	적재하중 255kgf/m² 이하	적재하중 255~310kgf/m²
400	18	18
600	18	22

(6) 바닥 합판 위에 콘크리트를 처리하는 경우 바닥골조의 구조계산이 필요하다.

(7) 바닥 마감재로 세라믹 타일을 사용하는 경우 타일이나 그라우트의 균열을 방지하기 위하여 바닥 합판의 두께를 증가시킨다.

(8) 바닥 합판 두께 15~25mm: 65mm 이상 방청못으로 시공한다.

바닥 합판 두께 28~31mm: 75mm 이상 방청못으로 시공한다.

(9) 못은 합판 끝면에 최소한 10mm 이상 안쪽으로 박는다. 골조에 정확히 고정되어야 하며, 합판으로 과다하게 들어가지 않게 네일건의 압력을 조절한다.

(10)) 나사못은 50mm 이상 사용하면 된다(나사못을 사용하면 바닥 소음을 줄일 수 있다).

(11) 두꺼운 바닥 합판을 사용하고 접착제와 올바른 못박기를 병행하여 바닥구조의 강성을 높인다.

(12) 글루: 못을 박기 전에 장선과 바닥 합판 사이에 목구조 전용 글루를 도포하면 바닥의 강성 향상과 소음을 완화하는데 도움이 된다.

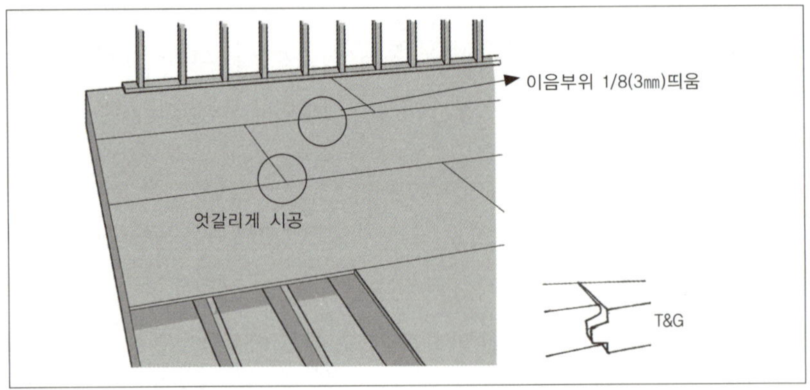

16. 따냄과 천공

(1) 따냄과 천공의 목적은 배관과 덕트, 전기 배선 및 기타 설비를 설치하기 위함이다.

(2) 장선과 보 중간 1/3 부분에 위치하지 말아야 하고 인장측을 피한다.

(3) 경간의 바깥쪽 1/3 부분에서의 따냄 깊이는 부재 폭의 1/6 이하, 따냄 깊이는 부재 폭의 1/3 이하여야 한다.

⑷ 두께 89mm(2×4) 이하인 휨 부재는 인장측 따냄을 허용하지 않는다(단, D/4지점
에서는 허용).

⑸ 천공은 장선 폭의 1/4 이하로 제한하며, 천공 후 남은 부재의 폭은 양쪽으로 50
mm 이상 되어야 한다.

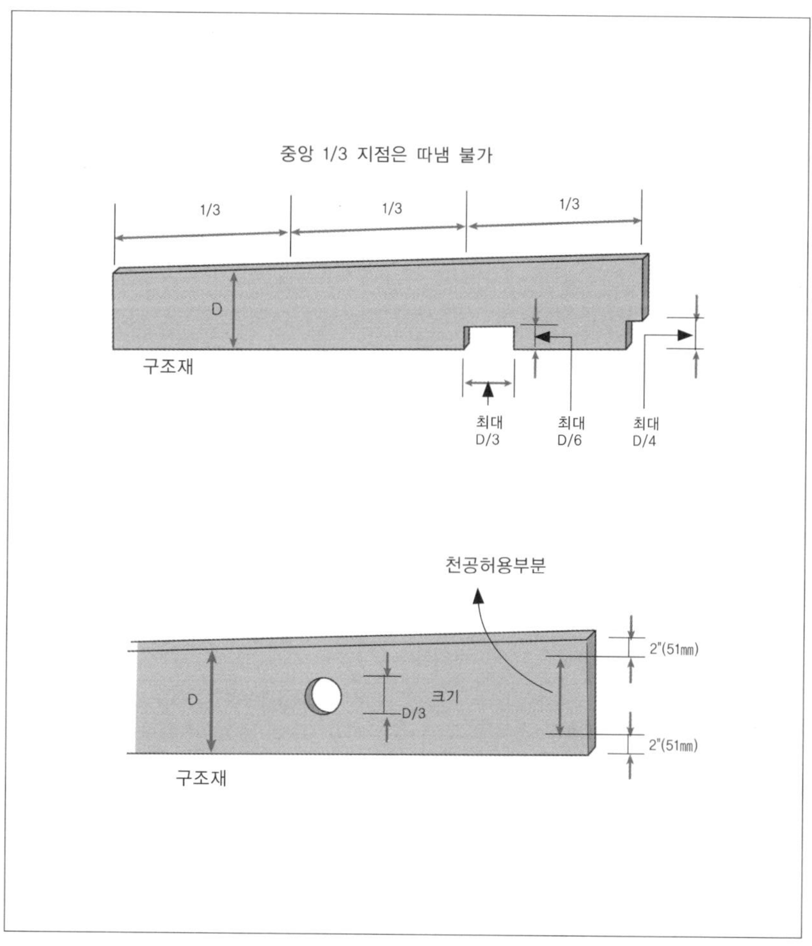

17. 장선 경간표

※ 부재는 S.P.F#2 기준

(1) 2층—설계 하중: 195.72kg/㎡, 일반적인 2층

(2) 다락—설계 하중: 97.85kg/㎡

(3) 천장—설계 하중: 48.93kg/㎡, 다락 없는 공간의 천장

부재	간격	2층	다락	천장	비고
2X4	12″				
	16″		2,108mm	2,642mm	
	24″		1,829mm	2,311mm	
2X6	12″	2,895mm			
	16″	2,616mm	3,302mm	4,166mm	
	24″	2,286mm	2,896mm	3,632mm	
2X8	12″	3,784mm			
	16″	3,454mm	4,343mm	5,486mm	
	24″	2,946mm	3,810mm	4,800mm	
2X10	12″	4,851mm			
	16″	4,420mm	5,563mm	6,985mm	
	24″	3,606mm	4,648mm	6,121mm	
2X12	12″	5,893mm			
	16″	5,130mm	6,604mm	8,509mm	
	24″	4,191mm	5,385mm	7,442mm	

목조주택의 벽체 골조

CHAPTER 6

목조주택의
벽체 골조

1. 벽체 골조 개요

벽체 골조란 주택의 뼈대를 형성하는 구조체를 말한다. 목재로 집의 구조체를 형성하는 경우 목조주택이라고 하며, 스틸로 구조를 만들면 스틸하우스, 흙벽돌로 구조를 만들면 흙벽돌집, 경량 기포콘크리트로 구조를 만들면 ALC 주택, 벽돌을 조적하여 집을 지으면 벽돌집이라고 한다.

(1) 벽체는 수직 하중과 지붕, 바닥 하중의 토대를 통해 기초에 전달하는 역할을 한다.

(2) 지진과 바람에 의해 발생하는 횡 방향 하중에 저항한다.

(3) 외벽은 주로 공기, 수분, 열의 흐름을 조절하고 내벽은 실내공간을 구획하며, 기계나 전기 등의 설비공간을 확보한다.

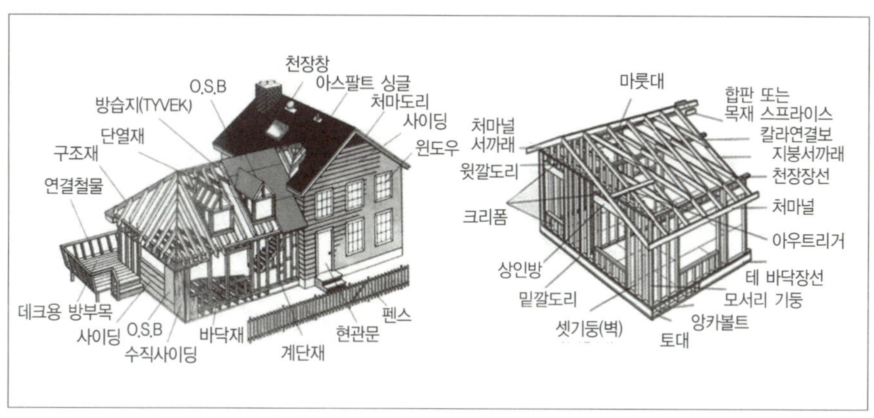

2. 벽체의 구성 요소

(1) 더블탑플레이트(Double Top Plate)

(2) 탑플레이트(Top Plate)

(3) 스터드(Stud)

(4) 버텀플레이트(Bottom Plate)

(5) 더블버텀플레이트(Double Bottom Plate)

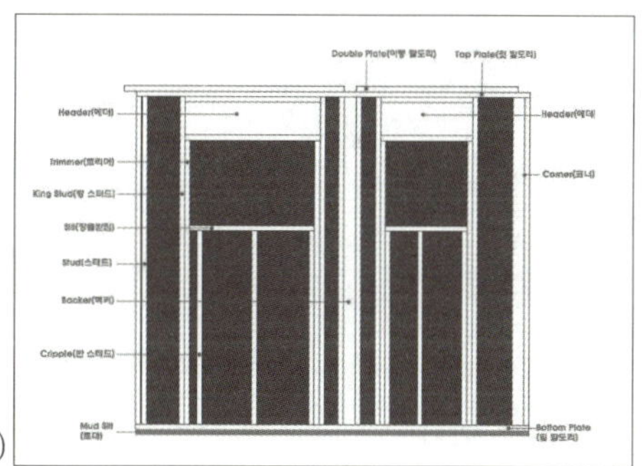

3. 토대, 머드실(Sill Plate) (IRC 317, 404 KBC0806.2.2)

(1) 썩지 않는 목재, 또는 수용성 약재로 처리된 2바이 더블, 또는 3바이 방부목 (H4 PT) 사용

(2) 실플레이트(Sill Plate)의 폭은 Double Bottom Plate 크기 또는 그 이상이어야 한다

(IBC 2304.3.1.).

(3) 실플레이트(Sill Plate)는 지면으로부터 최소 300㎜ 이상 띄워져야 한다(KBC 0807.2.1.).

(4) 실씰러(Sill Sealer)의 사용: 토대와 기초콘크리트 사이에는 반드시 습기차단을
해야 한다.

(5) 토대의 최대 내밈은 토대 폭의 1/3을 초과하면 안 된다.

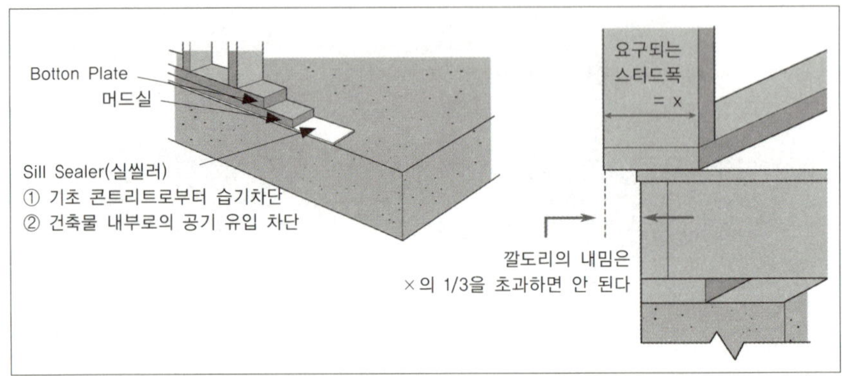

4. 플레이트(Plate)

(1) 플레이트 길이는 최소 48인치(1.2m) 이상 되어야 한다.

(2) 플레이트와 더블플레이트는 서로 엇갈려 겹치도록 시공해야 한다.

(3) 이음이 있는 경우 이음 위치는 플레이트와 더블플레이트가 서로 최소 1.2m 이
상 떨어져야 한다.

(4) 더블플레이트의 이음은 반드시 스터드, 또는 헤더 위에서 해야 한다.

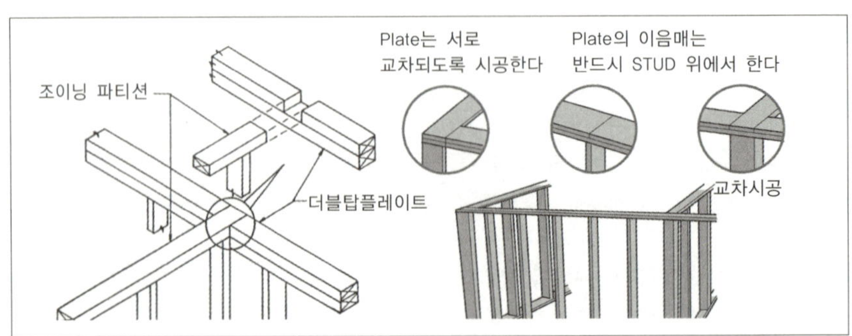

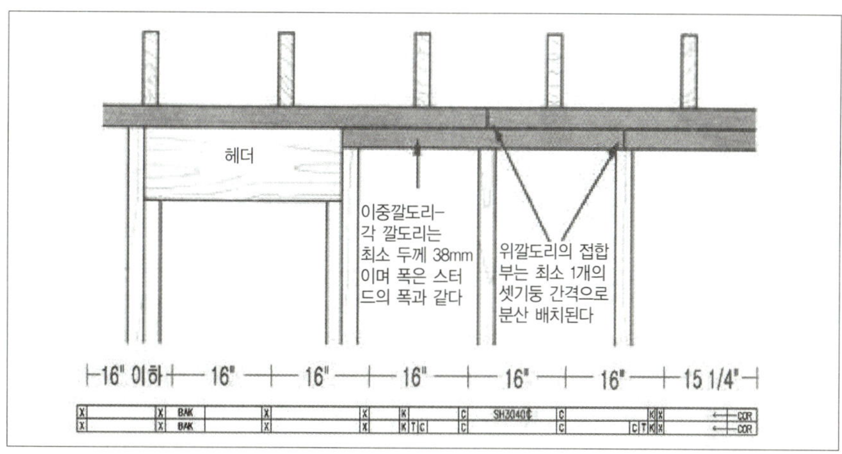

5. 스터드(Stud)

(1) 구조재는 S.P.F #2 이상의 자재를 기준

(2) 기본 스터드의 길이: 92 5/8″

(3) 스터드의 길이가 8피트(2.4m) 이상일 경우 블로킹(Blocking)을 시공한다(IBC 2308.9.1.).

(4) 스터드 구멍 뚫기 기준(끝면에서 16㎜ 이상 남아야 하고, 스터드 폭 40% 이하 (IBC 2308.9.11))

(5) 스터드 따내기 기준(스터드 폭의 $\frac{1}{4}$을 초과할 수 없다(IBC 2308.9.10.))

(6) 구멍 뚫기와 따내기가 같은 단면 부분에 위치해서는 안 된다.

(7) 3개 이상의 이중 스터드를 연속해서 뚫어서는 안 된다(IBC 2308.9.11.).

(8) 3층 이하 주택의 스터드 규격 및 간격

	1층 건축물	2층 건축물	3층 건축물
3층			2×4@24″
2층		2×4@24″	2×6@24″ 또는 2×4@16″
1층	2×4@24″	2×6@24″, 또는 2×4@16″	2×6@16″

6. 베커(Backer)

(1) 3개 이상의 스터드로 구성하며 마감재의 고정을 위한 방법이 마련되면 2개로 해도 된다.

(2) 플레이트를 겹쳐 시공한다.

(3) 베커는 설치와 동시에 외부에서 우레탄폼으로 단열처리한다.

(4) 겹침 베커: 스터드 3개를 겹쳐서 시공하며 2×4 벽체에 적용한다. 단열성이 떨어지는 단점이 있다.

(5) ㄴ형 베커: 판상재 시공 후 단열재 시공이 가능하지만, 결속력이 떨어진다.

(6) ㄷ형 베커: 판상재 시공 전 단열재 시공이 필수다. 우레탄폼으로 미리 단열처리할 수 있다.

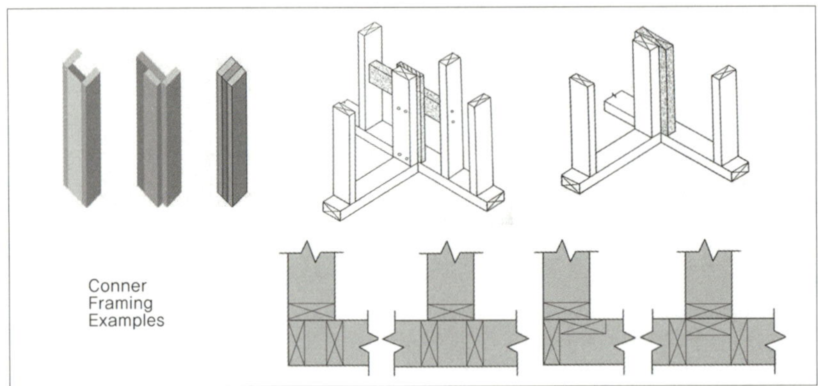

7. 코너(Corner)

(1) 겹침 코너: Stud 3개를 겹쳐서 시공(2×4 벽체에 적용)

(2) 코너는 설치와 동시 외부에서 우레탄폼으로 단열

(3) ㄴ형 코너: 판상재 시공 후 단열재 시공이 가능하며, 사이딩 시공 후 코너 마감

(4) U형 코너: 판상재 시공 전에 단열재 시공이 필수(우레탄폼으로 미리 단열처리)

(5) ㄷ형 코너: 가장 효과적인 시공 방법

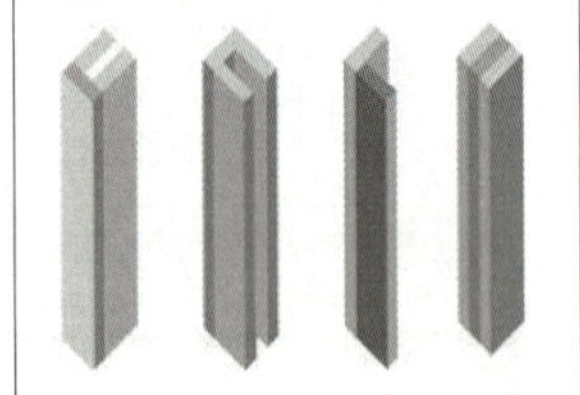

8. 헤더(Header)

(1) 개구부의 수직 하중을 보강해 주는 부재로 내력벽과 비내력벽을 구분해서 시공한다.

(2) 내력벽에는 반드시 설치한다.

(3) 비내력벽에는 설치하지 않아도 된다.

(4) 헤더의 양 끝단은 최소 38mm의 걸침이 있어야 한다.

(5) 못박기: 16D, 400mm 간격

(6) 헤더의 속을 유리섬유(Glass Wool)로 채워서는 안 된다.

(7) 헤더 경간표(122쪽) 기준 참고

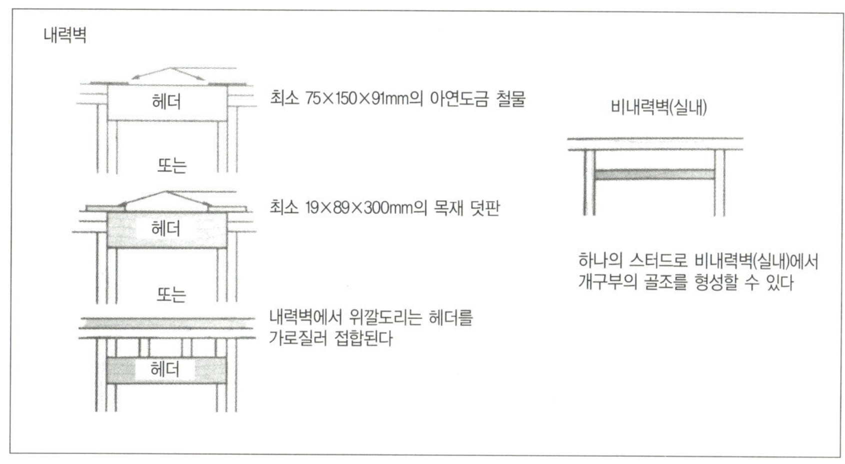

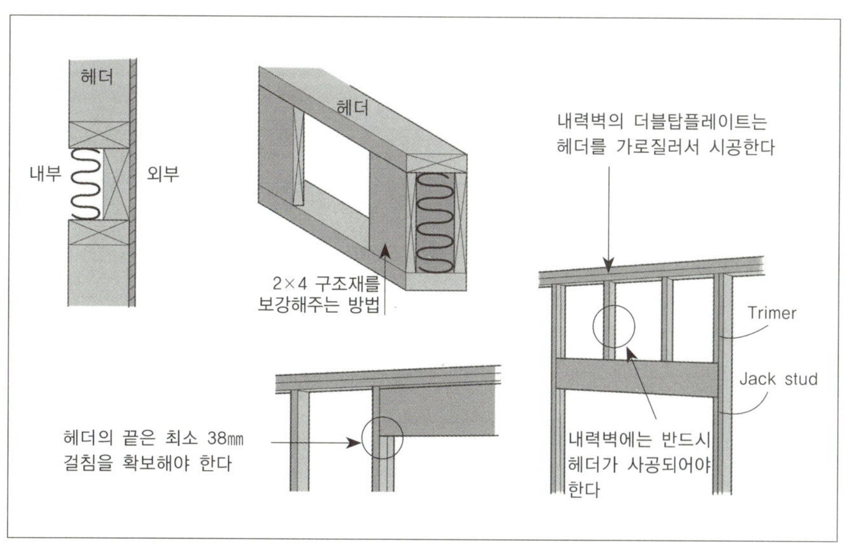

(8) 헤더 경간표(Header Span Table)

- S.P.F#2 기준
- 지상 적설 하중 240kgf/㎡

| | 헤더 크기 | 벽체 길이 6.0m | | 벽체 길이 8.4m | | 벽체 길이 10.8m | | 비 고 |
		헤더 길이	트리머수	헤더 길이	트리머수	헤더 길이	트리머수	
단층 1층 외벽	2x4-2겹	965	1	838	1	762	1	
	2x6-2겹	1,422	1	1,245	1	1,118	2	
	2x8-2겹	1,803	2	1,575	2	1,397	2	
	2x10-2겹	2,210	2	1,905	2	1,702	2	
	2x12-2겹	2,565	2	2,210	2	1,981	2	
	2x8-3겹	2,261	1	1,956	2	1,753	2	
	2x10-3겹	2,769	2	2,388	2	2,134	2	
	2x12-2겹	3,226	2	2,794	2	2,489	2	
2층 1층 외벽	2x4-2겹	838	1	737	1	660	1	
	2x6-2겹	1,245	1	1,092	2	991	2	
	2x8-2겹	1,575	2	1,372	2	1,245	2	
	2x10-2겹	1,930	2	1,676	2	1,524	2	
	2x12-2겹	2,235	2	1,956	2	1,753	3	
	2x8-3겹	1,956	2	1,727	2	1,549	2	
	2x10-3겹	2,413	2	2,108	2	1,905	2	
	2x12-3겹	2,794	2	2,438	2	2,210	2	
내벽 – (비내력벽)	2x4-2겹	940	1	813	1	737	1	
	2x6-2겹	1,372	1	1,394	1	1,067	1	
	2x8-2겹	1,753	1	1,524	2	1,346	2	
	2x10-2겹	2,134	2	1,854	2	1,651	2	
	2x12-2겹	2,464	2	2,134	2	1,905	2	
	2x8-3겹	2,184	1	1,905	1	1,702	2	
	2x10-3겹	2,667	1	2,311	2	2,057	2	
	2x12-3겹	3,099	2	2,692	2	2,388	2	

9. 내력벽 규정 (IRC 602, KBC 0806.4)

내력벽은 한쪽면에 구조용 목질 판재덮개, 또는 양면에 설치하는 석고보드로 결합한다.

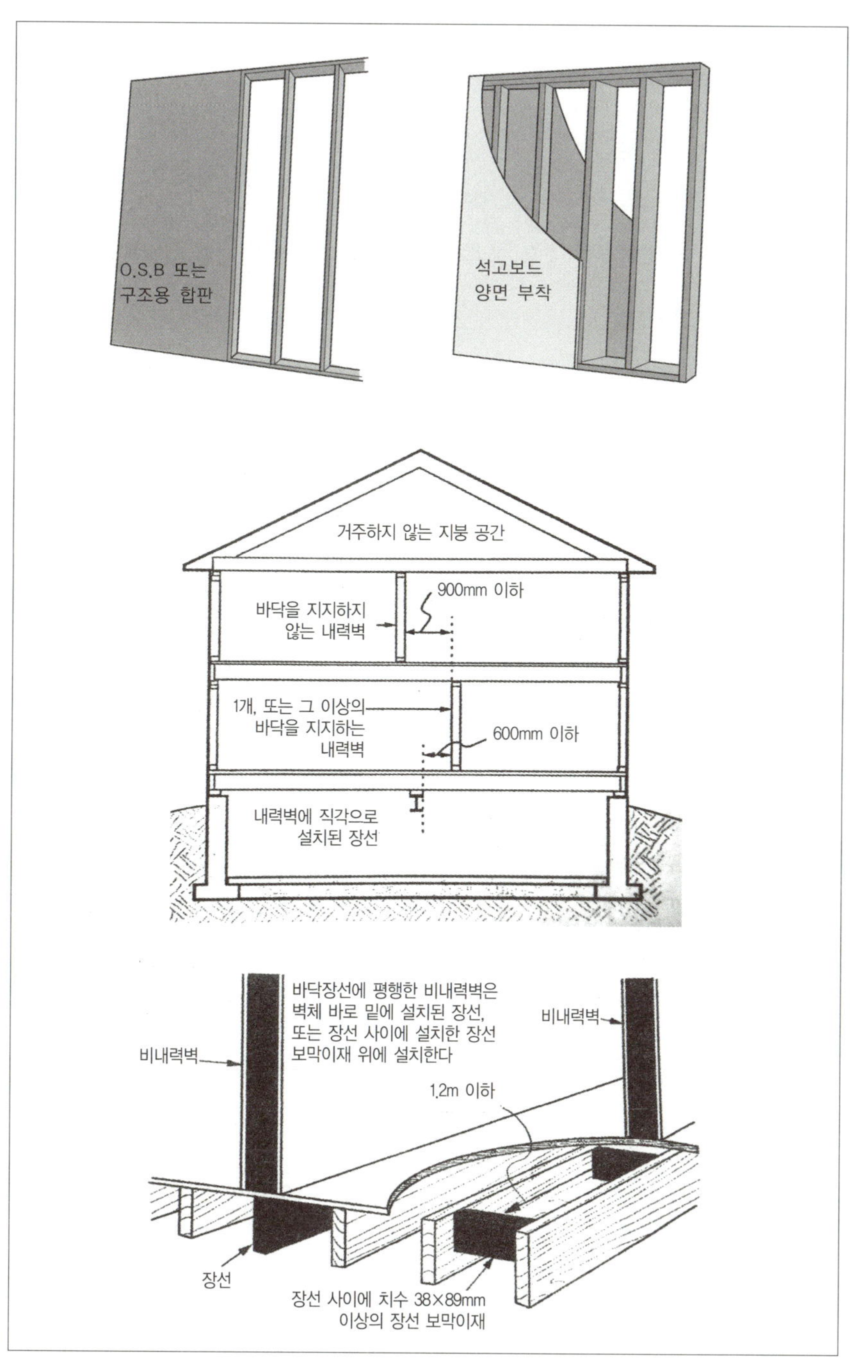

10. 외벽합판

(1) 벽체의 횡력에 저항한다.

(2) 외부는 침엽수 합판, O.S.B로 시공한다.

(3) 스터드에 직각 시공할 경우(눕혀서 시공)

　① 간격 400㎜일 때 외벽 합판의 두께는 최소 8㎜ 이상

　② 간격 600㎜일 때 외벽 합판의 두께는 최소 10㎜ 이상

(4) 스터드에 평행 시공할 경우(세워서 시공) 스터드 간격은 406㎜ 이하, 최소두께 10㎜ 이상이어야 한다.

(5) 합판은 엇갈려서 시공해야 한다.

(6) 합판 사이는 최소 3㎜ 간격을 두어야 한다(못 한 개 두께).

(7) 못박기: 9.5㎜ 구조용 합판의 둘레는 150㎜, 안쪽은 300㎜를 기준으로 한다.

(8) 실플레이트 아래 12㎜를 내려서 기초 콘크리트를 덮어주어야 한다(물끊기).

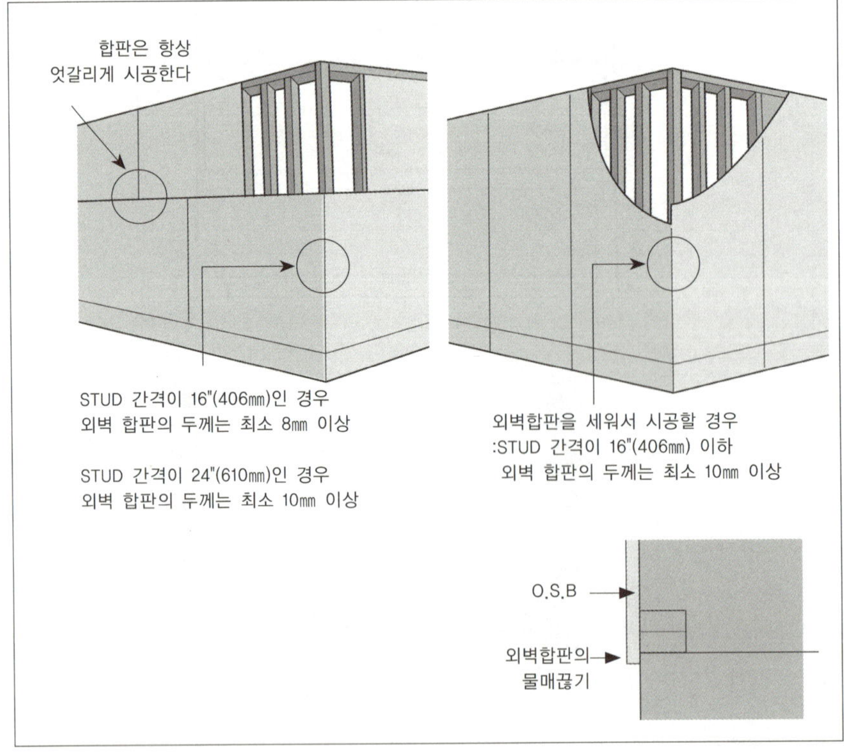

11. 합판블로킹

(1) 스터드 사이로 합판을 이음할 경우 블로킹 시공하여 합판 둘레 못박기 기준 150 mm를 맞춘다.

(2) 합판 블로킹을 시공하는 이유는 벽체가 받는 상부 하중과 횡단력(찌그러짐 방지)을 유지하기 위해서이다.

(3) 합판 블로킹이 생략된 경우 같은 벽체의 아래위가 별도의 횡단력을 받게 된다.

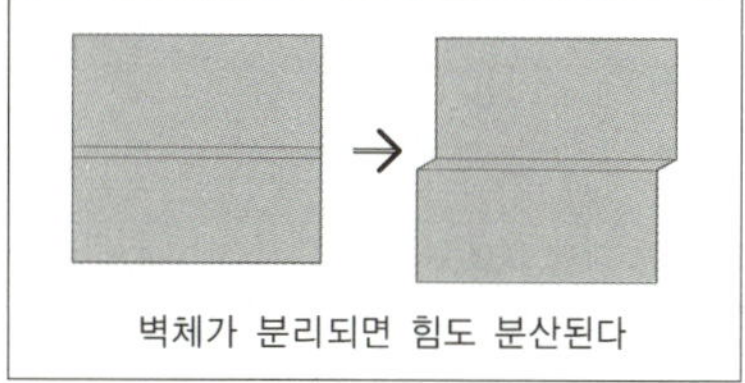

12. 1층과 2층 합판 연결 (IRC 602.3)

(1) 홀드다운이나 철물을 사용할 경우 1층 탑플레이트와 연결해 시공한다.

(2) 철물을 사용하지 않을 경우 2층 바닥장선 중간에서 위 아래층의 합판이 만나게 한다.

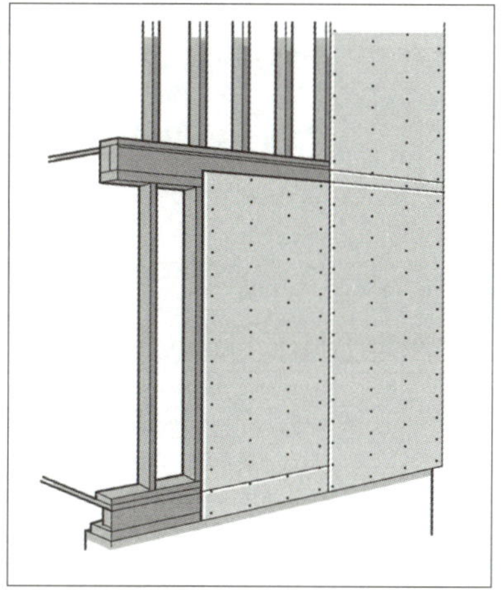

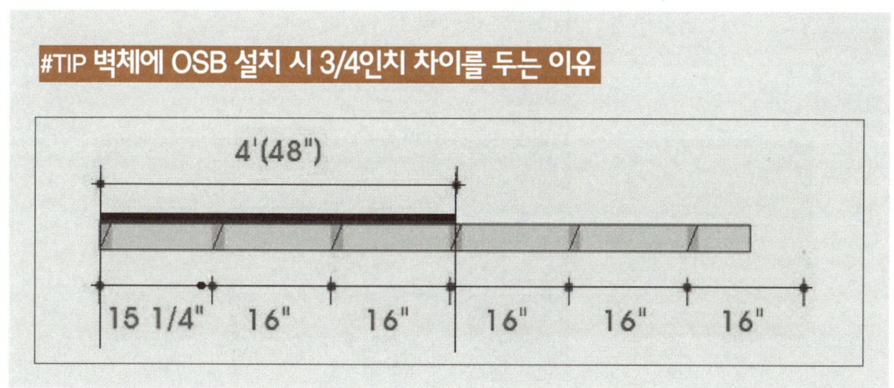

13. 횡 방향 저항에 대한 규정

(1) 내력벽 사이의 거리는 12m 이하로 한다.

(2) 내력벽으로 둘리는 부분의 수평투영 면적은 40㎡ 이하로 한다.

(3) 내력벽에서 개구부의 최대 허용비율

	1층 건축물	2층 건축물	3층 건축물
3층			75%
2층		75%	60%
1층	70%	60%	40%

(4) 스터드 간격에 의한 외벽합판의 최소 두께

	스터드 간격	합판의 최소 두께
외벽 합판 평행 시공	406mm(16˝) 이하	9.5mm(3/8˝)
외벽 합판 수직 시공	406mm(16˝) 이하	7.9mm(5/16˝)
	610mm(24˝) 이하	9.5mm(3/8˝)

14. 천공과 따냄

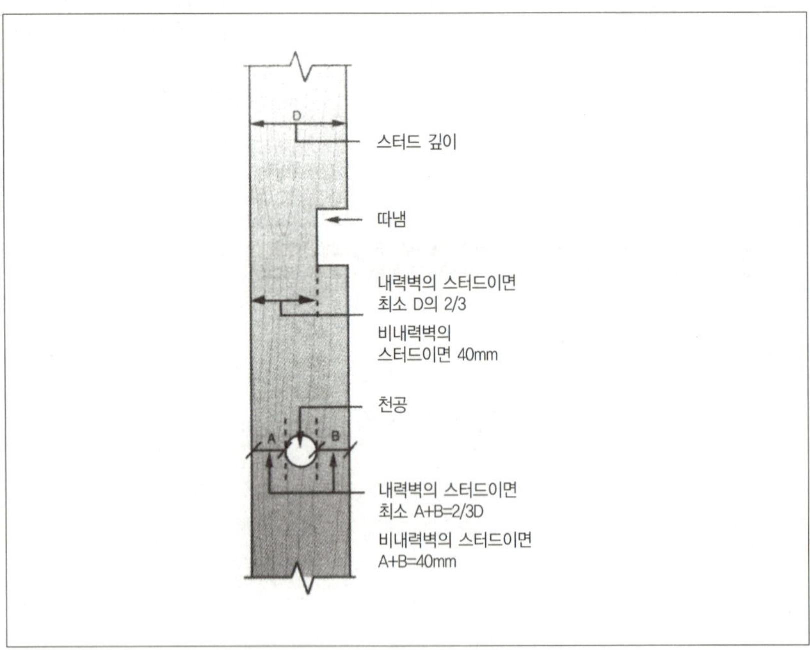

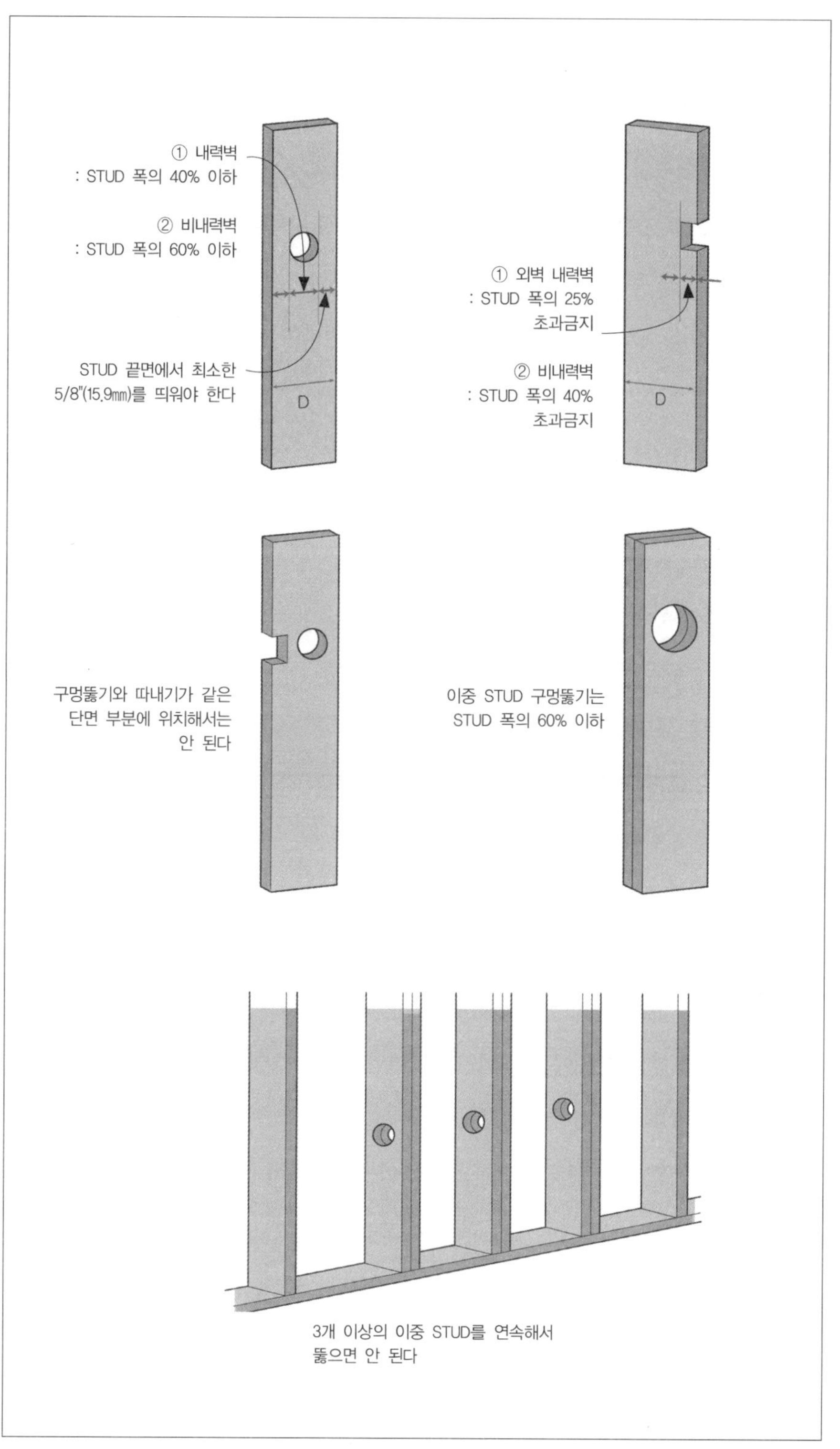

① 내력벽
: STUD 폭의 40% 이하
② 비내력벽
: STUD 폭의 60% 이하
STUD 끝면에서 최소한
5/8"(15.9mm)를 띄워야 한다
D
① 외벽 내력벽
: STUD 폭의 25%
초과금지
② 비내력벽
: STUD 폭의 40%
초과금지
D
구멍뚫기와 따내기가 같은
단면 부분에 위치해서는
안 된다
이중 STUD 구멍뚫기는
STUD 폭의 60% 이하
3개 이상의 이중 STUD를 연속해서
뚫으면 안 된다

15. 벽체 시공 순서

(1) 부재 산정 및 부재 가공

① 도면을 파악해 벽체를 나누고 각 벽체에 소요되는 각각의 부재를 산정한다.

② 플레이트, 스터드(코너와 베커, 킹스터드 포함), 트리머, 헤더 등 수량에 맞게 자재를 준비한다.

③ 트리머와 킹스터드는 곧은 부재로 미리 선별하여 사용한다.

(2) 벽체 레이아웃(Layout)

① 더블버텀플레이트, 버텀플레이트, 탑플레이트, 더블탑플레이트(4단의 플레이트 완성하여 겹쳐놓기)

② 스터드 표식

③ 더블탑플레이트 위에 창호와 문의 개구부 중심 표식

④ 창호, 문의 사이즈에 맞추어 킹스터드 표식

⑤ 코너와 베커 표식

⑥ 4단으로 쌓인 플레이트의 표식이 끝난 다음 각 플레이트에 고유번호를 부여하고 기초 바닥에 함께 표식해 둔다.

⑦ 4단의 플레이트 중 위 3단을 들어낸 뒤 편리한 장소에 보관해 둔다.

(3) 벽체 제작

① 코너 및 베커, 헤더 제작: 동시에 단열재 충진 작업

② 벽체를 만든 다음에 개구부의 트리머와 크리플스터드 작업

(4) 부재의 배치 및 조립

① 각 부재를 다른 벽체와의 이음에 주의하여 레이아웃한 위치에 둔다.

② 내벽을 기준으로 해서 면을 맞추어 조립한다(석고 크랙 방지).

③ 더블탑플레이트까지 붙여 조립한다. 더블탑플레이트 양 끝 부분은 조금 벌려 놓는다(두 개의 벽체 끝 부분이 쉽게 접합 가능).

(5) 벽체 세우기

① 기초판에 이미 머드실이 깔린 상태여야 한다.

② 기준이 되는 벽체를 우선 세운다. 다른 벽체를 세울 때 방해가 되지 않도록 미리 시공 순서를 잡아둔다.

③ 아래 버텀플레이트 선을 맞춘 다음 각 스터드 자리마다 못박기를 한다.

④ 가새는 다른 벽체와 만나는 곳에는 필수적으로 해준다.

(6) 벽체 고정 및 수직잡기

① 벽체가 긴 경우 플레이트 양 끝단에 실을 띄워 벽체가 굽었는지 확인한다.

② 플레이트끼리 다림추(사개부리)를 이용하여 수직을 맞춘다.

③ 가새, 또는 합판을 시공하여 직각이 틀어지지 않도록 한다.

④ 벽체를 이어나가면서 서로 연결한다.

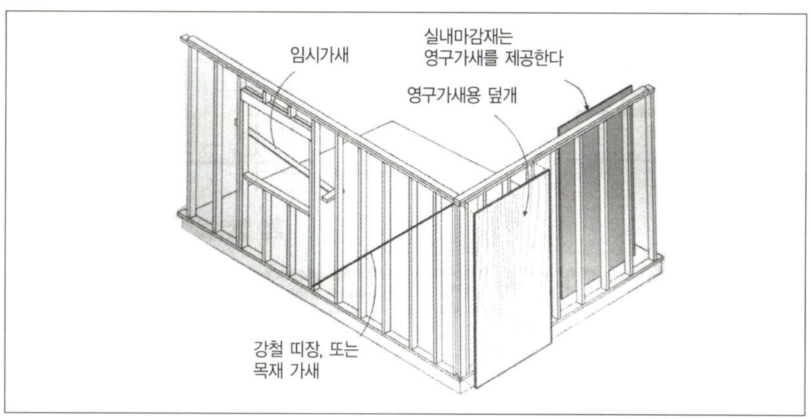

① 투습과 방습의 차이

투습은 습기를 통하게 하고, 방습은 습기의 이동을 차단한다. 습기의 이동은 상대습도에 따라서 움직인다. 습기가 많은 곳에서 습기가 적은 곳으로 움직이기 때문이다.

② 국내 기후와 목조주택 내에서의 습기 이동

국내에서 짓고 있는 대부분의 목조주택은 방습층이 없어 꾸준히 단열재를 젖게 만들어 단열성을 떨어뜨리고, 공기의 흐름을 잡아주는 기밀층이 없어 단열성을 떨어뜨리는 이중고에 시달리고 있다.

- 고온다습한 여름을 제외한 계절은 실내에서 실외로 습기가 이동한다.
- 고온다습한 여름 장마철에는 실외에서 실내로 습기가 이동한다.
- 여름 장마: 외부→내부
- 기타 계절: 내부→외부

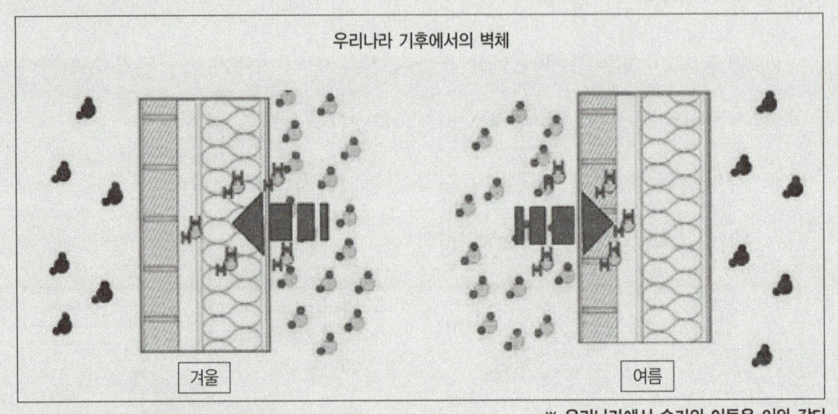

#TIP 일반 비닐(PE-film)의 시공

캐나다에서는 단열재와 석고보드 사이에 일반 비닐(PE-film)을 시공하는데, 집안의 따뜻한 공기가 외부로 빠져나가는 것을 막고 습기를 구조재 내부로 보내지 않는 기밀 방습지 역할을 하기 때문이다.

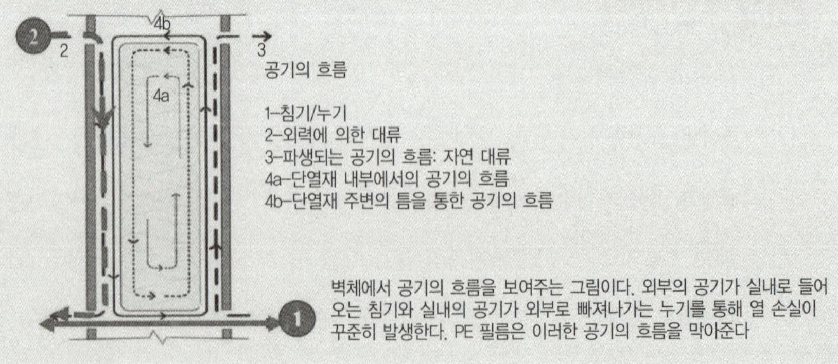

- 방습시공의 의미(단열재와 석고보드 사이에 기밀막 시공의 문제)

　여름 장마철에 고온다습한 습기는 단열재 내부에서 80~90% 가까운 상대습도를 형성하게 되고, 냉방을 하는 여름의 벽체는 차가운데, 거기에 고온다습한 공기가 붙는다면 SD 값이 높은 일반 비닐(PE-film)과 단열재 사이에 결로가 생긴다.

　이렇게 생긴 결로현상을 역결로 현상이라고 하며, 단열성을 떨어뜨리고 단열재의 처짐을 유발한다.

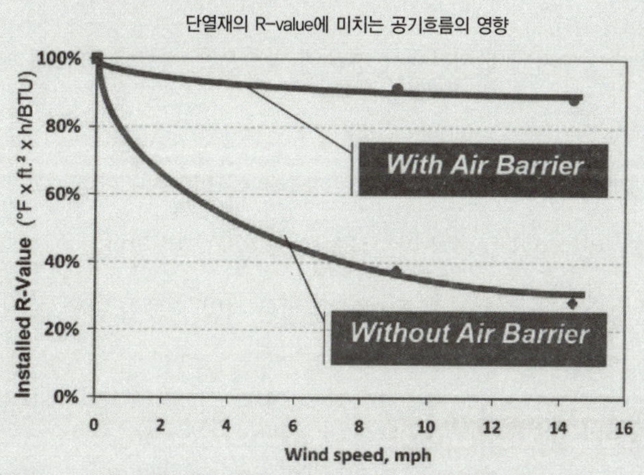

단열재의 R-value에 기밀층이 있는지 없는지에 따라 단열재의 성능 차이를 보여준 그래프

① 공기벽 1m를 습기가 통과할 때 받는 저항값

　예) 듀퐁 하우스랩은 SD 값이 0.01m라면 습기 이동에서 1cm의 저항을 받는다.

② 타이벡 하우스랩: 0.01m

③ 12.5t 석고보드: 0.125m

④ 9.5t 석고보드: 0.095m

⑤ 에어가드 SD5: 5m

⑥ 에어가드 스마트: 0.05m~30m(가변형 방습지)

16. 투습방수지 설치

(1) 건물 모서리에서 12″ 이상을 남겨두고 롤(Roll)을 합판에 밀착시켜 감싼다. 아래 위 겹침은 최소 6″, 좌우 겹침은 최소 2″ 겹침으로 한다.

(2) 최소한의 고정철물만 사용(해머 타카 등)

(3) 설치 중 찢어지거나 구멍 난 부분은 전용 테이프로 밀봉한다.

(4) 설치 후 1주일 안에 외벽 사이딩을 시공한다.

(5) 창호, 문 등의 개구부 뚫기

　① 투습방수지의 모서리에서 가운데 방향으로 자르고 헤더는 수평 방향으로 절단한다.

　② 헤더 모서리에서 45° 위쪽으로 150㎜ 폭으로 절단한다.

　③ 투습방수지가 날리지 않도록 안으로 감아 고정한다.

(6) 투습방수지의 연결 부분에 대한 확실한 기밀 시공이 단열성능을 향상한다.

#TIP 기밀막(House Wrap)

① 방습지: 단열재 안쪽에 설치하여 실내의 습기가 벽체 내부로 침투하지 않게 한다. 방습지(Vapor Barrier) 역할을 비닐(Vinyl)로 대체하기도 한다.

- 내부의 따뜻한 습기가 구조체로 확산하는 것을 막아 결로 발생을 방지한다.
- 내부 습기로부터 단열재를 보호하고 최소한의 수증기가 확산한다.
- 단열성능의 향상에 도움이 된다.

② 투습방수지: 외벽 덮개에 설치하여 습기는 통과하나 물은 통과하지 않아(Water Barrier) 벽체 내부의 결로를 방지하고 외부의 비나 바람을 막아 외벽 방수와 단열효과를 증대시켜준다.

- 결로 방지: 단열시스템 내의 습기를 통과시키는 기능
- 방수: 내수압 1.5m 이상의 방수성능으로 단열재 보호기능

17. 비막이가림층, 이중 벽체(Rain Screen)

(1) 상(桘)은 방부 처리된 구조재 사용을 기본으로 두께 10㎜, 너비 38㎜ 이상으로 시공한다(상(桘)은 일반 구조목도 가능).

(2) 외부 결로를 막아 내구성을 증가시키며, 가운데 공기층으로 인해 단열 성능이 증가한다.

(3) 버그스크린(Bug-Screen)/방충망: 하단부에는 플라스틱, 또는 스테인리스 재질의 버그스크린(Bug-Screen)/방충망을 설치한다.

(4) 공기순환을 위해 상부에 최소 50㎜ 이상 배출공간을 확보한다.

(5) 사이딩 및 외벽 구조체의 수명 연장효과가 있다(특히 목재 사이딩).

(6) 수직 사이딩의 경우 수평으로 쫄대를 설치한 다음 최소 5㎜ 이상의 배수구멍 확보

18. 석고보드(Gypsum Board) 작업

(1) 석고보드 작업의 세부 사항

① 석고의 시공순서는 천장에서 벽(위→아래)

② 석고의 고정은 나사못을 이용하여 고정한다(12.5mm 1PY: 32mm피스, 2PY: 41 mm피스).

③ 나사못은 석고보드 면보다 약간 들어가게 시공한 다음 컴파운드 처리로 면을 맞춘다. 이 경우 석고보드의 종이를 찢고 들어가면 안 된다.

④ 차음성능을 높이는 소음 찬넬은 406mm(16″) 간격으로 시공한다.

⑤ 바닥 마감에서 12.5mm(1/2″) 띄워서 부착한다.

⑥ 석고보드는 가능한 절단을 피하고, 이음매 부분에는 종이테이프, 또는 유리 섬유 메시 테이프로 연결한다.

⑦ 석고보드 이음매는 규정된 컴파운드(3회) 작업을 한다.

⑧ 모서리가 깨질 수 있는 부분은 전용 코너비드를 이용하여 석고보드를 보호한다.

⑨ 절단된 부분의 석고보드는 끝면 스크루 작업을 하지 않고 끝면에서 30mm 내부로 2개의 스크루 작업을 한다.

⑩ 설비를 위한 구멍은 최소로 하고 깨지지 않도록 주의한다.

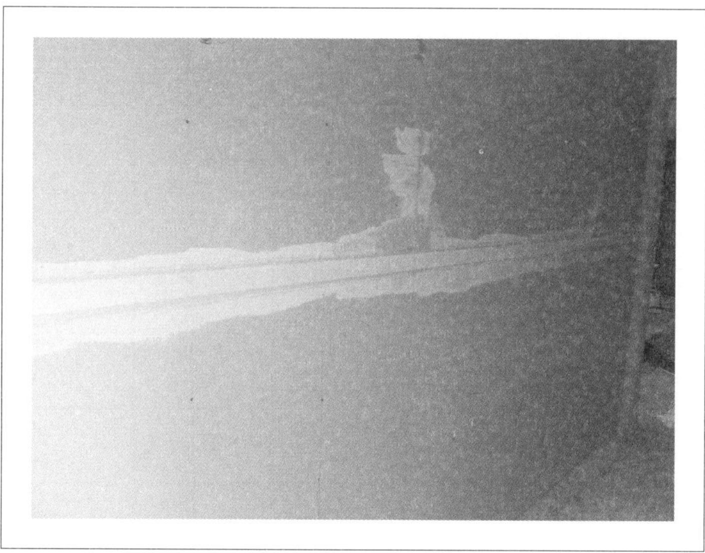

⑪ 전등 기구 및 수전 등을 부착 시 이음매 부분은 코킹 처리하여 수분의 확산을
막아준다.

(2) 천장의 석고 작업

① 천장장선의 간격이 406mm(16″)인 경우 나사못 최대 간격은 300mm(12″)이다.

② 천장장선의 간격이 610mm(24″)인 경우 나사못 최대 간격은 260mm(10″)이다.

③ 천장 석고보드를 먼저 치는 이유는 내화성, 내구성을 높이기 위함이다.

(3) 벽체의 석고 작업

① 스터드 간격이 406mm(16″)인 경우 나사못 최대 간격 400mm(16″)

② 벽체 석고보드 고정 시 천장에서 200mm(8″) 내에는 나사못을 시공하지 않는
것이 좋다(아트월, 커튼 박스, 몰딩 작업 시 트러블을 방지).

③ 설비배관의 보호를 위해 보호철물(Nail Stopper)을 시공한다.

④ 창호, 문 등의 개구부 주위에는 이음을 최소화하여 크랙을 방지한다.

⑤ 바닥 마감선에서 반드시 9.5mm(5/8″) 이상 띄워서 부착한다.

19. 석고보드 및 방수보드 종류

품명	규격(mm)	용도	비고
테파드 석고보드	12.5×1220×2440	벽체용	목구조용(페인트)
일반 석고보드	9.5× 900×1800	벽체용	일반 건축용
일반 석고보드	12.5×1200×2400	벽체용	일반 건축용
내수 석고보드	9.5× 900×1800	주방 및 욕실용	그린 색
내수 석고보드	12.5×1200×2400	주방 및 욕실용	그린 색
내수 석고보드	12.5×1220×2440	주방 및 욕실용	그린 색
내화 석고보드	15×1220×2440	천장 및 보일러실 용	핑크 색
내화 석고보드	12.5×1200×2400	천장 및 보일러실 용	핑크 색
방수 시멘트 보드	6×1200×2400	타일 및 방수용	절단 시 분진 많음
마그네슘 보드	6×1220×2440	타일 및 방수용	타일접착본드 사용주의

#TIP 스터드 기본 길이가 92·5/8″인 이유

- 한 층의 높이 96″ – 3″ (플레이트 2장) – 1/2″ (천장 석고 두께) – 1/2″ (바닥 띄우기)

#TIP 이음매 컴파운드 3회 작업

- 1회: 이음매에 컴파운드를 칠하고 그 위로 조인트 테이프를 부착 후 다시 컴파운드

- 2회: 마른 다음 헤라로 긁어내고 다시 컴파운드

- 3회: 마른 다음 전체 면을 맞추어서 다시 컴파운드

- 3회 작업 후 사포를 이용하여 면을 고른다.

목조주택의
지붕 골조

CHAPTER 7

목조주택의 지붕 골조

1. 지붕 개요

(1) 지붕은 눈과 바람의 하중을 벽체에 전달한다(구조계산이 필요한 부분).

(2) 방수: 건축물로부터 빗물이 흘러내리게 하고, 눈이 쌓이지 않도록 하며, 지붕 공간으로 물이 스며들지 않아야 한다.

(3) 환기: 단열된 지붕구조에서 수분과 열을 제거할 수 있어야 한다.

(4) 규격재: 건축물로부터 지붕구조 속으로 들어오는 공기와 수분, 열의 흐름을 제어하는 건축재료로 시공하여야 한다.

(5) 시공방법: 트러스 지붕틀과 서까래와 장선의 조합으로 시공하는 2가지 방법이 있다.

(6) 부재의 치수와 경간이 경간표의 범주를 벗어나거나 적재 하중(적설 하중 제외)이 51kg·f/㎡을 초과하면 별도의 구조 설계가 요구된다.

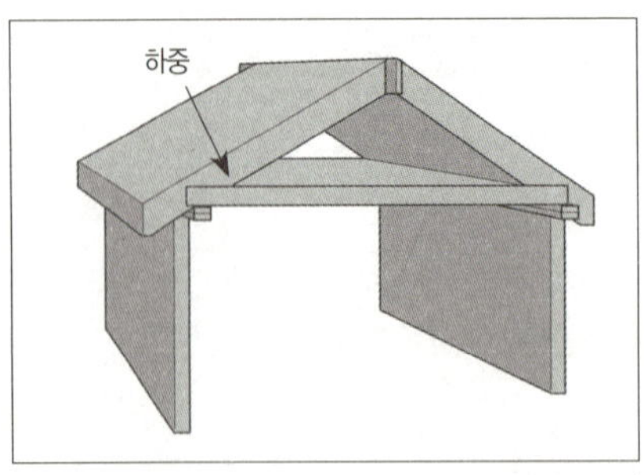

(7) 규격 구조재의 최소 두께는 38㎜이고, 구조 부재의 최대 간격은 650㎜ 이하이며 이 조건을 만족시키지 못하면 별도의 구조 계산이 필요하다.

2. 지붕에서 필요한 수학 공식

- **사칙연산: +, −, ×, ÷, √**
- **피타고라스의 정리: 집 전체의 직각을 잡는 데 필요**
- **삼각함수: 서까래와 지붕 합판 시공에 필요**

※ 위 세 가지만 이해하면 주택의 수학 공식은 더 이상 필요 없다.

(1) 사칙연산은 많이 쓰이는 공식이고 조금 어렵게 사용하고 있는 것이 데크의 소동자 나누기이다. 소동자 간격을 나눌 때에는 나무의 두께를 고려해야 한다.

(2) 피타고라스의 정리는 그림으로 설명하면 이해가 쉽다. 일반 계산기로 충분히 해결할 수 있다.

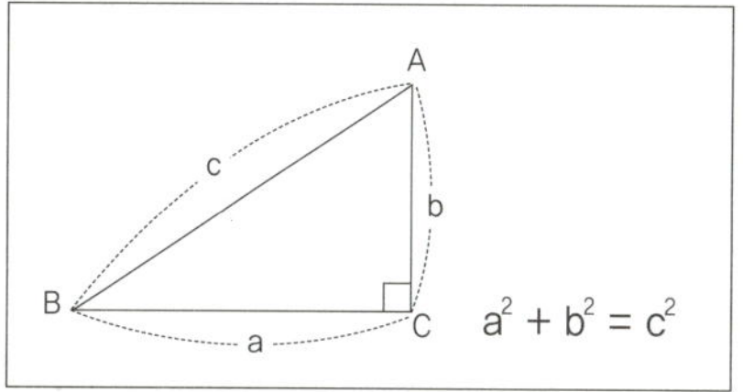

(3) 삼각함수는 조금 이해가 어렵더라도 외워야 한다. 지붕에서 꼭 필요한 계산식이기 때문이다. 특히 탄젠트와 코사인은 꼭 외워야 한다(지붕 높이와 경사면의 치수를 확인하기 위해서 필요한 공식).

   ① 탄젠트는 지붕에서 높이와 바닥 치수와의 관계

   ② 코사인은 지붕의 경사와 바닥 치수와의 관계

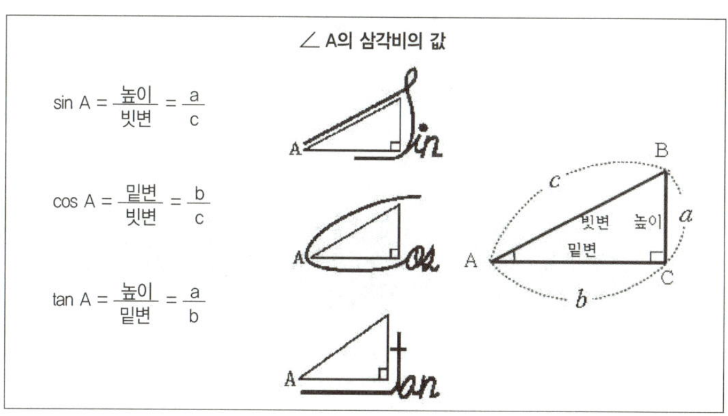

삼각함수를 계산하기 위해서는 공학용 계산기가 필요한데, 사용법을 계산기 뚜껑에 잘 메모했다가 필요할 때 사용하면 좋다. 현장에서 목조용 계산기를 많이 사용하는데, 목조용 계산기는 가격도 비싸고(12만 원), 충격에 약해 잘 부서진다. 반면 공학용 계산기는 문구점에서 만 원에 살 수 있다.

> **지붕 계산의 원리를 이해하면 일반 공학용 계산기로도 충분히 계산할 수 있다.**
> **예) 지붕의 높이 a는 밑변×tan A 각도**
> **서까래 길이 c는 밑변÷cos A 각도**

3. 지붕 양식

(1) 박공지붕　　(2) 모임지붕　　(3) 맨사드지붕　　(4) 외쪽지붕

(5) 2단 박공지붕　　　　　　(6) 평지붕

4. 지붕 골조 공사

(1) 천장장선은 각 끝 지점에서 벽체의 더블탑플레이트에 경사 못박기 한다.

(2) 서까래는 더블탑플레이트에 경사 못박기 한다.

(3) 서까래는 천장장선에 못박기 한다.

(4) 서까래는 마룻대에 경사 못박기 하거나 끝면 못박기 한다.

(5) 조름보(컬러타이)는 각 서까래의 끝면에 못박기 한다.

(6) 조름보 가새는 조름보에 못박기 한다.

(7) 천장장선은 겹친 이음이나 덧판으로 못박기 한다.

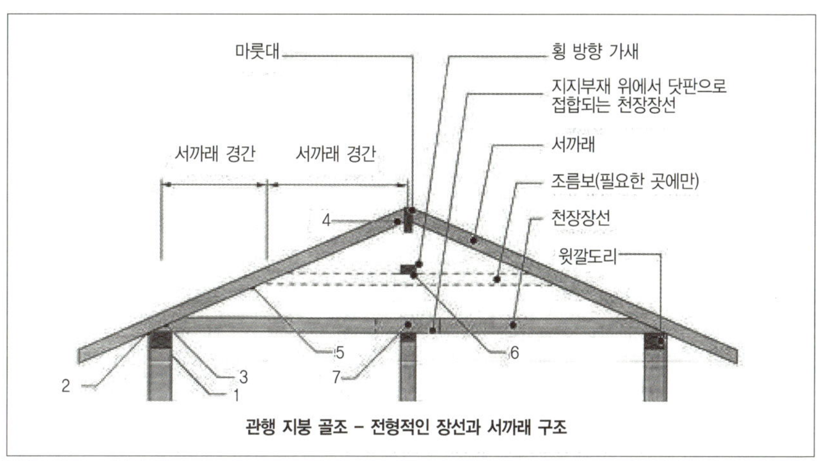

관행 지붕 골조 – 전형적인 장선과 서까래 구조

5. 서까래 길이 구하기

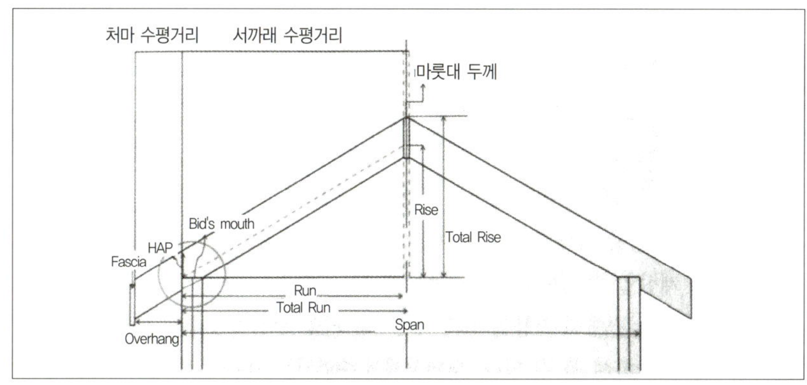

(1) 서까래 길이를 구하기 위한 용어 설명

① 런(Run): 건물 바깥벽에서 마룻대(Ridge Board) 안쪽까지의 거리

② 토탈런(Total Run): 건물의 바깥벽에서 마룻대 중앙까지의 길이

③ 라이즈(Rise): 토탈 라이즈(Total Rise)에서 HAP 높이를 뺀 높이

④ 토탈라이즈(Total Rise): 라이즈에서 HAP 높이를 더한 높이

⑤ 오버행(Overhang): 건물에서부터 돌출한 지붕의 맨 끝 처마 부분

⑥ 버드마우스(Bird Mouse): 벽체의 더블탑플레이트(Double Top Plate) 위로 서
  까래가 올라갈 수 있도록 서까래를 절단한 부분

(2) 삼각함수표

각도(θ)	sin θ	cos θ	tan θ	비 고
0	0	1	**	
5	0.087	0.996	0.088	
10	0.174	0.985	0.176	
15	0.259	0.966	0.268	
20	0.342	0.940	0.364	
25	0.423	0.906	0.466	
30	0.5	0.866	0.577	
35	0.574	0.819	0.700	
40	0.643	0.766	0.839	
45	0.707	0.707	1	
50	0.766	0.643	1.192	
55	0.819	0.574	1.428	
60	0.866	0.5	1.732	
90	1	0	**	

- 높이=밑변×tan θ (지붕 높이)
- 빗변=밑변÷cos θ (서까래 길이)

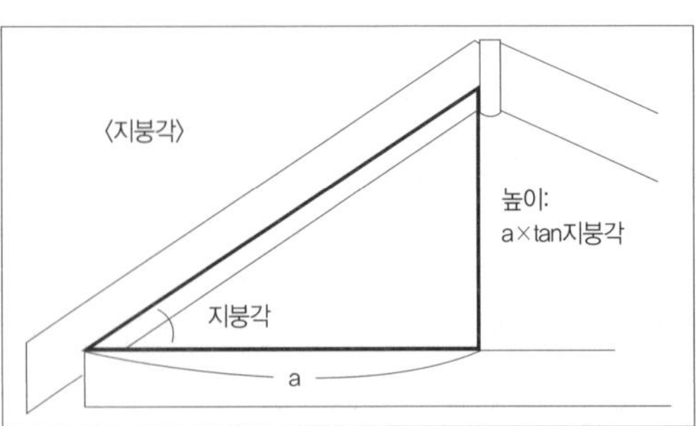

① 목재의 계산: 목재는 선이다. 부재의 두께를 일단 무시하고 선이라는 개념으로 계
   산해야 쉽다. 일단 계산이 이루어진 다음에 부재의 두께를 가감하면 된다.
② 삼각함수표의 활용: 서까래 계산에서 굳이 공학용 계산기를 사용하지 않아도 일
   반 계산기만을 사용하여 서까래 길이를 구할 수 있다.
③ 처마길이 합산: 처마길이도 위와 같은 방법으로 구한 다음 합산하면 된다. 이때
   부재의 두께를 가감해야 한다.
④ 버드마우스 길이: 실제 서까래의 길이는 버드마우스와 관계없다. 버드마우스는
   그 길이만큼 서까래 선이 올라가면 되는 것이다.

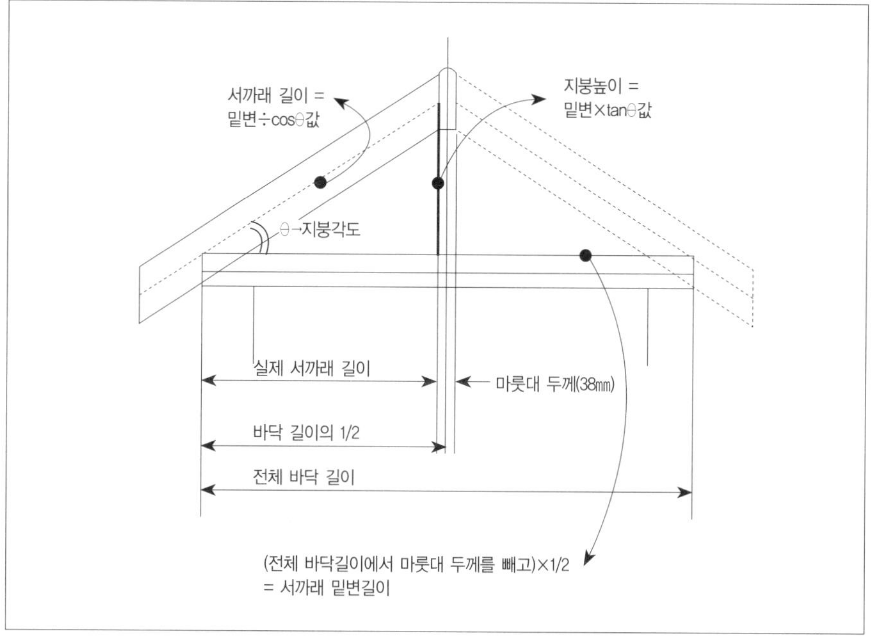

예) 밑변 전체 길이가 1,200㎜이고, 지붕각도가 30°인 경우

- 밑변 길이: (1200-38)÷2=581㎜

- 서까래 길이: 581÷0.8660=671㎜(삼각함수표 참조)

- 지붕 높이: 581×0.5774=450㎜(삼각함수표 참조)

⑤ 자주 사용하는 지붕각도 20°, 25°, 30°, 45° 삼각함수표 값을 계산기에 메모해 두면 책이 없이도 현장에서 쉽게 사용할 수 있다.

(3) 버드마우스와 서까래 길이와의 관계

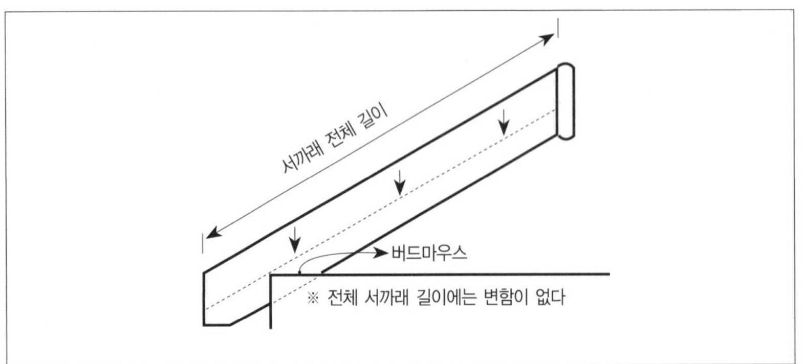

(4) 처마 길이와 서까래 길이

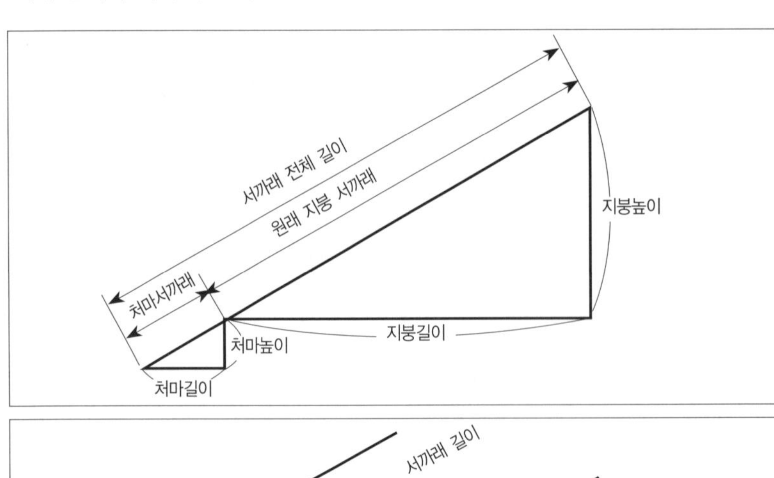

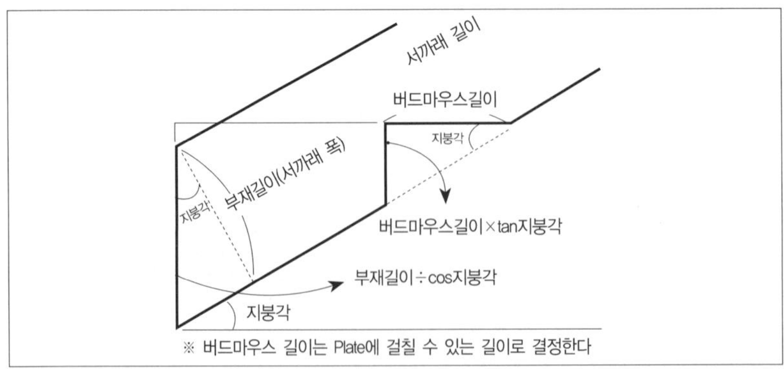

(5) 밸리(Valley), 힙(Hip) 서까래 길이 구하기

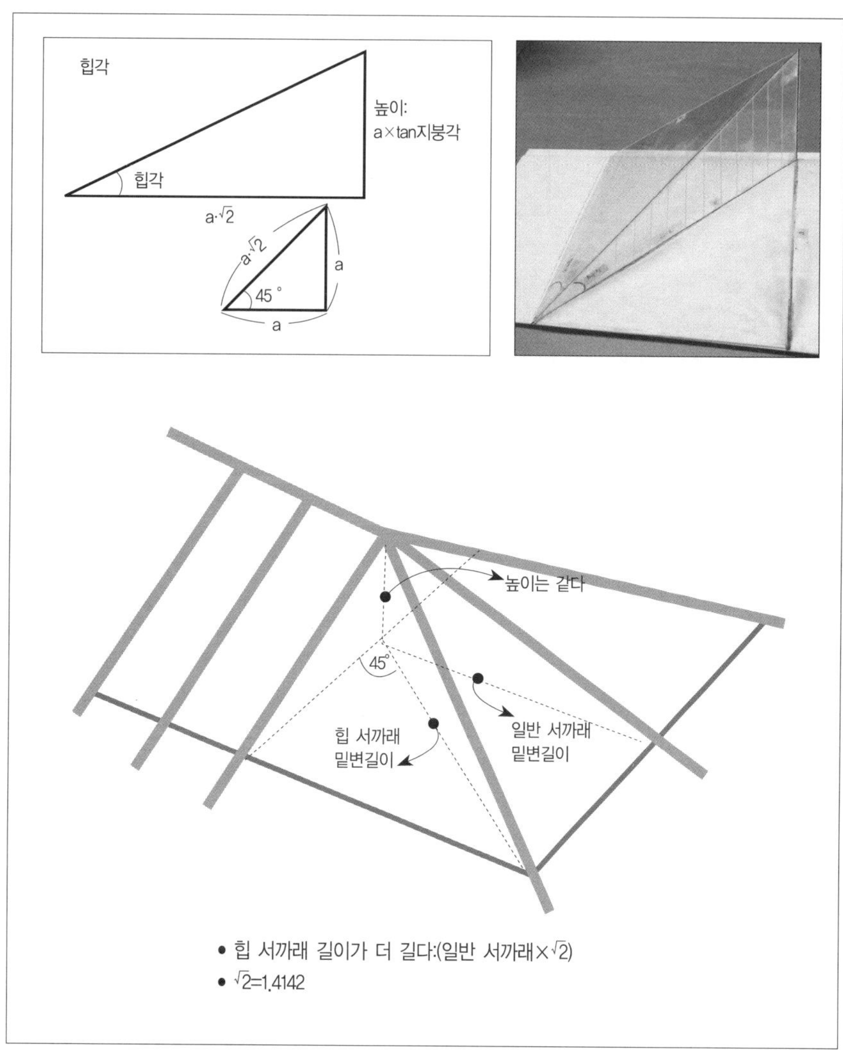

① 밑변 길이: 모임지붕의 힙 서까래 밑변 길이는 마룻대 끝에서 건물의 외벽까지의 길이로 일반 서까래의 밑변 길이와 45° 각도를 가진다.

　※ 힙 서까래 밑변 길이=일반 서까래 밑변 길이×√2

② 높이: 일반 서까래와 힙 서까래의 높이는 같다.

③ 일반 지붕각과 힙각의 관계는 지붕각, 힙각의 그림을 참조

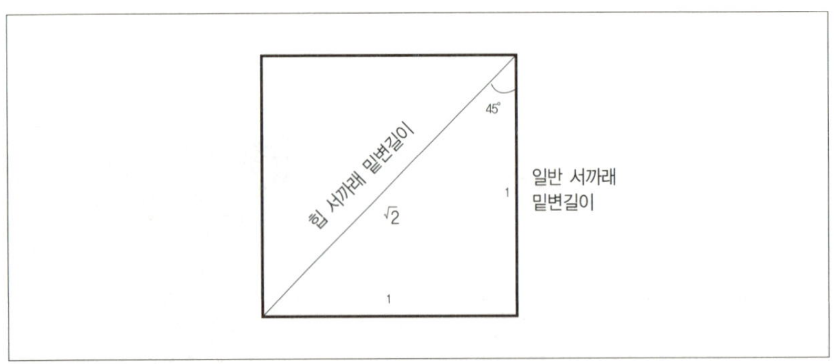

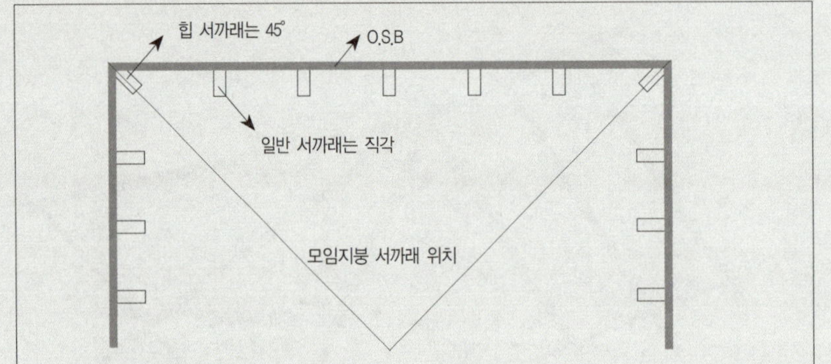

① 위 그림에서처럼 힙 서까래는 직각의 코너에 몰려 있고, 부재의 두께(38㎜)를 고려

하면 좌우 코너에서 부재의 두께만큼 외부로 돌출하게 된다.

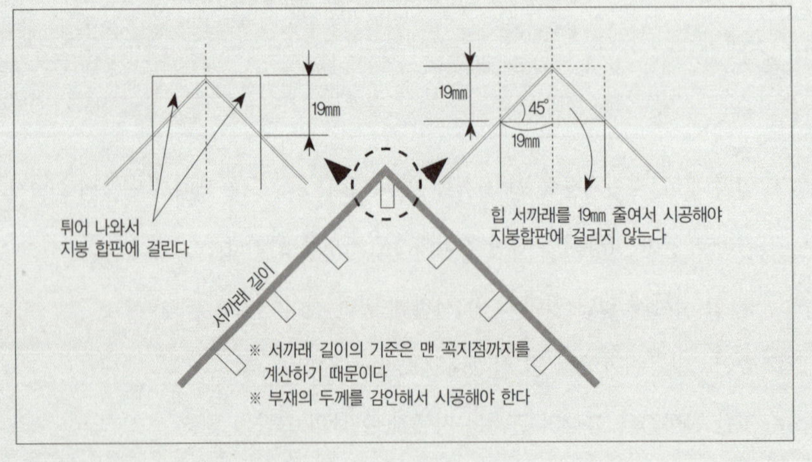

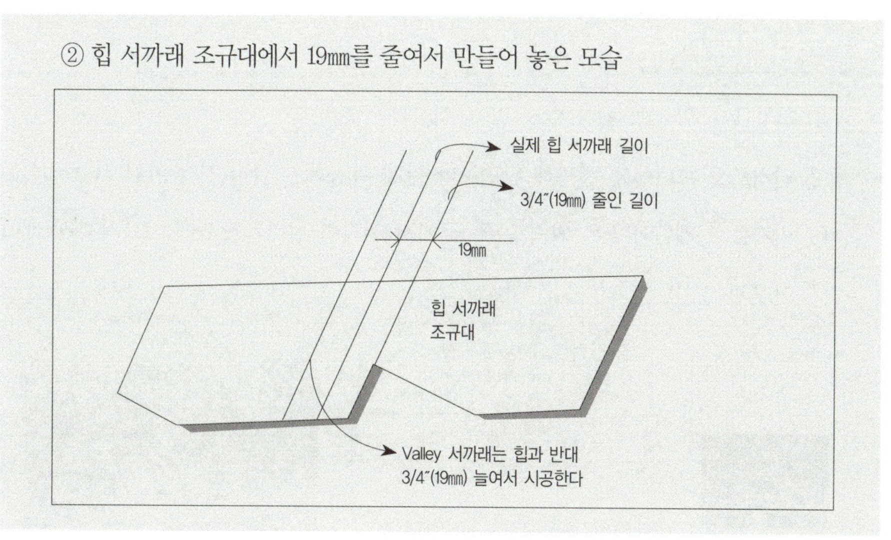

6. 버드마우스(Bird Mouse)

(1) 서까래와 벽체의 결합을 좋게 하려고 만든 걸침턱을 말한다.

(2) 가능한 범위에서 벽체의 두께만큼 잘라내고, 반드시 서까래의 수직거리(HAP: Height Above Plate)로 38㎜ 이상은 남겨야 한다.

(3) 버드마우스의 걸침턱 길이를 벽체 두께에 맞추는 것이 좋은 이유는 서까래의 안쪽 면으로 석고 작업을 할 때 마감면을 맞추기 위함이다.

(4) 버드마우스 시공 시 공기의 흐름을 원활하게 하도록 1인치 정도의 공간을 둔다.

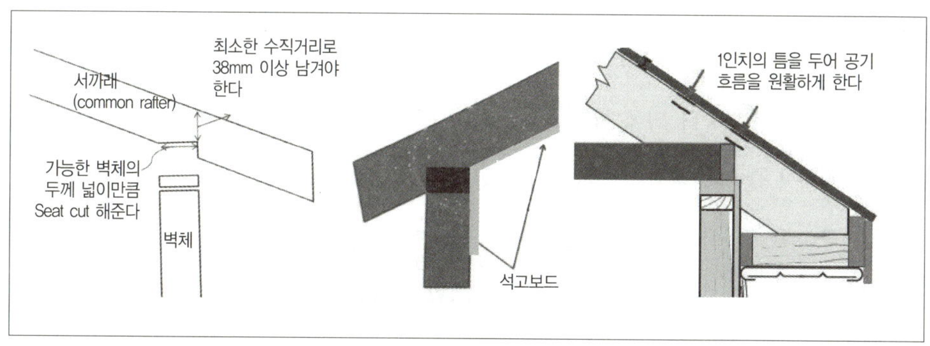

7. 리지보드(Ridge Board) 가공

  (1) 리지보드 오버행: 처마 수평 길이+서까래 두께

  (2) 리지보드 오버행은 서까래 단면보다 짧게 가공해야 한다(처마 마감 시 트러블).

  (3) 리지보드 레이아웃은 외벽 안쪽 끝에서 시작한다(더블탑플레이트 서까래 레이아웃과 일치).

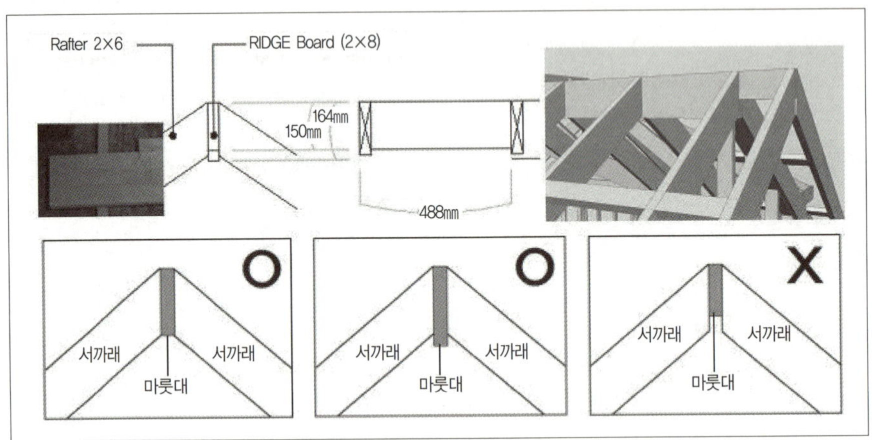

8. 지붕각, 힙각, 합판각

- 지붕각: 지붕의 바닥과 높이

- 힙각: 지붕 코너의 각도로 45° 바닥 밑변과 지붕 높이의 각(밸리 각과 같음)

- 합판각: 합판이 놓이는 지붕 면의 각으로 지붕 밑변과 지붕 빗변의 관계

  지붕에는 지붕각 외에 힙각과 합판각이 있다. 이 세가지 각만 이해하면 지붕에 대한 개념이 잡힌다.

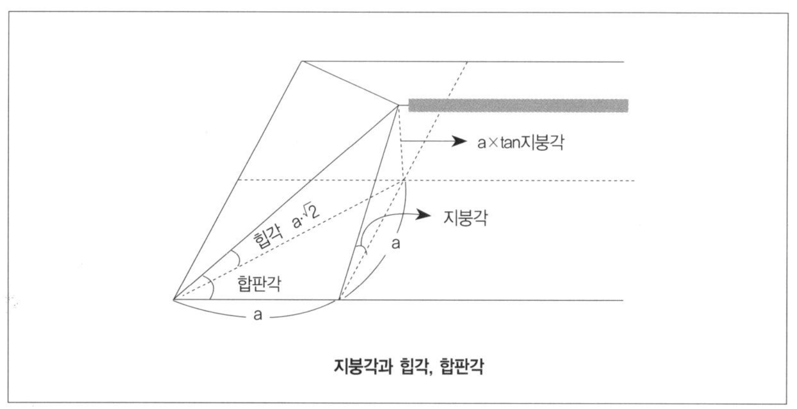

지붕각과 힙각, 합판각

(1) 지붕각: 지붕각이란 우리가 일반적으로 이야기하는 서까래각을 말한다. 각도가 정해지면 지붕의 높이가 정해지게 되는데, 그 높이에 해당하는 각도를 지붕각이라고 한다.

지붕의 높이=밑변×tan 지붕각

공학용 계산기로 계산하면 쉽게 산출된다. 요즘 공학용계산기의 가격도 저렴하고 주변 문구점에서 쉽게 구하며, 사용방법도 단순해서 익히기 쉽다. 공학용 계산기의 여러 가지 기능 중에서 탄젠트값과 코사인값을 구하는 방법만 숙지하면 누구나 사용할 수 있다.

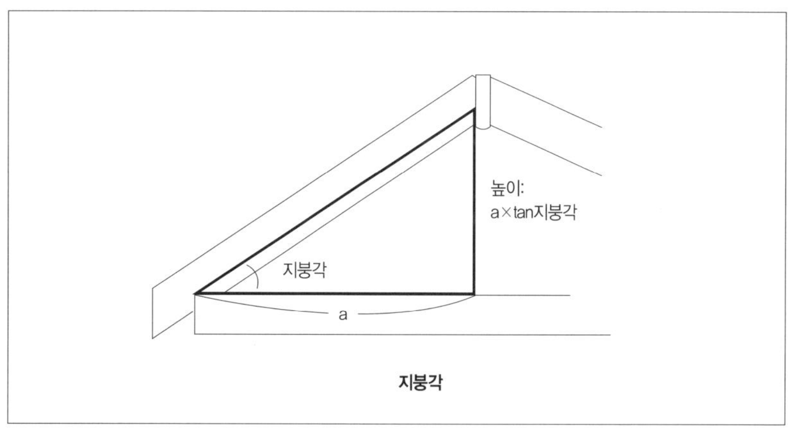

지붕각

(2) 힙각

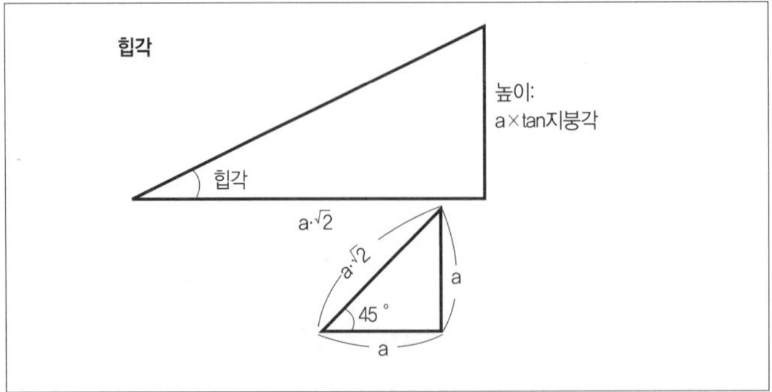

① 힙각은 위의 그림과 비교해 보면 쉽게 이해할 수 있다.

② 지붕각과 차이가 있는 것이 높이는 지붕각과 같지만, 밑변의 길이가 다르다.

③ 밑변의 길이=a×√2(힙이 45도로 세워지기 때문)

④ √2=1.4142 (45도 각일 때 대각선의 길이)

⑤ 피타고라스의 정리를 알면 알 수 있다.

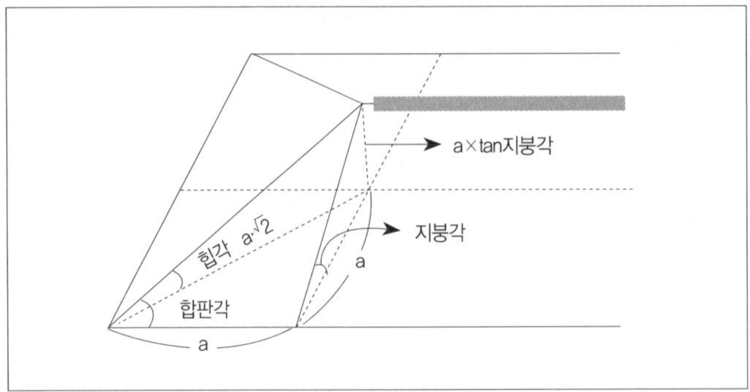

(3) 합판각

① 지붕에 합판각을 알아야 합판의 시공을 쉽게 할 수 있다. 통상 현장에서는 지붕각에 맞추어 조규대로 합판에 맞게 절단한다. 하지만 조규대 맞추는 시간이 길고, 정확하게 재단이 되지 않아 시공 시간이 길어질 수 있다. 이러한 단점을 극복하기 위해 합판각의 계산대로 합판에 먹줄을 튀겨 재단한다. 이럴 경우 시공이 정확하고 시간 단축이 쉽다.

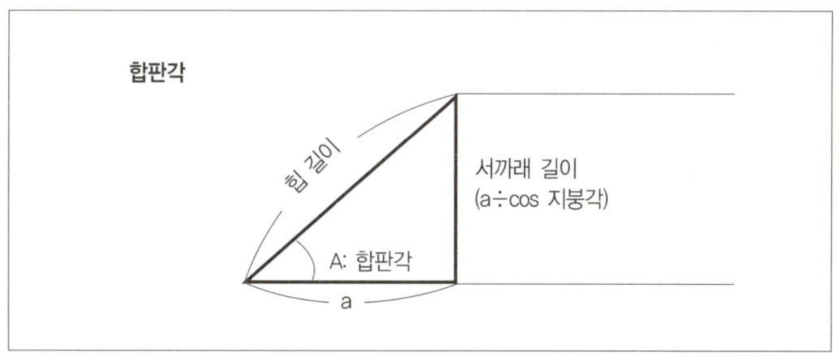

② 위의 그림이 실제 그림으로 보는 합판각이고 아래 그림은 합판각의 이해를 위해 단순하게 표현해 본 것이다.

③ 밑변의 길이는 지붕각에서의 밑변과 같지만, 높이가 다르다. 합판각의 높이는 서까래 길이가 된다(그림 참조). 합판각의 빗변은 힙의 길이이다.

④ 지붕각을 알아야 서까래를 자를 수 있고, 힙각을 알아야 힙, 밸리(Valley)를 자를 수 있고, 합판각을 알아야 지붕 합판의 쉬운 시공이 가능하다. 지붕에서 이 3가지 각을 이해하면 지붕 시공에서의 모든 문제가 풀린다.

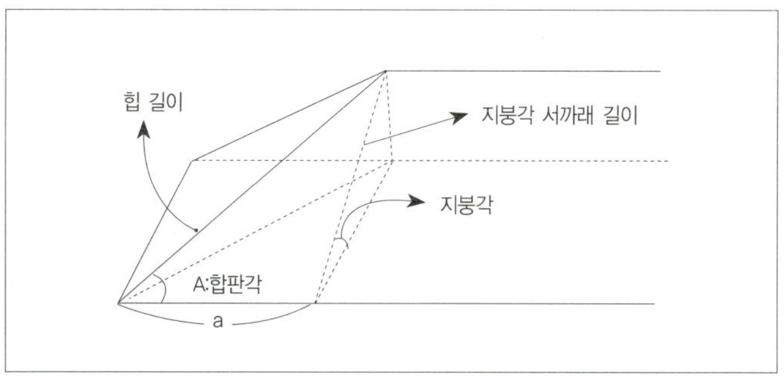

9. 서까래 설치

(1) 박공지붕 시공

① 박공 벽체 위, 또는 리지 스터드 위에 리지보드를 세운다.

(수직을 맞추고 가새로 고정)

② 레이아웃된 리지보드에 벽체 끝 서까래를 설치한다(리지보드 단면≫ 서까래 단면).

③ 리지보드 양 끝 모서리에 실을 띄워 처짐과 좌우 휨을 확인하며 서까래를 더블 탑플레이트에 고정한다.

④ 철물을 사용하여 내구성을 높일 수 있다.

⑤ 박공 벽체 위 서까래에 룩아웃을 설치하고 플라이 레프트를 설치한다.

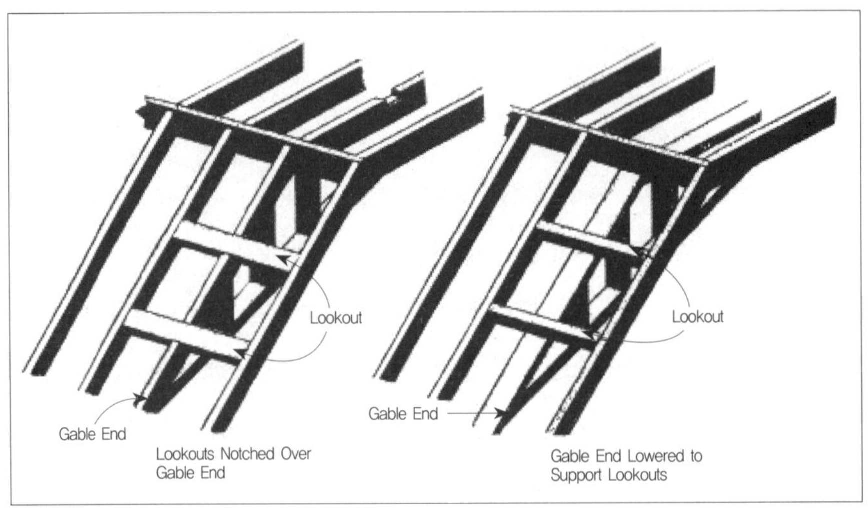

(2) 모임지붕 시공

① 일반 서까래의 위치 확인 후 마룻대와 일반 서까래를 고정한다.

② 리지보드 양 끝 모서리에 실을 띄워 처짐과 좌우 휨을 확인하며 일반 서까래를
고정한다.

③ 힙 서까래 레이아웃 후 잭 서까래를 설치한다.

④ 보막이(Blocking) 설치: 박공지붕은 처마에만 설치한다.

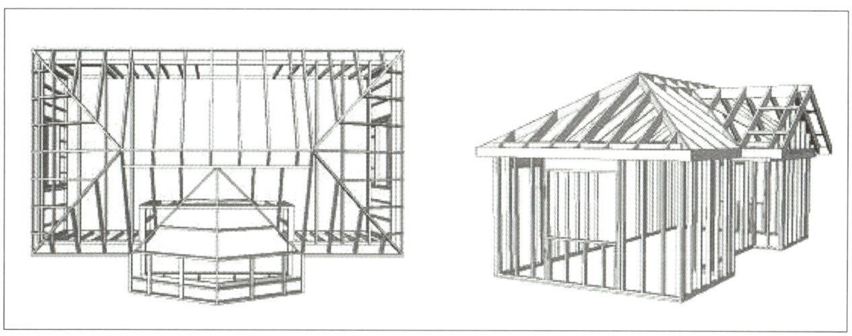

10. 서브페이샤(Sub Fascia) 및 페이샤(Fascia) 시공

(1) 서까래 끝면과 지붕물매에 맞게 서브페이샤(Sub Fascia)를 시공한다.

(2) 지붕물매에 맞게 최종마감인 페이샤(Fascia)를 도금못으로 마감한다.

11. 트러스(Truss)

(1) 트러스는 구조계산을 통해 주로 공장에서 생산하는 공학 목재의 일종이다.

(2) 제조업체에서 법규와 규격에 부합하게 설계 제조되어야 한다.

(3) 공장 조립 트러스는 설계도면, 구조인증서, 설치계획, 규격, 가새 규정 등 필요
한 정보를 포함한다.

(4) 경간 6m 이하는 한 개의 지점으로 이동 가능하다. 과도한 회전방지를 위해 끝
지점에 연결선을 설치한다.

(5) 트러스 지붕의 시공은 작업 기간을 줄이며, 중간 지지부재 없이 실외 내력벽을 경간으로 하는 것이 가능하다.

(6) 트러스는 어떠한 지붕 구조에도 맞게끔 제작할 수 있으며, 캔틸레버와 내민 구조에도 적용된다.

(7) 트러스 구조 및 자재

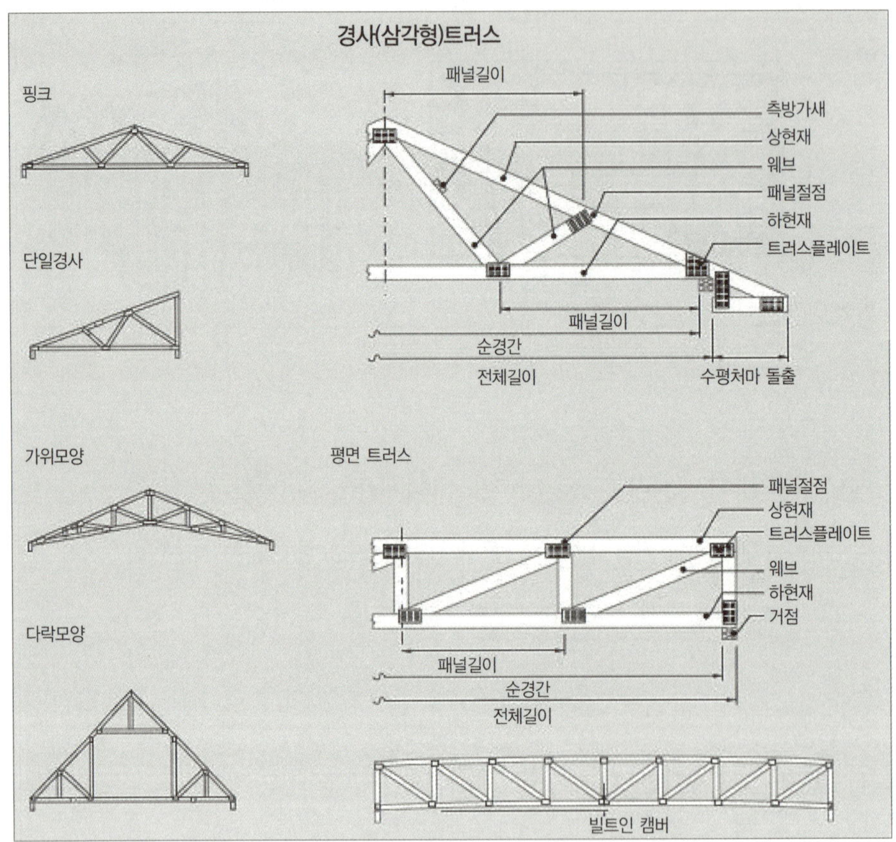

12. 서까래 천공과 따냄, 걸침

(1) 서까래나 천장장선은 하나의 부재로 되어 있어야 한다.

(2) 서까래나 천장장선의 걸침턱(지압 거리)은 최소 38mm(1½인치) 이상 되어야 하며,

이때 서까래의 걸침턱(버드마우스)은 플레이트의 폭보다 같거나 작아야 한다.

(3) 힙 서까래나 밸리 서까래는 잭 서까래의 추가 하중을 더 받기 때문에 일반 서까래보다 한 치수 높은 부재를 사용한다.

(4) 개구부가 장선이나 서까래의 간격보다 큰 경우 서까래와 장선을 이중 구성하여 보강한다.

(5) 지붕경사 4각(4:12) 이상의 경우에는 천장장선이 지나간 경우 별도의 마룻대를 지지할 필요는 없다.

(6) 지붕경사 4각(4:12) 이하의 경우에는 리지빔(Ridge Beam)을 시공한다.

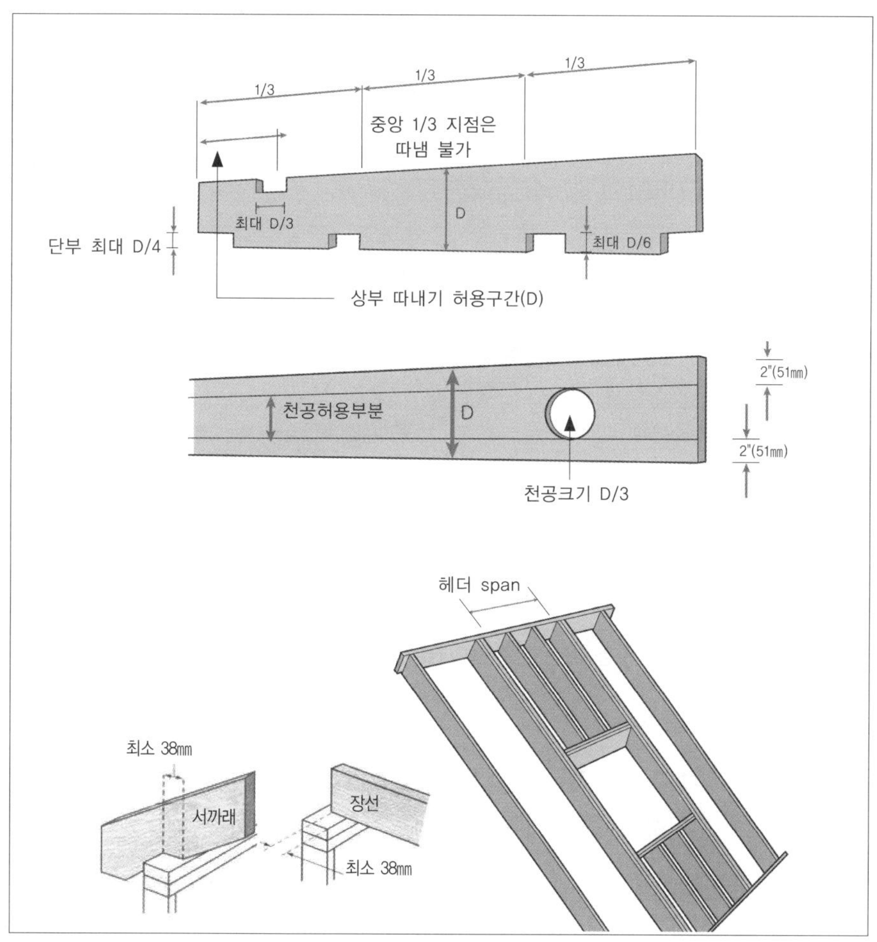

13. 꼬마간막이벽과 버팀재

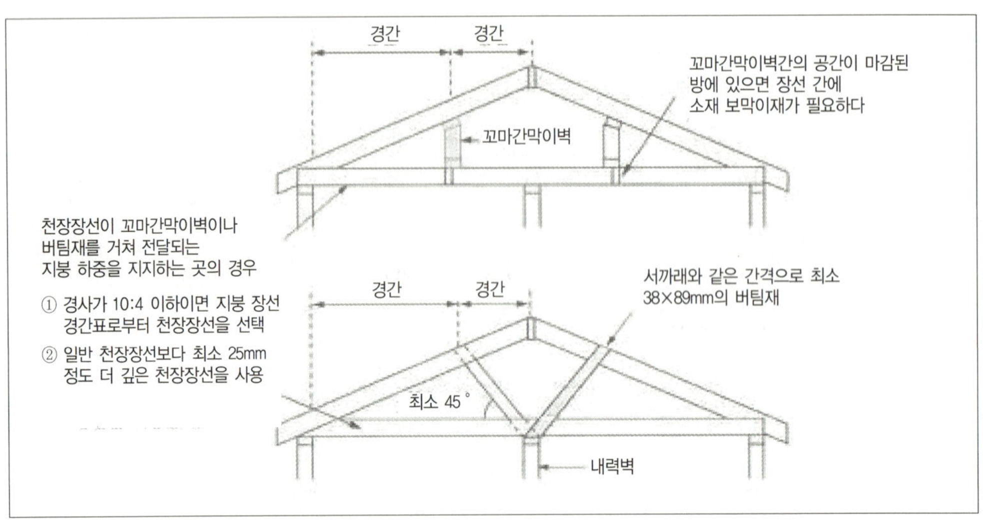

14. 컬러타이(Collar Tie, 조름보)

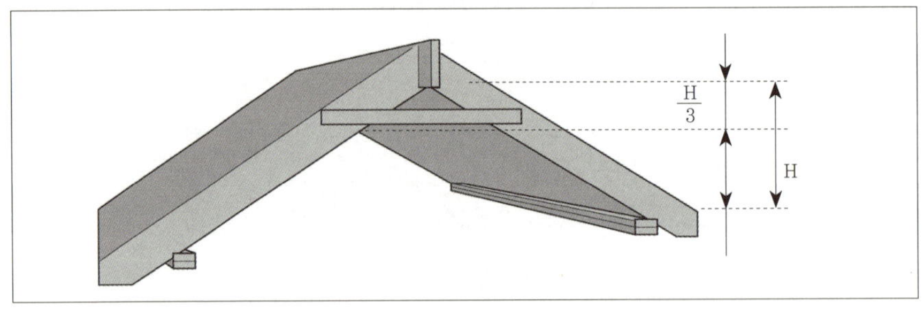

(1) 박공지붕에서 양옆의 서까래를 연결해서 지붕이 벌어지는 것을 막는 수평 부재

(2) 천장장선이 서까래와 직각으로 배열된 경우나 천장장선을 설치하지 않는 경우
에 필요하다.

(3) 천장장선이 있는 경우에도 필요에 따라 서까래 하나 건너 하나씩 설치할 수도 있다.

(4) 전체 지붕 높이의 1/3 지점에 설치한다.

(5) 지붕 경사가 1:3 (18°) 이상일 때 조름보 사용이 가능하다.

(6) 지붕 경사가 1:3 (18°) 이하인 경우 마룻보로 마룻대를 지지한다.

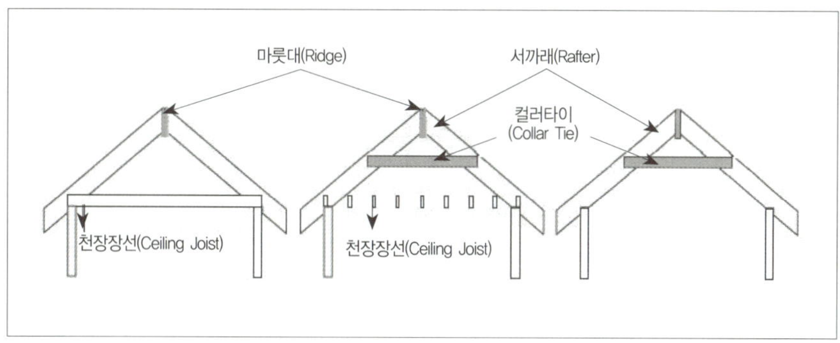

15. 지붕 시공 상세

(1) 지붕 합판

① 벽돌 쌓는 모양으로 엇갈려서 시공한다.

② 거친 면을 외부로 노출하여 미끄러짐을 방지한다.

③ 지붕 합판의 이음매는 3mm(1/8″) 띄워서 시공한다(못 하나 두께).

④ 수직으로 만나는 부분(서까래 사이 공간)은 합판 클립을 넣어 연결한다.

⑤ 지붕 끝 리지보드 양옆으로 최소 13mm(1/2″) 공기 구멍을 확보한다.

(2) 지붕 점검구

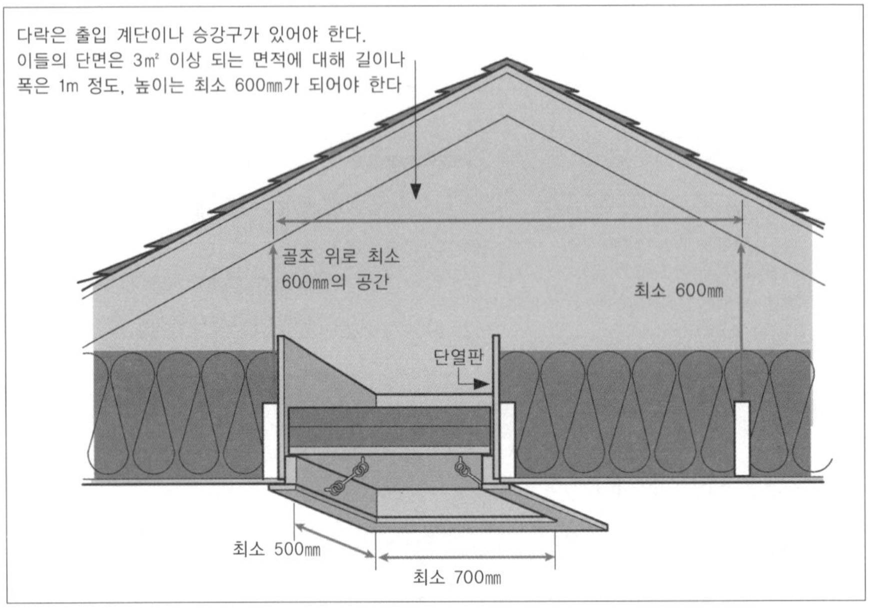

(3) 지붕 방수

① 부적절한 방수지로 시공하면 비나 눈, 습기 등으로 인하여 물이 샐 수 있다.

② 불량시공, 부적절한 보수, 마감재가 열화 되기 시작할 때의 교체지연으로 물
이 샐 수 있다.

③ 지역의 강수량, 바람의 세기 등을 고려하여 지붕물매 및 방수지를 선택한다.

④ 지붕에 떨어지는 물을 배수시키며, 모세관 현상에 의하여 싱글 아래로 물이
고이지 않게 한다.

(4) 지붕 후레싱

① 물이 차고 고이지 않게 하는 물끊기 역할과 마감재의 보호, 마감선을 강조하
는 역할을 한다.

② 처마 쪽 물끊기를 위해 드립 엣지 플래싱(Drip Edge Flashing)을 지붕 합판과

처마도리에 감아 시공한다.

③ 후레싱의 파손을 막기 위해 목재를 대고 후레싱을 펴서 시공한다(기본 후레싱 90˚).

④ 후레싱은 90˚ +지붕각으로 접힌 것을 주문하면 시공이 편리하다.

⑤ 아웃 후레싱을 사용하면 시공성과 처마를 보호하는데 더욱 효과적이다.

⑥ 후레싱 고정 및 겹침: 싱글 못으로 200~250㎜ 간격으로 지붕 합판과 고정하고 최소 50㎜ 겹쳐서 시공한다.

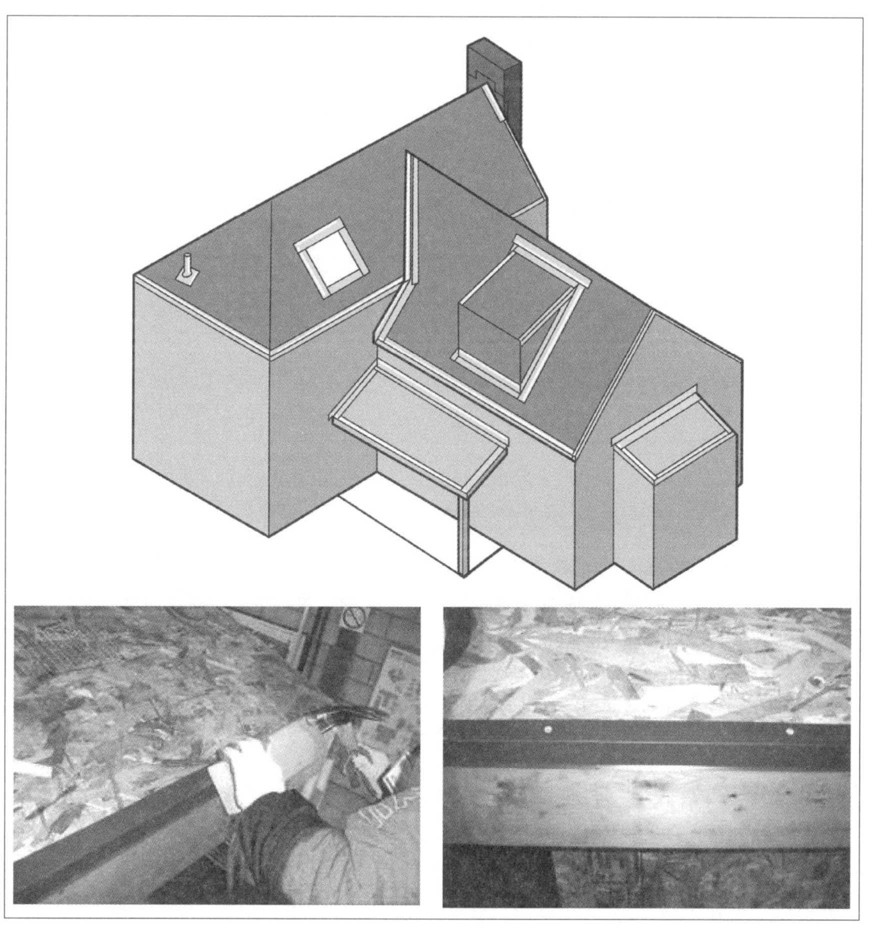

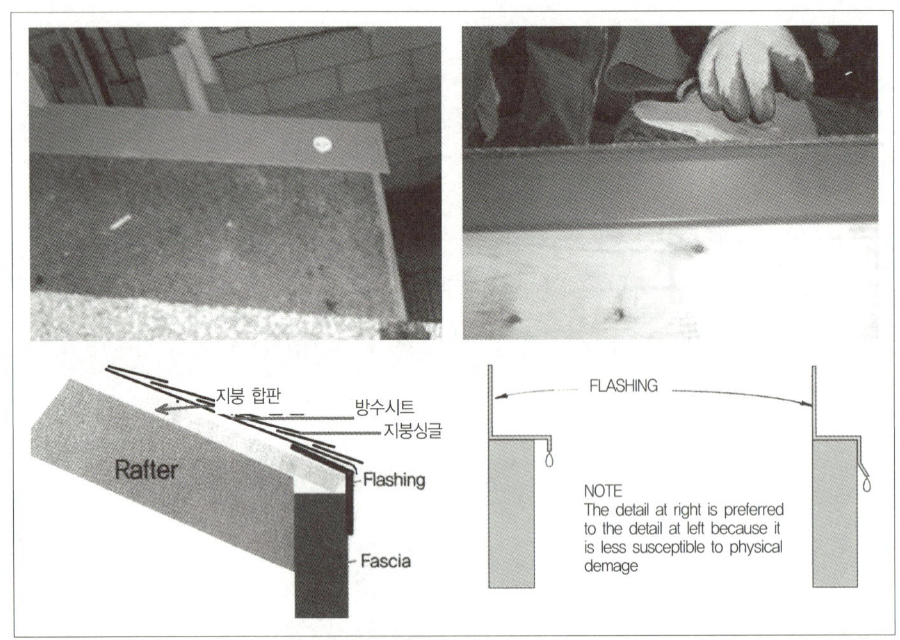

#TIP 후레싱 종류(동, 알루미늄, 징크 등)

- 스텝 후레싱(Step Flashing)

- 루프 후레싱(Roof Flashing)

- 드립 에지(Drip Edge Flashing)

- 벨리 후레싱(Valley Flashing)

- 코너 플렉스 후레싱(Corner Flex Flashing)

- 제트바(Z–Bar)

- 롤 후레싱(Roll Flashing)

16. 방수지 설치 작업

(1) 지붕 방수지(방수시트, 또는 펠트지)를 처마 끝에서부터 올려서 시공한다.

(2) 지붕 방수지를 시공하기 전에 프라이머를 해주면 방수와 부착성이 향상된다.

(3) 환기를 위한 리지 벤트 구멍을 막지 않도록 주의하여 시공한다.

(4) 방수시트는 부직포가 부착된 제품을 사용하며 노출된 면을 위로하여 미끄럼을 방지한다.

(5) 추운 날씨에는 방수시트를 불에 달구어 시공한다(깨짐 방지).

(6) 방수지 고정과 겹침: 해머 타카 등 고정철물을 이용하여 고정하고, 겹침은 상하 50㎜ 이상(권장: 100㎜), 좌우 100㎜ 이상 겹쳐서 시공한다.

17. 물끊기

(1) 지붕골(Valley) 물끊기

① 노출형 비흘림

- 밸리 후레싱은 폭 600㎜(양쪽으로 300㎜) 이상이 되어야 한다.

- 금속 비흘림의 경우 가장자리에 방청 못을 촘촘하게 박아준다.

② 폐쇄형 비흘림

- 방수지를 골 방향(수직)으로 덮고 지붕 방수지를 수평으로 덮는다.

- 싱글 마감재의 경우 한 겹 한 겹 엇갈리며 덮는다.

- 금속, 기와의 마감 시에는 전용 지붕골 부재를 이용한다.

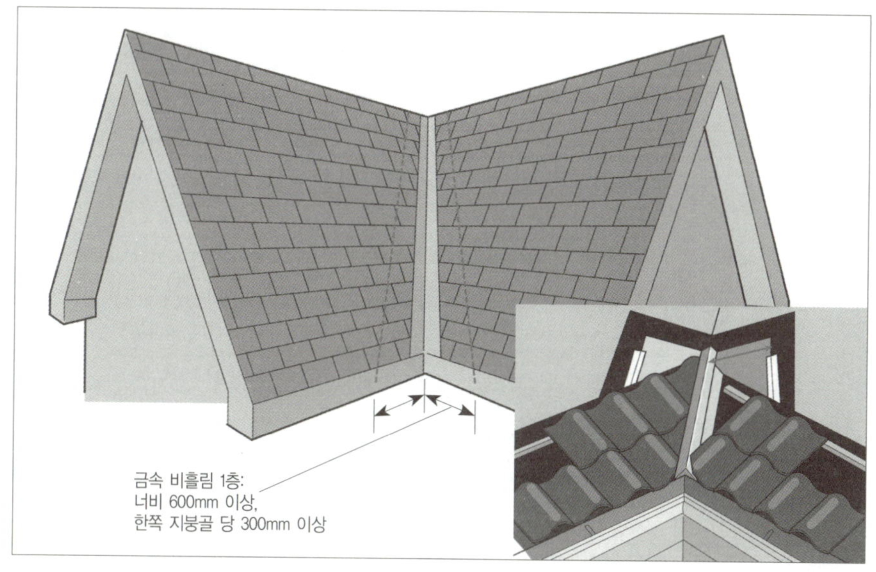

(2) 지붕과 경사벽 물끊기

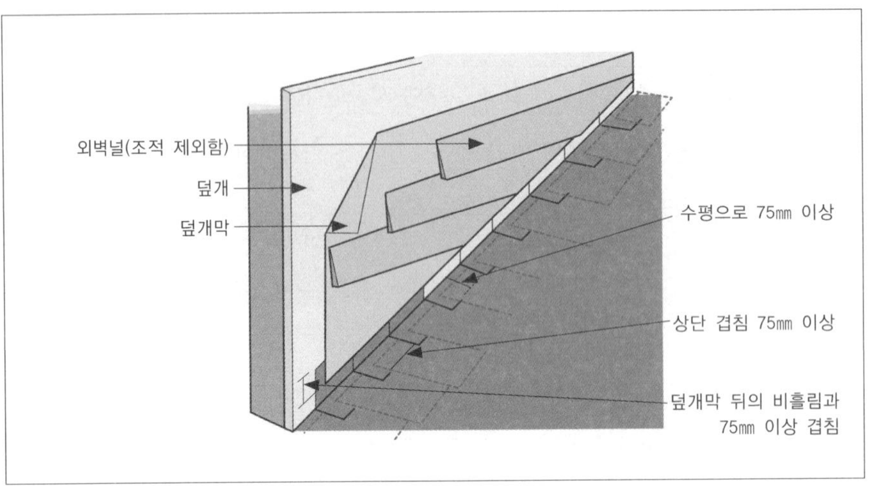

(3) 굴뚝과 지붕 개구부 물끊기

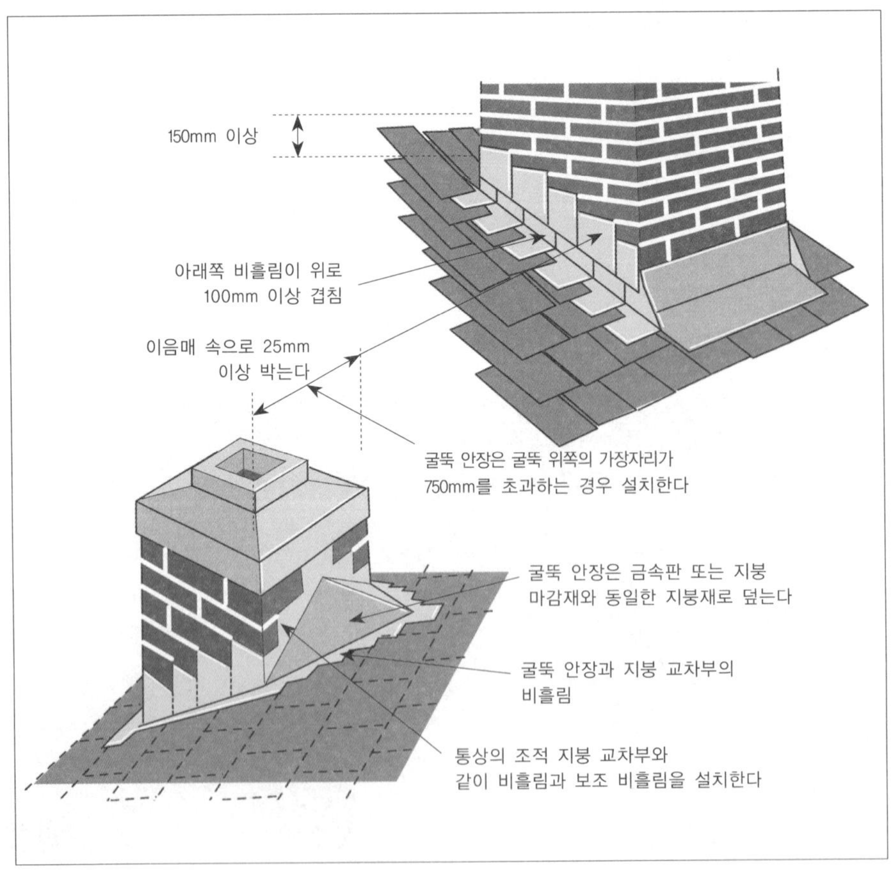

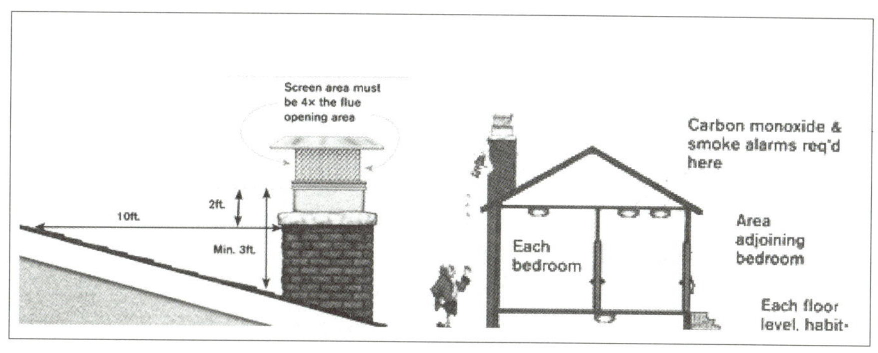

#TIP 지붕 높이를 올리는 방법(시공 상의 기술)

일반 지붕의 형태

장선 위에 서까래를 올려서 지붕을 높인 모습

장선을 내밀고 장선과 서까래를 접합

장선 위에 서까래 플레이트를 시공한 모습

18. 아스팔트 싱글 작업(최저경사도 2:12, 최적경사도 4:12)

(1) 후레싱 설치로 물끊기 작업을 한다(처마 후레싱은 방수시트 아래, 박공 후레싱은 방수시트 위로 시공한다).

(2) 지붕 합판을 깔끔하게 청소한 다음 방수시트 또는 펠트지를 덮는다.

(3) 노출 길이 간격만큼 먹줄치기를 한다(일반, 이중 143mm 노출).

(4) 첫 시작 열의 싱글은 두 겹으로 시공한다.

(5) 싱글 못은 기본 4개, 강풍 지역은 5개 시공하며, 싱글 본드로 부착성을 증대시킬 수 있다.

(6) 첫 열은 온장, 둘째 열은 반장으로 시공하여 벽돌 모양으로 엇갈리게 시공한다.

(7) 리지 벤트 환기구까지 싱글을 시공한 다음 리지 벤트를 서까래에 고정한다.

(8) 리지와 힙 부분은 일반 싱글을 이용하여 비늘 모양으로 절단 겹침 시공을 한다.

(9) 주택에서 바람이 부는 방향을 확인하고 시공하여야 한다.

(10) 싱글 시공 시 방청 처리된 25mm 이상의 싱글 전용 못을 사용하며 이때 노출된 못은 반드시 전용 실리콘 처리를 하므로 완벽하게 방수를 한다.

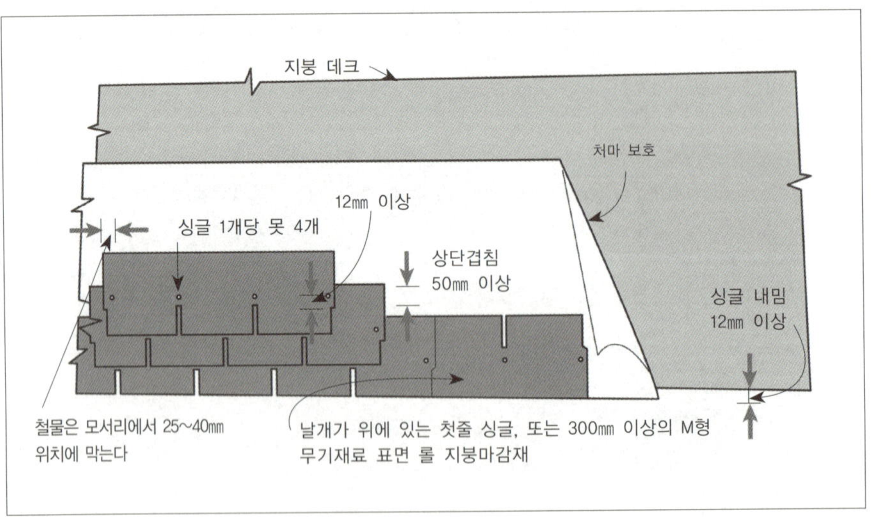

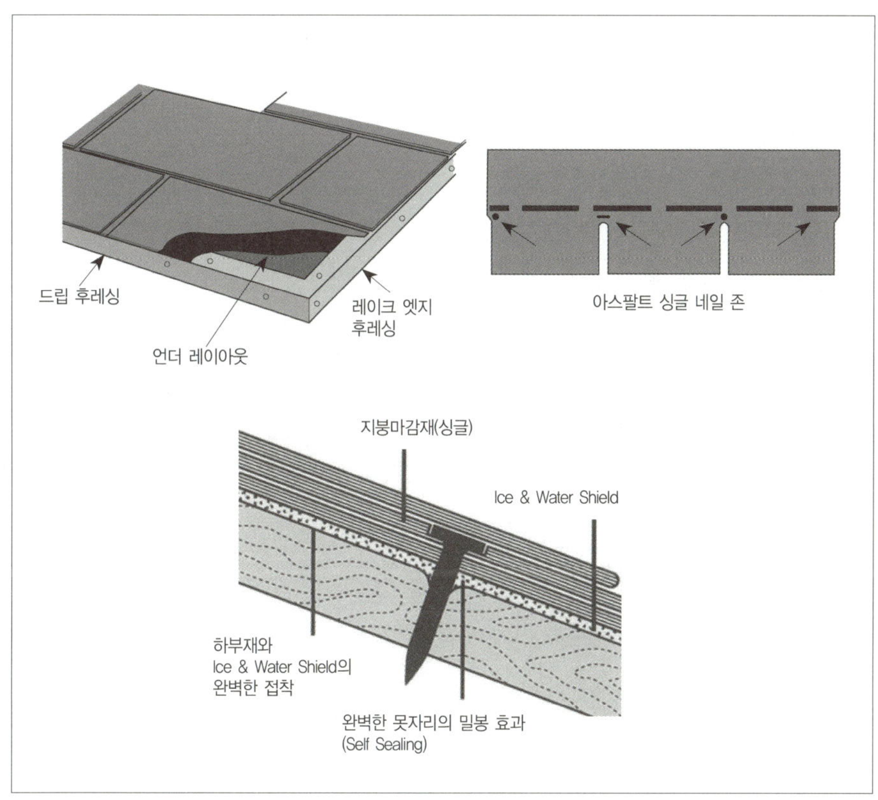

#TIP 아스팔트 싱글

① 가격이 저렴하고 설치가 빠르며, 다양한 모양과 색상이 있다.

② 자연 접착(Self Sealing): 높은 온도를 받으면 자연히 서로 붙는다.

품명		보증 기간(년)	시공 면적(Bundle)	노출 길이(mm)
일반 사각 싱글		20	3.1㎡	145
이중 그림자 싱글		30	3.1㎡	145
			2.3㎡, 3.1㎡	145
육각 싱글		30	3㎡	145
삼중 싱글	그랜드매너	50	1.86㎡	203
	프레지덴셜	100	1.55㎡	203

19. 목재 셰이크 작업

(1) 배수 및 환기를 위해 새로 하지 작업을 한다(하지 자재는 방부목재, 방청 메탈로 두께 5mm 이상 확보).

(2) 기초 하지 작업을 한 위에 가로 하지 자재를 노출 폭 간격으로 가로 시공한다(하지 자재는 두께 25mm(1″) 이상).

(3) 처마 노출은 38mm(1· 1/2″) 이상, 박공은 25mm(1″) 이상 돌출 겹침으로 시공한다.

(4) 노출 폭은 물매가 4:12 이상인 경우 250mm로 하고 물매가 낮을 경우 노출 폭을 줄여서 시공한다.

(5) 셰이크 옆 끝면에서 20mm 안쪽으로 50mm(2″) 이상의 도금못을 하지에 2개 이상 못박기 한다.

(6) 각 부재의 사이는 12mm(1/2″)의 여유를 두어 수축과 팽창을 고려한다.

(7) 시공 시 3줄까지 이음 부분이 같은 줄에 위치하지 않게 시공하여 빗물의 침투를 최소화한다.

(8) 용마루 및 힙은 전용 리지캡(Ridge Cap)을 사용한다.

(9) 시공이 완료되면 청소 후 스테인 처리를 해주어서 목재 셰이크의 변색 및 크랙을 방지한다.

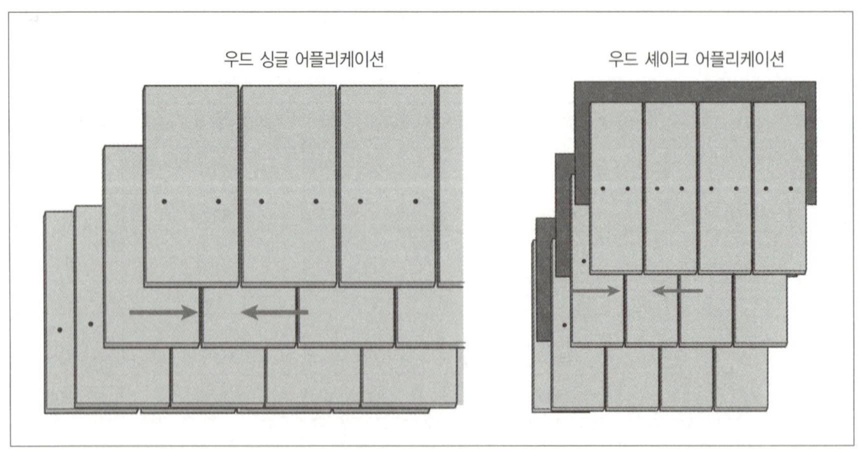

지붕 마감재	최소 경사	최대 경사
아스팔트 싱글	2:12	무제한
목재 셰이크	4:12	무제한
금속판	3:12	무제한
기와	3:12	무제한

빗물→지붕마감재→(후레싱)→처마도리→물받이→선홈통→배수관→배수구

20. 기와 작업

(1) 고급스러운 느낌

(2) 무거우며 지붕 경사면 하중 부담이 크다(구조 설계 시 고려).

(3) 화재에 매우 강하고 풍압 저항이 우수하다.

(4) 재료 기준으로 점토, PVC, 메탈 기와가 있고, 평기와, S형 기와, 전통 기와 등이 있다.

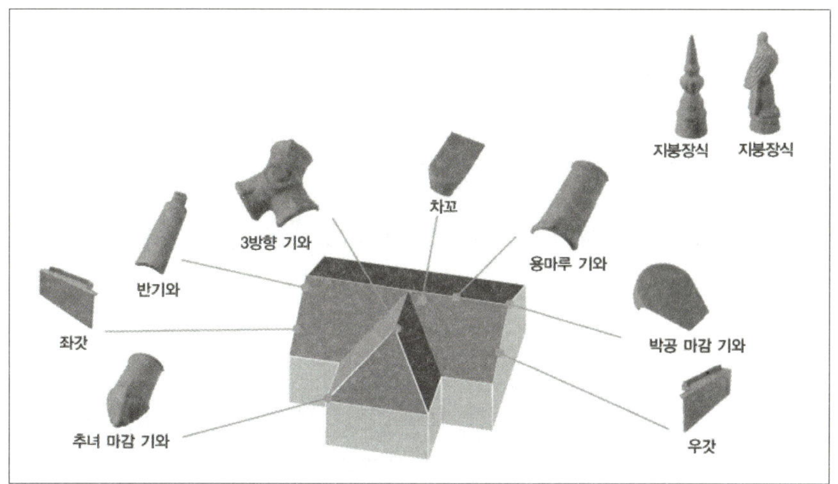

잘못된 시공 사례
올바른 시공 사례

21. 지붕 환기

환기공간은 건물의 반대쪽에도
균일하게 위치하여야 한다

환기면적:
공간 위쪽에 위치한
요구되는 개구부의 25%
이상

환기면적:
공간 밑에
위치한
요구되는
개구부의
25% 이상

단열천장면적

단열천장면적 = 150㎡

6
1

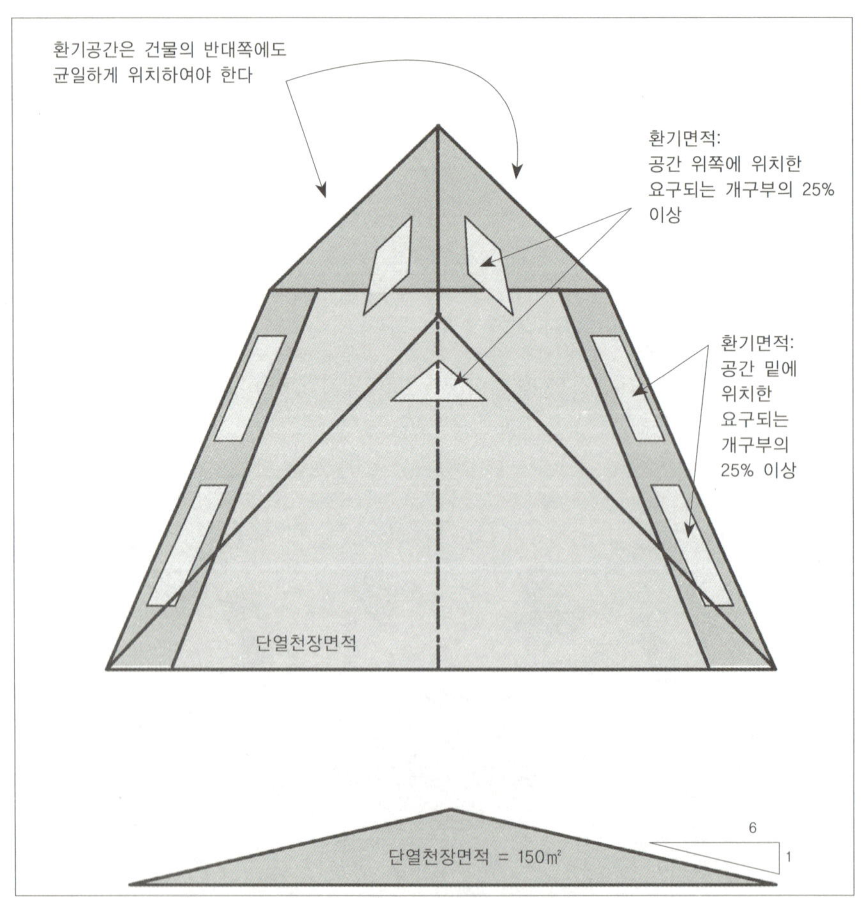

(1) 처마

① 서브페이샤, 플라이 레프트 아랫선과 수평으로 외벽체에 초크라인을 띄운다.

② 플라이 레프트 시공되는 박공 처마에는 초크라인을 따라 고정목을 박공면까지 설치한다.

③ 비닐소핏 마감재를 설치하기 위해 고정목과 플라이 레프트, 서브페이샤 아래에 J채널을 시공한다(비닐 소핏을 제외한 경우에는 고정목에 마감재를 직접 시공).

④ 비닐소핏 마감재를 처마 폭보다 10㎜ 작게 절단하여 J채널 사이에 끼워 피스 고정한다.

⑤ 처마 마감의 종류에 따라 여러 종류의 벤트를 적용할 수 있다.

⑥ 라운드, 컨티뉴스, 이브, 수공식 벤트 등을 적용할 수 있다.

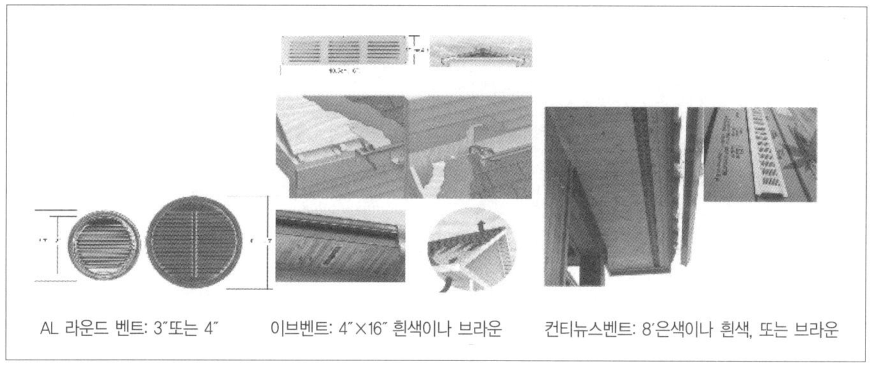

(2) 서까래

① 서까래 벤트는 외벽체 밖으로 100㎜가 나오도록 시공한다(단열재가 환기구를 막는 것 방지).

② 서까래 간격이 610㎜(24″)인 경우는 한 장

③ 서까래 간격이 406㎜(16″)인 경우는 반 장

④ 서까래 벤트는 열전도율이 낮은 압축 스티로폼 제품을 사용한다.

⑤ 거실, 다락 등 오픈 천장의 경우에는 이중 지붕을 만들어 준다.

(3) 박공

① 박공 부분의 적정한 위치에 스터드 손상 없이 벽체 합판에 천공한다.

② 투습방수지를 설치하고 환기구를 확보한다.

③ 상하를 구분하여 박공벤트를 고정한 후 윈도 랩을 이용하여 방수하고 캡을
설치한다.

(4) 리지

① 지붕 환기 배출구를 확보한다.

② 천장 면적의 1/300 이상으로 하고 처마벤트보다 환기구를 크게 한다.

③ 리지벤트의 못 박는 자리를 서까래에 박히도록 하고 83mm 꽈배기 방청 못으
로 고정한다.

④ 비, 역풍, 벌레의 침입이 없는 제품을 사용한다.

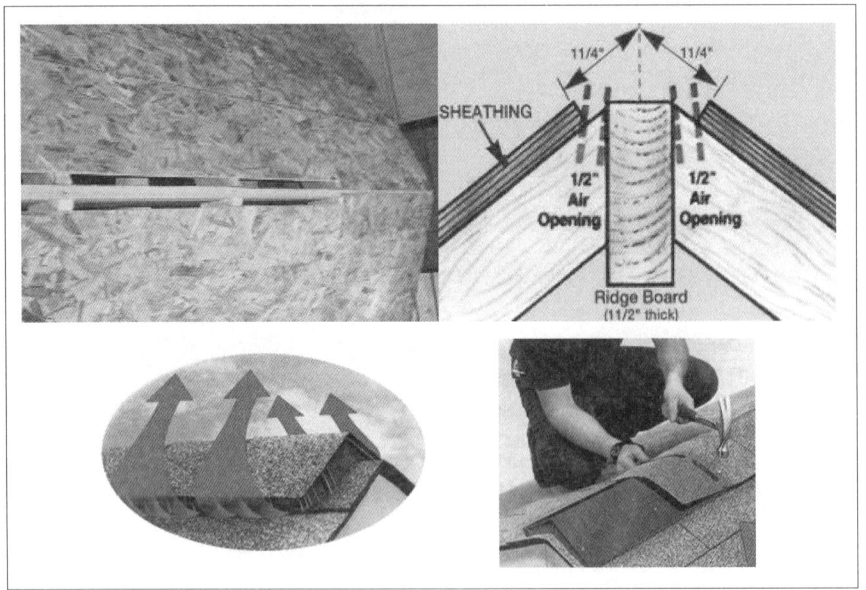

(5) 루프, 스탁벤트

① 벤트와 파이프를 연결한 후 방수시트와 싱글 등의 마감재와 유도방수가 되도

록 시공한다.

② 루프, 스탁벤트 후레싱의 아랫부분은 싱글 위에, 윗부분은 싱글 아래로 설치한다.

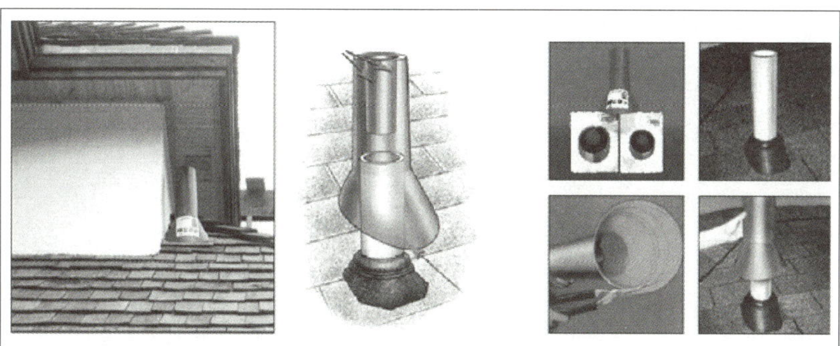

기업차로 인하여 실내 측 및 지중매설 파이프의 기체가 이로 올라가는 원리를 이용한
무동력 환기시스템이 스탁벤트(STACK VENT)이다

지붕에 눈이 쌓였을 때 지붕의 공기 흐름이 원활하지 않으면 천장 안의 온도는 실내의 열기와 햇빛에 의해 상승하지만, 처마는 상대적으로 온도가 떨어진다. 이렇듯 천장 바로 위 지붕의 눈은 빨리 녹고, 처마 위의 눈은 댐처럼 녹지 않는 상태가 되어 지붕에 물이 고이게 되는 것을 '아이스 댐(Ice-Dam) 현상' 이라고 말한다. 아이스 댐 현상은 누수의 원인이 되어 목재가 부패하거나 지붕 단열재가 젖어 단열 성능을 떨어뜨린다.

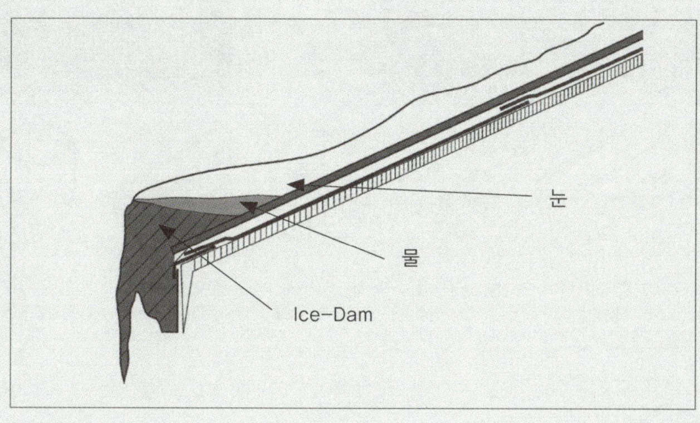

22. 물받이(Gutter)

(1) 주택 외벽면에 빗물이 직접 닿지 않게 보호해 주며, 주택 주변에 물이 흐르는 방

향을 쉽게 조정하여 지면의 파손을 막는 역할도 한다.

(2) 비닐, 알루미늄, 동 등의 재료가 있다.

(3) 물이 고인다거나 낙엽이 쌓이거나 눈이 많이 오면 처짐의 문제가 있다.

(4) 낙엽 방지망을 설치한다.

(5) 시공 방법은 회사별로 제품 상세 설명에 따른다.

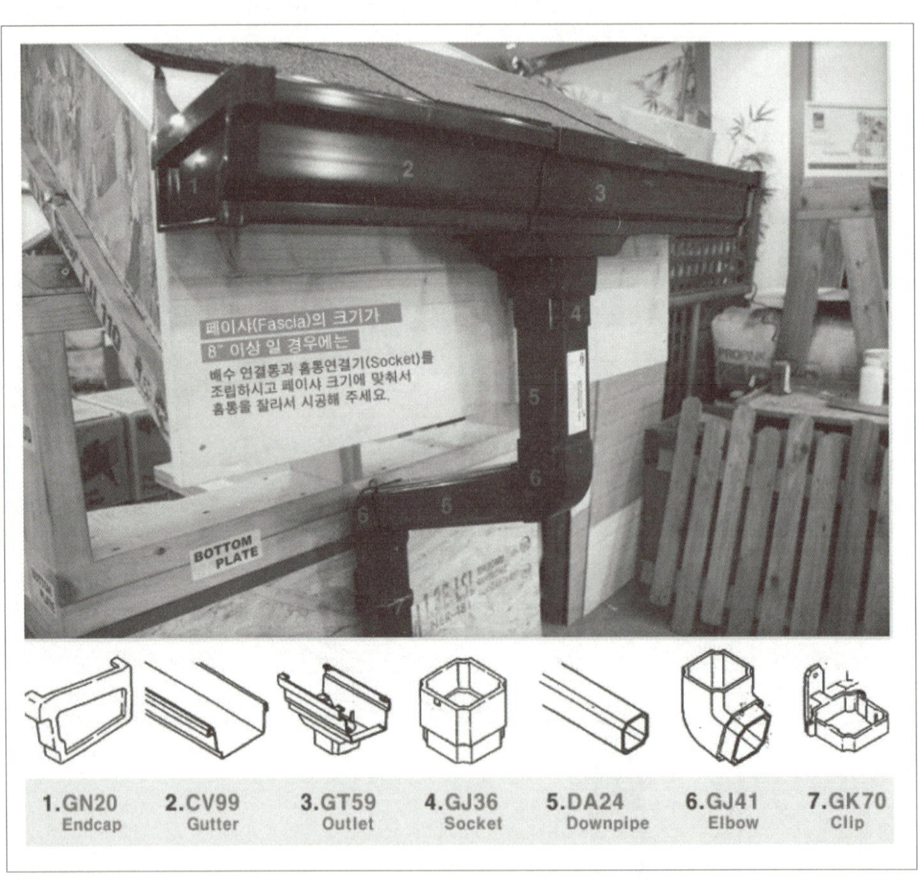

23. 서까래 경간표(Rafter Span Table)

※ 기준: S.P.F #2

지붕 고정 하중: 100kg·f/㎡(기와 시공 기준)

단위: ㎜

부재	간격	일반 지붕	천장장선 없는 오픈 지붕	일반 지붕	일반 지붕	천장장선 없는 오픈 지붕	천장장선 없는 오픈 지붕	비고
		활하중 100kg·f/㎡	활하중 100kg·f/㎡	적설 하중 140kg·f/㎡	적설 하중 240kg·f/㎡	적설 하중 140kg·f/㎡	적설 하중 240kg·f/㎡	
2×4	12	2,997	2,870	2,565	2,159	2,515	2,109	
	16	2,591	2,591	2,210	1,880	2,210	1,880	
	24	2,108	2,108	1,803	1,524	1,803	1,524	
2×6	12	4,369	4,369	3,759	3,175	3,759	3,175	
	16	3,785	3,785	3,251	2,743	3,251	2,743	
	24	3,099	3,099	2,642	2,235	2,642	2,235	
2×8	12	5,537	5,537	4,750	4,013	4,750	4,013	
	16	4,801	4,801	4,115	3,480	4,115	3,480	
	24	3,912	3,912	3,253	2,845	3,253	2,845	
2×10	12	6,782	6,782	5,817	4,902	5,817	4,902	
	16	5,867	5,867	5,029	4,242	5,029	4,242	
	24	4,775	4,775	4,115	3,480	4,115	3,480	
2×12	12	7,849	7,849	6,731	5,690	6,731	5,690	
	16	7,112	6,807	5,842	4,928	5,842	4,230	
	24	5,563	5,563	4,750	4,013	4,750	4,013	

- 기와 무게: 45kg·f/㎡(스패니쉬 변색기와 기준)
- 싱글 무게: 10kg·f/㎡(이중 그림자 싱글 기준)
- 금속 기와는 싱글 무게의 1/3

목조주택의 계단

목조주택의 계단

1. 계단의 설계

계단은 구조 내력상 안전하여야 하며 통행 및 가구 운반 등을 위한 적절한 상부 공간을 확보하여야 한다(0806.6.1.).

(1) 계단은 안전하고 머리가 닿지 않으며 가구를 운반할 수 있는 통로가 되어야 한다.

(2) 계단 설계에 필요한 기본 치수는 헤드룸과 계단 너비, 디딤면(Tread), 챌면(Riser)을 고려한다.

- 최소 헤드룸의 공간: 2m(6′ 8″)
- 최대 높이: 200mm(8″)

(3) 계단의 너비와 높이(0806.6.4)

계단의 종류		계단 폭	최대 높이	최소 너비
주택	공동주택	1,200mm 이상	230mm 이하	150mm 이상
	공동주택 외	750mm 이상	150mm 이상	230mm 이상

Stair Rise & Run

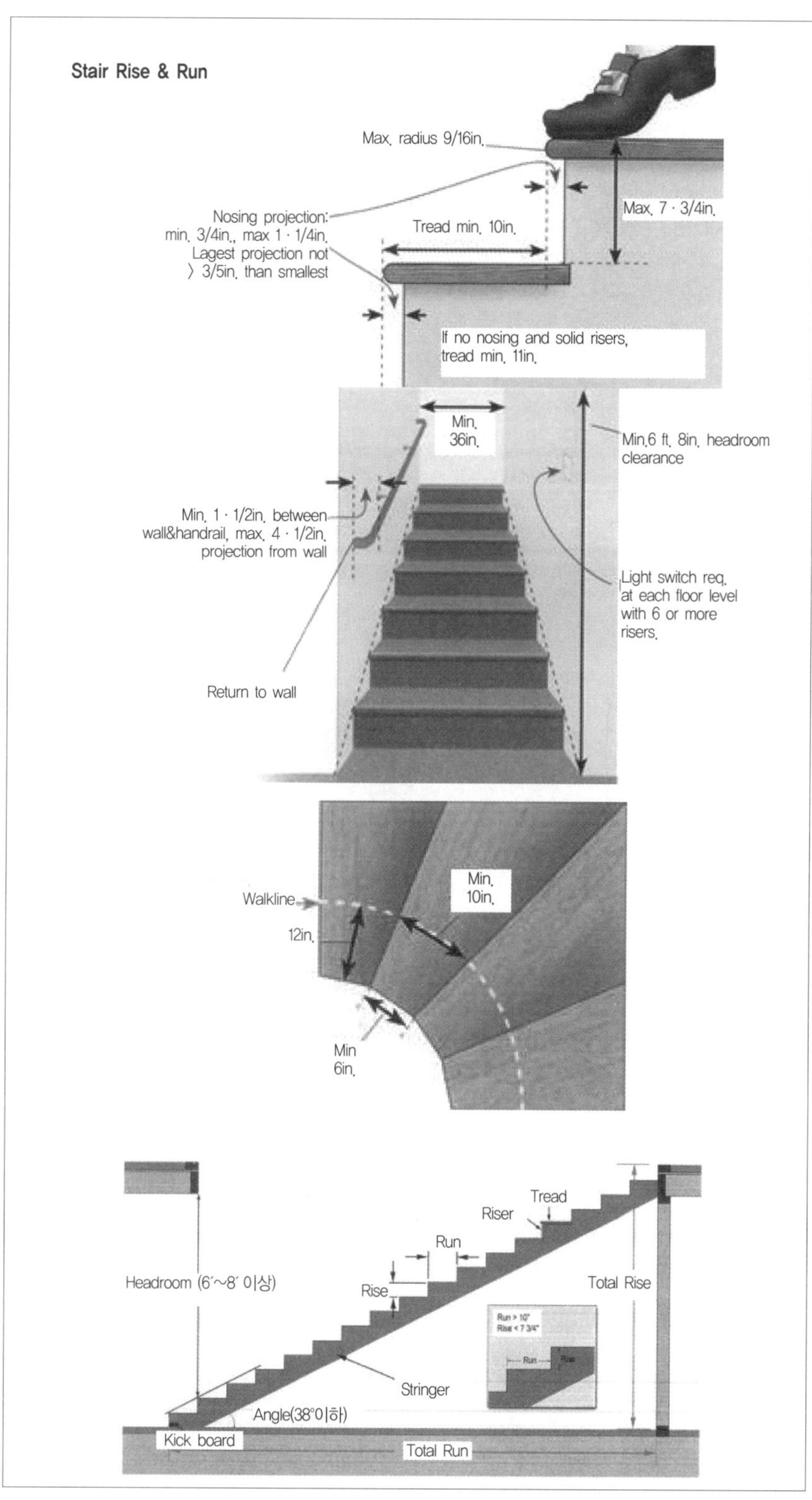

2. 계단의 종류

(1) 계단은 곧은 계단(Straight Run)과 계단참이 있는 계단(Stairway with Landing) 이 있다.

(2) 계단의 모양은 여러 가지가 있으나 직선형 계단(Straight Stair)과 U자형 (U-Shaped Stair) 계단을 가장 많이 사용한다.

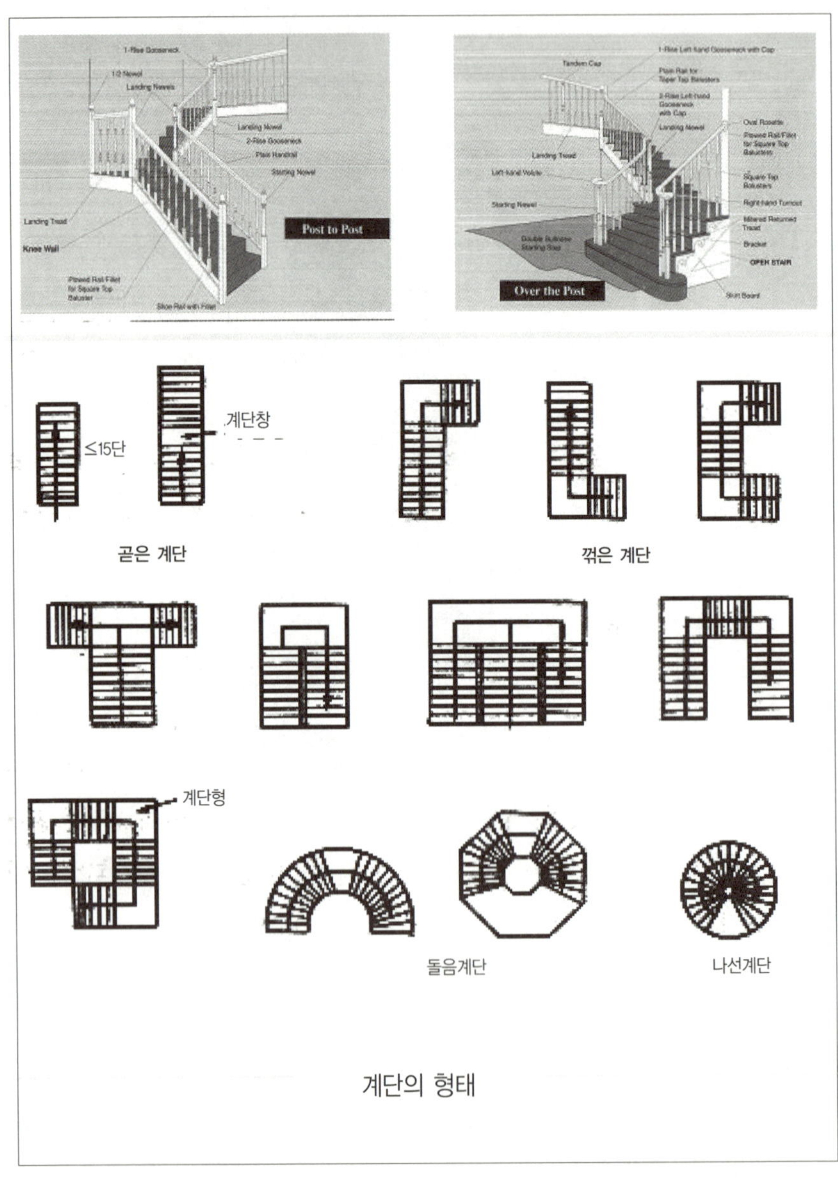

3. 계단재의 종류

(1) 참나무(Oak): 가격은 조금 비싸지만 우리나라에서 가장 인기 있는 계단재이다.

(2) 미송집성 계단재: 가격이 저렴하면서 목재의 질감을 즐길 수 있는 계단재이다.

(3) 애쉬집성 계단재: 물푸레나무, 나뭇결이 오크와 비슷하다.

(4) 부빙가: 특수목에 해당하며 아프리카산 목재, 매우 강한 강도와 탄성이 있다.

4. 계단의 명칭

(1) 디딤판(Run): 발을 딛는 계단의 한단 길이

(2) 높이(Rise): 계단의 한 단 높이. 챌판 높이

(3) 총 계단 길이(Total Run): 계단의 맨 처음 디딤판부터 마지막 디딤판까지의 수평 거리

(4) 총 계단 높이(Total Rise): 계단의 첫 번째 챌판부터 마지막 챌판까지의 연속된 층 높이. 아래층 바닥 마감부터 위층 바닥 마감까지의 수직 높이

(5) 스트링거(Stringer): 계단의 디딤판과 챌판을 지지하는 부재

(6) 헤드룸(Headroom): 디딤판과 챌판이 만나는 모서리 끝에서부터 천장 아래까지의 수직 공간 높이

(7) 킥보드(Kick Board): 계단이 뒤로 밀리는 것을 막기 위해 설치하는 각재

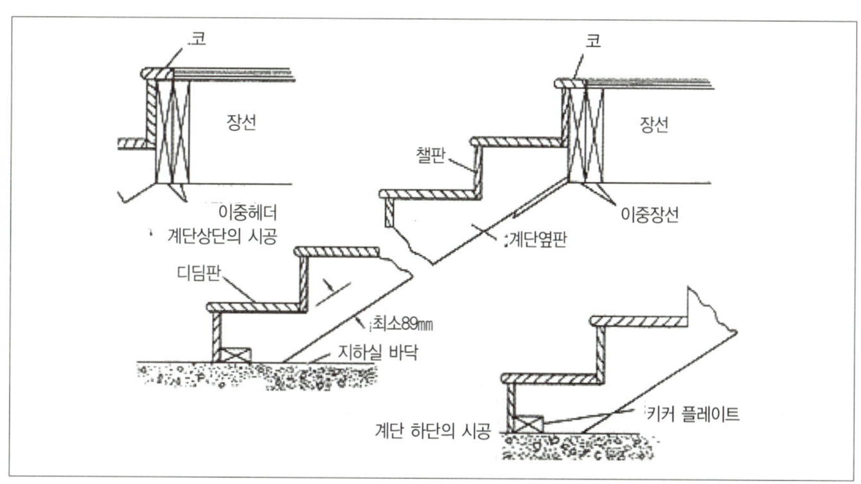

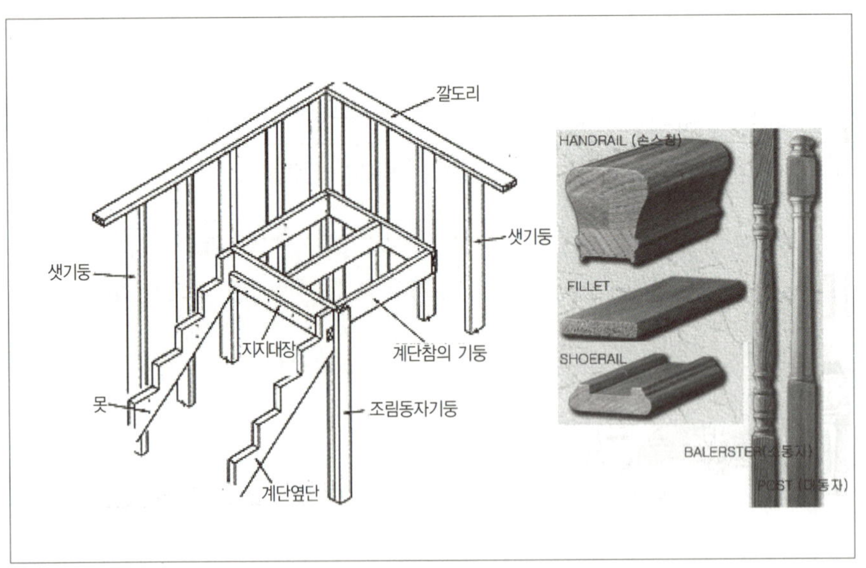

5. 계단 높이와 너비 계산

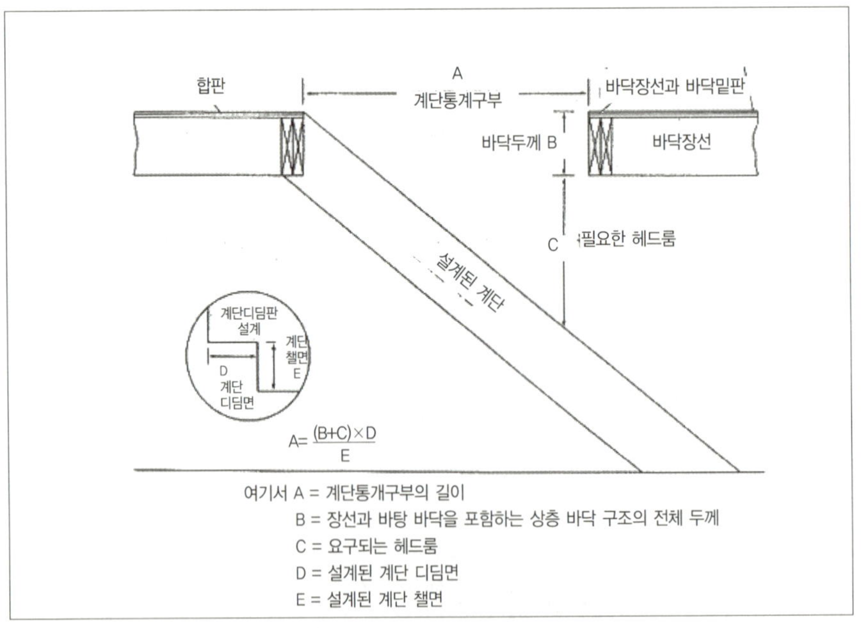

$$A = \frac{(B+C) \times D}{E}$$

여기서 A = 계단통개구부의 길이
B = 장선과 바탕 바닥을 포함하는 상층 바닥 구조의 전체 두께
C = 요구되는 헤드룸
D = 설계된 계단 디딤면
E = 설계된 계단 챌면

계단통 개구부 길이
최대 챌면 21cm
최소 헤드룸 200cm
최소 디딤면
23cm
총계단
높이
총계단 길이

6. 스트링거 제작

A.목수용 직각자 사용
디딤판 길이
챌판 높이
90°
최소89mm
바닥챌판의 높이는 디딤판 두께만큼 적게 설치해야 함

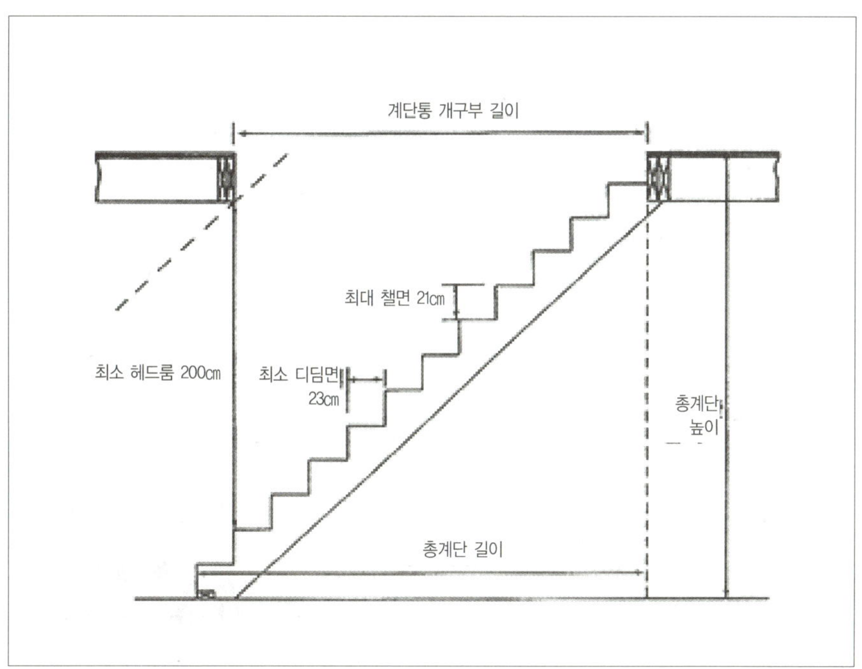

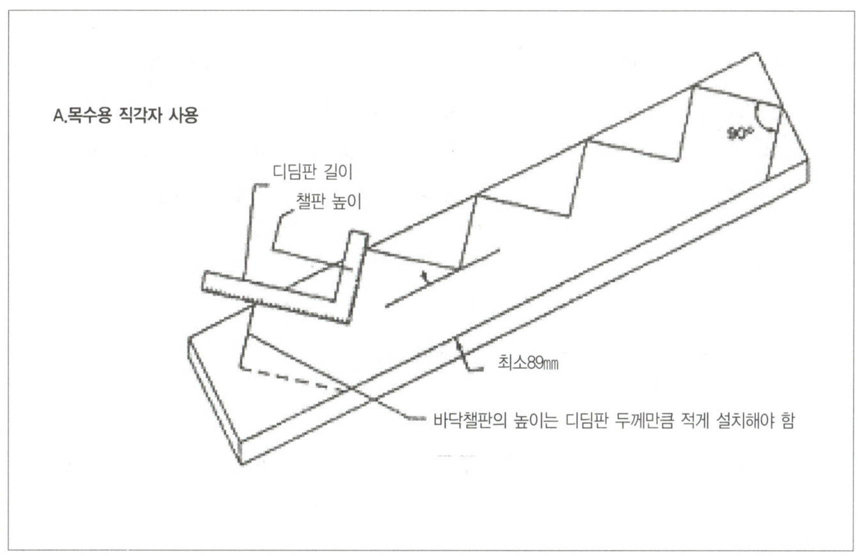

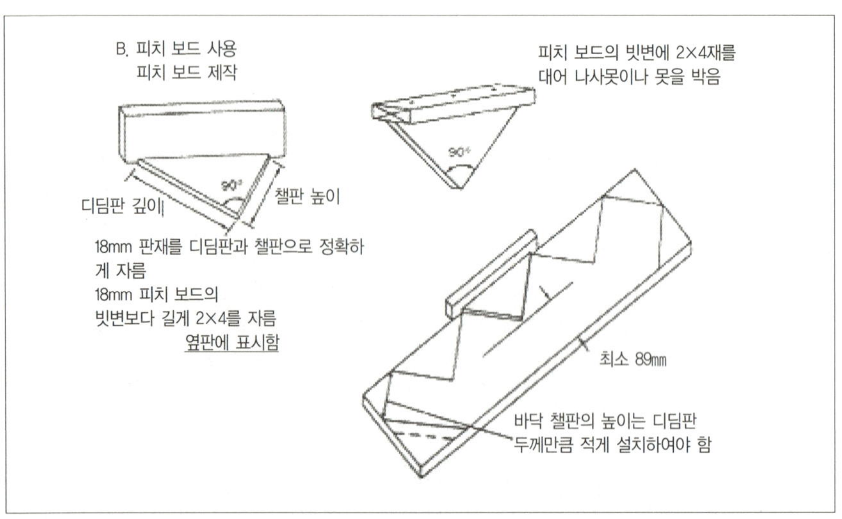

7. 스트링거 설치

(1) 먼저 양옆의 스트링거를 벽체에 고정한다.

(2) 스트링거의 위쪽에는 스트링거와 스트링거 사이 윗선에 맞추어 블로킹을 넣어 못으로 고정한다.

(3) 아래쪽은 킥보드를 설치하여 스트링거가 밀리지 않도록 한다.

(4) 스트링거와 벽체 사이에는 3/4인치 합판 또는 2×4 구조재를 마감 방법에 따라 결정하여 설치한다.

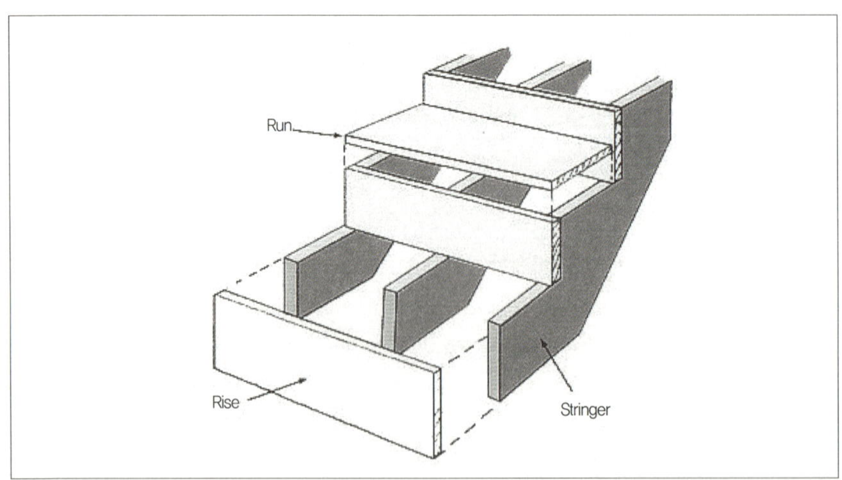

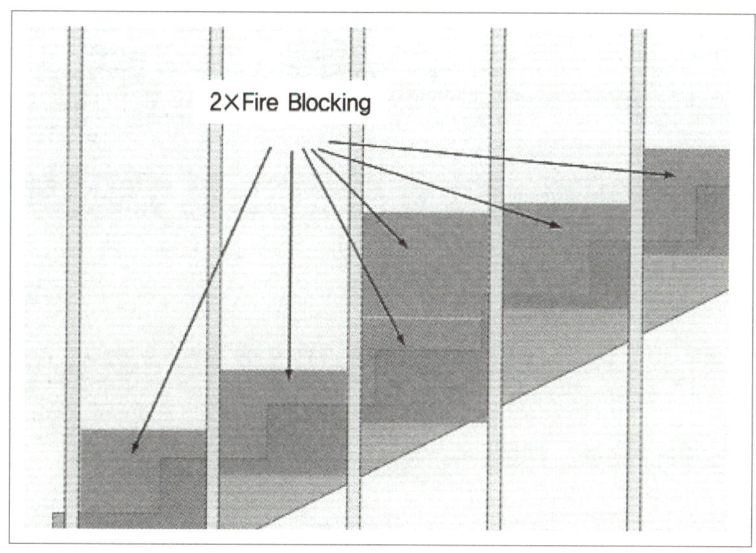

8. 계단 합판 시공

(1) 3/4인치 합판으로 디딤판을 먼저 시공한 다음 높이(챌판)합판을 시공한다.

(2) 목공 본드를 바르고 8d 못을 박아 설치한다.

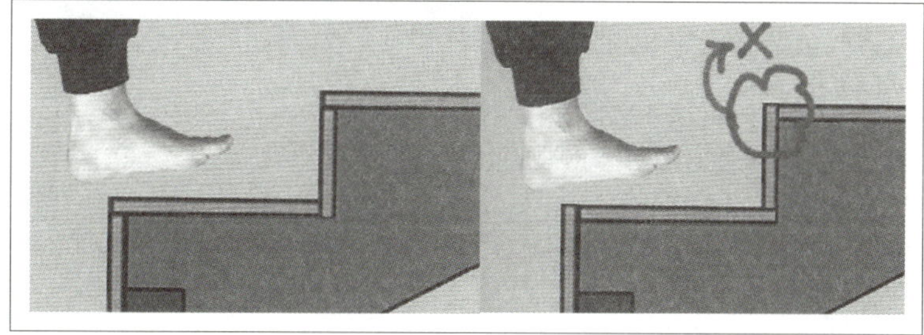

9. 계단참

(1) 미적 공간을 위해서, 또는
중간에 한번 쉴 수 있는 편
의성을 위해 설치한다.

(2) 계단참을 설치하기 위하여 계단참의 골조를 인접 벽에 못질하고 지지가 되지 않는 구석 아래쪽에는 조립동자기둥을 세워 계단참의 골조 부분을 지지하여야 한다.

10. U자형 계단 설치

(1) U자형 계단은 직선형 계단과 시공 방법에서는 별 차이가 없다.

(2) 중간 부분에 계단참(Landing)은 계단의 방향을 전환하거나 노약자들이 계단을 오르내릴 때 잠시 쉬는 공간을 제공해 준다.

(3) 계단참의 최소 폭은 900㎜(3피트) 이상이어야 하고 길이도 최소 900㎜(3피트) 이상이어야 한다.

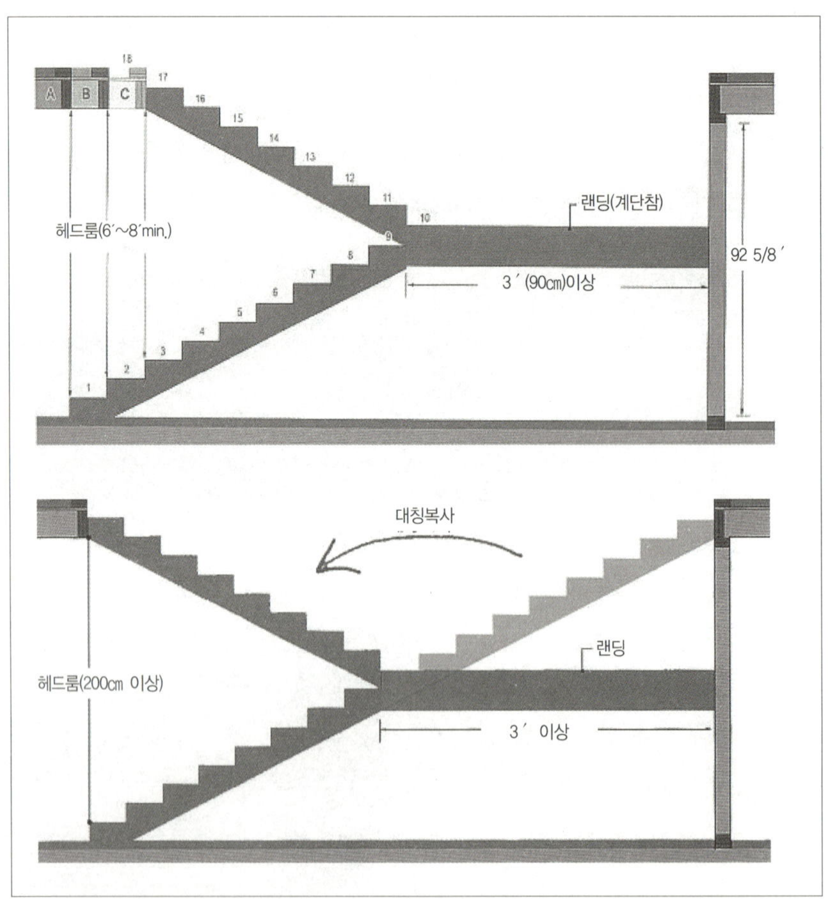

11. 랜딩(Landing)과 와인더(Winder)

(1) 랜딩: 연속된 계단 사이나 연속된 계단의 처음과 끝에 놓인 플랫폼. 계단참

(2) 와인더: 계단의 방향을 바꿀 때 사용하는 쐐기 모양의 단

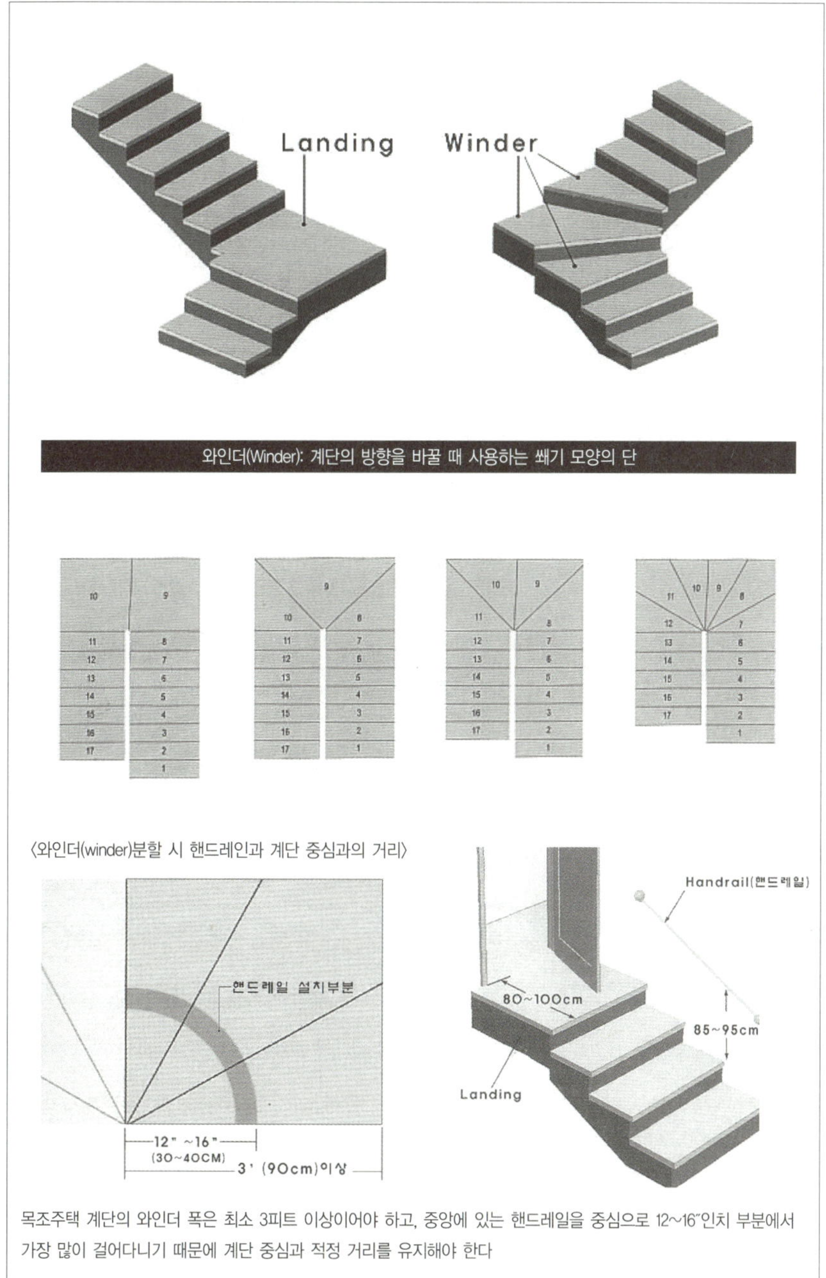

목조주택 계단의 와인더 폭은 최소 3피트 이상이어야 하고, 중앙에 있는 핸드레일을 중심으로 12~16"인치 부분에서 가장 많이 걸어다니기 때문에 계단 중심과 적정 거리를 유지해야 한다

12. 계단 개구부

이중 받이장선
장선
계단
보나 벽
장선 걸이
초대헤더길이 25㎝
(보로 설계될 때)
이중 헤더
이중 받이장선
장선걸이
후미장선
헤더와 받이장선을
지지할 기둥지점
A. 바닥장선에 직각인 개구부

내력벽 또는 보
계단통 개구부
보
헤더(후미장선이 120cm
초과 시 이중)
길이
미장선(180cm 이상이면
설걸이로 부착함)
받이장선(후미 장선이 120cm를
초과하면 이중임)
장선
벽 또는 기초
B. 바닥장선에 평행한 개구부

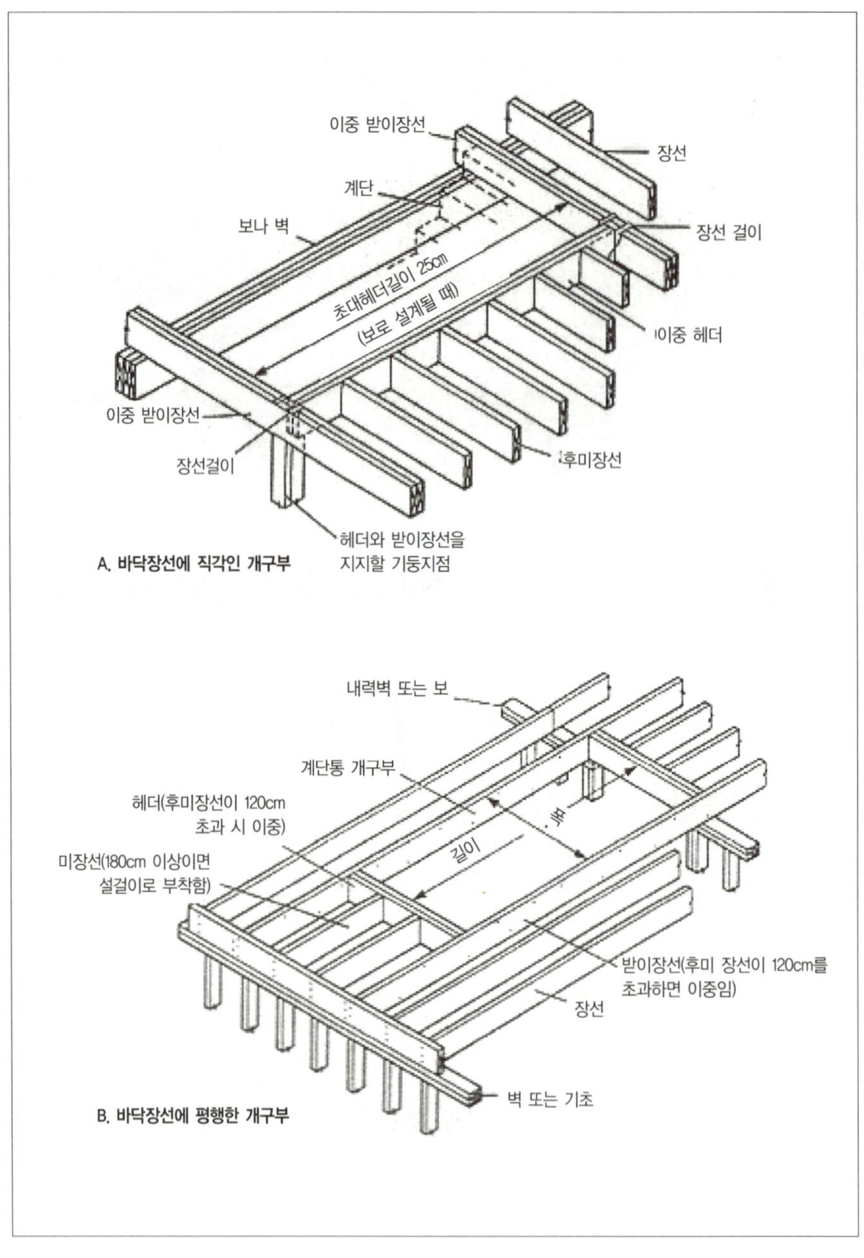

목조주택의 창호와 문

CHAPTER 9

목조주택의 창호와 문

1. 개요

창문-환기, 채광, 단열성과 건축물의 내·외관 디자인의 중요한 부분을 차지한다.

(1) 완전방수 시스템: 물끊기

(2) 유도방수 시스템: 물흘림

2. 시스템 창호

(1) 시스템 창호란 우리가 사용하는 일반 창호에 단열성, 기밀성, 내압성, 수밀성 등을 더욱 향상시키는 동시에 고기밀성과 간단한 조작에 의한 다양한 개폐 방식이 가능한 창호를 말한다.

(2) 슬라이딩(Sliding) 기능: 미서기 기능

(3) 틸트(Tilt) 기능: 윗열기 기능

(4) 틸트 앤 턴(Tilt & Turn): 창을 안쪽으로 활짝 여닫을 수 있는 유럽식 창호

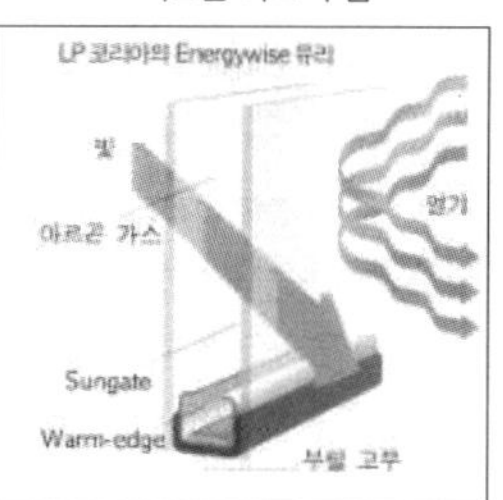

(5) 난방 에너지 절감율

기존설계	변경설계	난방 에너지절감율
16mm 복층유리 (5mm+6mmA+5mm)	22mm 복층유리 (5mm+12mmA+5mm)	10%
복층유리 (16mm 유리)	로이복층유리 (16mm 유리)	13%
복층유리 (16mm 유리)	로이복층유리 (22mm 유리)	25%
복층유리 (16mm 유리)	로이복층유리 (이르곤이 주입된 22mm 유리)	30%

※ **자료출처 : 에너지관리공단**

그 림	타입	크기	개구부의 크기
미닫이 창 (Single slider)	미닫이 창 (Single slider)	2020 2620 3016 3018 3020 3030 3040 4016 4018 4020 4030 4040 4050 5030 5040 5050 6040 6050	610×610 762×610 914×457 914×508 914×610 914×914 914×1219 1219×457 1219×508 1219×610 1219×914 1219×1219 1219×1524 1524×914 1524×1219 1524×1524 1829×1219 1829×1524

	오르내리기 창 (Single hung)	1630	457×914
		1640	457×1219
		2030	610×914
		2040	610×1219
		2050	610×1524
		2060	610×1829
		2440	711×1219
		2450	711×1524
		2640	762×1219
		3030	914×914
		3040	914×1219
		3050	914×1524
		3060	914×1829
		3840	1118×1219
		3850	1118×1524
		4030	1219×914
		4040	1219×1219
		4050	1219×1524
	고정창 (Fixed)	1640	457×1219
		2020	610×610
		2030	610×914
		2040	610×1219
		2050	610×1524
		2060	610×1829
		3030	914×914
		3040	914×1219
		3050	914×1524
		4014	1219×406
		4016	1219×457
		4018	1219×508
		4030	1219×914
		4040	1219×1219
		5040	1524×1219
		5050	1524×1524
	중앙고정창 (Picture Slider)	6040	1829×1219
		7040	2134×1219
		7050	2134×1524
		8040	2438×1219
		8050	2438×1524
	베이 창 (Bay window)	5040	1524×1219
		6040	1829×1219
		7040	2134×1219
	여닫이 창 (Casement)	2040	610×1219
		2050	610×1524
		2440	711×1219
	들창 (Awning)	2016	610×457
		2020	610×610
		3016	914×457
		4016	1219×457
	1/2 ROUND	2010	610×305
		3016	914×457
		4020	1219×610
		5028	1524×762
		6030	1824×914
		8040	2438×1219

	1/4 ROUND	1616	457×457
	Ellipse	4016 5020 6026 8036	1219×457 1524×610 1829×762 2438×1067
	Full ROUND	3030	902×902

3. 창문

(1) 프레임(Frame) 재료에 따른 분류

① 알루미늄(Aluminium): 가볍고 견고하며 틀을 만들기 쉬워 경제적이다. 구조적으로 안정해 대형 창 제작이 가능하며 상업용 및 고층건물에 좋다. 열전도율이 높아서 단열바가 필요하다.

② 비닐(Vinyl(PVC)): 가볍고 설치가 쉽다. 가격이 저렴하여 가장 대중적으로 이용된다. 팽창계수가 높아 Seal의 파손율이 높다. UV에 의해 변색 및 퇴화가 올 수 있다.

③ 우드(Wood): 단열성이 좋고 착색 및 페인트칠 등으로 미적 효과 극대화

④ 클래드(Clad)

- Aluminium+Wood (펠라, 이건, 마빈)

- Vinyl+Wood (앤더슨)

⑤ 유리섬유(Fiber Glass): 열에 강하고 구조적으로 안정하며 다양한 색상을 창출한다. 비부식성으로 현관문에 많이 사용되나 가격이 비싸다.

(2) 재료에 따른 분류

① 일반 유리

② Float Glass: 녹색 유리로, 실내로 반입되는 외부의 태양열과 섬광에 의한 눈부심을 최소화하였다.

③ 강화 유리: 유리를 가열 후 급히 식혀 충격이나 급격한 온도변화에 강한 유리

④ 접합 유리: 필름을 유리 사이에 넣어 자외선 차단, 방음 및 보완 기능이 크다.

⑤ Low E: 외부 유리 안쪽에 투명한 은과 산화 금속을 여러 겹 코팅 처리한 것으로, 여름에는 태양열을 여과시켜 주고 겨울에는 실내의 열 방출을 막아주는 역할을 한다. 가시광선은 투과시키며, 자외선과 적외선을 차단하는 효과가 있다.

① 인터셉트 스페이서(Intercept Spacer)는 탄력이 있어 온도변화에 스페이서(Spacer)의 움직임과 실란트 이격점을 억제한다.

② 일반적인 알루미늄 스페이서(Spacer)는 신축성이 떨어져 단열성의 손실을 가져올 수 있다.

인티셉트 스페이서(Intercept Spacer)

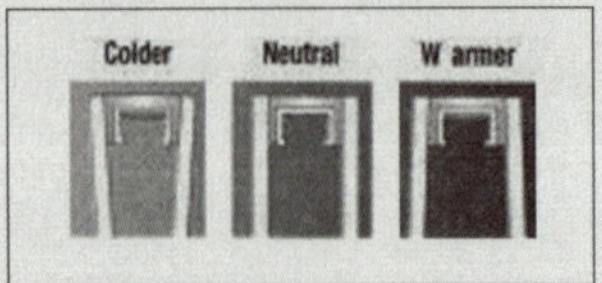

일반 알루미늄 스페이서(Spacer)

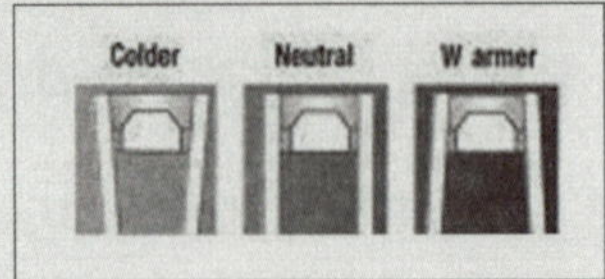

(3) 모양에 따른 분류

① Patio Door: 거실 내부와 외부를 연결하는 데크에 주로 설치되며 넓은 채광과 열린 공간이 요구되는 곳에 쓰인다. 이동 목적이 크다.

② Single(Double) Slider: 수평으로 움직이는 창문으로 높이보다 폭이 넓은 곳에 주로 쓰인다.

③ Single(Double) Hung: 아래위로 열리며 수직의 채광이 좋고 청소가 용이하다.

④ Picture Slider: 중간이 고정되고 양쪽 창문이 안쪽으로 열린다.

⑤ Fixed: 환기가 안 되고 전망과 채광만 되는 고정창이다.

⑥ Casement: 창의 옆쪽에 힌지(Hinge)가 부착되어 아래쪽의 손잡이를 돌리면 힌지의 반대쪽이 바깥쪽으로 열리는 창문. 바깥 벽면의 측면에서 유입되는 공기의 양이 주로 많이 실내로 들어온다(RH, LH).

⑦ Awning: 창의 위쪽에 힌지가 부착되어 창문 아래의 손잡이를 돌려 사용하는 창. 바깥 벽면의 아래쪽에서 공기가 주로 실내로 들어온다.

⑧ Garden: 채광과 통풍기능이 뛰어나 식물의 생육에 이상적인 환경이나 주방의 싱크대 벽면에 설치되어 실내의 미적 가치를 높인다. 2층 선반 구조이다.

⑨ Bay: 싱글형과 고정창을 조합한 형태로 외부 인테리어 및 공간 활용이 용이하다.

⑩ Half Round, Full Round, Octagon, Ellipse 등

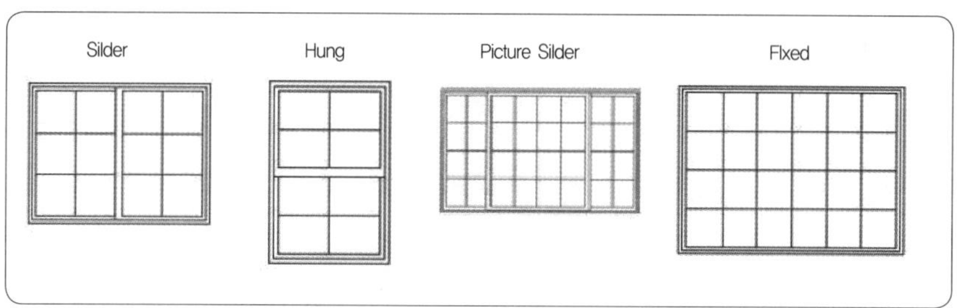

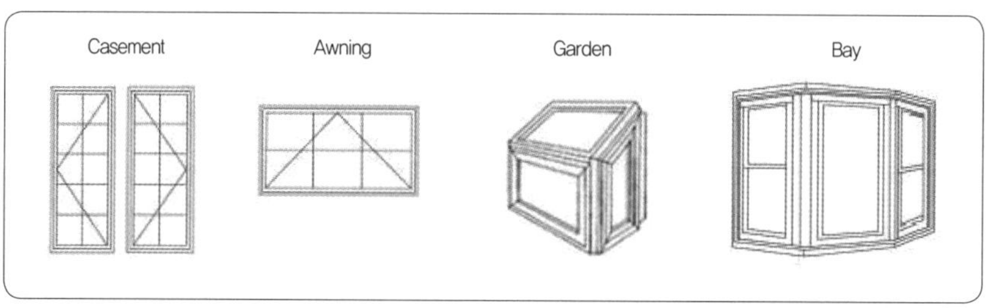

4. 창호 에너지 효율 등급제

(1) 2012년 7월부터 창호에 대한 에너지소비효율 등급제(1~5등급) 시행

(2) 단위: 열관류율 W/㎡·K 기준

(3) 표시 항목: 열관류율, 기밀성(통기량, 등급), 프레임 재질, 유리, 소비효율 등급

(4) 소비효율 등급 부여 기준=R

국내 등급	기밀성	R (에너지소비효율 등급제)	K (국내, 독일 창호 표기)	U (북미 지역 창호 표기)
1등급	1등급	R≦1.0	K≦0.86	U≦0.176
2등급	1등급	1.0⟨R≦1.4	0.86⟨K≦1.204	0.176⟨U≦0.246
3등급	2등급 이상	1.4⟨R≦2.1	1.204⟨K≦1.806	0.246⟨U≦0.369
4등급	묻지 않음	2.1⟨R≦2.8	1.806⟨K≦2.408	0.369⟨U≦0.493
5등급	묻지 않음	2.8⟨R≦3.4	2.408⟨K≦2.924	0.493⟨U≦0.598

※ KS F2278 규정에 의거 열관류율을 소비효율 등급부여 지표로 함

① R: (에너지 소비효율 등급제 값) – W/㎡·K

② K: (국내, 독일(ISO) 창호표기 값) – Kcal/㎡·h·c

③ U: (북미지역(NFRC) 창호표기 값) – Btr/ft^2·h·F

④ ISO: International Standardization Organization(국제표준화기구)

⑤ NFRC: National Fenestration Rating Council(국립창호등급협회)

(5) 친환경 주택건설 고효율 창호 기준(단위: R)

구분		외기 직접	외기 간접
전용 면적 60㎡ 초과	중부	1.4	2.8
	남부	1.6	3
	제주	2	3.3
전용 면적 60㎡ 이하	중부	1.7	2.6
	남부	2.1	2.9
	제주	2.5	3.5

※ 국토해양부 고시 제2010-421 주택건설기준 등에 관한 규정 제 64조 3항

① 열 손실률(U-Factor or U-Value)

제품의 태양열 외에 다른 열의 흡수 및 손실률을 측정하여 실내의 온도를 얼마나 잘 유지하는가를 표시한다. 일반적으로 U-Factor의 수치가 낮을수록 열 손실률이 적어 단열 효과가 크다. 추운 지역은 일반적으로 0.35 이하를 권장한다.

② 태양열 전도 치수(Solar Heat Gain Coefficient: SHGC)

입사태양 광선의 정도를 측정하여 창문이 태양열을 얼마나 잘 차단하는가를 나타낸다. 수치가 적을수록 태양열의 전도가 낮으며 차광 효과가 높다.

높은 SHGC는 온도가 낮은 계절에 난방에는 도움이 되나 냉방에는 적은 작용을 하고 낮은 SHGC는 반대로 냉방에는 도움이 되나 난방에는 적은 작용을 한다.

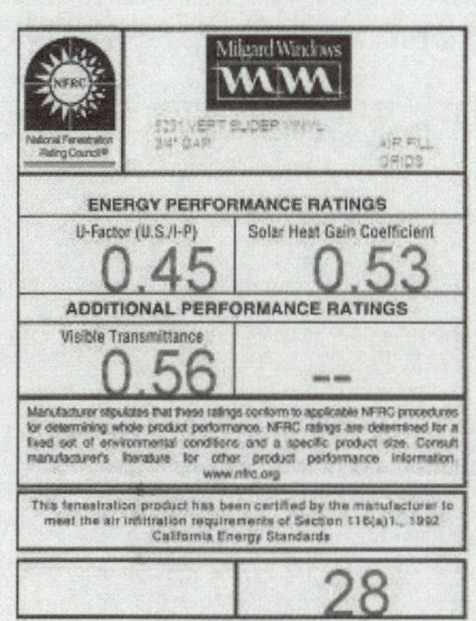

③ 가시광선 투과도(Visible Transmittance: VT)

유리를 통하는 가시광선의 양을 측정하는 것으로 높은 VT는 낮은 VT의 창에 비해 실내에 더 많은 양의 빛을 제공하며 일반적으로 0.5 이상의 수치를 갖는 창호를 권한다.

5. 아르곤 가스

아르곤 가스는 복층 유리에 중공층(공기층)을 주입하는 것이다. 이 아르곤 가스는 일반 복층 유리에 주입해도 되지만, 로이 유리와 병행할 때 그 효과가 극대화된다. 아르곤 가스의 특징은 다음과 같다.

(1) 아르곤 가스의 특징

　① 불활성 기체

　② 외부유리와 온도 차이에서 발생하는 열교환 현상을 방지하여 결로 현상과 냉복사

　　·현상방지 = 단열 효과 대폭 상승

　　·소리전달 감소 = 방음 효과 극대화

　　·로이 유리와 병행 시공시 효과 극대화

이렇듯 아르곤 가스를 주입하게 되면 최상의 유리를 사용하는 것과 마찬가지이다. 하지만 가격이 만만치 않다. 로이 유리 자체도 일반 복층 유리보다 가격이 높은데, 아르곤 가스까지 충진하게 되면 비용 부담이 너무 커진다. 로이 코팅 유리만 사용해도 단열 면에서 문제될 것은 없다.

(2) 아르곤 가스와 로이 유리의 적용과 종류

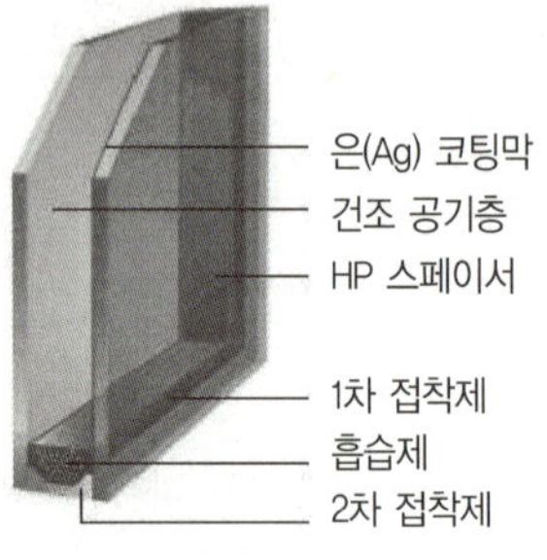

6. 로이 유리

로이 유리는 일반 판유리에 금속 코팅막을 입힌 것이다. 코팅을 해 놓은 면이 외부에 노출되면 좋을 게 없기 때문에 대부분 복층 유리에 적용한다. 금속 산화물로 코팅하는데 이 작업 공법에 따라서 로이 유리도 두 가지로 나뉜다.

(1) 로이 유리 제조 공법에 따른 특징

종류(공법)	제조 방법	특징
하드 코팅 (파이롤리틱 공법)	금속 용액/분말 분사 ▶ 열적 코팅	금속 종류에 따른 사용 제약 있음 (색상 단순/탁함) 소프트 코팅에 비해 경도와 내구성이 강하지만 단열 성능 떨어짐
소프트 코팅 (스퍼터링 공법)	은, 티타늄, 스테인레스강 등을 다층박막코팅	투명도가 높고 다양한 색상 구현 가능 하드 코팅에 비해 코팅 경도와 내구성이 약함

(2) 코팅 방법에 따른 장단점

이렇게 소프트 코팅과 하드 코팅으로 나누는데 각각의 장단점이 있다. 어떤 형식이든 코팅을 내 놓다 보니 복사선을 잘 반사한다. 여름에는 밖에서 들어오는 더운 공기를 막아주고, 겨울에는 실내의 더운 공기를 다시 안으로 보내서 단열 효과가 크다.

로이 유리의 경우 일반 단판 유리보다 에너지 절감율이 50% 높으며, 일반 복층 유리보다 에너지 절감율이 25% 높다.

로이 유리가 성능이 좋긴 하지만 고가이고, 또 기존에 설치되어 있는 창에는 설치하기 어렵다. 기존 유리를 제거하고 새로운 유리를 끼워야하기 때문에 비용이 몇 배가 더 든다.

로이 필름은 코팅을 하는 것이 아니고 유리에 필름을 입히는 것이다. 단열 효과 증진의 원리는 로이 코팅 유리와 같다. 로이 필름의 경우 시공이 아주 잘 되었을 경우 10~15년 정도 사용할 수 있다. 로이 코팅된 유리와 비교하면 어느 정도 한계가 있긴 하지만, 기존 설치된 유리에 시공하기에는 최선의 선택이다.

(3) 난방 에너지 절감율

다음의 표는 일반적으로 많이 쓰는 16mm 복층 유리를 더 높은 사양으로 변경하였을 경우 난방 에너지 절감율이다.

기존	변경	난방 에너지 절감율
16mm 일반 복층	22mm 복층	10%
16mm 일반 복층	16mm (단면)로이 복층	13%
16mm 일반 복층	22mm (단면)로이 복층	25%
16mm 일반 복층	22mm (단면)로이 복층 +아르곤 가스	30%

7. 삼중유리 창호

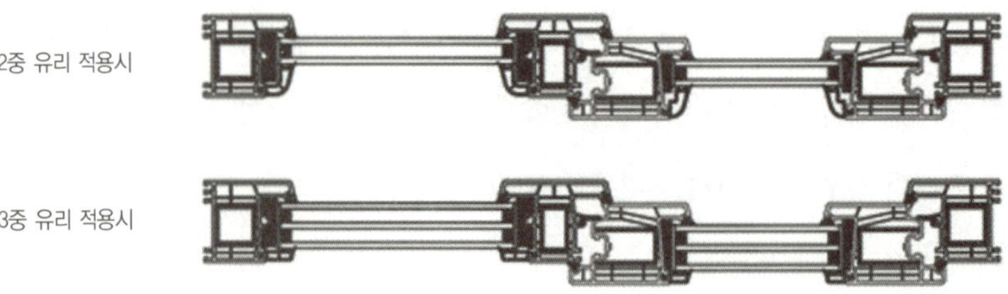

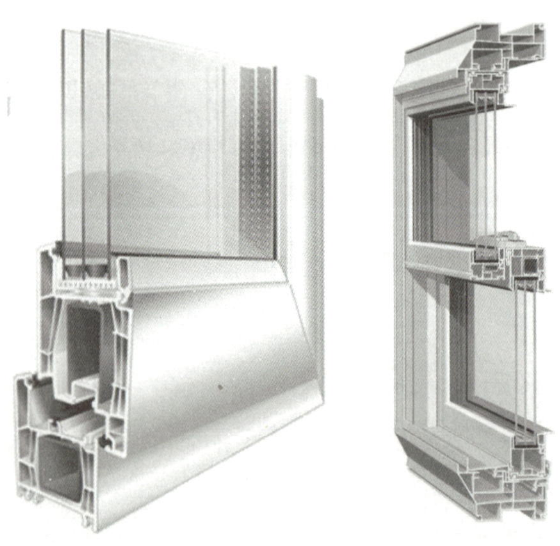

8. 창문 설치

(1) 개구부의 사이즈와 직각을 확인한다.

    ① 창문은 개구부보다 높이와 폭이 각각 12㎜(1/2″)가 커야 한다.

    ② 창문의 실제 사이즈 확인: 창호 회사마다 사이즈가 다르게 출고되지만, 실제 사이즈보다 12㎜(1/2″) 정도 작게 출고된다.

(2) 투습방수지를 모서리로부터 가운데 방향으로 자르고 개구부의 헤더는 수평 방향으로 절단한다. 헤더 모서리에서 45° 각도로 150㎜(6″) 폭으로 절단한다.

(3) 230㎜(9″) 폭의 방수지(이지씰)를 개구부 아래에서 위로 100㎜(4″) 올린다(방수 턱). 외부 창문이 설치될 부분에 실리콘으로 방수성능을 높인다.

(4) 창문턱(Sill)에 쐐기(1/8″)를 양쪽에 놓고 수평과 수직을 맞추어 창문을 고정한다.

(5) 창문 위쪽의 날개에는 피스를 고정하지 않는다. 다만 폭이 큰 창문일 경우 1~2개 피스로 처짐을 방지한다.

(6) 창문 고정이 완료되면 순서대로 윈도 랩(Window-Wrap)을 시공한다.

(7) 투습장수지를 덮고 45° 로 절단된 곳은 전용테이프를 붙이고, 위쪽 수평에도 90° 로 접어서 붙인다.

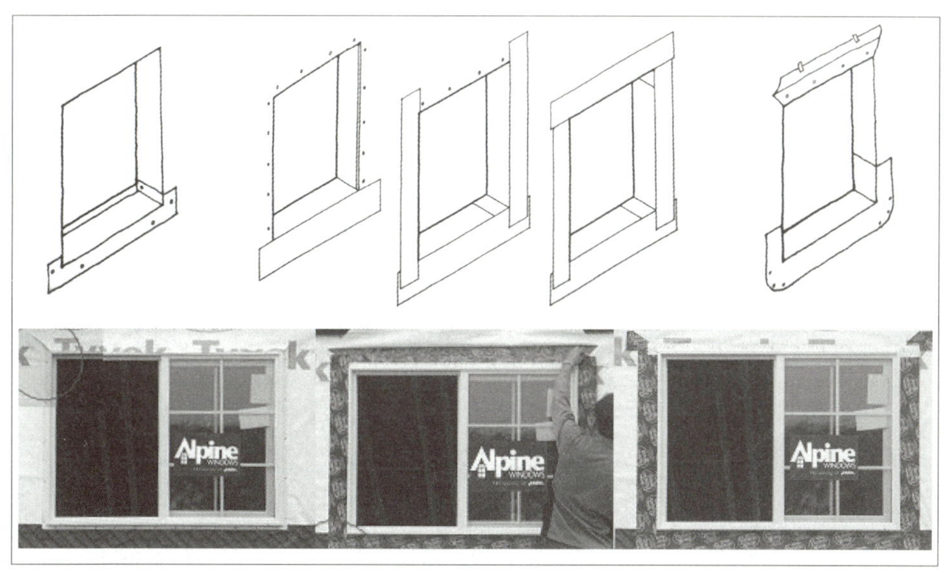

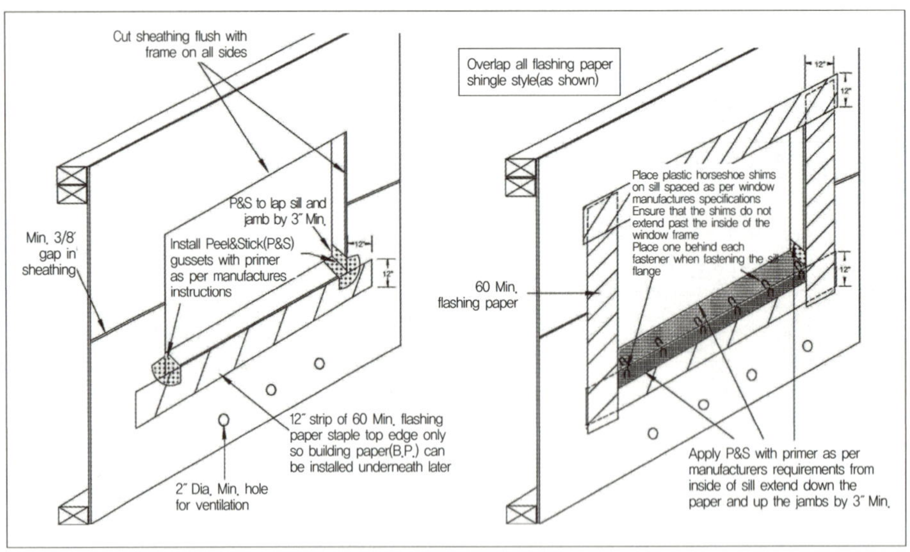

#TIP NFRC(The National Fenestration Rating Council)

NFRC는 독립된 실험소에 의한 검사로 창호의 열효율에 대한 객관성 있는 등급 자료를 제시하고, 인증서와 표지에 대한 행정을 담당하는 국제적인 기구이다. NFRC 표지에는 간략한 제품 설명과 제품의 열 손실률, 태양의 전도 치수, 가시광선 투과도를 표시한다.

① 열 손실률(U-Factor or U-Value): 제품의 태양열 외에 다른 열의 흡수 및 열 손실률을 측정하여 실내의 온도를 얼마나 잘 유지하는지 표시한다. 일반적으로 U-Factor의 수치가 낮을수록 손실률이 낮아 단열 효과가 높다. 추운 지역은 일반적으로 0.35 이하를 권장한다.

② 태양열 전도 치수(Solar Heat Gain Coefficient, SHGC): 입사 태양광선의 정도를 측정하여 창문이 태양열을 얼마나 잘 차단하는가를 나타낸다. 수치가 적을수록 태양열의 전도가 낮으며 차광효과가 높다. 높은 SHGC는 온도가 낮은 계절에 난방에는 도움이 되나 냉방에는 적은 작용을 하고, 낮은 SHGC는 반대로 냉방에는 도움이 되나 난방에는 적은 작용을 한다.

③ 가시광선 투과도(Visible Transmittance, VT): 유리를 통과하는 가시광선의 양을 측정하는 것으로 높은 VT는 낮은 VT의 창에 비해 실내에 더 많은 양의 빛을 제공하며 일반적으로 0.5 이상의 수치를 갖는 창호를 권한다.

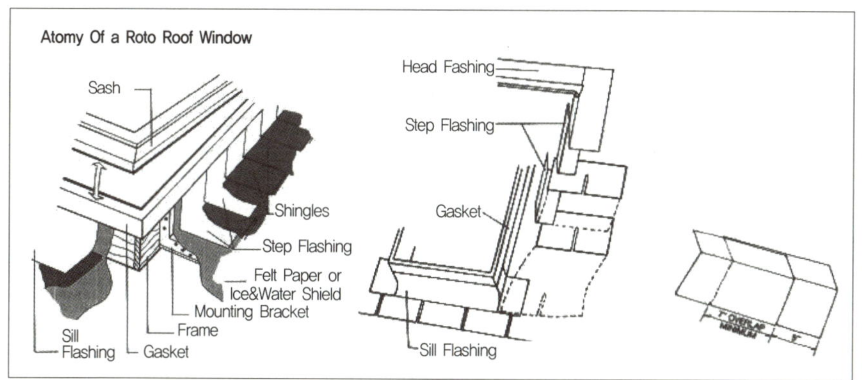

9. 천창(Skylight)

(1) 경사면이나 지붕에 설치되어 실내의 채광 및 밝기를 더해주고 환기의 기능을 한다.

(2) 고정창과 벤트창이 있다.

(3) 옆면 후레싱(Step Flashing)이 12″ 이상 되는 것을 사용하고 7″ 이상 겹침 시공한다.

10. 문

(1) 현관문(Entrance Door)

① 외부와 실내를 연결하는 주 통로 역할을 하고 집의 분위기를 좌우하는 포인트가 되며, 소대, 트랜섬, 하프라운드 등 조합이 가능하다.

② 피버 글래스(Fiber Glass) 현관문: 자연산 나뭇결 느낌. 단열 성능이 우수하고 화재에 강한 장점이 있다.

③ 스틸(Steel) 현관문: 녹슬지 않고 강하며 보안 성능이 좋고 단열 성능이 우수하다(R-15 등급의 폴리우레탄 충진).

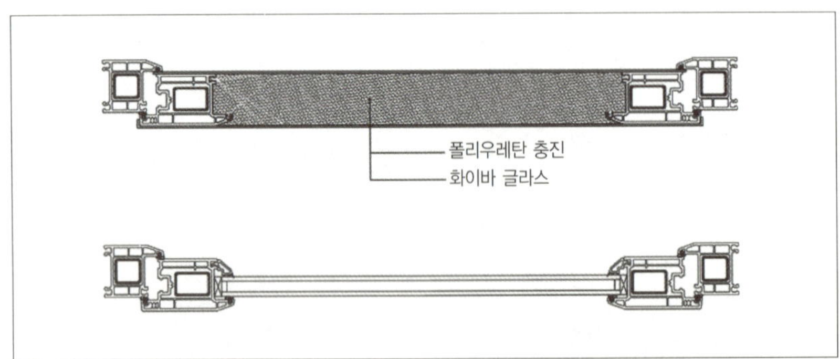

(2) 현관(외부)문 설치

① 개구부 사이즈를 확인한다.

- [3,068 가로]: 36″+1·1/2″ (Tamb T×2)+1/2″ (시공 여유)=38″

- [3,068 세로]: 80″ (AL Sill 포함)+3/4″ (Head Jamb T×1)+1/2″ (시공 여유)

    =81·1/4″

② 개구부의 수평, 수직을 확인한다. 힌지가 붙는 트리머(Trimmer)와 문턱인 실
(Sill)의 구조재를 곧은 나무로 선별해서 사용해야 시공이 편리하다.

③ 개구부의 문턱(Sill)에 방수시트를 붙이고, 수평이 아닐 경우 쐐기(Shim)를 넣
어 수평을 맞춘다.

④ 문턱(Door Sill) 부분에 실씰러(Sill Sealer)를 붙인다. 단열 및 소음차단 효과
가 있다.

⑤ 문을 마감선에 맞추고 긴 피스를 힌지 4개 구멍 중 2개를 트리머까지 연결한다.

- 잼이 밀용마루 않도록 쐐기를 대고 쐐기 옆으로 긴 피스를 체결한다.

- 힌지 구멍이 4개이고 2개는 잼과 연결 피스 구멍이다.

- 잼(Jamb)의 폭은 114mm(2×4) 또는 165mm(2×6)

⑥ 힌지 반대쪽 잼(Jamb) 고정은 미관을 위해 웨더 스트립(Weather strip)을 접
고 고정한다.

⑦ 개구부 틈은 창호전용 폼을 이용하여 막고, 외부는 빌딩 테이프(Building
Tape)로 방수 및 단열하고 트림으로 마감한다. 내부의 틈은 전용 폼으로 빈
틈없이 채우고 어울리는 수종의 캐싱 몰딩(Casing Moulding)으로 마감한다.

⑧ 도어락을 시공한다.

#TIP 시공 팁

* RH(Right Hinge, LH(Left Hinge)-아웃 스윙 도어(Out Swing Door)인 경우 외부에서
볼 때 힌지의 방향을 말한다.

(3)중문

(4) 실내문의 종류

　① 원목문: 다양한 수종으로 다양한 모양의 원목판으로 접합하여 만든다. 가격
　　이 비싸다.

　② ABS 도어: PVC 계통으로 수분이 많은 장소 등에 사용된다.

　③ 스킨 도어: 기본판 자체에 문양을 찍음으로써 디자인과 컬러가 다양하며 가
　　격이 저렴하다.

　④ 접이식 도어(바이폴더): 붙박이장에 주로 사용한다. 수종 및 모양이 다양하다.

(5) 실내문 명칭

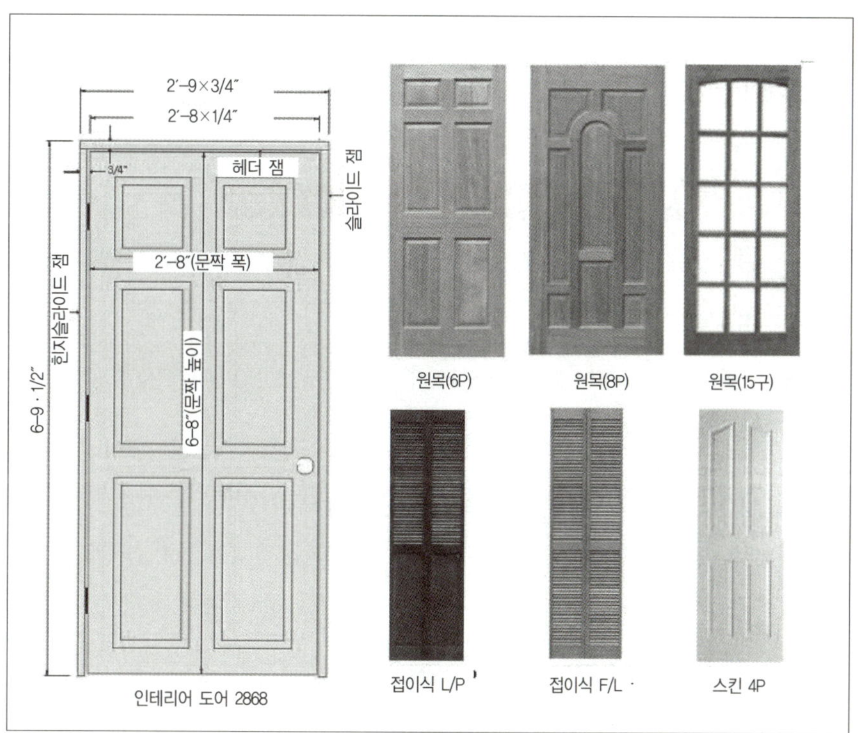

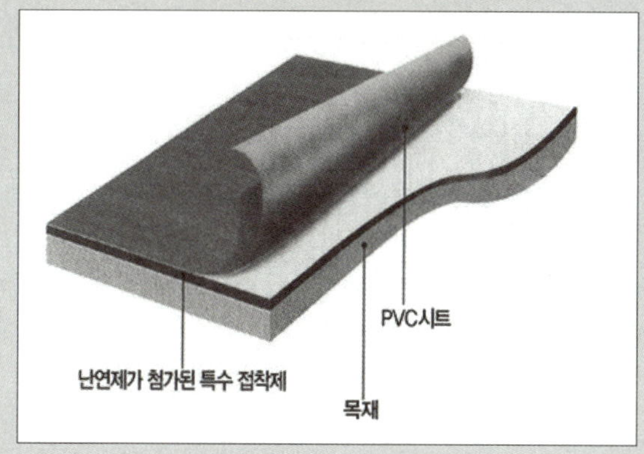

목재 표면에 시트지를 래핑한 도어로 래핑도어의 일종이다. 시트지를 붙이는 데에 멤브레인 방식 기계를 이용하기 때문에 멤브레인 도어라 부른다.

① 장점: NC 작업(홈파기)을 할 수 있어서 다양한 디자인을 적용할 수 있다. 가격이 다른 목재에 비해 저렴한 편이다.

② 단점: 목재를 사용하기 때문에 습기와 불에 취약하다. 습기에 의한 뒤틀림, 시트지의 박리 현상 등이 발생할 수 있어 욕실이나 화장실 문으로는 적합하지 않다.

#TIP ABS 도어란?(Acrylonitrile butadiene styrene door)

목재를 이용한 도어가 아니라 ABS(Acrylonitrile butadiene styrene) 합성수지로 성형하여 만든 도어를 말한다.

① 장점: PVC 성형용 시트를 사용하여 문양과 일체 성형을 통한 다양한 무늬목 느낌을 재현할 수 있으며 내구성이 뛰어나다.

목재에 시트지를 래핑한 도어에서 발생할 수 있는 습기에 의한 뒤틀림, 시트지의 박리 현상, 부패 현상 등이 없다. 특히 일반 래핑 도어보다 충격 강도가 강하여 데코 시트(Deco Sheet)의 손상 및 박리가 거의 없어 최근 실내 인테리어 도어로 가장 주목받고 있다.

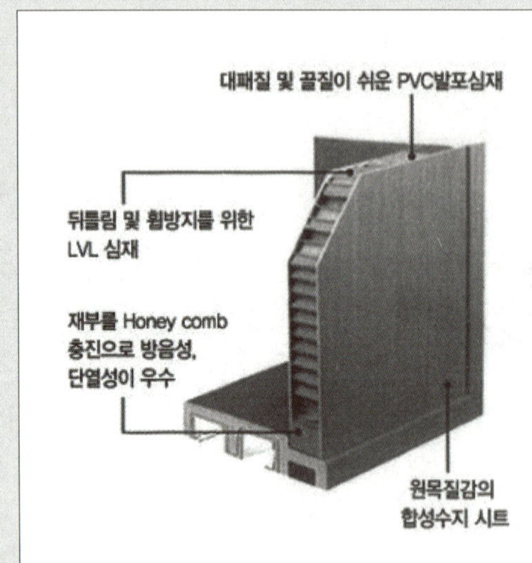

② 단점: 과거에는 멤브레인 도어에 비해 디자인과 색상이 다양하지 못하고 가격이 조금 높다는 단점이 있었다. 하지만 최근에는 기술의 발전으로 디자인이 다양하고 가격도 많이 저렴해졌다.

⑹ 실내문 설치 방법(스킨 도어)

① 개구부 치수 확인

- [2,868 가로]: 32″+1·1/2″ (Tamb T×2)+1/4″ (문틈)+1/2″ (시공 여유)

    =34·1/4″

- [2,868 세로]: 80″+3/4″ (Jamb T×1)+1/4″ (문틈)+1/2″ (시공 여유)

    =81·1/2″

- 사이드 잼(Side Jamb) 하단을 절단하여 문짝에 맞게 시공한다.

② 개구부의 수평과 수직을 확인한다.

③ 개구부 문턱(Sill)의 수평이 맞지 않는 경우 쐐기(Shim)를 넣어 수평을 맞춘다 (문지방이 있는 경우이고, 문지방을 없앨 수도 있으며, 물기가 많은 욕실이나 다용도실 등에서는 문지방을 마블이나 대리석으로 대체하기도 한다).

④ 문틀을 마감선에 맞추고 500㎜ 간격으로 긴 피스를 시공한다(문틀을 먼저 시공하며, 피스를 시공하기 전 천공작업을 하여 갈라짐을 방지하고 못머리를 감출 수 있게 하며 피스 시공 후 깔끔하게 마감처리한다).

⑤ 문틀에 도어 스톱과 문을 힌지로 고정한다.

⑥ 내부 마감공사가 끝나고 도장 작업 전에 내부 문을 설치한다.

⑦ 개구부 틈은 창호 전용 폼으로 막고 내·외부는 도어에 어울리는 수종의 케이싱 몰딩 마감을 한다.

#TIP 시공 팁

원목 도어는 문틀 외곽 치수 기준으로 800×2,100, 900×2,100, 800×2,000, 900×2,000 등이 나온다.

목조주택의 외벽 마감

CHAPTER 10

목조주택의 외벽 마감

1. 외장 마감재의 기능

집은 비와 눈으로부터 보호되어야 하며, 외관상 아름다움을 가져야 한다. 그래서 외장마감 공사가 필요하다.

(1) 비와 눈의 침투 방지

(2) 마감의 표면은 용도와 내구성, 보수, 미학적인 관점에서 만족스러워야 한다.

(3) 수분 확산에 관련된 성능 규정에 충족할 것

(4) 외부로부터 소음을 차단할 것

(5) 월 벤트(Wall Vent): 외장마감 안쪽에 모든 수분의 배수, 환기시스템을 설치하는 것이 좋다.

2. 외벽 마감을 위한 준비 작업

(1) 사이딩 못 위치를 잡기 위해 타이벡 위 스터드 중심을 확인하여 수직으로 초크 라인을 씌운다.

(2) 외벽 사이딩의 종류에 맞게 조규대를 만들어 수직으로 세우고 사이딩 자리를 표기한다.

3. 코너 및 창호, 문의 트림 보드 작업

(1) 먼저 사이딩을 시공한 다음 트림 보드를 시공하는 방법: 정면 마감이 좋게 나오고 작업이 용이하며, 부재가 수축해도 틈이 없다는 장점이 있다.

(2) 트림 보드 작업을 먼저 한 다음 사이딩을 시공하는 방법: 측면 마감이 좋으며, 트림 자재의 수축에 의한 틈이 생기기 때문에 코킹 처리가 필수적이다.

(3) 코너 보드는 미리 만들어 놓고 안쪽으로 징크재를 처리하여 코너 부분에 방수한다.

(4) 인코너 마감은 주로 2×2 방부목으로 먼저 시공한 다음 사이딩을 마감한다.

4. 외벽 마감의 공통 작업

(1) 외벽 마감은 지면에서 300㎜(12″) 이상 올려서 설치한다(기초 작업 시 고려 사항).

(2) 사이딩 첫 장 아래로 후레싱 작업을 한다.

(3) 사이딩 첫 장은 사이딩 쫄대를 설치한 후 작업을 시작한다.

(4) 코너, 트림 보드와 사이딩이 만나는 곳은 징크재를 이용하여 코킹을 해준다.

　① 각 사이딩 자재에 맞는 징크재를 선택하여 사용하면 효과적이다.

　② 수축팽창률이 같거나 도장 가능한 징크재를 사용한다.

⑸ 겹침 폭은 32㎜(1¼″) 이상 시공해야 한다(32㎜~38㎜가 적정).

⑹ 아래에서 위로 시공하며, 이음 부분은 1.2m 이상 엇갈려서 벌어지게 시공한다.

⑺ 이음배의 경우 뒤쪽으로 방수 펠트지, 또는 코킹 처리하여 빗물의 침투를 방지한다.

⑻ 방청 못을 사용하고 못박기 규정에 맞춰 스터드에 고정한다.

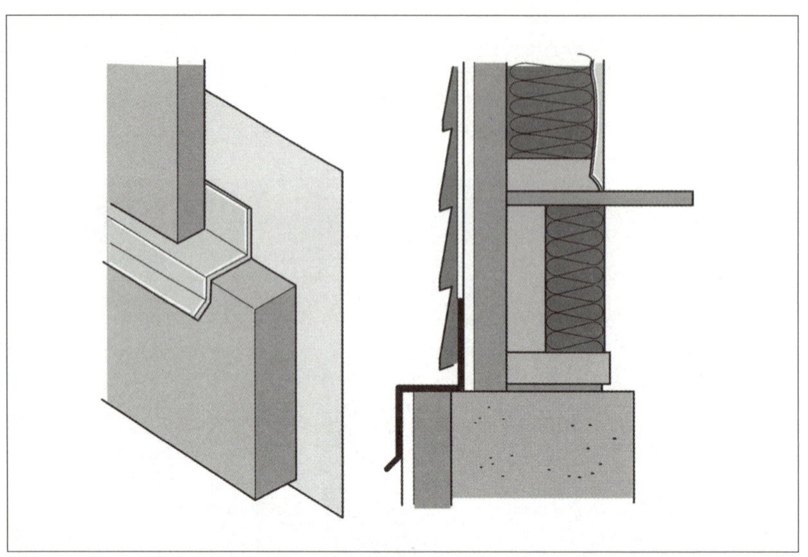

5. 목재 사이딩(Wood Siding) 작업

⑴ 목재 사이딩은 섬유질 방향의 갈라짐을 방지하기 위해 양 끝부분에 천공작업을 한 후 못박기를 한다(방부채널 사이딩 등 수분이 많은 자재는 천공하지 않아도 된다).

⑵ 목재 사이딩의 고정을 위해 벽체 골조 코너는 ㄷ자 형으로 만들어 주는 것이 좋다.

⑶ 레인 스크린(Rain Screen)을 시공하면 단열 및 외벽 전체의 내구성이 높아진다.

⑷ 못박기는 하단에서 45㎜ 부분에 시공하여 아래 사이딩과 독립적으로 고정한다(수축팽창에 의한 갈라짐과 뜨는 것을 방지하며 하자보수에도 편리).

⑸ 자재의 옹이, 할렬 등이 없는지 확인한 후 제거하거나 교체 시공한다.

⑹ 수직 사이딩의 경우 하지 작업이 필수적이며, 제혀쪽매로 된 이음이 되어야 한다.

(7) 시공 전과 후에 오일 스테인을 칠한다.

6. 시멘 사이딩(Cement Siding) 작업

(1) 경량(11kg/㎡)에 고강도 섬유(Fiber) 시멘트 재질(50년 이상의 수명)

(2) 목재의 질감을 그대로 표현하였으며 휨이나 변형이 없다.

(3) 사계절의 일기 변화가 많은 우리나라 기후에 적합한 높은 내구성을 가진다.

(4) 충격과 저항력에 강하고 특히 불연재이며 방음이 뛰어난 경제적인 제품이다.

(5) 해충 벌레 등으로 인한 영향이 없다.

(6) 시공 후 페인트 등의 채색으로 건축주의 색상 선택의 폭이 다양하다.

(7) 시멘 사이딩의 절단은 3″ 그라인더에 인공 다이아몬드 날을 이용하거나 톱날을
뒤집어 가공한다.

(8) 무늬가 큰 쪽을 아래로 향하게 시공한다.

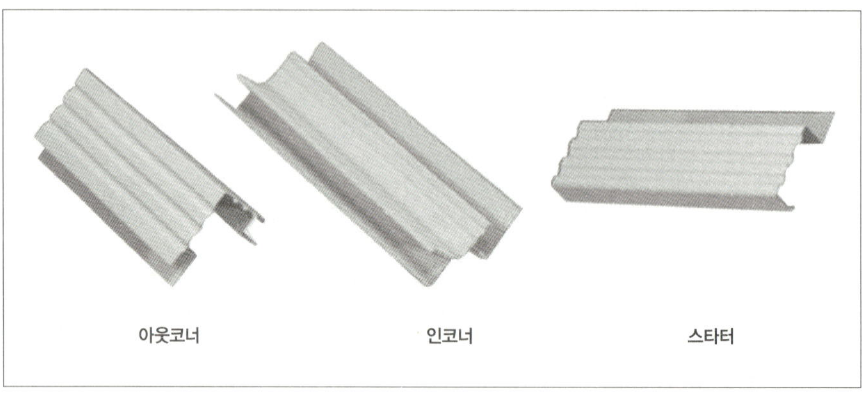

7. 비닐 사이딩(Vinyl Siding) 작업

(1) PVC로 내구성이 뛰어나며 어떠한 기후조건에도 영향을 받지 않는다.

(2) 가벼워서 하중 부담이 적다.

(3) 방수성이 뛰어나고 시공이 용이하며 청소가 쉽다.

(4) 가격이 저렴하며 유지보수가 쉽다.

(5) 사이딩 자체의 수축, 팽창이 많고, 부자재 시공이 많아 부실 사례가 가장 많은
외장재이다.

(6) 주판재와 같은 소재의 부품(스타트, 코너, 트림, 엔드 등)을 설치한다.

(7) 스타트, 코너는 붙여 시공하지 않고, 3″ 띄워서 시공한다.

(8) 주판재의 옆 겹침폭을 25㎜(1″) 이상으로 하고 겹침 부분에 코킹 처리를 해준다.

(9) 코너는 스타트보다 19㎜(3/4″) 길게 시공한다(주판재의 마감선 코너와 같게 함).

(10) 고정은 38㎜ 도금 피스로 구멍 중심에 느슨하게 해준다.

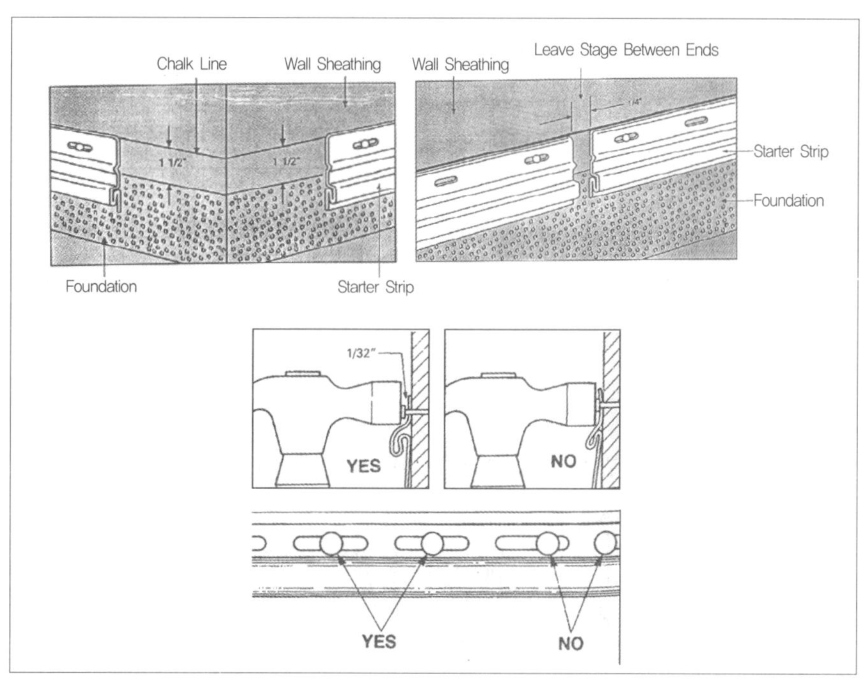

8. 조적 작업

(1) 내화 성능이 매우 뛰어나며 우아함을 느낄 수 있다.

(2) 외벽과 1″ 이상 띄우고 철물을 이용하여 연결 조적한다.

(3) 창문 등 개구부에서의 비흘림을 설치하고 배수 및 환기 구멍을 만들어야 한다.

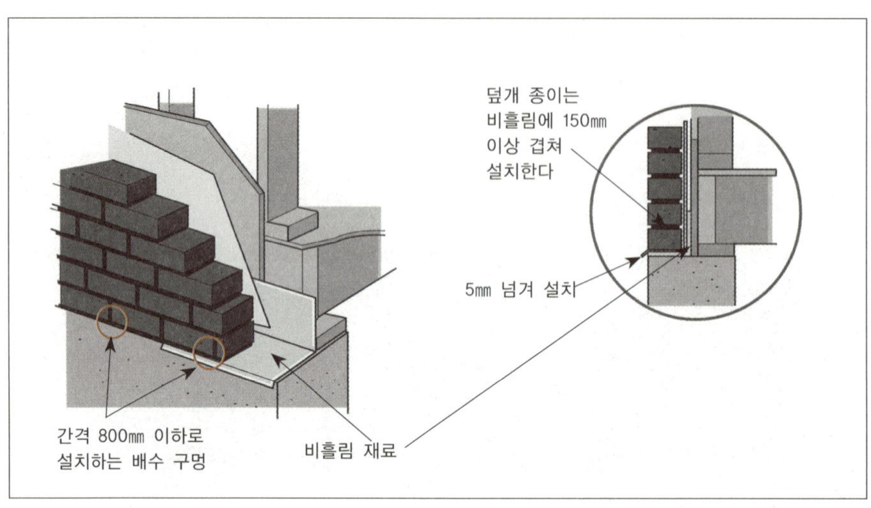

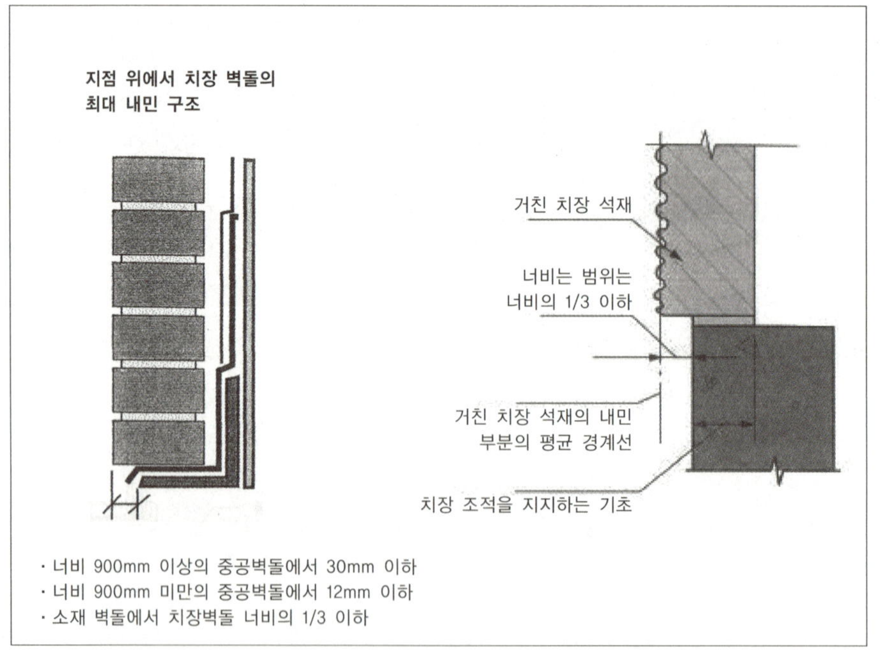

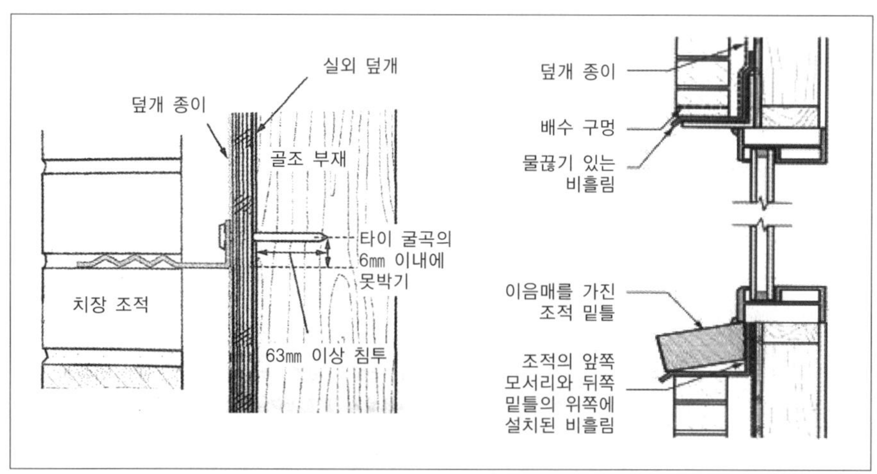

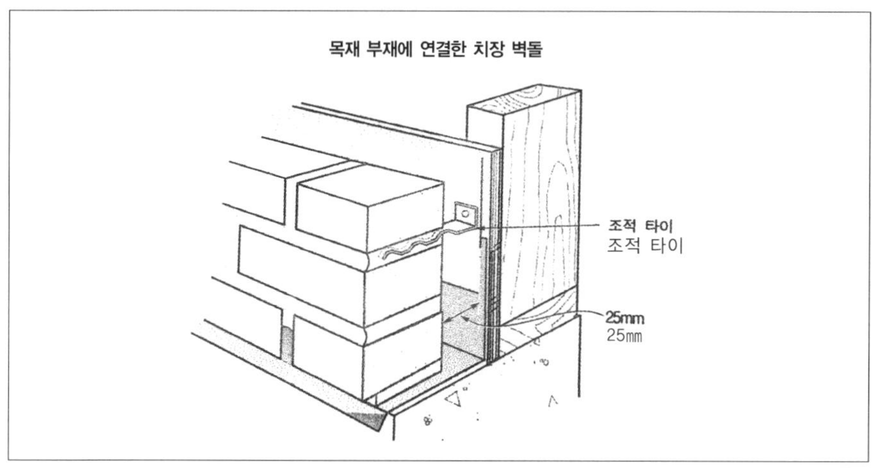

목재 부재에 연결한 치장 벽돌

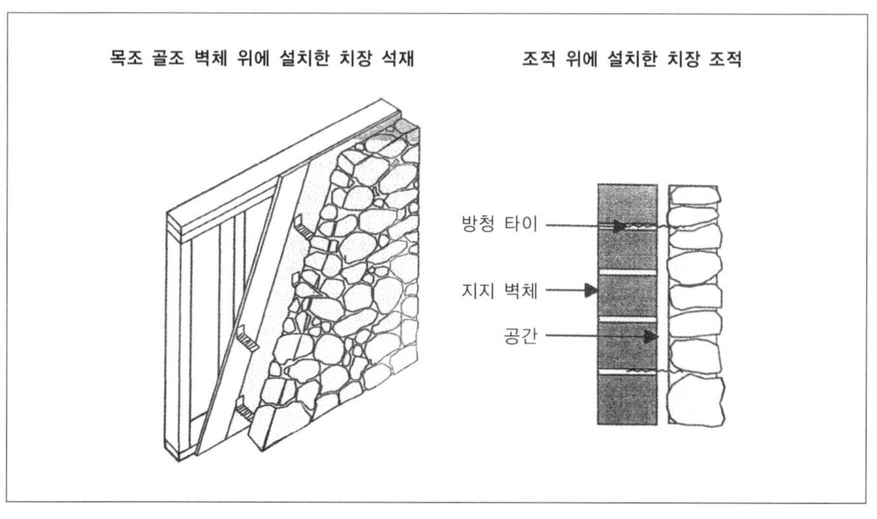

목조 골조 벽체 위에 설치한 치장 석재 · 조적 위에 설치한 치장 조적

9. 스타코 작업

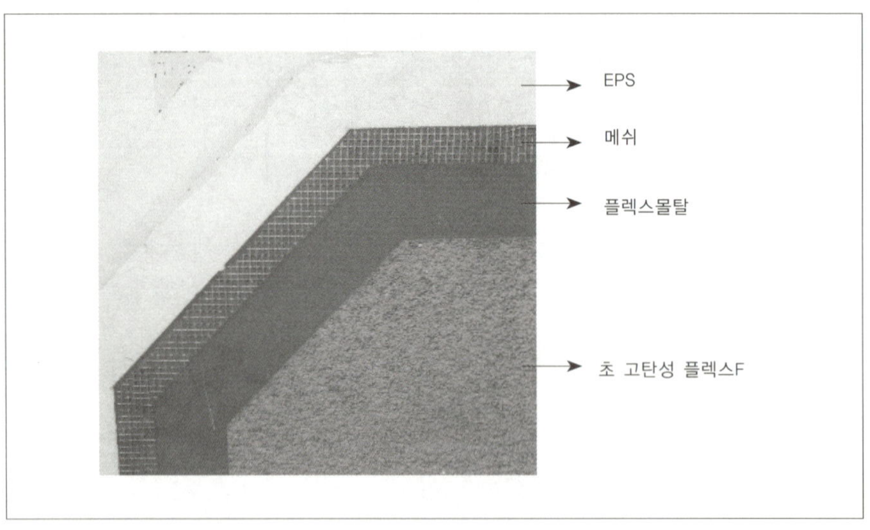

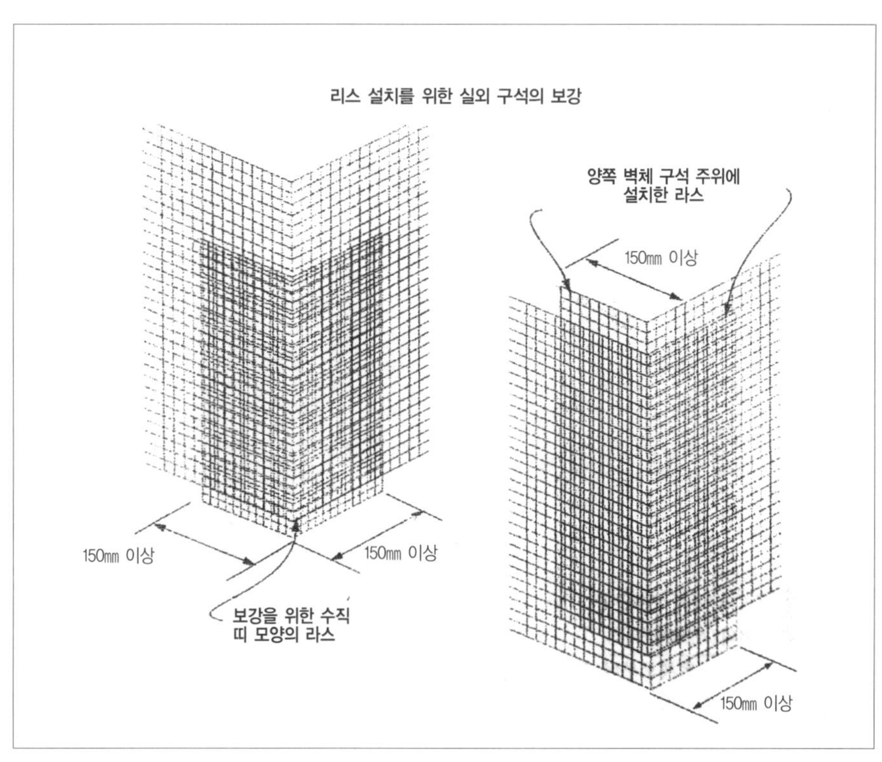

리스 설치를 위한 실외 구석의 보강
양쪽 벽체 구석 주위에
설치한 라스
150mm 이상
150mm 이상
150mm 이상
150mm 이상
보강을 위한 수직
띠 모양의 라스

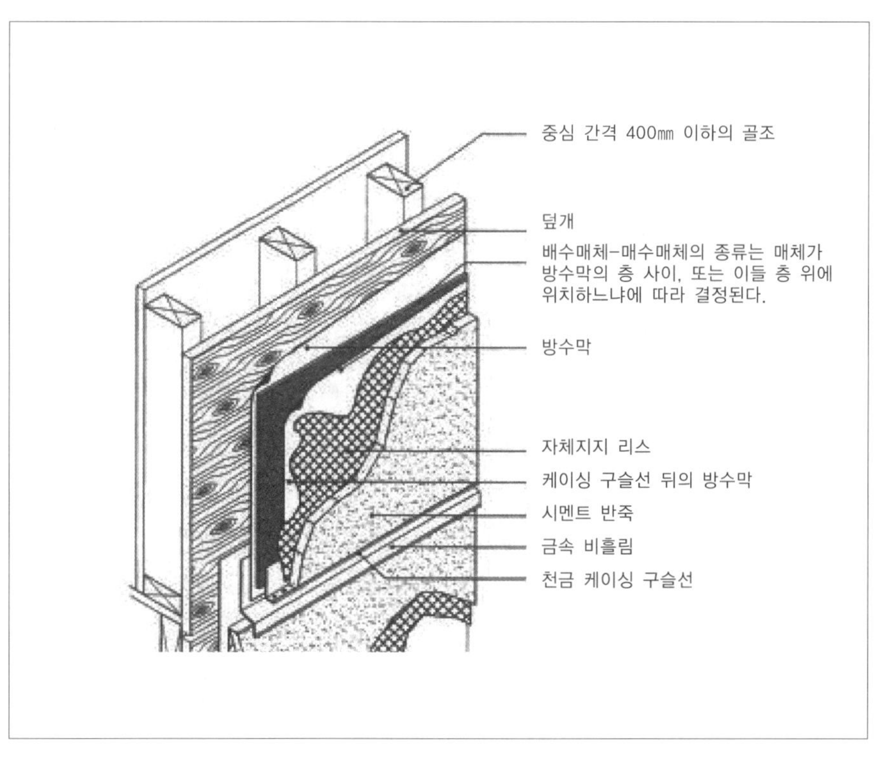

중심 간격 400mm 이하의 골조
덮개
배수매체-매수매체의 종류는 매체가
방수막의 층 사이, 또는 이들 층 위에
위치하느냐에 따라 결정된다.
방수막
자체지지 리스
케이싱 구슬선 뒤의 방수막
시멘트 반죽
금속 비흘림
천금 케이싱 구슬선

10. 파벽돌 작업

목조주택의
도장

CHAPTER 11

목조주택의 도장

1. 도장이란?

도장은 물체의 표면에 도료를 칠하여 경화된 도막을 형성시키는 것을 말한다.

도장은 도장 재료의 특성에 따라 오염 방지, 방수, 내수, 방충, 내후, 내화학성, 내마모, 방청, 내열, 단열, 자외선 차단, 살균, 항균, 절연, 단열 등 다양한 기능을 제공하여 물체를 보호한다. 또한, 광택, 착색, 도색 등의 기능으로 색채를 조절하여 물체의 외관을 아름답게 한다.

2. 목재 마감의 목적

(1) 치수 및 형태의 안정성 유지(Stabilization)

흔히 목재는 살아있는 소재로 인식되고 있다. 실제로 습기를 잘 빨아들이고 배출하는 흡습성이 높고 주변 습기와 온도 변화에 민감한 소재이다. 만일 잘 건조된 목재를 습기가 많은 곳에 놓아두면 습기를 빨아들이고 팽창하며, 목재를 다시 건조한 곳으로 옮겨놓으면 습기를 배출하면서 수축한다.

온도 변화도 같은 작용을 하여 목재에 변형력을 발생시킨다. 이때 이러한 수축, 팽윤이 전체적으로 균일하게 일어나지 않고 표면이 내부보다 심하게 일어나며 나뭇결에 수직인 나이테 방향으로 발생한다. 이 때문에 목재의 쪼개짐, 갈라짐, 휨이 발생한다. 목재를 마감하면 이러한 변형이 최대한 느리게 진행되며 변형력을 최소화시켜 목재의 치수를 안정화하고 하자와 결함을 예방할 수 있다.

(2) 청결 유지(Sanitation)

목재는 무수히 작고 많은 기공들을 가지고 있는 다공성 소재이다. 그래서 먼지, 토양, 음식물 등에 쉽게 오염되어 미관을 해치고 부후균과 변색균 같은 미생물의 번식으로 목재가 손상될 수 있다. 또한, 사람의 손때, 공기 중 먼지, 그리고 음식물에 의해 그 구멍속으로 먼지와 때가 축적되어 오염된 목재는 곰팡이와 세균, 박테리아 번식으로 건강에 해를 끼칠 수 있다. 하지만 목재 표면을 마감함으로써 이런 문제들을 방지하고 지연할 수 있다.

(3) 장식 효과(Decoration)

목재 마감의 또 다른 목적은 목재를 아름답고 돋보이게 하는 데 있다. 크게 색상(Color), 질감(Texture), 광택(Sheen)의 3가지로 나눌 수 있는데 먼저 색상 효과는 다음과 같은 방법들로 구분된다.

① 표백(Bleaching), 또는 약품 처리(Chemical Staining): 화학 반응으로 색을 제거하거나 변경하는 처리 방법으로 일반인이 취급하기에는 위험하다.

② 착색(Staining): 착색제를 목재에 직접 적용하여 색상을 바꾸는 것으로, 일반적인 스테인 제품을 사용하는 방법이 이에 해당한다. 이외에도 염료와 안료를 직접 사용한다.

③ 글레이징(Glazing): 하도와 상도 사이에 착색제를 사용하여 색상 효과를 주는 것으로, 다양한 도구를 이용하여 나뭇결을 만들어 주거나 대리석, 또는 포 피니시(Faux Finish)를 활용하는 방법 등이 있다. 그 외에도 세이딩(Shading), 토닝(Toning), 페인팅(Painting) 등이 있다.

3. 친환경도료란?

　친환경의 기준은 매우 다양하다. 각종 환경호르몬, 중금속, 포름알데히드 등 많은 성분이 있으나 그중에서 가장 많이 다루어지는 성분이 휘발성 유기화합물인 V.O.C (Volatile Organic Compounds)이다.

　V.O.C는 증기압이 높아 대기 중으로 쉽게 증발되는 액체나 기체상 유기화합물의 총칭이다. 대기를 오염시킬뿐만 아니라 발암성 물질이며, 지구 온난화의 원인 물질이므로 국가마다 배출량을 줄이기 위해 정책적으로 관리하고 있다. 벤젠, 아세틸렌, 휘발유 등을 비롯하여 산업체에서 사용되는 용매 등 다양하다. V.O.C는 대기 중에서 질소산화물과 공존하면 햇빛의 작용으로 광화학 반응을 일으키고 오존 및 광화학 산화성 물질을 생성시켜 광화학 스모그를 유발하는 물질을 통틀어 일컫는다. 광화학 산화물의 전구 물질이기도 하며 악취를 일으키기도 한다.

　최근 환경부에서는 수도권 대기환경기준을 마련해 수도권에서 사용되는 도료의 V.O.C 함유량 및 방출량에 대한 기준을 마련하여 규제하고 있으며 점차 대상 지역을 확대해 나갈 예정이다. 작업자, 사용자의 안전과 건강, 대기오염 방지와 지구환경 보호를 위해 기준에 맞는 도료의 선정이 반드시 필요하다.

4. 도료의 종류

　도료를 구분하는 것은 화학적 성분과 제조 방법, 적용 방법, 용도, 기능 등 다양한 방법이 있다. 여기에서는 목조주택에서 주로 사용되는 도료들을 공정과 용도, 기능에 따라 구분하고자 한다.

(1) 실내마감재

① 실내용 하도제(Interior Primer): 실내용 페인트와 적용면의 결합력과 은폐력을 높여주는 역할을 한다.

② 실내용 페인트(Wall & Ceiling Paint): 흔히 사용하는 일반 페인트를 말한다. 실내 인테리어의 큰 벽체와 천장에 적용하며 붓, 롤러, 스프레이로 작업한다. 실내 환경을 위해 V.O.C 함유량이 적은 수성 제품을 사용하는 것이 좋다.

③ 가구용 페인트: 일반 페인트보다 강한 접착력과 내구성을 요구하는 가구, 방문, 계단 등에 사용하는 페인트이다. 일반 페인트로는 내구성이 약하여 별도의 코팅을 해야 한다.

④ 목재 전처리제 (Pre-stain wood conditioner), 샌딩 실러(Sanding Sealer): 스테인, 오일, 바니시 적용 전에 목재의 가공과 눈매를 메꾸어 색과 결이 균일하고 고르게 해주는 처리제이다.

⑤ 실내용 스테인(Wood Stain): 목재를 착색하여 색감을 강조하거나 다른 수종처럼 보이게 하는 제품으로 별도의 코팅 마감을 해주어야 한다. 최근 마감재 성분을 첨가한 제품들도 출시되고 있지만 완벽한 마감을 위해서는 전처리제, 스테인, 코팅제를 구분해서 사용하는 것이 좋다.

⑥ 일반 코팅제(Varnish): 몰딩, 방문, 목재 패널, 가구 등에 사용하는 투명 코팅제이다. 목재에 바로 마감하거나 스테인이나 페인트 마감 위에 오염방지 및 내구성을 위해 도포한다.

⑦ 고강도 코팅제(Varnish for Floor): 마모가 심하거나 마루, 계단 같은 보행용 부재의 마감용으로 사용하는 내마모성이 우수한 고강도의 투명 마감재이다.

⑧ 플라스터(Plaster): 반죽 형태의 마감재로 흙손으로 미장하는 도료, 페인트와 다른 느낌과 기능을 제공한다. 크게 라임 베이스(Lime-base), 아크릴 베이스(Acryl-base), 클레이 베이스(Clay-base)로 구분하며, 성분에 따라 조습, 불연, 항균, 공기 정화 등의 기능을 가진다. 북미, 유럽, 일본의 고급 주택에 많이 사용하고 있다.

(2) 외장 마감재

① 외부용 프라이머(Exterior Primer): 외부용 페인트와 부재의 접착력, 은폐력

을 높여준다.

② 외부용 페인트 (Exterior Paint): 자외선과 수분에 강하며, 최근에 친환경 수성 베이스 제품들이 유통되고 있다.

외부용 목재 보호제

③ 목재 보호제 : 흔히 오일 스테인이라 부르는 제품이 대표적이다. 최근 수성 베이스의 제품과 하드우드 전용, 자외선을 완벽히 차단하는 솔리드 스테인 등 다양화되고 있다.

하드우드 데크

④ 합성 데크(Composit Decking)용 보호제: 최근 주목받고 있는 합성 데크도 전용
제품으로 관리해야 자외선에 의한 손상과 오염을 방지할 수 있다.

⑤ 스타코(Stucco): 반죽 형태의 마감재로 흙손으로 미장하는 도료이다. 일반적으로
플라스터와 비슷한 의미로 사용한다. 외단열마감시스템의 마감재로 사용한다.

(3) 자주 사용하는 도료의 종류

바니시 시공

① 바니시(Varnish)

일반적인 투명 도료, 즉, 코팅제를 말한다. 기존에는
휘발성이 강한 니스, 라카, 에폭시, 유성우레탄 도료
를 많이 사용했으나 환경 문제로 인해 최근에는 V.O.C
와 냄새가 적은 수성 계열의 아크릴, 라텍스, 우레탄
베이스 제품들을 많이 사용한다. 용도와 성분에 따라
다양한 제품들로 구분한다.

다양한 바니시 제품

② 스테인(Stain)

목재나 합판의 나뭇결을 살리고 착색하여 아름답게 보이게 하는 착색제의 일종이다. 원래 마감 기능이 없는 착색제로 표면에 별도의 바니시 등의 투명 도료를 덧발라서 마감한다. 주택의 외부 사이딩, 데크 등에 적용하는 제품들은 착색제에 목재 보호제, 또는 발수 코팅제 성분을 추가하여 단일 제품으로 마감 효과까지 제공한다. 색상을 내는 염료·안료에 따라 퇴색성에 차이가 있고 바인더의 성분에 따라 기능이 달라진다. 최근에는 환경 문제 때문에 오일 베이스 대신 수성 베이스 제품을 더 많이 사용하고 있다.

스테인은 몇 가지 구분에 따라 종류가 나뉜다.

- 착색제(Colorant): 안료(Pigment) 스테인, 염료(Dye) 스테인
- 결합제(Binder): 유성(Oil-base) 스테인, 수성(Water-base) 스테인, 알키드(Alkyd) 스테인
- 농도(Thickness)와 점도: 액상(Liquid) 스테인, 젤(Gel) 스테인
- 투명도(Transparency): 반투명(Semi-Transparent) 스테인, 불투명(Solid) 스테인
- 용도: 실내용(Interior) 스테인, 외부용(Exterior) 스테인

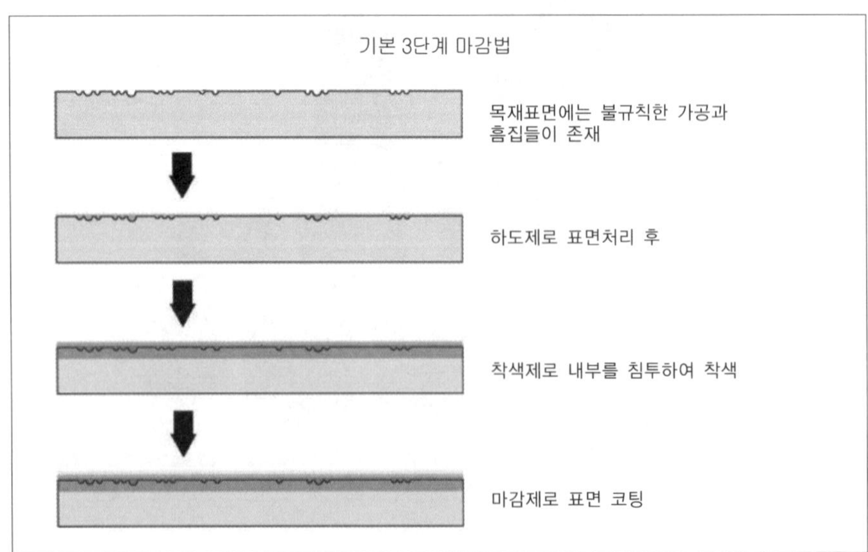

③ 페인트

안료를 결합제와 혼합하여 만든 유색의 불투명 도료의 총칭으로 유성 페인트, 수성 페인트, 에나멜 페인트 등이 있다. 최근에는 환경 문제로 수성 계열의 아크릴 페인트, 라텍스 페인트, 에나멜 페인트, 세라믹 페인트 등의 사용이 점차 늘고 있다.

주택에서 사용되는 페인트를 용도별로 나누면 다음과 같다.

▪ 일반 페인트(Wall and Ceiling Paint): 우리가 흔히 사용하는 벽 페인트가 일반 페인트이다. 실내 인테리어의 큰 벽체와 천장에 적용하며 붓, 롤러, 스프레이로 작업한다. 일반적으로 스프레이 작업이나 롤러 작업을 많이 한다. 특히 입자가 작아서 스프레이 작업하기 좋으며 점도가 묽어서 칠하기에 아주 용이하다. 최근에는 휘발성 유기화합물인 V.O.C 함유량이 거의 들어있지 않은 친환경 페인트, 항균 성분이 첨가되어 박테리아나 미생물이 살지 못하는 항균 페인트, 냄새를 흡수하여 공기를 정화하는 페인트 등 다양한 기능이 첨가된 제품들이 인기를 끌고 있다.

젤 스테인

스테인 시공

일반 페인트 　　　　 밀크 페인트

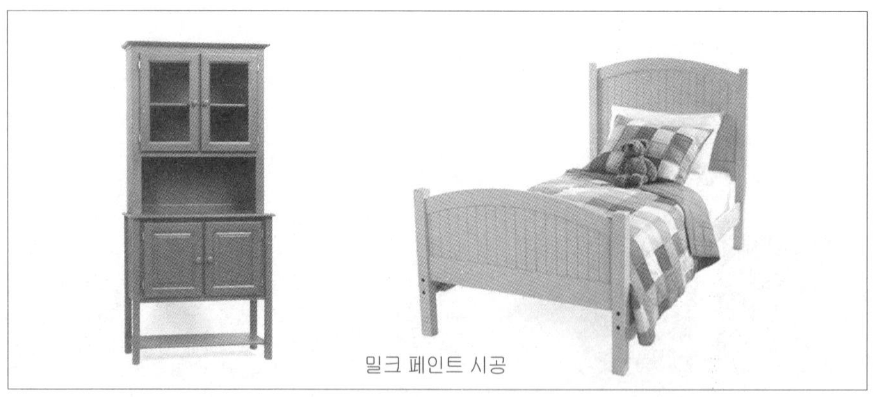

▪ 가구 및 창호용 페인트: 가구용 페인트는 탄성과 점도가 높고 내구성과 접착성이 우수하여 가구, 또는 마찰과 수분이 많은 곳, 현관문처럼 외부에 노출되는 곳에 사용한다. 최근에는 기존 라카와 에나멜 페인트의 단점인 악취와 유해성분을 줄인 수성 에나멜 페인트와 합성 밀크 페인트 등을 많이 사용한다.

최근 주목받는 밀크 페인트는 인류가 가장 먼저 사용한 페인트이다. 이집트 투탕카멘의 무덤 속 벽화가 밀크 페인트로 그려졌다. 수 세기 동안 우유의 카세인(단백질의 일종)을 다양한 용제를 이용하여 페인트로 사용하는 방법이 발전해 왔다.

오늘날에는 오래된 느낌을 나타내는 기법에 주로 이용되며 최근에는 빈티지(Vintage) 프로방스(Province) 쉐비 시크(Chevy Chic) 풍을 내는데 각광받고 있다. 이런 밀크 페인트의 느낌에 내구성과 접착성을 갖는 합성 밀크 페인트가 많이 사용된다. 가구뿐만 아니라 실내외 창호와 몰딩 등에도 다목적으로 사용할 수 있다.

④ 오일 마감재

최근 친환경 제품의 수요와 고급 하드우드의 사용이 많아지면서 특유의 아름다움을 표현하고 자연스럽게 마감이 가능한 오일 마감재가 주목받고 있다. 오일은 크게 건성유와 반건성유, 불건성유로 나뉘는데 목재마감에는 건성유(Drying Oil)를 사용해야 한다. 건성유는 공기 중 산소를 흡수하여 점차 경화되어 목재 표면에 보호막을 형성한다. 만일 불건성유, 또는 반건성유를 사용할 경우 기름 성분이 경화되지 않고 목재 표면에 흡수되어 있다가 날씨가 습할 경우 계속 표면에 배어 나오게 되므로 마감재로 사용하기 힘들다.

오일 시공

오일 바니시

- 동유(Tung Oil): 동유, 또는 텅 오일로 불리며 유동(기름 오동나무)의 종자에서 추출한 건성유이다. 오래전부터 중국에서 사용해 왔고 19세기에 유럽으로 전해졌다. 다른 오일에 비하여 비싼 가격임에도 불구하고 물에 가장 강한 오일 중 하나이기 때문에 고품질 도료의 원자재로 사용된다. 원액 자체로는 건조가 느리고 깨끗하고 부드러운 마감을 얻기 어려워서 보통 중합유(Polymerized Oil)로 가공하거나, 다른 오일과 혼합하거나, 광유(Mineral Spirit)에 희석하여 사용한다.

- 아마인유 (Linseed Oil): 아마(亞麻)의 종자 아마인에서 추출한 건성유로 오늘날에도 도료 제품과 잉크의 원료로 많이 사용한다. 이 오일은 경화되는데 많은 시간이 소요되어 일반적으로 사용할 때는 금속촉매제(Metallic Driers)를 추가한다. 이렇게 처리된

린시드 오일을 '보일드린시드 오일(Boiled linseed oil)'이라 부르며 하루 정도면 경화된다. 강도와 습기에 대한 저항력이 약하여 보통 보일드린시드 오일 형태나 다른 오일과 혼합하여 사용한다. 우리가 흔히 사용하는 오일 스테인에도 보일드린시드 오일이 들어간다.

▪ 중합유(Polymerized Oil): 진공 상태에서 오일을 가열하면 화학적 변화를 일으켜 바니시처럼 단단하고 건조가 빠른 중합유가 만들어진다. 모든 건성유나 반건성유는 열처리할 수 있으며 특성이 변한다. 보통 잉크를 만들거나 외부 도료를 만들기도 하며, 가구용 마감재로 사용하기도 한다. 건조가 빠르고 가격이 비싸서 보통 다른 성분과 혼합하여 사용한다.

이밖에 오일 바니시(Oil/Varnish Blending), 와이프온 마감재(Wipe on Finish) 등이 있다.

⑤ 전통적인 목재 마감 도료

- ▪ 동유 (Tung Oil)
- ▪ 아마인유 (Linseed Oil)
- ▪ 옻칠 (Lacquer): 옻나무에서 추출한 수지이다. 한국과 중국에서 전통적으로 사용하던 도료이다.
- ▪ 셸락 (Shellac): 열대지방의 깍지벌레 분비물 락(Lac)을 정제한 천연수지이다. 마감제, 또는 하도제로 사용하며 독성이 없어 식용으로도 이용한다.
- ▪ 밀랍 (Beeswax): 벌집 밀랍에서 추출하며 주로 왁스 형태로 사용한다.

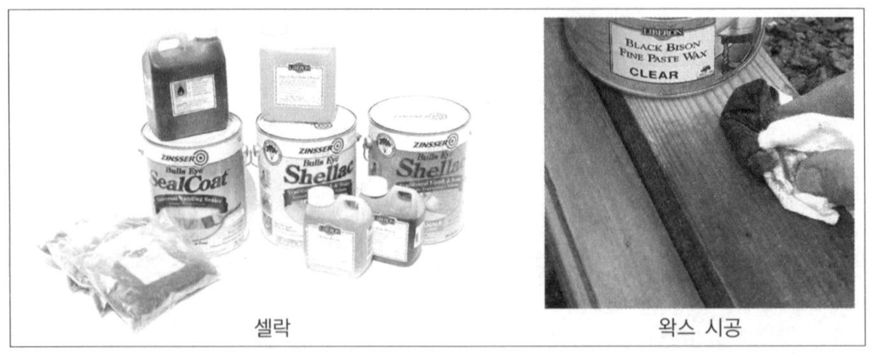

| 셀락 | 왁스 시공 |

5. 목조주택과 도료

(1) 도료의 선정은 부재의 종류, 용도, 환경에 따라 신중히 결정해야 한다. 예를 들어 목재의 경우 수종의 특성에 따라 도료를 선정한다. 가장 쉽게 구분하는 방법은 소프트우드와 하드우드로 구분하고, 하드우드는 다시 나이테와 눈매의 형태로 구분하는 것이다. 다음 그림은 리베론 오일의 선정 기준을 도표로 나타낸 것이다.

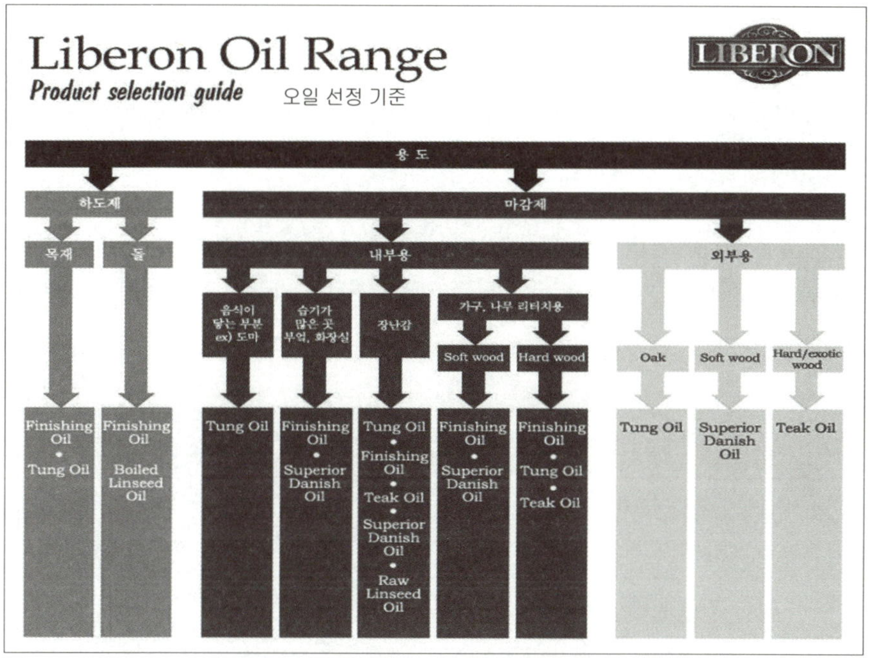

(2) 목조주택의 페인트 마감

목조주택은 페인트보다 벽지를 많이 사용한다. 가장 큰 이유는 석고보드 위에 퍼티 작업을 제대로 하는 인력이 별로 없기 때문이다. 목조주택에서 하자 발생과 비용 절감을 위해서는 다음의 몇 가지 사항을 반드시 지켜야 한다.

① 테이퍼드 석고보드(Tapered Drywall)를 사용한다. 값싸고 가벼운 3×6 스퀘어 제품을 사용하면 연결 부분이 돌출되어 전체적으로 많은 양의 퍼티(Compound) 를 발라야 한다.

② 석고보드의 연결 부분은 반드시 석고보드용 조인트 테이프를 사용해야 한다. 메시, 또는 한랭사를 사용하게 되면 유격이 발생하여 균열이 생기기 쉽다.

③ 연결 부분 퍼티 작업은 초벌 1회, 테이프 부착 후 1회, 최종 마감 1회로 총 3회 마감해야 균열을 완벽히 방지할 수 있다.

(3) 포 피니시(Faux–Finish): '포(Faux)' 는 불어로 모방을 뜻하며 페인팅으로 자연의 질감이나 재질을 표현하는 기법을 말한다. 우리나라에서는 스페셜 페인팅, 데코 페인팅이라 불린다. 마블 페인팅, 베네치안 플라스터, 스웨이드, 크랙, 부식, 메탈릭 등 다양한 기법이 있다.

일반 도장이 아닌 그림, 또는 패턴, 메탈릭한 분위기 등 예술적인 요소가 추가된 것을 데코 페인팅이라고 한다. 몇 년 전만 해도 데코 페인팅의 기술자나 요구하는 수요자들이 적었지만, 현재는 대중화되어 호텔, 매장, 주택, 테마파크 등에 널리 활용되고 있다.

포 피니시 사례1

포 피니시 사례2

포 피니시 재료

(4) 몰딩, 창호

페인트 마감일 경우 별도의 코팅이 필요 없는 수성 에나멜 페인트, 또는 합성 밀크 페인트를 사용하는 것이 내구성과 내수성 강화에 효과적이다. 목재 몰딩은 일반 바니시를 사용해도 무방하나 방문은 강도가 높은 바니시를 사용해야 마모에 의한 손상을 방지할 수 있다. 창문과 화장실의 경우 결로에 의한 수분 피해를 막기 위해 수분에 강한 바니시와 페인트를 사용한다.

⑤ 부엌, 욕실

목재는 다른 공간에 비해 물과 습기에 끊임없이 노출되기 때문에 습기에 강한 소재와 마감재를 선정해야 한다. 특히 목재는 습기에 의한 부후, 변색, 변형에 취약해서 반드시 기능성 도료를 사용한다.

부엌은 습기 외에도 음식물과 세제의 산, 또는 알칼리에 대한 저항성, 음식물에 안전한 친환경성, 항균성 등의 기능이 필요하다. 욕실은 습기에 의한 치수 변화를 방지하면서 신축성 있는 도료를 사용한다. 최근엔 바니시보다 우수한 침투성을 지닌 친환경 기능성 오일 바니시 제품 사용이 늘고 있다.

페인트를 사용할 때는 반드시 하도제를 적용하여 재료와 도료가 벗겨지지 않도록 한다. 일반 페인트는 내구성과 내오염성이 떨어지므로 습기와 오염에 강한 수성 에나멜, 또는 라텍스 페인트를 사용한다.

⑥ 원목 마루, 계단

보행으로 인한 마찰이 심하게 발생하므로 일반 코팅제 대신 반드시 마루용 고강도 제품을 사용한다. 예전에는 유성 우레탄 제품을 사용하여 건조가 느리고 냄새가 심하게 났지만, 최근에는 수성 우레탄 마루용 제품과 고강도 마루용 오일 마감재를 많이 사용하여 불편함을 없앴다.

⑦ 현관문

자외선, 빗물, 오염에 강한 마감재를 선택한다. 원목은 자외선 차단 기능이 있는 외부용 폴리우레탄이나 보트 바니시, 또는 외부용 오일 바니시를 사용한다. 최근엔 수성 제품도 나와 있다.

수입 스틸 현관문은 대부분 공장에서 하도제만 처리되었기 때문에 반드시 에나멜 페인트로 마감해야 한다. 하도 처리가 깨끗하여 현장에서 종종 마감하지 않는 경우가 있으나 쉽게 부식되어 제품의 수명을 단축한다.

화이버글라스 현관문의 경우 북미산(産)은 공장에서 수차례 고성능 마감 처리가 되어 생산되지만 아쉽게도 국산과 중국산은 현장에서 추가로 자외선 차단 외부용 코팅 처리를 해야 오랫동안 사용할 수 있다. 만일 재도장이 필요할 경우 우레탄과 스테인 리무버를 이용하여 도장을 완벽하게 제거한 후에 젤 스테인과 외부용 코팅제를 사용한다.

(8) 목재 사이딩

오존층의 파괴로 날로 강해지는 자외선 때문에 우리 생활에도 여러 변화가 생기고 있다. 기상청에서 발표하는 자외선 지수는 위험 수준인 7 이상인 날이 점점 빈번해지고 이로 인한 각종 피부병과 피부암의 위험성이 날로 증가하고 있다. 우리 피부를 보호하는 자외선 차단제의 경우도 예전에는 UVB(Ultra Violet B) SPF(자외선차단지수) 10~15가 주종이었지만 요즘은 SPF 50 이상의 제품을 사용하며 UVA(Ultra Violet A)의 차단지수도 PA$^+$에서 요즘은 PA^{+++}로 바뀌고 있다.

목재도 우리 피부처럼 자외선에 오랫동안 노출되면 표면 조직이 파괴되어 내구성에 문제가 발생하는데 지난 10여 년 동안 그 정도가 매우 심해졌음을 알 수 있다. 목재용 보호제를 사용해도 별 효과가 없거나 예전보다 빨리 수명을 다한다는 말을 자주 한다. 이는 제품의 품질이 떨어져서가 아니라 자외선이 강해서 생기는 문제이다. 이미 강해진 자외선으로부터 목재를 보호하는 방법은 없는 것일까?

목재를 보호할 수 있는 첫 번째 방법은 우리 피부처럼 기초화장과 마감을 여러 번 나누어 하는 방법이 있다. 초벌 보호제와 마감재로 구분된 제품을 최종 3회 이상 사용

외부용 스테인 사례 1

한다면 일반 제품보다 2~3배 오래 유지할 수 있다. 하지만 일반 도장 방법보다 자재 비용이 3~4배 더 들고, 도장 기간은 수일이 소요되며 인건비도 3배 이상 든다.

목재를 보호할 수 있는 두 번째 방법은 고성능 보호제를 사용하는 것이다. 하지만 아쉽게도 국내에는 높은 가격 때문에 이러한 고성능 제품이 수입되지 않으며 만약 수입된다면 기존 수입품 가격의 약 3~4배 정도가 될 것으로 보인다.

목재를 보호하는 세 번째 방법은 기존 투명(Clear), 또는 반투명 컬러(Semi-Transparent) 제품 대신에 불투명(Solid) 스테인을 사용하는 것이다. 하지만 솔리드 스테인은 페인트처럼 불투명한 제품으로 질감(Texture)은 살지만, 나뭇결은 감추어지는 단

외부용 스테인 사례 2

솔리드 스테인 사례

점이 있다. 그럼에도 북미에서 많이 사용되는 이유는 기존 스테인과 비슷한 비용으로 오랫동안 목재를 보호할 수 있는 유일한 방법이기 때문이다. 국내에도 여러 수입업체에서 솔리드 스테인을 공급하고 있지만, 아직 보편화되지 못하고 있다.

(9) 시멘트 사이딩

흔히 시멘트 사이딩은 별다른 관리가 필요 없고 반영구적으로 사용할 수 있다고 알려졌다. 제조사에 따라 약간의 차이는 있겠으나 내구성이 약한 도장으로 장기간 수분이 침투할 경우 조직이 붇고 내구성이 약해져 수명이 단축된다. 반드시 외부용 하도제(Primer) 처리 후 외부용 페인트를 사용해야 한다. 하도제 사용 여부에 따라 수명이 3배 이상 차이가 날 수 있다. 최근에는 환경을 보호하고 인체에 안전하면서 내구성이 우수한 수성 아크릴 라텍스 계열의 제품들이 보급되어 있다.

(10) 데크, 펜스, 조경 시설물

데크의 경우 내마성을 요구하므로 저가보다 고성능 제품을 시공하는 것이 추후 유지보수 비용을 절감할 수 있다. 보통 2~3회 도포하는 것이 정상이다. 대부분 현장에서 1회만 마감하는 경우가 많은데 결국 도료의 수명을 단축해 목재의 손상을 가져온다. 제품을 희석제에 섞거나 스프레이로 뿌리면 보호 성분이 최소한으로 도포되어 제 기능을 발휘할 수 없다. 처음 시공할 때는 노출되지 않은 면도 반드시 도장한다. 재도장할 때는 산소계 표백제나 전용 세제를 사용하여 오염 물질을 제거한 후, 물로 충분히 헹구고 건조 후 도장을 한다. 만일 세척하지 않고 재도장하면 오염 물질에 의해 도료가 침투하지 못한다.

(11) 하드우드 데크재

최근 친환경 열풍과 데크의 유행으로 열대 지방 하드우드 데크재가 많이 사용되고 있는데, 이뻬, 방키라이, 발라우, 말라스, 모마라, 꾸메아바뚜 등 수십 종의 제품들이 유통되고 있다. 방부목, 적삼목 같은 기존 소프트우드 데크제와 달리 남양재(Tropical

Hardwood)라고도 불리는 이런 수종들은 밀도가 높고 특유의 수지와 오일을 함유하고 있어 일반 오일 스테인이 깊숙이 침투하지 못한다. 반드시 하드우드 전용 보호제를 사용해야 충분한 효과를 얻을 수 있다.

6. 스타코(Stucco)

최근 주택 디자인에 큰 변화가 생기고 있다. 기존 미국식 목조주택에서 유럽, 일본의 모던 스타일과 패시브하우스까지 다양한 건축 양식의 주택들이 지어지고 그에 맞는 건축 자재의 다변화도 가속화되고 있다. 예전에는 지붕재로 아스팔트 싱글이 주로 사용되었지만, 최근엔 유럽형 기와와 메탈루프, 메탈기와 등의 사용이 늘었고 목재와 시멘트 사이딩에서 스타코, 벽돌, 석재 마감으로 다양한 자재들이 시도되고 있다. 그 중 스타코는 기존 건식 공법들과 다른 습식공법으로서 어느 정도의 사전 지식과 정보가 필요한 공법이다.

<table>
<tr><td>스타코 시공 사례 1</td><td>스타코 시공 사례 2</td></tr>
</table>

(1) 스타코(Stucco)의 정의

플라스터(Plaster)는 이탈리아어로 'Intonaco'로, 어원은 'Tonaca', 덧옷을 의미

스타코 시공 사례 3

하며 외부용 플라스터 마감으로 조적 위에 옷을 입힌다는 의미이다. 스타코(Stucco)는 고대 롬바드 어로 'stuhhi' 껍질, 피부를 의미하며 조적 위에 보호층이란 뜻이다.

플라스터와 스타코는 고대 그리스 시대부터 오늘날까지 '건축물의 골격을 덮는 마감재' 라는 의미로 두 단어가 정확히 구분되지 않고 사용됐고 때론 그 성분과 기법에 의해 다른 의미로 사용됐다. 주로 스타코는 플라스터보다 미적 기법이 가미된 형태로 구분되어 로마 시대, 르네상스, 바로크, 이슬람 건축의 중요한 요소로 발전해 왔다.

19세기 이후 영국에서 시멘트가 발명되기 전까지 스타코는 석회와 모래를 주재료로 하였지만, 그 후 시멘트가 사용되면서 영국과 미국을 중심으로 모든 외벽 치장재를 스타코로 부르게 되었다. 그리고 20여 년 전부터 아크릴 베이스 스타코가 전통적인 라임 스타코와 시멘트 스타코를 대체하면서 대중화되고 있다. 아크릴 스타코 역시 경제적이면서 다양한 색상과 표현이 가능하고 통기성 재료의 성질을 가지고 있는 훌륭한 건축 마감재이다.

19세기에 이르러 시멘트가 사용되기 이전까지 영국에서의 'Stucco' 는 석회와 모래를 주재료로 만들어졌다. 그 후 영국과 북미에선 시멘트 스타코가 대중화되었다. 최근 20여 년 전부터 아크릴 베이스 스타코가 전통적인 라임 스타코와 시멘트 스타코를 대체하면서 널리 사용되고 있다. 아크릴 스타코 역시 훌륭한 건축 마감 재료로서 다양한 색상 표현이 가능하고 습기가 방출되는 통기성 재료의 성질을 가지고 있다.

주성분으로 구분하면 라임 베이스 스타코, 시멘트 베이스 스타코, 아크릴 베이스 스타코로 나뉜다. 스타코의 사전적 의미는 시멘트, 석회, 모래를 혼합해서 만든 외부용 플라스터이다. 스타코가 천연 광물직인 라임과 시멘트 재료이지만, 아크릴 스타코는 인위적으로 만든 합성코팅 재료이다. 그리고 앞의 두 스타코가 양생 과정을 거치는 반면 아크릴은 건조 과정을 거친다. 따라서 각 재료를 시공하면서 외부 환경 요구 조건을 파악하고 각 재료의 차이점을 이해하는 것이 중요하다.

두 재료의 선호도는 캐나다와 미국에서 지역별로 차이가 있다. 시멘트 스타코 피니시는 캘리포니아 주에서 선호하는 반면에 아크릴 스타코는 포틀랜드, 시애틀, 밴쿠버 등 서부해안 지역과 동부에서 두루 선호한다. 이는 기존 시멘트 스타코가 습도 차가 적은 지역에서 주로 사용되고 아크릴 스타코는 습도와 온도의 차가 심한 지역에서도 널리 사용할 수 있기 때문이다.

유럽은 전통적으로 라임 스타코를 많이 사용했지만, 최근엔 아크릴 스타코의 사용이 점차 늘고 있다. 비슷한 것으로 플라스터(Plaster)가 있으며 보통 실내 벽, 천장 표면을 마감하는 데 사용한다.

플라스터 시공

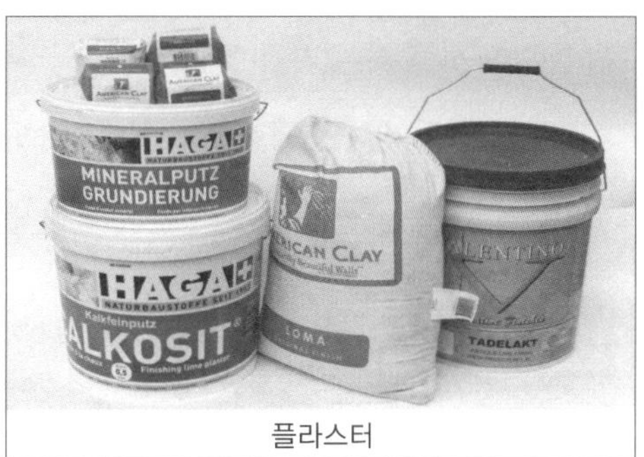

플라스터

(2) 외단열마감시스템(EIF System : Exterior Insulation and Finish System)
① 메탈라스 공법(One Coat System): 주로 미국 서부와 중남부 주택에 적용하는 공법이다. 별도의 외단열이 필요하지 않은 목조주택의 방습지 위에 메탈라스와 몰탈을

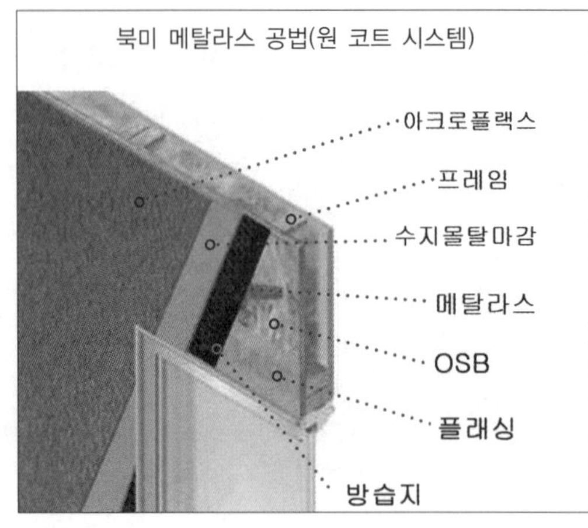

직접 적용하는 공법이다. 90년대 초 중반 국내 목조주택에 도입되었으나 국내 상황과 맞지 않아서 지금은 거의 사용하지 않는다.

② 시멘트 보드 공법 : 단열재 대신 시멘트 보드를 부착하는 공법이다. 시멘트 보드의 품질에 따라 하자 위험이 있어서 자재 선정에 주의를 기울여야 한다.

(3) 외단열마감시스템의 세부공정

외부에 스타코를 시공하는 방법 중 세계적으로 가장 많이 적용되는 공법이 외단열마감시스템이다. 특히 에너지 절감 측면에서 가장 우수한 단열 성능을 얻을 수 있다. 구조나 형태의 제약이 없어 다양한 구조물에 적용할 수 있다. 처음 적용한 나라는 독일로 오늘날의 패시브하우스도 발전된 시스템의 하나로 볼 수 있다. 현재 유럽에서는 대부분 주택을 외단열마감시스템으로 짓고 있다.

국내에서 흔히 외단열마감시스템을 '드라이비트'로 부르는데 이는 잘못된 명칭이다. 'Dryvit'은 미국 드라이비트사(社)의 회사명으로 1980년대 '효성'에서 미국 드라이비트사(社)와 기술 협력을 맺어 국내에 처음 들어오면서부터 알려졌다.

목재를 이용한 레인스크린

우선 샛기둥(Stud) 위의 구조용 합판(Sheating Plywood)과 방습지(Tyvek)까지는 일반 목조주택 마감과 동일하다. 그다음 레인 스크린(Rain Screen)이 설치되어 있는데, 최근 사이딩 마감에도 레인 스크린을 설치하는 것이 일반적이다.

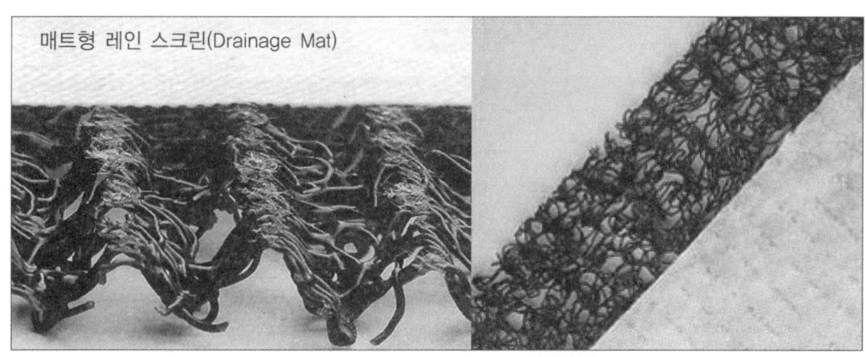

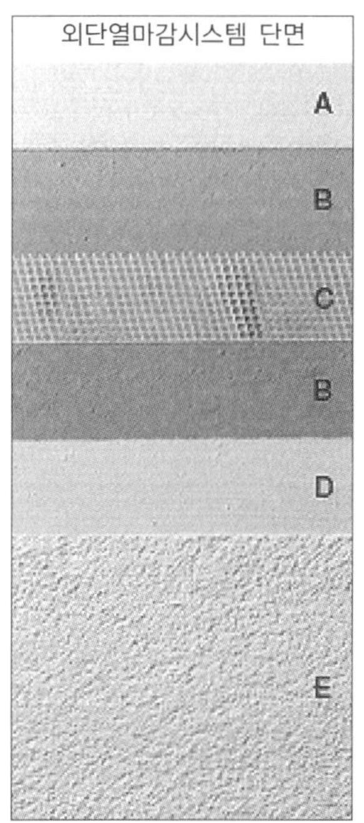

① 왼쪽 그림에서 A는 외단열 공법에서 가장 많이 사용되는 EPS 보드(스티로폼)이다. EPS 보드 이외에도 국토해양부와 건설교통부에서 고시한 알맞은 등급의 압출법과 비드법 단열재를 사용할 수 있다. 단열재 부착은 스티로폼 접착제로 임시 고정한 후에 전용 화스너로 영구 고정하며 이때 화스너는 단열재 한 장당 2개 이상을 고정해야 한다.

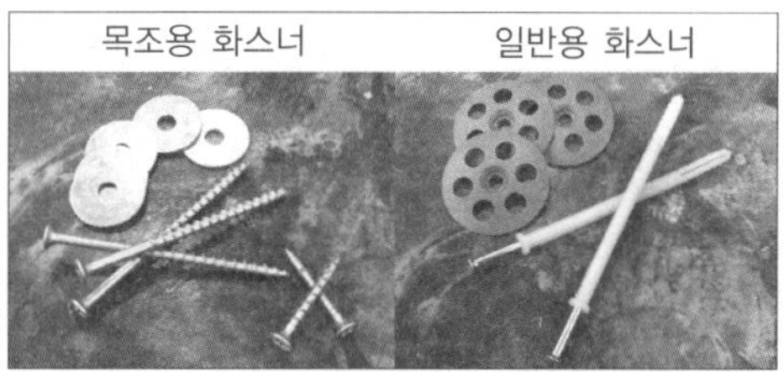

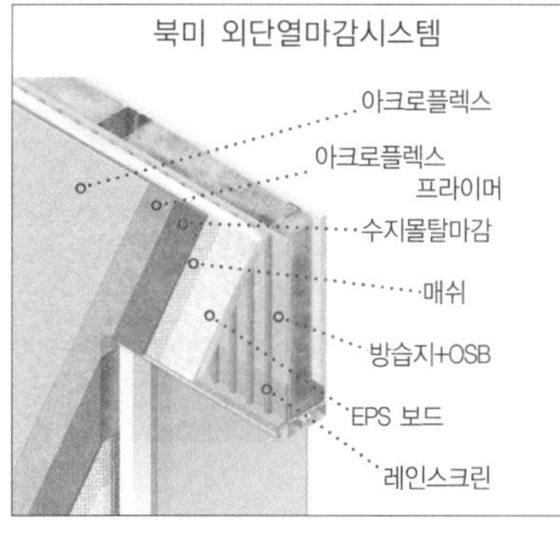

② 단열재 부착 후에 단열재 사이에 빈틈이 있으면 우레탄폼으로 메꾸고 조인트 메시+몰탈 작업, 코너 비트+몰탈 작업을 진행한다.

조인트 메시	코너비드	메시 시공

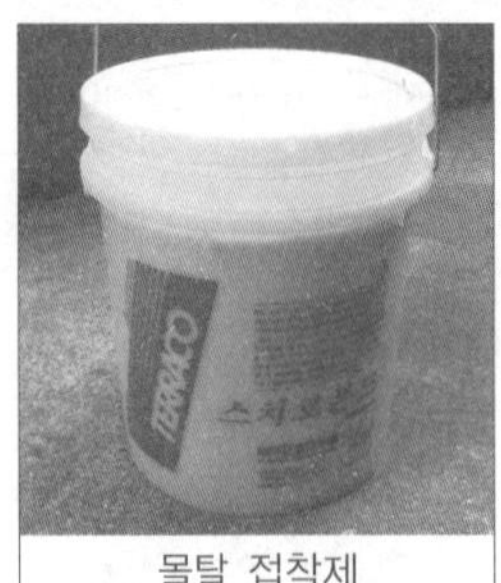

몰탈 접착제

③ B는 수지 몰탈 마감 공정이다. 수지는 전용 몰탈 접착제를 사용한다. 수지와 시멘트의 혼합 비율을 1:1로 규정하고 있지만, 현장 상황에 따라 1:3까지 허용하고 있다. 만일 그 이상의 시멘트를 혼합할 경우 몰탈의 접착력과 탄성이 약해져 부실의 원인이 될 수 있다. 실제로 자재비를 줄이기 위해 1:5나 1:7의 비율로 시공하는 저가 현장이 많다. 이 때문에 발생하는 하자는 어떠한 마감재를 사용하더라도 막을 수 없다.

화이버글라스 메시

④ C는 화이버글라스 메시(Fiberglass Mesh) 공정이다. 이때 메시는 일정한 강도와 내알칼리 처리가 되어있는 제품을 사용해야 한다. 시멘트는 강알칼리성으로 저급의 메시를 사용할 경우 수년 내에 적용된 메시가 부식되어 바탕면의 균열과 치명적인 하자의 원인이 된다. 또한, 연결 부분에 메시와 메시가 충분히 겹쳐지지 않을 경우 균열의 원인이 된다. 하부 마감면에는 외부 충격에 견디도록 일반 메시보다 두껍고 강한 보강 메시를 설치한다.

⑤ B 공정을 반복한다. 일부 몰지각한 시공 업체에서 자재비와 공정을 줄이기 위해 B→C→B 공정에서 메시를 살짝 걸어놓고 C→B 공정으로 끝내는 경우가 있다. 이렇게 되면 메시와 몰탈이 박리되어 하자의 원인이 된다.

⑥ D는 프라이머(Primer) 도포공정이다. 프라이머를 사용하게 되면 마감재와 몰탈 미장 면의 결합을 완벽하게 해주어 내구성과 접착성을 높여준다.

⑦ E는 마감재 적용이다. 우선 스타코에 색소를 넣고 믹서를 이용하여 충분히 섞어 준 후 적용한다. 만약 여러 통의 제품을 사용할 경우 색상의 일관성을 위해 같은 양의 물을 계량해서 혼합한다.

스타코 교반 작업	스타코 시공

⑧ 스프레이 작업(뿜칠)과 수작업(흙손), 두 가지 방법이 있으며 수작업을 권장한다. 스프레이 작업은 수작업보다 자재 손실이 크고 부착되는 마감재의 양이 적기 때문에 2~3회 이상 반복한다. 한쪽 코너에서 시작하여 반대편 코너에 닿을 때까지 멈추지 않는다. 이때 발생하는 덩어리는 제거한다.

적용 과정에서 일정한 색상을 유지하기 위해 균일한 두께가 요구된다. 만일 균일한 도포가 힘들 경우 마감재와 같은 컬러로 조색된 프라이머를 먼저 적용하면 마감재의 얼룩 현상을 방지할 수 있다.

수작업으로 시공할 경우 균일한 도장을 적용하고 가장 굵은 알갱이보다 두껍지 않게 바르며 원하는 마감을 얻기 위한 일관된 동작으로 플라스틱이나 스테인리스 흙손을 사용하여 시공한다.

① 목조주택 외단열 시공

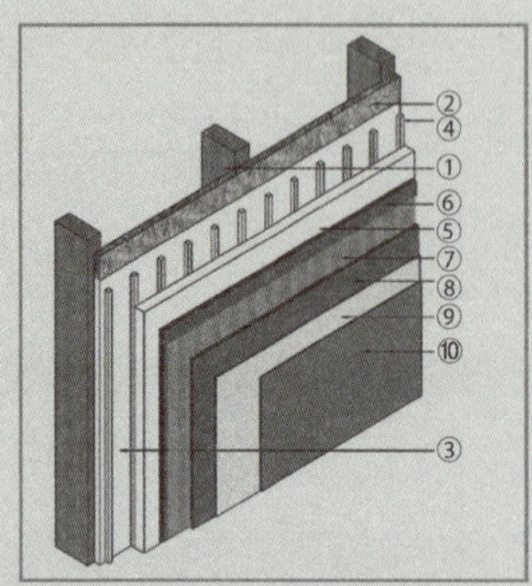

① 목구조체
② 구조용 합판(OSB)
③ 방습지(Tyvek)
④ 레인스크린
⑤ EPS 보드(스티로폼 단열재)
⑥ 수지몰탈 하도마감
⑦ 화이버글라스 메쉬
⑧ 수지몰탈 상도마감
⑨ 아크로플렉스 베이스 프라이머
⑩ 아크로플렉스

② 스틸하우스 외단열 시공

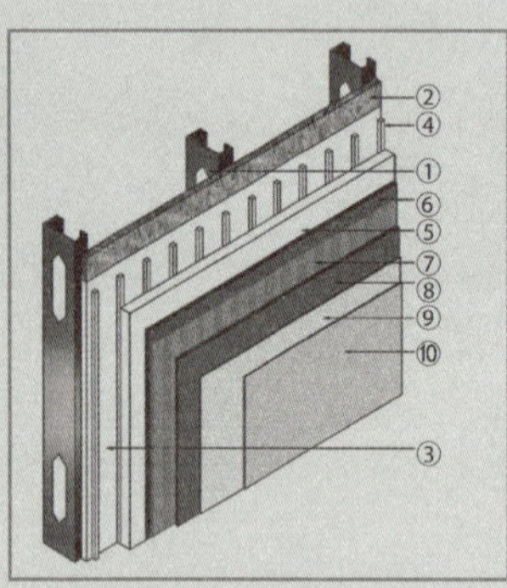

① 스틸 구조체
② 구조용 합판(OSB)
③ 방습지(Tyvek)
④ 레인스크린
⑤ EPS 보드(스티로폼 단열재)
⑥ 수지몰탈 하도마감
⑦ 화이버글라스 메쉬
⑧ 수지몰탈 상도마감
⑨ 아크로플렉스 베이스 프라이머
⑩ 아크로플렉스

③ RC구조 외단열 시공

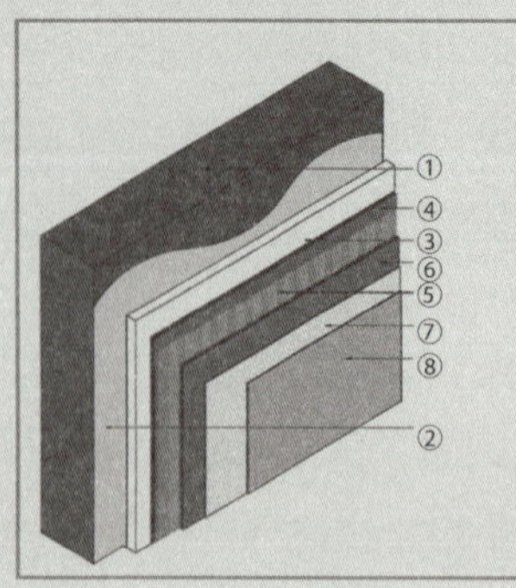

① 콘크리트 구조체
② 전용몰탈 접착제
③ EPS 보드(스티로폼 단열재)
④ 수지몰탈 하도마감
⑤ 화이버글라스 메쉬
⑥ 수지몰탈상도마감
⑦ 아크로플렉스 베이스 프라이머
⑧ 아크로플렉스

목조주택의 설비와 환기

CHAPTER 12

목조주택의 설비와 환기

1. 우수 관리 및 기초 배수

설비는 겉으로 드러나지 않지만, 수많은 기능을 담당하고 집의 수명과 실용성을 좌우하는 요인 중 가장 중요하며 끊임없이 유지 관리가 필요한 부분이다. 기능성이 우선이기에 전문성이 요구되지만, 시공상에 중점적으로 요구되는 기본요건만 충족시키면 정기적인 점검과 관리 외에는 큰 문제가 발생하지 않는다. 특히 설비 중 제일 큰 비중을 차지하는 것이 보이는 물과 보이지 않는 물의 관리임을 생각할 때 설비를 제대로 시공하면 물과 관계되는 손상을 줄일 수 있다.

그간 이어져 온 현장 위주의 시공 관행을 무시할 수는 없겠지만, 시공상 요구되는 기본적인 내용을 알게 되면 예측할 수 없는 다양한 시공 환경 및 변경 사항에 다양하게 적용할 수 있을 것이다.

(1) 우수 관리

빗물은 외부에서 영향을 주는 물로 1차 관리 대상이다. 지붕과 벽체를 타고 흐르는 물은 용도에 맞는 다양한 마감재들과 물의 흐름과 끊기를 유도하는 후레싱으로 처리되지만, 물받이와 홈통으로 모여 흘러드는 빗물 처리와 지표면에 모여 기초까지 스며드는 물을 관리하고 처리하는 과정이 반드시 필요하다.

도시 지역 및 택지 지구에는 구역 내의 우수관로까지의 연결이 필요하고, 기타의 단독 대지는 대지에 접한 구거, 또는 하천이나 경사지를 이용한 자연 배수를 택한다.

① 지표수

- 택지 주위에 배수로를 시공하여 외부로부터 유입되는 물을 우회시킨다.
- 건물이 옆 대지 경계와 가까우면 건물 주위에도 배수로를 시공할 수 있고, 이 때에는 그레이팅을 얹어 낙엽이나 이물이 흘러들지 않도록 하여 안전에도 대비한다.
- U자형 콘크리트 플륨관이나 P/E 배수관을 사용한다.
- 관로와 연결 직전에 맨홀을 시공한다.
- 지표수가 건물에 영향을 미치지 않는 3미터 이내에는 최소한의 경사도 (150mm)를 두어 물 빠짐이 가능하도록 한다.

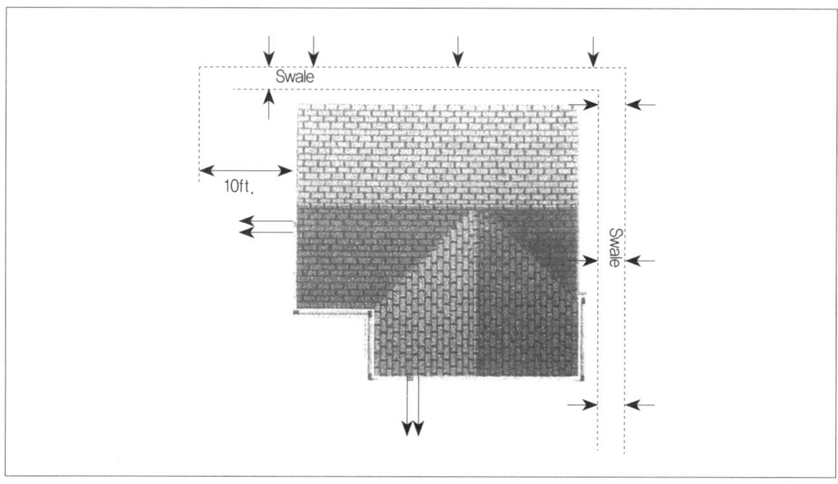

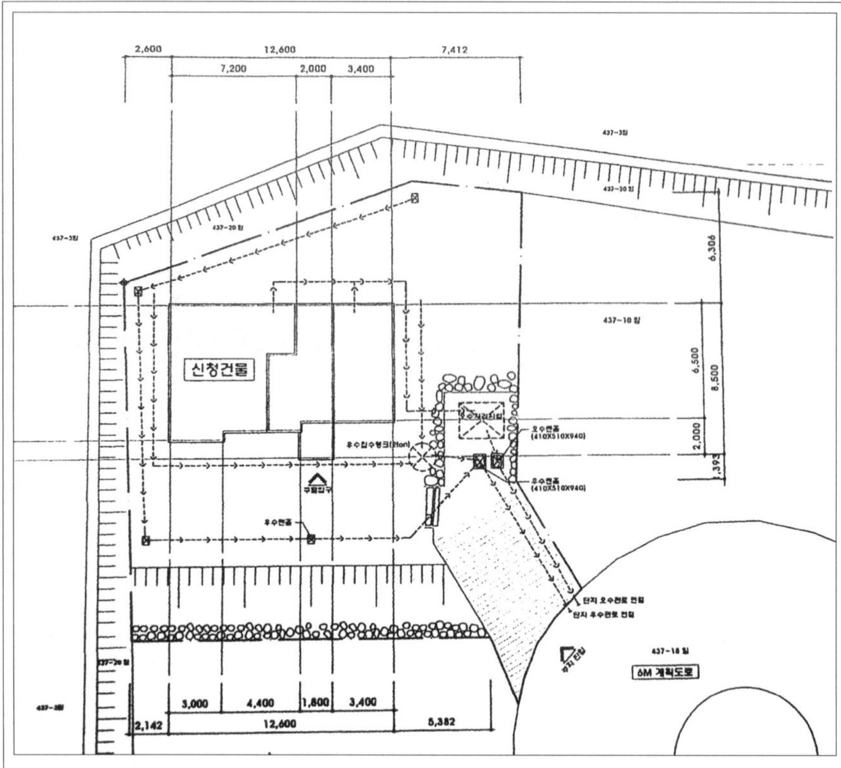

- 지하우수집수탱크(FRP 탱크 2ton+수중펌프): 오버플로(Overflow) 설치 후 우수관 연결
- 지붕우수: 우수관 연결 후 지하우수집수탱크 연결
- ⊠ : 우수맨홀
- 대지경계선 법면 부근 우수맨홀 4개소: 우수관 연결
- 외부수전 2개소(평면도 참조): 겨울철 동파방지를 위해 외부 수전의 잠금밸브를 실내에 설치
- patio 콘크리트 개수대 외부 드레인: 우수관 연결(평면도)
- 옥외설비: 건물에서 도로경계선까지 오수, 우수, 급수, 전기통식 연결(지중화)
  최종 옥외설비의 종류, 위치 및 개수 등은 현장 감독관과의 협의 하에 결정

② 우수관

▪ PVC, 또는 PE관을 사용하며 최소 100mm관을 사용한다.

▪ 지하 매설은 300mm 아래로 한다.

▪ 배관의 지지는 철물이나 돌 등 견고한 것으로 하지 않는다.

▪ 되메우기는 배관 아래로 모래를 채우고, 돌이나 오물이 섞이지 않은 깨끗한 흙으로 한다.

- 물흐름을 위한 최소 경사도(12인치당 1/4인치, 또는 2%)를 유지한다.

- 맨홀과 시작되는 끝부분에 청소구(Clean Out)를 시공한다.

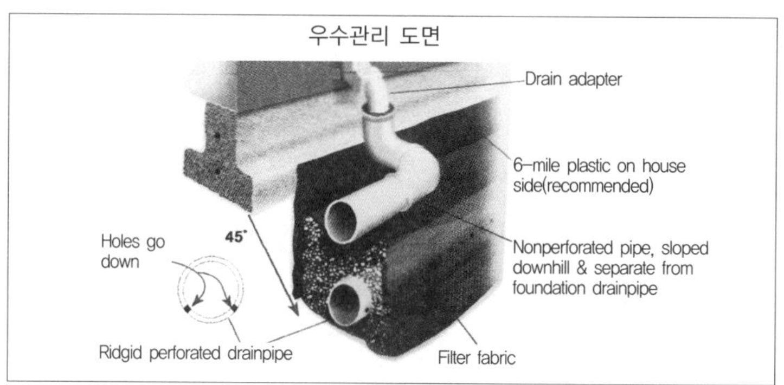

(2) 기초 배수

건물 주위로 스며들거나 건물 아래에 생성될 수 있는 물을 건물 밖으로 흘려보내는 데 필요하다.

① 100mm 이상의 잡석다짐층을 형성하여 건물 하부의 배수층을 확보한다.

② 기초판 하부 외측으로 45도 위치에 100mm 이상의 기초 배수관을 매설한다.

③ 기초배수관은 관 중심하부 양각 45도 위치에 1/2 길이 방향으로 천공된 전용관이나 나선형으로 천공된 관을 사용한다.

④ 재질은 PVC, 또는 PE관을 사용한다.

⑤ 되메우기 시에 부직포로 보호하여 관내에 토사가 흘러들지 않도록 한다.

⑥ 되메우기는 잡석 배수층 300mm 이상으로 하고 깨끗한 흙으로 한다.

⑦ 기초와 기초판에 방수 및 발수 처리하고, 차수막, 또는 전용 물 흐름막을 시공한 후 보호재(EPS)로 보호한 뒤 되메우기한다.

⑧ 기초 배수 유출은 우수관이나 경사지를 이용하여 대지 밖으로 유도한다.

⑨ 크롤스페이스나 지하 시공 시에는 외부에 집수정을 두어 수중 자동펌프를 이용하여 배출한다.

⑩ 관내의 청소를 위해 두 곳 이상의 청소구를 시공한다.

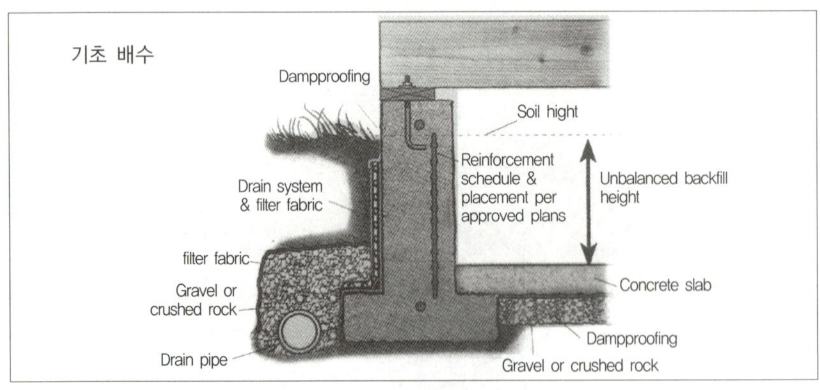

2. 위생설비

위생설비는 하수(생활하수·싱크, 세면대, 샤워 등)와 오수(화장실 변기)로 구분되는데 도시나 단지에서는 관로를 통해 하수 처리 시설로 모아서 처리하므로 대지 내의 배출 처리만 해주면 되지만, 개인 주택의 경우 정화조를 설치해야 한다. 용량은 5인용부터 시작하고 필요한 용량에 따라서 선택하면 된다. 정화조는 오수와 하수가 분리되어 하수 처리 후 합쳐지는 분리처리 방식과 오수와 하수가 함께 유입되어 처리되는 합병처리 방식으로 나뉜다. 처리할 때 발생하는 냄새와 가스를 배출하기 위한 벤트 처리가 필수이다. 공기보다 무거운 가스와 냄새의 특성상 환기구를 높이 해서 대기 중에 확산시켜 처리해야 하는데, 더구나 정화조 근처에 시공하는 벤트는 미관상 높이 시공하지 않으므로 특히 냄새에서 벗어날 수 없다. 때문에 개인 주택에서 신경 써서 시공해야 하는 첫 번째 과제이다.

정화조의 벤트는 벤트 파이프를 유도하여 될 수 있으면 주택의 입구와 정원으로부터 멀리하고 지붕 처마선보다 위로 해서 대기 중에 확산 처리하는 것이 바람직하다. 정화조의 시공은 건물 준공 처리 요건에 해당하는 시공이므로 시공 중에 기초, 상부 보강, 벤트 시공 등 공정별로 사진을 찍어 정화조 준공을 받을 수 있도록 준비한다. 시공 중 되메우기 전에 물을 가득 채워 되메우기 중 떠오르거나 토압에 찌그러지는 것을 방지한다.

※ 정화조 시설기준 표

주택 시설 관계	단독주택	n=5+(A-100/30)	n: 인원, A: 전체면적(m^2) 단, 1호에 대하여 A가 100 이하인 때는 5인으로 하고 220을 넘을 때는 10인으로 한다
	공동주택(7)	n=3.5+(R-2)×0.5	n: 인원, A: 전체면적(m^2) 단, 1호가 1거실로 구성되어 있을 때에는 2인으로 할 수 있다
	다중주택(8), 기숙사	n=0.14A	n: 인원, A: 전체면적(m^2) 단, 기숙사의 경우 고정침대 등으로 정원이 명확한 것은 유사 용도별 번호2의 학교기숙사에 따른다
	학교기숙사	n=P	n: 인원 P: 정원

(1) 분리 처리 정화조

초기 처리 방식으로 오수와 하수를 분리 유입시켜 오수를 저장하여 자연 상태로 부패 처리한 후 침전물과 분리된 하수만 배출시키고, 침전물은 주기적으로 청소 처리해 주는 방식이다.

유입 → 1부패조 → 2부패조 → 침전조 → 유출의 3단계 처리 과정을 거친다.

재질은 FRP, PE로 만들어진다.

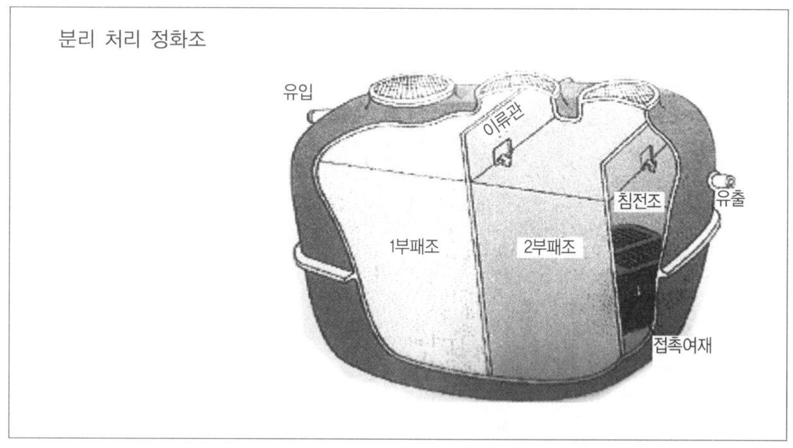

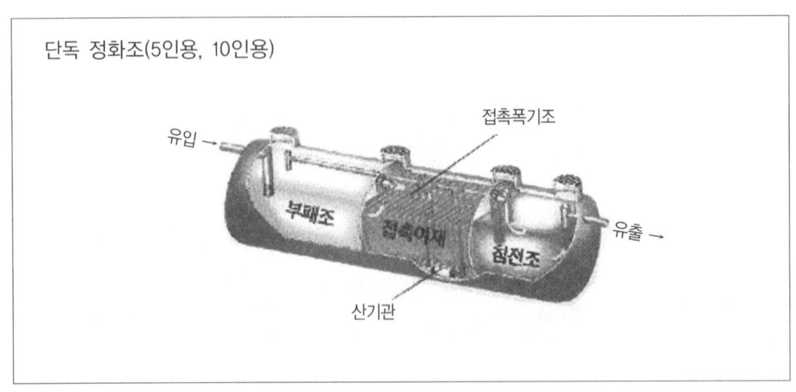

(2) 합병 처리 정화조

오수와 하수를 함께 유입시켜 처리하는 방식으로 개인이 운영하는 소형 하수처리
장이 된다. 약품 처리와 폭기를 위한 공기유입시설과 벤트를 위한 전기시설이 필요하
며, 시설 유지비가 든다. 매년 시설 유지 검사를 받아야 하므로 건축주에게 반드시 시
설유지 관리 및 정기 검사에 관해 설명해주어야 한다. 시설 유지에 들어가는 비용보다
과태료가 많다.

유입 → 폭기 1 → 폭기 2 → 분리 → 침전 → 여과 → 유출의 단계를 거친다.

재질은 FRP, PE로 만들어지며 용량이 큰 경우 콘크리트 구조물로 만들기도 한다.

합병 처리 정화조 사진

3. 지하 매설

건물 내부에서 외부로 유도해야 하는 배관의 특성상 피할 수는 없겠지만, 될 수 있으면 콘크리트 기초 아래를 통과하는 길이를 최소화해서 건물 외부로 유도하여 처리하도록 한다. 특히 배관의 유지 보수 관리가 가능한 크롤스페이스 시공을 제외한 모든 기초 방식은 반드시 지켜야 한다.

(1) 시공방법

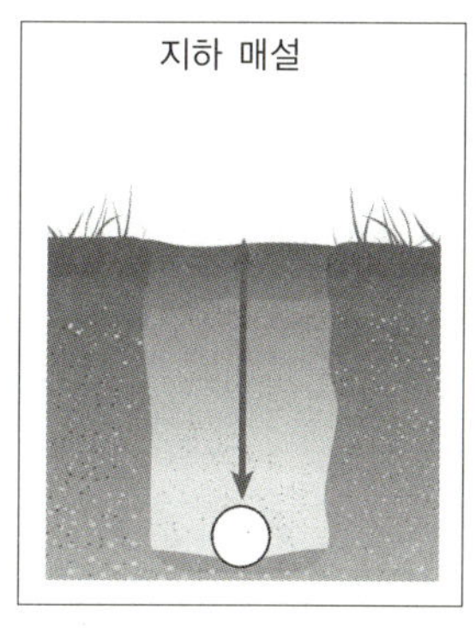

① 파이프 전체가 견고히 지지가 되도록 한다.

② 돌로 고이거나 파이프끼리 접촉되지 않도록 한다.

③ 되메우기할 때에는 지표면 아래 300mm 이하로 한다.

④ 1차 모래로 파이프 상부까지 하고, 300mm 이내에는 돌이나 쓰레기로 메우지 않는다.

⑤ 전기나 가스 배관은 함께 매설하지 않는다.

⑥ 기초판 밑으로 시공하지 않는다.

⑦ 콘크리트에 매설되는 파이프는 보호 커버로 감싸거나 파이프 통과 통로를 만들어 주어 콘크리트와 직접 접촉을 피한다.

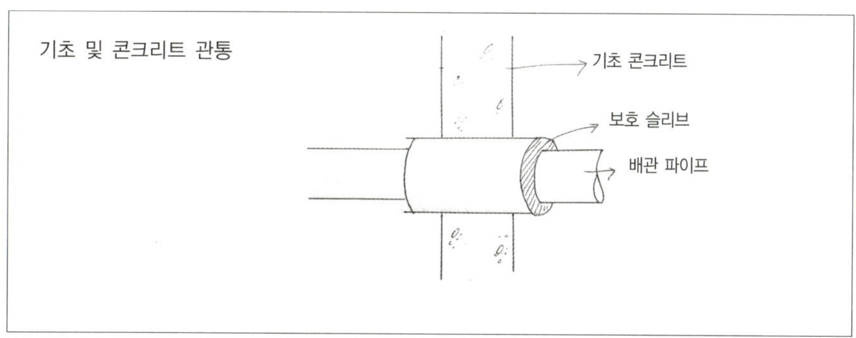

4. 배관

재질은 ABS, PVC, 주물 파이프로 가능하지만, 국내 실정은 PVC를 주로 사용한다.

(1) 부품, 배관

　① 부품

- 오수 메인 지름 100mm

- 하수 지름 50mm

- 웨트 벤트(Wet vent) 지름 75mm

- 드라이 벤트(Dry vent) 지름 50mm

- 파이프

- 티

: 직각티

: 유틸리티, 새니터리(설비)티

- Y

: Y티

: 45° Y

- 엘보

: 22.5° 엘보

: 45° 엘보

: 90° 엘보

: 롱턴 엘보

- 피 트랩

- 청소구

- 연결 소켓, 슬리브

　② 배관

- 천장이나 바닥의 플레이트를 통과하는 경우 기밀시공하여 화염의 통과를 막

아준다.

- 구조재의 표면으로부터 32mm 이내를 통과하는 경우 철제 보호판으로 보호한다.

- 연결은 플레이트 상하 50mm 이상 되는 곳에서 한다.

- 고정은 파이프와 같은 재질의 행거나 고정 스트랩을 사용한다.

- 처지고 뒤틀리거나 휘어지지 않도록 지지해서 고정한다.

- 수축과 팽창의 여유를 둔다.

- 오수와 우수, 하수를 분리 시공한다.

(2) 방향 전환

① 최소 300mm당 6mm의 경사를 주어 시공한다.

② 수직에서 수평, 또는 수평에서 수평의 경우 Y를 사용하거나 45도 Y를 사용한다.

③ 수평에서 수직으로 방향을 전환할 때 위생 설비용 T도 가능하다.

④ 직각 방향 전환의 경우 45도 엘보 2개를 사용하거나 롱턴 엘보를 사용한다.

⑤ 길이가 450mm 이하인 변기 배관을 제외하고 위생 설비용 T의 중복 사용이 가능하다.

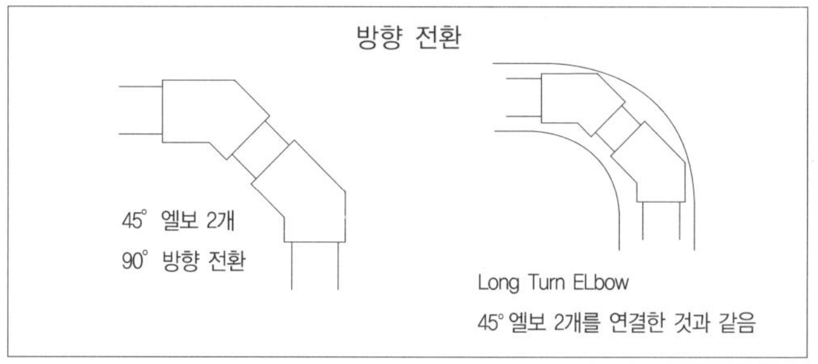

(3) 오수관이나 맨홀보다 아래에 위치하는 설비

① 오수관이나 하수관 아래에 시공하는 배관은 집수정의 설치가 필요하고, 상향 배수관에는 역류 방지 밸브를 시공한다.

② 역류 방지 밸브는 유지 관리가 가능하도록 노출 시공한다.

③ 청소구는 역류 방지 밸브에 표시한다.

④ 배출구는 오수관 상부 (크라운) 밑으로 시공한다.

⑤ 집수정 배수는 중력 배수관 위로 올린다.

⑥ 수평 배수관에는 Y로 연결한다.

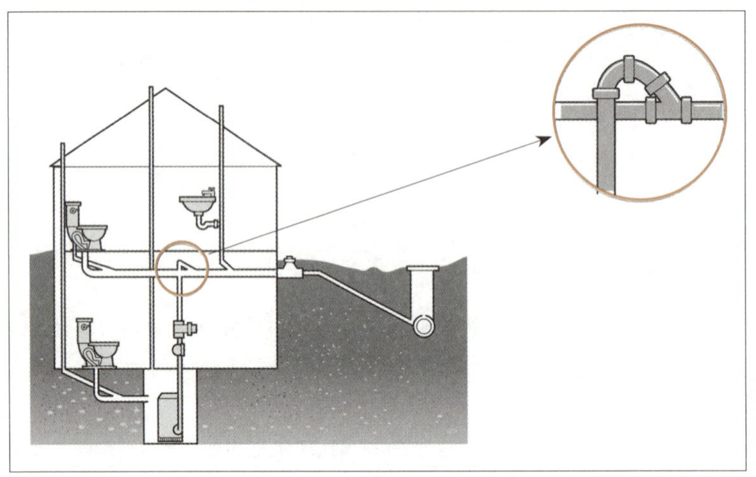

(4) 청소구

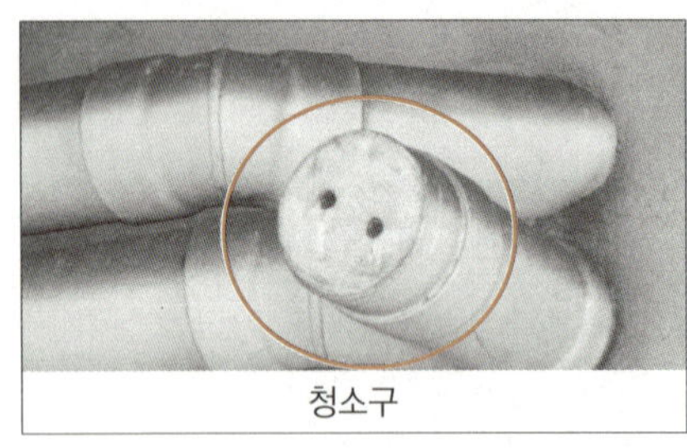

청소구

① 건물의 배수, 오수관의 연결구에 시공한다.

② 수평배관은 45도(135도) 이상으로 방향 전환한다.

③ 오수와 하수의 주 배관에 시공한다.

④ 싱크 배관을 제외하고 1.5m 이내, 수직 배관으로부터 72도 이하의 수평 배관, 1층 위의 배관에는 시공하지 않아도 된다.

⑤ 배관의 시작 부위와 90도 방향 전환 장소에는 반드시 시공한다.

⑥ 청소구는 유지 관리를 위한 통로가 확보되어야 한다.

⑦ 통로 확보가 불가능한 경우 바닥 위로 올리거나 건물 밖에 설치한다.

⑧ 배수관과 같은 규격을 사용한다.

(5) 트랩과 벤트

① 트랩은 배수관과 같은 규격으로 한다.

② 트랩의 수밀은 최소 50mm, 최대 100mm로 한다.

③ 변기를 제외한 벤트의 열림은 트랩의 위로 위치하게 한다.

④ 트랩의 턱으로부터 벤트의 최소 거리는 배수관경의 2배로 한다.

⑤ 트랩은 수직으로 설치한다.

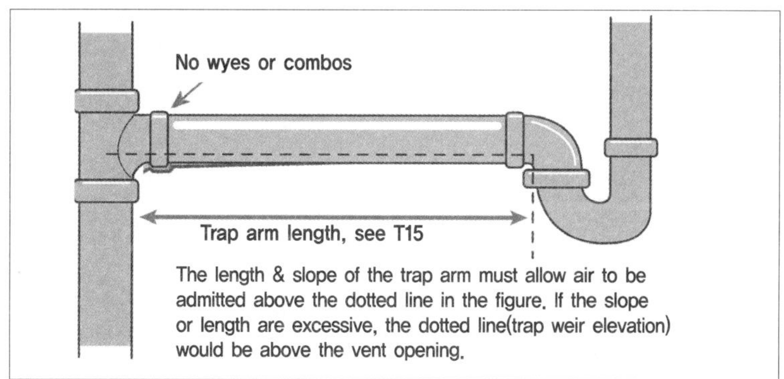

⑥ 벤트는 배수관의 수평으로 최대 600mm, 세탁기는 900mm까지 설치할 수 있다.

⑦ 모든 벤트는 배수관 쪽으로 경사를 둔다.

⑧ 수평 벤트는 설비보다 최소 150mm 위에 시공한다.

⑨ 수평 배수관 중심과 같은 선상에 벤트 시공을 하지 않는다.

⑩ 최소 1개의 벤트를 옥외로 시공한다.

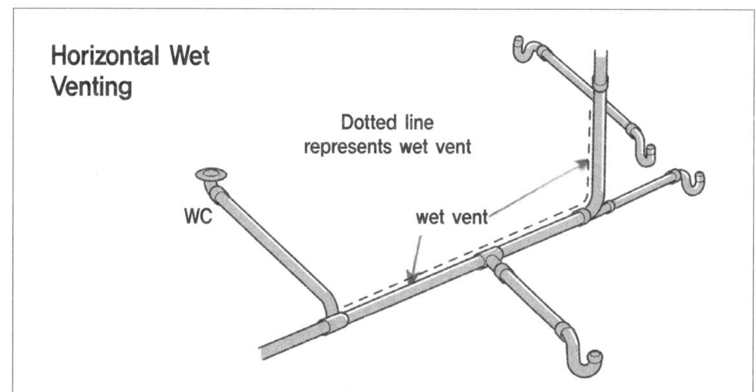

⑪ 지붕 위로 최소 150mm 이상, 건물 개구부로부터 수평 3,000mm, 상부 600mm, 하부 1,200mm 띄워 시공한다.

⑫ 눈이나 안개가 많은 지역은 지름 75mm 이상을 사용한다.

⑬ 적설량보다 최소 150mm 이상 시공한다.

⑭ 벤트관을 키울 경우 지붕 밑 300mm 이상의 위치에서 한다.

⑮ 지붕 벤트의 경우 파이프 내부에 생성되는 결로의 흐름이 고이거나 후드(Hood) 나 화장실 팬(Fan)의 배관(Duct)으로 흘러들지 않도록 한다.

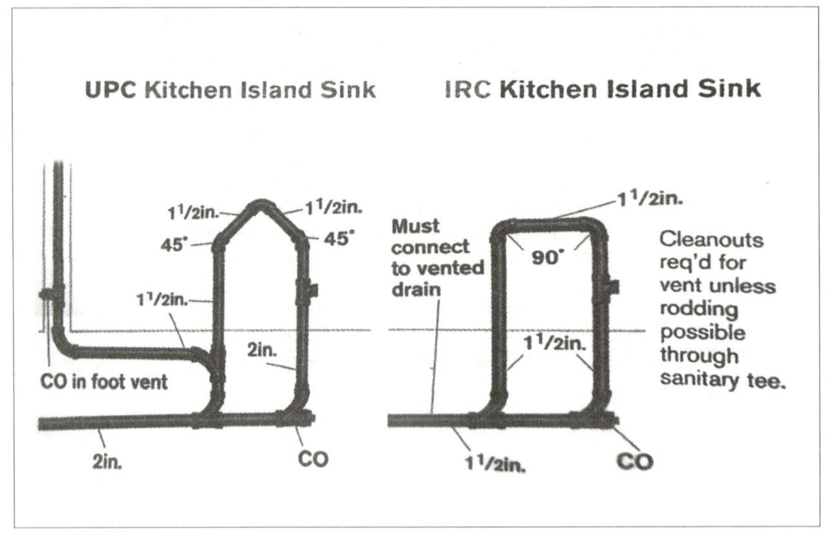

5. 상수 공급과 분배

(1) 시공 방법

① 상수 공급은 최소 20mm로 하고, 화장실이 3개인 경우 25mm로 한다.

② 구조에서 32mm 이내를 통과하게 될 때에는 철제 보호판으로 보호한다.

③ 아래위 플레이트에서 50mm 이상 띄워 연결한다.

④ 냉온수의 분배는 분배기를 사용하여 분배하며, 지선은 12mm를 사용한다.

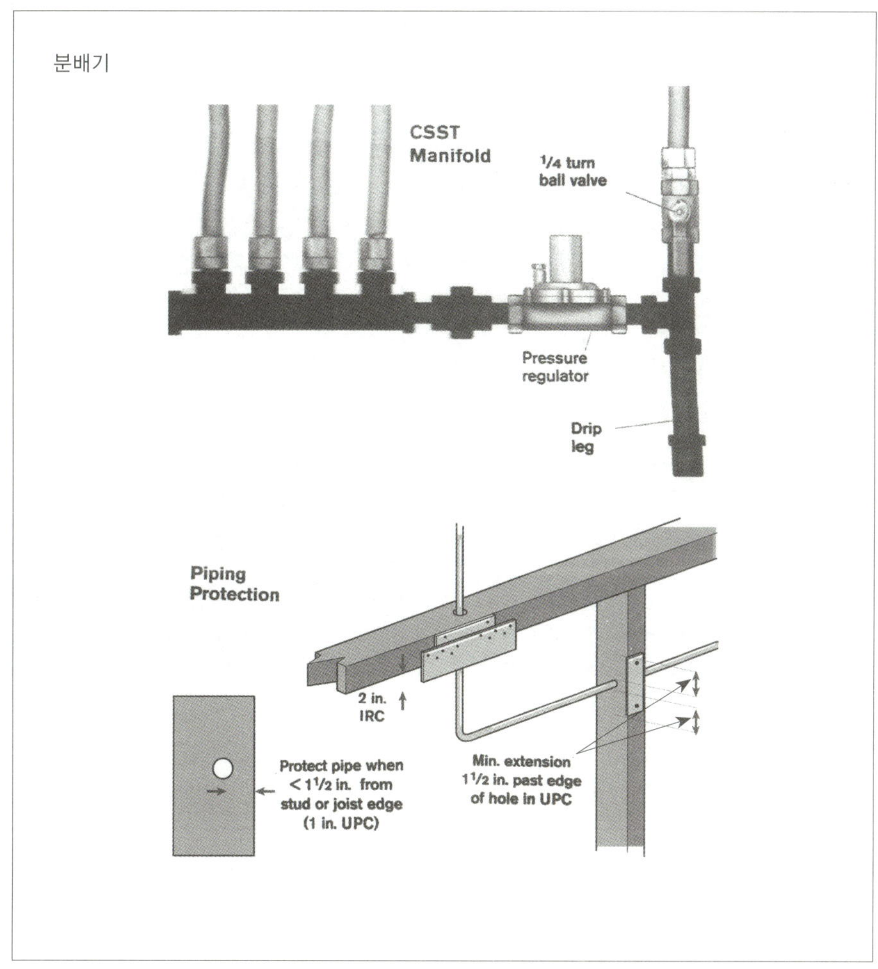

⑤ 냉온수 모두 보온하여 보온과 결로를 방지한다.

⑥ 이중 배관의 경우 관내에서 발생할 수 있는 결로수가 배출되기 쉽게 시공한다.

⑦ 메인을 포함한 관로의 모든 밸브는 유지 관리가 가능한 장소에 노출 시공한다.

6. 환기(Ventilation)

벤트는 공급과 배출 용량의 비율을 맞추어야 하며, 배출보다 공급이 많도록 하고, 벤트 통로의 공기 흐름에 저해 요인이 발생하지 않도록 시공한다.

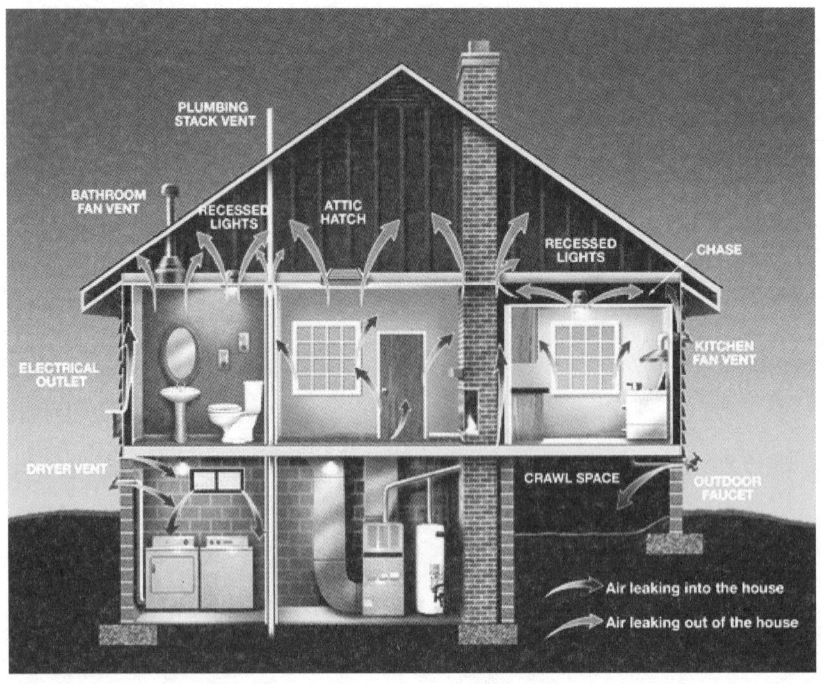

(1) 지붕 벤트(Roof Vent)

지붕 벤트는 벤트가 필요한 면적(웜 루프(Warm Roof): 지붕 면적의 1/300, 콜드 루프(Cold Roof): 바닥 면적의 1/150)에 따라 시공하며, 단열재의 방습지는 겨울철 난방이 되는 쪽에 시공한다.

① 용마루 벤트(Ridge Vent)

용마루(Ridge) 부위에 시공하는 지붕 벤트의 배출구로 최소 25mm 이상의 공간(밸리(Valley)나 힙(Hip) 벤트가 합쳐지는 부위는 용량에 맞추어)을 확보한다.

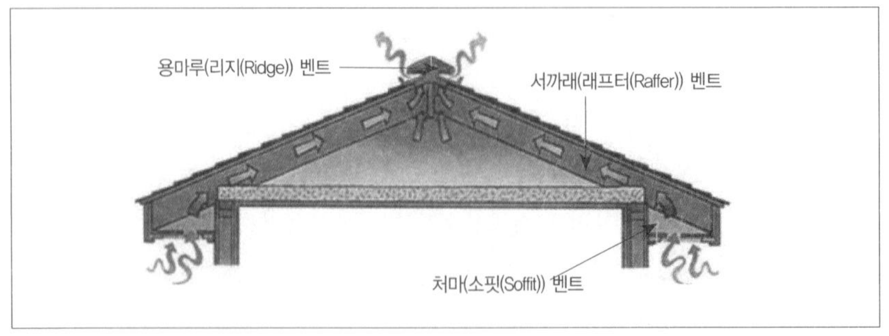

② 지붕 벤트(Roof vent)

다락을 시공하지 않는 지붕과 천장 사이 공간의 벤트를 위해 시공하며, 자연 환기형과 블로워가 부착된 형태로 나뉜다. 시공 시에 전용 후레싱을 사용하여 우수의 흐름을 유도할 수 있도록 한다.

③ 서까래 벤트(Rafter Vent)

서까래와 서까래 사이에 시공하며 지붕 단열재와 지붕 합판의 유효 간격을 확보하는 데 사용한다. 힙(Hip)과 밸리(Valley) 공간에서는 용마루 벤트(Ridge Vent)와 연결할 수 있는 소통 공간을 반드시 확보한다.

④ 처마 벤트(Soffit Vent)

처마 하부에 시공하며, 탑 플레이트의 용량에 맞는 통로 확보가 필요하다. 측면의 박공에는 시공하지 않는다.

⑤ 이브 벤트(Eve Vent)

개방형 처마로 서까래가 드러나는 시공 시에 설치하며 서까래 각 베이의 용량에 맞춰 시공한다.

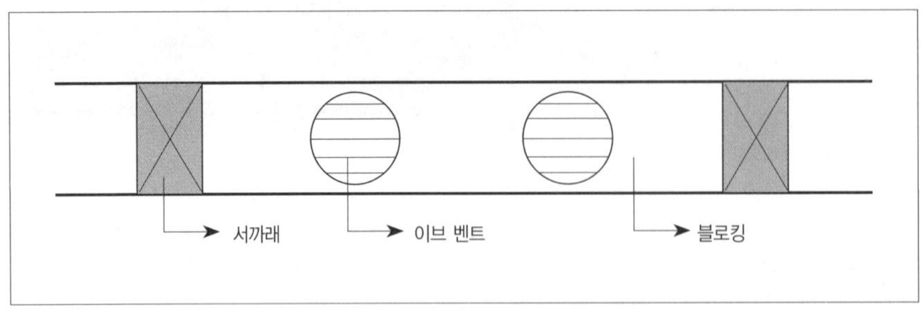

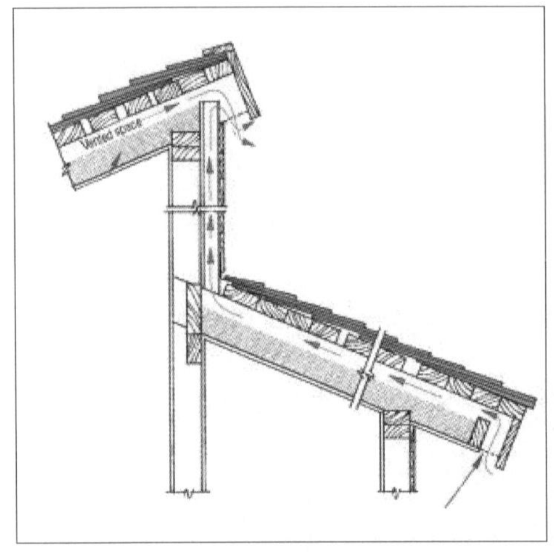

⑥ 월 벤트(Wall Vent)

지붕, 루프 데크(Roof Deck), 테라스와 벽이 만나는 장소의 벤트를 위해 시공하며 서까래와 장선 사이의 용량에 맞춘다.

⑦ 스텍 벤트(Stack Vent)

배관의 벤트, 또는 지붕으로 배출하는 지붕 벤트에 시공한다. 전용 후레싱을 사용하며 50mm, 75mm, 100mm를 사용한다.

⑧ 박공 벤트(Gable Vent)

지붕에 단열재가 시공되지 않는 콜드 루프(Cold Roof)에 시공하며, 지붕경사도 4:12 이하에는 시공하지 않는다. 벤트 용량의 50~80%를 처리하는 용량으로 이브나 소핏 벤트보다 900mm 이상인 위치에 시공하는 경우 1/300의 용량으로 해도 된다.

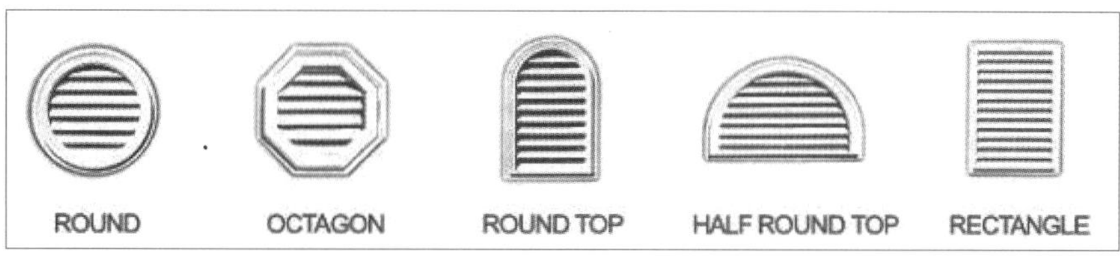

⑨ 파운데이션 벤트(Foundation Vent)(Crawel Space)

크롤스페이스 등 1층 아래에 공간을 두게 되는 경우에 시공하며 벤트 용량은 바닥 면적의 1/150로 한다. 각 모서리의 900mm 이내에는 반드시 벤트를 시공하며 크로스 벤트를 위한 벤트의 위치에 배치하여 시공한다.

⑩ 후드, 팬 벤트(Hood/Fan(Blower) Vent)

주방, 화장실, 다용도실, 보일러실, 지하 공간 등 강제 배기가 필요한 장소에 시공하며 역풍 방지를 위한 댐퍼 설치 및 배출관에 발생하는 결로가 외부로 흐르도록 경사를 두거나 필요한 처리를 한다. 배출 용량에 비례를 맞춘 공급을 반드시 고려해야 한다.

7. 난방, 환기, 내부 순환

(1) 난방

난방은 서구식 열풍 난방, 온수나 필름을 이용한 바닥 난방, 아궁이를 시공하는 온돌 난방, 벽난로나 페치카를 이용하는 축열 난방 등 선택의 종류가 다양하다. 열원도 유류, 가스, 전기, 화목을 이용할 수 있고, 단순 난방뿐 아니라 내부의 환기와 순환을 고려해 고온 다습해서 발생하는 결로 방지와 연계하여 시공해야 한다.

① 열풍 난방

② 온수 온돌 난방

③ 필름 난방

④ 구들 난방, 온수 온돌 복합 난방

⑤ 축열 난방

(2) 환기, 내부 순환

내부의 습기를 포함한 실내공기가 머무르지 않도록 하고, 적절한 실내 온도의 유지 및 쾌적한 환경을 조성하기 위하여 반드시 고려해야 할 부분이다.

① 열 회수 환기 설비

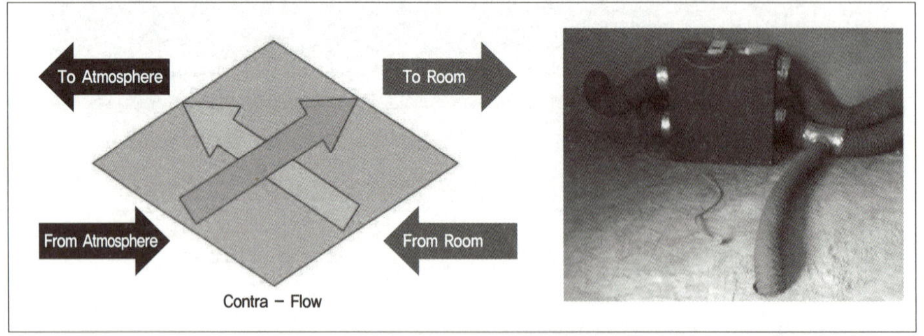

② 자연 환기 순환

내부의 상부 공간에 모이는 공기쿠션 경계 하부에 대류 순환 통로를 만들어 중력을 이용한 대류 순환의 고리를 만들어 주는 방법, 난방용 온수 분배기를 이용하는 방법, 온수 분배기에 라디에이터를 설치하는 방법, 아궁이 위에 열 공급 상자를 만들어 주는 방법, 벽난로나 페치카를 이용하는 방법 등이 연구해야 할 과제이다.

이미 시공하여 효과를 보고 있는 두 가지 방법은 다음과 같다.

다락방 닥트 순환 경로

위 그림은 다용도실의 닥트 흡입구이다. 사진을 찍었을 때는 다락방보다 아래쪽 공기가 따뜻해서 닥트 안으로 담배 연기가 빨려 들어가고 있는 모습이다.

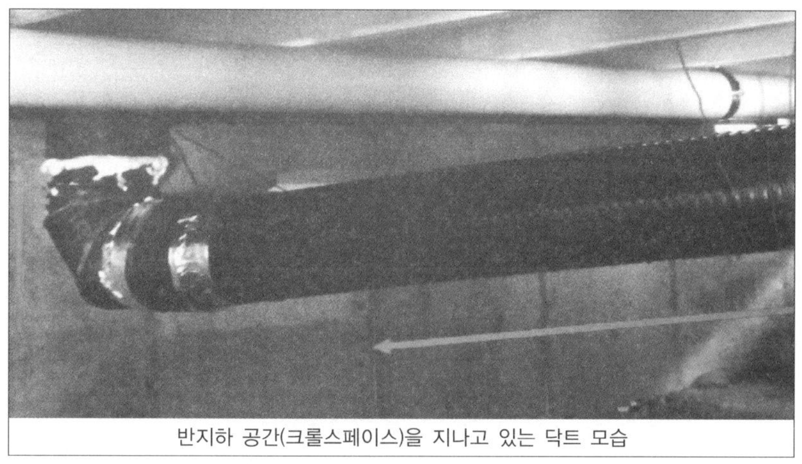

반지하 공간(크롤스페이스)을 지나고 있는 닥트 모습

여름에는 습도 조절이 목적이고 겨울에는 다락방에 따뜻한 공기를 순환시키기 위한 집안 내부의 환기 목적이다. 닥트는 200㎜ 주름관으로 만들었고, 공기 순환을 촉진하기 위해 다용도실의 분배기함 밑으로 닥트가 지나가도록 했다.

③ 난방 순환

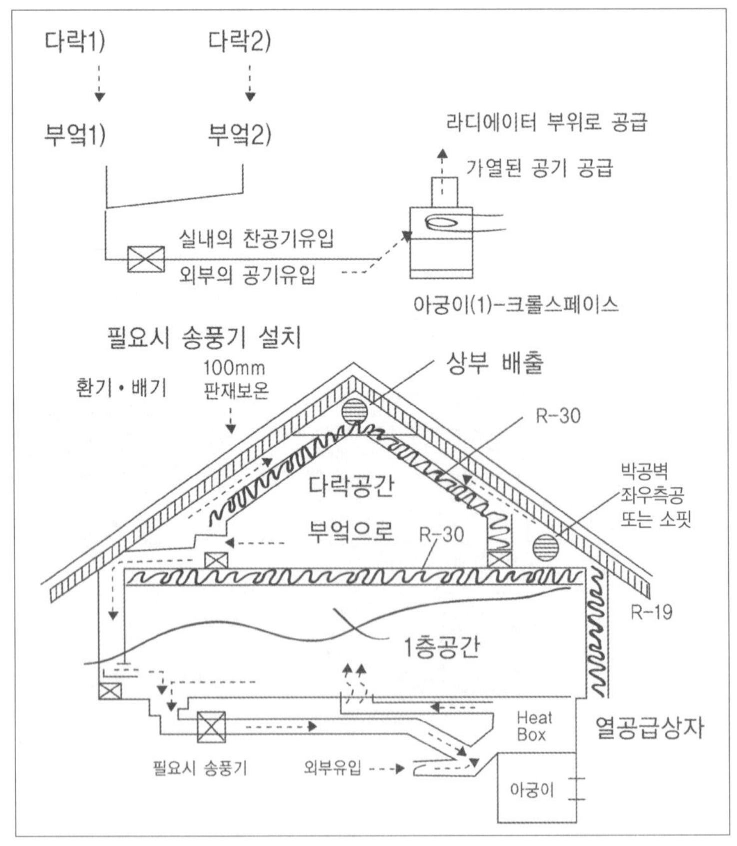

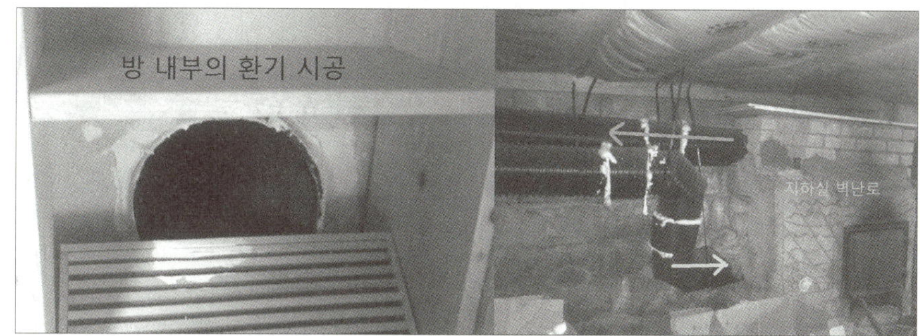

8. 화장실 방수, 다용도실 방수, 타일

방수의 개념은 '물과의 싸움'이 아니라 '물과의 동거'라고 할 수 있다. 싸우기보다는 물의 속성을 이용해 물의 흐름과 끊기로 적절히 관리할 필요가 있다.

특히, 화학적 방수액을 사용하는데 있어서는 적정 유효 기간이 있다. 유효 기간이 지나면 재시공을 하든지 보완 시공이 필요하다는 뜻이다. 노출되어 언제라도 보수 및 재시공을 할 수 있는 곳이라면 문제가 없다. 하지만 화장실이나 다용도실의 바닥과 벽 등 타일 시공 전에 이루어지는 화학적인 방수는 언제라도 문제가 발생할 수 있고, 일단 방수 몰탈층이 깨지면 어쩔 수 없이 누수의 위험을 감수해야 할 것이다.

(1) 건식 화장실, 다용도실

청소나 유지관리, 쾌적함의 이유로 목조주택에 적용할 수 있는 가장 적합한 방식이지만, 그간 익숙해진 화장실 사용 습관을 바꾸기는 쉽지 않기에 적용률이 미비하다. 샤워실이나 욕조 부위를 제외하고는 카펫, 마루, 타일, 석재 등 모든 종류의 바닥재 시공이 가능하다.

벽은 특히 마감이 자유로워서 페인트, 벽지, 황

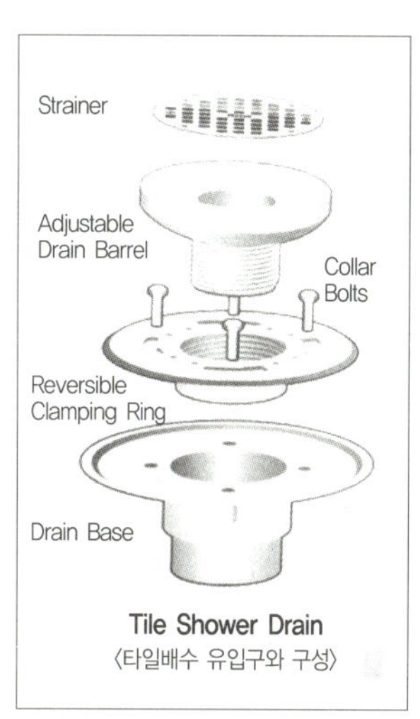

〈타일배수 유입구와 구성〉

토 미장, 타일, 석재, 목재 등 다양한 재료의 마감재를 사용할 수 있다. 무엇보다 목조주택의 2층에 위치하는 화장실인 경우 가장 적합한 방식이다. 이때 3단계의 물을 차단하는 과정이 필요하다.

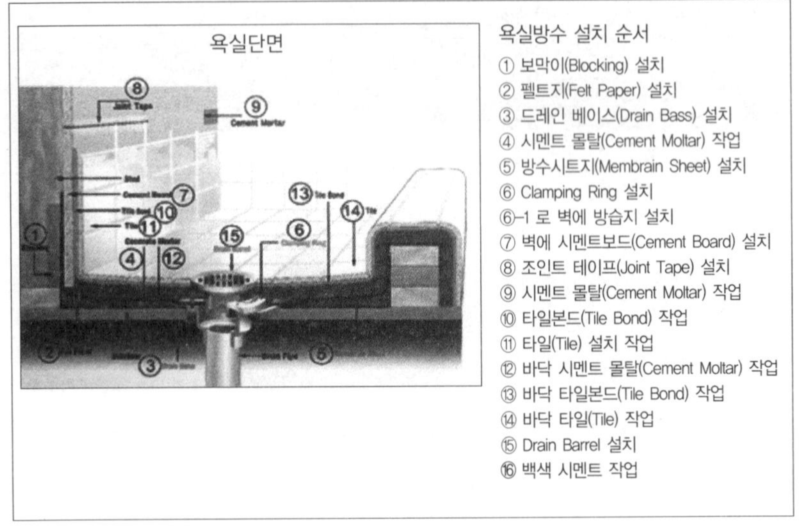

(2) 습식 화장실, 다용도실

국내의 모든 주거생활공간에 일반적으로 시공되는 방식이다. 유지 관리 보수가 매우 힘들고 방수층의 손상으로 인한 누수의 위험이 항상 있다. 하지만 시공 방식을 건식 화장실의 샤워실을 시공하는 방식으로 전환하면 방수에 큰 무리가 없다. 물을 차단하는 3단계의 과정은 건식 화장실과 같다. 벽과 바닥은 타일이나 석재로 마감할 수 있다.

(3) 타일, 욕조 시공

타일은 재질과 용도에 따르는 선택에서부터 물과 사용상의 안전에 관한 모든 것이 이미 시공 전에 결정된다.

① 재질

도기, 자기, 점토, 석재, 금속, 유리, 복합재료 타일 등 다양하게 보급되고 있으나 바닥과 벽체용 타일을 구분해서 사용하는 것이 중요하다.

② 형상과 용도

일반 타일, 내·외부 모서리 타일, 일면 마무리 타일, 이면 마무리 타일, 귀퉁이 타일, 벽과 바닥의 연결 타일 등 내·외부 끝단 마무리와 물의 흐름을 유도하는 용도에 맞춰 선택할 수 있다.

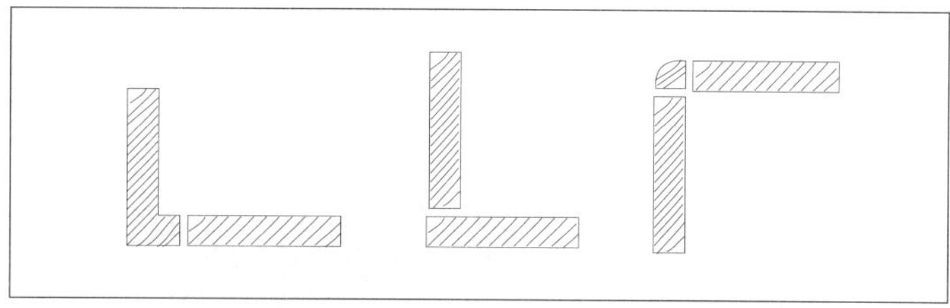

③ 시공

- 타일 시공은 콘크리트 면에 타일 시공 전용 시멘트 몰탈을 사용하여 균일한 두께로 압착 시공한다.

- 벽면에 시멘트 보드를 시공하여 타일 시공의 최적 환경을 만든다.

- 시멘트 보드 연결부는 반드시 테이핑하고, 시멘트 보드 시공 전 방수지를 시공한다.

- 벽체에 시공하는 방수지는 바닥용 라이너 위로 겹쳐 벽에서 흘러내리는 물이 욕실 안쪽으로 흐르도록 물 흐름을 유도한다.

- 욕실 바닥에는 목조주택 전용 배수구를 사용한다.

- 바닥용 라이너는 PVC 제품의 라이너를 사용한다.

- 바닥용 라이너는 벽체 위로 150mm 이상 올려 시공한다.

- 몰탈 도포 시 타일 시공용 전용 도구를 사용한다.

- 특히 띄우는 간격에 따른 각기 다른 형태와 크기, 두께를 구분해서 사용해야 쉽고 깔끔한 시공이 가능하다.

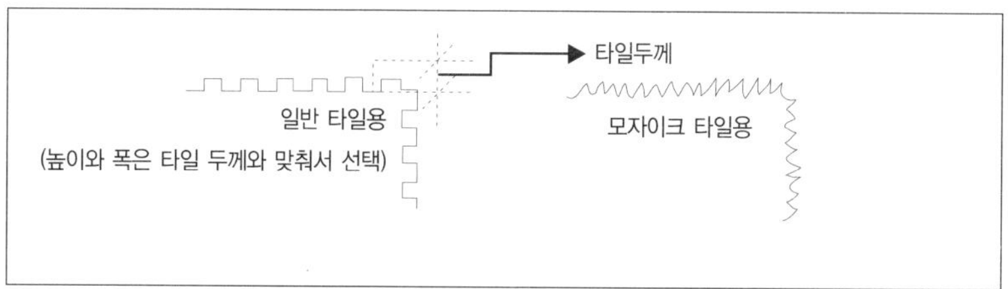

- 타일 간격은 두께와 크기에 따라 결정되며, 호칭과 실제 크기와의 차이가 이상적인 간격이다.
- 타일 간격 맞춤용 스페이서를 사용하면 편리하다.

④ 스페이서

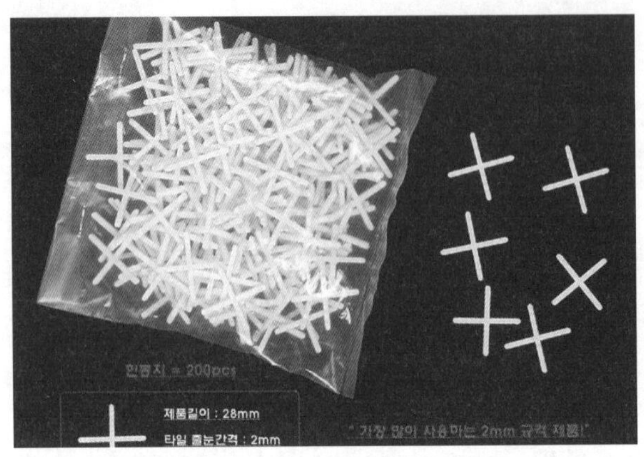

- 프리믹스 타일 접착제는 라텍스 계열의 수용성이므로 습기나 물과 접촉되는 장소, 바닥 타일 시공 용도로 사용하면 절대 안 된다.
- 타일 간격 줄눈 메꿈제는 좁은 간격용(Nonsanded: 모래가 섞이지 않은 것), 넓은 간격용(Sanded: 모래가 섞인 것)을 구분해서 사용하여 갈라짐을 방지하고 타일의 접착력을 강화한다.
- 색상과 종류는 타일의 종류와 색상에 따라 다양하게 선택할 수 있다.
- 줄눈은 단순하게 간격 메꿈이 아니라 못의 용도와 같이 쓰임을 알아야 한다.

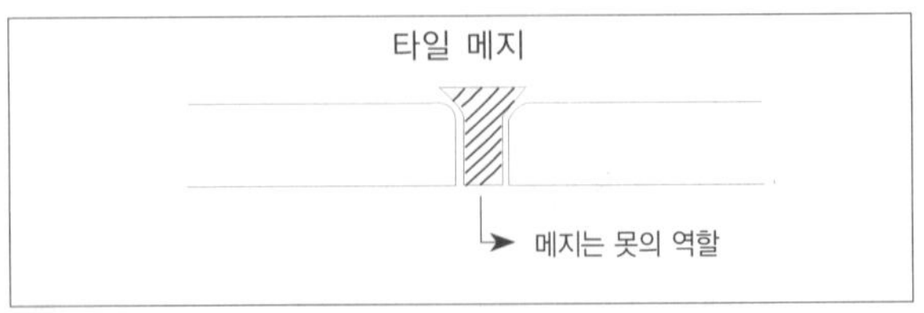

• 타일 접착용 몰탈은 물로 배합하지 말고 전용 방수액으로 하여 2차 방수층을 형성해 준다.

• 타일 줄눈 메꿈과 타일은 완전히 양생 후 발수제를 도포하여 1차 방수층을 만들어 준다.

• 욕조 시공은 벽체 구조재에 욕조 받침대를 시공하여 욕조의 변형에 따르는 타일과 욕조 사이에 발생하는 처짐과 갈라짐을 방지한다.

• 타일과 욕조 사이는 줄눈 메꿈제를 사용하지 말고 욕실 전용 코킹으로 처리한다. (벽체 및 바닥과 접하는 곳)

• 욕조가 벽체의 타일 밑으로 시공되는 경우 플랜지(Flange)가 달린 욕조를 설치하고, 벽체의 방수지를 욕조 안쪽으로 겹쳐주어 물의 흐름을 욕조 안으로 유도한다.

• 욕조 아래에 마른 몰탈로 받침을 만들어 수평 맞추기와 변형 및 유동을 방지한다.

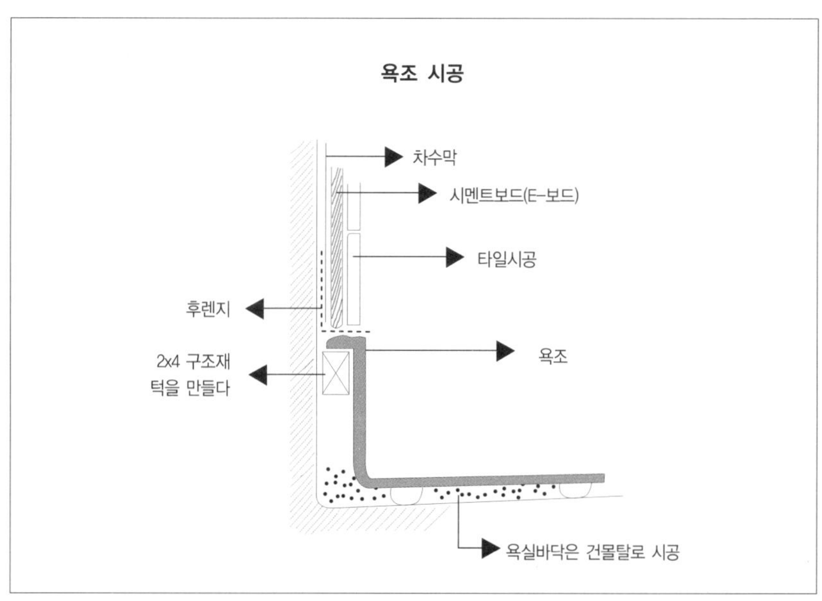

목조주택의 데크

목조주택의
데크

1. 기본 개요

목조주택의 특징을 가장 아름답고 간결하게 표현할 수 있는 것이 데크이다. 데크재로 사용되는 나무는 가압처리한 방부목이나 레드우드, 전나무, 삼나무와 같은 부후 저항성이 강한 수종이다. 데크는 사람들이 많이 모이는 장소에 설치되는 경향이 있어서 무거운 하중을 견딜 수 있도록 설계되어야 한다.

(1) 별도의 건축규정이 없는 경우 활하중 200kg/㎡, 사하중 25kg/㎡에 맞추어 기둥, 보, 장선 등의 간격에 맞게 시공한다.

(2) 데크의 윗면이 건물의 내부 바닥면보다 최소 25㎜ 아래에 위치해야 한다.

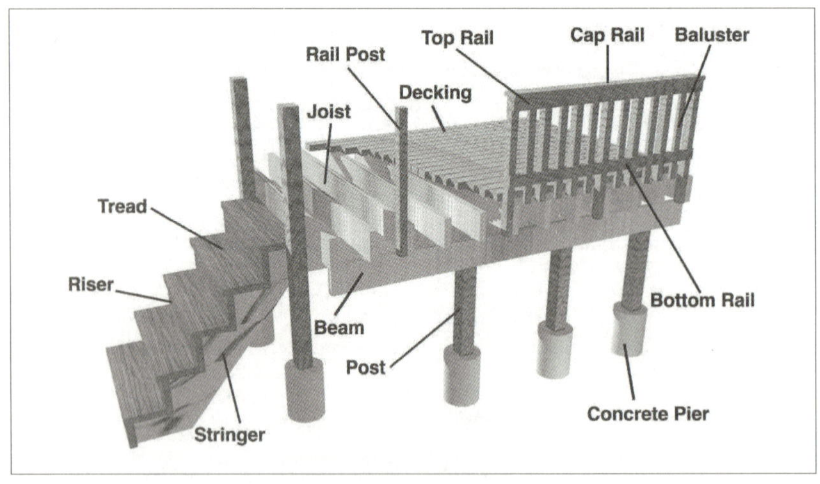

2. 철물

Structural Connector
Hardware Guide

MP-Series Adjustable
Angle Clip

Outer joist hanger

Outer joist connecting to header

Inner joist connecting to header
Joist Hanger (Left of Right)

AC-Series
Angle Clips

SKH-Series Skewed
Joist Hanger

Stringer to deck
Option 1

Stair Tread to Stringer
Option 2

TMU-Series Hanger

Inner joist connecting to beam

Rail post to
fascia connection

Post to footer
connection

Inner joist connects to header

RT-Series Rafter Ties

SDPT-Series
Deck Post Tie

PA-E Series
Post Anchor

JUS-Series
Joist Hangers

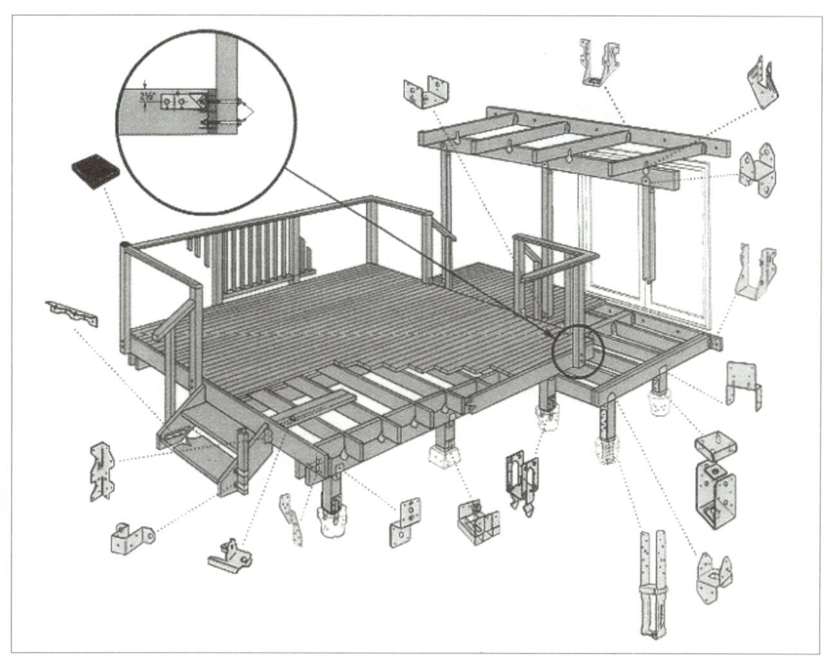

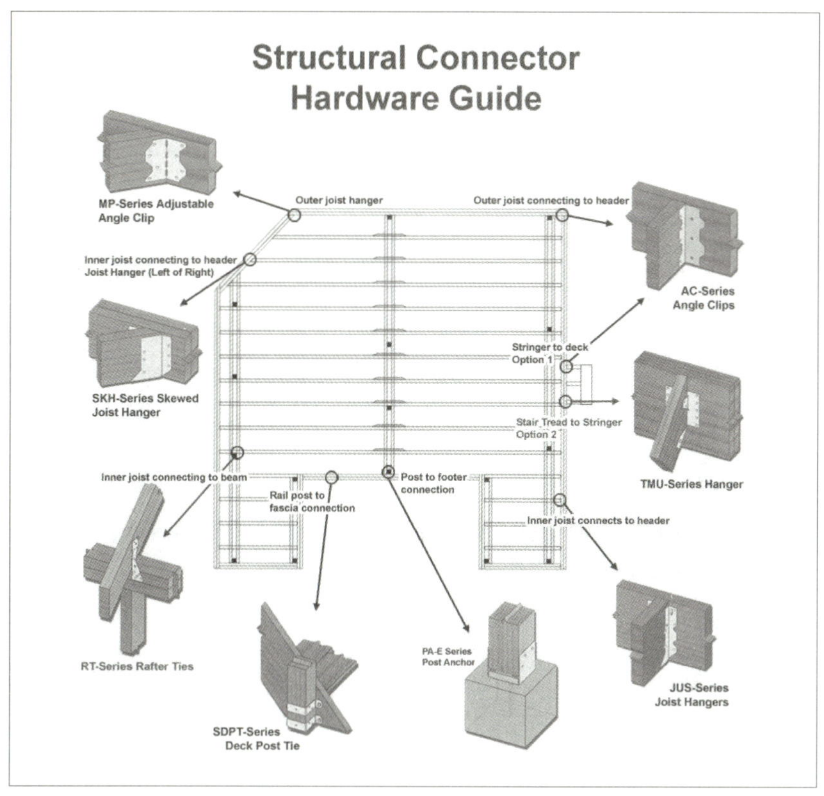

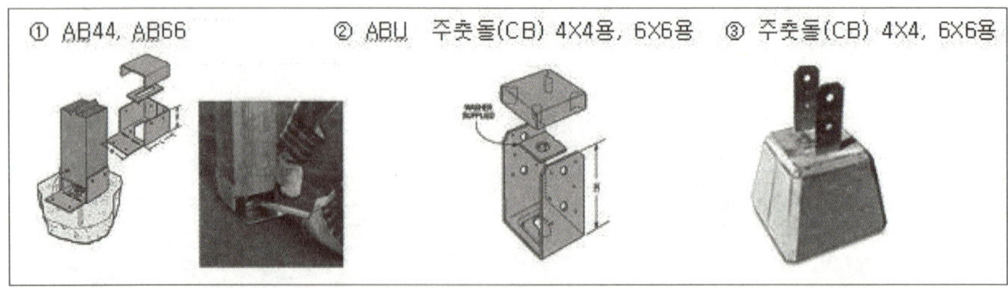

3. 기둥

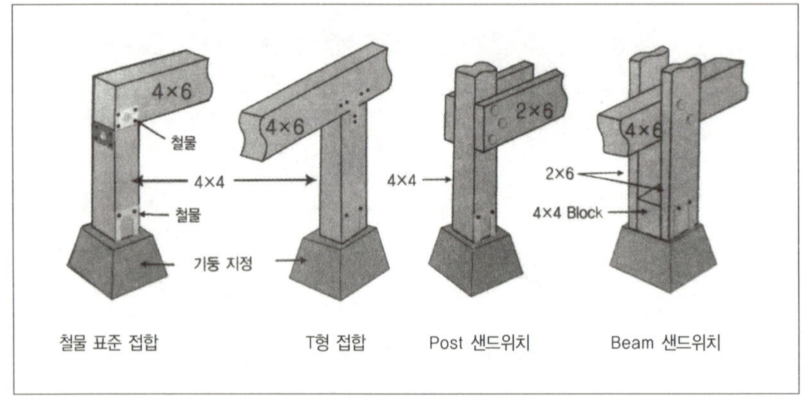

4. 기둥과 장선 연결

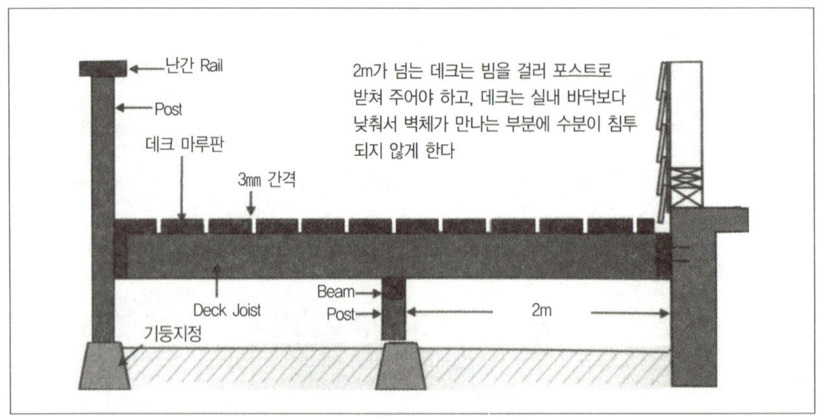

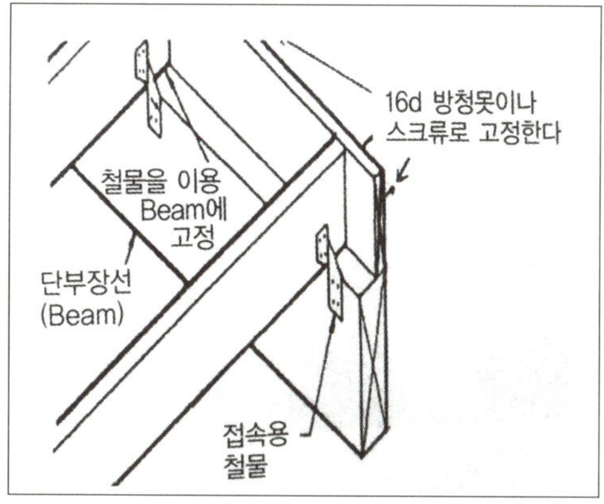

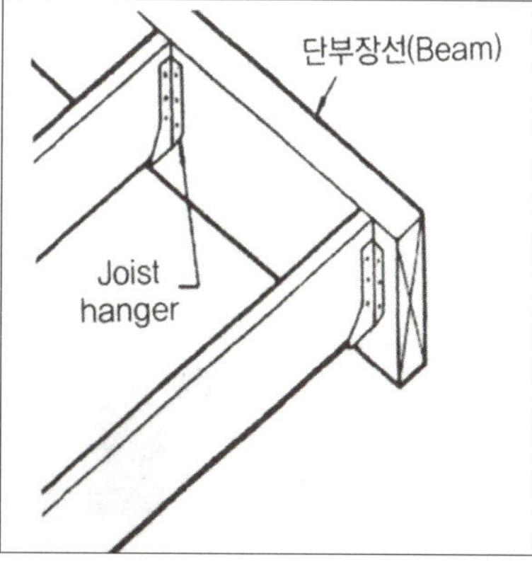

5. 데크 장선

데크 장선은 데크의 끝면에 붙는 림 조이스트(Rim Joist)와 데크 장선 두 가지가 있다.

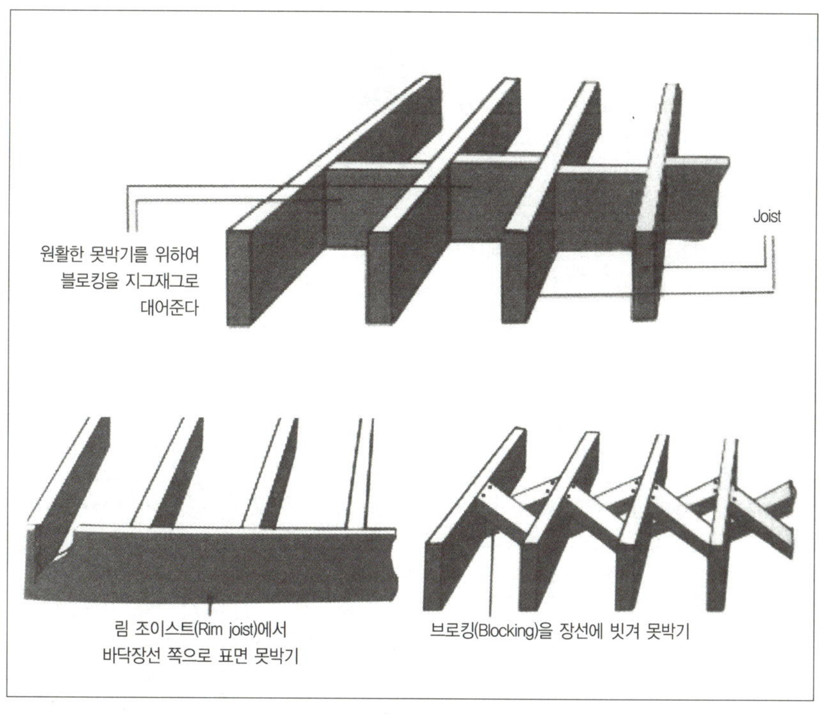

6. 데크 상판

데크 상판 시공예시

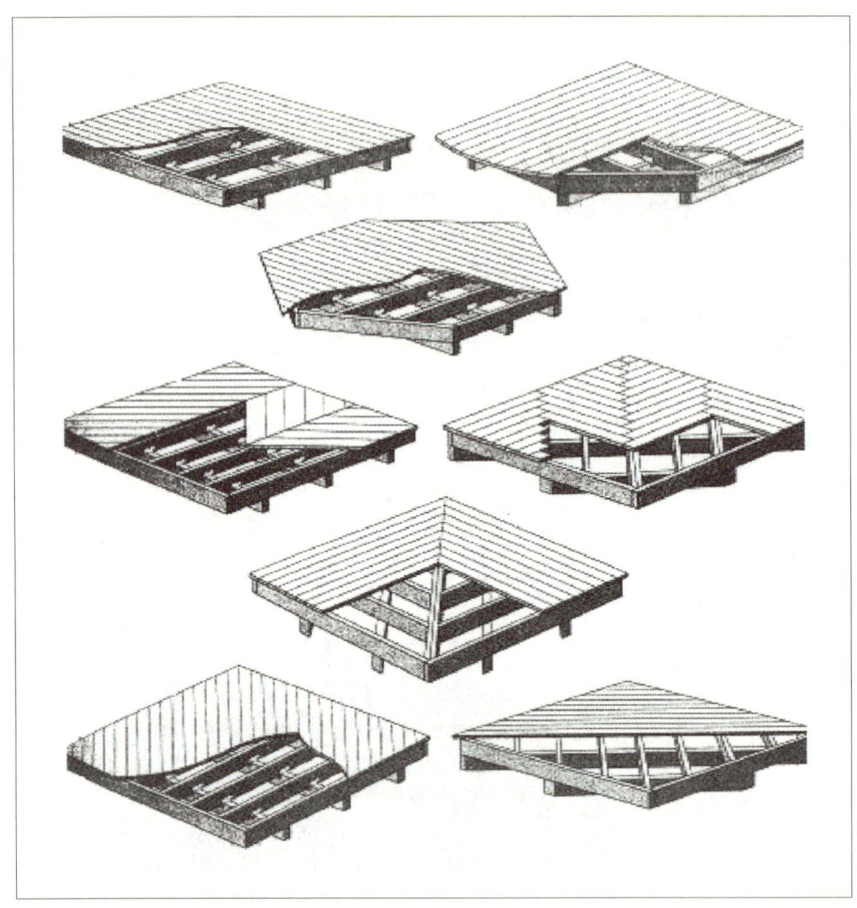

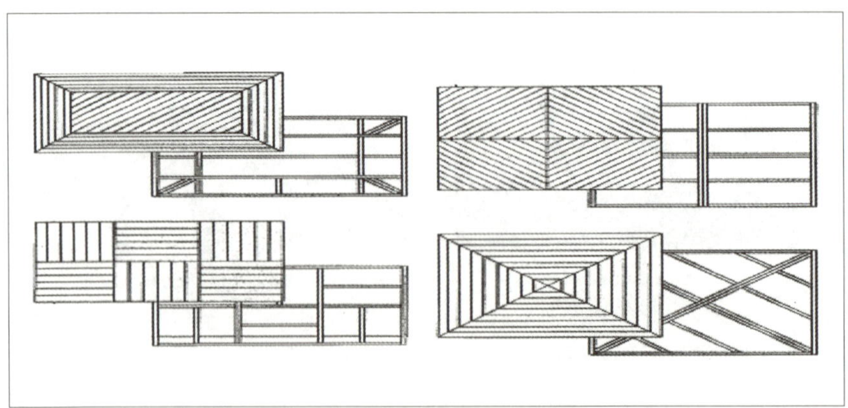

7. 본체와의 연결

데크 마루판
Deck Joist
Beam
Post
Deck Joist
Set Anchor
Joist hanger
건물과 독립된 데크
건물과 연결된 데크
Slab on grade
Crawl space

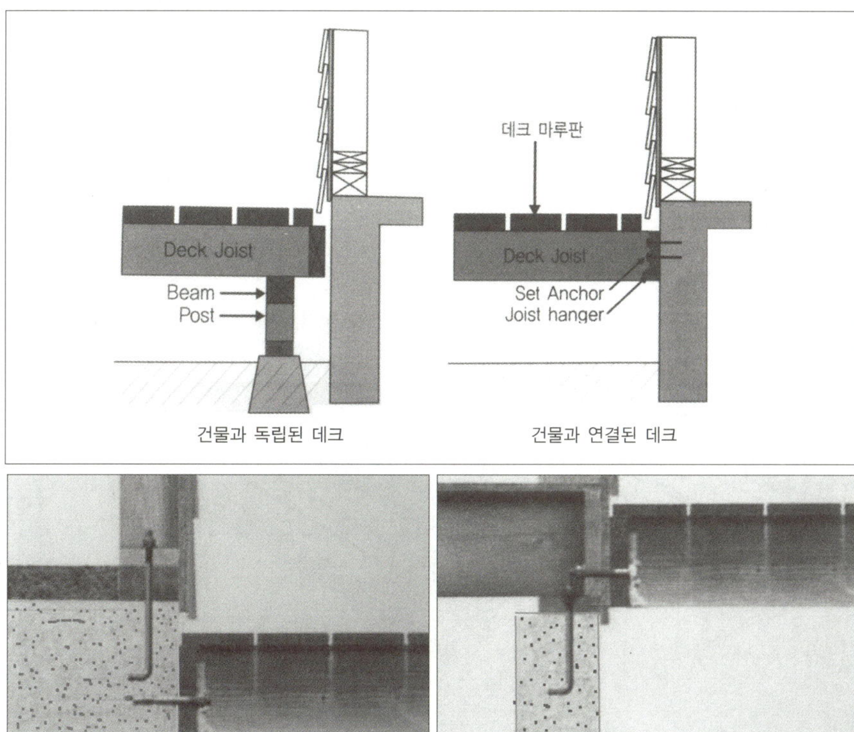

8. 데크 난간

일반적인 데크 난간 구조
최대 10cm(4″)
2×6 난간 손잡이
4×4 난간 기둥(Post)
2×4 레일
2×2 난간 동자(Baluster)
2×2 난간 동자
2×4 레일(Rail)
경사로 절단함
2×6 난간 손잡이
2×4 레일
2×2 난간 동자
4×4 난간 기둥
최대 10cm(4″)
경사로 절단

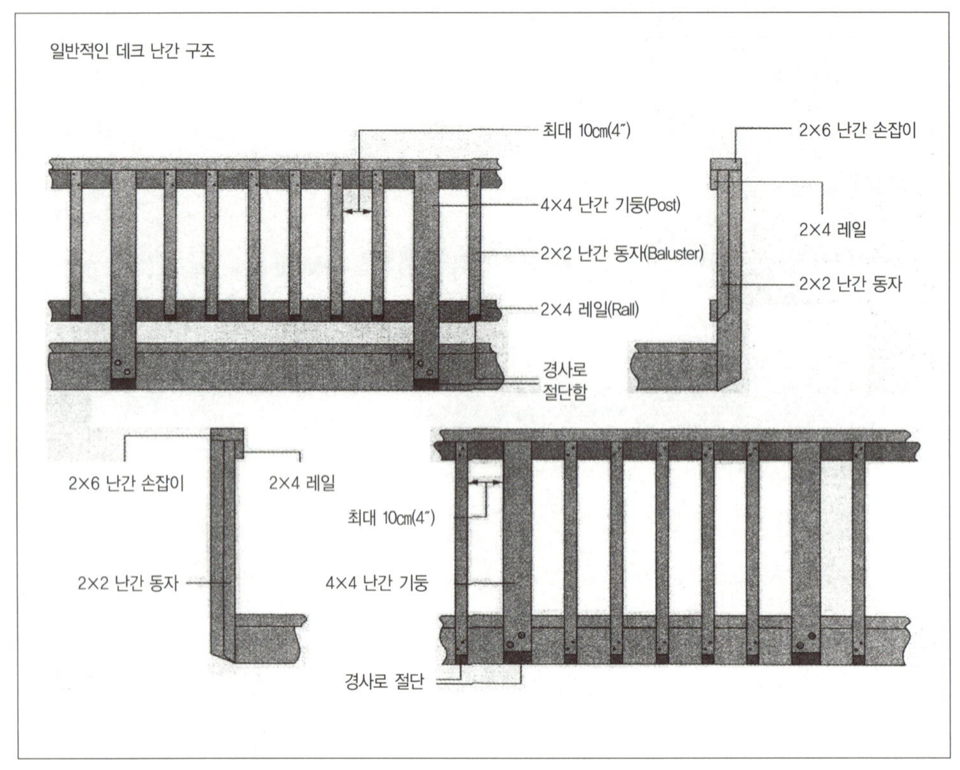

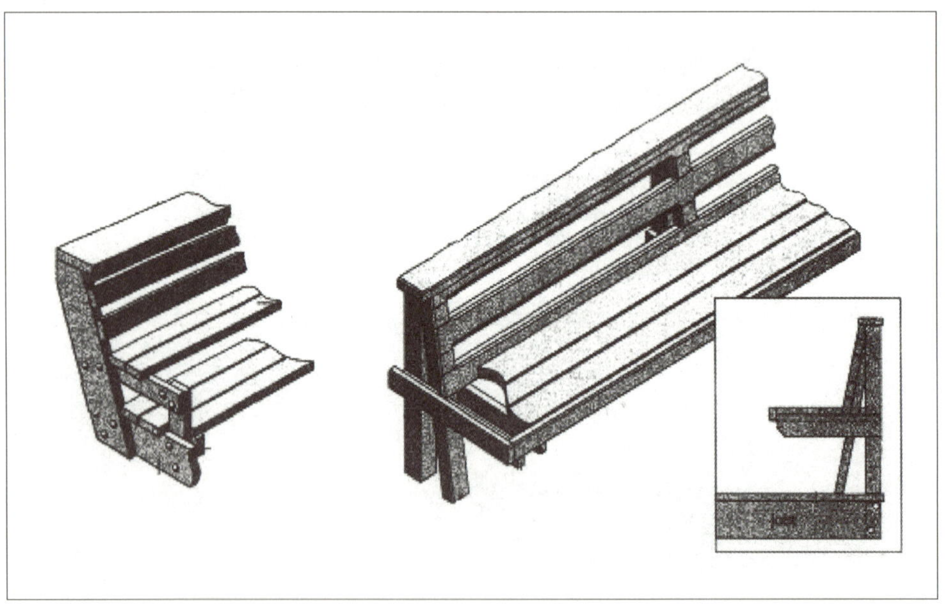

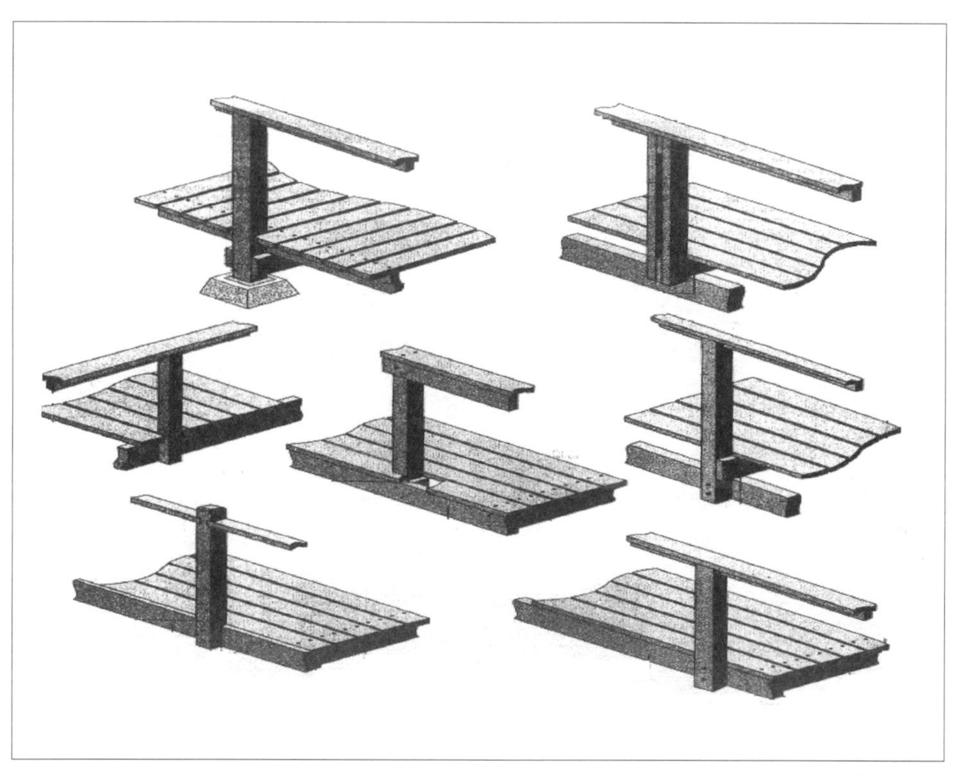

9. 데크 계단

외부계단의 계단 골조 구조는 실내 계단의 방법과 같고, 건조가 잘 되도록 챌판을 하지않는 것과 부재를 방부목으로 하는 것만 다르다. 난간의 구조도 데크의 난간과 같고 계단의 경사에 맞게 시공한다.

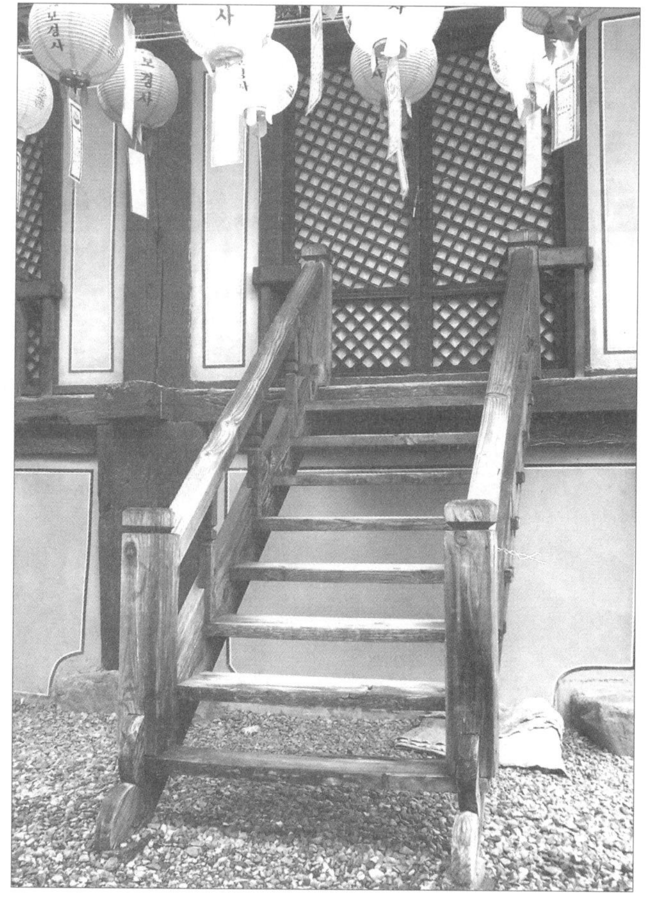

10. 파고라

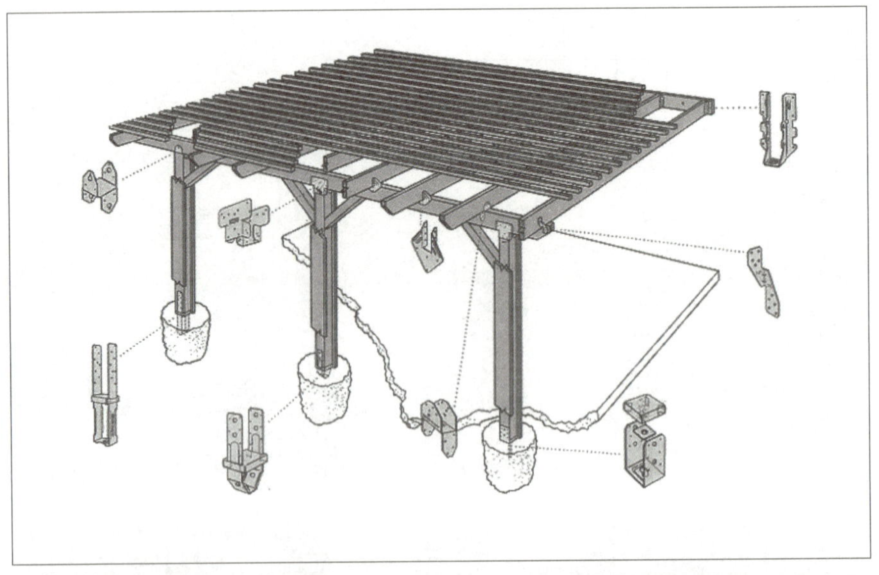

목조주택의
결로

목조주택의
결로

1. 공기가 머금을 수 있는 물의 양

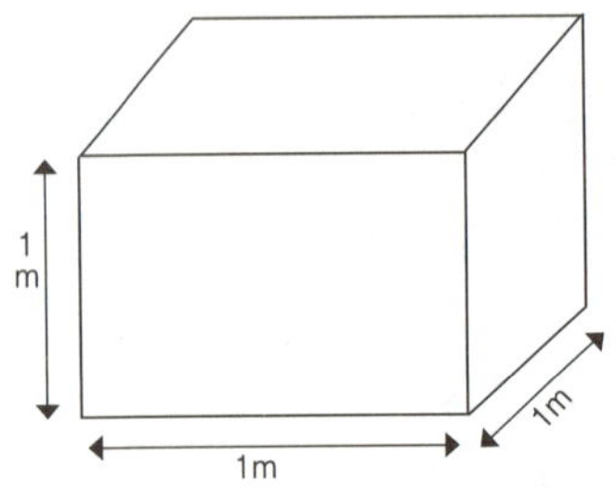

- 같은 체적에서 온도가 높을수록 머금을 수 있는 물의 양이 많아진다.
- 같은 체적에서 온도가 낮을수록 머금을 수 있는 물의 양이 적어진다.

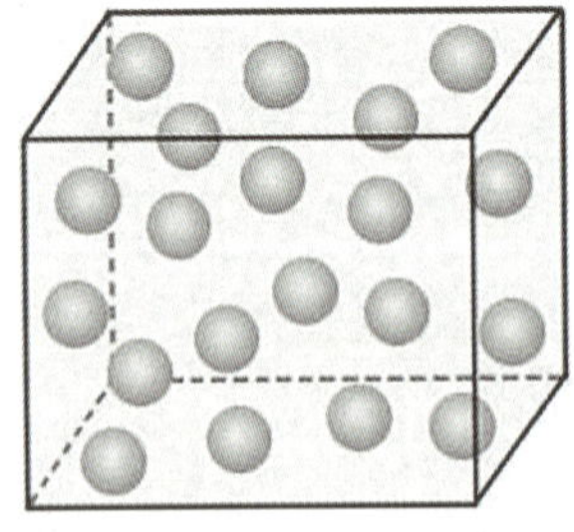 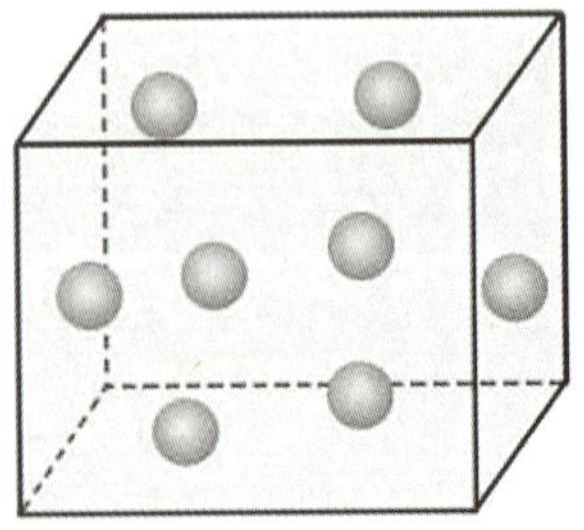

▶ 온도가 낮아지면 머금을 수 있는 물의 양이 적어진다.

2. 온도가 낮을수록 물의 양이 적어진다

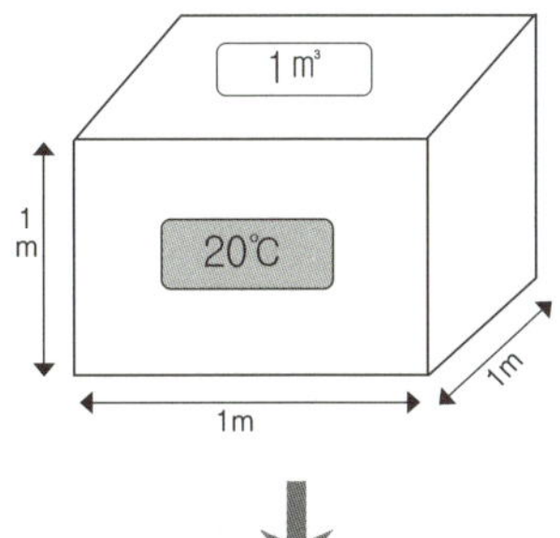

- 20℃에서 공기가 최대한 머금을 수 있는 물의 양은 17.3g이다.
- 그 이상은 물을 머금을 수 없다.

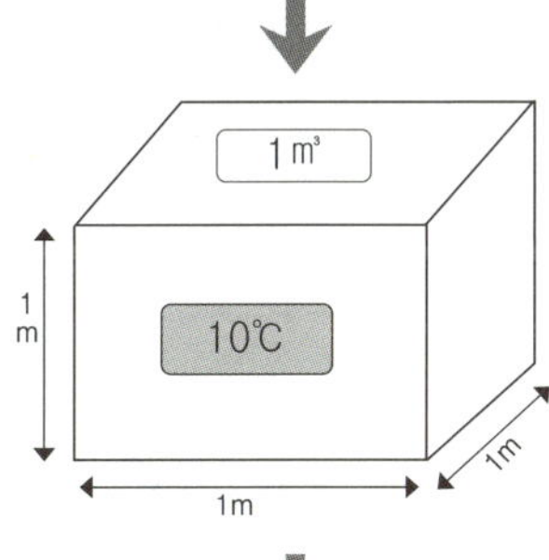

- 10℃에서 공기가 최대한 머금을 수 있는 물의 양은 9.4g이다.
- 그 이상은 물을 머금을 수 없다.

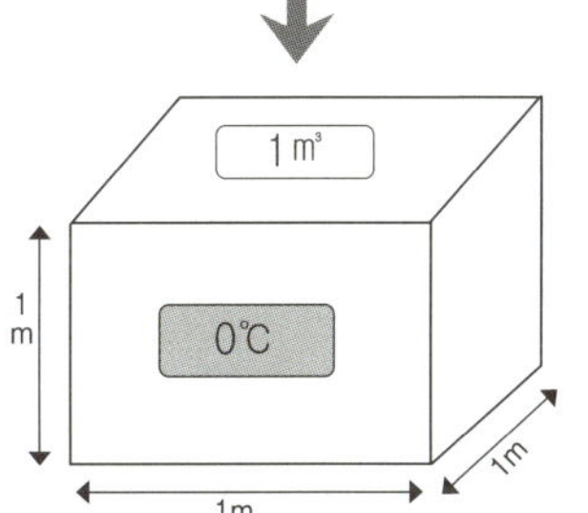

- 0℃에서 공기가 최대한 머금을 수 있는 물의 양은 4.95g이다.
- 그 이상은 물을 머금을 수 없다.

3. 상대습도, 절대습도

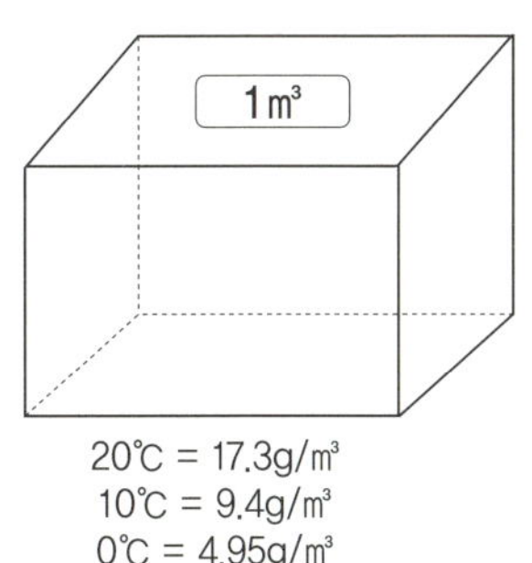

- 상대습도는 최대한 머금을 수 있는 물의 양에 비해 어느 정도의 물을 머금고 있는가의 비율을 상대적으로 표시한 것이다.
- 절대습도는 상대습도와 달리 그냥 그 자체로 현재 머금고 있는 물의 양을 표시한 것이다.

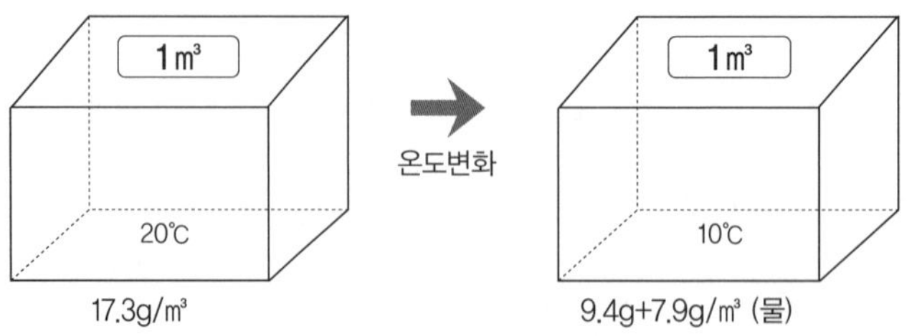

● 위의 왼쪽 그림은 20℃에서 17.3g의 물을 최대한 머금고 있는 상태이다. 상대습도 100%, 절대습도 17.3g이라고 한다.

● 위의 오른쪽 그림은 온도가 변화하여 20℃에서 10℃로 낮아진 상태(폐쇄된 공간)이다.

상대습도 100%로 변함없다(최대한 물을 머금고 있는 상태).

절대습도는 9.4g + 7.9g의 결로가 생겼다.

● 온도가 떨어지면서 10℃의 공기가 머금을 수 있는 최대 물의 양인 9.4g 이상은 토해 낼 수밖에 없게 된다. – 결로 발생

(1) 습기 보충

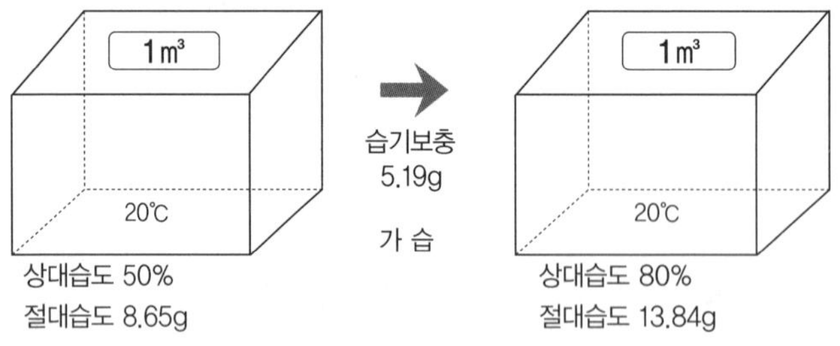

● 온도가 변하지 않은 상태에서 습기만 5.19g 보충하였다. 이럴 경우 상대습도, 절대습도 모두 변화한다.

(2) 습기 제거

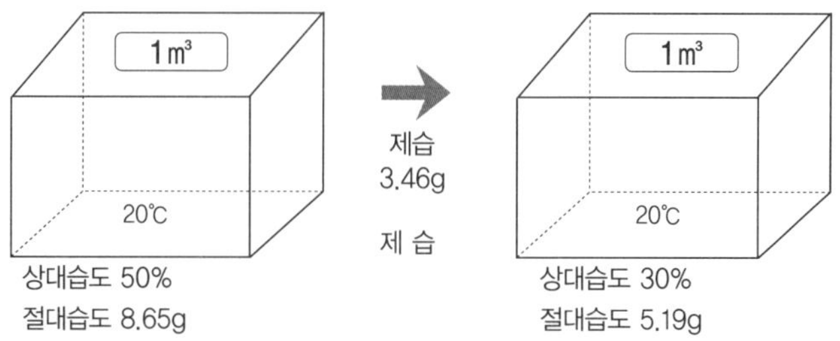

● 온도가 변하지 않은 상태에서 습기만 3.46g 제거한 경우이다. 이럴 경우 상대습도와 절대습도가 어떻게 변화하는지 살펴본다.

(3) 온도가 낮아진 경우

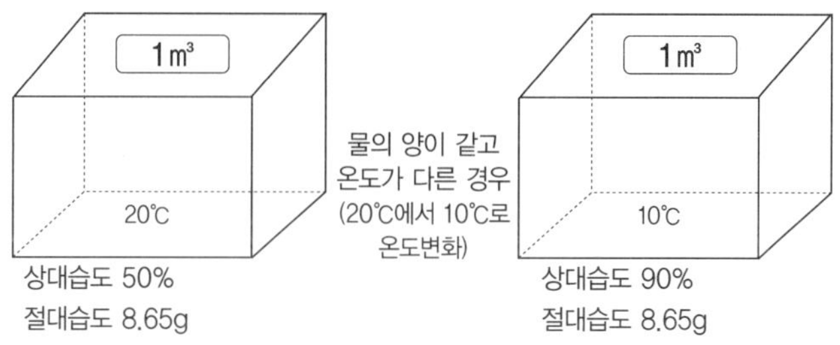

● 온도가 낮아진 경우 – 물의 양은 변하지 않았다. 절대습도는 변하지 않았지만, 상대습도는 50%에서 90%로 변한다.

(4) 온도가 높아진 경우

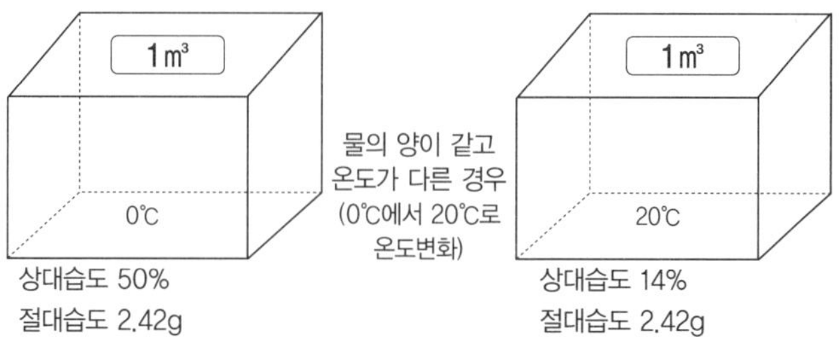

● 온도가 높아진 경우 – 물의 양은 변하지 않았다. 이 경우에도 절대습도는 변하지 않
았고 상대습도만 변했다.

(5) 습기 보충

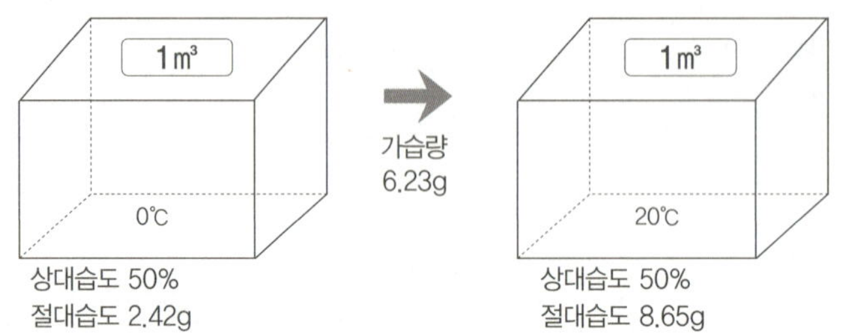

● 가습을 통해 습기를 6.23g 보충해 주었다.

● 상대습도는 50%로 똑같았다.

● 절대습도는 양이 달라졌다는 것을 확인할 수 있다.

(6) 결론

● 같은 비교 공간을 통해서 절대습도와 상대습도의 관계를 알아보았다.

● 습기의 보충이 없는 경우에는 어떠한 상황에서도 절대습도의 양은 변하지 않는다.

● 온도의 변화에 따라 상대습도는 변하게 된다. 그 이유는 온도에 따라서 공기가 머금
을 수 있는 물의 양이 달라지기 때문이다.

4. 따뜻한 바람이 차가운 벽에 닿으면 결로가 생긴다

(1) 더운 실내공기가 벽체에 닿으면

● 따뜻한 공기는 상대적으로 많은 습기를 머금고 있다.

● 따뜻한 공기가 차가운 벽을 만나면 급격하게 온도가 떨어진다.

● 온도가 떨어지면서 습기를 토해 내게 된다(온도가 낮아질수록 머금을 수 있는 물의

양이 적어지기 때문이다).

(2) 벽체 단열이 완벽하면

(3) 찬 공기가 따뜻한 벽에 부딪히면

● 찬 공기는 온도가 낮으므로 머금을 수 있는 물의 양이 적다. 따라서 이런 찬 공기가
온도가 높은 따뜻한 벽을 만나게 되면 공기 온도가 올라가게 된다.
온도가 올라가면 머금을 수 있는 물의 양이 많아져서 물을 토해 내게 되는 것이 아
니라 오히려 머금을 수 있는 물이 부족해진다. 결로가 생기는 게 아니라 과건조 상
태가 되는 것이다.

(4) 결로는 공기에서 온다.

- 외부 창문이나 문 등을 통해서 유입되는 공기는 물을 포함하고 있다. 따라서 공기가 통한다는 것은 결국 물이 유입되고 있다는 뜻이기도 하다.

- 벽체의 틈새로부터 유입되는 공기는 결국 물이 들어오는 것이다.

- 지붕 방수만 중요한 게 아니라 벽체로부터 유입되는 물을 막는 것도 중요하다. – 기밀시공의 중요성

5. 생활습기의 배출

- 실내 생활은 수증기가 많이 발생한다. 더구나 우리나라의 국과 찌게 등의 주방 식생활 문화는 서양보다 훨씬 많은 양의 수증기를 배출한다.

▶ **겨울철 실내에서 건조하는 빨래의 습기, 습식문화에서의 목욕탕 욕조, 샤워할 때 발생하는 습기**

- 하루 발생하는 습기의 양 – 40평 기준, 4인 가족

- 하루 6.7kg/일

- 환기(0.5회/h)에 의한 하루 평균 수증기 배출량 – 13.1kg

※ 일본 – 건축기술 별책8에서 인용

6. 환기로 결로를 없애지 못한다

(1) 환기는 임시방편일 뿐이다.

● 실내의 따뜻한 공기가 차가운 벽체에 부딪히면서 결로가 발생하고 계속해서 새로운 공기와 부딪히며 결로가 꾸준히 발생하게 된다.

● 공기는 물(습기)을 머금고 있다. 부딪치는 공기가 많다는 것은 그만큼 물(습기)이 많이 부딪치고 생성된다는 말이다.

▶ **실내 공기를 환기해 주는 것은 결로 방지의 원칙에 어긋난다.**

(2) 실내 온도를 낮춰서 결로를 없애는 방법

● −10℃의 찬 공기를 실내에 그대로 유입시키고 난방을 하지 않으면 자연스럽게 실내 온도가 낮아지게 되므로 더 이상의 결로는 생기지 않는다. 하지만 계속해서 찬 공기를 유입할 수는 없으므로 실내 난방으로 내부 온도를 높이면 따뜻해진 공기가 차가운 벽체에 부딪혀 또다시 결로를 발생시키게 되는 원인을 제공하게 된다. 결국, 환기가 실내 결로를 근본적으로 없앨 수는 없고 잠시 결로 발생을 멈출 뿐이다.

▶ 외부의 찬 공기가 실내로 들어온 뒤, 다시 난방으로 인해 공기가 따뜻해지면 똑같은 실내 환경이 반복되게 된다.

7. 결로를 없애는 근본적인 방법

(1) 완벽한 벽체 단열

● 가장 이상적인 방법은 완벽한 벽체 단열을 통하여 외부의 찬 공기가 벽체를 뚫고 실내로 전달되지 않게 하는 것이다.

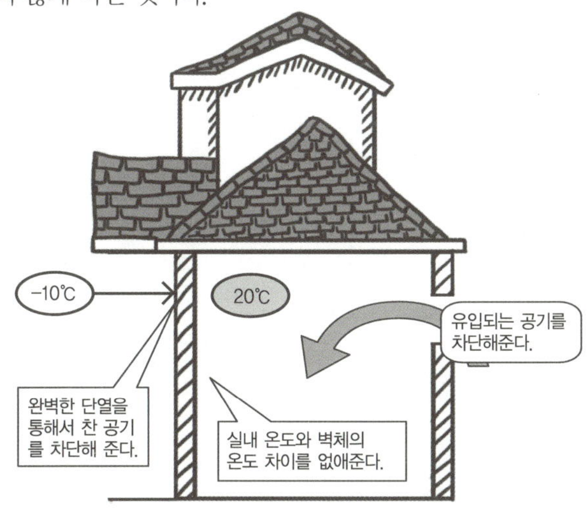

⑵ 실내온도와 벽체 온도를 맞춰준다.

● 내부 실내 온도를 낮춰서 내벽과 온도 차이가 크게 나지 않게 하는 방법으로 결로 발생을 억제한다. 하지만 실내 온도가 낮아진다는 단점이 있다.

▶ **결로를 없애기 위한 원시적인 방법이다.**

⑶ 제습기 사용

● 실내로 유입되는 외부 공기를 차단하는 효율적인 방법으로 제습기를 설치하여 실내 습기를 기계적인 방법으로 제거시킨다.

⑷ 열 회수 교환장치 설치

● 내·외부 공기를 순환시키되 내부의 따뜻한 공기를 이용하여 외부의 찬 공기를 데워주는 방법으로 에너지 소비를 줄인다.

▶ **장치의 가격이 고가다(30평 기준으로 국산이 250만 원 이상이고 독일산이 700만 원 이상이다).**

조용한 전원주택에서는 배관덕트를 흐르는 공기의 소리와 모터 소리 때문에 소음 공해를 유발할 수 있다.

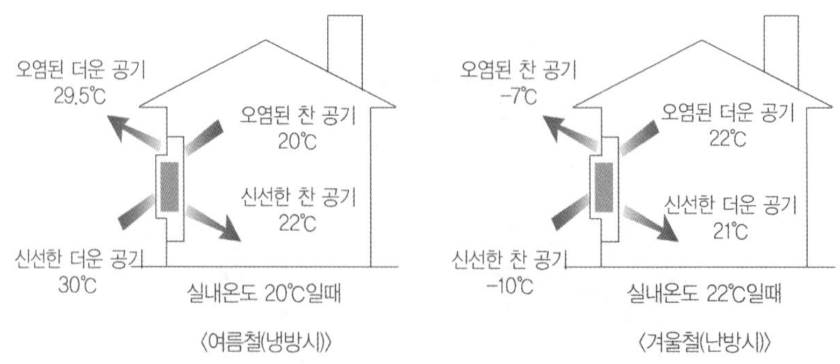

8. 벽체 곰팡이가 생기는 이유

● 벽체 단열이 깨지면 결로가 발생하고 결로에 곰팡이가 생기게 된다.

● 주로 코너, 천장과 벽체의 모서리 부위, 창문 주위로 많이 생긴다.

- 주택 실내의 따뜻한 공기가 차가운 외벽체에 닿으면 결로가 발생한다.
- 외벽체가 차갑다는 것은 벽체 단열이 깨졌다든지 또는 원래 벽체 단열의 성능이 부족한 것이 원인이다.

▶ **아파트 베란다에서도 흔하게 생긴다.**

- 아파트 베란다는 외부의 노출을 전제로 시공되는 것으로 단열 시공을 하지 않는다.
- 베란다 확장공사를 통하여 베란다를 실내로 사용하는 경우 단열성능에 취약한 베란다에서 실내의 따뜻한 공기가 부딪쳐 결로가 심하게 발생한다.

9. 주택 내부 벽체의 결로

● 벽체 단열이 잘 되면 외부의 찬 공기가 벽체를 뚫지 못한다.

● 벽체 단열이 깨지면 외부 공기가 실내벽으로 전달된다.

10. 주택 코너에서 주로 발생하는 곰팡이

▶ **주택 코너의 단열과 선형열교 그림**

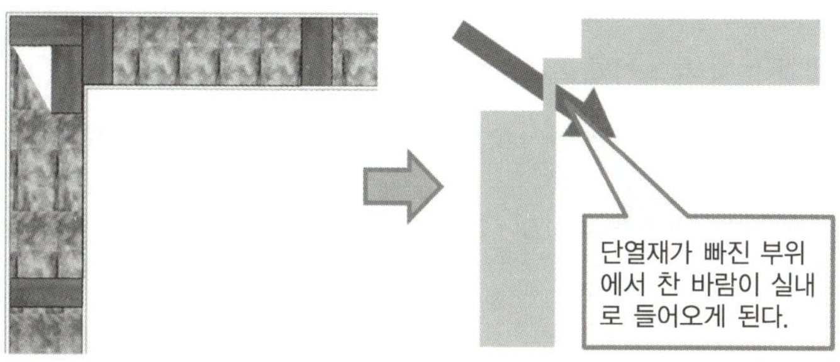

▶ **코너의 단열 증진 보강**

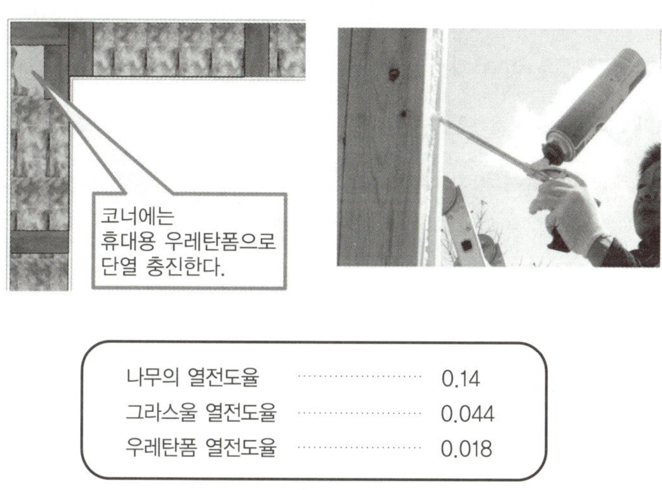

11. 옛날 한옥은 결로가 없었다

⑴ 창호지의 습도 조절기능

● 자연에서 얻은 한지는 바람과 빛은 통과시키고 습도는 조절

창호지는 한지가 가장 많이 사용되는 분야 중 하나다.

창호지의 가장 큰 장점은 현대 문명 기술이 만들어낸 어떤 종류의 창문 재료보다 실용성이 높다는 점이다.

창호지는 바람과 빛을 통과시키고 습도를 조절하는 세 가지 특성을 갖고 있다. 습기가 많으면 그것을 빨아들여 공기를 건조하게 하고, 공기가 건조하면 습기를 내뿜어 알맞은 습도를 유지하게 하는 신축성을 갖고 있다. 그래서 창호지를 흔히 '살아 있는 종이'라고 하기도 한다. 창호지가 자연 현상에 이처럼 순응하는 성질을 띠는 것은 모두 자연에서 얻은 재료로 만들어졌기 때문이다.

2000년대 초, 세계 최초의 온실을 우리 조상들이 건설했다는 사실을 확인한 전문가들은 철저한 고증을 거친 뒤 2002년 2월 22일 경기도 남양주시 서울종합촬영소에서 온실을 복원하는 데 성공했다. 이때 채광용으로 사용한 한지는 많은 사람을 놀라게 했다.

복원된 온실의 경우에는 기름 먹인 창호지를 발랐다. 기름 먹인 창호지를 사용할 때 가장 큰 의문점은 눈이나 비를 견딜 만큼 방수가 되느냐인데 〈KBS 역사스페셜〉 팀이 폭우를 가정해서 30분 동안 집중적으로 물을 뿌렸는데도 찢어지거나 변형되지 않았다.

가장 놀라운 것은 창호 부분에서 결로(이슬)가 생기지 않았다는 것이다. 일반적으로 온실의 경우 외기 온도와 온실 내부 온도 차이 때문에 채광 부분에서 결로 현상이 생긴다.

결로 현상은 작물이 변색되는 원인이 되고, 특히 결로된 이슬이 식물에 떨어지면 차가운 온도 때문에 상처가 생기므로 병원균이 침투하는 등 식물 생장에 악영향을 미친다. 그래서 근래에는 온실에 결로가 생기지 않도록 결로 방지 페인트를 칠하기도 한다.

기름종이에 이슬이 맺히지 않는 이유는 액체 상태의 빗물은 통과시키지 못하지만, 기체 상태의 수분은 배출할 수 있기 때문이다. 기름종이로 방수 효과와 이슬 맺힘 방지 기능을 동시에 충족할 수 있다.

⑵ 창호 한지의 투습기능

● 주택 내부에서 발생되는 습기를 창호지를
  통해 밖으로 배출시켜 준다.
  창호지를 통하여 공기가 통과하기 때문에
  실내 온도와 외기 온도의 차이가 줄어든다.
  실내 온도와 외기 온도의 차이가 적기 때
  문에 결로가 발생하지 않는 이유가 된다.

⑶ 구들을 이용한 난방

● 방을 데운 따뜻한 공기는 창문을 통해 밖으로 빠져나간다.
● 방의 윗부분은 아랫부분에 비해 찬 공기가 형성된다.
  따라서 집안에 결로가 발생할 수 있는 습기 자체가 생기지 않는다.

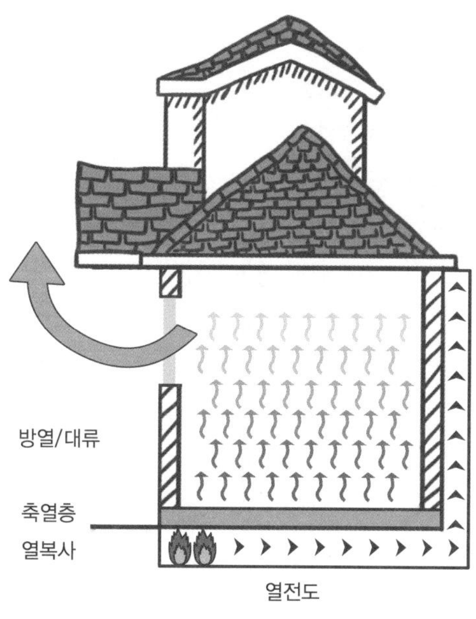

12. 요즘 주택에 결로가 많은 이유

(1) 기밀시공의 강화

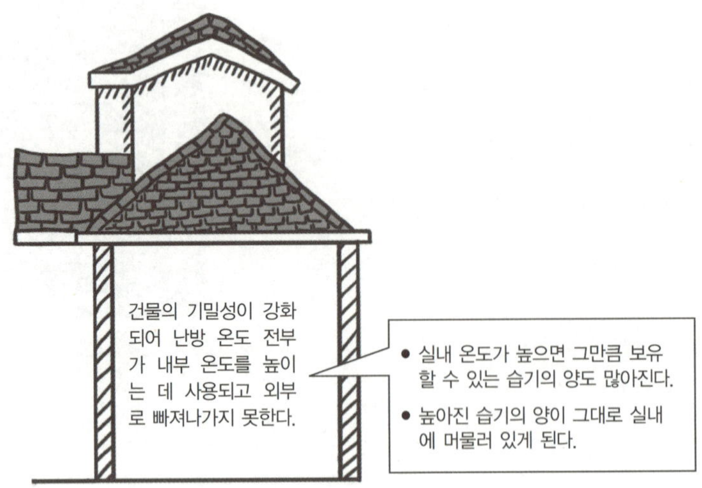

(2) 벽체 단열성능의 결함

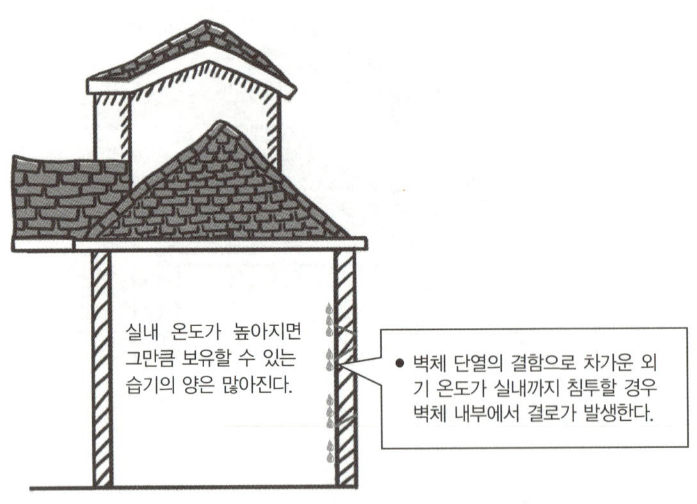

⑶ 차가운 벽을 만나서 결로 발생

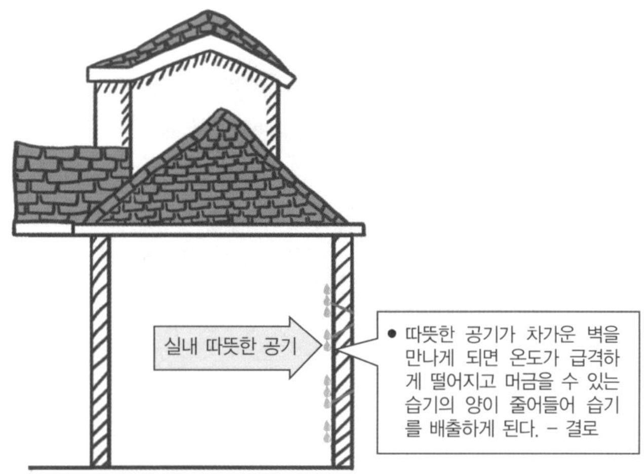

⑷ 베란다 확장에서 결로 발생

⑸ 코너에서 생기는 곰팡이

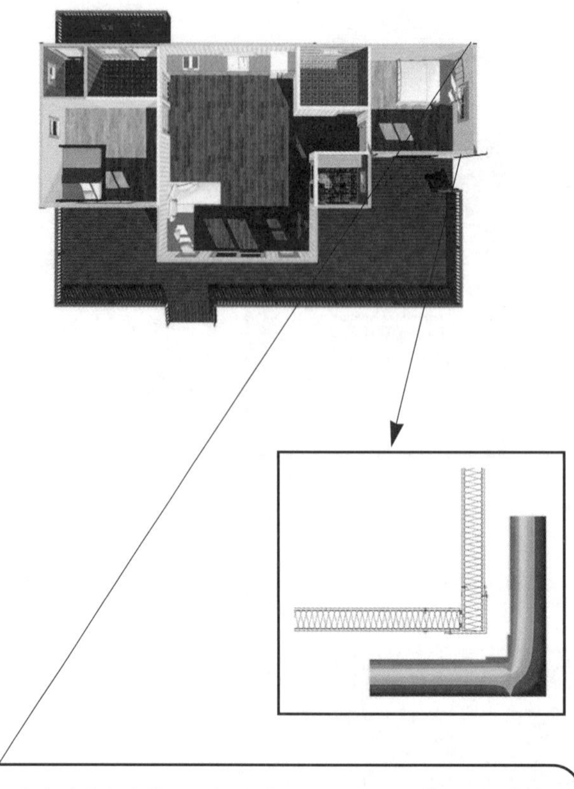

⑹ 환기로는 해결이 안 된다.

● 환기를 통해 결로를 해결하려는 방법은 실내 온도만 떨어뜨릴 뿐 실내에서 발생하
는 결로의 원천적인 차단 방법이 될 수 없다.

현대주택의 실내에서 발생하는 결로의 근본적인 해결방법은 벽체 단열을 완벽하게

시공해 주는 것과 틈새 없는 완벽한 기밀시공뿐이다.

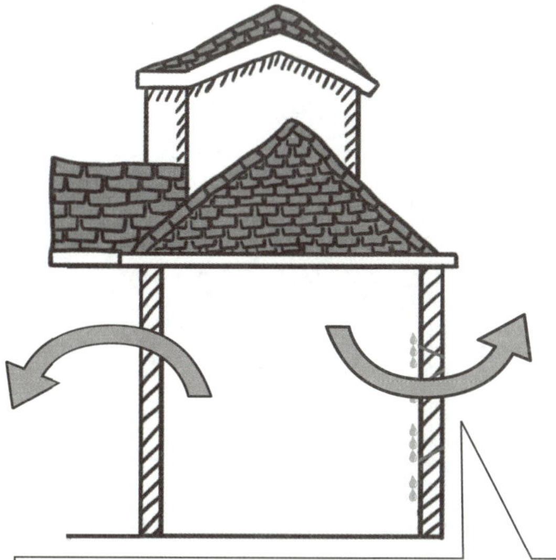

13. 열린 공간, 닫힌 공간

(1) 열려있는 공간에서 끊임없이 공기가 유입되어 계속된 결로 발생

⑵ 닫힌 실내공간에서는 결로가 추가로 생기지 않는다.

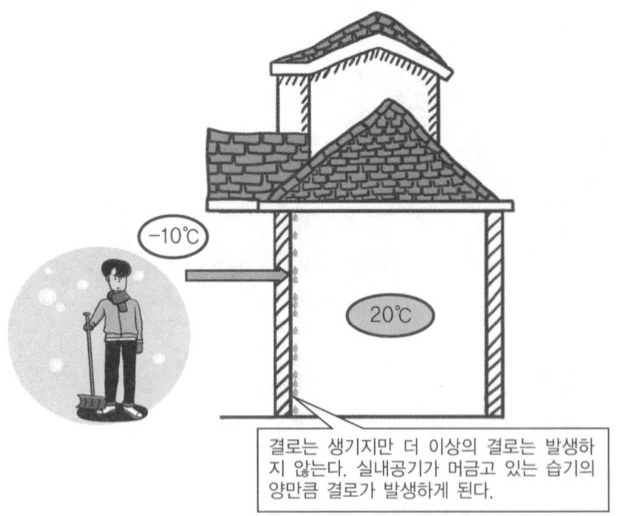

● 추운 겨울 벽체에 생기는 결로를 방지하기 위해 창문을 열어 환기를 시키는 경우 벽체에서 생기는 결로의 양은 유입되는 공기의 양만큼 비례해서 증가하기 때문에 오히려 결로 상황만 악화시키게 된다.

⑶ 단열재 속의 결로

● 목조주택의 단열재로 사용되는 유리섬유(Grass Wool)의 내부에서 결로 현상이 생긴다는 연구 발표가 있었다. 실험실에서 만들어진 측정 자료와 함께 실제 결로 현상이 발견되어 찍힌 사진을 보고 발표회가 술렁거렸다. 하지만 목조주택의 외벽은 완전히 밀폐된 상태로 시공한다. 이론적으로는 외부 온도와 내부 온도 차이에 따른 노점에서 결로가 생기는 사실에는 변함이 없지만 밀폐된 공간에서의 결로 현상은 온도 변화와 함께 사라지게 된다.

다음 그림은 밀폐된 단열재와 개방된 단열재를 비교 설명한 것이다.

 목조주택 하나부터 열까지 따라하기

〈목조주택 인슐레이션 결로 현상의 오류〉

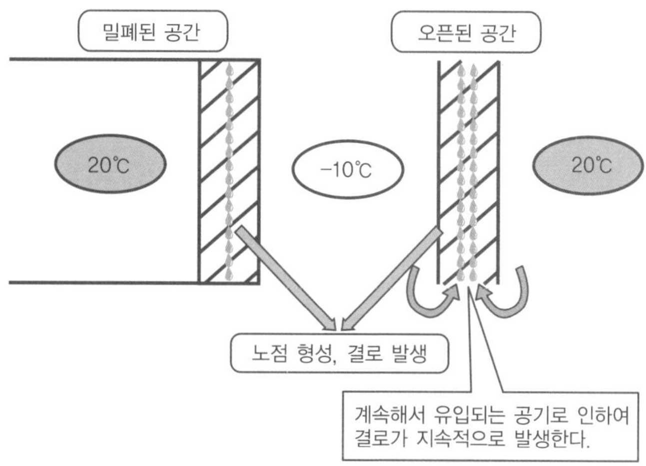

● 밀폐된 단열 공간에서 발생한 결로는 온도 변화가 되면 단열재 속으로 사라져 버리기 때문에 단열재의 성능을 저하시키지 않는다.

개방된 단열재 공간에서 생긴 결로는 그 양이 많아지고 단열재를 적셔서 단열재의 처짐과 성능 저하를 가져오게 한다.

⑷ 옷장 안쪽의 결로

※ 벽체에서 옷장은 1인치(2.5㎝) 이상 띄워야 한다.

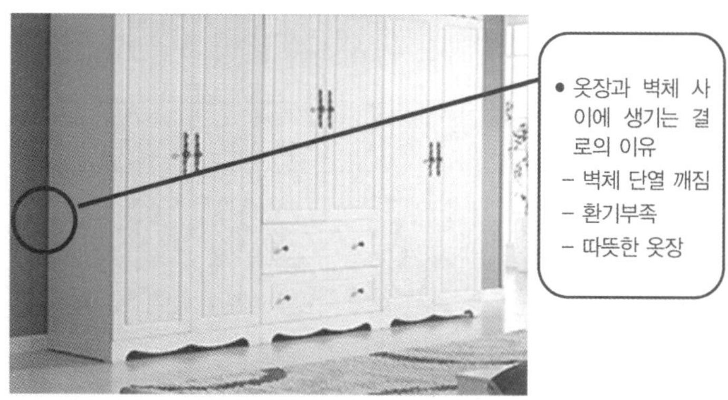

● 옷장과 벽체 사이에 결로가 생겨서 곰팡이가 발생하는 경우를 흔하게 보는데 가장 큰 원인은 결국 옷장에 접해 있는 벽체의 단열이 깨져서 생기는 것이다.

'벽체 단열이 깨졌다' 는 것은 결국 차가운 바깥 공기가 벽체를 침투하여 벽체 전체를 차갑게 식혀 주고 있다는 말이 된다.

옷장은 그 자체로 단열성능을 갖고 있으며(내부의 옷과 갇힌 공기) 상대적으로 따뜻한 온도를 유지하고 있는 옷장과 차가운 벽체 사이에서 결로가 발생할 수 있는 요인이 갖춰진 셈이다.

옷장과 벽체 사이의 공기 순환이 이루어지지 못하는 경우에 그 사이에서 발생한 결로의 습기로 인해 곰팡이가 발생하는 것은 당연한 물리적 현상이다.

● 옷장과 벽체 사이의 틈새
● 환기를 위한 틈새 유격이 1인치 이상이어야 한다. 따라서 옷장과 벽체 사이는 1인치(2.5㎝) 이상 띄워 주는 것이 좋다. 옷장을 벽체에 유격 없이 붙이는 경우 벽체의 냉기가 옷장 내부로 침투하게 되며 옷장 내부에서 결로가 발생하게 된다. 이런 경우 옷장 내부의 환기 구멍을 만들어 주는 것이 중요하다.

▶ 옷장 환기 구멍

● 붙박이장의 깊이는 최소한 24인치(610mm) – 성인어깨폭 18～20인치, 양복뽕 1인치 장의 합한 길이에 VENT 공간 2인치(양측 각 1인치씩)
● 붙박이장의 곰팡이 제거에서는 환기문제를 점검해야 한다 (VENT HOLE).

▶ **가구를 가끔 옮겨 준다.**

● 바람이 잘 통하지 않는 곳은 결로가 발생하기 쉽다. 가구 뒷부분과 벽체가 닿는 곳
　은 주의가 필요하니 가끔 움직여 주는 것이 좋다.

14. 공기량이 습기량이다

(1) 실내 공기량 − 습기량

● 완벽하게 닫혀 있는 실내의 경우 − 실내 내부의 공기량 = 습기량, 따라서 실내 내부
　에서 공기의 공급이 없는 한 습기가 늘어나지 않고 벽체에서 생기게 되는 결로의 양
　도 늘어나지 않는다.

(2) 환기 = 유입되는 공기 = 물도 유입된다.

● 외부에서 유입되는 공기가 0℃의 차가운 벽체에 부딪히면서 계속해서 결로를 만들
  어 낸다.

(3) 맥주병 결로 현상의 이해

▶ **더운 여름, 차가운 맥주병 표면에서 생기는 결로**

● 여름철에 따뜻한 외부 공기가 차가운 맥주병 표면에 부딪히면서 결로가 발생한다.
  맥주병 표면의 온도가 올라갈 때까지 결로 발생은 계속된다. 심한 경우 결로수가 테
  이블 위로 흥건하게 고여서 아래로 흐르는 것을 볼 수 있다.

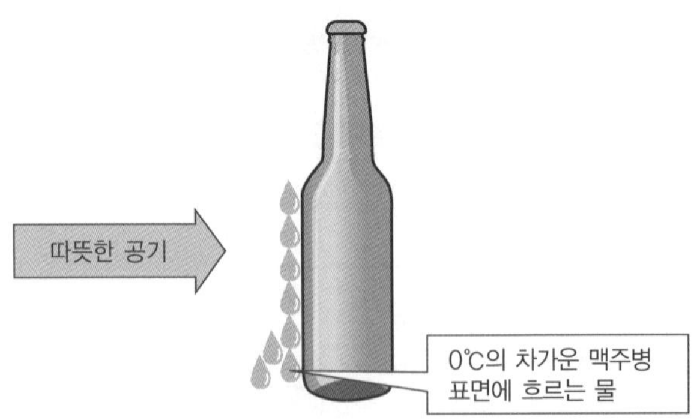

▶ 닫힌 공간

● 차가운 맥주병을 유리 상자에 완벽하게 밀폐시
켜 버리면 더 이상의 결로는 발생하지 않는다.
그 이유는 외부 공기가 유입되지 않기 때문이
다. 즉, '공기는 물이다.'

15. 외단열, 벽체 단열, 내단열

(1) 외단열 – 콘크리트 주택

● 콘크리트는 단열성능이 없기 때문에 반드
시 외부에 단열재를 시공해야 한다.
주택의 외단열을 시공한 경우 겨울철 내부
난방열을 벽체가 사용하기 때문에 난방비
가 더 들어가는 단점이 있다.
외단열재의 작은 틈새로 단열이 깨지는 경
우가 자주 발생한다.

목조주택 외단열

콘크리트 주택 외단열

▶ 외단열 구조에서 내벽구조물을 측열체로 활용

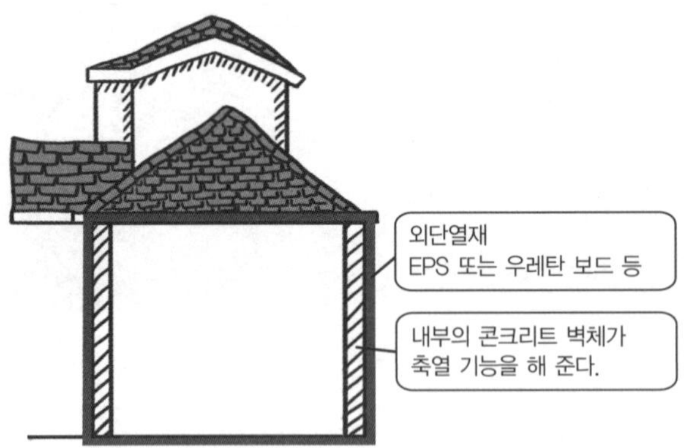

● 내부에서 데워진 콘크리트 벽체는 실내 온도를 유지시켜 주는 축열체의 기능을 수
행한다.

거울철 태양열을 통한 채광으로 인해 실내 온도를 높이게 되면 콘크리트 벽체의 축
열 기능은 더욱 효과적이다.

태양열이 콘크리트 벽에 흡수되어 저장되었다가 실내로 복사열을 내보내는 데 걸리
는 시간은 약 8~10시간이다.

축열벽은 낮 동안 태양열로 가열되었다가 저녁부터 실내를 온화하게 만들어 준다.

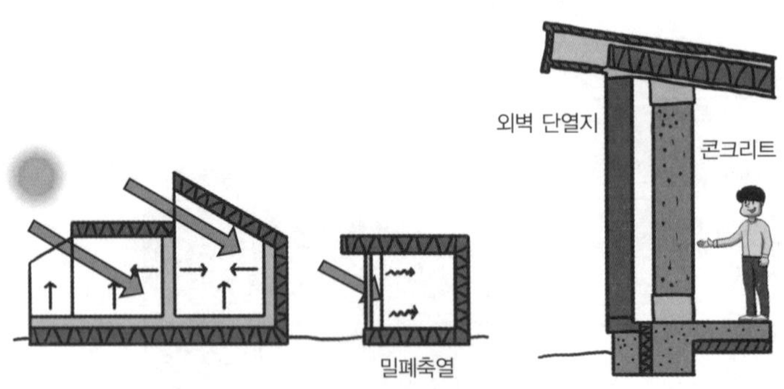

⑵ 벽체 단열이란

▶ **벽체 단열 – 목조주택, 판넬주택, ALC블럭주택 등**

● 목조주택은 벽체를 세우고 벽체 속으로 단
열재를 충진하는 방법으로 단열 시공을 해
준다. 황토주택, ALC블럭주택, 판넬주택도
같다.

● 목조주택 단열재의 날개는 완전히 편
상태로 스터드 표면에 붙여서 시공해
야 한다.
단열재의 처짐을 방지하면서 실내 습기
가 단열재 내부로 침입하는 것을 막아
주기 때문이다.

▶ 목조주택에서 나무로 인한 냉교(Cold Bridge) 현상

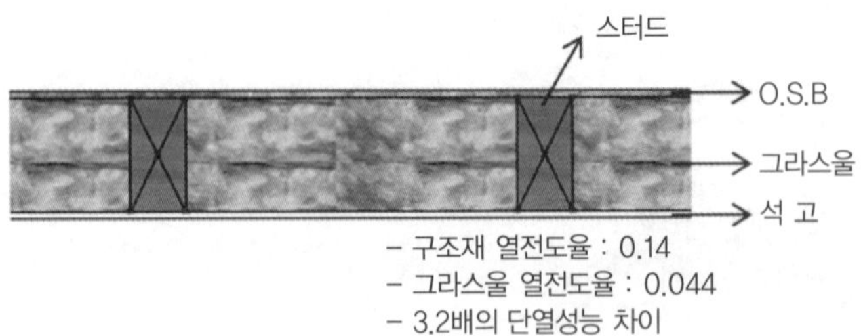

● 목조주택은 나무로 벽체를 구성하고 나무 구조체의 사이에 그라스울 단열재를 채
워 주택단열을 완성한다.

나무의 단열성능이 다른 여타의 건축자재에 비해 탁월한 성능을 갖는 것은 사실
이지만 목조주택의 단열재로 사용되는 그라스울의 단열성능에 3.2배 정도의 차이
를 보인다.

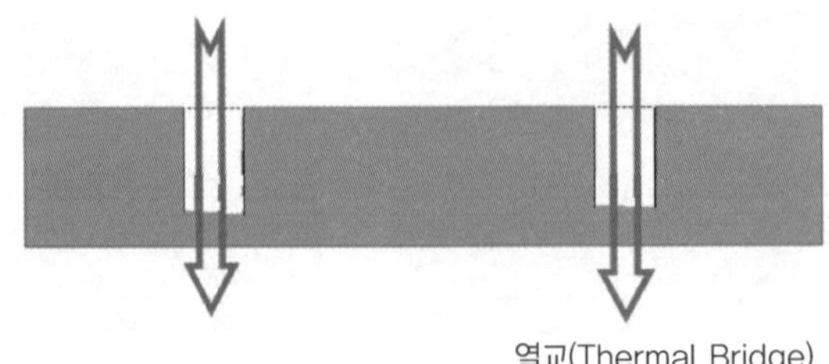

〈벽체 선형열교도〉

나무의 열전도율	0.14
그라스울 열전도율	0.044
나무가 그라스울에 비해 약 3배의 단열성능 저하를 보인다.	

(3) 내단열이란

▶ 외기에 접하는 내벽에 단열재 시공

- 내부 벽체에 단열을 보강하는 경우로 단열재를 빈틈없이 기밀하게 시공해 주는 것이 중요하다.

  중간에 공기층을 두는 것은 공기 자체, 즉 정지공기의 단열성능을 이용하고 콘크리트 외벽과 단열재 사이에서 발생할 수 있는 결로(습기)를 모아 줄 수 있는 공간을 확보하기 위함이다.

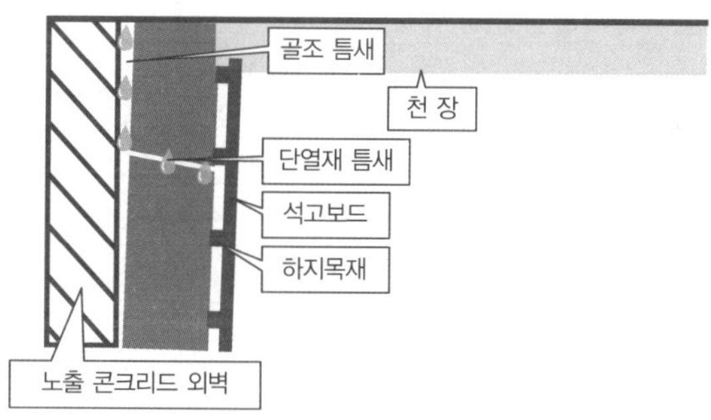

▶ 내단열재 사이의 결로

- 어떤 경우든지 따뜻한 공기가 차가운 벽을 만나면 결로가 발생한다.

  실제 외벽과 단열재 사이에서 생길 수 있는 결로의 처리 방법은 매우 중요하다. 여기서 생기는 결로로 인해 곰팡이가 발생하고 벽지를 손상시키는 등의 문제점이 있기 때문이다.

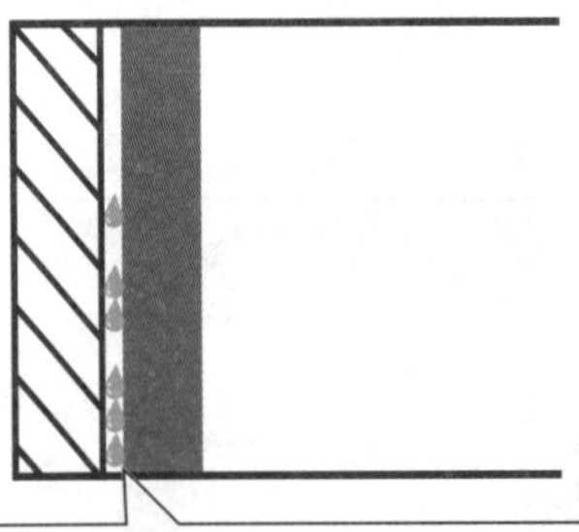

▶ 내부 공기가 틈새로 유입되는 경우

● 다음 그림은 내단열재를 완벽하게 시공하지 못한 경우에 내부에서 틈새로 공기가 유입되는 경우의 그림이다.

실제 유입되는 공기는 틈새에서 차가운 벽에 부딪혀 결로가 발생하고 발생된 결로는 아래쪽으로 흘러 벽체를 적셔 주고 있다. 따라서 내단열재를 시공하는 경우 완벽한 기밀시공이 매우 중요하다.

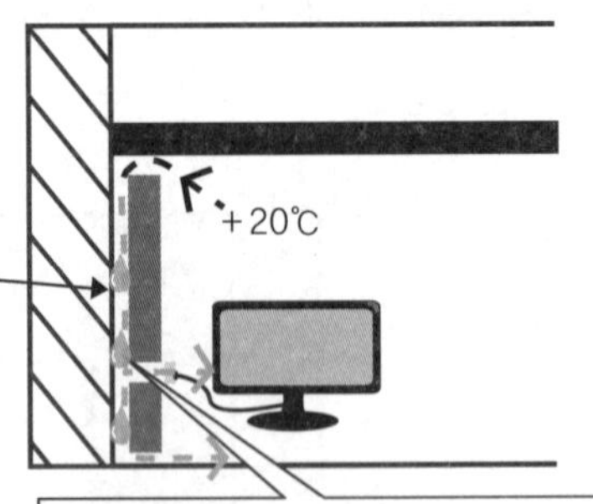

▶ 완벽한 기밀시공

● 완벽하게 밀폐된 공기층으로 외부에서의 공기 유입이 없다고 가정하면 그 자체 내의 공기 중에서 결로가 발생한다고 하더라도 결로가 흘러내리는 현상은 없고 벽체에 이슬처럼 맺혀 있는 정도이다.

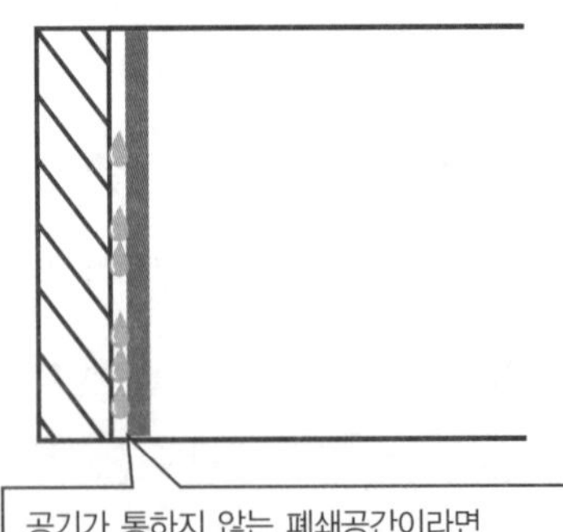

⑷ 외벽체 틈새로 유입된 공기

▶ **찬 공기는 따뜻한 벽체를 만나면 결로가 발생하지 않는다.**

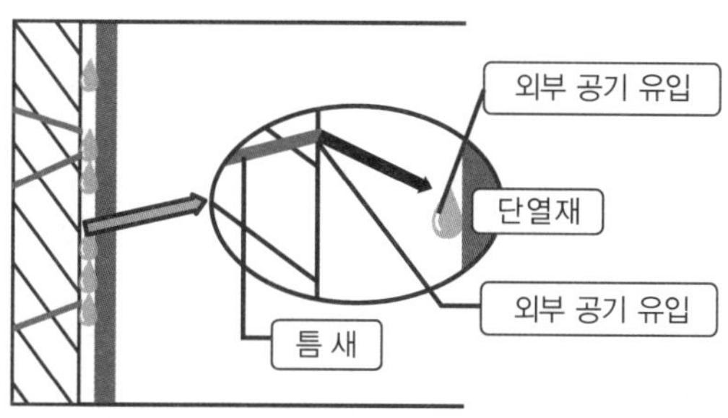

● 찬 공기는 따뜻한 벽을 만나서는 결로가 발생하지 않는다.

● 중간 공기층의 부피가 한정되어 있기 때문에 지속적인 공기의 유입이 이루어지지 않

으므로 발생되는 결로의 양도 한정될 수밖에 없다.

▶ **외벽으로 자연스럽게 방출된다.**

● 결로는 공기의 양으로 그 부피가 결정
된다

● 유입되는 공기가 결로의 양을 결정한다.

● 발생되는 결로는 온도 차이가 해소되면 다
시 공기로 기화되어 외벽으로 방출된다.

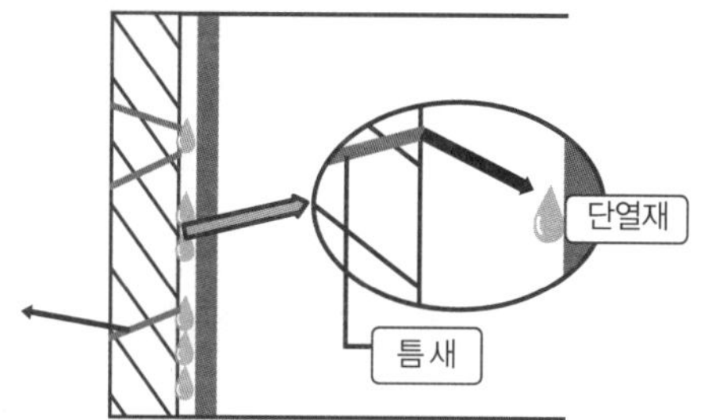

⑸ 내단열의 빈틈없는 시공

▶ **기밀시공의 중요성**

● 내단열재는 공기가 출입할 수 없는 완벽
한 기밀시공이 이루어져야 한다.

● 공기가 통한다는 것은 습기가 통하게 되
는 것과 같고, 작은 빈틈으로 실내의 공

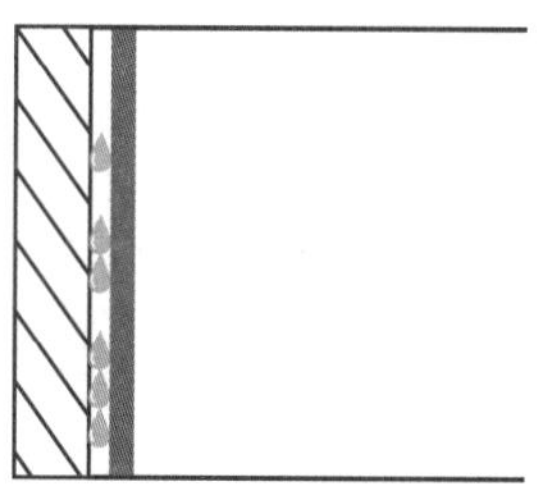

기가 중간 공기층으로 유입된다는 것은 습기가 들어가는 것과 같다. 더구나 실내의 따뜻한 공기는 상대적으로 많은 습기를 포함하고 있기 때문에 이러한 실내 공기를 중간 공기층으로 유입되는 것을 막는 것이 중요하다.

▶ 탄성우레탄폼 또는 실리콘을 사용한 기밀시공

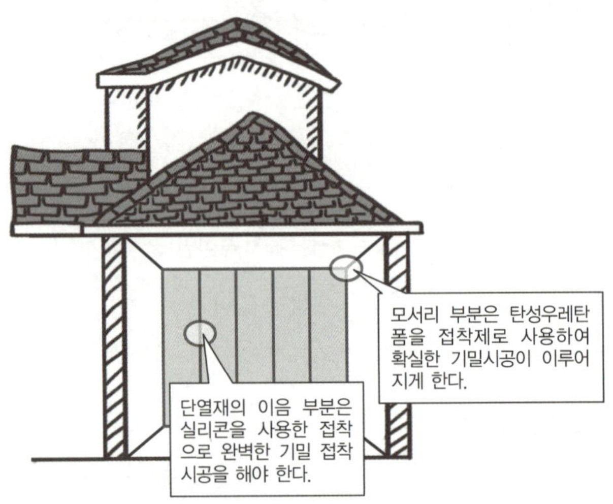

16. 여름철 역전 결로

(1) 차유리의 김서림

● 역전 결로란 결로가 발생하는 장소가 바뀔 때 쓰는 말이다.

● 여름철 비가 갠 후 운전을 하면 차량 내부에 김이 서리는데 이는 외부 온도가 급격하게 낮아져서 유리가 냉각되고 차량 내부의 수증기가 유리에 닿으면서 발생하게 되는 현상의 일반적인 결로 현상이다.

이럴 경우 유리창의 김서림을 막기 위해 에어컨을 틀면 순식간에 김서림이 사라진다. 그렇게 에어컨을 장시간 켜 놓으면 이번에는 차량 내부가 아닌 외부에 김이 서리기 시작하고 이를 제거하기 위해 와이퍼를 작동해야 한다. 이를 역전 결로라고 한다.

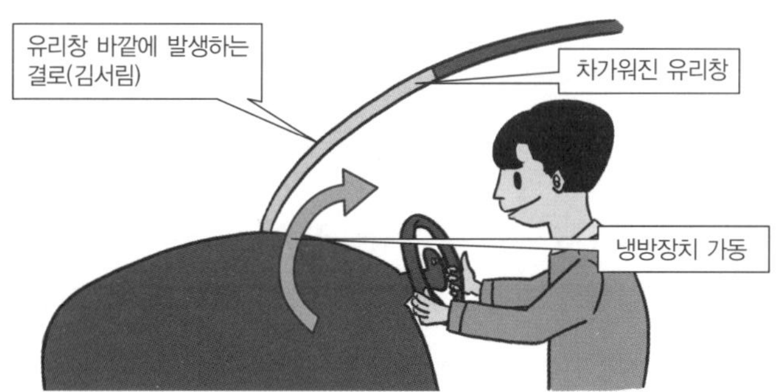

● 여름철 결로는 겨울철에 비하면 양적으로는 적지만, 여름철에 발생하는 목재부후
균이 번식하는 온도 영역이기 때문에 곰팡이 발생이 쉬운 여름철 온도를 무시할 수
는 없다.

(2) 여름철 벽체 결로

● 여름철 역전 결로는 냉방으로 실내가 차가워진 경우에 발생하게 된다.

한여름 외벽이 태양열에 의해 온도가 높아지고 그 열로 데워진 목재 등에서 발생하
는 수분이 냉방으로 차가워진 실내 벽에 도달하게 되는 경우이다.

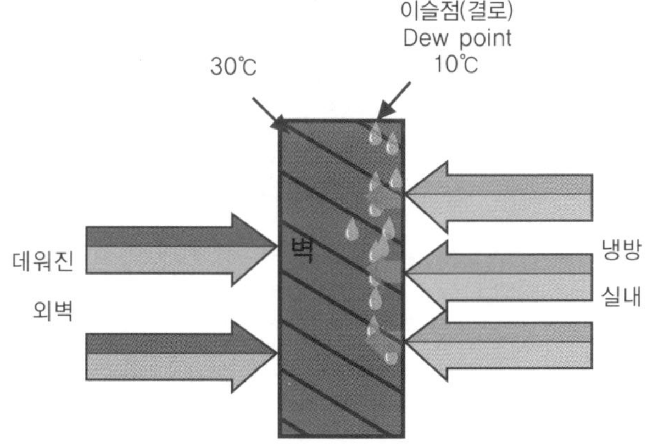

● 여름철 냉방으로 인해 실내 온도가 낮아지고, 낮아진 실내 온도의 영향으로 벽체 온
도도 떨어져 있는 상태이다.

외부와 접한 벽체에서는 외부의 높은 온도의 영향으로 벽체가 데워진다.

내부의 낮은 온도와 외부의 높은 온도가 충돌하는 벽체 중간 지점에서 노점이 형성되고 결로가 발생하는 현상을 보인다. 실내에서 심한 냉방을 하지 않는 경우 이런 현상은 볼 수 없다.

▶ **목조주택에서는 여름철의 되짜기 현상에 의해서 목재 등에 포함되어 있는 수증기가 벽체 내로 방출되어 단열재 내부로 습도가 높아지게 됨에 따라 목재부후균의 번식이 염려될 수 있다. — 건조 목재를 사용함으로 이런 역전 현상을 막을 수 있다.**

(3) 여름철 지하주차장 결로

● 지하실 내부의 온도는 지온에 따라 좌우되지만, 지상에 건물이 있는 경우 지상 온도의 영향을 덜 받게 된다.

지상에 노출된 뜨거워진 도로 지표면의 온도가 지하실 내부로 전해지기 때문에 여름철 지하실 결로는 건물의 중심부에서 발생하기 쉽다.

지하주차장 양측에 출입구가 있는 경우 공기의 순환으로 지하실 내부를 건조할 수 있지만, 한쪽에만 출입구가 있는 경우 안쪽에 공기가 순환할 수 없어 결로를 발생시킨다.

17. 수도관 결로

● 벽 속의 수도관은 결로하기 쉽다.

● 물이 벽 속 단열재를 적시면 단열재의 기능을 잃게 한다.

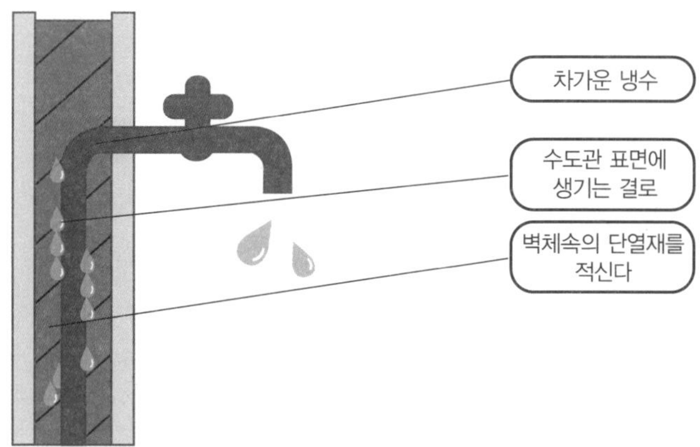

● 단열재가 물을 먹으면 단열기능이 현저히 떨어지는 것은 물론이고 물을 먹은 단열재의 자체 무게 때문에 처짐 현상이 발생하면서 윗부분에 공간이 생기게 되어 단열이 깨지게 된다. 이런 경우를 방지하기 위해서 수도관 주변으로는 확실한 기밀시공을 통하여 닫힌 공간을 만들어 줌으로 결로 발생을 억제해야 한다.

● 설비에서 이중배관을 만들어 수도관 냉수의 온도가 주변에 미치지 않도록 하는 방법도 있다.

▶ 냉수 파이프 표면에 생기는 결로 현상

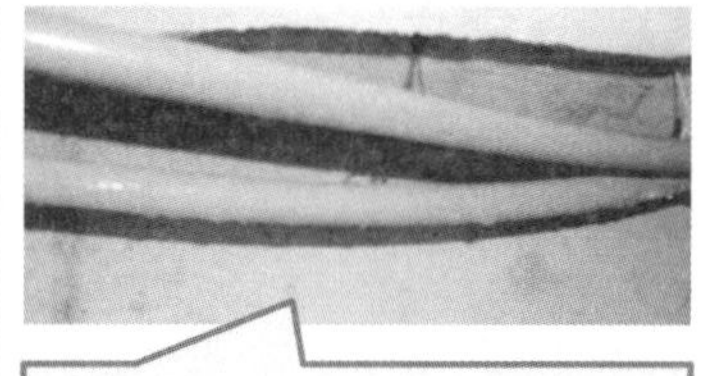

18. 다락방 결로

(1) 아래층의 따뜻한 공기가 다락으로 올라간다.

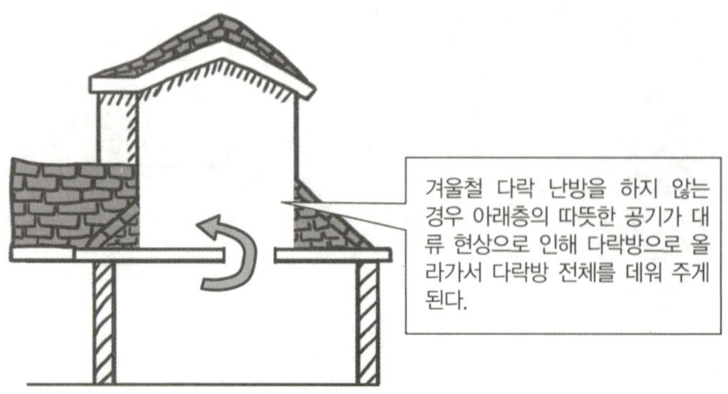

(2) 다락 난방을 하지 않은 경우

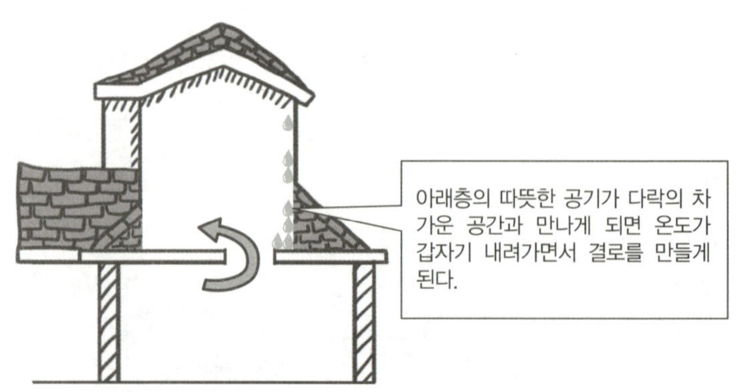

(3) 다락의 온도를 맞춰주는 경우

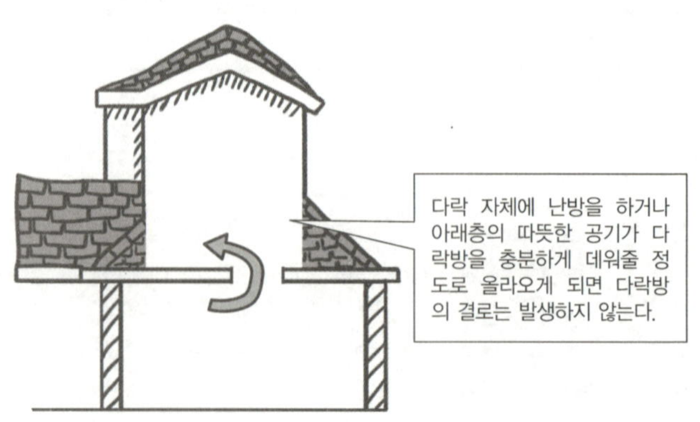

⑷ 다락방 개구부 기준

● 다락문을 만들어 다락을 사용하지 않을 때 완전히 닫아 준다.

● 개구부가 기준보다 작으면 공기의 출입을 제한하게 되어 결로가 발생한다.

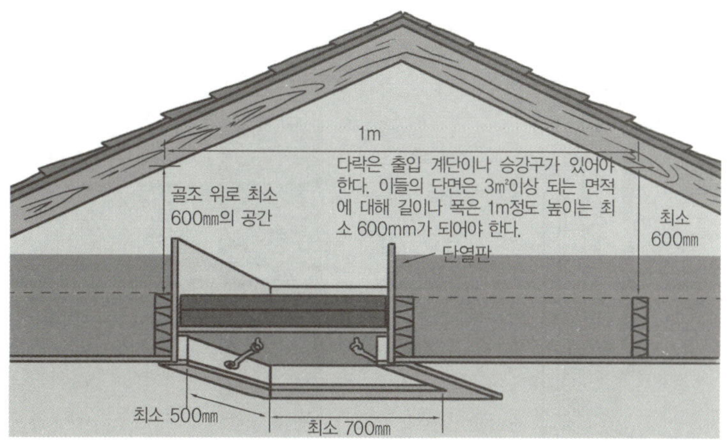

19. 굴뚝 결로

● 벽난로를 설치한 집은 집안에서 지붕으로 굴뚝을 설치하게 되는데 뜻하지 않게 굴뚝을 통해 마치 비가 오는 것 같이 물이 떨어지는 현상을 볼 수 있다.

여름철에는 지붕에 연결된 방수가 깨진 경우를 제외하고는 보기 힘든 현상이지만, 겨울철에 특히 벽난로에 불을 지피지 않는 경우 흔하게 볼 수 있는 현상이다.

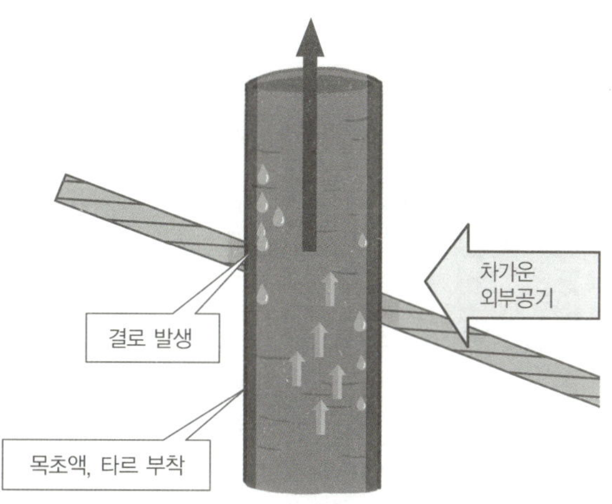

● 외부에 접촉되는 연도의 충분한 단열

● 난로를 사용하지 않을 때는 입구를 완벽하게 막아 공기의 출입을 막음

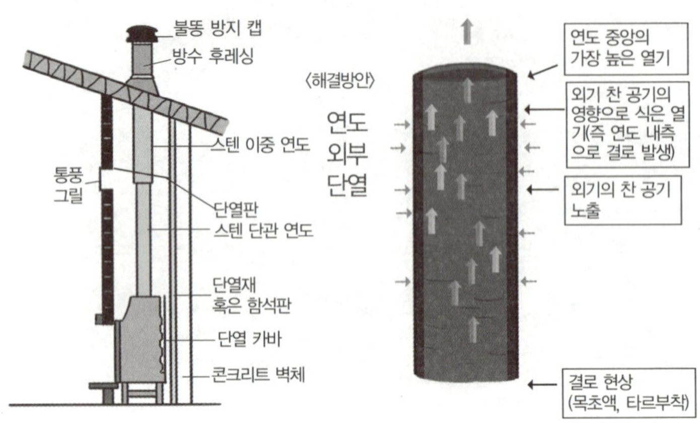

● 겨울철 실내의 따뜻한 공기는 위로 올라가고 굴뚝의 외부와 접한 면을 만나게 된다. 굴뚝이 외부와 접하는 면은 차갑기 때문에 따뜻한 공기와 만나 결로가 발생한다.

20. 창호 결로

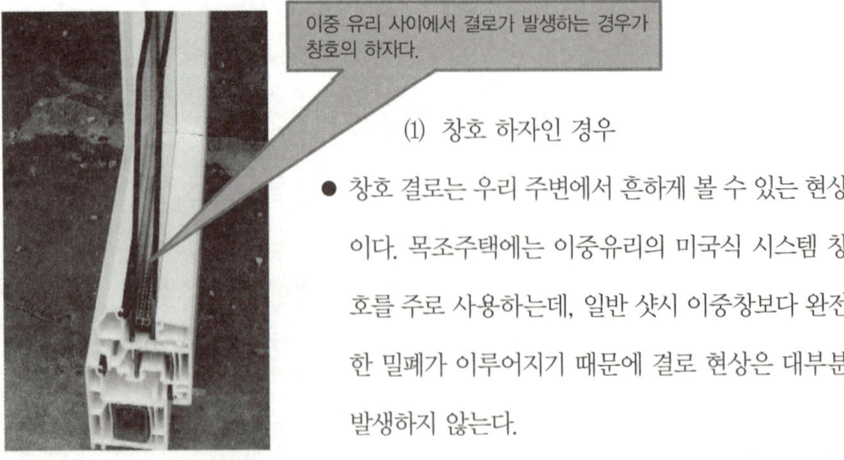

(1) 창호 하자인 경우

● 창호 결로는 우리 주변에서 흔하게 볼 수 있는 현상이다. 목조주택에는 이중유리의 미국식 시스템 창호를 주로 사용하는데, 일반 샷시 이중창보다 완전한 밀폐가 이루어지기 때문에 결로 현상은 대부분 발생하지 않는다.

● 날씨가 심하게 추우면 창호에 결로가 발생한다. 창호의 이중유리 사이에 발생하는
결로가 창호의 하자이고, 창호의 표면에 발생하는 결로는 창호 성능에 따른 어쩔
수 없는 결로 현상이다.

(2) 3중 유리 창호

▶ **결로 방지를 위한 3중 유리 창호**

(3) 커튼이 있는 경우의 결로

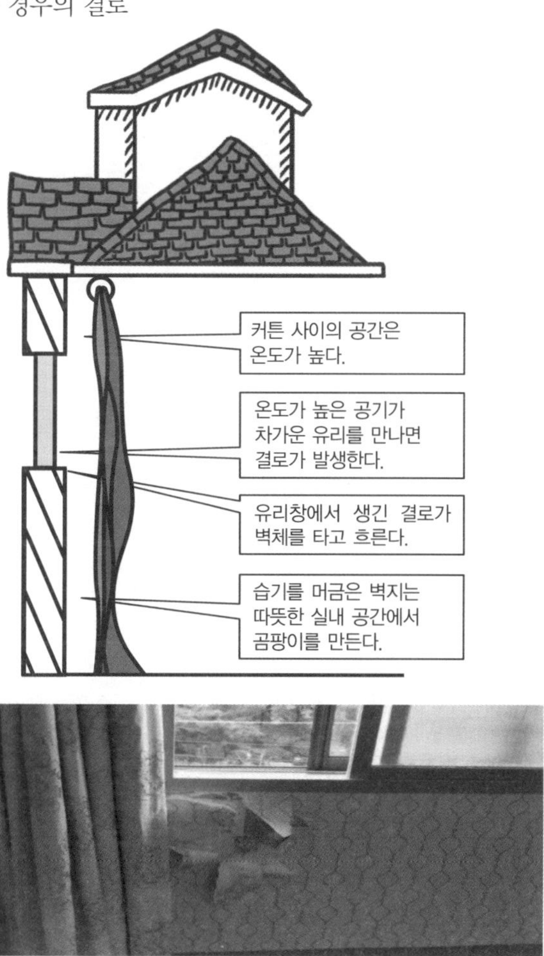

목조주택의 단열

CHAPTER 15

목조주택의
단열

1. 에너지절약설계기준

　신·재생에너지 이용 건축물의 건축 기준이 완화되고, LED 사용 권장 등을 통해 건축물의 에너지 성능 향상을 유도하는 등 국토해양부에서 에너지 절약형 건축물 보급의 확대를 위해 에너지절약설계기준이 개정됐다.

　건축물 에너지절약설계기준은 전체 면적 500㎡ 이상 건축물에 대해 단열 기준 이외에 추가로 지켜야 하는 의무·권장 사항을 규정하고 있다. 특히 적용 대상 중 에너지 소비가 많은 건축물에 대해서는 에너지절약계획서를 제출하게 하고, 이를 평가해 점수화해서 민간 건축물은 60점, 공공 건축물은 74점 이상일 경우에만 건축 허가를 받게 하고 있다.

　최근 개정된 주요 내용에는 탑상형 아파트가 증가함에 따라 옆벽의 개념을 재정의하고, 방풍 구조의 정의 및 외부 단열의 주목적인 열교차단을 구체적으로 명시했다. 아울러 신·재생에너지 이용을 확대하기 위해 풍력 발전 설비, 지열히트 펌프 용량 등 새로운 에너지 성능 평가 항목을 신설했다. 또 공공 건축물의 경우 에너지효율등급을 취득했더라도 일정 수준 이상의 성능 점수를 받도록 해서 보다 엄격한 평가를 통해 에너지 절약에 선도적인 모범을 보이도록 했다.

　이와 함께 급·배수 소화 배관의 단열 항목 등 실효성이 없거나 점수 취득이 쉬워 대부분 만점을 받는 항목 배점을 축소했다. 대신 건축주의 자발적인 참여를 유도하기 위해 LED, 에너지 효율 1등급 보일러 등에 대한 배점과 사무 용도의 냉난방 에너지 효율, 숙박 용도의 외벽 평균 열관류율에 대한 배점을 확대했다. 아울러 신·재생에너지 보급 활성화를 유도하기 위해 신·재생에너지 이용 건축물 인증 취득 시 용적률, 높이 제한 등 건축 기준 완화 인센티브를 받을 수 있도록 했다. 따라서 1등급은 3%, 2등급은 2%, 3등급은 1%의 인센티브를 받게 된다.

2. 열전도율, 열관류율, 열저항

단열을 이해하기 위해서는 적어도 열전도율, 열관류율, 열저항이라는 세 가지 용어는 알아야 한다. 세 가지 용어의 사전적 의미는 다음과 같다.

- 열전도율: 물체 내부에서 열의 전달 정도를 나타낸 비율로 물체 내부의 임의의 점에서 등온면(等溫面)의 단위 면적을 지나 이것과 수직으로 단위 시간에 통과하는 열량과 이 방향의 온도 기울기와의 비(比)로 나타낸다. 열전도율은 온도나 압력에 따라 달라진다.
- 열관류율: 열의 전달 정도를 나타내는 용어로 단위 면적의 재료를 통과하는 열량을 말

한다. 열관류 시험을 통해 건축물의 열에너지 손실 방지 성능을 판단할 수 있고, 건축 단열 부재 및 벽, 창, 문 등의 단열 성능을 측정할 수 있다.

▪ 열저항: 물체에서의 열 흐름을 방해하는 힘의 척도를 말한다.

(1) 열전도율이란?

두께가 1m인 재료의 열전달 특성이며 단위는 W/mk나 Kcal/mh℃로 나타낸다. (k=℃, 즉, W/mk=W/m℃)

(2) 열관류율(U값)이란?

특정 두께를 가진 재료의 열전도 특성이며 단위는 W/㎡k로 나타낸다. 세상의 모든 재료가 1m 두께로만 이루어져 있다면 열전도율만 알아도 되지만, 창호, 또는 문의 두께가 각각 다른 만큼 열관류율 값을 알아야 집의 단열을 설명하기 쉽다.

#TIP 열 관련 용어 정리

▪ 열관류율 K(kcal/㎥.h.℃)

열관류는 열이 벽과 같은 고체를 통하여 공기층에서 공기층으로 열이 전해지는 것을 말하며, 단위 시간에 1㎡의 단면적을 1℃의 온도차로 있을 때 흐르는 열량을 열관류율이라 한다.

▪ 열전도율 λ(kcal/㎥.h.℃)

열전도는 열을 재료의 앞쪽 표면에서 뒤쪽 표면으로 전달하는 것을 말하며, 두께1m, 면적 1㎡인 재료의 앞쪽 표면에서 뒤쪽 표면으로 1℃의 온도차로 1시간동안 전달된 열량을 열전도율이라 한다.

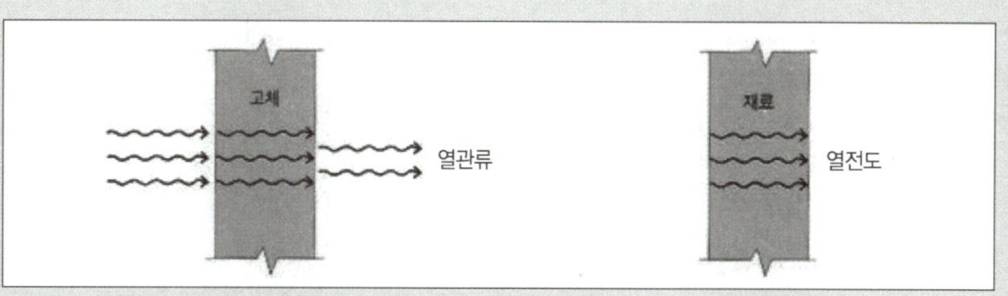

- 열저항 R(㎥.h.℃/kcal)

  고체 내부의 한 지점에서 다른 한 지점까지 열량이 통과할 때 이 통과 열량에

  대한 저항의 정도를 말한다.

- 열전도율과 열관류율을 상호 이해하기 위한 단위 설명

열전도율 나누기 두께이므로 W/mk÷m

분수의 위아래에 모두 mk를 곱하면 분수가 약분(단위는 W/㎡k)

$$\text{①}\quad\text{②}\quad\text{③}\quad\text{④}$$

$$\frac{\dfrac{W}{mk}}{m} = \frac{\dfrac{W}{mk} \times (mk)}{m \times (mk)} = \frac{\dfrac{W}{mk} \times (mk)}{m \times (mk)} = \frac{W}{m^2 k}$$

(3) 열저항(R값)이란?

열저항은 1÷열관류율, 열관류율의 역수이다. 두께÷열전도율, 단위는 ㎡k/W이며 R

값이라고도 한다. 주로 미국에서 사용하는 값이며 숫자가 클수록 성능이 높다.

$$\frac{\text{두께(미터)}}{\text{열전도율}} = \text{열저항}$$

(4) 패시브하우스의 외벽 계산 예

PHI에 의하면 패시브하우스의 외벽 열관류율은 0.15W/㎡k 이하로 되어 있다. 비드법 1호 단열재(EPS, 스티로폼)만으로 이런 열관류 기준을 달성하려면 어느 정도의 두께가 되어야 하는지 계산해 보자.

$$\text{열전도율} \div \text{두께} = \text{열관류율}$$
$$\text{열전도율} \div \text{열관류율} = \text{두께}$$

$$\frac{\text{열전도율}}{\text{열관류율}} = \text{두께(미터)}$$

그러므로 외벽의 열관류율이 0.15W/㎡k이 되기 위해서는 0.034÷0.15=0.226미터가 나온다. 즉, 비드법 1호 단열재 226mm를 설치해야 만족할 수 있다.

단열재를 제외한 콘크리트 등 재료의 열전도율이 높아서 전체 벽체의 열관류율 숫자에 큰 도움이 되지 않는다. 따라서 열관류율을 계산할 때 단열재만으로 계산하는 것이 계획 설계 단계에서 하는 가장 빠른 방법이다.

(5) 표면 열전달저항

벽체에서 열이 전달되는 순서를 그림으로 표현하면 표면 열전달저항을 이해하기 쉽다.

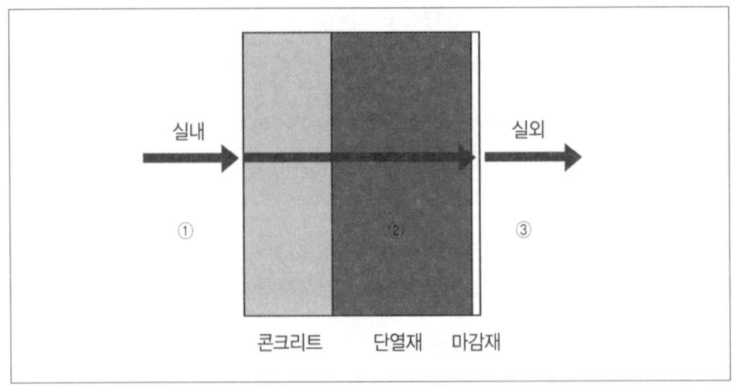

벽체 구성의 처음과 끝에서 열을 전달하려는 힘에 대한 저항력을 말하며, 실내의 열은 ①벽을 뚫고 들어가서 ②벽을 통과해서 ③벽을 다시 뚫고 나가야 한다(겨울 기준). 여기서 ①과 ③에서 저항이 생긴다.

①이 실내 표면 열전달저항이고, ③이 외표면 열전달저항이다. 물체 표면에 가까이

있는 공기는 열저항 요소로 작용하기 때문이다.

표면 열전달저항의 수치에 대해서는 '건축물설비등에관한규칙' 에 규정되어 있다.

#TIP 표면열전도저항 [단위:㎡·K/W]

건축물의 에너지절약설계기준(국토해양부 고시 제2012-69호)

열전달저항 건물 부위	실내표면열전달저항 Ri [단위:㎡·K/W] (괄호 안은 ㎡·h·℃/kcal)	실외표면열전달저항 Ro [단위:㎡·K/W] (괄호 안은 ㎡·h·℃/kcal)	
		외기에 간접 면하는 경우	외기에 직접 면하는 경우
거실의 외벽 (옆벽 및 창, 문 포함)	0.11(0.13)	0.11(0.13)	0.043(0.050)
최하층에 있는 거실 바닥	0.086(0.10)	0.15(0.17)	0.043(0.050)
최상층에 있는 거실의 반자나 지붕	0.086(0.10)	0.086(0.10)	0.043(0.050)
공동주택의 층간 바닥	0.086(0.10)	–	–

#TIP 열관류율 계산 시 적용되는 중공층의 열저항

건축물의 에너지절약설계기준(국토해양부 고시 제2012-69호)

공기층의 종류	공기층의 두께 da (cm)	공기층의 열저항 Ra [단위:㎡·K/W] (괄호 안은 ㎡·h·℃/kcal)	
① 공장 생산된 기밀제품	2cm 이하	0.086×da(cm)	(0.10×da(cm))
	2cm 초과	0.17	−0.2
② 현장 시공 등	1cm 이하	0.086×da(cm)	(0.10×da(cm))
	1cm 초과	0.086	−0.1
③ 중공층 내부에 반사형 단열재가 설치된 경우	방사율 0.5 이하 : ① 또는 ②에서 계산된 열저항의 1.5배 방사율 0.1 이하 : ① 또는 ②에서 계산된 열저항의 2.0배		

#TIP 건축물의 설비 등에 관한 규칙 내용 중 부위별/지역별 열관류율 제한표

2010년 11월 5일 개정 법령: [규칙 별표 4] 지역별 건축물 부위의 열관류율 표

건축물의 부위/ 지역			중부 지역	남부 지역	제주도
거실의 외벽	외기에 직접 면하는 경우		0.36 이하	0.45 이하	0.58 이하
	외기에 간접 면하는 경우		0.49 이하	0.63 이하	0.85 이하
최상층에 있는 거실의 반자나 지붕	외기에 직접 면하는 경우		0.20 이하	0.24 이하	0.29 이하
	외기에 간접 면하는 경우		0.29 이하	0.34 이하	0.41 이하
최하층에 있는 거실의 바닥	외기에 직접 면하는 경우	바닥 난방인 경우	0.30 이하	0.35 이하	0.35 이하
		바닥 난방이 아닌 경우	0.41 이하	0.41 이하	0.41 이하
	외기에 간접 면하는 경우	바닥 난방인 경우	0.43 이하	0.50 이하	0.50 이하
		바닥 난방이 아닌 경우	0.58 이하	0.58 이하	0.58 이하
공동주택의 옆벽			0.27 이하	0.36 이하	0.45 이하
공동주택의 층간 바닥	바닥 난방인 경우		0.81 이하	0.81 이하	0.81 이하
	그 밖의 경우		1.16 이하	1.16 이하	1.16 이하
창과 문	외기에 직접 면하는 경우	공동주택	2.10 이하	2.40 이하	3.10 이하
		공동주택 외	2.40 이하	2.70 이하	3.40 이하
	외기에 간접 면하는 경우	공동주택	2.80 이하	3.10 이하	3.70 이하
		공동주택 외	3.20 이하	3.70 이하	4.30 이하

(제21조 관련/ 단위: W/㎡K)

3. 열전도율

종류	열전도율(W/mk,20°C)	비고
콘크리트	1.4	밀도: 2,250(kg/㎥)
유리	0.72	밀도: 2,500(kg/㎥)
철	70	밀도: 7,874(kg/㎥)
알루미늄	200	밀도: 2,700(kg/㎥)
시멘트 벽돌	0.38	밀도: 1,800(kg/㎥)
무근 콘크리트	1.63	
기포 콘크리트	0.16	
화강석	3.3	
흙벽(황토 벽돌)	0.204	
흙(자연 상태)	0.58	
ALC 블록	0.092	밀도: 540(kg/㎥)
스티로폼	0.037	
유리섬유	0.044	밀도: 200(kg/㎥)
정지 공기	0.027	
목재	0.14	
합판	0.14	밀도: 550(kg/㎥)
석고보드	0.22	
폴리우레탄폼	0.018	밀도: 35(kg/㎥)
삼나무	0.099	
코르크판	0.04	
물	0.5	

#TIP 각종 재료들의 단열 성능(R값이 클수록 높은 단열 성능)

재료		R값(두께 1")
목재(구조재, 합판)		1.25
벽돌, 콘크리트		0.2
유리섬유		3.12
스티로폼		4
금속	철	0.003
	알루미늄	0.001
유리(단일창)		0.88

① 두께 1인치당 열전도에 대한 저항 능력

② 스티로폼이 유리섬유보다 단열성은 높지만, 이음매 부분에 대한 완벽한 단열 처리가 어려워서 실제적인 단열 효과는 20% 정도 떨어진다.

③ 목재는 콘크리트보다 단열 효과가 6배 정도 높다.

4. 단열 시공

(1) 유리섬유(Grass Wool) 작업 시 주의사항

　① 피부와 폐의 자극을 막기 위해 작업복과 장갑, 방진 마스크를 착용한다.

　② 운반과 보관에 편리하도록 만들어진 포장은 작업 직전에 풀어 그전 작업에 방
　　해되지 않도록 한다.

　③ 외부 방수 작업, 창호 설치, 전기 배선 및 내부 배관 공사 완료 후에 시공한다.

(2) 바닥구조 단열재 설치

　① 바닥 단열재의 처짐을 방지하기 위한 철물을 사용한다.

　② 철물은 간격에 맞게 설치하며 넘어지지 않도록 목재에 박고 끈으로 연결해 지
　　지한다.

　③ 바닥 구조체를 기밀막으로 감싸는 방법으로 시공할 경우 단열재의 처짐과 습
　　기의 차단, 단열성이 증대된다.

　④ 1층 바닥 단열재는 위에서 아래로 시공한다.

　⑤ 2층 바닥 단열재는 아래에서 위로 시공한다.

　⑥ 단열재 시공 후 기밀막을 추가로 설치하면 방습 효과가 커진다.

(3) 벽체 단열재 설치

　① 기본 스터드 높이인 경우 단열재 한 장(93″)으로 설치할 수 있다.

　② 벽체가 높은 경우 이어서 시공하되 빈 공간의 길이보다 12mm(1/2″) 이상 크게
　　가공 시공 후 테이핑 처리한다.

　③ 벽체 방습지의 날개 고정은 스터드 위로 양쪽 겹침 시공한다.

　④ 습기 발생이 예상되는 곳으로 방습지를 보이게 시공한다.

　⑤ 방습지의 방향은 외벽은 집안, 내벽은 화장실이나 주방으로, 바닥은 아래쪽
　　으로 향하게 시공한다.

⑥ 천장 단열재는 아래에서 방습지가 보이게 시공한다.

⑦ 천장 단열재 방습지의 날개는 장선 옆으로 고정 설치한다.

(4) 노출 천장의 단열재 설치

① 컬러타이 아래로 마감할 경우 단열재는 컬러타이에 시공한다.

② 지붕 환기가 원활하도록 컬러타이 위쪽까지 서까래 벤트를 설치한다.

③ 노출 천장의 경우 서까래를 따라 단열재를 시공한다.

④ 지붕 환기가 원활할 수 있도록 서까래 벤트를 리지보드까지 설치한다.

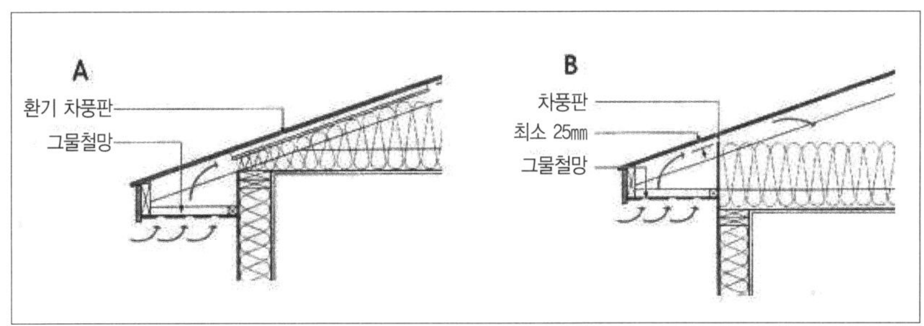

(5) 틈새 및 작은 공간의 단열

① 창호, 문의 틈새는 창호 전용폼으로 빈틈없이 채운다.

② 유리섬유 단열재로 틈새를 메꿀 경우 빡빡하지 않게 틈새를 채워준다.

③ 토대의 절단부, 노출못 등 철물이 있는 곳은 우레탄폼으로 처리하여 결로를
   방지한다.

④ 박스헤더, 코너, 베커 등의 내부에도 유리섬유 단열재나 우레탄폼 처리하여
   결로를 방지한다.

⑤ 구조재 사이도 빈틈없이 채워준다. 유리섬유의 경우 빡빡하게 밀어 넣으면
   안 된다.

(6) 설비 배관 관계

① 벽체 설비 배관은 내부에서 노출되게 설치하며, 천장 설비 배관은 단열재 위로 설치한다.

② 설비에 문제가 발생했을 때, 벽체는 내부마감재를 제거한 후 점검할 수 있게 하고, 천장은 점검구를 통해 보수할 수 있도록 한다.

③ 콘센트 박스 뒤쪽으로 단열 처리하고, 내부 기밀막을 이용하여 밀폐 시공한다.

(7) 단열 시공 상세

① 솜형 섬유 단열재와 주위 재료 사이에 포켓이나 빈틈이 없어야 한다.

② 코너 베커 등 구조체의 구석진 부분에 대해 확실하게 단열해야 한다.

5. 목조주택의 단열 비교

(1) 황토 벽돌집과 목조주택

	열전도율(W/mk,20°C)	비고
황토 벽돌	0.204	
일반 흙(자연 상태)	0.58	
유리섬유(Glass Wool) 단열재	0.044	
나무(구조재)	0.14	

전원 웰빙 주택으로 흙집, 황토 벽돌을 선호하는 경향이 있다. 하지만 흙이나 황토의 단열 성능에 대해서는 정확하게 알고 넘어가야 할듯해서 황토 벽돌집과 목조주택의 단열 성능을 비교해 보았다.

목조주택에서 사용하는 유리섬유(Glass Wool) 단열재와 황토 벽돌은 단열 성능이 5배 정도 차이가 있다. 쉽게 말하면 목조주택의 벽체 두께가 10㎝인 경우 황토 벽돌을 사용할 때에는 벽체 두께가 50㎝는 되어야 같은 단열 성능을 가진다. 따라서 황토 벽돌집은 이중 벽돌로 시공하여 단열 성능을 보강하는 공법을 사용한다. 일반 흙다짐집은 단열 성능이 황토 벽돌보다 2.5배 이상 더 떨어진다.

(2) ALC 벽돌집과 목조주택

	열전도율(W/mk,20°C)	비고
ALC 블록	0.092	
유리섬유(Glass Wool) 단열재	0.044	목조주택 단열재
나무(구조재)	0.14	

ALC 블록의 경우 목조주택에서 사용되는 유리섬유(Glass Wool) 단열재보다 단열 성능이 2배 이상 떨어진다. 따라서 같은 단열 성능을 유지하기 위해서는 ALC 블록의 경우 목조주택의 벽체 두께보다 2배 이상 두꺼운 벽체 두께가 필요하다.

① ALC(Autoclaved-Lightweight Concrete)란?

ALC는 가벼운 콘크리트라고 생각하면 된다. 석회와 규산을 혼합한 원료에 물과 기포제를 넣고 고온·고압의 오토클레이브에서 구워내는 것이다. 마치 밀가루에 이스트를 넣고 오븐에 구우면 크게 부푼 식빵이 만들어지는 것과 같다. 오븐 역할을 하는 것을 오토클레이브(Autoclave)라고 하는데, 180℃ 온도와 10기압의 압력에서 증기를 양생시키는 기구를 말한다. 규산질 원료와 석회질 원료의 비율은 제조 회사마다 다르지만, 소재나 제품의 물리적·화학적 성질에는 큰 차이가 없다.

② ALC의 장점

ALC는 무공해 자재이다. 환경 지향적 건자재로 한국과 일본에서는 농림부로부터 비료로 인증받았고, 유럽에서도 에너지 절약형 환경 보호 자재임을 인증받은 상태이다. 실제 시공 후 남은 ALC 블록을 잘게 부수어 마당을 까는 석회분 대용으로 쓰거나 작물의 거름으로 사용할 수 있다.

ALC는 일반 콘크리트보다 4~5배나 가벼워 시공이 편리한 장점이 있다. 성인이라면 600mm×300mm×250mm의 외벽용 블록 하나쯤은 간단히 들 수 있고, 시멘트 블록보다 사이즈가 훨씬 커서 1루베(m³)에 들어가는 블록의 수가 그만큼 적으니 시공 기간도 짧다.

③ ALC의 단점

ALC의 단점은 습기에 약하다는 것이다. 양생하는 과정에서 생긴 공기층이 전체의

80%를 차지하기 때문에 이런 공기층이 충분한 단열 성능을 담보하지만, 반대로 흡수되는 수분의 양이 상당하기 때문에 마감재도 무척 빨리 흡수해버려 두꺼운 칠이 힘들 정도이다.

자재를 보관할 때 비를 맞는 것을 피하고 습도가 70%가 넘는 날은 시공을 하지 않는 등 철저한 시공 관리가 필요하다.

④ ALC 블록의 종류

- 일반블록: K.S 규정에 의한 비중 0.5의 표준폼으로 압축강도 290 N/㎠ 이상 (30kg/㎠ 이상)인 블록

- 발수블록: 원료 배합시 실리콘 오일을 첨가해 발수 성능을 높인 흡수율 20% 이하의 블록

- 고강도 블록: 차음구조용 벽체나 구조적인 강도를 요구하는 벽체에 사용하는 비중 0.55 이상, 압축강도 490 N/㎠(50kg/㎠) 이상인 블록

(3) 조립식 패널 주택과 목조주택

	열전도율(W/mk,20° C)	비고
스티로폼(EPS)	0.037	
유리섬유(Glass Wool) 단열재	0.044	목조주택 단열재
나무(구조재)	0.14	

조립식 패널 주택은 목조주택에서 사용되는 유리섬유(Glass Wool) 단열재와 비슷한

단열 성능을 가진다. 그런데 패널 집이 춥다고 말하는 이유는 패널과 패널 사이의 기밀 시공이 치밀하지 않기 때문이다. 특히 벽체와 지붕의 연결 시공에서 완벽한 기밀 시공이 이루어지지 않기 때문에 내부의 열을 뺏긴다. 또한, 조립식 패널 주택의 시공 특성상 연결 부위의 열교(Heat Bridge) 현상으로 인해 주택의 전체적인 단열 성능이 저하된다. 따라서 중부 이북 지방에서 패널 집을 지을 때에는 이중 벽체로 시공해서 이러한 단열 성능의 결함을 보완해 준다.

(4) 콘크리트 집과 목조주택

	열전도율(W/mk,20° C)	비고
유리섬유(Glass Wool) 단열재	0.044	목조주택 단열재
나무(구조재)	0.14	

콘크리트는 그 자체로 단열 성능을 갖지 못한다. 따라서 반드시 외벽을 통한 외단열이나 내단열 시공을 해주어야 한다. 콘크리트는 일반 주택 벽체로서 단열 성능이 없어서 보조 단열을 어떤 소재로 하는가에 따라 주택의 전체 단열 성능이 좌우된다.

- 철근 콘크리트 구조의 결로(결로로 인한 곰팡이 포함)가 많이 발생하는 부분(외

기와 면한 구조체)

① 벽체와 지붕 슬래브가 만나는 부위

② 창문틀 주위

③ 1층이 필로티인 경우 필로티 상단과 만나는 벽체의 아랫부분

(5) 벽돌 주택과 목조주택

	열전도율(W/mk,20° C)	비고
시멘트 벽돌	0.38	
유리섬유(Glass Wool) 단열재	0.044	목조주택 단열재
나무(구조재)	0.14	

시멘트 벽돌의 단열 성능은 목조주택에서 사용되는 유리섬유(Glass Wool) 단열재보다 9배 정도의 단열 성능 차이를 보인다. 따라서 벽돌 주택의 경우 많은 현장에서 이중 조적 시공 방법을 택하게 되며 이중벽 사이에 보조 단열재를 사용하여 단열 성능을 향상한다.

(6) 통나무주택과 목조주택

	열전도율(W/mk,20° C)	비고
나무	0.14	
유리섬유(Glass Wool) 단열재	0.044	목조주택 단열재
나무(구조재)	0.14	

통나무주택에서 사용되는 벽체 부재의 단열 성능이 목조주택의 나무보다 3배 정도로 떨어지기 때문에 벽체의 두께도 3배 정도 되어야 비슷한 단열 성능을 갖게 된다. 건축 부재로서 나무 자체의 단열 성능이 좋다고는 하지만 완벽한 단열 성능을 보여주기에는 조금 부족하다.

통나무는 그 외관을 보면 빈 틈새가 없어 보이나, 사실은 목질(세포벽질)과 함께 상당한 양의 공극으로 이루어진 다공성 재료이다. 목재에서 목질이 차지하는 비율을 실질율이라고 하고, 공기가 들어 있는 공극이 차지하는 비율을 공극률이라 부른다. 우리가 통나무집을 지을 때 많이 사용하는 Douglas-fir는 68%가 공극이고 38%는 목질로 이루어져 있다. 대부분의 목재는 목질량보다 공극이 더 많은 셈이다.

① 건조된 목재의 공극 속에 가득 담긴 공기

생재 상태의 목재 공극 속에는 수분과 공기가 담겨 있다. 세포 공극 속에 담긴 수분을 자유수라고 하는데, 목재가 건조될 때 공극은 모두 정지된 공기로 채워져 강도가 뛰어난 천연 스티로폼이라 할 수 있다. 그래서 목재가 다른 재료들보다 가볍고, 단열성이 좋고 충격 흡수에 탁월하면서 심미성을 겸비하고 있는 것이다.

② 열전도율이 낮아 따듯하고 부드러운 느낌

목재는 눈으로 볼 때뿐만 아니라 신체와 접촉했을 경우에도 따스하며 부드러운 느낌을 준다. 열전도율이 낮아서 접촉면에서 열전달이 적게 일어나고 만져보면 쾌적한 냉·온감각적인 특성을 느낄 수 있다.

6. 정지 공기의 단열 성능

닫힌 공기의 열전도율은 단열 성능이 매우 좋아서(0.025W/mk) 웬만한 단열재보다 뛰어나다. 하지만 정지 공기가 단열재의 기능을 하기 위해서는 공기의 대류가 발생하지 않는 상태의 밀폐성을 담보해야 한다.

외장재와 단열재 사이에 형성되는 공기층(특히 Rain Screen)은 추운 겨울, 공기의 대류 현상이 없을 때 훌륭한 단열 성능을 갖는다. 한겨울에 두꺼운 솜바지 하나를 입는 것보다 얇은 홑바지 두세 벌을 입는 게 훨씬 따뜻한 것과 같은 원리이다. 홑바지 사이에 존재하는 공기층이 훌륭한 단열재 역할을 해주기 때문이다. 나일론 재질로 만들어진 스타킹이 따뜻한 이유와도 같다.

유리섬유 단열재의 경우, 유리는 열전도체로서 단열 성능이 전혀 없지만 아주 미세한 유리섬유 사이의 공기층이 단열 기능을 해 주기 때문에 전체적인 단열 성능은 목조주택의 단열재로 사용되기에 부족함이 없다.

3겹 공기층의 효과
3겹의 공기층이 창유리의 열전도를 감소시켜
에너지 효율을 높여준다

결로 방지로 곰팡이 걱정이 없다

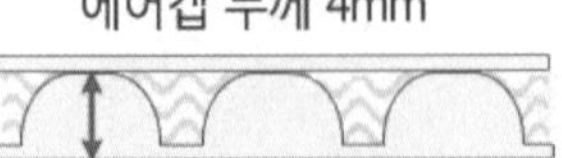

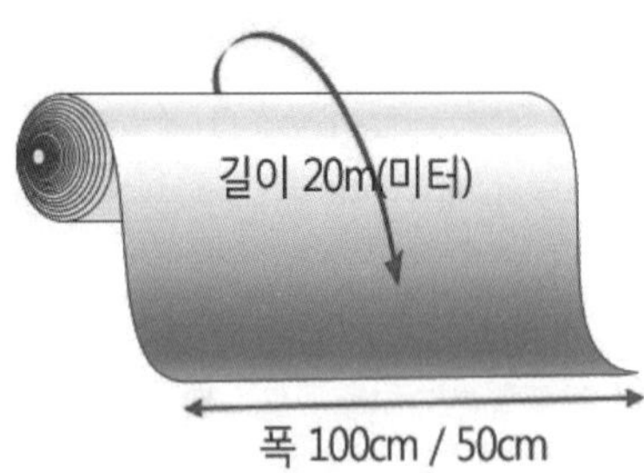

롤 단위 포장
20m 길이에 100cm / 50cm 폭으로
포장되어 있다
(폭은 100cm / 50cm)

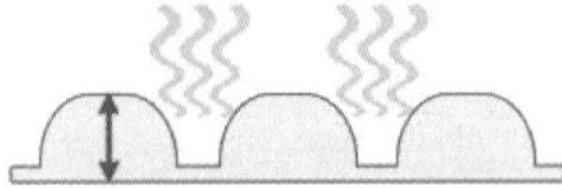

에어캡 내부 공기층에서 일어나는 대류현상으로 보온효과를 높인다
시공방법이나 사용환경에 따라 에너지 절감 효과는 차이가 있을수 있다

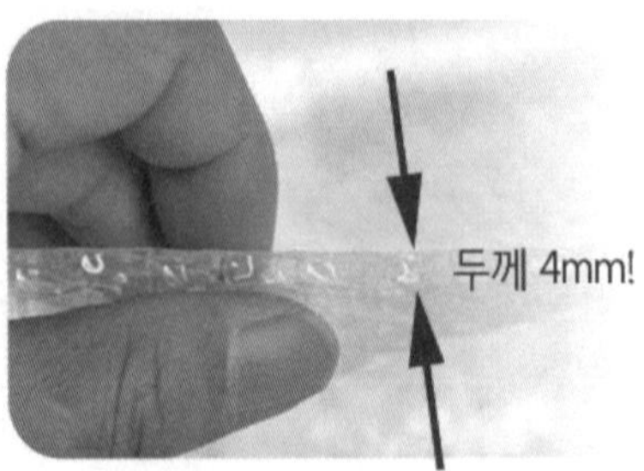

4mm 단열에어캡은
일반적인 에어캡 보다 더 우수한 보온효과를
가지고 있다

포장용 에어캡보다 두꺼운 필름으로
2중 코팅 되어 에어캡의 파손을 방지한다

7. 단열재의 종류

(1) 유리섬유 단열재　　　　　　　　　(2) 열 반사 단열재

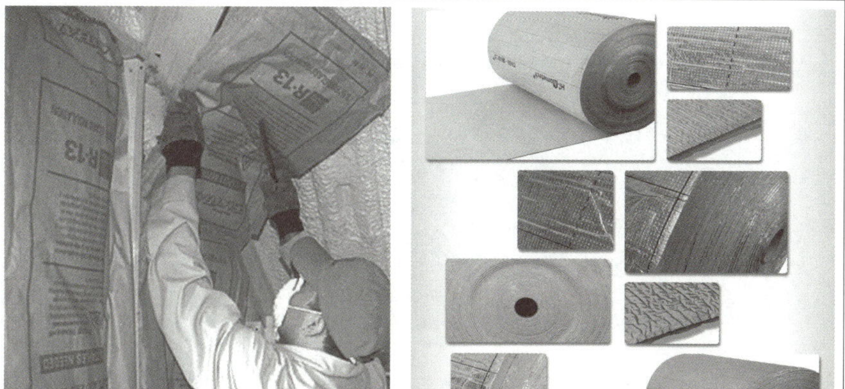

(3) 우레탄 단열재　　　　　　　　　　(4) 양모 단열재

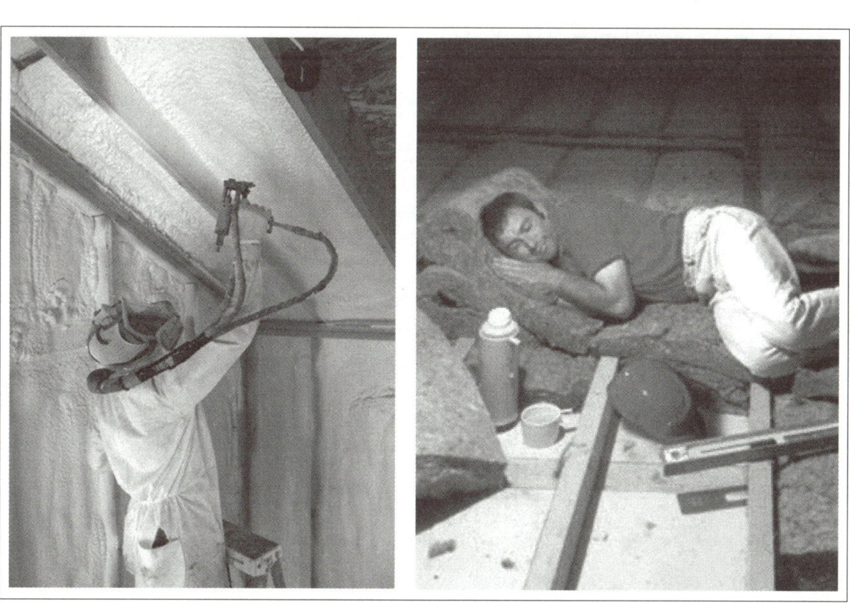

(5) 에어로젤 단열재

① 목조 주택 에어로젤 적용 사례 (고가 단열재의 효율적 사용)

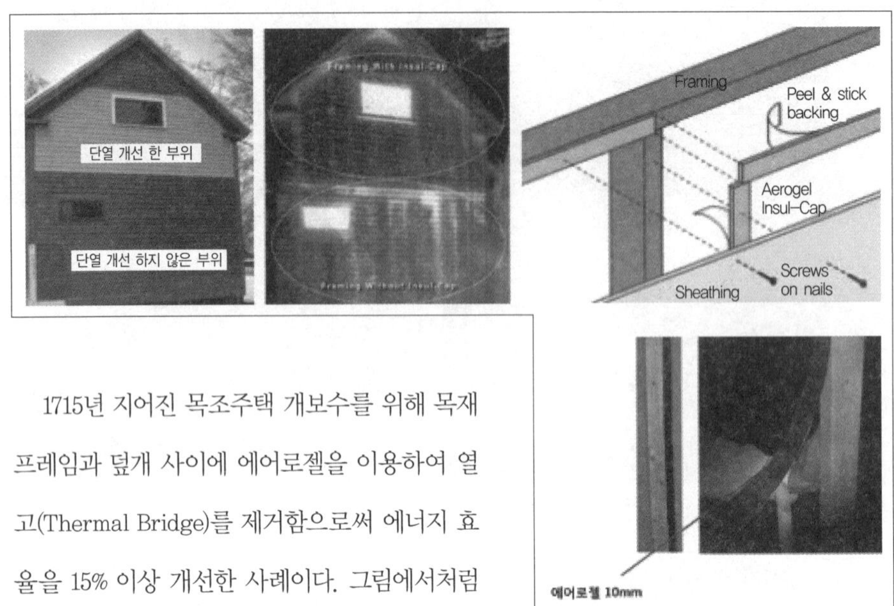

　　1715년 지어진 목조주택 개보수를 위해 목재 프레임과 덮개 사이에 에어로젤을 이용하여 열고(Thermal Bridge)를 제거함으로써 에너지 효율을 15% 이상 개선한 사례이다. 그림에서처럼 열교를 개선한 2층 부위의 열 손실은 1층보다 훨씬 적게 나온다. 그리고 프레임과 벽체 연결부위에만 에어로젤을 사용하므로 적은 예산으로도 개선할 수 있다. 이렇게 얇고 성능이 우수한 단열재는 에어로젤이 유일하다. 게다가 외부소음도 상당히 줄일 수 있다.

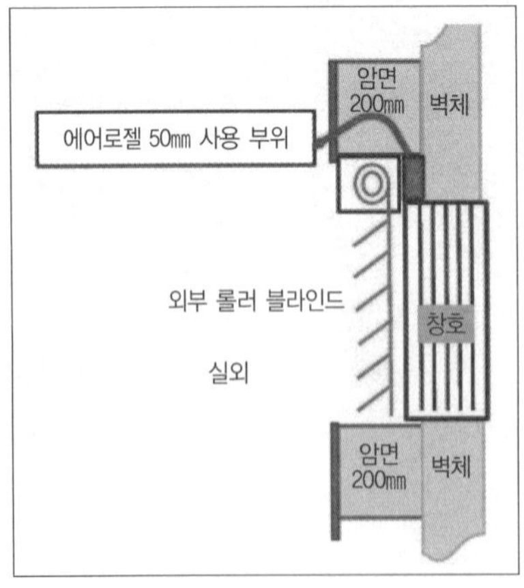

② 에어로젤 적용 개요

- 단열강화를 위해 외피에 200mm의 암면 시공
- 태양광의 효율적 차단과 통과를 위해 창 외부에 롤러 블라인드 시공
- 롤러 블라인드 케이스와 벽체 간 틈새로 인한 열효율 저하를 에어로젤 50mm로 시

공해 해결

- 상기 구조로 시공할 경우 에어로젤 50㎜는 암면 200㎜와 유사한 열관류율을 실현할 수 있음
- 독일에서는 창호 자체가 단열 특성이 우수한 자재를 사용함

8. 주택 단열 시공

(1) 기밀

건물의 기밀성은 에너지 소비와 환기의 두 가지 측면에서 매우 중요한 요소로 작용한다. '바늘구멍으로 황소바람이 들어온다'고 했다. 작은 틈새가 존재하여 공기가 제멋대로 통과하면 이를 통해 상당한 열 손실이 일어나고, 환기 시스템을 조절하기도 어렵기 때문이다.

주택의 기밀 시공은 결국 시공자의 몫으로 돌아간다. 도급 공사의 경우 금전적 문제가 걸려 있기 때문에 빠른 시공성만 강조하게 되며 결국 꼼꼼한 시공이 담보되지 않게 된다. 이런 시공비의 문제가 전체 임금액에서 30% 정도의 차이를 보인다는 건축사학회의 보고가 있다.

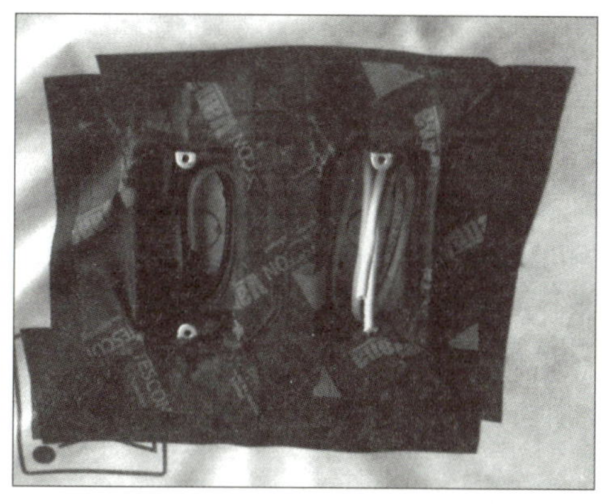

특히 목조주택은 내·외벽체를 시공한 후 단열재를 얼마만큼 꼼꼼하게 시공했는지 확인할 방법이 없다. 따라서 보이지 않는 부분을 꼼꼼하고 완벽하게 시공할 수 있는 시공 방법을 택해야 할 것이다.

기밀 시공을 실현하기 위해서 설계부터 시공까지 다음과 같은 점에 유의해야 한다.

▪ 초기 설계에서부터 기밀 시공을 위한 상세 도면을 마련하다.

▪ 배관, 전선 연결 등의 설비가 들어가는 부분의 기밀 시공을 준비한다.

▪ 이음새, 맞닿는 부분, 겹치는 부분을 최소화한다.

▪ 이음새나 맞닿는 부분을 영구적으로 기밀 시공한다.

▪ 기밀면이 형성되는 건축자재는 가능한 바뀌지 않도록 한다.

▪ 기밀면이 형성된 후에는 후속 작업에 의해 손상되지 않도록 유의한다.

(2) 환기: 열회수교환장치

최근 에너지절약형 건물을 강조하다 보니 건물 신축 시 건물의 기밀은 강화되고 실내 공기의 환기가 반드시 필요하게 되었다. 하지만 환기를 하게 되면 실내의 에너지 손실로 더욱 많은 에너지가 필요하게 되어 에너지절약형 건물이 아니라 에너지 손실형 건물이 될 우려가 생겼다. 그런 의미에서 반드시 필요한 것이 환기는 적절히 할 수 있으면서 에너지 손실은 최소로 할 수 있는 에너지회수 환기장치이다.

실내 공기의 중요성은 눈으로는 보이지 않기 때문에 간과하기 쉽다. 심지어 가정에 설치된 환기 장치를 알지 못하거나 두고도 사용하지 않고 있는 경우가 많다. 아이들의 아토피(Atopic dermatitis)나 알레르기(Allergy), 또는 새집증후군(SHS: Sick House Syndrome or SBS: Sick Building Syndrome) 등 심각한 실내 공기 문제로 인해 고통받았거나 이러한 심각성을 알지 못했던 사람들은 실내의 공기 질과 환기 장치에 대한 중요성을 알아야 한다. 그래서 환기를 적절하게 이용하여 쾌적한 삶을 유지할 수 있어야 할 것이다.

출입문이나 창호를 통한 환기는 열을 밖으로 유실시키고 외부의 냉기를 그대로 유입해 난방부하를 가중하는 결과를 가져온다. 열회수환기장치는 환기 시 나가는 공기에서 열을 흡수하여 내부로 들어오는 공기에 열을 전달하는 기능이 있기 때문에 여름이나 겨울에 아주 유용하다. 또한, 냉난방비 절약에 커다란 효과를 얻을 수도 있다.

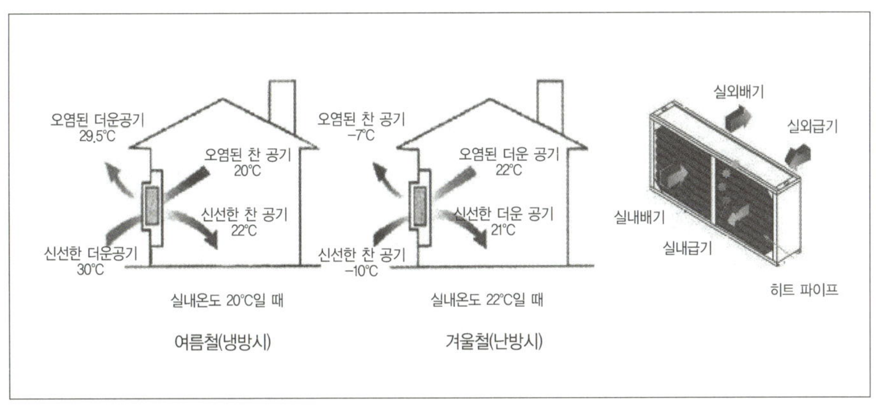

오염된 더운공기
29.5℃
오염된 찬 공기
20℃
신선한 더운공기
30℃
신선한 찬 공기
22℃
실내온도 20℃일 때
여름철(냉방시)
오염된 찬 공기
-7℃
오염된 더운 공기
22℃
신선한 더운 공기
21℃
신선한 찬 공기
-10℃
실내온도 22℃일 때
겨울철(난방시)
실외배기
실외급기
실내배기
실내급기
히트 파이프

#TIP 창문형 열회수교환장치
환기시스템 구조 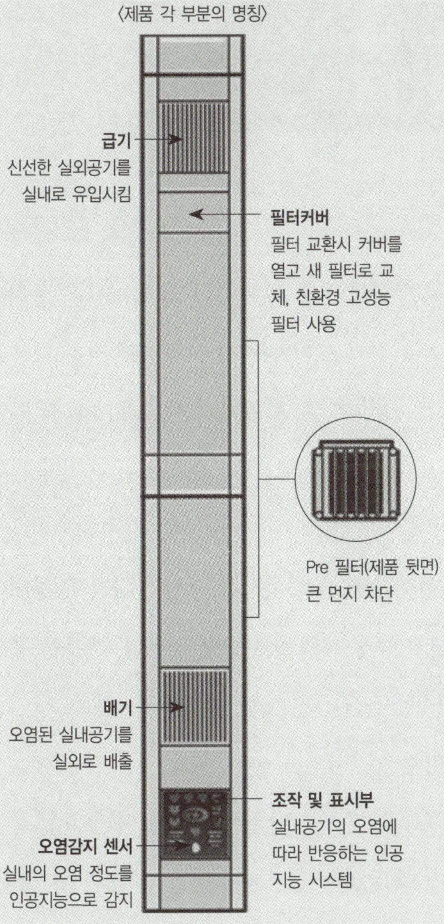 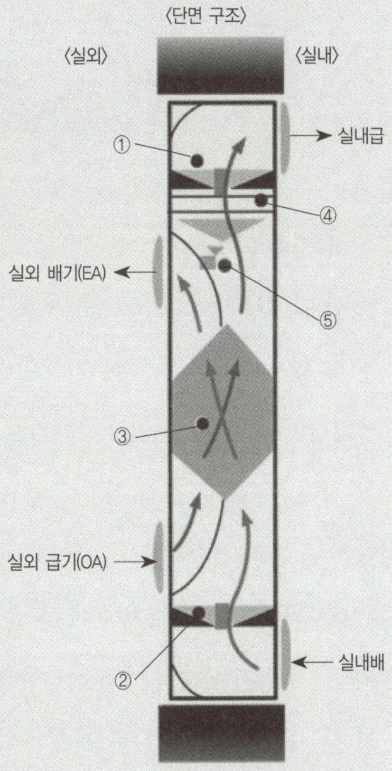
〈제품 각 부분의 명칭〉
급기
신선한 실외공기를
실내로 유입시킴
필터커버
필터 교환시 커버를
열고 새 필터로 교
체, 친환경 고성능
필터 사용
Pre 필터(제품 뒷면)
큰 먼지 차단
배기
오염된 실내공기를
실외로 배출
조작 및 표시부
실내공기의 오염에
따라 반응하는 인공
지능 시스템
오염감지 센서
실내의 오염 정도를
인공지능으로 감지
〈단면 구조〉
〈실외〉
〈실내〉
① 실내급
④
실외 배기(EA)
⑤
③
실외 급기(OA)
② 실내배
① 흡기팬: 신선한 실외공기 유입
② 배기팬: 오염된 실내공기 배출
③ 열교환기: 손실되는 열에너지 회수
④ 다중필터: 집진 및 각종 유해물질 유입을 차단
⑤ UV램프: 자외선 및 광촉매 반응을 통한 살균

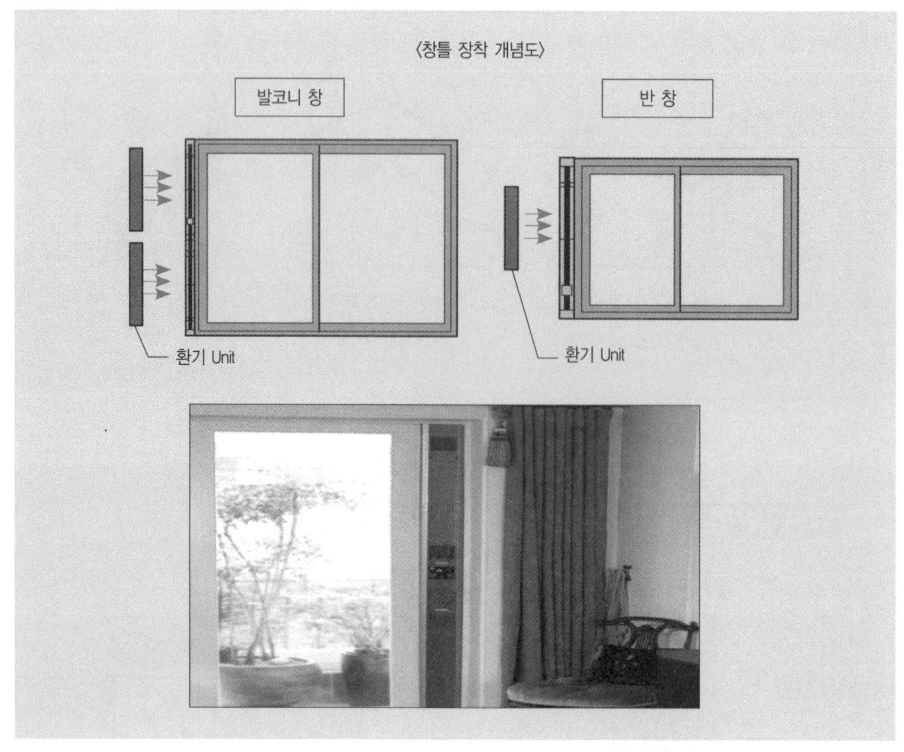

(3) 창문 단열

집 안에서 새어나가는 에너지를 잡으려면 열이 가장 많이 손실되는 창문을 살펴보는 게 먼저이다. 추운 북쪽 지방으로 갈수록 창의 크기가 점점 작아졌던 전통 가옥을 생각하면 쉽게 알 수 있다. 약 35% 정도의 에너지가 창을 통해 빠져나가는데 집 안에서 창이 차지하는 면적이 가장 넓고, 창 소재의 대부분을 차지하고 있는 유리가 본래 열을 잘 통과시키는 열전도체이기 때문이다.

벽면은 단열재를 넣거나 더 두껍게 만들어 단열을 강화하는 방법이 있지만, 창이나 유리는 그렇지 못해서 단열 성능이 뛰어난 기능성 제품을 사용해야 한다. 창문을 통한 열 손실을 줄이는 것은 난방 에너지의 사용량을 감소시켜 난방비를 절약해주고, 이산화탄소 발생량을 낮춰 지구의 건강도 지켜준다.

알루미늄 창호보다는 열전도율이 낮은 PVC 창호가 단열에 더욱 효과적이며, 창틀뿐 아니라 유리 자체도 단열성이 높은 기능성 유리를 선택해야 단열 성능을 배가할 수 있다. 진공 유리는 유리 사이를 진공상태로 유지해 전도, 대류, 복사에 의한 열 손실을 최소화한 제품으로 단열성과 방음성이 뛰어나며 일반 복층 유리보다 단열 성능이 60% 이상 우수하다. 에너지 절약과 난방비 절감을 위한 '단열', 창호와 유리가 해답이다.

특히 창 면적은 건축물 에너지 소비 증가의 가장 큰 요인으로 꼽히고 있으나 창호는 에너지절약 이전에 건축 디자인 및 환기, 조망, 채광 등의 중요한 역할을 하기 때문에 일방적으로 창 면적의 제한을 강요하기 어려운 게 현실이다. 2012년부터 창호 부문의 에너지효율등급 표시제도가 시행되었는데, 최상위 등급인 1등급을 받기 위해서는 단열 성능의 정도를 뜻하는 열관류율을 1.0W/㎡·K 수준으로 낮춰야 할 것으로 보인다. 창문은 단열 성능에 따라 1등급부터 5등급으로 나뉘는데, 등급이 낮을수록 단열 성능이 좋으며 제품 비용은 상승한다. 열관류율이 1.0W/㎡·K인 창호는 업체별 전체 제품군에서도 삼중 창호를 비롯한 소수에 불과할 정도로 단열 성능이 높다.

① 창문 단열을 보강하기 위한 시공

- 창문 하단부에 실씰러 사용(머드실에 사용하고 남은 실씰러 활용)
- 창문과 벽체 사이의 틈은 우레탄폼으로 빈틈없이 채워준다.
- 창문 시공 후 아주 작은 틈도 단열재로 메꾸어 준다.
- 이중, 삼중의 완벽한 기밀시공

② 로이유리(Low-E 유리, Low-Emissivity Glass)

로이유리란 일반 유리 내부에 적외선 반사율이 높은 특수 금속막(일반적으로 은 사용)을 코팅시켜 건축물의 단열 성능을 높인 유리이다. 이것은 특수 금속막이 가시광선을 투과시켜 실내의 채광성을 높여주고, 적외선은 반사하므로 실내외 열의 이동을 극소화한다. 따라서 로이유리는 실내의 온도 변화를 적게 만들어주는 에너지 절약형 유리이다. 로이 복층 유리는 판 유리에 단열 효과가 뛰어난 특수 금속막을 코팅해서 고단열 복층 유리가 된다.

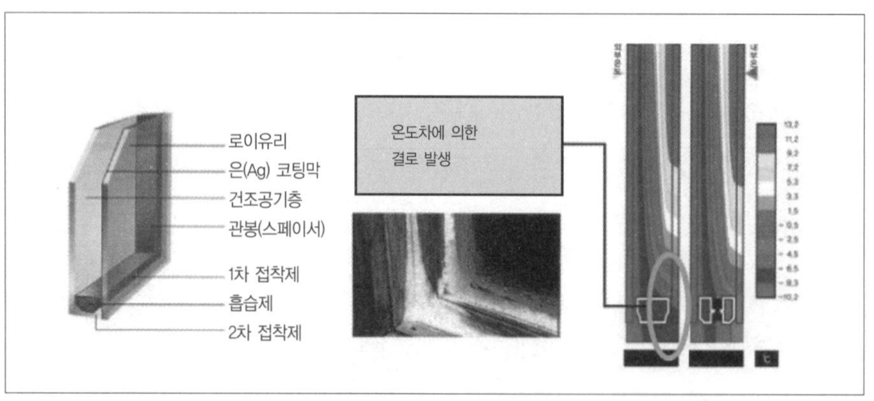

예) 일반적인 복층유리는 단판유리(5mm+관봉 6mm+5mm=16mm), (5mm+관봉 8mm+5mm=18mm)라고 한다.

- 단열 성능이 뛰어난 단열 복층유리의 경우(5mm+관봉 12mm+단열유리 5mm=22mm), (5mm+관봉 12mm+단열유리 6mm=23mm)가 있다.

- 요즘 들어 적용하고 있는 3중유리는(유리5mm+관봉12mm+유리5mm+관봉12mm+단열유리5mm=39mm) 등이 있다.

- 이와 같은 방법으로 안전유리, 강화유리, 방탄유리 등이 있다.

- 특수 소재의 필름이나 관봉, 유리를 접합하는 두께에 따라 복층유리의 성능과 기능이 달라진다.

- 건축물의 용도에 맞게 사용해야 하고 성능, 비용면에서 우수하고 합리적인 에너지 절약을 할 수 있다.

③ 아르곤 가스 충전 유리

아르곤 가스는 무색, 무취, 비가열성, 비 반응, 불활성 가스이다. 내부 공기층에 대류를 늦춤으로써 밀봉 유닛(unit)에 열 손실을 줄이기 위해 로이 코팅 유리에 주입한다. 창호 단열에 주로 작용하는 정지 공기는 그 자체로 훌륭한 단열재인데 여기에 아르곤 같은 가스를 주입하면 열전도와 대류를 줄임으로써 창호의 단열 성능을 향상할 수 있다. 이중유리의 공기 폭이 12mm에서 14mm일 때 최적의 단열 성능을 보인다.

아르곤 가스 충전 유리의 단점은 시간을 두고 가스가 지속해서 누설된다는 점이다.

④ 단열 진공유리

진공유리는 유리 사이를 진공 상태로 유지해 전도, 대류, 복사에 의한 열 손실을 최소화한 제품으로 단열성과 방음성이 뛰어난 고기능성 유리를 말하는데, 정부가 2017년까지 기존 주택 대비 열효율이 60% 개선된 '패시브하우스'를 전면 보급하기로 함에 따라 신성장동력산업으로 급부상했다. 진공유리의 단열 성능은 0.54W/㎡K로 대표적 단열유리인 로이유리(1.7W/㎡K)보다 3배 이상 뛰어나다.

(국토해양부 고시 제2012-69호) [단위: W/㎡·K]

창 및 문의 종류			금속재						플라스틱, 또는 목재		
			열교차단재[1] 미적용			열교차단재 적용					
유리의 공기층 두께[mm]			6	12	16이상	6	12	16이상	6	12	16이상
창	복층창	일반 복층창[2]	4	3.7	3.6	3.7	3.4	3.3	3.1	2.8	2.7
		로이유리(하드 코팅)	3.6	3.1	2.9	3.3	2.8	2.6	2.7	2.3	2.1
		로이유리(소프트 코팅)	3.5	2.9	2.7	3.2	2.6	2.4	2.6	2.1	1.9
		아르곤 주입	3.8	3.6	3.5	3.5	3.3	3.2	2.9	2.7	2.6
		아르곤 주입+로이유리(하드코팅)	3.3	2.9	2.8	3	2.6	2.5	2.5	2.1	2
		아르곤 주입+로이유리(소프트 코팅)	3.2	2.7	2.6	2.9	2.4	2.3	2.3	1.9	1.8
	삼중창	일반 삼중창[2]	3.2	2.9	2.8	2.9	2.6	2.5	2.4	2.1	2
		로이유리(하드 코팅)	2.9	2.1	2.3	2.6	2.1	2	2.1	1.7	1.6
		로이유리(소프트 코팅)	2.8	2.3	2.2	2.5	2	1.9	2	1.6	1.5
		아르곤 주입	3.1	2.8	2.7	2.8	2.5	2.4	2.2	2	1.9
		아르곤 주입+로이유리(하드 코팅)	2.6	2.3	2.2	2.3	2	1.9	1.9	1.6	1.5
		아르곤 주입+로이유리(소프트 코팅)	2.5	2.2	2.1	2.2	1.9	1.8	1.8	1.5	1.4
	사중창	일반 사중창[2]	2.8	2.5	2.4	2.5	2.2	2.1	2.1	1.8	1.7
		로이유리(하드 코팅)	2.5	2.1	2	2.2	1.8	1.7	1.8	1.5	1.4
		로이유리(소프트 코팅)	2.4	2	1.9	2.1	1.7	1.6	1.7	1.4	1.3
		아르곤 주입	2.7	2.5	2.4	2.4	2.2	2.1	1.9	1.7	1.6
		아르곤 주입+로이유리(하드 코팅)	2.3	2	1.9	2	1.7	1.6	1.6	1.4	1.3
		아르곤 주입+로이유리(소프트 코팅)	2.2	1.9	1.8	1.9	1.6	1.5	1.5	1.3	1.2
	단창		6.6			6.1			5.3		
문	일반문	단열 두께 20mm 미만	2.7			2.6			2.4		
		단열 두께 20mm 이상	1.8			1.7			1.6		
	유리문	단창문 유리 비율[3] 50% 미만	4.2			4			3.7		
		단창문 유리 비율 50% 이상	5.5			5.2			4.7		
		복층 창문 유리 비율 50% 미만	3.2	3.1		3	2.9		2.7	2.6	
		복층 창문 유리 비율 50% 이상	3.8	3.5		3.3	3.1		3	2.8	
	방풍 구조문		2.4								

주1) 열교차단재: 열교차단재는 창호의 금속프레임 외부 및 내부 사이에 설치되는 폴리염화비닐 등 단열성을 가진 재료로서 외부로의 열 흐름을 차단할 수 있는 재료를 말한다.
주2) 복층창은 단창+단창을 포함하며, 사중창은 복층창+복층창을 포함한다.
주3) 문의 유리비율은 문 및 문틀을 포함한 면적에 대한 유리 면적의 비율을 말한다.
※ 창호를 구성하는 각 유리의 공기층 두께가 서로 다를 경우 그 중 최소 공기층 두께를 해당 창호의 공기층 두께로 인정한다.

(4) 단열필름

태양광은 자외선, 가시광선, 적외선으로 나눌 수 있다. 열은 1%, 34%, 60%로 적외선에 많이 있다. 단열필름은 창유리에 부착해 태양광을 차단하는 필름으로 파장대별 차단율과 차단 방식에 따라 필름 컬러 농도, 가격대를 산출할 수 있다.

우리나라는 사계절이 있고 날씨가 좋은 날만 있는 것이 아니어서 가시광선을 차단하는 컬러 농도는 한 단계 낮은 컬러(차폐성능)를 선택하는 것이 좋다. 또한, 컬러는 내추럴한 색이 필름 부착 후 내·외부 색상 차이가 없어 편안한 시야를 확보할 수 있다.

건축용 단열필름은 유리면의 단열을 통한 열 손실을 최소화하며 실내에서 사람이 활동하는 모습이나 기타 시설물들을 보이지 않게 하려고 사용하는 필름이다. 이러한 필름 군은 업무용 공간에 쓰이는 필름과 주거용 공간에 적용되는 필름 등 두 종류로 나뉘며, 주거용 필름은 상대적으로 업무용 필름보다 실내 조도에 더욱 민감해야 한다. 주거용 필름의 장점은 가시광선 투과율을 조절할 수 있다는 점이다. 이것은 기존 컬러 유리와 차별화된 시스템이다. 시공 전후의 밝기 차이도 실질적인 필름의 다양한 가시광선 투과율을 선택하는 것에 따라 달라져서 실내가 어두워질 수도 있고 밝을 수도 있다.

대부분의 주거용 필름은 가시광선 투과율이 25%~ 45% 사이에 이뤄지고 있다. 가시광선 투과율은 밝은 곳에서 어두운 곳을 바라볼 때 눈으로 투과되는 빛의 양이다. 실내가 어두워지는 것은 가시광선 투과율을 적절하게 적용하지 못해서 비롯된 결과이다. 가시광선 투과율이 5%~20%인 필름은 대부분 업무용 필름으로 구분되는데 이러한 필름 군은 낮에 조명을 켜두는 업무용 공간의 특성상 실내 조도와는 무관하므로 효율을 더욱 높일 수 있다.

업무용 적외선 차단 단열필름 중 반사 필름은 필름의 금속 성분 중 알루미늄이나 스테인리스 재질의 금속층이 빛을 반사하는 역할을 해서 반사필름으로도 구분한다. 기존 유리 색상과 비교하면 가시광선 투과율을 적절히 적용하여 여름에는 창밖의 더운 열기가 유리를 통해서 건물 안으로 유입되는 것을 막아 실내 냉방비 절감에 도움을 준다.

반대로 겨울에는 실내의 따뜻한 기운이 유리를 통해 건물 바깥으로 유실되는 것을 막아주어 실내 난방비를 절감시키는데, 이러한 고기능성 필름 군은 건축용 필름에 속한다. 대부분 이러한 단열 기능이 원래의 필름 시공 목적이고 사생활 보호 기능 및 비산 방지 기능은 부가적으로 따라오는 옵션에 불과하다.

① 여름에는 햇빛, 겨울에는 난방열 손실 차단: 단열 효과가 뛰어나기 때문에 여름에는 뜨거운 태양열을 60%~ 80%까지 막아주고, 겨울에는 난방열 손실을 30% 정도 줄여줌으로써 에너지를 절약할 수 있다.

② 인체에 해로운 자외선 99% 이상 차단: 인체에 해로운 자외선을 거의 완벽하게 차단해줌으로써 피부암 등의 발생을 막아주는 동시에 실내 상품 및 장식품의 변색과 탈색 등을 막아준다. 가시도가 증가(채광 효과)하여 일의 능률을 향상하며, 실내 조명도를 균일화해서 쾌적한 환경을 만든다.

③ 유리기 쉽게 깨지지 않고 안전유리는 외부의 심한 충격으로 깨져도 필름의 강한 접착력이 유리 파편을 그대로 잡아주므로 다칠 위험이 적다.

④ 천재지변으로 인한 대형사고로부터 폭발, 화재, 태풍, 지진 등 천재지변으로 인해 발생하는 유리 파편으로부터 인명을 보호하며 유리를 깨고 들어오는 도난 및 침입을 방지할 수 있다. 단열필름 시공 후 에너지 효율은 3도~6도까지 차이가 난다.

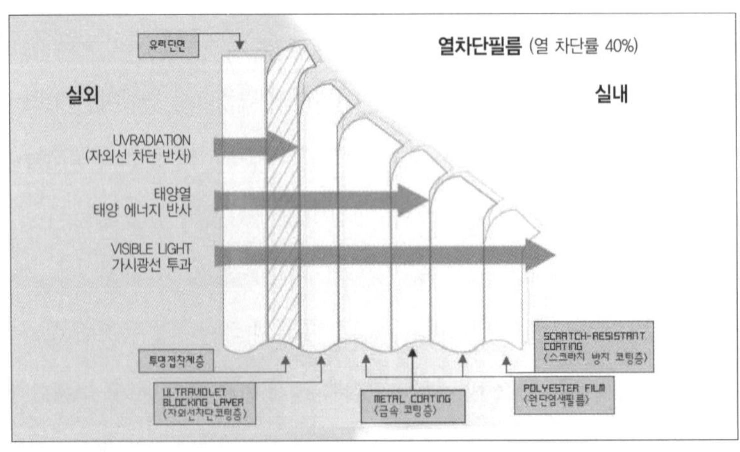

(5) 이중 지붕

9. 패시브하우스

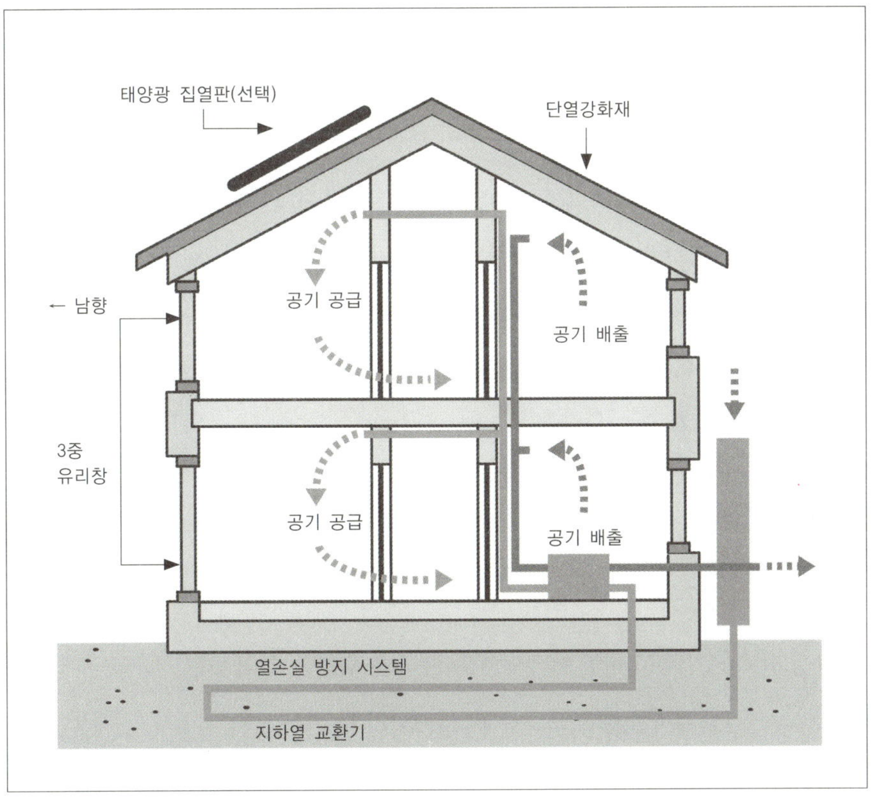

친환경 주택의 종류는 크게 액티브와 패시브로 나눌 수 있다. 액티브하우스는 태양열·지열·풍력 등의 자연 에너지를 이용해 기계적인 시스템을 거쳐 자체 에너지로 생산해 내는 주택을 말한다. 반면 패시브하우스는 기계적인 냉난방 시스템을 사용하지 않고, 건축물 구조체의 단열·축열이나 형태를 활용해 에너지를 절감시킨다. 즉 고성능 외단열시스템(일반 주택에서 사용하는 두께의 3배인 30㎝ 이상 단열재 설치), 삼중 유리창, 폐열회수형 환기 장치, 자연 채광 이용을 위한 광선반 등을 통해 열 손실을 최소화해 온도를 유지하는 한편, 고성능 순환 시스템으로 쾌적한 실내를 유지한다.

패시브하우스는 1995년 독일의 볼프강 파이스트 박사에 의해 최초로 건축됐다. 고단열·고기밀의 건축 자재를 사용하여 인체의 체온과 햇볕으로 난방하는 주택 개념으로 난방 에너지 소비를 95%까지 줄인 초 저에너지 건축물이다.

패시브하우스는 주거용 건물이나 비주거용 건물에 상관없이 에너지 수요가 대단히 적은 건축물이며 풍력, 태양열 등을 이용하여 능동적으로 에너지를 끌어와 사용하는 액티브하우스와 대응하여 철저한 단열 시공을 통해 에너지 효율을 높이는 건축물이다. 단위면적(㎡)당 연간 난방 에너지 요구량이 15kWh 이하이고, 1차 에너지 요구량이 120kWh 이하인 건물이며, 연간 에너지 소비가 ㎡당 1.5ℓ 이하인 건물을 말한다.

모든 건물은 그것이 어떤 용도로 사용하는가와 관계없이 패시브하우스의 기준에 맞게 건축할 수 있고 난방부하를 최소로 유지할 수 있도록 단열, 기밀성, 열회수 환기시스템에 세심한 주의를 기울이고 열교를 최소화해서 외부로 빠져나가는 열을 가능한 줄이면 어떤 건물이라도 패시브하우스 형태로 실현할 수 있다.

10. 제로하우스

통상 제로하우스라고 하면 에너지 제로하우스를 말한다. 집의 단열 성능을 최대로 높여 집안의 냉난방 부하를 줄임으로써 집안의 에너지 사용효율을 높이면서 신·재생에너지를 활용하여 외부에서 화석에너지를 사용하지 않고 집을 냉난방할 수 있는 시스템이다.

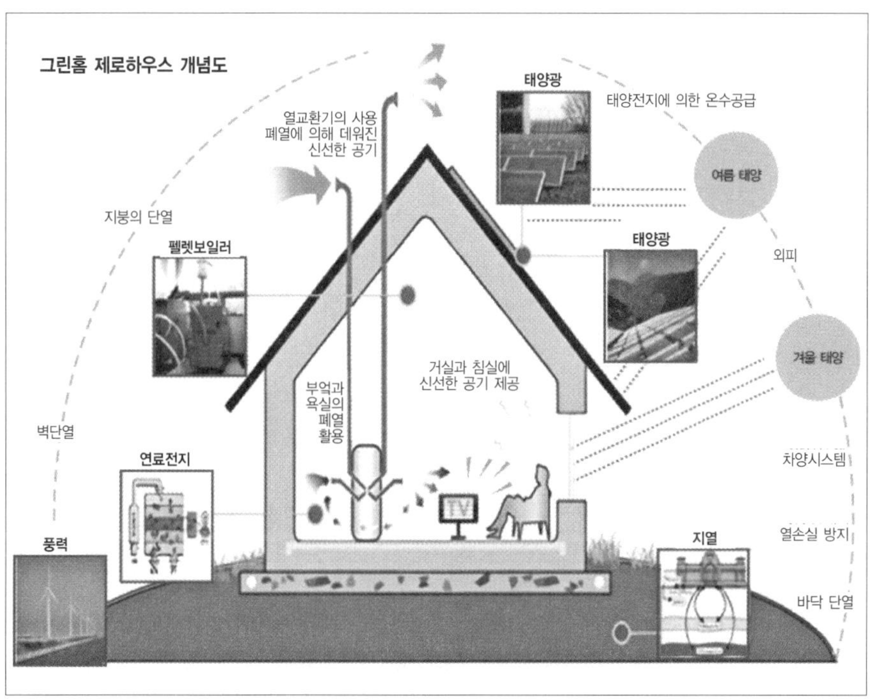

- 태양열: 태양의 열을 이용하는 발전

- 태양광: 태양 빛의 전기적 성질을 이용한 발전

- 지열: 히트 펌프(Hit Pump)로 땅속에 관을 심어 땅속 깊은 곳의 열을 이용하는
  방법

- 풍력: 바람의 세기를 이용하는 방법

제로하우스는 신·재생에너지의 활용이라는 부분도 중요하지만, 집의 단열 성능을 최대한 끌어올림으로써 집안의 열을 보존하고 냉난방부하를 줄이는 시스템이다.

목조주택의
3-D 공사 시방서

CHAPTER 16

목조주택의
3-D 공사 시방서

1. 건축 개요

위 치	비 고
대지면적	천안시 동남구 구성동 267-1
건축면적	200평
건 폐 율	73㎡
용 적 율	
용 　 도	본부 건물
건축규모	지상 2층
구 　 조	목구조

※ 지적도 및 항공 사진

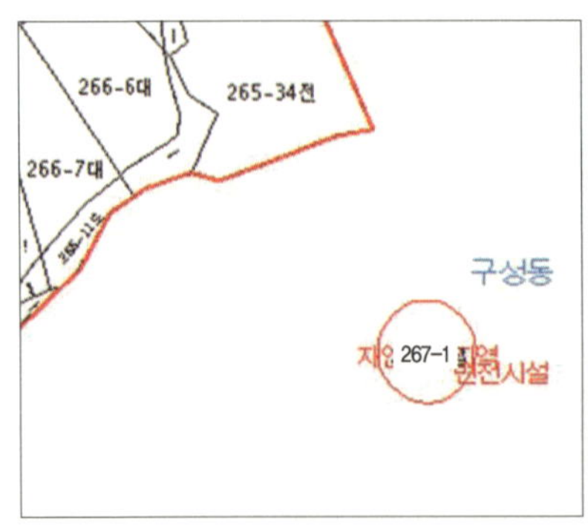

⑴ 1층 평면도

　－ 거실 및 주방 면적 : 전체면적　76㎡ (약 23평)

⑵ 2층 평면도

　－ 거실 및 주방 면적 : 전체면적 43㎡ (약13.03평)

(3) 다락 평면도

　－ 다락 면적 : 16.9㎡ (약5.1평)

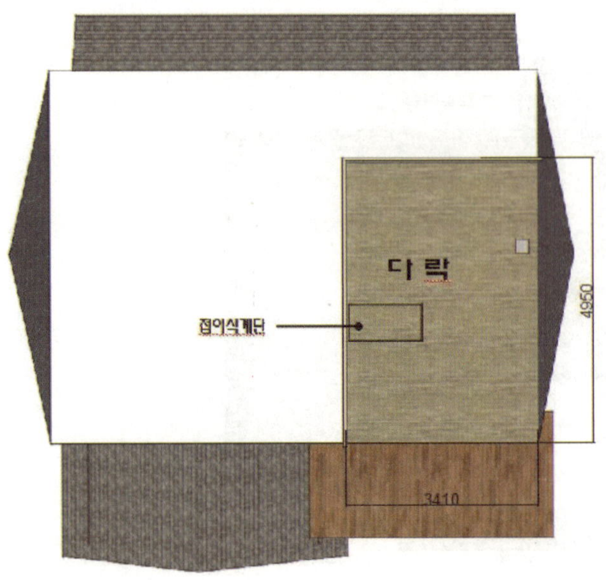

(4) 지붕 평면도

　－ 지붕 면적 : 124㎡

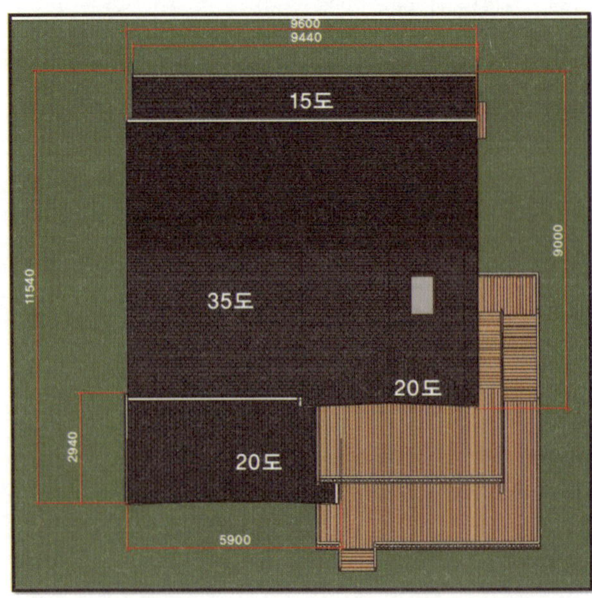

(5) 건축 조감도

① 정면도

② 우측면도

③ 좌측면도

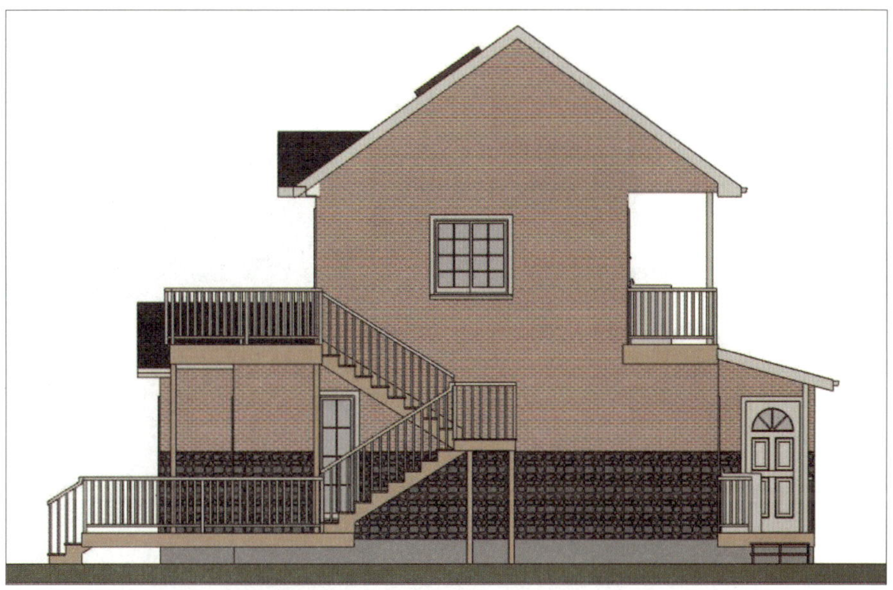

④ 배면도

(6) 창호 계획

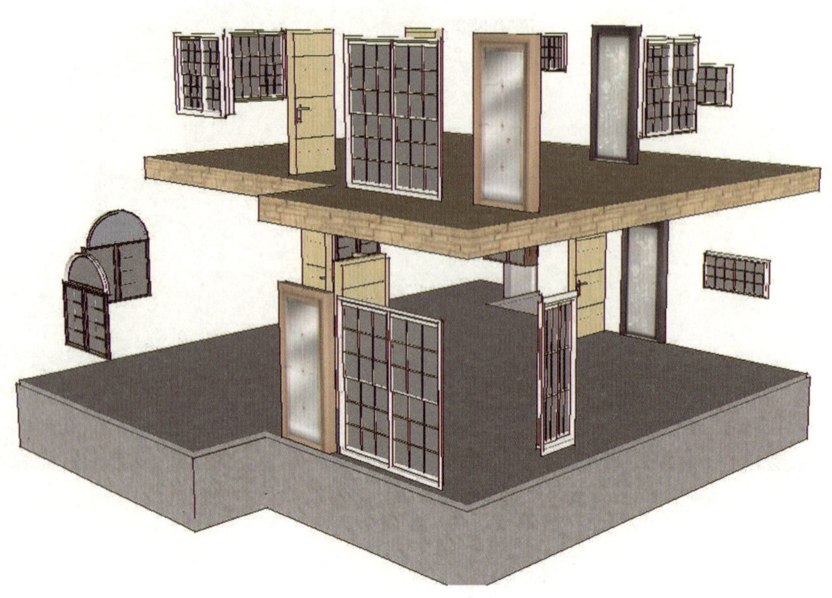

① 창호 규격

구 분	위 치	규격	수량	Opening Size	비고
창 호	파티오 창(1층,2층)	6068	2	1830x2032	
	픽스 창(1층)	2068	1	610x2032	
	반달 창	4020	4	1219x610	
	싱글 슬라이더 창	4030	4	1219x914	
	싱글 슬라이더 창(부엌)	4020	2	1219x610	
	싱글 슬라이더 창	4040	3	1219x1219	
	싱글 슬라이더 창(화장실 창)	2020	1	610x610	
	천창		1	620x980	
도어	현관문		2	973x2053	
	후문		3	872x2053	
	ABS도어(1층방)		2	900x2100	
	ABS도어(화장실)		3	700x2100	
	ABS도어(2층방)		1	800x2100	

② 창호 종류

현관문(캡스톤)
후문 (캡스톤)
ABS(방문:영림도어)
gunwootimber

거실 파티오 창 : 격자
(트라이캐슬 3중유리, 로이,
알곤가스)
방창
(트라이캐슬 3중유리,
로이, 알곤가스)
방창
(트라이캐슬 3중유리,
로이, 알곤가스)

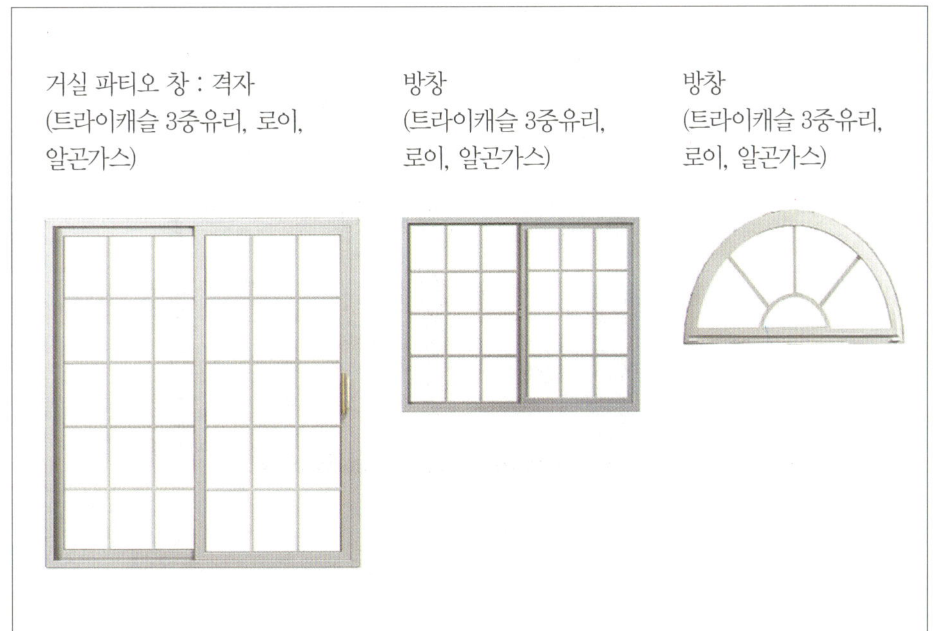

(7) 방문 개폐 방향

※ 방문 개폐 방향은 사용자의 동선과 문 개폐 시 서로 간의 간섭을 피하기 위함

⑻ 벽체 시공 단면도

※ 실내 벽체 마감은 위치별로 석고보드, OSB, 내장합판을 혼용하여 시공

 – 거실 장식장벽은 11mm OSB 시공 후 석고보드(1겹) 마감한 후 도배

 – 기타 벽에 장식물 고정이 안 되는 부분과 천정은 석고 2겹 시공

 – 외벽은 단열재 R19 시공하고, 내벽은 R11 시공

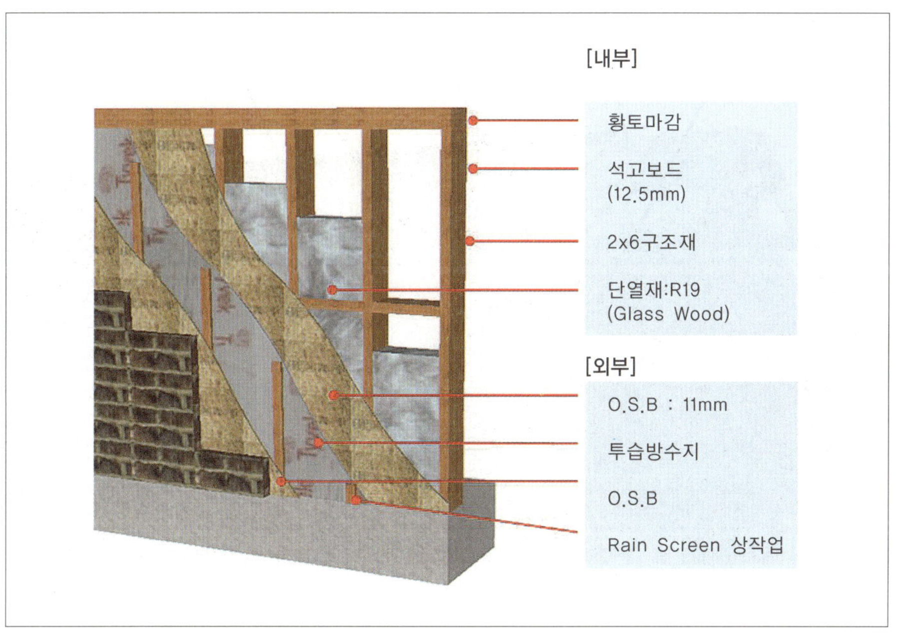

※ 시공이해 ※

1. 그라스울 열전도율 : 0.044
2. 열반사 단열재 시공 : 0.1T

⑼ 지붕 시공 단면도

 - 이중지붕 시공

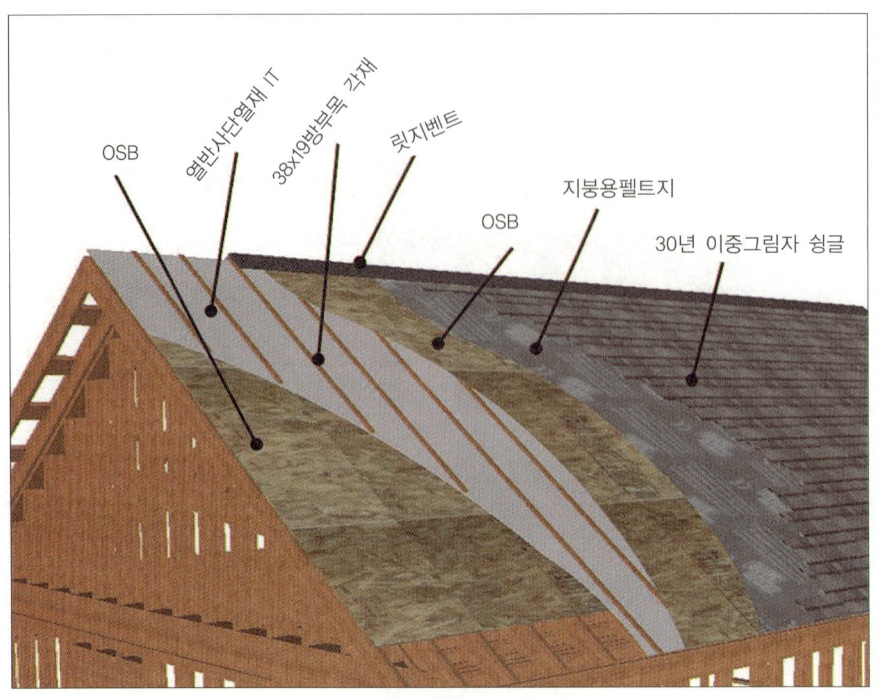

(10) 외부 환기 시스템(Ventilation)

① 외벽 환기(Rain Screen)

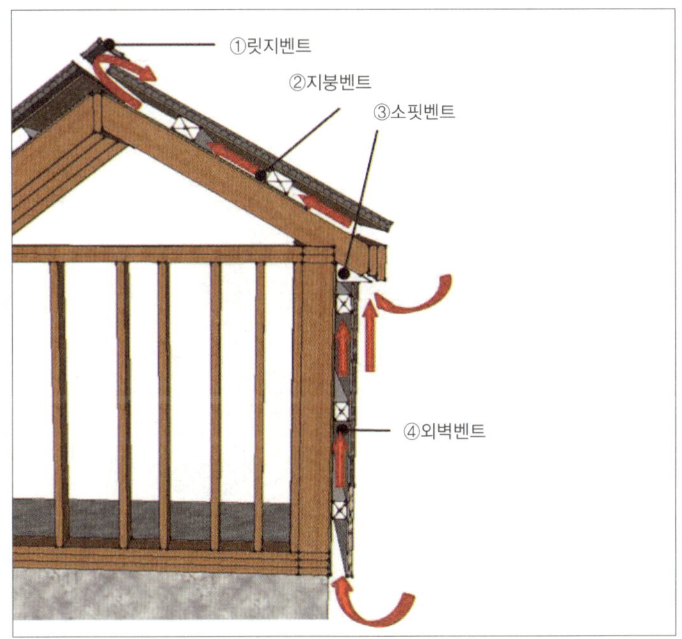

② 평지붕 환기

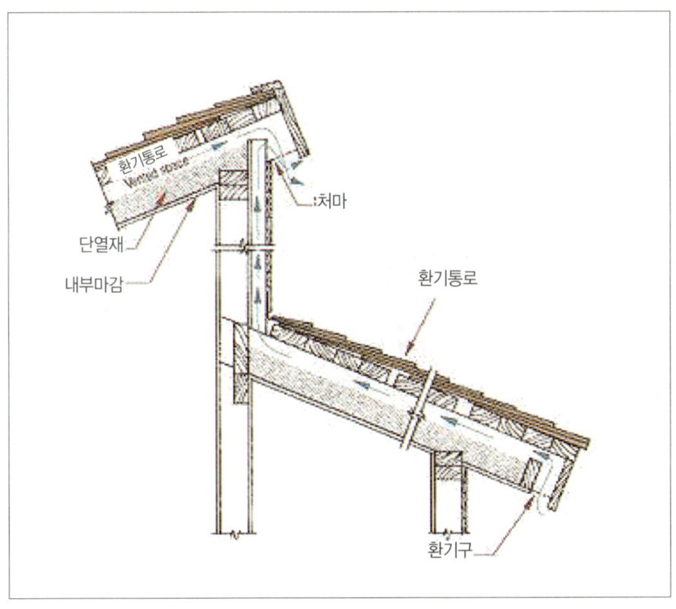

③ 스탁벤트(Stack Vent)

　　– 화장실, 부엌 등에서 나오는 생활하수의 배출을 원활하게 해준다.

　　– 주택 내부의 악취 배출 기능

　　– 지붕 위 또는 처마 밑의 공간으로 배출 구멍을 만들어 준다.

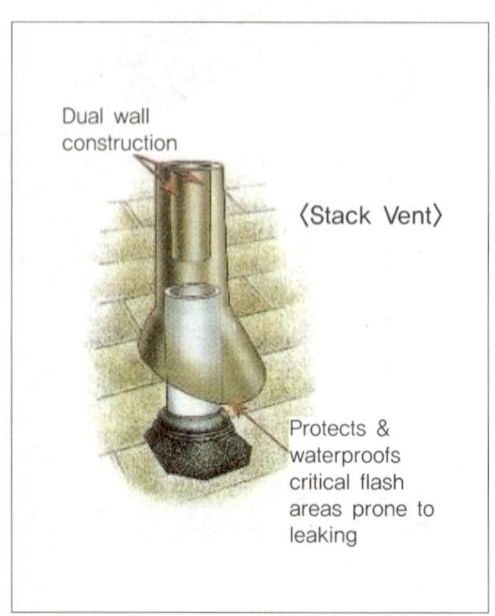

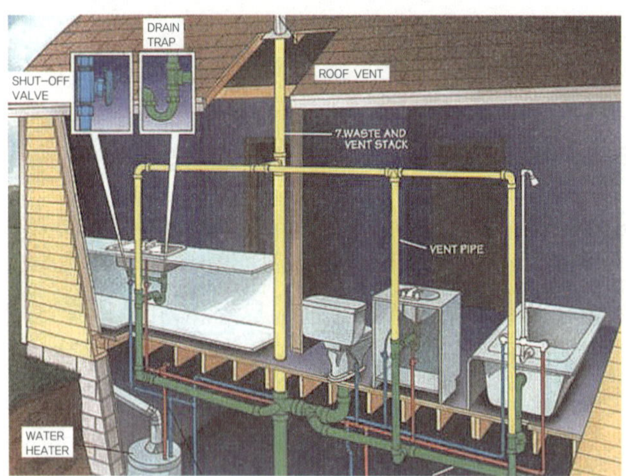

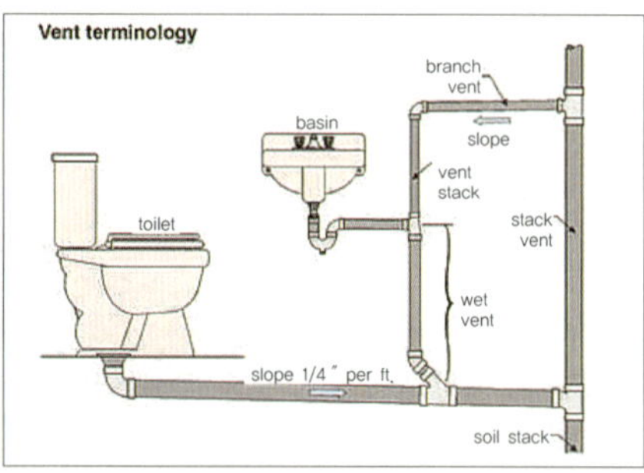

2. 기초

(1) 기초(콘크리트 통기초)

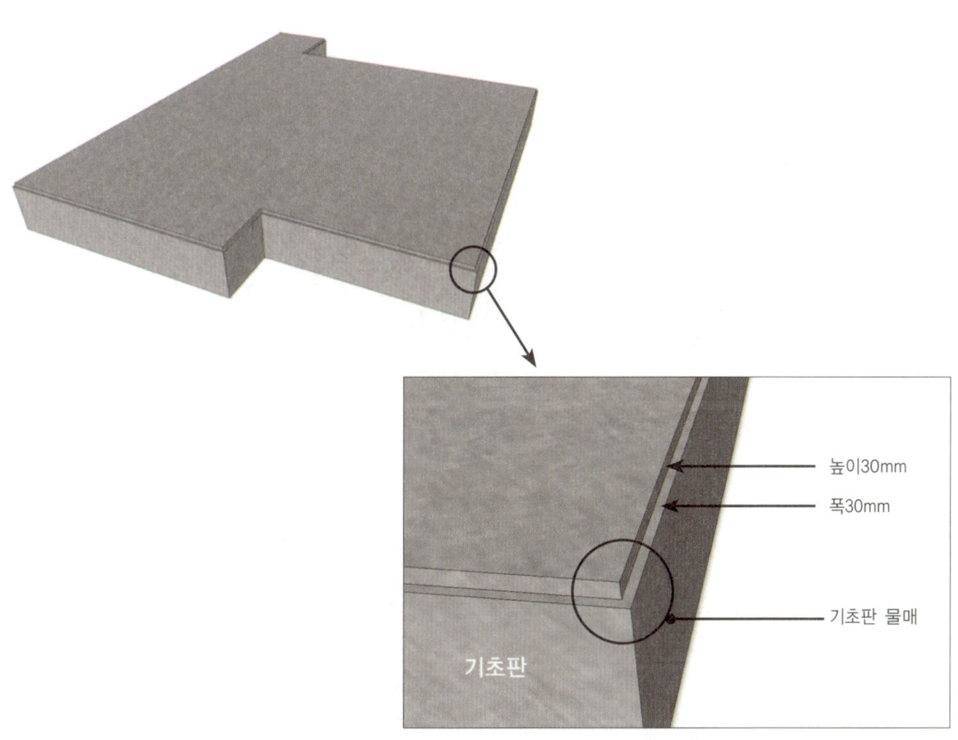

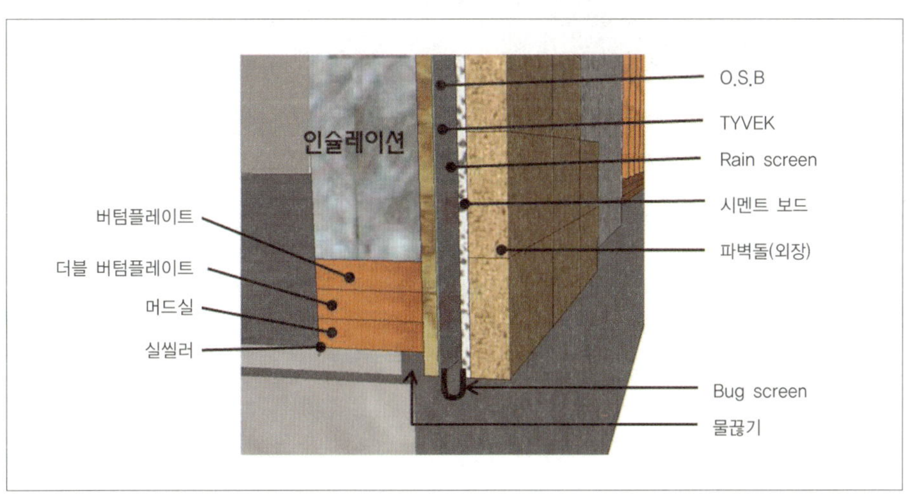

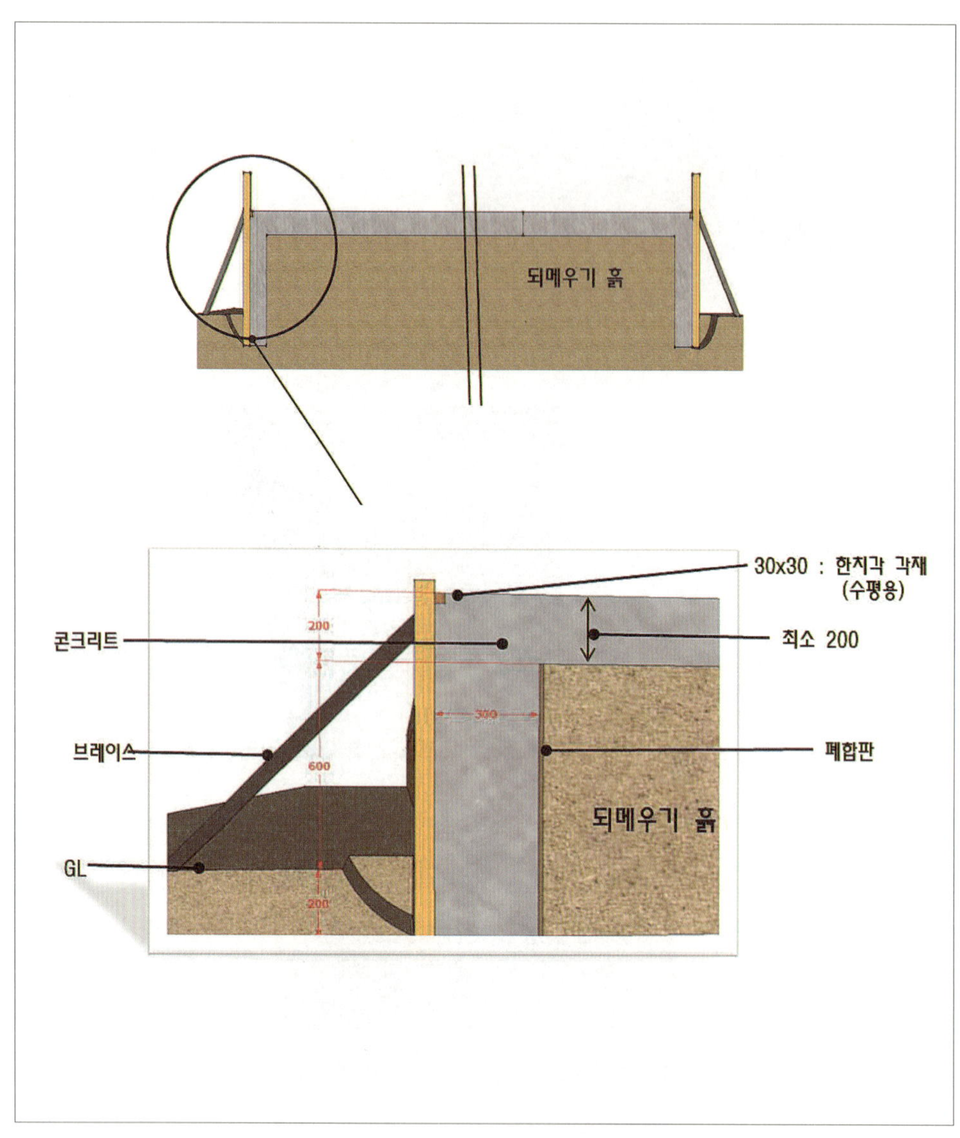
되메우기 흙
30x30 : 한치각 각재
(수평용)
콘크리트
최소 200
브레이스
폐합판
되메우기 흙
GL
200
300
600
200

(3) 폼작업

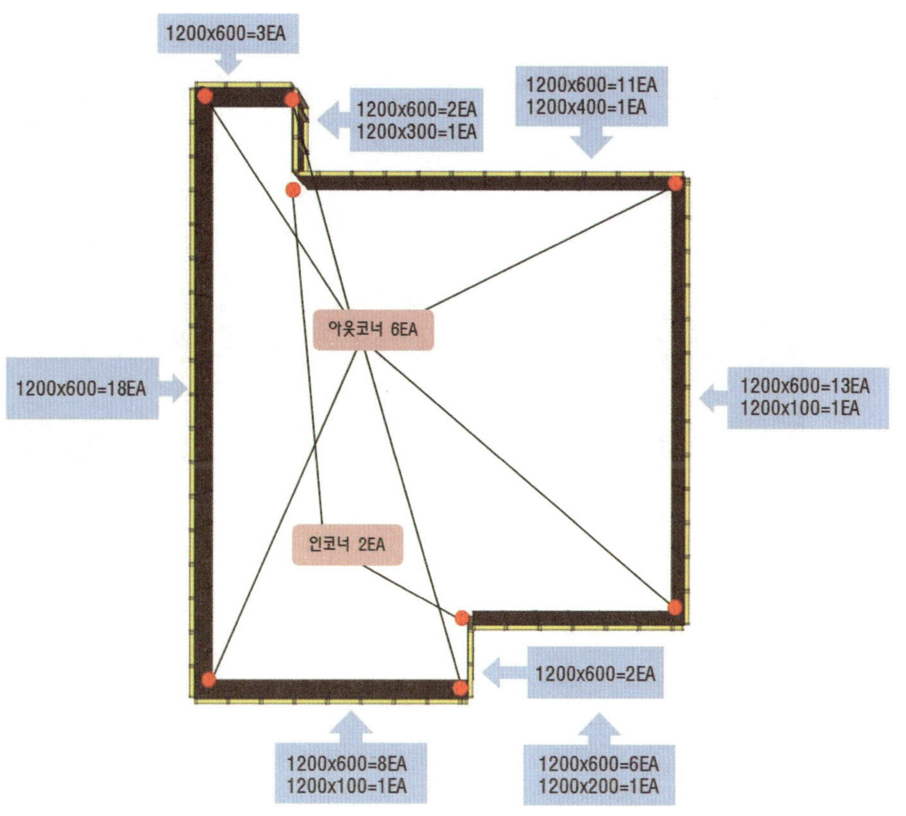

■유로폼 소요량

폼 규격	수량
100x1200	2
200x1200	1
300x1200	1
400x1200	1
600x1200	63
인코너: 100x100	2
아웃코너:100x100	6

유로폼(EURO FORM)

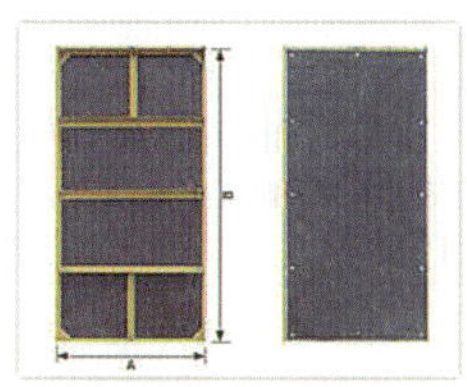

아웃코너(앵글)

인코너

※ 특징
- 모든 제품의 규격화, 표준화로 아파트, 오피스텔, 호텔 등 건축 및 토목공사 현장에 널리 사용되고 다양한 형태의 벽구조물에도 사용할 수 있으며 판넬을 조립하여 손쉽게 사용 가능하도록 설계되어 있습니다.
- 손쉬운 조립, 해체로 인건비 절감 및 공기단축이 가능하여 공사비가 절감되고 자재관리의 효율성이 뛰어납니다.
- 유로폼을 통한 콘크리트 양생은 수포가 생기지 않고 품질이 우수합니다.
- 합판 및 프레임의 수명이 다된 제품은 교체와 교정 작업을 통한 반영구적으로 사용할 수 있습니다.

	가로(mm)	세로(mm)	중량(kg)
제 품 규 격	600	1200	19.0
	500	1200	17.0
	450	1200	15.5
	400	1200	14.6
	300	1200	12.8
	200	1200	11.1

(4) 기초 설비 배관

(5) 기초 단열 보강

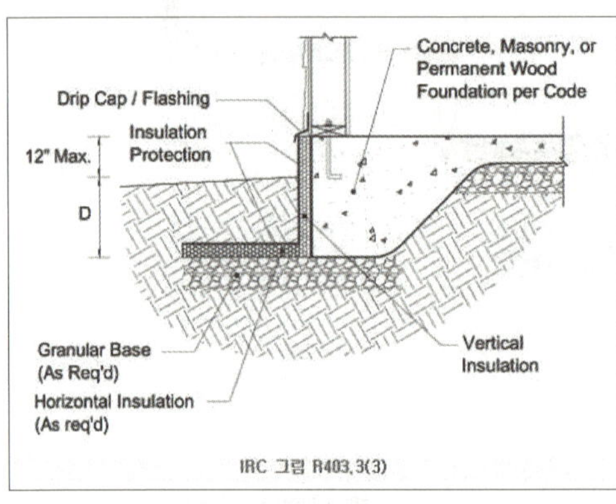

· 기단부 높이 최저 300㎜
· 기초 깊이 최대 300㎜
· 기초 외벽 단열보강 :
  −EPS(스티로폼) 40㎜ 이하
  −수평단열 보강 필요 없음

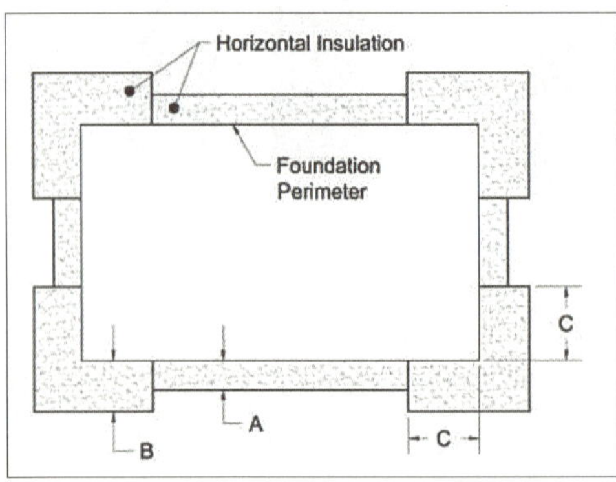

· 기초 외벽 단열보강 :
  −수직단열재 : EPS 40㎜ 이하
  −수평단열재 : 필요 시 단열 보강

① 기초 단열 보강

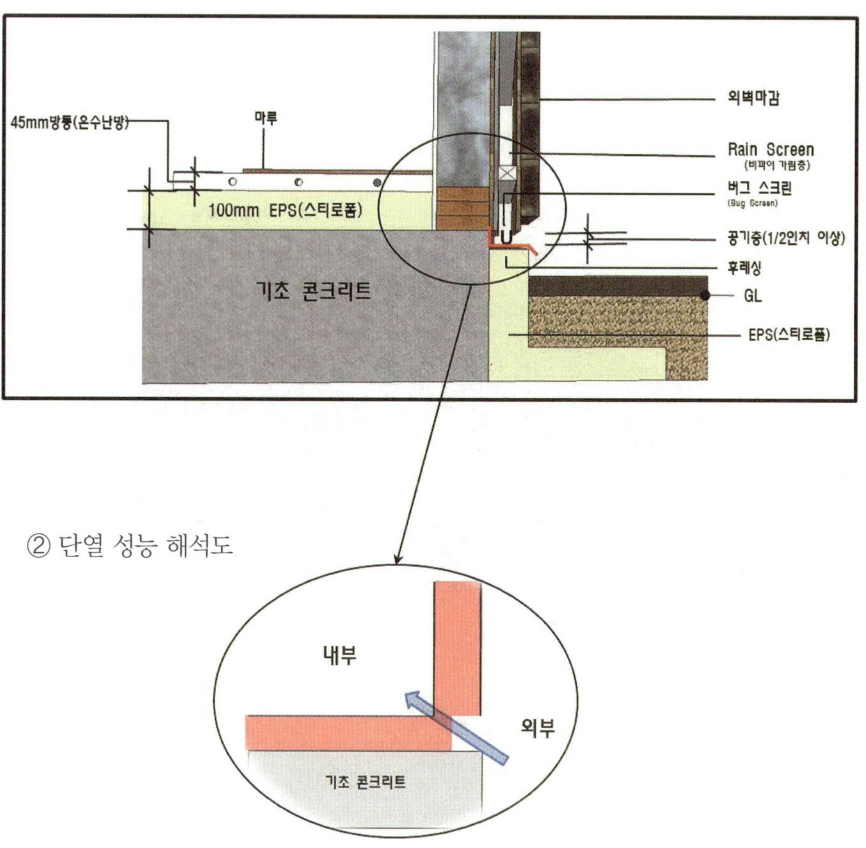

② 단열 성능 해석도

· 기초 plate 부분에서 열교현상(Thermal Bridge)

  – 나무의 열전도율이 그라스울보다 2.5배 낮다

| 나무 열전도율 | 0.14 |
| 그라스울 열전도율 | 0.044 |

(6) 레미콘 타설

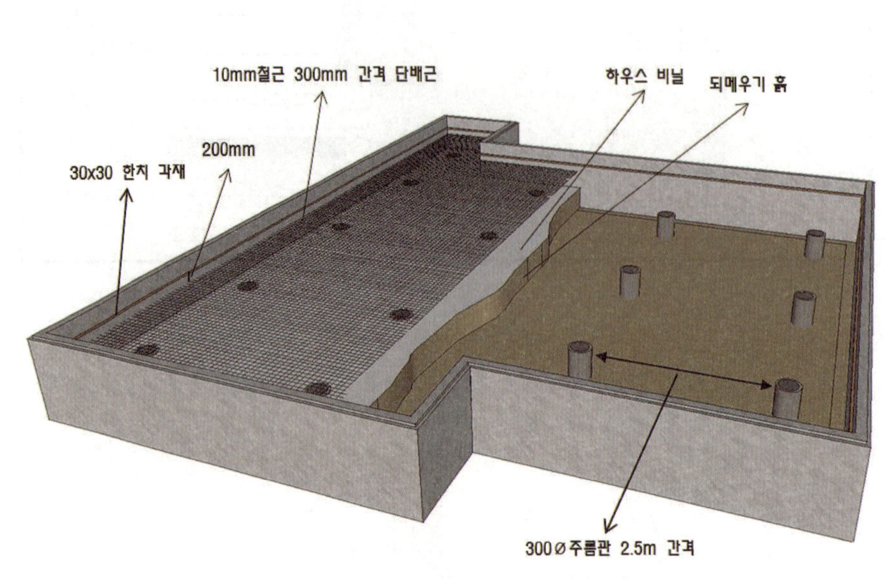

■ 주름관을 넣는 이유

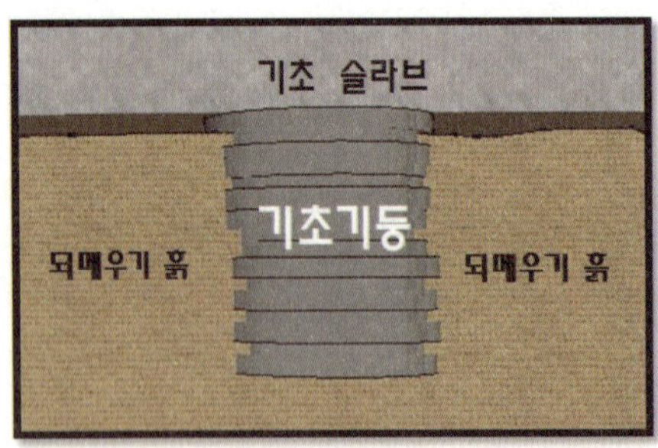

되메우기한 흙이 나중에 가라앉게 되면
기초 콘크리트 상판이 공중에 뜨게
되는데 이때 기초 슬라브의 기둥
역할을 해 준다

(7) 자재 소요량

　① 콘크리트 : 전체 소요량 24㎡

　　　– 바닥 : 73.62㎡ x 0.2 = 14.7㎡

　　　– 줄기초 : 38.6㎡ x 0.8 x 0.3 = 9.3㎡

　② 철근 : 0.5톤

　　　–가로근과 세로근 모두 HD10

　③ L앙카 : 35EA

　　　– 규격 : 두께 13mm, 길이 250mm 이상

　　　– 간격 : 1500mm 이내

　④ 세트앙카 : 25EA

■앙카볼트 설치 간격

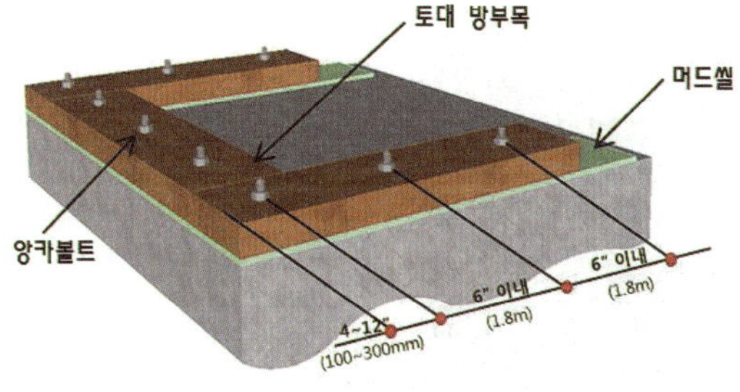

※ 앙카 종류

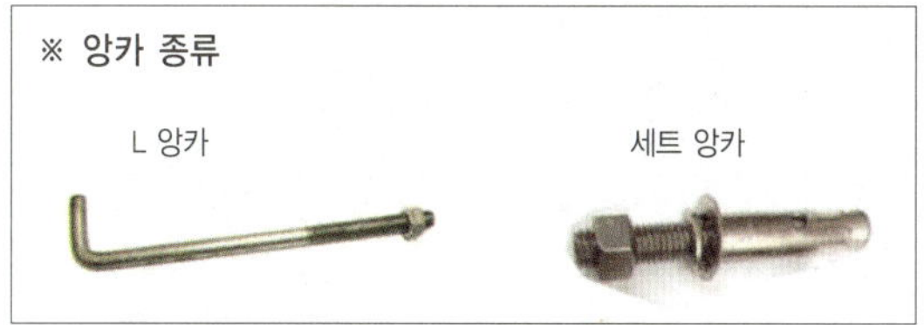

1. 정화조 검사 비용 별도
2. 레미콘 타설 시 펌프카 대신 포크레인 장비 사용

⑤ 기초비용 명세서

항 목	내 역	비 용
콘크리트	24㎡ x 73,000원	1,752,000
철근	0.75톤 x 800,000원	600,000
폼 임대비	폼,아시바,운임비	700,000
기초설비	오·폐수 배관	500,000
정화조	10인용 부패식 정화조	400,000
내부박스	내부 되 메우기 틀	200,000
E.P.S	기초 단열 50mm기준	150,000
L앙카	35개 x 1,300원	45,500
셋트앙카	25개 x 1,000원	25,000
잡자재	기타 철물 비용	200,000
장비	포크레인 1일 x 450,000	900,000
임금	3명 x 4일	2,400,000
합계금액		7,872,500

3. 구조 골격도

• 지붕 서까래 규격

  -구조재 규격 : 외벽 2×6, 내벽 2×4, 2층 바닥 장선 : 2×10, 서까래 : 2×8

⑴ 1층 벽체 시공 상세

※ 벽체의 각 부재 명칭
Top Plate(윗 깔도리)
Double Pate(이중 윗 깔도리)
Header
(헤더)
Trimmer
(트리머)
Stud
(스터드)
Jack stud
(잭 스터드)
Opening
(개구부)
Corner
(코너)
Sill
(창틀 받침)
Stud
(스터드)
Cripple Stud
(반 스터드)
Bottom Plate(밑 깔도리)
Bottom Plate(밑 깔도리)
Sill Plate(토대)

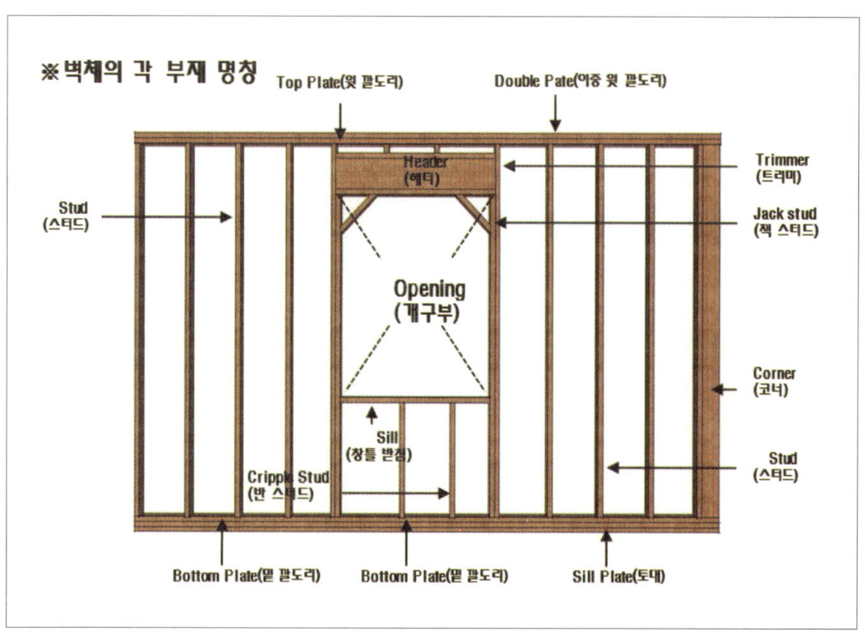

① 벽체 "A" 규격

 – 벽 면적: 6.3m²(창호 제외)

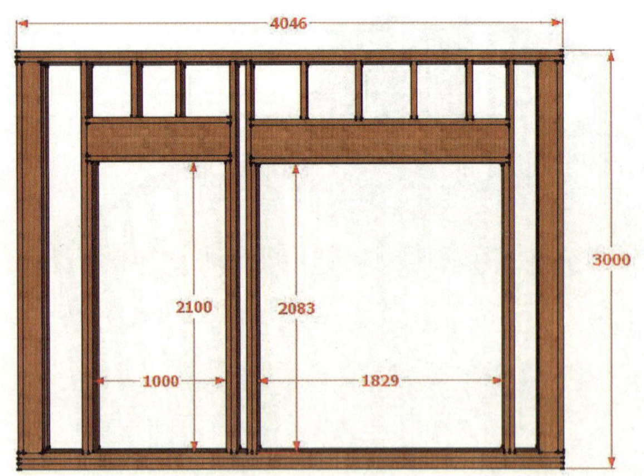

현관도어

파티오 창

a. 구조목 소요량

명칭	규격	개수
스터드	2x6x10 2&BTR	15
플레이트	2x6x20′ 2&BTR	4
머드실	2x6x16 방부목	1
헤더	2x10x16′ 2&BTR	2

b. 내부자재 소요량

명칭	규격	개수
석고 12.5T	1220x2440	4

c. 외부자재 소요량

명칭	규격	개수
O.S.B 11.1T	1220x2440	4
투습 방수지		별도 계산
방부각재	38x19x3600	10
시멘보드 6T	1220x2440	4

d. 단열재

명칭	규격	개수
그라스울(에코벳)	R19	5

e. 현관도어

명칭(회사)	규격	개수
3/4 오발 (캡스톤도어)	973x2053	1

f. 창호

명칭(회사)	규격	개수
트라이캐슬3중유리 (패티오 창 6068)	1830x2032	1

② 벽체 "B" 규격

– 벽 면적: 23.4m²

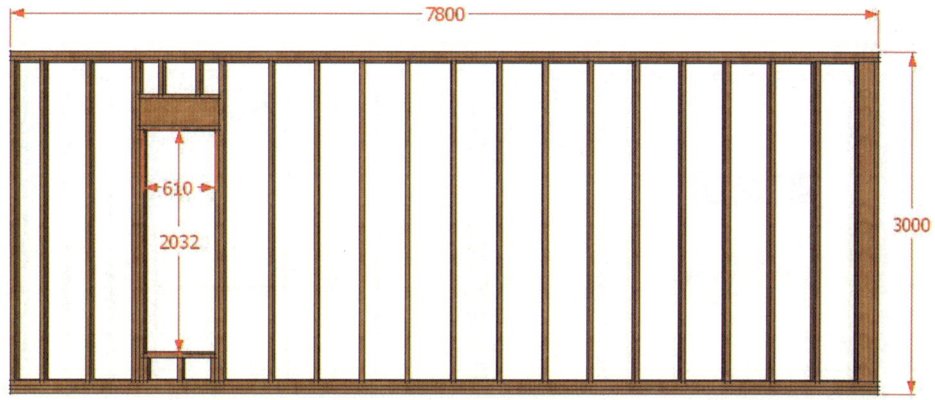

a. 구조목 소요량

명칭	규격	개수
스터드	2x6x10′ 2&BTR	24
플레이트	2x6x20′ 2&BTR	4
머드실	2x6x16′ 방부목	2
헤더	2x10x16′ 2&BTR	0

b. 내부자재 소요량

명칭	규격	개수
석고 12.5T	1220x2440	10

c. 외부자재 소요량

명칭	규격	개수
O.S.B 11.1T	1220x2440	10
투습 방수지		별도 계산
방부각재	38x19x3600	20
시멘보드 6T	1220x2440	10

d. 단열재

명칭	규격	개수
그라스울(에코벳)	R19	23

e. 창호

명칭(회사)	규격	개수
트라이캐슬3중유리 (FIX 2068)	610x2032	1

픽스창

③ 벽체 "C" 규격

– 벽 면적: 21.6m²

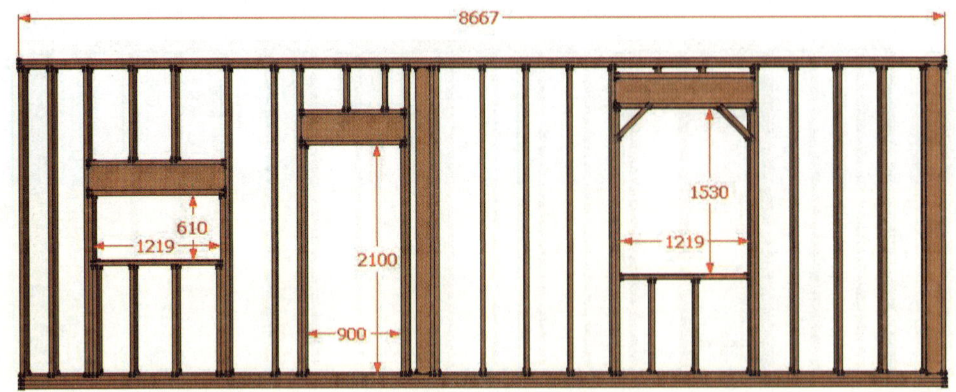

a. 구조목 소요량

명칭	규격	개수
스터드	2x6x10′ 2&BTR	33
플레이트	2x6x20′ 2&BTR	6
머드실	2x6x16′ 방부목	2
헤더	2x10x16′ 2&BTR	2

b. 내부자재 소요량

명칭	규격	개수
석고 12.5T	1220x2440	12

c. 외부자재 소요량

명칭	규격	개수
O.S.B 11.1T	1220x2440	12
투습 방수지		별도 계산
방부각재	38x19x3600	21
시멘보드 6T	1220x2440	12

d. 단열재

명칭	규격	개수
그라스울(에코벳)	R19	20

e. 외부문

명칭(회사)	규격	개수
팬라이트 (캡스톤도어)	872x2053	1

f. 창호

명칭(회사)	규격	개수
트라이캐슬3중유리 (싱글슬라이더 4030)	1219x914	1
트라이캐슬3중유리 (반달창 4020)	1219x610	1
트라이캐슬3중유리 (싱글슬라이더 4020)	1219x610	1

도어

반달창 4020

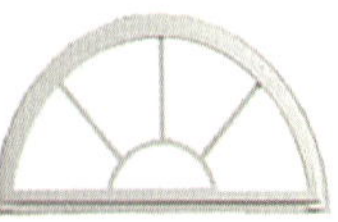

싱글 슬라이더 창

④ 벽체 "D" 규격

– 벽 면적: 23.4㎡

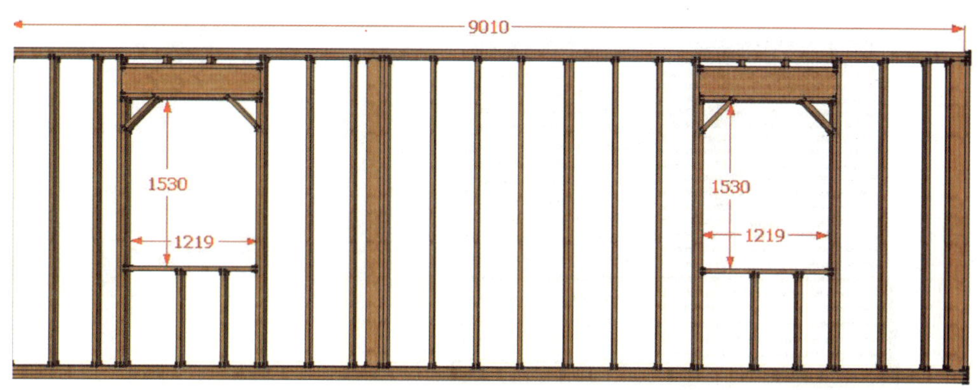

a. 구조목 소요량

명칭	규격	개수
스터드	2x6x10 2&BTR	33
플레이트	2x6x20′ 2&BTR	6
머드실	2x6x16′ 방부목	2
헤더	2x10x16′ 2&BTR	2

b. 내부자재 소요량

명칭	규격	개수
석고 12.5T	1220x2440	12
O.S.B	욕실	2

c. 외부자재 소요량

명칭	규격	개수
O.S.B 11.1T	1220x2440	10
투습 방수지		별도 계산
방부각재	38x19x3600	23
시멘보드 6T	1220x2440	10

d. 단열재

명칭	규격	개수
그라스울(에코벳)	R19	20

e. 창호

명칭(회사)	규격	개수
트라이캐슬3중유리 (반달창 4020)	1219x610	2
트라이캐슬3중유리 (싱글슬라이더 4030)	1219x914	2

반달창 4020

싱글 슬라이더 창

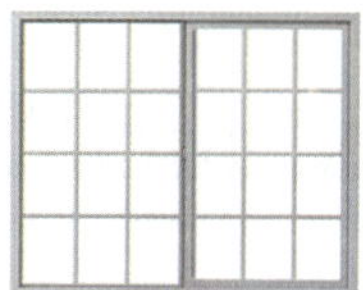

(2) 장선

① 2층 바닥 장선 규격

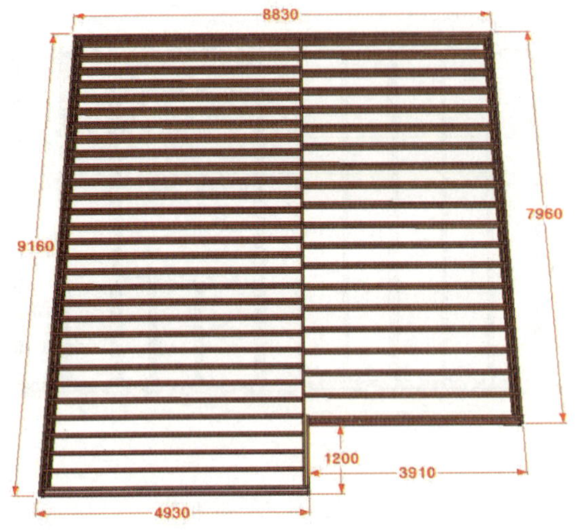

a. 구조목 소요량

명칭	규격	개수
장선	2x10x16′	60
T&G	1220x2440	30

b. 단열재

명칭	규격	개수
그라스울(에코벳)	R19	85

c. 내부자재 소요량

명칭	규격	개수
석고	1220x2440	30

② 2층 OSB 합판 규격

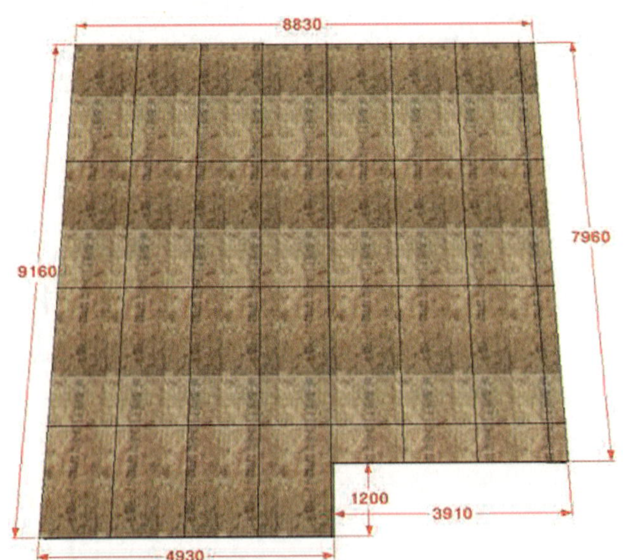

※OSB 바닥 면적 : 76.3m^2

③ 2층 천장 장선

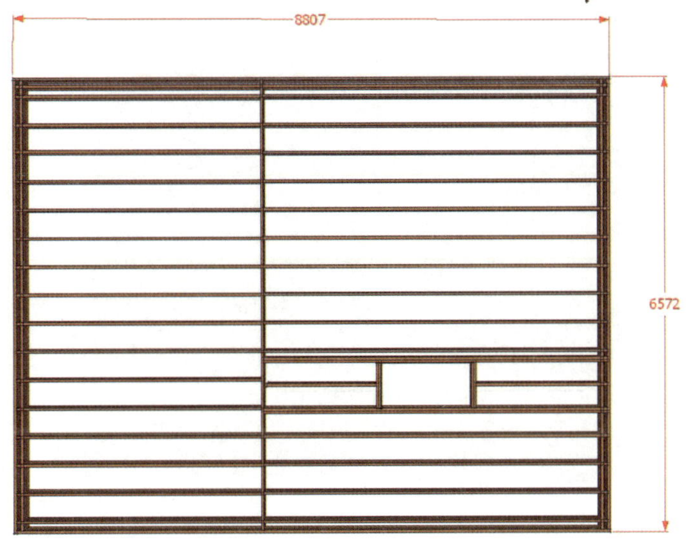

a. 구조목 소요량

명칭	규격	개수
장선	2x10x16'	42

b. 내부자재 소요량

품명	규격	소요량
석고 12.5T	1220x2440	25

c. 단열재

품명	규격	소요량
그라스울(에코벳)	R30	120

〈장선 경간표〉

 ※ 장선 경간표는 118쪽 참조

④ 다락 OSB 합판 규격

a. 바닥재 소요량

명칭	규격	개수
O.S.B T&G	1220x2440	23

(3) 다락방 조립 상태

4. 지붕

(1) 서까래

- 지붕 서까래 규격
    - 서까래 : 2×8×16" 간격으로 시공
    - 지붕 각도 : A(35도), A-1(20도), B(20도), C(15도)

〈서까래 경간표 〉
  ※ 서까래 경간표는 177쪽 참조

① 지붕 "A" 규격

- 지붕 면적: 85.6㎡

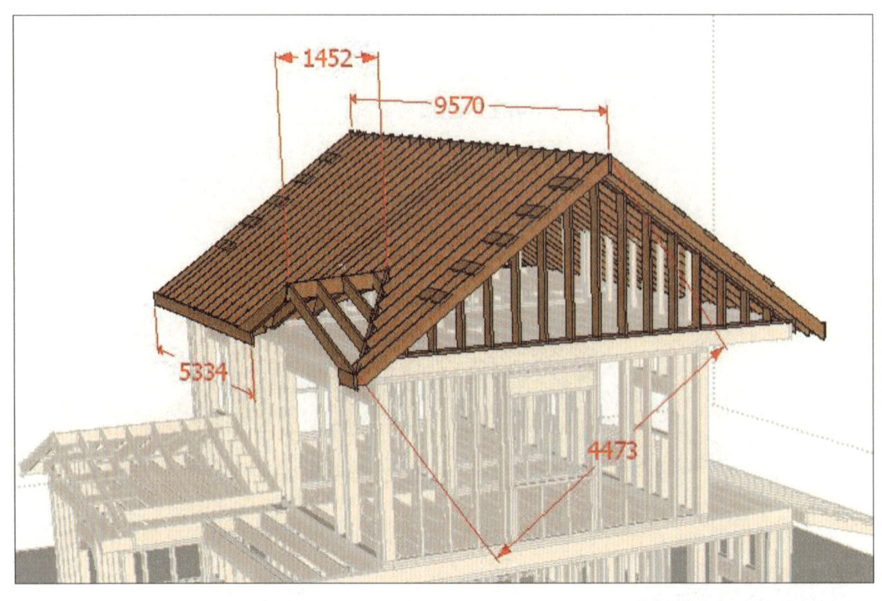

a. 구조목 소요량

명칭	규격	개수
마룻대	2x10x16′ 2&BTR	2
서까래	2x8x16′ 2&BTR	62

b. 지붕자재 소요량

명칭	규격	개수
O.S.B 11.1T	1220x2440	36
방수 쉬트		9
방부각재	38x19x3600	90
O.S.B	1220x2440	36
방수 쉬트		9
슁글		40팩
일반슁글		4팩

c. 페이샤 소요량

명칭	규격	개수
시멘 사이딩		12
서브 페이샤	2x6x20′	8

d. 창호

명칭	규격	개수
VELUX천창 (FS–004 FIX)	546x975	1

천창(FIX)

5. 마감(내부, 외부)

(1) 외벽도면

① 정면도

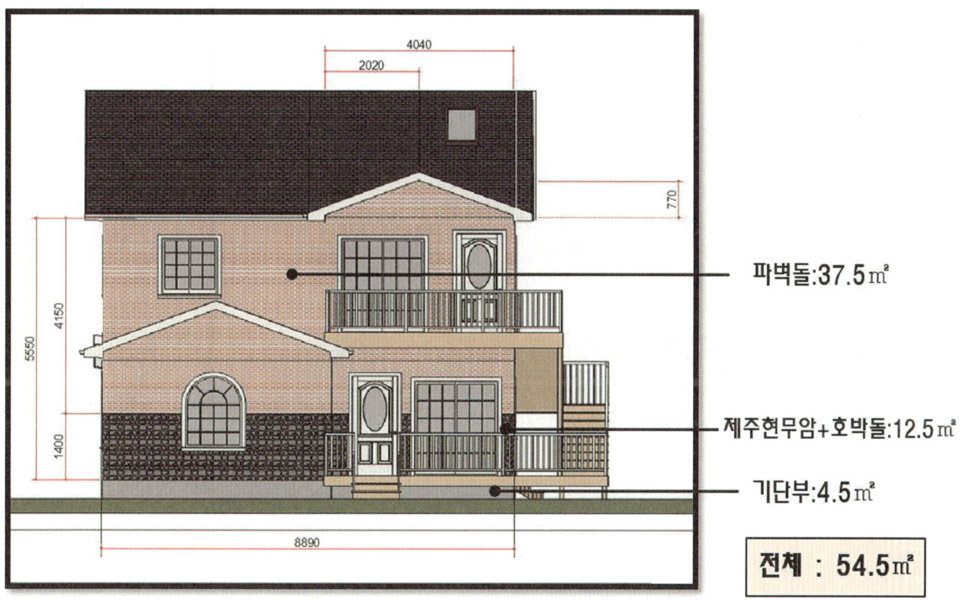

② 배면도

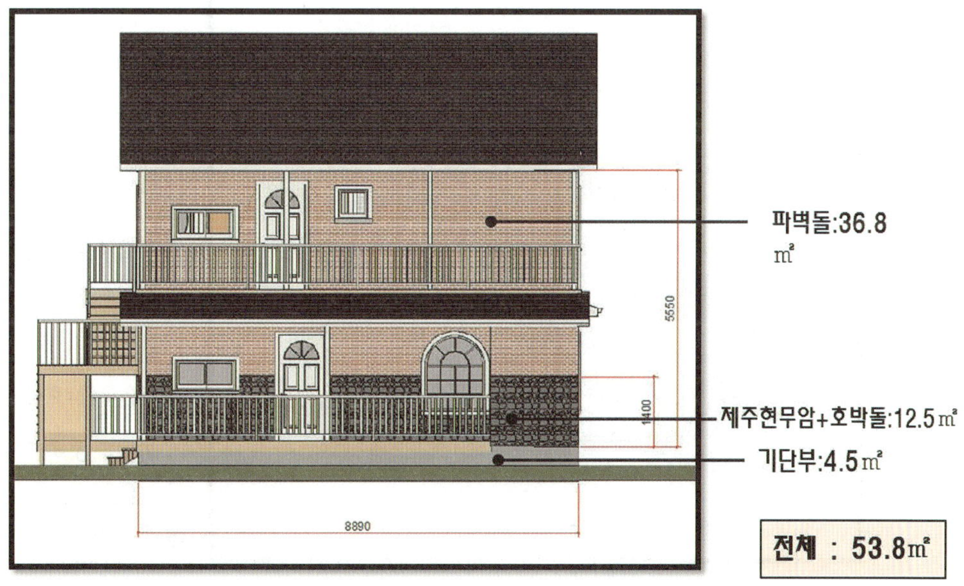

③ 우측면도

6580
5110
3290
2460
2760
1400
1400
8020
파벽돌:37.2㎡
제주현무암+호박돌:15㎡
기단부:5.4㎡
10740
전체 : 57.6㎡

④ 좌측면도

6580
3290
5110
2460
2760
8020
1400
1400
파벽돌:37.2
㎡
제주현무암+호박돌:15㎡
기단부:5.4㎡
10740
전체 : 57.6㎡

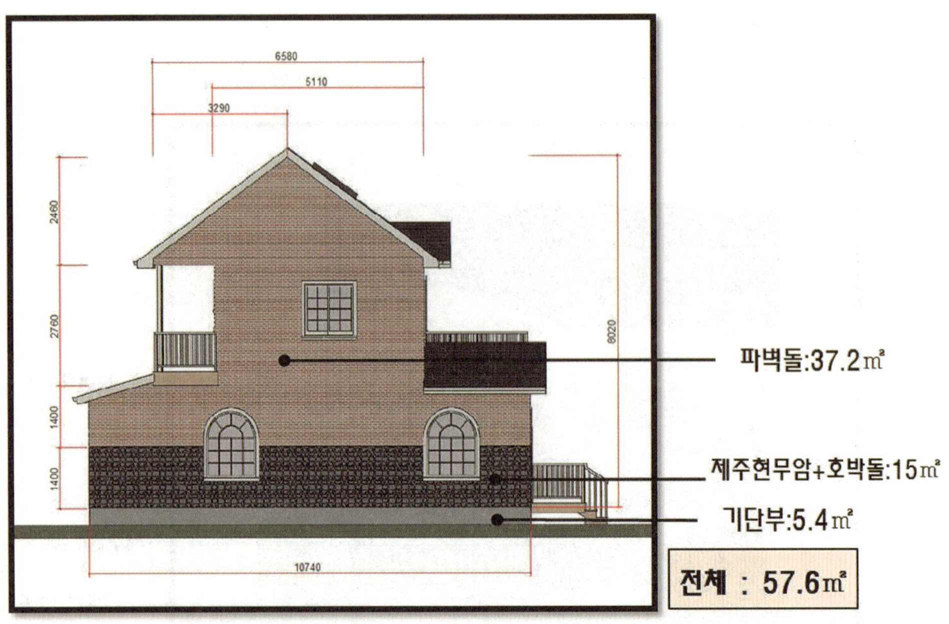

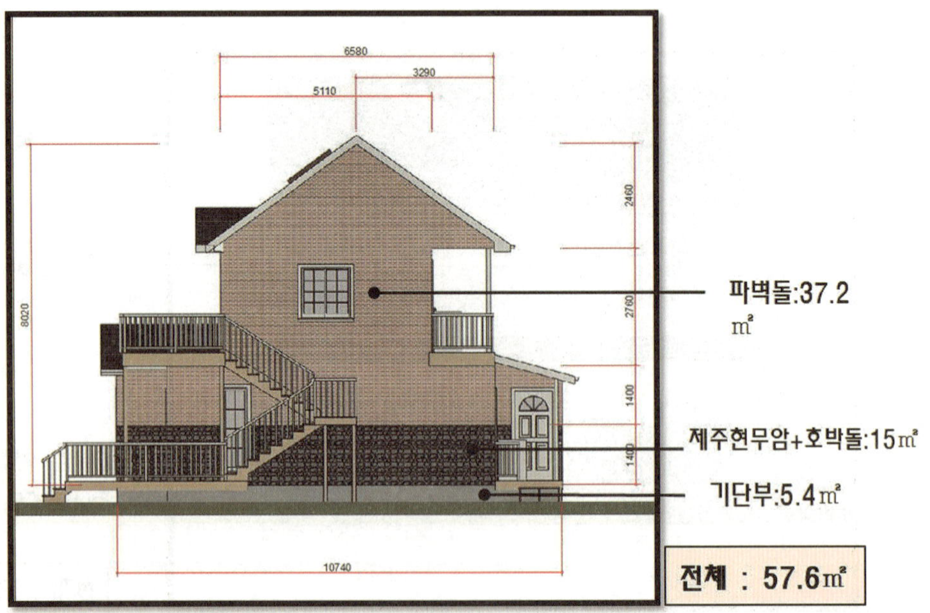

(2) 외벽 상세견적

① 외벽 마감

전체면적 : 223.5m²

파 벽 돌	148.7 m²
제주 현무암	55.0 m²
기 단 부	19.8 m²

② 시공단가

a. 파벽돌

재료비	m²당 16,000원	일반형.고급형은 m²=20,000원, 색상및 디자인은 건축주 선택
임 금	m²당 17,000원	
부속자재비	m²당 5,000원	메지,드라이픽스 등 부자재
합 계	m²당 38,000원	

b. 제주 현무암

재료비	m²당	건축주가 제주에서 직접 구입
임 금	m²당 20,000원	자재가 소형이므로 임금이 높게 책정됨
부속자재비	m²당 5,000원	접착제인 드라이픽스 등 부자재
합 계	m²당 25,000원	

c. 기단부

재료비	m²당 7,000원	
임 금	m²당 5,000원	
합 계	m²당 12,000원	

▶ 테라코트 Stome(테라코 제품)

▶ 25Kg 포장 36,000원 − 5m² 시공

d. 운반비

▶ 800,000원 (3.5톤 제주도까지 운임비)

③ 합계액

파 벽 돌	148.7m² X 38,000원	5,650,600원
제주현무암	55.0m² X 25,000원	1,375,000원
기 단 부	19.8m² X 12,000원	237,600원
운 반 비	3.5톤 차량	800,000원
교 통 비	목수 2명 왕복비행기	400,000원
합 계		8,463,200원

(3) 내부도면

① 1층 평면도

전체면적 76㎡(약23평)

침실1	침실2	화장실
17.2㎡	17.1㎡	4.1㎡
화장실2	거실	보일러실
4.1㎡	30.7㎡	2.6㎡

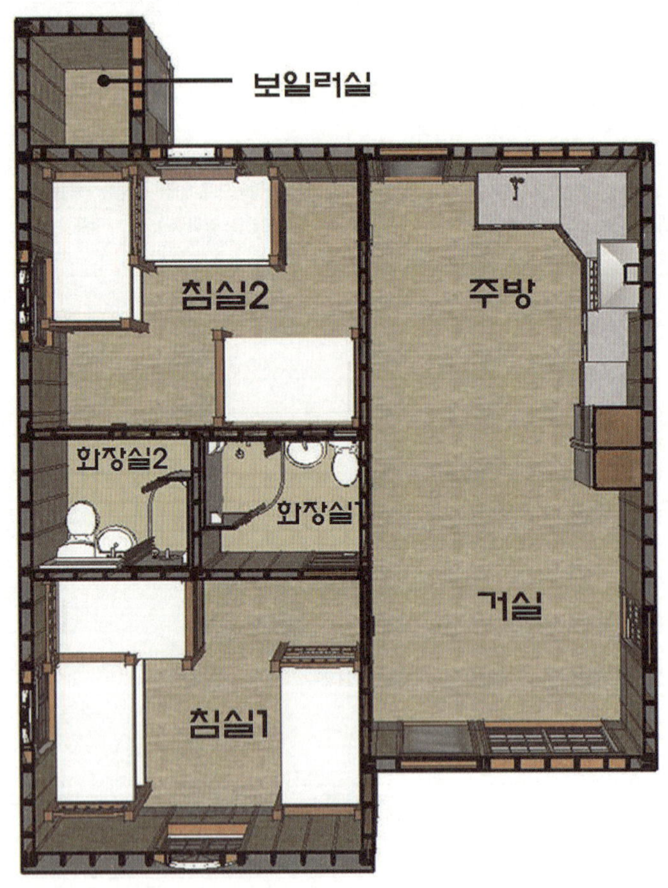

② 2층 평면도

전체면적 43㎡(약13.03평)

침실3	화장실	거실
17.8㎡	4㎡	21.2㎡

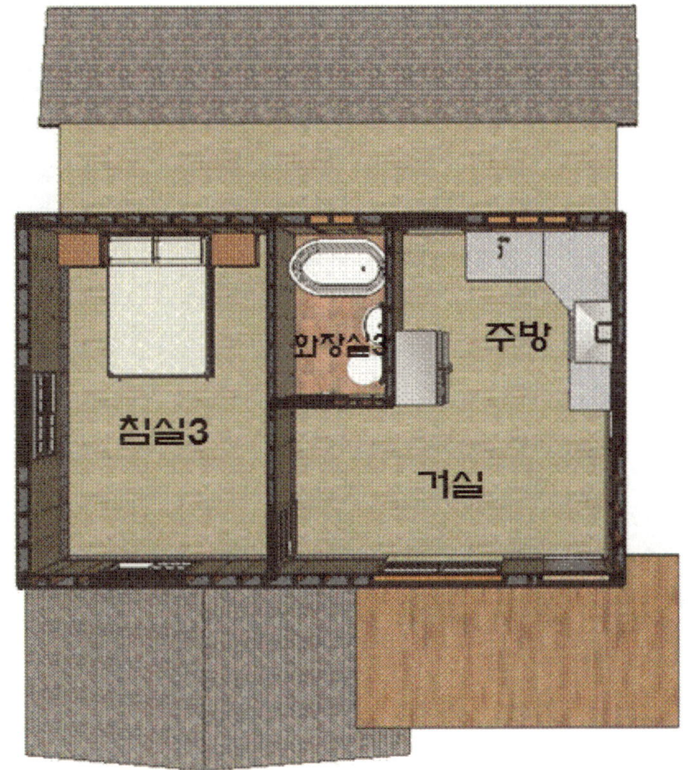

③ 다락 평면도

다락 면적 : 16.9㎡(약5.1평)

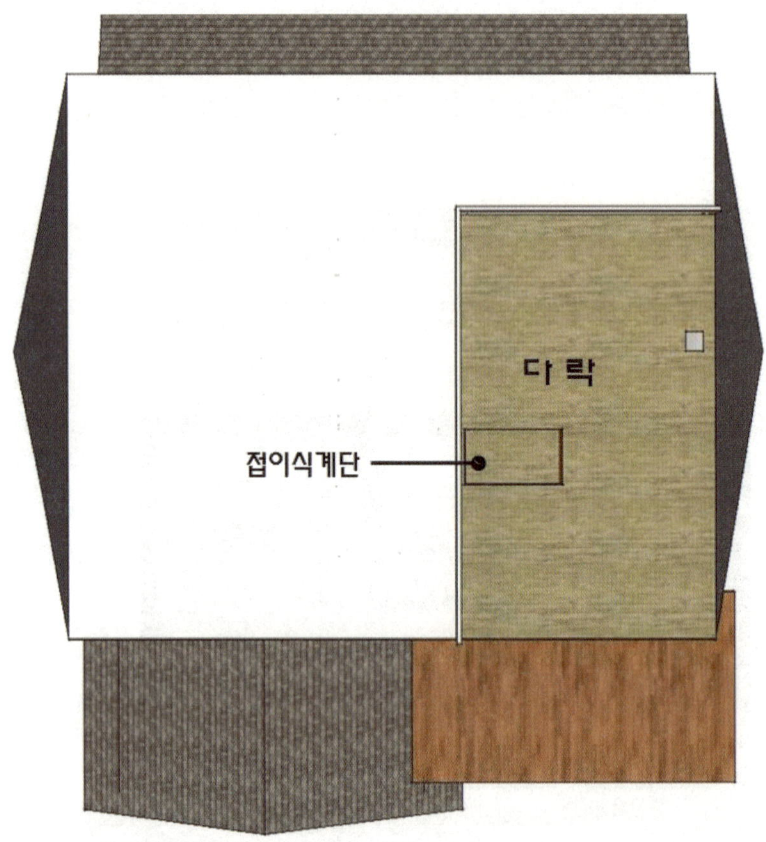

④ 방 실내 마감

히누끼루바 바닥 : 600(옹이 있는 것)

윗부분 : 황토벽돌(300×150×50)

1층천장 : 벽지 마감

2층천장 : 홍송 마감

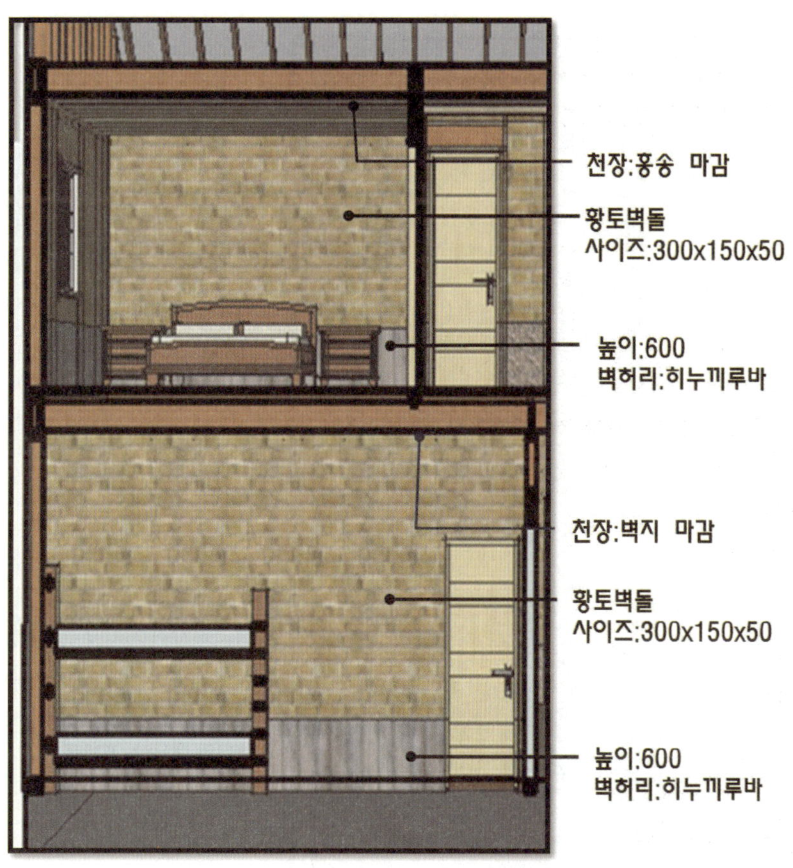

⑤ 거실 실내 마감

　　바닥 : 현무암+호박돌(건축주 제공)

　　윗부분 : 황토벽돌(300×150×50)

　　1층천장 : 벽지 마감

　　2층천장 : 홍송 마감

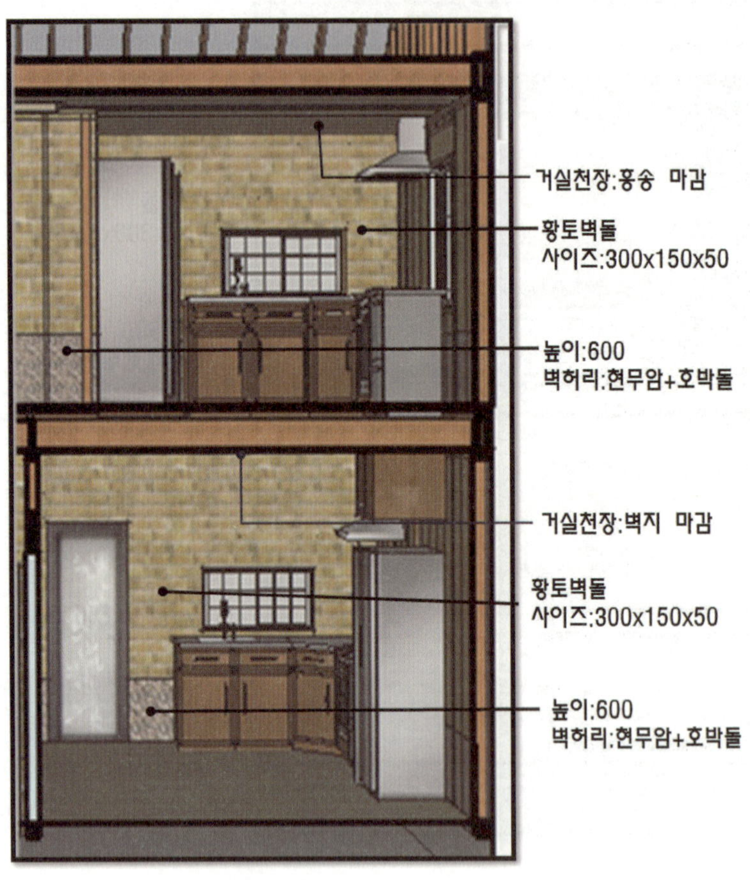

⑥ 화장실 실내 마감

　바닥 : 타일, 히누끼루바 마감

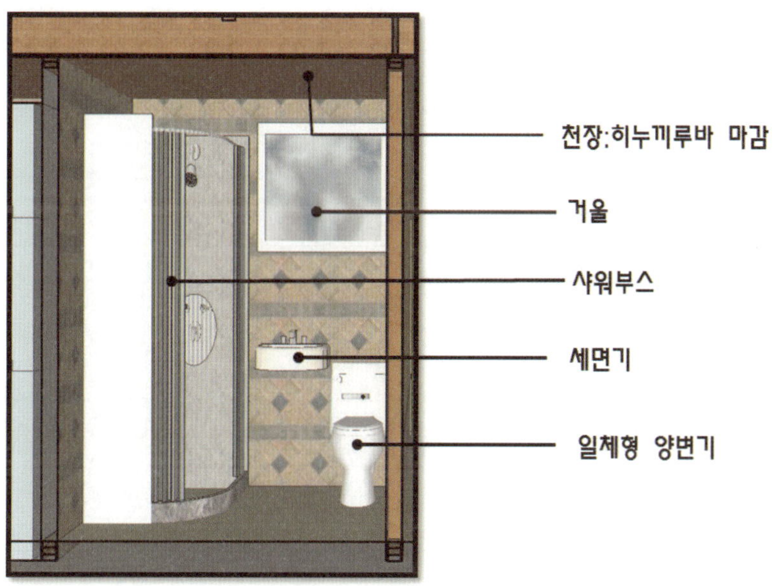

(4) 내부 상세견적

① 내부면적

	천 정	벽 면		바 닥	비 고
		상단부	하단부		
침실 1	16.1m²	34.2m²	9.6m²	16.1m²	
침실 2	16.2m²	34.6m²	9.8m²	16.2m²	
침실 3	17.8m²	35.4m²	10m²	17.8m²	
거실 1층	30.7m²	49.4m²	14.2m²	30.7m²	
거실 2층	21.2m²	40.7m²	11.6m²	21.2m²	
주방 1층		거실에 포함			
주방 2층		거실에 포함			
다 락	16.9m²			16.9m²	
화장실 1	4.1m²	벽면전체 21.8m²		4.1m²	
화장실 2	4.1m²	벽면전체 21.8m²		4.1m²	
화장실 3	4m²	벽면전체 21.6m²		4m²	
보일러실	2.6m²			2.6m²	

② 시공단가

a. 황토벽돌(파벽돌)

재료비	m²당 28,000원	두께 5mm 파벽돌
임 금	m²당 17,000원	
부속자재비	m²당 5,000원	타일본드 등
합 계	m²당 50,000원	

b. 히누끼루바

재료비	m²당 50,000원	
임 금	m²당 12,000원	
부속자재비		임금에 포함
합 계	m²당 62,000원	

c. 홍송루바

재료비	m²당 11,000원	
임 금	m²당 10,000원	
부속자재비		임금에 포함
합 계	m²당 21,000원	

d. 현무암+호박돌

재료비	m²당	건축주 제공
임 금	m²당 17,000원	
부속자재비	m²당 5,000원	
합 계	m²당 22,000원	

③ 합계금액

황토벽돌	194.3m² x 50,000원	9,715,000원	각방, 거실 상단부
히노끼루바	41.6m² x 62,000원	2,579,200원	각방 하단부, 화장실 3곳 천장
홍송루바	39m² x 21,000원	819,000원	침실3,거실2층 천장
벽지마감	63m² x 3,000원	189,000원	1층천장(침실(1,2), 1층거실천장)
현무암+호박돌	25.8m² x 22,000원	567,600 원	
합 계		13,869,800원	

(5) 물받이

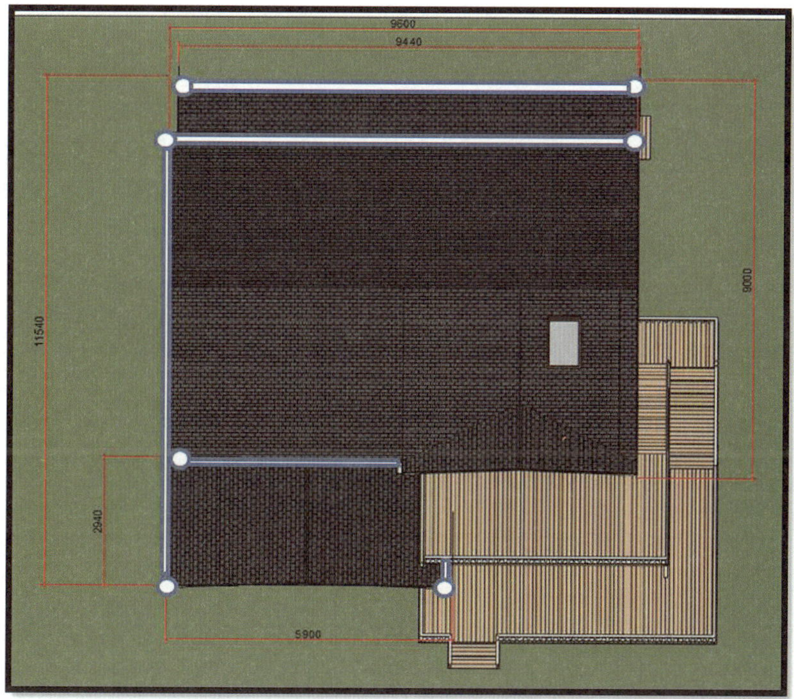

(6) 지붕 상세견적

① 지붕시공면적 : 124㎡

② 시공단가

a. 이중 그림자 슁글 (색상 건축주 선택)

자 재 비	㎡당 9,500원	
임 금	㎡당 6,500원	부속 자재비 포함
합 계	㎡당 16,000원	

b. 물받이(일반함석물받이): 전체길이 28m

  홈통 : 전체길이 22m

  · 정면 : 길이 5m, 홈통 3m+3m+3m+3m

  · 배면 : 길이 9m+9m, 홈통 5m+5m

  · 우측 : 길이 4m

  · 좌측 : 길이 1m

물받이, 물홈통 ㎡당 10,000원	전체길이 50m
유도, 모임 EA당 20,000원	모임 5개, 유도 4개

③ 합계금액

슁글	124㎡ x 16,000원	1,984,000
물받이	50m x 10,000원	500,000
	9EA x 20,000원	180,000
교통비	목수 2명 왕복 비행기	400,000
합 계		3,064,000

6. 데크

(1) 1,2층 현관 데크

(2) 1,2층 배면 데크

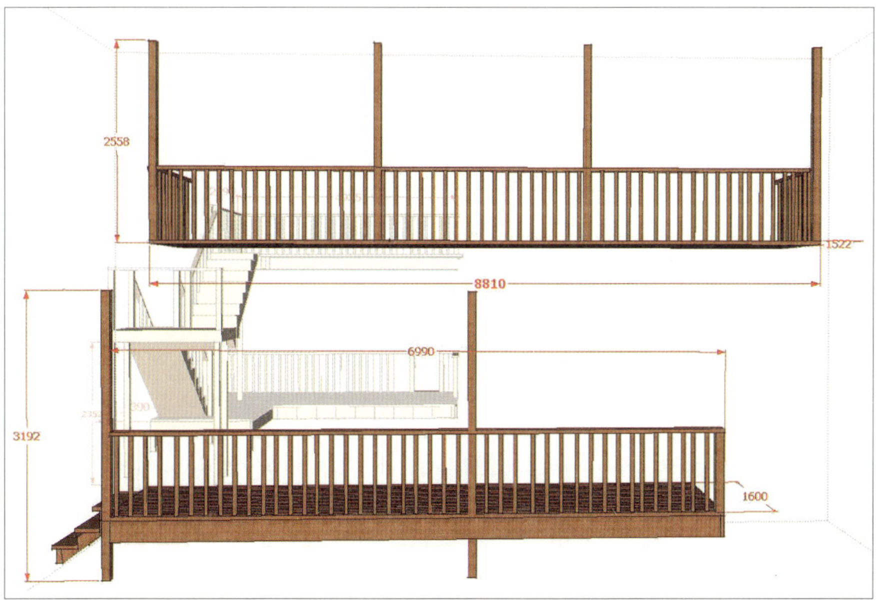

(3) 계단

방부목 소요량	
2x2x12′	9
21x120x3600′	6
2x4x16′	5
2x6x16′	2
2x12x12′	7
4x4x12′	4

7. 자재 예산

자재예산서

2014년 4월 29일 화요일						
나무집	貴下			제주오동		

예 산 총 금 액				- 원		
품 목	규 격	단 위	수 량	단 가	금 액	비 고
씰실러	2*4	EA	2	4,370	8,740	
	2*6	EA	3	4,960	14,880	
방부목	19×38×3600	EA	260	2,760	717,600	방부각재
	2×4×16ˊ	EA	4	10,560	42,240	
	2×6×16ˊ	EA	9	17,280	155,520	
SPF	2×4×10ˊ	EA	140	4,900	686,000	
SPF	2×4×20ˊ	EA	35	9,820	343,700	
SPF	2×6×10ˊ	EA	240	7,700	1,848,000	
SPF	2×6×20ˊ	EA	80	15,400	1,232,000	
SPF	2×8×16ˊ	EA	85	15,520	1,319,200	
SPF	2×10×16ˊ	EA	120	21,600	2,592,000	
방부목	2×2×12ˊ	EA	60	4,010	240,600	CuaZ SPF PRIME 방부목 KD 4R
	27×140×3600	EA	160	9,400	1,504,000	CuaZ RED-PINE C-COMB KD
	2×4×16ˊ	EA	32	10,560	337,920	
	2×6×16ˊ	EA	21	17,280	362,880	
	2×12×12ˊ	EA	8	29,520	236,160	CuaZ 방부목 Hem-Fir
	4×4×12ˊ	EA	18	17,500	315,000	CuaZ Hem-Fir JAS
타이벡	1.5M×50M	EA	3	120,000	360,000	외벽방습지
타이벡테이프	6CM×50M	EA	6	23,500	141,000	
OSB	11.1×1220×2440	EA	200	17,300	3,460,000	구조체 합판
T&G	18.3×1220×2440	EA	55	32,640	1,795,200	
시멘트보드	6*1200*2400	EA	70	18,100	1,267,000	
시멘트사이딩	7.5*210*3660	EA	16	5,500	88,000	
이중그림자싱글		BAG	55	24,750	1,361,250	
일반싱글		BAG	4	23,870	95,480	
일반 방수시트	1×10m	ROLL	25	22,000	550,000	지붕용 방수시트

		단위	수량	단가	금액	비고
인슐레이션	R11-15	EA	6	46,800	280,800	
	R19-15	EA	29	40,200	1,165,800	
	R30-16	EA	16	40,940	655,040	
석고보드	4*8 12.5T	EA	190	9,000	1,710,000	
EZ-SEAL	20m	EA	4	27,000	108,000	
트라이캐슬창호 <시스템창호 3중 유리, 로이코팅, 아르곤가스>	P/D 6068	EA	1	1,305,000	1,305,000	1829×2083
	FIX 2068	EA	1	274,000	274,000	610×2032
	S/S 4030	EA	1	283,000	283,000	1219×1530
	H/R 4020	EA	1	349,000	349,000	1219×610
	S/S 4030	EA	1	283,000	283,000	1219×920
	H/R 4020	EA	1	349,000	349,000	1219×610
	S/S 4030	EA	1	283,000	283,000	1219×920
	H/R 4020	EA	1	349,000	349,000	1219×610
	P/D 6068	EA	1	1,305,000	1,305,000	1829×2032
	S/S 4040	EA	1	337,000	337,000	1219×1219
	S/S 4040	EA	1	337,000	337,000	1219×1219
	S/S 2020	EA	1	178,000	178,000	610×610
	S/S 4020	EA	1	229,000	229,000	1219×610
	S/S 4040	EA	1	337,000	337,000	1219×1219
	VELUX천창 FS-C04	EA	1	414,000	414,000	533×962mm <고정>
현관문	랩스톤도어 3/4오발	EA	2	600,000	1,200,000	973×2053mm <문틀포함 크기>
외부문	FAN-LITE	EA	3	500,000	1,500,000	872×2053mm <문틀포함 크기>
방,화장실문 (ABS)	영림 ABS도어	EA	1	220,000	220,000	900×2100
	영림 ABS도어	EA	1	220,000	220,000	800×2100
	영림 ABS도어	EA	3	220,000	660,000	700×2100
합 계						
	건축예산을 위한 예상내역입니다. 이 점 참고하시기 바랍니다.					

8. 시공 예산

건축시공 예산서

현장명		제주오등		팀장	
공사기간	착공일자			준공일자	
전체 건축예산					

건축면적	1층	76㎡(22.99PY)	기단부면적	31.33㎡	싱크대길어	cm(상부장유무)
	2층	43㎡(13PY)	외벽면적	223.5㎡	식탁	아일랜드,일반
	다락	16.9㎡(5.11PY)	지붕면적	124㎡(37.51py)	가구	오픈,페쇄
			내부면적	㎡	거실	
	시공면적	135.9㎡(41.1PY)	타일면적	㎡	거실천정	

데크	1층	30.36㎡	9.18PY	외벽길이	1층	39.16m	
	2층	㎡	PY		2층	28m	
베란다	1층	32.66㎡	9.88PY	내벽길이	1층	20.8m	
	2층	㎡	PY		2층	9.16m	
					다락	8.36m	

구분	금액	비고
기초	850	기단부높이 : 800
골조	1,700	구조재 /OSB /T&G /타이벅
단열재	220	인슐레이션
이중벽체	200	레인스크린
가설재	200	비계아시바
지붕	210	이중그림자싱글/방수시트
물받이	120	S-lon 일본수입산
소핏	50	비닐소핏벤트/J-찬넬
페이샤	30	시멘트사이딩 페이샤
창호	670	중급시스템창호/트라이케슐창호3중유리 + 벨룩스천창
현관,실내문	380	시방서내역참조
내부마감재	1,390	시방서내역참조

내부석고	180	석고마감 /
외벽	870	시방서내역참조
조명	150	기본/ 건축주 선택에 따른 금액변동
전기	430	나사모직영-전기팀/ 한전불입금 별도 - 대략 242,000원 (5KW기준) 부가세 별도 - 평당기준 5,000원 임시전기 별도 - 보증금(100,000원) + 공사비 (250,000원)
설비	440	나사모직영-설비팀/수전설비/
보일러	100	기름보일러
정화조	20	정화조 검사비
욕실	350	욕실2EA도기및수전/건축주 선택에 따른 금액변동
계단	30	다락-접이식계단1EA / 외부계단-데크제포함
타일	150	
벽지	0	시방서내역참조/ 내부마감재포함
바닥	390	1,2층 강마루 평당10만원 / 35.99PY * 10만원 = 360만원 다락 강화마루 평당6만원 / 5.11PY * 6만원 = 30만원
칠	50	오일스테인
철물	400	
벽난로	0	건축주선택사양/ 모델에따른 금액추가
데크	300	데크 9.18PY
베란다	400	베란다 9.88PY
싱크대(신발장)	350	기본싱크대2EA/건축주 선택에 따른 금액변동
임금 및 숙식	3,500	
폐기물처리	150	지역에 따라 가격변동
운송비	400	지역에 따라 가격변동
검사비	200	(사) 한국목조건축기술협회기준/ 5회
합계금	14,880	-

※ 파고라, 벤트, 후레싱은 건축주 선택에 따라 추후 추가될 예정

* 싱크대, 신발장, 벽지, 타일, 조명, 칠, 정화조, 폐기물 등은 선택요건 및 지역에 따라 가격 변동 가능성 있다.
* 화물비, 운반비 등은 거리와 횟수에 따라 다르므로 포함하지 않았다.
* 고용, 산재보험은 근로복지공단에 직영공사 문의하면 요율에 의한 안내를 받을 수 있다.

부 록

부록

1. 검사 점검 목록

검사 점검 목록은 시공업체에서 시공공정과 하도급 전문업체를 감독하는데 도움을 주기 위한 것이다. 목적은 건축법과 시공 가이드에 규정하거나 기술한 시공 방법에 부합되는 일관된 주택 품질을 확인하기 위함이다.

주요 내용은 터파기, 기초, 바닥골조, 벽체골조, 지붕골조, 소방안전에 관한 것이다.

터파기(시공 가이드 제5장)

1. 토양의 종류는?

○ 암반

○ 거친 토양

○ 이토

○ 점토

○ 알지 못함

2. 기계적으로 다진 충전 재료가 사용되는가?

○ 사용

○ 비사용

3. 토양과 지하수에 관한 정확한 정보

○ 토양 조건에 관한 지질구조 보고

○ 지하수위표와 변동에 대한 지식

○ 토양 중 함유 기체(라돈)

---

4. 다음 항목은 적절한가?

○ 입지조건과 재료 보관

○ 원토양에 대한 터파기

○ 터파기 중 유기재료 없음

○ 타파기 중 정지수 없음

○ 터파기 중 경사와 출입구(안전상)

○ 서리 방지 수단의 제공, 또는 불필요

5. 소견

____

____

____

1. 기초의 종류는?

○ 부어넣기 콘크리트–벽체와 지정

○ 부어넣기 콘크리트–온통기초

○ 조적식

○ 블록

○ 단열 콘크리트 기초

2. 건축물의 층수는?

○ 1층

○ 2층

○ 3층

3. 다음 항목은 적절한가?

○ 입지조건과 재료 보관

○ 줄지정의 너비와 깊이

○ 독립지정의 너비와 면적

○ 집중하중을 받는 지정의 지압 면적

○ 설비를 설치할 위치

○ 기초의 두께

○ 철근 배근

○ 고정 볼트

○ 배수체계

○ 배수석

○ 벌집 모양의 큰 구멍과 냉 줄눈의 밀폐

○ 회반죽(조적이나 블록)

○ 지면 아래에서 거푸집 타이의 밀폐

　(부어 넣기 콘크리트 기초)

○ 지면 아래의 방수/방습

○ 슬래브 아래에 자갈 채우기

○ 슬래브 아래의 방습막

○ 막의 밀폐

○ 슬래브 밑의 철근 배근

○ 되메우기

○ 벽체의 횡 방향 지지

○ 흰개미 방제

4. 소견

____

____

____

바닥골조(시공 가이드 제7장)

1. 장선용 자재는?

○ 규격 구조재

○ 공학목재

2. 바닥보의 재료는?

○ 규격 구조재 조립보

○ 공학목재

○ 큰구조재

○ 강재

3. 다음 항목은 적절한가?

○ 입지조건과 재료 보관

○ 필요한 목재 방부처리

○ 토대의 고정

○ 토대의 기밀 및 방수막

○ 콘크리트나 벽돌과 접촉하는 골조부재

  사이의 방수막

○ 기둥의 지지

○ 기둥의 고정과 접합

○ 조립 바닥보–덧판과 접합

○ 골조 부재의 못박기

○ 장선 걸이–배치와 못의 수

○ 보와 장선에 대한 끝면 지압

○ 보 위에서 장선의 지지

○ 장선의 간격

○ 개구부 주위의 바닥골조

○ 실내 내력벽의 지지

○ 기초에 가해지는 집중하중에 대한 지지

  의 연속성(바닥에서 소재 보막이재)

○ 무거운 하중은 받는 부위에 대한 추가의

  지지(욕조, 가구 등)

○ 캔티레버 장선

  바닥덮개

  · 패널의 배향

  · 두께와 치수

  · 접합

○ 따냄과 천공

○ 흰개미 방제

4. 바닥 구조에서 하중 분산과 강성을 위해

적용한 것은?

○ 장선 사이에 정선가새와 장선 보막이재,

　장선띠장 설치

○ 바닥덮개의 접착과 나사못박기

○ 바닥덮개의 두께 증가

5. 소견

____

____

____

벽체 골조(시공 가이드 제8장)

1. 인방/헤더용 자재는?

○ 조립 규격 구조재

○ 공학 목재

2. 다음 항목은 적절한가?

○ 내력벽

　· 간격

　· 길이

　· 구석

　· 후퇴 거리

　· 덮개 재료

○ 스터드–간격과 치수

○ 집중하중을 받는 스터드와 기둥 지지의

　연속성

○ 깔도리–접합부와 교차부

○ 골조 부재의 못박기

○ 인방/헤더의 경간과 치수

○ 인방/헤더의 못박기

○ 수직 부재(수축이 적음)와 만나는 인방/

　헤더의 지압

○ 실내 내력벽의 위치

3. 덮개

　· 패널의 두께와 치수

　· 틈

　· 못박기

○ 콘크리트와 조적에서 골조 부재의 분리

○ 따냄과 천공

○ 흰개미 방제

○ 석고보드와 내장 마감재의 지지

4. 내진 규정을 충족하기 위한 특수 시공

은?

○ 바닥 고정 철물

○ 내력벽 패널

○ 못박기의 종류

5. 소견

____

____

____

1. 지붕의 구조는?

○ 서까래와 장선

○ 트러스

○ 두 가지 부재 모두 적용

2. 다음 항목은 적절한가?

○ 서까래와 장선-덧판과 지압거리

○ 서까래와 장선의 경간

○ 서까래와 장선의 지지

○ 트러스와 서까래의 가새

○ 개구부 주위의 골조

○ 골조 부재의 못박기

○ 보막이재와 타이다운

○ 1:3 이하의 지붕경사에서 마룻대나 보에

　대한 지지

3. 덮개

○ 패널의 배향

○ 두께와 치수

○ 간격

○ 측면의 지지

○ 따냄과 천공

○ 환기

○ 다락의 출입구

4. 소견

____

____

____

1. 전기설비

○ 관련 법규

○ 허가 번호

○ 준공검사 일시

2. 가스

○ 관련 법규

○ 허가 번호

○ 준공검사 일시

3. 다음 항목은 적절한가?

화재 예방

○ 벽난로와 연도-재료와 분리

○ 조립식 벽난로-인증과 설치

○ 전기 설비

○ 가스 설비

○ 가스 동력 및 전기 기계설비

○ 인증과 설치

화재탐지

○ 연기경보기의 인증

○ 탐지기의 위치

○ 보조 전지

○ 탐지기 상호간의 연계성

피난

○ 출구로 향한 접근

○ 출구용 문과 창문

방화

○ 외벽과 내력벽의 내화등급

○ 실내 비내력벽의 내화등급

○ 기타 구조요소의 내화등급

○ 내장 마감재와 단열재의 연소등급

확산방지

○ 인접 차고의 바닥면적

○ 차고와 거실 공간 사이의 간막이벽

○ 바닥 밑 공간-가연성 재료

○ 화재 막이(구조 부재에 덮개를 시공하

기전에 검사해야 함)

○ 인접 건축물과 분리

진화

○ 소방 장비의 접근

○ 물의 공급과 수압

○ 소화기의 가용성

4. 소견

____

____

____

2. 못박기 규정

못박기 기준표(IBC-2000 TABLE 2304.9.1 Fastening Schedule):

접합부에 따른 못의 수, 크기, 못박기 방식 및 못의 간격은 다음의 표와 같다.

접합부	못박기 기준	그림설명
1. 장선을 깔도리나 거더(Girder)에 접합	3-8d common 경사못박기	
2. 브리징(Bridging)을 장선에 접합	2-8d common 각 끝면에 경사못박기	
3. 1″×6″ 폭 이하의 서브플로어(Subfloor)를 각 장선에 접합	2-8d common 표면못박기	
4. 1″×6″ 폭 이상의 서브플로어(Subfloor)를 각 장선에 접합	3-8d common 표면못박기	
5. 2″ 바닥합판을 장선이나 거더(Girder)에 접합	2-16d common 표면못박기	
6-1. 밑깔도리를 장선이나 보막이에 접합	16d를 16″ O.C. 표면못박기	
6-2. BWP(Bracing Wall Panel)의 밑깔도리를 장선이나 보막이에 접합	16″ 간격마다 3-16d 표면못박기	

접합부	못박기 기준	그림설명
7. 윗깔도리를 스터드에 접합	2-16d common 끝면못박기	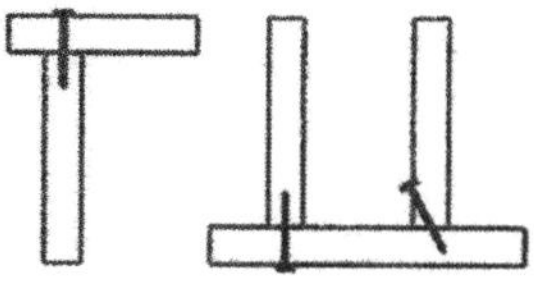
8. 스터드를 밑깔도리에 접합	2-16d common 끝면못박기, 또는 4-8d common 경사못박기	
9. 이중스터드(킹스터드+트리머)	16d 24″ O.C. 표면못박기	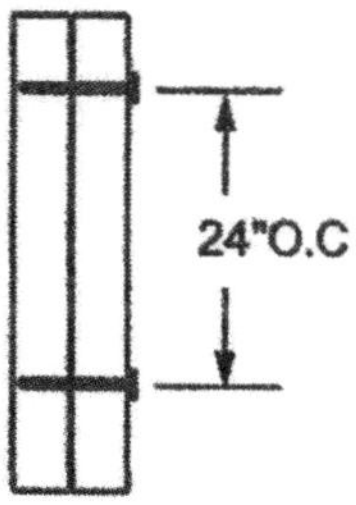
10-1. 이중 윗깔도리	16d를 16″ O.C. 표면못박기	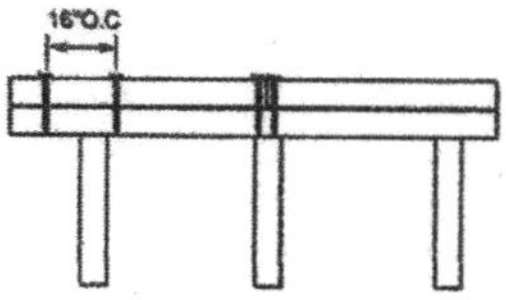
10-2. 이중 윗깔도리 이음부	끊어진 양쪽 끝에 8-16d common 표면못박기	
11. 장선/서까래 사이에 있는 보막이를 윗깔도리에 접합	3-8d common 경사못박기	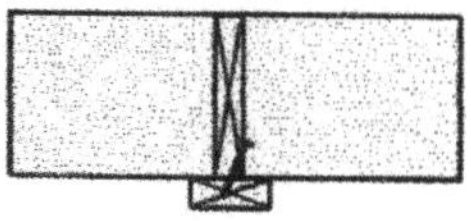
12. 끝막이/옆막이 장선을 윗깔도리에 접합	8d의 못을 6″ 간격마다 경사못박기	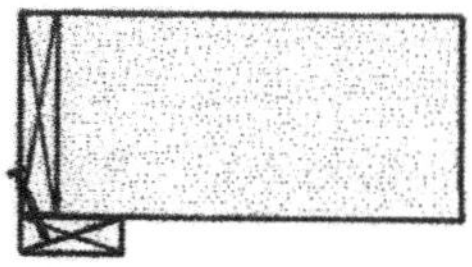

접합부	못박기 기준	그림설명
13. 윗깔도리 이음부	2–16d common 표면못박기	
14. 2개의 부재로 된 헤더	16d common 못을 위쪽과 아래쪽 끝부분을 따라 16˝ O.C. 표면못박기	
15. 천장 장선을 윗깔도리에 접합	3–8d common 경사못박기	
16. 헤더를 스터드에 접합	4–8d common 경사못박기	
17. 실내 간막이벽 위의 천장 장선의 겹침 부위	3–16d common 표면못박기	
18. 천장 장선을 서까래에 접합	3–16d common 표면못박기	
19. 서까래를 스터드와 깔도리에 접합	3–8d common 표면못박기	
20. 1˝ 가새를 스터드와 깔도리에 접합	2–8d common 표면못박기	

접합부	못박기 기준	그림설명
21. 1″×8″ 덮개를 내력벽에 접합	2-8d common 표면못박기	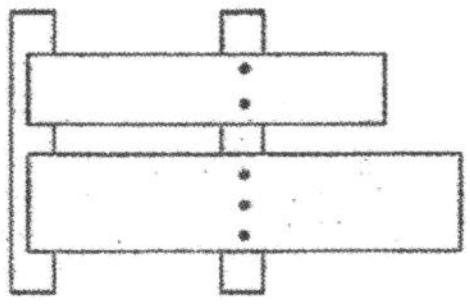
22. 1″×8″보다 큰 덮개를 내력벽에 접합	3-8d common 표면못박기	
23. 벽 모서리 스터드	16d common 24″O.C. 표면못박기	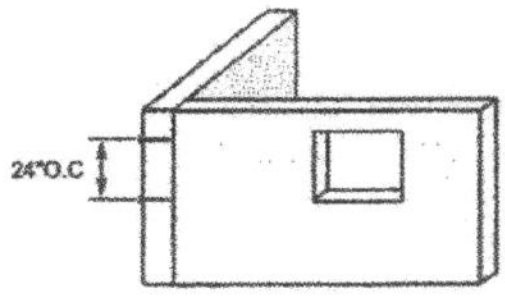
24-1. 거더(Girder) 설치 및 빔	20d common 못을 32″O.C. 간격으로 상·하단에서 반대쪽으로 교차되게 표면못박기	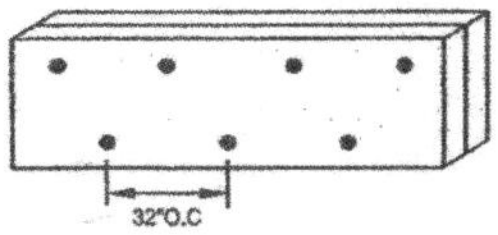
24-2. 거더(Girder) 설치 및 빔의 끝부분과 연결부	2-20d common 표면못박기	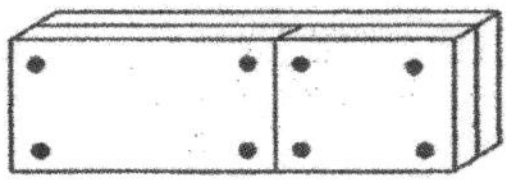
25. 2″ 플랭크(Plank)	2-16d common을 각 지점에 표면못박기	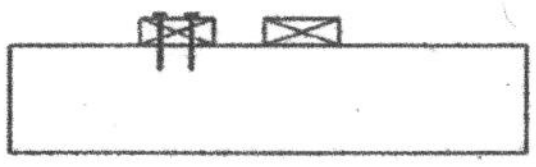
26. 조름보(Collar Tie)를 서까래에 접합	3-10d common 표면못박기	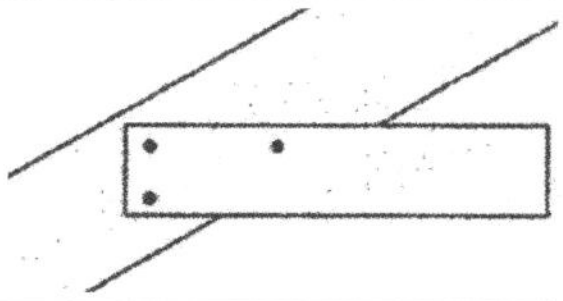
27. 잭(Jack)서까래를 힙(Hip)서까래에 접합	3-10d common 경사못박기 2-16d common 표면못박기	
28. 서까래를 2x 마루보에 접합	3-16d common 경사못박기 2-16d common 표면못박기	

접합부	못박기 기준	그림설명
29. 장선을 끝막이장선에 접합	3–16d common 표면못박기	
30. Ledger Strip	3–16d common 표면못박기	
31. 패널 사이딩을 골조에 접합	1/2″ 이하의 두께: 6d 방청못 5/8″ 두께: 8d 방청못	
32-1. 단일 바닥덮개의 목재구조용 패널을 골조에 접합	3/4″ 이하의 두께: 6d 나사못 7/8″∼1 두께: 8d 나사못 1–1/8″∼1–1/4″ 두께: 10d 일반못/8d 나사못	
32-2. 바닥밑판, 지붕덮개 및 벽덮개 목재구조용 패널을 골조에 접합	1/2″ 이하의 두께: 6d 일반못이나 나사못(지붕덮개인 경우엔 8d) 19/32″∼3/4″ 두께: 8d 일반못/6d 나사못 7/8″∼1″ 두께: 8d 일반못이나 나사못 1–1/8″∼1–1/4″ 두께: 10d 일반못/8d 나사못 못의 간격-패널 모서리 골조 부분은 6″ 간격, 중심 골조 부분은 12″ 간격(단, 골조가 48″ 이상 간격일 경우엔 모든 골조에 6″ 간격) 전단벽이나 격판 구조인 경우에는 〈측방지지구조설계〉를 참조 덮개를 골조에 고정할 때 사용되는 못이나 철물의 머리는 덮개의 표면에 평면이 되도록 박아야 한다 (내용출처: Wood University 교재)	

3. 경간표(Span Table)

WEST COAST LUMBER INSPECTION BUREAU

is a not for profit service organization which exists for the benefit of both consumers and producers of lumber. A primary objective of the WCLIB is the development and maintenance of uniform lumber standards. WCLIB publishes standard grading specifications and allowable properties for several domestic and imported softwood lumber species in Standard Grading Rules No. 17. The published grade rules and applicable allowable properties have been approved by the American Lumber Standard Committee Board of Review as complying with the American Softwood Lumber Standard (DOC PS20-99) promulgated by the U.S. Department of Commerce.

Mills which manufacture lumber to the grading standards of WCLIB and which utilize WCLIB grade inspection and quality control services are permitted to mark their lumber with grade stamps which include the official trademarked logo of the West Coast Lumber Inspection Bureau. Dimension lumber so grade marked will also contain the following information in the grade stamp: 1) the mill name or identification number, 2) the grade name, 3) the species or species group designation, and 4) the moisture content classification at the time of surfacing.

Typical examples of WCLIB grade stamp markings are shown, accompanied by a brief description of use.

Applied to Stud grade lumber manufactured from a mixture of Western Woods and surfaced unseasoned (moisture content exceeded 19% at the time of surfacing) to standard sizes.

Applied to Select Structural grade lumber in board stock manufactured from a mixture of Western Hemlock and true firs, and which was dried to a maximum of 19% moisture content when surfaced to standard sizes. The abbreviation "SRB" (stress rated boards) indicates that the boards have been graded under the Dimension grade rules.

Applied to No. 1 grade Douglas fir lumber dried to 19% maximum moisture content and surfaced to the standard dry size.

Applied to Construction grade lumber manufactured from Spruce-Pine-Fir South species group which was dried to a kiln to a maximum of 19% moisture content at the time of surfacing to the standard surfaced dry size.

The **simplified span tables** which appear in this booklet have been prepared by the WCLIB to facilitate the use and specification of selected domestic and imported softwood species in common Joist, Rafter, and Decking installations for light frame construction. The species covered are those listed in Standard Grading Rules No. 17, and include the following **domestic and imported species:**

Domestic species:

    Douglas fir, Hem-Fir, Spruce-Pine-Fir South, Western Woods, and Western Cedars.

Imported species:

    Austrian spruce from Austria and Czech Republic
    Norway spruce from Finland
    Norway spruce from Lithuania
    Norway spruce from Germany*
    * (Does not include Saarland nor Baden Wurtemberg)
    Scots Pine from Austria and Czech Republic
    Scots Pine from Finland
    Scots Pine from Lithuania and/or Estonia
    Scots Pine from Germany*
    * (Does not include Saarland nor Baden Wurtemburg)
    Douglas fir/European Larch from Austria, the Czech Republic, and Bavaria**
    **(Allowable properties approved for 2x4 size only)

Combination Domestic and Imported species:
    Douglasfir/Douglas fir North
    Hem-Fir/Hem-Fir North
    Spruce-Pine-Fir/Spruce-Pine-Fir South

Notes: Tables for determining allowable spans for joists, rafters, and decking are presented in tabular form as feet and inches. For other spacings and loading criteria, please refer to the AF&PA span tables listed in the references. For more information on decking spans, refer to AITC publication 112-93 which is also listed in the references.

REFERENCES

STANDARD GRADING RULES NO. 17

Contains the official rules for grading West Coast Lumber. Available from the West Coast Lumber Inspection Bureau, PO Box 23145, Portland, Oregon 97281-3145. Phone: 503-639-0651 / Fax: 503-684-8928 / email: info@wclib.org

SPAN TABLES for Joists and Rafters (1993 ed.)

Available from the American Forest & Paper Association, 1111 19th Avenue NW, Suite 800, Washington, D.C. 20036. Ph: 202-463-2766 / Fax: 202-463-2791 / email: awcinfo@afandpa.org

NATIONAL DESIGN SPECIFICATION

Available from the American Forest & Paper Association, 1111 19th Avenue NW, Suite 800, Washington, D.C. 20036. Ph: 202-463-2766 / Fax: 202-463-2791 / email: awcinfo@afandpa.org

Standard for Tongue and Groove Heavy Timber Decking (AITC 112-93)

Available from the American Institute for Timber Construction, 7012 S. Revere Parkway, Suite 140, Englewood, Colorado 80112. Ph: 303-792-9559 / Fax: 303-792-0669 / email: info@aitc-glulam.org

JOIST SPANS

SPANS ARE JOISTS OVER A SINGLE SPAN AND ARE FOR USE IN COVERED STRUCTURES.
SPANS APPLY TO LUMBER SURFACED "GREEN" OR SURFACED "DRY" WHICH CONFORMS TO
PS20-99 SIZES. APPLICABLE DESIGN CRITERIA ARE SHOWN IN THE HEADING FOR EACH TABLE

JOIST Size (in.)	Spac. (in.)	Douglas Fir					HEM-FIR					Spruce-Pine-Fir South				Western Woods				Western Cedars			
		Sel. Str.	No. 1 & Btr.	No. 1	No. 2	No. 3	Sel. Str.	No. 1 & Btr.	No. 1	No. 2	No. 3	Sel. Str.	No. 1	No. 2	No. 3	Sel. Str.	No. 1	No. 2	No. 3	Sel. Str.	No. 1	No. 2	No. 3

FLOOR JOISTS - 10 PSF Dead Load/40 PSF Live Load

Size	Spac.	DF Sel. Str.	DF No. 1 & Btr.	DF No. 1	DF No. 2	DF No. 3	HF Sel. Str.	HF No. 1 & Btr.	HF No. 1	HF No. 2	HF No. 3	SPFS Sel. Str.	SPFS No. 1	SPFS No. 2	SPFS No. 3	WW Sel. Str.	WW No. 1	WW No. 2	WW No. 3	WC Sel. Str.	WC No. 1	WC No. 2	WC No. 3
2x6	12	11-4	11-2	10-11	10-9	8-11	10-9	10-6	10-6	10-0	8-8	10-0	9-9	9-6	8-3	9-9	9-6	9-2	7-6	9-6	9-2	9-2	7-9
	16	10-4	10-2	9-11	9-9	7-9	9-9	9-6	9-6	9-1	7-6	9-1	8-10	8-7	7-2	8-10	8-7	8-4	6-6	8-7	8-4	8-4	6-9
	24	9-0	8-10	8-8	8-3	6-4	8-6	8-4	8-4	7-11	6-2	7-11	7-9	7-6	5-10	7-9	7-2	7-2	5-4	7-6	7-3	7-3	5-6
2x8	12	15-0	14-8	14-5	14-2	11-3	14-2	13-10	13-10	13-2	11-0	13-2	12-10	12-6	10-5	12-10	12-6	12-1	9-6	12-6	12-1	12-1	9-10
	16	13-7	13-4	13-1	12-9	9-9	12-10	12-7	12-7	12-0	9-6	12-0	11-8	11-4	9-0	11-8	11-1	11-0	8-3	11-4	11-0	11-0	8-6
	24	11-11	11-8	11-0	10-5	8-0	11-3	11-0	10-10	10-2	7-9	10-6	10-2	9-8	7-5	10-2	9-0	9-0	6-9	9-11	9-4	9-2	6-11
2x10	12	19-1	18-9	18-5	18-0	13-10	18-0	17-8	17-8	16-10	13-5	16-10	16-5	15-11	12-9	16-5	15-8	15-5	11-8	—	—	—	—
	16	17-4	17-0	16-5	15-7	11-11	16-5	16-0	16-0	15-2	11-8	15-3	14-11	14-6	11-0	14-11	13-6	13-6	10-1	—	—	—	—
	24	15-2	14-9	13-5	12-9	9-9	14-4	14-0	13-3	12-5	9-6	13-4	12-7	11-10	9-0	12-9	11-1	11-1	8-3	—	—	—	—
2x12	12	23-3	22-10	22-0	20-11	16-0	21-11	21-6	21-6	20-4	15-7	20-6	19-11	19-4	14-9	19-11	18-1	18-1	13-6	—	—	—	—
	16	21-1	20-9	19-1	18-1	13-10	19-11	19-6	18-10	17-7	13-6	18-7	17-10	16-10	12-10	18-1	15-8	15-8	11-8	—	—	—	—
	24	18-5	17-1	15-7	14-9	11-3	17-5	16-4	15-5	14-4	11-0	16-3	14-7	13-9	10-5	14-9	12-10	12-10	9-6	—	—	—	—

CEILING JOISTS - 10 PSF Dead Load/20 PSF Live Load/Drywall Ceiling/Limited Attic Storage

Size	Spac.	DF Sel. Str.	DF No. 1 & Btr.	DF No. 1	DF No. 2	DF No. 3	HF Sel. Str.	HF No. 1 & Btr.	HF No. 1	HF No. 2	HF No. 3	SPFS Sel. Str.	SPFS No. 1	SPFS No. 2	SPFS No. 3	WW Sel. Str.	WW No. 1	WW No. 2	WW No. 3	WC Sel. Str.	WC No. 1	WC No. 2	WC No. 3
2x4	16	8-3	8-1	8-0	7-10	6-10	7-10	7-8	7-8	7-3	6-8	7-3	7-1	6-11	6-4	7-1	6-11	6-8	5-9	6-11	6-8	6-8	5-11
	24	7-3	7-1	7-0	6-10	5-7	6-10	6-8	6-8	6-4	5-5	6-4	6-2	6-0	5-2	6-2	6-0	5-10	4-8	6-0	5-10	5-10	4-10
2x6	16	13-0	12-9	12-6	12-3	10-0	12-3	12-0	12-0	11-5	9-8	11-5	11-2	10-10	9-3	11-2	10-10	10-6	8-5	10-10	10-6	10-6	8-8
	24	11-4	11-2	10-11	10-8	8-2	10-9	10-6	10-6	10-0	7-11	10-0	9-9	9-6	7-6	9-9	9-3	9-2	6-11	9-6	9-2	9-2	7-1
2x8	16	17-2	16-10	16-6	16-2	12-7	16-2	15-10	15-10	15-1	12-4	15-1	14-8	14-3	11-8	14-8	14-3	13-10	10-8	14-3	13-10	13-10	11-0
	24	15-0	14-8	14-2	13-6	10-3	14-2	13-10	13-10	13-1	10-0	13-2	12-10	12-6	9-6	12-10	11-8	11-8	8-8	12-6	12-1	11-11	9-0
2x10	16	21-10	21-6	21-1	20-2	15-5	20-8	20-2	20-2	19-3	15-0	19-3	18-9	18-3	14-3	18-9	17-6	17-6	13-1	—	—	—	—
	24	19-1	18-9	17-4	16-5	12-7	18-0	17-8	17-2	16-0	12-3	16-10	16-3	15-3	11-8	16-5	14-3	14-3	10-8	—	—	—	—
2x12	16	26-7	26-1	24-8	23-4	17-10	25-1	24-7	24-4	22-8	17-5	23-5	22-10	21-8	16-6	22-10	20-3	20-3	15-1	—	—	—	—
	24	23-3	22-0	20-1	19-1	14-7	21-11	21-1	19-10	18-6	14-3	20-6	18-10	17-8	13-6	19-1	16-6	16-6	12-4	—	—	—	—

CEILING JOISTS - 5 PSF Dead Load/10 PSF Live Load/Drywall Ceiling/No Attic Storage

Size	Spac.	DF Sel. Str.	DF No. 1 & Btr.	DF No. 1	DF No. 2	DF No. 3	HF Sel. Str.	HF No. 1 & Btr.	HF No. 1	HF No. 2	HF No. 3	SPFS Sel. Str.	SPFS No. 1	SPFS No. 2	SPFS No. 3	WW Sel. Str.	WW No. 1	WW No. 2	WW No. 3	WC Sel. Str.	WC No. 1	WC No. 2	WC No. 3
2x4	16	10-5	10-3	10-0	9-10	9-5	9-10	9-8	9-8	9-2	8-11	9-2	8-11	8-8	8-5	8-11	8-8	8-5	8-1	8-8	8-5	8-5	8-1
	24	9-1	8-11	8-9	8-7	7-10	8-7	8-5	8-5	8-0	7-8	8-0	7-10	7-7	7-3	7-10	7-7	7-4	6-8	7-7	7-4	7-4	6-10
2x6	16	16-4	16-1	15-9	15-6	14-1	15-6	15-2	15-2	14-5	13-9	14-5	14-1	13-8	13-0	14-1	13-8	13-3	11-11	13-8	13-3	13-3	12-3
	24	14-4	14-1	13-9	13-6	11-6	13-6	13-3	13-3	12-7	11-2	12-7	12-3	11-11	10-8	12-3	11-11	11-7	9-9	11-11	11-7	11-7	10-0
2x8	16	21-7	21-2	20-10	20-5	17-10	20-5	19-11	19-11	19-0	17-5	19-0	18-6	18-0	16-6	18-6	18-0	17-5	15-1	18-0	17-5	17-5	15-7
	24	18-10	18-6	18-2	17-10	14-7	17-10	17-5	17-5	16-7	14-2	16-7	16-2	15-9	13-6	16-2	15-9	15-3	12-4	15-9	15-3	15-3	12-8
2x10	16	27-6	27-1	26-6	26-0	21-10	26-0	25-5	25-5	24-3	21-3	24-3	23-8	22-11	20-2	23-8	22-11	22-3	18-5	—	—	—	—
	24	24-1	23-8	23-2	22-9	17-10	22-9	22-3	22-3	21-2	17-4	21-2	20-8	20-1	16-5	20-8	20-1	19-5	15-1	—	—	—	—
2x12	16	33-6	32-11	32-3	31-8	25-3	31-8	30-11	30-11	29-6	24-8	29-6	28-9	27-11	23-4	28-9	27-11	27-1	21-4	—	—	—	—
	24	29-3	28-9	28-2	27-0	20-7	27-8	27-1	27-1	25-9	20-1	25-9	25-1	24-5	19-1	25-1	23-4	23-4	17-5	—	—	—	—

SPANS ARE CALCULATED USING REPETITIVE MEMBER VALUES.
SPANS ARE SHOWN IN FEET - INCHES.

RAFTER SPANS

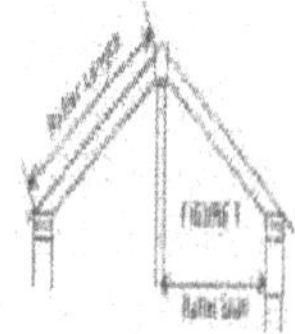

SPANS ARE FOR RAFTERS USED IN COVERED STRUCTURES. SPANS APPLY TO LUMBER SURFACED "GREEN" OR OR SURFACED "DRY" WHICH CONFORMS TO PS20-99 SIZES. APPLICABLE DESIGN CRITERIA ARE SHOWN IN THE HEADING FOR EACH TABLE. RAFTER SPANS ARE MEASURED ALONG THE HORIZONTAL PROJECTION (SEE FIGURE 1).

JOIST Size (in.)	Spac. (in.)	Douglas Fir Sel. Str.	Douglas Fir No. 1 & Btr.	Douglas Fir No. 1	Douglas Fir No. 2	Douglas Fir No. 3	HEM-FIR Sel. Str.	HEM-FIR No. 1 & Btr.	HEM-FIR No. 1	HEM-FIR No. 2	HEM-FIR No. 3	Spruce-Pine-Fir South Sel. Str.	Spruce-Pine-Fir South No. 1	Spruce-Pine-Fir South No. 2	Spruce-Pine-Fir South No. 3	Western Woods Sel. Str.	Western Woods No. 1	Western Woods No. 2	Western Woods No. 3	Western Cedars Sel. Str.	Western Cedars No. 1	Western Cedars No. 2	Western Cedars No. 3

RAFTER SPANS -- 15 PSF Dead Load/20 PSF Live Load/Drywall Ceiling/All Slopes

Size	Spac.	DF Sel. Str.	DF No. 1 & Btr.	DF No. 1	DF No. 2	DF No. 3	HF Sel. Str.	HF No. 1 & Btr.	HF No. 1	HF No. 2	HF No. 3	SPFS Sel. Str.	SPFS No. 1	SPFS No. 2	SPFS No. 3	WW Sel. Str.	WW No. 1	WW No. 2	WW No. 3	WC Sel. Str.	WC No. 1	WC No. 2	WC No. 3
2x6	16	14 - 11	14 - 7	13 - 8	12 - 11	9 - 11	14 - 1	13 - 9	13 - 6	12 - 7	9 - 8	13 - 1	12 - 9	12 - 0	9 - 2	12 - 9	11 - 3	11 - 3	8 - 4	12 - 5	11 - 7	11 - 5	8 - 7
	24	13 - 0	12 - 2	11 - 2	10 - 7	8 - 1	12 - 3	11 - 8	11 - 0	10 - 3	7 - 10	11 - 5	10 - 5	9 - 10	7 - 6	10 - 7	9 - 2	9 - 2	6 - 10	10 - 10	9 - 6	9 - 4	7 - 0
2x8	16	19 - 7	18 - 11	17 - 3	16 - 4	12 - 6	18 - 6	18 - 1	17 - 1	15 - 11	12 - 2	17 - 3	16 - 2	15 - 2	11 - 7	16 - 4	14 - 2	14 - 2	10 - 7	16 - 4	14 - 8	14 - 5	10 - 11
	24	17 - 2	15 - 5	14 - 1	13 - 4	10 - 3	16 - 2	14 - 9	13 - 11	13 - 0	10 - 0	15 - 1	13 - 2	12 - 5	9 - 5	13 - 4	11 - 7	11 - 7	8 - 8	14 - 1	12 - 0	11 - 9	8 - 11
2x10	16	25 - 0	23 - 1	21 - 1	20 - 0	15 - 4	23 - 8	22 - 1	20 - 10	19 - 5	14 - 11	22 - 1	19 - 9	18 - 7	14 - 2	20 - 0	17 - 4	17 - 4	12 - 11				
	24	21 - 1	18 - 10	17 - 3	16 - 4	12 - 6	20 - 4	18 - 1	17 - 0	15 - 10	12 - 2	19 - 3	16 - 1	15 - 2	11 - 7	16 - 4	14 - 2	14 - 2	10 - 7				
2x12	16	29 - 11	26 - 9	24 - 5	23 - 2	17 - 9	28 - 9	25 - 8	24 - 2	22 - 6	17 - 3	26 - 10	22 - 10	21 - 6	16 - 5	23 - 2	20 - 1	20 - 1	15 - 0				
	24	24 - 5	21 - 10	20 - 0	18 - 11	14 - 6	23 - 7	20 - 11	19 - 9	18 - 5	14 - 1	22 - 9	18 - 8	17 - 7	13 - 5	18 - 11	16 - 5	16 - 5	12 - 3				

RAFTER SPANS -- 15 PSF Dead Load/30 PSF Live Load/Drywall Ceiling/All Slopes

Size	Spac.	DF Sel. Str.	DF No. 1 & Btr.	DF No. 1	DF No. 2	DF No. 3	HF Sel. Str.	HF No. 1 & Btr.	HF No. 1	HF No. 2	HF No. 3	SPFS Sel. Str.	SPFS No. 1	SPFS No. 2	SPFS No. 3	WW Sel. Str.	WW No. 1	WW No. 2	WW No. 3	WC Sel. Str.	WC No. 1	WC No. 2	WC No. 3
2x6	16	13 - 0	12 - 9	12 - 0	11 - 5	8 - 9	12 - 3	12 - 0	11 - 11	11 - 1	8 - 6	11 - 5	11 - 2	10 - 7	8 - 1	11 - 2	9 - 11	9 - 11	7 - 5	10 - 10	10 - 3	10 - 1	7 - 7
	24	11 - 4	10 - 9	9 - 10	9 - 4	7 - 1	10 - 9	10 - 4	9 - 8	9 - 1	6 - 11	10 - 0	9 - 2	8 - 8	6 - 7	9 - 4	8 - 1	8 - 1	6 - 0	9 - 6	8 - 4	8 - 3	6 - 2
2x8	16	17 - 2	16 - 8	15 - 3	14 - 5	11 - 0	16 - 2	15 - 10	15 - 0	14 - 0	10 - 9	15 - 1	14 - 3	13 - 5	10 - 3	14 - 5	12 - 6	12 - 6	9 - 4	14 - 3	13 - 0	12 - 9	9 - 8
	24	15 - 0	13 - 7	12 - 5	11 - 9	9 - 0	14 - 2	13 - 0	12 - 3	11 - 6	8 - 9	13 - 2	11 - 8	10 - 11	8 - 4	11 - 9	10 - 3	10 - 3	7 - 7	12 - 5	10 - 7	10 - 5	7 - 10
2x10	16	21 - 10	20 - 4	18 - 7	17 - 8	13 - 6	20 - 8	19 - 6	18 - 5	17 - 2	13 - 2	19 - 3	17 - 5	16 - 5	12 - 6	17 - 8	15 - 4	15 - 4	11 - 5				
	24	18 - 7	16 - 8	15 - 2	14 - 5	11 - 0	18 - 0	15 - 11	15 - 0	14 - 0	10 - 9	16 - 10	14 - 3	13 - 5	10 - 2	14 - 5	12 - 6	12 - 6	9 - 4				
2x12	16	26 - 5	23 - 7	21 - 7	20 - 5	15 - 7	25 - 1	22 - 7	21 - 3	19 - 11	15 - 3	23 - 5	20 - 2	19 - 0	14 - 6	20 - 5	17 - 9	17 - 9	13 - 2				
	24	21 - 7	19 - 3	17 - 7	16 - 8	12 - 9	20 - 10	18 - 6	17 - 5	16 - 3	12 - 5	20 - 1	16 - 6	15 - 6	11 - 10	16 - 8	14 - 6	14 - 6	10 - 9				

RAFTER SPANS -- 15 PSF Dead Load/40 PSF Live Load/Drywall Ceiling/All Slopes

Size	Spac.	DF Sel. Str.	DF No. 1 & Btr.	DF No. 1	DF No. 2	DF No. 3	HF Sel. Str.	HF No. 1 & Btr.	HF No. 1	HF No. 2	HF No. 3	SPFS Sel. Str.	SPFS No. 1	SPFS No. 2	SPFS No. 3	WW Sel. Str.	WW No. 1	WW No. 2	WW No. 3	WC Sel. Str.	WC No. 1	WC No. 2	WC No. 3
2x6	16	11 - 10	11 - 7	10 - 10	10 - 4	7 - 11	11 - 2	10 - 11	10 - 9	10 - 0	7 - 8	10 - 5	10 - 2	9 - 7	7 - 4	10 - 2	8 - 11	8 - 11	6 - 8	9 - 10	9 - 3	9 - 1	6 - 4
	24	10 - 4	9 - 9	8 - 11	8 - 5	6 - 5	9 - 9	9 - 4	8 - 9	8 - 2	6 - 3	9 - 1	8 - 4	7 - 10	5 - 11	8 - 5	7 - 4	7 - 4	5 - 5	8 - 7	7 - 7	7 - 5	5 - 7
2x8	16	15 - 7	15 - 1	13 - 9	13 - 1	10 - 0	14 - 8	14 - 5	13 - 7	12 - 8	9 - 9	13 - 9	12 - 11	12 - 1	9 - 3	13 - 1	11 - 4	11 - 4	8 - 5	13 - 0	11 - 9	11 - 6	8 - 8
	24	13 - 7	12 - 4	11 - 3	10 - 8	8 - 2	12 - 10	11 - 9	11 - 1	10 - 4	7 - 11	12 - 0	10 - 6	9 - 11	7 - 6	10 - 8	9 - 3	9 - 3	6 - 11	11 - 3	9 - 7	9 - 5	7 - 1
2x10	16	19 - 10	18 - 5	16 - 10	15 - 11	12 - 3	18 - 9	17 - 8	16 - 8	15 - 6	11 - 11	17 - 6	15 - 9	14 - 10	11 - 3	15 - 11	13 - 10	13 - 10	10 - 4				
	24	16 - 10	15 - 1	13 - 9	13 - 0	10 - 0	16 - 3	14 - 5	13 - 7	12 - 8	9 - 9	15 - 3	12 - 10	12 - 1	9 - 3	13 - 0	11 - 4	11 - 4	8 - 5				
2x12	16	23 - 11	21 - 4	19 - 6	18 - 6	14 - 2	22 - 10	20 - 5	19 - 3	18 - 0	13 - 9	21 - 3	18 - 3	17 - 2	13 - 1	18 - 6	16 - 0	16 - 0	11 - 11				
	24	19 - 6	17 - 5	15 - 11	15 - 1	11 - 6	18 - 10	16 - 8	15 - 9	14 - 8	11 - 3	18 - 2	14 - 11	14 - 0	10 - 8	15 - 1	13 - 1	13 - 1	9 - 9				

SPANS ARE CALCULATED USING REPETITIVE MEMBER VALUES INCREASED BY 15% FOR TWO MONTH DURATION OF LOADING AS FOR SNOW.
SPANS ARE SHOWN IN FEET - INCHES.

RAFTER SPANS

SPANS ARE FOR RAFTERS USED IN COVERED STRUCTURES. SPANS APPLY TO LUMBER SURFACED "GREEN" OR OR SURFACED "DRY" WHICH CONFORMS TO PS20-99 SIZES. APPLICABLE DESIGN CRITERIA ARE SHOWN IN THE HEADING FOR EACH TABLE. RAFTER SPANS ARE MEASURED ALONG THE HORIZONTAL PROJECTION (SEE FIGURE 1).

JOIST		Douglas Fir					HEM-FIR					Spruce-Pine-Fir South				Western Woods				Western Cedars			
Size (in.)	Spac. (in.)	Sel. Str.	No. 1 & Btr.	No. 1	No. 2	No. 3	Sel. Str.	No. 1 & Btr.	No. 1	No. 2	No. 3	Sel. Str.	No. 1	No. 2	No. 3	Sel. Str.	No. 1	No. 2	No. 3	Sel. Str.	No. 1	No. 2	No. 3

RAFTER SPANS – 10 PSF Dead Load/20 PSF Live Load/No Finish Ceiling/3:12 or Less Slope

Size (in.)	Spac. (in.)	Sel. Str.	No. 1 & Btr.	No. 1	No. 2	No. 3	Sel. Str.	No. 1 & Btr.	No. 1	No. 2	No. 3	Sel. Str.	No. 1	No. 2	No. 3	Sel. Str.	No. 1	No. 2	No. 3	Sel. Str.	No. 1	No. 2	No. 3
2x6	16	14 - 11	14 - 7	14 - 4	14 - 0	10 - 8	14 - 1	13 - 9	13 - 9	13 - 1	10 - 5	13 - 1	12 - 9	12 - 5	9 - 10	12 - 9	12 - 1	12 - 0	9 - 0	12 - 5	12 - 0	12 - 0	9 - 4
	24	13 - 0	12 - 9	12 - 0	11 - 5	8 - 9	12 - 3	12 - 0	11 - 11	11 - 1	8 - 6	11 - 5	11 - 2	10 - 7	8 - 1	11 - 2	9 - 11	9 - 11	7 - 5	10 - 10	10 - 3	10 - 1	7 - 7
2x8	16	19 - 7	19 - 3	18 - 8	17 - 8	13 - 6	18 - 6	18 - 2	18 - 2	17 - 2	13 - 2	17 - 3	16 - 10	16 - 4	12 - 6	16 - 10	15 - 4	15 - 4	11 - 5	16 - 4	15 - 10	15 - 7	11 - 9
	24	17 - 2	16 - 8	15 - 3	14 - 5	11 - 0	16 - 2	15 - 10	15 - 0	14 - 0	10 - 9	15 - 1	14 - 3	13 - 5	10 - 3	14 - 5	12 - 6	12 - 6	9 - 4	14 - 3	13 - 0	12 - 9	9 - 8
2x10	16	25 - 0	24 - 7	22 - 9	21 - 7	16 - 6	23 - 8	23 - 2	22 - 6	21 - 0	16 - 1	22 - 1	21 - 4	20 - 1	15 - 3	21 - 6	18 - 9	18 - 9	14 - 0	–	–	–	–
	24	21 - 10	20 - 4	18 - 7	17 - 8	13 - 6	20 - 8	19 - 6	18 - 5	17 - 2	13 - 2	19 - 3	17 - 5	16 - 5	12 - 6	17 - 8	15 - 4	15 - 4	11 - 5	–	–	–	–
2x12	16	30 - 5	28 - 11	26 - 5	25 - 1	19 - 2	28 - 9	27 - 8	26 - 1	24 - 4	18 - 8	26 - 10	24 - 8	23 - 3	17 - 9	25 - 1	21 - 8	21 - 8	16 - 2	–	–	–	–
	24	26 - 5	23 - 7	21 - 7	20 - 5	15 - 7	25 - 1	22 - 7	21 - 3	19 - 11	15 - 3	23 - 5	20 - 2	19 - 0	14 - 6	20 - 5	17 - 9	17 - 9	13 - 2	–	–	–	–

RAFTER SPANS – 10 PSF Dead Load/30 PSF Live Load/No Finish Ceiling/3:12 or Less Slope

Size (in.)	Spac. (in.)	Sel. Str.	No. 1 & Btr.	No. 1	No. 2	No. 3	Sel. Str.	No. 1 & Btr.	No. 1	No. 2	No. 3	Sel. Str.	No. 1	No. 2	No. 3	Sel. Str.	No. 1	No. 2	No. 3	Sel. Str.	No. 1	No. 2	No. 3
2x6	16	13 - 0	12 - 9	12 - 6	12 - 1	9 - 3	12 - 3	12 - 0	12 - 0	11 - 5	9 - 0	11 - 5	11 - 2	10 - 10	8 - 7	11 - 2	10 - 6	10 - 6	7 - 10	10 - 10	10 - 6	10 - 6	8 - 1
	24	11 - 4	11 - 2	10 - 5	9 - 10	7 - 7	10 - 9	10 - 6	10 - 3	9 - 7	7 - 4	10 - 0	9 - 9	9 - 2	7 - 0	9 - 9	8 - 7	8 - 7	6 - 5	9 - 6	8 - 10	8 - 9	6 - 7
2x8	16	17 - 2	16 - 10	16 - 2	15 - 4	11 - 8	16 - 2	15 - 10	15 - 10	14 - 11	11 - 5	15 - 1	14 - 8	14 - 3	10 - 10	14 - 8	13 - 3	13 - 3	9 - 11	14 - 3	13 - 9	13 - 6	10 - 3
	24	15 - 0	14 - 5	13 - 2	12 - 6	9 - 7	14 - 2	13 - 10	13 - 0	12 - 2	9 - 4	13 - 2	12 - 4	11 - 7	8 - 10	12 - 6	10 - 10	10 - 10	8 - 1	12 - 6	11 - 3	11 - 0	8 - 4
2x10	16	21 - 10	21 - 6	19 - 9	18 - 9	14 - 4	20 - 8	20 - 2	19 - 6	18 - 2	13 - 11	19 - 3	18 - 6	17 - 5	13 - 3	18 - 9	16 - 3	16 - 3	12 - 1	–	–	–	–
	24	19 - 1	17 - 8	16 - 1	15 - 3	11 - 8	18 - 0	16 - 11	15 - 11	14 - 10	11 - 5	16 - 10	15 - 1	14 - 2	10 - 10	15 - 3	13 - 3	13 - 3	9 - 11	–	–	–	–
2x12	16	26 - 7	25 - 1	22 - 10	21 - 8	16 - 7	25 - 1	24 - 0	22 - 7	21 - 1	16 - 2	23 - 5	21 - 5	20 - 2	15 - 4	21 - 8	18 - 9	18 - 9	14 - 0	–	–	–	–
	24	22 - 10	20 - 5	18 - 8	17 - 9	13 - 6	21 - 11	19 - 7	18 - 5	17 - 3	13 - 2	20 - 6	17 - 6	16 - 5	12 - 6	17 - 9	15 - 4	15 - 4	11 - 5	–	–	–	–

RAFTER SPANS – 10 PSF Dead Load/40 PSF Live Load/No Finish Ceiling/3:12 or Less Slope

Size (in.)	Spac. (in.)	Sel. Str.	No. 1 & Btr.	No. 1	No. 2	No. 3	Sel. Str.	No. 1 & Btr.	No. 1	No. 2	No. 3	Sel. Str.	No. 1	No. 2	No. 3	Sel. Str.	No. 1	No. 2	No. 3	Sel. Str.	No. 1	No. 2	No. 3
2x6	16	11 - 10	11 - 7	11 - 5	10 - 10	8 - 3	11 - 2	10 - 11	10 - 11	10 - 5	8 - 1	10 - 5	10 - 2	9 - 10	7 - 8	10 - 2	9 - 5	9 - 5	7 - 0	9 - 10	9 - 6	9 - 6	7 - 3
	24	10 - 4	10 - 2	9 - 4	8 - 10	6 - 9	9 - 9	9 - 6	9 - 2	8 - 7	6 - 7	9 - 1	8 - 9	8 - 2	6 - 3	8 - 10	7 - 8	7 - 8	5 - 9	8 - 7	7 - 11	7 - 9	5 - 11
2x8	16	15 - 7	15 - 3	14 - 5	13 - 8	10 - 6	14 - 8	14 - 5	14 - 3	13 - 4	10 - 3	13 - 9	13 - 4	12 - 9	9 - 8	13 - 4	11 - 10	11 - 10	8 - 10	13 - 0	12 - 4	12 - 1	9 - 2
	24	13 - 7	12 - 11	11 - 9	11 - 2	8 - 7	12 - 10	12 - 4	11 - 8	10 - 10	8 - 4	12 - 0	11 - 0	10 - 5	7 - 11	11 - 2	9 - 8	9 - 8	7 - 3	11 - 4	10 - 0	9 - 10	7 - 5
2x10	16	19 - 10	19 - 4	17 - 8	16 - 9	12 - 10	18 - 9	18 - 4	17 - 5	16 - 3	12 - 6	17 - 6	16 - 6	15 - 7	11 - 10	16 - 9	14 - 6	14 - 6	10 - 10	–	–	–	–
	24	17 - 4	15 - 9	14 - 5	13 - 8	10 - 6	16 - 5	15 - 1	14 - 3	13 - 3	10 - 2	15 - 3	13 - 6	12 - 8	9 - 8	13 - 8	11 - 10	11 - 10	8 - 10	–	–	–	–
2x12	16	24 - 2	22 - 5	20 - 5	19 - 5	14 - 10	22 - 10	21 - 5	20 - 2	18 - 10	14 - 6	21 - 3	19 - 2	18 - 0	13 - 9	19 - 5	16 - 10	16 - 10	12 - 6	–	–	–	–
	24	20 - 5	18 - 4	16 - 8	15 - 10	12 - 1	19 - 9	17 - 6	16 - 6	15 - 5	11 - 10	18 - 7	15 - 7	14 - 8	11 - 2	15 - 10	13 - 9	13 - 9	10 - 3	–	–	–	–

SPANS ARE CALCULATED USING REPETITIVE MEMBER VALUES INCREASED BY 15% FOR TWO MONTH DURATION OF LOADING AS FOR SNOW

SPANS ARE SHOWN IN FEET - INCHES.

RAFTER SPANS

SPANS ARE FOR RAFTERS USED IN COVERED STRUCTURES. SPANS APPLY TO LUMBER SURFACED "GREEN" OR OR SURFACED "DRY" WHICH CONFORMS TO PS20-99 SIZES. APPLICABLE DESIGN CRITERIA ARE SHOWN IN THE HEADING FOR EACH TABLE. RAFTER SPANS ARE MEASURED ALONG THE HORIZONTAL PROJECTION (SEE FIGURE 1).

RAFTER SPANS – 7 PSF Dead Load/20 PSF Live Load/Light Roof/Slope Over 3:12

JOIST Size (in.)	Spac (in.)	Douglas Fir Sel. Str.	No. 1 & Btr.	No. 1	No. 2	No. 3	HEM-FIR Sel. Str.	No. 1 & Btr.	No. 1	No. 2	No. 3	Spruce-Pine-Fir South Sel. Str.	No. 1	No. 2	No. 3	Western Woods Sel. Str.	No. 1	No. 2	No. 3	Western Cedars Sel. Str.	No. 1	No. 2	No. 3
2x4	16	10-5	10-3	10-0	9-10	7-8	9-10	9-8	9-8	9-2	7-6	9-2	8-11	8-8	7-1	8-11	8-8	8-5	6-6	8-8	8-5	8-5	6-9
2x4	24	9-1	8-11	8-8	8-3	6-3	8-7	8-5	8-5	8-0	6-1	8-0	7-10	7-7	5-10	7-10	7-1	7-1	5-4	7-7	7-4	7-3	5-6
2x6	16	16-4	16-1	15-6	14-9	11-3	15-6	15-2	15-2	14-4	11-0	14-5	14-1	13-8	10-5	14-1	12-9	12-9	9-6	13-8	13-3	13-0	9-10
2x6	24	14-4	13-11	12-8	12-0	9-2	13-6	13-3	12-6	11-8	9-0	12-7	11-10	11-2	8-6	12-0	10-5	10-5	7-9	11-11	10-10	10-7	8-0
2x8	16	21-7	21-2	19-8	18-8	14-3	20-5	19-11	19-5	18-1	13-11	19-0	18-5	17-4	13-2	18-6	16-2	16-2	12-0	18-0	16-9	16-5	12-5
2x8	24	18-10	17-7	16-1	15-3	11-8	17-10	16-10	15-10	14-10	11-4	16-7	15-0	14-2	10-9	15-3	13-2	13-2	9-10	15-9	13-8	13-5	10-2
2x10	16	27-6	26-4	24-0	22-9	17-5	26-0	25-2	23-9	22-2	17-0	24-3	22-6	21-2	16-1	22-9	19-9	19-9	14-9				
2x10	24	24-0	21-6	19-7	18-7	14-3	22-9	20-7	19-5	18-1	13-10	21-2	18-4	17-3	13-2	18-7	16-2	16-2	12-0				

RAFTER SPANS – 7 PSF Dead Load/30 PSF Live Load/Light Roof/Slope Over 3:12

JOIST Size (in.)	Spac (in.)	Douglas Fir Sel. Str.	No. 1 & Btr.	No. 1	No. 2	No. 3	HEM-FIR Sel. Str.	No. 1 & Btr.	No. 1	No. 2	No. 3	Spruce-Pine-Fir South Sel. Str.	No. 1	No. 2	No. 3	Western Woods Sel. Str.	No. 1	No. 2	No. 3	Western Cedars Sel. Str.	No. 1	No. 2	No. 3
2x4	16	9-1	8-11	8-9	8-7	6-7	8-7	8-5	8-5	8-0	6-5	8-0	7-10	7-7	6-1	7-10	7-5	7-4	5-7	7-7	7-4	7-4	5-9
2x4	24	7-11	7-10	7-5	7-0	5-4	7-6	7-4	7-4	6-10	5-3	7-0	6-10	6-6	5-0	6-10	6-1	6-1	4-6	6-8	6-4	6-2	4-8
2x6	16	14-4	14-1	13-3	12-7	9-7	13-6	13-3	13-1	12-3	9-4	12-7	12-3	11-8	8-11	12-3	10-11	10-11	8-2	11-11	11-4	11-1	8-5
2x6	24	12-6	11-10	10-10	10-3	7-10	11-10	11-4	10-8	10-0	7-8	11-0	10-2	9-6	7-3	10-3	8-11	8-11	6-8	10-5	9-3	9-1	6-10
2x8	16	18-10	18-5	16-9	15-11	12-2	17-10	17-5	16-7	15-6	11-10	16-7	15-8	14-9	11-3	15-11	13-10	13-10	10-3	15-9	14-4	14-1	10-7
2x8	24	16-6	15-0	13-8	13-0	9-11	15-7	14-5	13-6	12-8	9-8	14-6	12-10	12-1	9-2	13-0	11-3	11-3	8-5	13-8	11-8	11-6	8-8
2x10	16	24-1	22-6	20-6	19-5	14-11	22-9	21-6	20-3	18-11	14-6	21-2	19-2	18-1	13-9	19-5	16-11	16-11	12-7				
2x10	24	20-6	18-4	16-9	15-11	12-2	19-10	17-7	16-7	15-5	11-10	18-6	15-8	14-9	11-3	15-11	13-9	13-9	10-3				

RAFTER SPANS – 7 PSF Dead Load/40 PSF Live Load/Light Roof/Slope Over 3:12

JOIST Size (in.)	Spac (in.)	Douglas Fir Sel. Str.	No. 1 & Btr.	No. 1	No. 2	No. 3	HEM-FIR Sel. Str.	No. 1 & Btr.	No. 1	No. 2	No. 3	Spruce-Pine-Fir South Sel. Str.	No. 1	No. 2	No. 3	Western Woods Sel. Str.	No. 1	No. 2	No. 3	Western Cedars Sel. Str.	No. 1	No. 2	No. 3
2x4	16	8-3	8-1	8-0	7-8	5-10	7-10	7-8	7-8	7-3	5-8	7-3	7-1	6-11	5-5	7-1	6-7	6-7	4-11	6-11	6-8	6-8	5-1
2x4	24	7-3	7-1	6-7	6-3	4-9	6-10	6-8	6-6	6-1	4-8	6-4	6-2	5-4	4-5	6-2	5-5	5-5	4-0	6-0	5-7	5-6	4-2
2x6	16	13-0	12-9	11-9	11-2	8-6	12-3	12-0	11-7	10-10	8-4	11-5	11-0	10-4	7-11	11-2	9-8	9-8	7-3	10-10	10-0	9-10	7-5
2x6	24	11-4	10-6	9-7	9-1	7-0	10-9	10-1	9-6	8-10	6-9	10-0	9-0	8-6	6-5	9-1	7-11	7-11	5-11	9-6	8-2	8-0	6-1
2x8	16	17-2	16-4	14-11	14-2	10-10	16-2	15-7	14-8	13-9	10-6	15-1	13-11	13-1	10-0	14-2	12-3	12-3	9-1	14-3	12-8	12-6	9-5
2x8	24	14-11	13-4	12-2	11-6	8-10	14-2	12-9	12-0	11-3	8-7	13-2	11-5	10-8	8-2	11-6	10-0	10-0	7-5	12-2	10-4	10-2	7-8
2x10	16	21-10	19-11	18-2	17-3	13-3	20-8	19-1	18-0	16-9	12-10	19-3	17-0	16-0	12-2	17-3	15-0	15-0	11-2				
2x10	24	18-2	16-3	14-10	14-1	10-9	17-7	15-7	14-8	13-8	10-6	16-10	13-11	13-1	10-0	14-1	12-3	12-3	9-1				

SPANS ARE CALCULATED USING REPETITIVE MEMBER VALUES INCREASED BY 15% FOR TWO MONTH DURATION OF LOADING AS FOR SNOW.

SPANS ARE SHOWN IN FEET - INCHES.

JOIST SPANS

SPANS ARE JOISTS OVER A SINGLE SPAN AND ARE FOR USE IN COVERED STRUCTURES.
SPANS APPLY TO LUMBER SURFACED "GREEN" OR SURFACED "DRY" WHICH CONFORMS TO
PS20-99 SIZES. APPLICABLE DESIGN CRITERIA ARE SHOWN IN THE HEADING FOR EACH TABLE

FLOOR JOISTS - 10 PSF Dead Load/40 PSF Live Load

Size (in.)	Spac. (in.)	Aus. spr. - Austria/Czech Rep.				Norway spruce - Finland				Norway spruce - Germany				Norway spruce - Lithuania/Estonia				Norway spruce - Sweden			
		Sel. Str.	No. 1	No. 2	No. 3	Sel. Str.	No. 1	No. 2	No. 3	Sel. Str.	No. 1	No. 2	No. 3	Sel. Str.	No. 1	No. 2	No. 3	Sel. Str.	No. 1	No. 2	No. 3
2x6	12	10 - 9	10 - 6	10 - 0	8 - 6	10 - 6	10 - 3	9 - 9	7 - 6	10 - 9	10 - 3	9 - 6	7 - 6	10 - 6	10 - 3	9 - 9	7 - 9	10 - 9	10 - 3	9 - 9	7 - 9
	16	9 - 9	9 - 6	9 - 1	7 - 4	9 - 6	9 - 4	8 - 5	6 - 6	9 - 9	9 - 4	8 - 7	6 - 6	9 - 6	9 - 4	8 - 10	6 - 9	9 - 9	9 - 4	8 - 9	6 - 9
	24	8 - 6	8 - 4	7 - 11	6 - 0	8 - 4	7 - 11	6 - 10	5 - 4	8 - 6	7 - 9	7 - 0	5 - 4	8 - 4	7 - 9	7 - 3	5 - 6	8 - 6	7 - 11	7 - 2	5 - 6
2x8	12	14 - 2	13 - 10	13 - 2	10 - 9	13 - 10	13 - 6	12 - 4	9 - 6	14 - 2	13 - 6	12 - 6	9 - 6	13 - 10	13 - 6	12 - 10	9 - 10	14 - 2	13 - 6	12 - 9	9 - 10
	16	12 - 10	12 - 7	12 - 0	9 - 3	12 - 7	12 - 3	10 - 8	8 - 3	12 - 10	12 - 1	10 - 10	8 - 3	12 - 7	12 - 1	11 - 3	8 - 6	12 - 10	12 - 3	11 - 1	8 - 6
	24	11 - 3	10 - 9	10 - 0	7 - 7	11 - 0	10 - 0	8 - 8	6 - 9	11 - 3	9 - 10	8 - 10	6 - 9	11 - 0	9 - 10	9 - 2	6 - 11	11 - 3	10 - 0	9 - 0	6 - 11
2x10	12	18 - 0	17 - 8	16 - 10	13 - 1	17 - 8	17 - 3	15 - 1	11 - 8	18 - 0	17 - 0	15 - 4	11 - 8	17 - 8	17 - 0	15 - 11	12 - 0	18 - 0	17 - 3	15 - 8	12 - 0
	16	16 - 5	16 - 0	15 - 0	11 - 4	16 - 0	15 - 0	13 - 0	10 - 1	16 - 5	14 - 9	13 - 3	10 - 1	16 - 0	14 - 9	13 - 9	10 - 5	16 - 5	15 - 0	13 - 6	10 - 5
	24	14 - 4	13 - 1	12 - 3	9 - 3	14 - 0	12 - 3	10 - 8	8 - 3	14 - 4	12 - 0	10 - 10	8 - 3	14 - 0	12 - 0	11 - 3	8 - 6	14 - 4	12 - 3	11 - 1	8 - 6
2x12	12	21 - 11	21 - 6	20 - 0	15 - 2	21 - 6	20 - 0	17 - 5	13 - 6	21 - 11	19 - 8	17 - 9	13 - 6	21 - 6	19 - 8	18 - 5	13 - 11	21 - 11	20 - 0	18 - 1	13 - 11
	16	19 - 11	18 - 7	17 - 4	13 - 2	19 - 6	17 - 4	15 - 1	11 - 8	19 - 11	17 - 1	15 - 5	11 - 8	19 - 6	17 - 1	16 - 0	12 - 1	19 - 11	17 - 4	15 - 8	12 - 1
	24	17 - 5	15 - 2	14 - 2	10 - 9	17 - 0	14 - 2	12 - 4	9 - 6	17 - 5	13 - 11	12 - 7	9 - 6	17 - 0	13 - 11	13 - 0	9 - 10	17 - 5	14 - 2	12 - 10	9 - 10

CEILING JOISTS - 10 PSF Dead Load/20 PSF Live Load/Drywall Ceiling/Limited Attic Storage

Size (in.)	Spac. (in.)	Aus. spr. - Austria/Czech Rep.				Norway spruce - Finland				Norway spruce - Germany				Norway spruce - Lithuania/Estonia				Norway spruce - Sweden			
		Sel. Str.	No. 1	No. 2	No. 3	Sel. Str.	No. 1	No. 2	No. 3	Sel. Str.	No. 1	No. 2	No. 3	Sel. Str.	No. 1	No. 2	No. 3	Sel. Str.	No. 1	No. 2	No. 3
2x4	16	7 - 10	7 - 8	7 - 3	6 - 6	7 - 8	7 - 6	7 - 1	5 - 9	7 - 10	7 - 6	6 - 4	5 - 9	7 - 8	7 - 6	7 - 1	5 - 11	7 - 10	7 - 6	7 - 1	5 - 11
	24	6 - 10	6 - 8	6 - 4	5 - 3	6 - 8	6 - 6	6 - 1	4 - 8	6 - 10	6 - 6	6 - 0	4 - 8	6 - 8	6 - 6	6 - 2	4 - 10	6 - 10	6 - 6	6 - 2	4 - 10
2x6	16	12 - 3	12 - 0	11 - 5	9 - 6	12 - 0	11 - 9	10 - 10	8 - 5	12 - 3	11 - 9	10 - 10	8 - 5	12 - 0	11 - 9	11 - 2	8 - 8	12 - 3	11 - 9	11 - 2	8 - 8
	24	10 - 9	10 - 6	10 - 0	7 - 9	10 - 6	10 - 2	8 - 10	6 - 11	10 - 9	10 - 0	9 - 0	6 - 11	10 - 6	10 - 0	9 - 5	7 - 1	10 - 9	10 - 2	9 - 3	7 - 1
2x8	16	16 - 2	15 - 10	15 - 1	12 - 0	15 - 10	15 - 6	13 - 9	10 - 8	16 - 2	15 - 6	14 - 0	10 - 8	15 - 10	15 - 6	14 - 7	11 - 0	16 - 2	15 - 6	14 - 3	11 - 0
	24	14 - 2	13 - 10	12 - 11	9 - 9	13 - 10	12 - 11	11 - 3	8 - 8	14 - 2	12 - 8	11 - 5	8 - 8	13 - 10	12 - 8	11 - 11	9 - 0	14 - 2	12 - 11	11 - 8	9 - 0
2x10	16	20 - 8	20 - 2	19 - 3	14 - 8	20 - 2	19 - 4	16 - 10	13 - 1	20 - 8	19 - 0	17 - 1	13 - 1	20 - 2	19 - 0	17 - 9	13 - 5	20 - 8	19 - 4	17 - 6	13 - 5
	24	18 - 0	16 - 11	15 - 9	12 - 0	17 - 8	15 - 9	13 - 9	10 - 8	18 - 0	15 - 6	14 - 0	10 - 8	17 - 8	15 - 6	14 - 6	11 - 0	18 - 0	15 - 9	14 - 3	11 - 0
2x12	16	25 - 1	24 - 0	22 - 4	17 - 0	24 - 7	22 - 4	19 - 6	15 - 1	25 - 1	22 - 0	19 - 10	15 - 1	24 - 7	22 - 0	20 - 7	15 - 7	25 - 1	22 - 4	20 - 3	15 - 7
	24	21 - 11	19 - 7	18 - 3	13 - 10	21 - 6	18 - 3	15 - 11	12 - 4	21 - 11	18 - 0	16 - 3	12 - 4	21 - 6	18 - 0	16 - 10	12 - 9	21 - 11	18 - 3	16 - 6	12 - 9

CEILING JOISTS - 5 PSF Dead Load/10 PSF Live Load/Drywall Ceiling/No Attic Storage

Size (in.)	Spac. (in.)	Aus. spr. - Austria/Czech Rep.				Norway spruce - Finland				Norway spruce - Germany				Norway spruce - Lithuania/Estonia				Norway spruce - Sweden			
		Sel. Str.	No. 1	No. 2	No. 3	Sel. Str.	No. 1	No. 2	No. 3	Sel. Str.	No. 1	No. 2	No. 3	Sel. Str.	No. 1	No. 2	No. 3	Sel. Str.	No. 1	No. 2	No. 3
2x4	16	9 - 10	9 - 8	9 - 2	8 - 11	9 - 8	9 - 5	8 - 11	8 - 2	9 - 10	9 - 5	8 - 8	8 - 2	9 - 8	9 - 5	8 - 11	8 - 5	9 - 10	9 - 5	8 - 11	8 - 5
	24	8 - 7	8 - 5	8 - 0	7 - 6	8 - 5	8 - 3	7 - 10	6 - 8	8 - 7	8 - 3	7 - 7	6 - 8	8 - 5	8 - 3	7 - 10	6 - 10	8 - 7	8 - 3	7 - 10	6 - 10
2x6	16	15 - 6	15 - 2	14 - 5	13 - 5	15 - 2	14 - 9	14 - 1	11 - 11	15 - 6	14 - 9	13 - 8	11 - 11	15 - 2	14 - 9	14 - 1	12 - 3	15 - 6	14 - 9	14 - 1	12 - 3
	24	13 - 6	13 - 3	12 - 7	10 - 11	13 - 3	12 - 11	12 - 3	9 - 9	13 - 6	12 - 11	11 - 11	9 - 9	13 - 3	12 - 11	12 - 3	10 - 0	13 - 6	12 - 11	12 - 3	10 - 0
2x8	16	20 - 5	19 - 11	19 - 0	16 - 11	19 - 11	19 - 6	18 - 6	15 - 1	20 - 5	19 - 6	18 - 0	15 - 1	19 - 11	19 - 6	18 - 6	15 - 7	20 - 5	19 - 6	18 - 6	15 - 7
	24	17 - 10	17 - 5	16 - 7	13 - 10	17 - 5	17 - 0	15 - 10	12 - 4	17 - 10	17 - 0	15 - 9	12 - 4	17 - 5	17 - 0	16 - 2	12 - 8	17 - 10	17 - 0	16 - 2	12 - 8
2x10	16	26 - 0	25 - 5	24 - 3	20 - 9	25 - 5	24 - 10	23 - 8	18 - 5	26 - 0	24 - 10	22 - 11	18 - 5	25 - 5	24 - 10	23 - 8	19 - 0	26 - 0	24 - 10	23 - 8	19 - 0
	24	22 - 9	22 - 3	21 - 2	16 - 11	22 - 3	21 - 9	19 - 5	15 - 1	22 - 9	21 - 9	19 - 9	15 - 1	22 - 3	21 - 9	20 - 6	15 - 6	22 - 9	21 - 9	20 - 2	15 - 6
2x12	16	31 - 8	30 - 11	29 - 6	24 - 0	30 - 11	30 - 3	27 - 6	21 - 4	31 - 8	30 - 3	27 - 11	21 - 4	30 - 11	30 - 3	28 - 9	22 - 0	31 - 8	30 - 3	28 - 7	22 - 0
	24	27 - 8	27 - 1	25 - 9	19 - 7	27 - 1	25 - 10	22 - 6	17 - 5	27 - 8	25 - 5	22 - 11	17 - 5	27 - 1	25 - 5	23 - 9	18 - 0	27 - 8	25 - 10	23 - 4	18 - 0

SPANS ARE CALCULATED USING REPETITIVE MEMBER VALUES.
SPANS ARE SHOWN IN FEET - INCHES.

JOIST SPANS

SPANS ARE JOISTS OVER A SINGLE SPAN AND ARE FOR USE IN COVERED STRUCTURES. SPANS APPLY TO LUMBER SURFACED "GREEN" OR SURFACED "DRY" WHICH CONFORMS TO PS20-99 SIZES. APPLICABLE DESIGN CRITERIA ARE SHOWN IN THE HEADING FOR EACH TABLE

JOIST Size (in.)	Spac. (in.)	Scots pine - Austria/Czech Rep.				Scots pine - Finland				Scots pine - Germany				Scots pine - Lithuania/Estonia				Douglas fir - European Larch - Austria/Czech Republic/Germany			
		Sel. Str.	No. 1	No. 2	No. 3	Sel. Str.	No. 1	No. 2	No. 3	Sel. Str.	No. 1	No. 2	No. 3	Sel. Str.	No. 1	No. 2	No. 3	Sel. Str.	No. 1	No. 2	No. 3

FLOOR JOISTS - 10 PSF Dead Load/40 PSF Live Load

Size	Spac	Sel. Str.	No. 1	No. 2	No. 3	Sel. Str.	No. 1	No. 2	No. 3	Sel. Str.	No. 1	No. 2	No. 3	Sel. Str.	No. 1	No. 2	No. 3	Sel. Str.	No. 1	No. 2	No. 3
2x6	12	10 - 11	10 - 6	10 - 0	7 - 9	10 - 6	10 - 3	10 - 0	8 - 11	10 - 9	10 - 3	9 - 6	7 - 9	10 - 6	10 - 0	9 - 6	7 - 6	-	-	-	-
	16	9 - 11	9 - 6	8 - 11	6 - 9	9 - 6	9 - 4	9 - 1	7 - 9	9 - 9	9 - 4	8 - 7	6 - 9	9 - 6	9 - 1	8 - 7	6 - 6	-	-	-	-
	24	8 - 8	8 - 0	7 - 3	5 - 6	8 - 4	8 - 2	7 - 11	6 - 4	8 - 6	7 - 9	7 - 3	5 - 6	8 - 4	7 - 6	7 - 0	5 - 4	-	-	-	-
2x8	12	14 - 5	13 - 10	13 - 0	9 - 10	13 - 10	13 - 6	13 - 2	11 - 3	14 - 2	13 - 6	12 - 6	9 - 10	13 - 10	13 - 2	12 - 6	9 - 6	-	-	-	-
	16	13 - 1	12 - 5	11 - 3	8 - 6	12 - 7	12 - 3	12 - 0	9 - 9	12 - 10	12 - 1	11 - 3	8 - 6	12 - 7	11 - 8	10 - 10	8 - 3	-	-	-	-
	24	11 - 5	10 - 2	9 - 2	6 - 11	11 - 0	10 - 9	10 - 6	8 - 0	11 - 3	9 - 10	9 - 2	6 - 11	11 - 0	9 - 6	8 - 10	6 - 9	-	-	-	-
2x10	12	18 - 5	17 - 6	15 - 11	12 - 0	17 - 8	17 - 3	16 - 10	13 - 10	18 - 0	17 - 0	15 - 11	12 - 0	17 - 8	16 - 5	15 - 4	11 - 8	-	-	-	-
	16	16 - 9	15 - 2	13 - 9	10 - 5	16 - 0	15 - 8	15 - 3	11 - 11	16 - 5	14 - 9	13 - 9	10 - 5	16 - 0	14 - 3	13 - 3	10 - 1	-	-	-	-
	24	14 - 7	12 - 5	11 - 3	8 - 6	14 - 0	13 - 1	12 - 11	9 - 9	14 - 4	12 - 0	11 - 3	8 - 6	14 - 0	11 - 8	10 - 10	8 - 3	-	-	-	-
2x12	12	22 - 5	20 - 4	18 - 5	13 - 11	21 - 6	21 - 0	20 - 6	16 - 0	21 - 11	19 - 8	18 - 5	13 - 11	21 - 6	19 - 1	17 - 9	13 - 6	-	-	-	-
	16	20 - 4	17 - 7	16 - 0	12 - 1	19 - 6	18 - 7	18 - 4	13 - 10	19 - 11	17 - 1	16 - 0	12 - 1	19 - 6	16 - 6	15 - 5	11 - 8	-	-	-	-
	24	17 - 9	14 - 4	13 - 0	9 - 10	17 - 0	15 - 2	15 - 0	11 - 3	17 - 1	13 - 1	13 - 0	9 - 10	16 - 4	13 - 6	12 - 7	9 - 6	-	-	-	-

CEILING JOISTS - 10 PSF Dead Load/20 PSF Live Load/Drywall Ceiling/Limited Attic Storage

Size	Spac	Sel. Str.	No. 1	No. 2	No. 3	Sel. Str.	No. 1	No. 2	No. 3	Sel. Str.	No. 1	No. 2	No. 3	Sel. Str.	No. 1	No. 2	No. 3	Sel. Str.	No. 1	No. 2	No. 3
2x4	16	8 - 0	7 - 8	7 - 3	5 - 11	7 - 8	7 - 6	7 - 3	6 - 10	7 - 10	7 - 6	6 - 11	5 - 11	7 - 8	7 - 3	6 - 11	5 - 9	8 - 1	8 - 0	7 - 10	6 - 9
	24	7 - 0	6 - 8	6 - 4	4 - 10	6 - 8	6 - 6	6 - 4	5 - 7	6 - 10	6 - 6	6 - 0	4 - 10	6 - 8	6 - 4	6 - 0	4 - 8	7 - 1	7 - 0	6 - 10	5 - 6
2x6	16	12 - 6	12 - 0	11 - 5	8 - 8	12 - 0	11 - 9	11 - 5	10 - 0	12 - 3	11 - 9	10 - 10	8 - 8	12 - 0	11 - 5	10 - 10	8 - 5	-	-	-	-
	24	10 - 11	10 - 4	9 - 5	7 - 1	10 - 6	10 - 3	10 - 0	8 - 2	10 - 9	10 - 0	9 - 5	7 - 1	10 - 6	9 - 8	9 - 0	6 - 11	-	-	-	-
2x8	16	16 - 6	15 - 10	14 - 7	11 - 0	15 - 10	15 - 6	15 - 1	12 - 7	16 - 2	15 - 6	14 - 3	11 - 0	15 - 10	15 - 1	14 - 0	10 - 8	-	-	-	-
	24	14 - 5	13 - 1	11 - 11	9 - 0	13 - 10	13 - 6	13 - 2	10 - 3	14 - 2	12 - 8	11 - 11	9 - 0	13 - 10	12 - 4	11 - 5	8 - 8	-	-	-	-
2x10	16	21 - 1	19 - 7	17 - 9	13 - 5	20 - 2	19 - 9	19 - 3	15 - 5	20 - 8	19 - 0	17 - 9	13 - 5	20 - 2	18 - 5	17 - 1	13 - 1	-	-	-	-
	24	18 - 5	16 - 0	14 - 6	11 - 0	17 - 8	16 - 11	16 - 8	12 - 7	18 - 0	15 - 6	14 - 6	11 - 0	17 - 8	15 - 0	14 - 0	10 - 8	-	-	-	-
2x12	16	25 - 7	22 - 8	20 - 7	15 - 7	24 - 7	24 - 0	23 - 5	17 - 10	25 - 1	22 - 0	20 - 7	15 - 7	24 - 7	21 - 4	19 - 10	15 - 1	-	-	-	-
	24	22 - 5	18 - 6	16 - 10	12 - 9	21 - 6	19 - 7	19 - 4	14 - 7	21 - 11	18 - 0	16 - 10	12 - 9	21 - 1	17 - 5	16 - 3	12 - 4	-	-	-	-

CEILING JOISTS - 5 PSF Dead Load/10 PSF Live Load/Drywall Ceiling/No Attic Storage

Size	Spac	Sel. Str.	No. 1	No. 2	No. 3	Sel. Str.	No. 1	No. 2	No. 3	Sel. Str.	No. 1	No. 2	No. 3	Sel. Str.	No. 1	No. 2	No. 3	Sel. Str.	No. 1	No. 2	No. 3
2x4	16	10 - 0	9 - 8	9 - 2	8 - 5	9 - 8	9 - 5	9 - 2	8 - 11	9 - 10	9 - 5	8 - 8	8 - 5	9 - 8	9 - 2	8 - 8	8 - 2	10 - 3	10 - 0	9 - 10	9 - 5
	24	8 - 9	8 - 5	8 - 0	6 - 10	8 - 5	8 - 3	8 - 0	7 - 10	8 - 7	8 - 3	7 - 7	6 - 10	8 - 5	8 - 0	7 - 7	6 - 8	8 - 11	8 - 9	8 - 7	7 - 9
2x6	16	15 - 9	15 - 2	14 - 5	12 - 3	15 - 2	14 - 9	14 - 5	14 - 1	15 - 6	14 - 9	13 - 8	12 - 3	15 - 2	14 - 5	13 - 8	11 - 11	-	-	-	-
	24	13 - 9	13 - 3	12 - 7	10 - 0	13 - 2	12 - 11	12 - 7	11 - 6	13 - 6	12 - 11	11 - 11	10 - 0	13 - 3	12 - 7	11 - 11	9 - 9	-	-	-	-
2x8	16	20 - 10	19 - 11	19 - 0	15 - 7	19 - 11	19 - 6	19 - 0	17 - 10	20 - 5	19 - 6	18 - 0	15 - 7	19 - 11	19 - 0	18 - 0	15 - 1	-	-	-	-
	24	18 - 2	17 - 5	16 - 7	12 - 8	17 - 5	17 - 0	16 - 7	14 - 7	17 - 10	17 - 0	15 - 9	12 - 8	17 - 5	16 - 7	15 - 9	12 - 4	-	-	-	-
2x10	16	26 - 6	25 - 5	24 - 3	19 - 0	25 - 5	24 - 10	24 - 3	21 - 10	26 - 0	24 - 10	22 - 11	19 - 0	25 - 5	24 - 3	22 - 11	18 - 5	-	-	-	-
	24	23 - 2	22 - 3	20 - 6	15 - 6	22 - 3	21 - 9	21 - 2	17 - 10	22 - 9	21 - 9	20 - 1	15 - 6	22 - 3	21 - 2	19 - 9	15 - 1	-	-	-	-
2x12	16	32 - 3	30 - 11	29 - 2	22 - 0	30 - 11	30 - 3	29 - 6	25 - 3	31 - 8	30 - 3	27 - 11	22 - 0	30 - 11	29 - 6	27 - 11	21 - 4	-	-	-	-
	24	28 - 2	26 - 3	23 - 9	18 - 0	27 - 1	26 - 5	25 - 9	20 - 7	27 - 8	25 - 5	23 - 9	18 - 0	27 - 1	24 - 8	22 - 11	17 - 5	-	-	-	-

SPANS ARE CALCULATED USING REPETITIVE MEMBER VALUES.
SPANS ARE SHOWN IN FEET - INCHES.

RAFTER SPANS

SPANS ARE FOR RAFTERS USED IN COVERED STRUCTURES. SPANS APPLY TO LUMBER SURFACED "GREEN" OR OR SURFACED "DRY" WHICH CONFORMS TO PS20-99 SIZES. APPLICABLE DESIGN CRITERIA ARE SHOWN IN THE HEADING FOR EACH TABLE. RAFTER SPANS ARE MEASURED ALONG THE HORIZONTAL PROJECTION (SEE FIGURE 1).

RAFTER SPANS – 15 PSF Dead Load/20 PSF Live Load/Drywall Ceiling/All Slopes

JOIST Size (in.)	Spac. (in.)	Aus. spr. - Austria/Czech Rep. Sel. Str.	No. 1	No. 2	No. 3	Norway spruce - Finland Sel. Str.	No. 1	No. 2	No. 3	Norway spruce - Germany Sel. Str.	No. 1	No. 2	No. 3	Norway spruce - Lithuania/Estonia Sel. Str.	No. 1	No. 2	No. 3	Norway spruce - Sweden Sel. Str.	No. 1	No. 2	No. 3
2x6	16	14 - 1	13 - 3	12 - 5	9 - 5	13 - 9	12 - 5	10 - 9	8 - 4	14 - 1	12 - 2	11 - 0	8 - 4	13 - 9	12 - 2	11 - 5	8 - 7	14 - 1	12 - 5	11 - 3	8 - 7
	24	12 - 3	10 - 10	10 - 1	7 - 8	12 - 0	10 - 1	8 - 10	6 - 10	12 - 3	9 - 11	9 - 0	6 - 10	12 - 0	9 - 11	9 - 4	7 - 0	12 - 3	10 - 1	9 - 2	7 - 0
2x8	16	18 - 6	16 - 10	15 - 8	11 - 11	18 - 2	15 - 8	13 - 8	10 - 7	18 - 6	15 - 5	13 - 11	10 - 7	18 - 2	15 - 5	14 - 5	10 - 11	18 - 6	15 - 8	14 - 2	10 - 11
	24	16 - 2	13 - 9	12 - 10	9 - 9	15 - 10	12 - 10	11 - 2	8 - 8	15 - 9	12 - 7	11 - 4	8 - 8	15 - 5	12 - 7	11 - 9	8 - 11	15 - 9	12 - 10	11 - 7	8 - 11
2x10	16	23 - 8	20 - 7	19 - 2	14 - 7	23 - 2	19 - 2	16 - 8	12 - 11	23 - 7	18 - 10	17 - 0	12 - 11	23 - 1	18 - 10	17 - 8	13 - 4	23 - 7	19 - 2	17 - 4	13 - 4
	24	20 - 8	16 - 9	15 - 8	11 - 11	20 - 0	15 - 8	13 - 8	10 - 7	19 - 3	15 - 5	13 - 11	10 - 7	18 - 10	15 - 5	14 - 5	10 - 11	19 - 3	15 - 8	14 - 2	10 - 11
2x12	16	28 - 9	23 - 10	22 - 2	16 - 10	28 - 2	22 - 2	19 - 4	15 - 0	27 - 4	21 - 10	19 - 9	15 - 0	26 - 9	21 - 10	20 - 5	15 - 6	27 - 4	22 - 2	20 - 1	15 - 6
	24	24 - 0	19 - 5	18 - 2	13 - 9	23 - 2	18 - 2	15 - 9	12 - 3	22 - 4	17 - 10	16 - 1	12 - 3	21 - 10	17 - 10	16 - 8	12 - 8	22 - 4	18 - 2	16 - 5	12 - 8

RAFTER SPANS – 15 PSF Dead Load/30 PSF Live Load/Drywall Ceiling/All Slopes

JOIST Size (in.)	Spac. (in.)	Aus. spr. - Austria/Czech Rep. Sel. Str.	No. 1	No. 2	No. 3	Norway spruce - Finland Sel. Str.	No. 1	No. 2	No. 3	Norway spruce - Germany Sel. Str.	No. 1	No. 2	No. 3	Norway spruce - Lithuania/Estonia Sel. Str.	No. 1	No. 2	No. 3	Norway spruce - Sweden Sel. Str.	No. 1	No. 2	No. 3
2x6	16	12 - 3	11 - 9	10 - 11	8 - 4	12 - 0	10 - 11	9 - 6	7 - 5	12 - 3	10 - 9	9 - 8	7 - 5	12 - 0	10 - 9	10 - 1	7 - 7	12 - 3	10 - 11	9 - 11	7 - 7
	24	10 - 9	9 - 7	8 - 11	6 - 9	10 - 6	8 - 11	7 - 9	6 - 0	10 - 9	8 - 9	7 - 11	6 - 0	10 - 6	8 - 9	8 - 3	6 - 2	10 - 9	8 - 11	8 - 1	6 - 2
2x8	16	16 - 2	14 - 10	13 - 10	10 - 6	15 - 10	13 - 10	12 - 0	9 - 4	16 - 2	13 - 7	12 - 3	9 - 4	15 - 10	13 - 7	12 - 9	9 - 8	16 - 2	13 - 10	12 - 6	9 - 8
	24	14 - 2	12 - 1	11 - 3	8 - 7	13 - 10	11 - 3	9 - 10	7 - 7	13 - 11	11 - 1	10 - 0	7 - 7	13 - 7	11 - 1	10 - 5	7 - 10	13 - 11	11 - 3	10 - 3	7 - 10
2x10	16	20 - 8	18 - 1	16 - 11	12 - 10	20 - 2	16 - 11	14 - 9	11 - 5	20 - 8	16 - 8	15 - 0	11 - 5	20 - 2	16 - 8	15 - 7	11 - 9	20 - 8	16 - 11	15 - 4	11 - 9
	24	18 - 0	14 - 10	13 - 10	10 - 6	17 - 8	13 - 10	12 - 0	9 - 4	17 - 0	13 - 7	12 - 3	9 - 4	16 - 8	13 - 7	12 - 8	9 - 7	17 - 0	13 - 10	12 - 6	9 - 7
2x12	16	25 - 1	21 - 0	19 - 7	14 - 10	24 - 7	19 - 7	17 - 1	13 - 2	24 - 1	19 - 3	17 - 5	13 - 2	23 - 7	19 - 3	18 - 0	13 - 8	24 - 1	19 - 7	17 - 9	13 - 8
	24	21 - 2	17 - 2	16 - 0	12 - 2	20 - 5	16 - 0	13 - 11	10 - 9	19 - 8	15 - 9	14 - 2	10 - 9	19 - 3	15 - 9	14 - 9	11 - 2	19 - 8	16 - 0	14 - 6	11 - 2

RAFTER SPANS – 15 PSF Dead Load/40 PSF Live Load/Drywall Ceiling/All Slopes

JOIST Size (in.)	Spac. (in.)	Aus. spr. - Austria/Czech Rep. Sel. Str.	No. 1	No. 2	No. 3	Norway spruce - Finland Sel. Str.	No. 1	No. 2	No. 3	Norway spruce - Germany Sel. Str.	No. 1	No. 2	No. 3	Norway spruce - Lithuania/Estonia Sel. Str.	No. 1	No. 2	No. 3	Norway spruce - Sweden Sel. Str.	No. 1	No. 2	No. 3
2x6	16	11 - 2	10 - 7	9 - 11	7 - 6	10 - 11	9 - 11	8 - 7	6 - 8	11 - 2	9 - 9	8 - 9	6 - 8	10 - 11	9 - 9	9 - 1	6 - 11	11 - 2	9 - 11	8 - 11	6 - 11
	24	9 - 9	8 - 8	8 - 1	6 - 2	9 - 6	8 - 1	7 - 0	5 - 5	9 - 9	7 - 11	7 - 2	5 - 5	9 - 6	7 - 11	7 - 5	5 - 7	9 - 9	8 - 1	7 - 4	5 - 7
2x8	16	14 - 8	13 - 5	12 - 6	9 - 6	14 - 5	12 - 6	10 - 11	8 - 5	14 - 8	12 - 4	11 - 1	8 - 5	14 - 5	12 - 4	11 - 6	8 - 8	14 - 8	12 - 6	11 - 4	8 - 8
	24	12 - 10	10 - 11	10 - 3	7 - 9	12 - 7	10 - 3	8 - 11	6 - 11	12 - 7	10 - 1	9 - 1	6 - 11	12 - 4	10 - 1	9 - 5	7 - 1	12 - 7	10 - 3	9 - 3	7 - 1
2x10	16	18 - 9	16 - 5	15 - 4	11 - 7	18 - 4	15 - 4	13 - 4	10 - 4	18 - 9	15 - 1	13 - 7	10 - 4	18 - 4	15 - 1	14 - 1	10 - 8	18 - 9	15 - 4	13 - 10	10 - 8
	24	16 - 5	13 - 5	12 - 6	9 - 6	15 - 11	12 - 6	10 - 11	8 - 5	15 - 4	12 - 3	11 - 1	8 - 5	15 - 1	12 - 3	11 - 6	8 - 8	15 - 4	12 - 6	11 - 4	8 - 8
2x12	16	22 - 10	19 - 0	17 - 9	13 - 5	22 - 4	17 - 9	15 - 5	11 - 11	21 - 10	17 - 5	15 - 9	11 - 11	21 - 4	17 - 5	16 - 4	12 - 4	21 - 10	17 - 9	16 - 0	12 - 4
	24	19 - 2	15 - 6	14 - 6	11 - 0	18 - 6	14 - 6	12 - 7	9 - 9	17 - 10	14 - 3	12 - 10	9 - 9	17 - 5	14 - 3	13 - 4	10 - 1	17 - 10	14 - 6	13 - 1	10 - 1

SPANS ARE CALCULATED USING REPETITIVE MEMBER VALUES INCREASED BY 15% FOR TWO MONTH DURATION OF LOADING AS FOR SNOW. SPANS ARE SHOWN IN FEET - INCHES.

RAFTER SPANS

SPANS ARE FOR RAFTERS USED IN COVERED STRUCTURES. SPANS APPLY TO LUMBER SURFACED "GREEN" OR OR SURFACED "DRY" WHICH CONFORMS TO PS20-99 SIZES. APPLICABLE DESIGN CRITERIA ARE SHOWN IN THE HEADING FOR EACH TABLE. RAFTER SPANS ARE MEASURED ALONG THE HORIZONTAL PROJECTION (SEE FIGURE 1).

RAFTER SPANS – 15 PSF Dead Load/20 PSF Live Load/Drywall Ceiling/All Slopes

Size (in.)	Spac. (in.)	Scots pine - Austria/Czech Rep.				Scots pine - Finland				Scots pine - Germany				Scots pine - Lithuania/Estonia				Douglas fir - European Larch - Austria/Czech Republic/Germany			
		Sel. Str.	No. 1	No. 2	No. 3	Sel. Str.	No. 1	No. 2	No. 3	Sel. Str.	No. 1	No. 2	No. 3	Sel. Str.	No. 1	No. 2	No. 3	Sel. Str.	No. 1	No. 2	No. 3
2x6	16	14 - 4	12 - 7	11 - 5	8 - 7	13 - 9	13 - 3	13 - 1	9 - 11	14 - 1	12 - 2	11 - 5	8 - 7	13 - 9	11 - 10	11 - 0	8 - 4	-	-	-	-
	24	12 - 6	10 - 3	9 - 4	7 - 0	12 - 0	10 - 10	10 - 9	8 - 1	12 - 2	9 - 11	9 - 4	7 - 0	11 - 8	9 - 8	9 - 0	6 - 10	-	-	-	-
2x8	16	18 - 11	15 - 11	14 - 5	10 - 11	18 - 2	16 - 10	16 - 7	12 - 6	18 - 6	15 - 5	14 - 5	10 - 11	18 - 1	14 - 11	13 - 11	10 - 7	-	-	-	-
	24	16 - 1	13 - 0	11 - 9	8 - 11	15 - 10	13 - 9	13 - 7	10 - 3	15 - 5	12 - 7	11 - 9	8 - 11	14 - 9	12 - 2	11 - 4	8 - 8	-	-	-	-
2x10	16	24 - 0	19 - 5	17 - 8	13 - 4	23 - 2	20 - 7	20 - 4	15 - 4	23 - 1	18 - 10	17 - 8	13 - 4	22 - 1	18 - 3	17 - 0	12 - 11	-	-	-	-
	24	19 - 8	15 - 10	14 - 5	10 - 11	19 - 8	16 - 9	16 - 7	12 - 6	18 - 10	15 - 5	14 - 5	10 - 11	18 - 1	14 - 11	13 - 11	10 - 7	-	-	-	-
2x12	16	27 - 11	22 - 6	20 - 5	15 - 6	27 - 11	23 - 10	23 - 6	17 - 9	26 - 9	21 - 10	20 - 5	15 - 6	25 - 8	21 - 2	19 - 9	15 - 0	-	-	-	-
	24	22 - 9	18 - 5	16 - 8	12 - 8	22 - 9	19 - 5	19 - 2	14 - 6	21 - 10	17 - 10	16 - 8	12 - 8	20 - 11	17 - 3	16 - 1	12 - 3	-	-	-	-

RAFTER SPANS – 15 PSF Dead Load/30 PSF Live Load/Drywall Ceiling/All Slopes

Size (in.)	Spac. (in.)	Scots pine - Austria/Czech Rep.				Scots pine - Finland				Scots pine - Germany				Scots pine - Lithuania/Estonia				Douglas fir - European Larch - Austria/Czech Republic/Germany			
		Sel. Str.	No. 1	No. 2	No. 3	Sel. Str.	No. 1	No. 2	No. 3	Sel. Str.	No. 1	No. 2	No. 3	Sel. Str.	No. 1	No. 2	No. 3	Sel. Str.	No. 1	No. 2	No. 3
2x6	16	12 - 6	11 - 1	10 - 1	7 - 7	12 - 0	11 - 9	11 - 5	8 - 9	12 - 3	10 - 9	10 - 1	7 - 7	12 - 0	10 - 5	9 - 8	7 - 5	-	-	-	-
	24	10 - 11	9 - 1	8 - 3	6 - 2	10 - 6	9 - 7	9 - 5	7 - 1	10 - 9	8 - 9	8 - 3	6 - 2	10 - 4	8 - 6	7 - 11	6 - 0	-	-	-	-
2x8	16	16 - 6	14 - 0	12 - 9	9 - 8	15 - 10	14 - 10	14 - 8	11 - 0	16 - 2	13 - 7	12 - 9	9 - 8	15 - 10	13 - 2	12 - 3	9 - 4	-	-	-	-
	24	14 - 2	11 - 6	10 - 5	7 - 10	13 - 10	12 - 1	11 - 11	9 - 0	13 - 7	11 - 1	10 - 5	7 - 10	13 - 0	10 - 9	10 - 0	7 - 7	-	-	-	-
2x10	16	21 - 1	17 - 2	15 - 7	11 - 9	20 - 2	18 - 1	17 - 11	13 - 6	20 - 4	16 - 8	15 - 7	11 - 9	19 - 6	16 - 1	15 - 0	11 - 5	-	-	-	-
	24	17 - 4	14 - 0	12 - 8	9 - 7	17 - 4	14 - 10	14 - 7	11 - 0	16 - 8	13 - 7	12 - 8	9 - 7	15 - 11	13 - 2	12 - 3	9 - 4	-	-	-	-
2x12	16	24 - 7	19 - 11	18 - 0	13 - 8	24 - 7	21 - 0	20 - 9	15 - 7	23 - 7	19 - 3	18 - 0	13 - 8	22 - 7	18 - 8	17 - 5	13 - 2	-	-	-	-
	24	20 - 1	16 - 3	14 - 9	11 - 2	20 - 1	17 - 2	16 - 11	12 - 9	19 - 3	15 - 9	14 - 9	11 - 2	18 - 6	15 - 3	14 - 2	10 - 9	-	-	-	-

RAFTER SPANS – 15 PSF Dead Load/40 PSF Live Load/Drywall Ceiling/All Slopes

Size (in.)	Spac. (in.)	Scots pine - Austria/Czech Rep.				Scots pine - Finland				Scots pine - Germany				Scots pine - Lithuania/Estonia				Douglas fir - European Larch - Austria/Czech Republic/Germany			
		Sel. Str.	No. 1	No. 2	No. 3	Sel. Str.	No. 1	No. 2	No. 3	Sel. Str.	No. 1	No. 2	No. 3	Sel. Str.	No. 1	No. 2	No. 3	Sel. Str.	No. 1	No. 2	No. 3
2x6	16	11 - 5	10 - 0	9 - 1	6 - 11	10 - 11	10 - 7	10 - 5	7 - 11	11 - 2	9 - 9	9 - 1	6 - 11	10 - 11	9 - 5	8 - 9	6 - 8	-	-	-	-
	24	9 - 11	8 - 2	7 - 5	5 - 7	9 - 6	8 - 8	8 - 7	6 - 5	9 - 9	7 - 11	7 - 5	5 - 7	9 - 4	7 - 8	7 - 2	5 - 5	-	-	-	-
2x8	16	15 - 0	12 - 8	11 - 6	8 - 8	14 - 5	13 - 5	13 - 3	10 - 0	14 - 8	12 - 4	11 - 6	8 - 8	14 - 5	11 - 11	11 - 1	8 - 5	-	-	-	-
	24	12 - 10	10 - 4	9 - 5	7 - 1	12 - 7	10 - 11	10 - 10	8 - 2	12 - 4	10 - 1	9 - 5	7 - 1	11 - 9	9 - 9	9 - 1	6 - 11	-	-	-	-
2x10	16	19 - 2	15 - 6	14 - 1	10 - 8	18 - 4	16 - 5	16 - 2	12 - 3	18 - 5	15 - 1	14 - 1	10 - 8	17 - 8	14 - 7	13 - 7	10 - 4	-	-	-	-
	24	15 - 8	12 - 8	11 - 6	8 - 8	15 - 8	13 - 5	13 - 3	10 - 0	15 - 1	12 - 3	11 - 6	8 - 8	14 - 5	11 - 11	11 - 1	8 - 5	-	-	-	-
2x12	16	22 - 3	18 - 0	16 - 4	12 - 4	22 - 3	19 - 0	18 - 9	14 - 2	21 - 4	17 - 5	16 - 4	12 - 4	20 - 5	16 - 11	15 - 9	11 - 11	-	-	-	-
	24	18 - 2	14 - 8	13 - 4	10 - 1	18 - 2	15 - 6	15 - 4	11 - 6	17 - 5	14 - 3	13 - 4	10 - 1	16 - 8	13 - 9	12 - 10	9 - 9	-	-	-	-

SPANS ARE CALCULATED USING REPETITIVE MEMBER VALUES INCREASED BY 15% FOR TWO MONTH DURATION OF LOADING AS FOR SNOW.
SPANS ARE SHOWN IN FEET - INCHES.

RAFTER SPANS

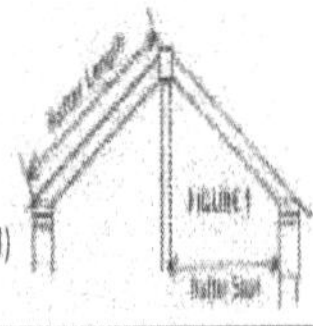

SPANS ARE FOR RAFTERS USED IN COVERED STRUCTURES. SPANS APPLY TO LUMBER SURFACED "GREEN" OR OR SURFACED "DRY" WHICH CONFORMS TO PS20-99 SIZES. APPLICABLE DESIGN CRITERIA ARE SHOWN IN THE HEADING FOR EACH TABLE. RAFTER SPANS ARE MEASURED ALONG THE HORIZONTAL PROJECTION (SEE FIGURE 1)

JOIST		Aus. spr. - Austria/Czech Rep.				Norway spruce - Finland				Norway spruce - Germany				Norway spruce - Lithuania/Estonia				Norway spruce - Sweden			
Size (in.)	Spac. (in.)	Sel. Str.	No. 1	No. 2	No. 3	Sel. Str.	No. 1	No. 2	No. 3	Sel. Str.	No. 1	No. 2	No. 3	Sel. Str.	No. 1	No. 2	No. 3	Sel. Str.	No. 1	No. 2	No. 3

RAFTER SPANS -- 10 PSF Dead Load/20 PSF Live Load/No Finish Ceiling/3:12 or Less Slope

Size (in.)	Spac. (in.)	Sel. Str.	No. 1	No. 2	No. 3	Sel. Str.	No. 1	No. 2	No. 3	Sel. Str.	No. 1	No. 2	No. 3	Sel. Str.	No. 1	No. 2	No. 3	Sel. Str.	No. 1	No. 2	No. 3
2x6	16	14 - 1	13 - 9	13 - 1	10 - 2	13 - 9	13 - 5	11 - 8	9 - 0	14 - 1	13 - 2	11 - 10	9 - 0	13 - 9	13 - 2	12 - 4	9 - 4	14 - 1	13 - 5	12 - 1	9 - 4
	24	12 - 3	11 - 9	10 - 11	8 - 4	12 - 0	10 - 11	9 - 6	7 - 5	12 - 3	10 - 9	9 - 8	7 - 5	12 - 0	10 - 9	10 - 1	7 - 7	12 - 3	10 - 11	9 - 11	7 - 7
2x8	16	18 - 6	18 - 2	16 - 11	12 - 10	18 - 2	16 - 11	14 - 9	11 - 5	18 - 6	16 - 8	15 - 0	11 - 5	18 - 2	16 - 8	15 - 7	11 - 9	18 - 6	16 - 11	15 - 4	11 - 9
	24	16 - 2	14 - 10	13 - 10	10 - 6	15 - 10	13 - 10	12 - 0	9 - 4	16 - 2	13 - 7	12 - 3	9 - 4	15 - 10	13 - 7	12 - 9	9 - 8	16 - 2	13 - 10	12 - 6	9 - 8
2x10	16	23 - 8	22 - 2	20 - 9	15 - 9	23 - 2	20 - 9	18 - 0	14 - 0	23 - 8	20 - 4	18 - 4	14 - 0	23 - 2	20 - 4	19 - 1	14 - 5	23 - 8	20 - 9	18 - 9	14 - 5
	24	20 - 8	18 - 1	16 - 11	12 - 10	20 - 2	16 - 11	14 - 9	11 - 5	20 - 8	16 - 8	15 - 0	11 - 5	20 - 2	16 - 8	15 - 7	11 - 9	20 - 8	16 - 11	15 - 4	11 - 9
2x12	16	28 - 9	25 - 9	24 - 0	18 - 2	28 - 2	24 - 0	20 - 11	16 - 2	28 - 9	23 - 7	21 - 3	16 - 2	28 - 2	23 - 7	22 - 1	16 - 8	28 - 9	24 - 0	21 - 8	16 - 8
	24	25 - 1	21 - 0	19 - 7	14 - 10	24 - 7	19 - 7	17 - 1	13 - 2	24 - 1	19 - 3	17 - 5	13 - 2	23 - 7	19 - 3	18 - 0	13 - 8	24 - 1	19 - 7	17 - 9	13 - 8

RAFTER SPANS -- 10 PSF Dead Load/30 PSF Live Load/No Finish Ceiling/3:12 or Less Slope

Size (in.)	Spac. (in.)	Sel. Str.	No. 1	No. 2	No. 3	Sel. Str.	No. 1	No. 2	No. 3	Sel. Str.	No. 1	No. 2	No. 3	Sel. Str.	No. 1	No. 2	No. 3	Sel. Str.	No. 1	No. 2	No. 3
2x6	16	12 - 3	12 - 0	11 - 5	8 - 10	12 - 0	11 - 7	10 - 1	7 - 10	12 - 3	11 - 5	10 - 3	7 - 10	12 - 0	11 - 5	10 - 8	8 - 1	12 - 3	11 - 7	10 - 6	8 - 1
	24	10 - 9	10 - 2	9 - 6	7 - 2	10 - 6	9 - 6	8 - 3	6 - 5	10 - 9	9 - 4	8 - 5	6 - 5	10 - 6	9 - 4	8 - 9	6 - 7	10 - 9	9 - 6	8 - 7	6 - 7
2x8	16	16 - 2	15 - 9	14 - 8	11 - 2	15 - 10	14 - 8	12 - 9	9 - 11	16 - 2	14 - 5	13 - 0	9 - 11	15 - 10	14 - 5	13 - 6	10 - 3	16 - 2	14 - 8	13 - 3	10 - 3
	24	14 - 2	12 - 10	12 - 0	9 - 1	13 - 10	12 - 0	10 - 5	8 - 1	14 - 2	11 - 9	10 - 8	8 - 1	13 - 10	11 - 9	11 - 0	8 - 4	14 - 2	12 - 0	10 - 10	8 - 4
2x10	16	20 - 8	19 - 3	17 - 11	13 - 8	20 - 2	17 - 11	15 - 7	12 - 1	20 - 8	17 - 8	15 - 11	12 - 1	20 - 2	17 - 8	16 - 6	12 - 6	20 - 8	17 - 11	16 - 3	12 - 6
	24	18 - 0	15 - 8	14 - 8	11 - 1	17 - 8	14 - 8	12 - 9	9 - 11	18 - 0	14 - 5	13 - 0	9 - 11	17 - 8	14 - 5	13 - 6	10 - 2	18 - 0	14 - 8	13 - 3	10 - 2
2x12	16	25 - 1	22 - 3	20 - 9	15 - 9	24 - 7	20 - 9	18 - 1	14 - 0	25 - 1	20 - 5	18 - 5	14 - 0	24 - 7	20 - 5	19 - 2	14 - 6	25 - 1	20 - 9	18 - 9	14 - 6
	24	21 - 11	18 - 2	17 - 0	12 - 10	21 - 6	17 - 0	14 - 9	11 - 5	20 - 11	16 - 8	15 - 1	11 - 5	20 - 5	16 - 8	15 - 7	11 - 10	20 - 11	17 - 0	15 - 4	11 - 10

RAFTER SPANS -- 10 PSF Dead Load/40 PSF Live Load/No Finish Ceiling/3:12 or Less Slope

Size (in.)	Spac. (in.)	Sel. Str.	No. 1	No. 2	No. 3	Sel. Str.	No. 1	No. 2	No. 3	Sel. Str.	No. 1	No. 2	No. 3	Sel. Str.	No. 1	No. 2	No. 3	Sel. Str.	No. 1	No. 2	No. 3
2x6	16	11 - 2	10 - 11	10 - 4	7 - 10	10 - 11	10 - 4	9 - 0	7 - 0	11 - 2	10 - 2	9 - 2	7 - 0	10 - 11	10 - 2	9 - 6	7 - 3	11 - 2	10 - 4	9 - 5	7 - 3
	24	9 - 9	9 - 1	8 - 6	6 - 5	9 - 6	8 - 6	7 - 4	5 - 9	9 - 9	8 - 4	7 - 6	5 - 9	9 - 6	8 - 4	7 - 9	5 - 11	9 - 9	8 - 6	7 - 8	5 - 11
2x8	16	14 - 8	14 - 1	13 - 1	9 - 11	14 - 5	13 - 1	11 - 5	8 - 10	14 - 8	12 - 11	11 - 8	8 - 10	14 - 5	12 - 11	12 - 1	9 - 2	14 - 8	13 - 1	11 - 10	9 - 2
	24	12 - 10	11 - 6	10 - 9	8 - 2	12 - 7	10 - 9	9 - 4	7 - 3	12 - 10	10 - 7	9 - 6	7 - 3	12 - 7	10 - 7	9 - 10	7 - 5	12 - 10	10 - 9	9 - 8	7 - 5
2x10	16	18 - 9	17 - 2	16 - 1	12 - 2	18 - 4	16 - 1	14 - 0	10 - 10	18 - 9	15 - 9	14 - 3	10 - 10	18 - 4	15 - 9	14 - 9	11 - 2	18 - 9	16 - 1	14 - 6	11 - 2
	24	16 - 5	14 - 0	13 - 1	9 - 11	16 - 0	13 - 1	11 - 5	8 - 10	16 - 1	12 - 11	11 - 7	8 - 10	15 - 9	12 - 11	12 - 1	9 - 1	16 - 1	13 - 1	11 - 10	9 - 1
2x12	16	22 - 10	19 - 11	18 - 7	14 - 1	22 - 4	18 - 7	16 - 2	12 - 6	22 - 10	18 - 4	16 - 6	12 - 6	22 - 4	18 - 4	17 - 1	12 - 11	22 - 10	18 - 7	16 - 10	12 - 11
	24	19 - 11	16 - 3	15 - 2	11 - 6	19 - 5	15 - 2	13 - 2	10 - 3	18 - 8	14 - 11	13 - 6	10 - 3	18 - 4	14 - 11	14 - 0	10 - 7	18 - 8	15 - 2	13 - 9	10 - 7

SPANS ARE CALCULATED USING REPETITIVE MEMBER VALUES INCREASED BY 15% FOR TWO MONTH DURATION OF LOADING AS FOR SNOW.

SPANS ARE SHOWN IN FEET - INCHES.

RAFTER SPANS

SPANS ARE FOR RAFTERS USED IN COVERED STRUCTURES. SPANS APPLY TO LUMBER SURFACED "GREEN" OR OR SURFACED "DRY" WHICH CONFORMS TO PS20-99 SIZES. APPLICABLE DESIGN CRITERIA ARE SHOWN IN THE HEADING FOR EACH TABLE. RAFTER SPANS ARE MEASURED ALONG THE HORIZONTAL PROJECTION (SEE FIGURE 1).

JOIST		Scots pine - Austria/Czech Rep.				Scots pine - Finland				Scots pine - Germany				Scots pine - Lithuania/Estonia				Douglas fir - European Larch - Austria/Czech Republic/Germany			
Size (in.)	Spac. (in.)	Sel. Str.	No. 1	No. 2	No. 3	Sel. Str.	No. 1	No. 2	No. 3	Sel. Str.	No. 1	No. 2	No. 3	Sel. Str.	No. 1	No. 2	No. 3	Sel. Str.	No. 1	No. 2	No. 3

RAFTER SPANS – 10 PSF Dead Load/20 PSF Live Load/No Finish Ceiling/3:12 or Less Slope

Size (in.)	Spac. (in.)	Sel. Str.	No. 1	No. 2	No. 3	Sel. Str.	No. 1	No. 2	No. 3	Sel. Str.	No. 1	No. 2	No. 3	Sel. Str.	No. 1	No. 2	No. 3	Sel. Str.	No. 1	No. 2	No. 3
2x6	16	14 - 4	13 - 7	12 - 4	9 - 4	13 - 9	13 - 5	13 - 1	10 - 8	14 - 1	13 - 2	12 - 4	9 - 4	13 - 9	12 - 9	11 - 10	9 - 0				
	24	12 - 6	11 - 1	10 - 1	7 - 7	12 - 0	11 - 9	11 - 5	8 - 9	12 - 3	10 - 9	10 - 1	7 - 7	12 - 0	10 - 5	9 - 8	7 - 5				
2x8	16	18 - 11	17 - 2	15 - 7	11 - 9	18 - 2	17 - 9	17 - 3	13 - 6	18 - 6	16 - 8	15 - 7	11 - 9	18 - 2	16 - 2	15 - 0	11 - 5				
	24	16 - 6	14 - 0	12 - 9	9 - 8	15 - 10	14 - 10	14 - 8	11 - 0	16 - 2	13 - 7	12 - 9	9 - 8	15 - 10	13 - 2	12 - 3	9 - 4				
2x10	16	24 - 1	21 - 0	19 - 1	14 - 5	23 - 2	22 - 2	21 - 11	16 - 6	23 - 8	20 - 4	19 - 1	14 - 5	23 - 2	19 - 9	18 - 4	14 - 0				
	24	21 - 1	17 - 2	15 - 7	11 - 9	20 - 2	18 - 1	17 - 11	13 - 6	20 - 4	16 - 8	15 - 7	11 - 9	19 - 6	16 - 1	15 - 0	11 - 5				
2x12	16	29 - 4	24 - 4	22 - 1	16 - 8	28 - 2	25 - 9	25 - 5	19 - 2	28 - 9	23 - 7	22 - 1	16 - 8	27 - 8	22 - 10	21 - 3	16 - 2				
	24	24 - 7	19 - 11	18 - 0	13 - 8	24 - 7	21 - 0	20 - 9	15 - 7	23 - 7	19 - 3	18 - 0	13 - 8	22 - 7	18 - 8	17 - 5	13 - 2				

RAFTER SPANS – 10 PSF Dead Load/30 PSF Live Load/No Finish Ceiling/3:12 or Less Slope

Size (in.)	Spac. (in.)	Sel. Str.	No. 1	No. 2	No. 3	Sel. Str.	No. 1	No. 2	No. 3	Sel. Str.	No. 1	No. 2	No. 3	Sel. Str.	No. 1	No. 2	No. 3	Sel. Str.	No. 1	No. 2	No. 3
2x6	16	12 - 6	11 - 9	10 - 8	8 - 1	12 - 0	11 - 9	11 - 5	9 - 3	12 - 3	11 - 5	10 - 8	8 - 1	12 - 0	11 - 0	10 - 3	7 - 10				
	24	10 - 11	9 - 7	8 - 9	6 - 7	10 - 6	10 - 2	10 - 0	7 - 7	10 - 9	9 - 4	8 - 9	6 - 7	10 - 6	9 - 0	8 - 5	6 - 5				
2x8	16	16 - 6	14 - 11	13 - 6	10 - 3	15 - 10	15 - 6	15 - 1	11 - 8	16 - 2	14 - 5	13 - 6	10 - 3	15 - 10	14 - 0	13 - 0	9 - 11				
	24	14 - 5	12 - 2	11 - 0	8 - 4	13 - 10	12 - 10	12 - 8	9 - 7	14 - 2	11 - 9	11 - 0	8 - 4	13 - 10	11 - 5	10 - 8	8 - 1				
2x10	16	21 - 1	18 - 2	16 - 6	12 - 6	20 - 2	19 - 3	19 - 0	14 - 4	20 - 8	17 - 8	16 - 6	12 - 6	20 - 2	17 - 1	15 - 11	12 - 1				
	24	18 - 4	14 - 10	13 - 6	10 - 2	17 - 8	15 - 8	15 - 6	11 - 8	17 - 8	14 - 5	13 - 6	10 - 2	16 - 11	13 - 11	13 - 0	9 - 11				
2x12	16	25 - 7	21 - 1	19 - 2	14 - 6	24 - 7	22 - 3	22 - 0	16 - 7	25 - 1	20 - 5	19 - 2	14 - 6	24 - 0	19 - 10	18 - 5	14 - 0				
	24	21 - 3	17 - 3	15 - 7	11 - 10	21 - 3	18 - 2	18 - 0	13 - 6	20 - 5	16 - 8	15 - 7	11 - 10	19 - 7	16 - 2	15 - 1	11 - 5				

RAFTER SPANS – 10 PSF Dead Load/40 PSF Live Load/No Finish Ceiling/3:12 or Less Slope

Size (in.)	Spac. (in.)	Sel. Str.	No. 1	No. 2	No. 3	Sel. Str.	No. 1	No. 2	No. 3	Sel. Str.	No. 1	No. 2	No. 3	Sel. Str.	No. 1	No. 2	No. 3	Sel. Str.	No. 1	No. 2	No. 3
2x6	16	11 - 5	10 - 6	9 - 6	7 - 3	10 - 11	10 - 8	10 - 5	8 - 3	11 - 2	10 - 2	9 - 6	7 - 3	10 - 11	9 - 10	9 - 2	7 - 0				
	24	9 - 11	8 - 7	7 - 9	5 - 11	9 - 6	9 - 1	9 - 0	6 - 9	9 - 9	8 - 4	7 - 9	5 - 11	9 - 6	8 - 1	7 - 6	5 - 9				
2x8	16	15 - 0	13 - 4	12 - 1	9 - 2	14 - 5	14 - 1	13 - 9	10 - 6	14 - 8	12 - 11	12 - 1	9 - 2	14 - 5	12 - 6	11 - 8	8 - 10				
	24	13 - 1	10 - 10	9 - 10	7 - 5	12 - 7	11 - 6	11 - 4	8 - 7	12 - 10	10 - 7	9 - 10	7 - 5	12 - 4	10 - 3	9 - 6	7 - 3				
2x10	16	19 - 2	16 - 3	14 - 9	11 - 2	18 - 4	17 - 2	17 - 0	12 - 10	18 - 9	15 - 9	14 - 9	11 - 2	18 - 4	15 - 3	14 - 3	10 - 10				
	24	16 - 5	13 - 3	12 - 1	9 - 1	16 - 0	14 - 0	13 - 10	10 - 6	15 - 9	12 - 11	12 - 1	9 - 1	15 - 1	12 - 6	11 - 7	8 - 10				
2x12	16	23 - 3	18 - 10	17 - 1	12 - 11	22 - 4	19 - 11	19 - 8	14 - 10	22 - 5	18 - 4	17 - 1	12 - 11	21 - 5	17 - 9	16 - 6	12 - 6				
	24	19 - 1	15 - 5	14 - 0	10 - 7	19 - 1	16 - 3	16 - 1	12 - 1	18 - 4	14 - 11	14 - 0	10 - 7	17 - 6	14 - 6	13 - 6	10 - 3				

SPANS ARE CALCULATED USING REPETITIVE MEMBER VALUES INCREASED BY 15% FOR TWO MONTH DURATION OF LOADING AS FOR SNOW. SPANS ARE SHOWN IN FEET - INCHES.

RAFTER SPANS

SPANS ARE FOR RAFTERS USED IN COVERED STRUCTURES. SPANS APPLY TO LUMBER SURFACED "GREEN" OR OR SURFACED "DRY" WHICH CONFORMS TO PS20-99 SIZES. APPLICABLE DESIGN CRITERIA ARE SHOWN IN THE HEADING FOR EACH TABLE. RAFTER SPANS ARE MEASURED ALONG THE HORIZONTAL PROJECTION (SEE FIGURE 1).

RAFTER SPANS -- 7 PSF Dead Load/20 PSF Live Load/Light Roof/Slope Over 3:12

Size (in.)	Spac. (in.)	Aus. spr. - Austria/Czech Rep.				Norway spruce - Finland				Norway spruce - Germany				Norway spruce - Lithuania/Estonia				Norway spruce - Sweden			
		Sel. Str.	No. 1	No. 2	No. 3	Sel. Str.	No. 1	No. 2	No. 3	Sel. Str.	No. 1	No. 2	No. 3	Sel. Str.	No. 1	No. 2	No. 3	Sel. Str.	No. 1	No. 2	No. 3
2x4	16	9 - 10	9 - 8	9 - 2	7 - 4	9 - 8	9 - 5	8 - 5	6 - 6	9 - 10	9 - 5	8 - 7	6 - 6	9 - 8	9 - 5	8 - 10	6 - 9	9 - 10	9 - 5	8 - 9	6 - 9
	24	8 - 7	8 - 5	7 - 10	6 - 0	8 - 5	7 - 10	6 - 10	5 - 4	8 - 7	7 - 9	7 - 0	5 - 4	8 - 5	7 - 9	7 - 3	5 - 6	8 - 7	7 - 10	7 - 1	5 - 6
2x6	16	15 - 6	15 - 1	14 - 1	10 - 9	15 - 2	14 - 1	12 - 3	9 - 6	15 - 6	13 - 11	12 - 6	9 - 6	15 - 2	13 - 11	13 - 0	9 - 10	15 - 6	14 - 1	12 - 9	9 - 10
	24	13 - 6	12 - 4	11 - 6	8 - 9	13 - 3	11 - 6	10 - 0	7 - 9	13 - 6	11 - 4	10 - 3	7 - 9	13 - 3	11 - 4	10 - 7	8 - 0	13 - 6	11 - 6	10 - 5	8 - 0
2x8	16	20 - 5	19 - 2	17 - 10	13 - 7	19 - 11	17 - 10	15 - 6	12 - 0	20 - 5	17 - 7	15 - 10	12 - 0	19 - 11	17 - 7	16 - 5	12 - 5	20 - 5	17 - 10	16 - 2	12 - 5
	24	17 - 10	15 - 8	14 - 7	11 - 1	17 - 5	14 - 7	12 - 8	9 - 10	17 - 10	14 - 4	12 - 11	9 - 10	17 - 5	14 - 4	13 - 5	10 - 2	17 - 10	14 - 7	13 - 2	10 - 2
2x10	16	26 - 0	23 - 5	21 - 10	16 - 7	25 - 5	21 - 10	19 - 0	14 - 9	26 - 0	21 - 6	19 - 4	14 - 9	25 - 5	21 - 6	20 - 1	15 - 2	26 - 0	21 - 10	19 - 9	15 - 2
	24	22 - 9	19 - 1	17 - 10	13 - 6	22 - 3	17 - 10	15 - 6	12 - 0	21 - 11	17 - 6	15 - 10	12 - 0	21 - 6	17 - 6	16 - 5	12 - 5	21 - 11	17 - 10	16 - 2	12 - 5

RAFTER SPANS -- 7 PSF Dead Load/30 PSF Live Load/Light Roof/Slope Over 3:12

Size (in.)	Spac. (in.)	Aus. spr. - Austria/Czech Rep.				Norway spruce - Finland				Norway spruce - Germany				Norway spruce - Lithuania/Estonia				Norway spruce - Sweden			
		Sel. Str.	No. 1	No. 2	No. 3	Sel. Str.	No. 1	No. 2	No. 3	Sel. Str.	No. 1	No. 2	No. 3	Sel. Str.	No. 1	No. 2	No. 3	Sel. Str.	No. 1	No. 2	No. 3
2x4	16	8 - 7	8 - 5	8 - 0	6 - 3	8 - 5	8 - 3	7 - 2	5 - 7	8 - 7	8 - 1	7 - 4	5 - 7	8 - 5	8 - 1	7 - 7	5 - 9	8 - 7	8 - 3	7 - 5	5 - 9
	24	7 - 6	7 - 3	6 - 9	5 - 1	7 - 4	6 - 9	5 - 10	4 - 6	7 - 6	6 - 7	6 - 0	4 - 6	7 - 4	6 - 7	6 - 2	4 - 8	7 - 6	6 - 9	6 - 1	4 - 8
2x6	16	13 - 6	12 - 11	12 - 1	9 - 2	13 - 3	12 - 1	10 - 6	8 - 2	13 - 6	11 - 10	10 - 8	8 - 2	13 - 3	11 - 10	11 - 1	8 - 5	13 - 6	12 - 1	10 - 11	8 - 5
	24	11 - 10	10 - 7	9 - 10	7 - 6	11 - 7	9 - 10	8 - 7	6 - 8	11 - 10	9 - 8	8 - 9	6 - 8	11 - 7	9 - 8	9 - 1	6 - 10	11 - 10	9 - 10	8 - 11	6 - 10
2x8	16	17 - 10	16 - 4	15 - 3	11 - 7	17 - 5	15 - 3	13 - 3	10 - 3	17 - 10	15 - 0	13 - 6	10 - 3	17 - 5	15 - 0	14 - 1	10 - 7	17 - 10	15 - 3	13 - 10	10 - 7
	24	15 - 7	13 - 4	12 - 5	9 - 5	15 - 3	12 - 5	10 - 10	8 - 5	15 - 4	12 - 3	11 - 1	8 - 5	15 - 0	12 - 3	11 - 6	8 - 8	15 - 4	12 - 5	11 - 3	8 - 8
2x10	16	22 - 9	20 - 0	18 - 8	14 - 2	22 - 3	18 - 8	16 - 3	12 - 7	22 - 9	18 - 4	16 - 6	12 - 7	22 - 3	18 - 4	17 - 2	13 - 0	22 - 9	18 - 8	16 - 11	13 - 0
	24	19 - 10	16 - 4	15 - 3	11 - 7	19 - 5	15 - 3	13 - 3	10 - 3	18 - 9	15 - 0	13 - 6	10 - 3	18 - 4	15 - 0	14 - 0	10 - 7	18 - 9	15 - 3	13 - 9	10 - 7

RAFTER SPANS -- 7 PSF Dead Load/40 PSF Live Load/Light Roof/Slope Over 3:12

Size (in.)	Spac. (in.)	Aus. spr. - Austria/Czech Rep.				Norway spruce - Finland				Norway spruce - Germany				Norway spruce - Lithuania/Estonia				Norway spruce - Sweden			
		Sel. Str.	No. 1	No. 2	No. 3	Sel. Str.	No. 1	No. 2	No. 3	Sel. Str.	No. 1	No. 2	No. 3	Sel. Str.	No. 1	No. 2	No. 3	Sel. Str.	No. 1	No. 2	No. 3
2x4	16	7 - 10	7 - 8	7 - 3	5 - 7	7 - 8	7 - 4	6 - 4	4 - 11	7 - 10	7 - 2	6 - 6	4 - 11	7 - 8	7 - 2	6 - 9	5 - 1	7 - 10	7 - 4	6 - 7	5 - 1
	24	6 - 10	6 - 5	6 - 0	4 - 6	6 - 8	6 - 0	5 - 2	4 - 0	6 - 10	5 - 10	5 - 4	4 - 0	6 - 8	5 - 10	5 - 6	4 - 2	6 - 10	6 - 0	5 - 5	4 - 2
2x6	16	12 - 3	11 - 6	10 - 8	8 - 1	12 - 0	10 - 8	9 - 4	7 - 3	12 - 3	10 - 6	9 - 6	7 - 3	12 - 0	10 - 6	9 - 10	7 - 5	12 - 3	10 - 8	9 - 8	7 - 5
	24	10 - 9	9 - 4	8 - 9	6 - 8	10 - 6	8 - 9	7 - 7	5 - 11	10 - 9	8 - 7	7 - 9	5 - 11	10 - 6	8 - 7	8 - 0	6 - 1	10 - 9	8 - 9	7 - 11	6 - 1
2x8	16	16 - 2	14 - 6	13 - 6	10 - 3	15 - 10	13 - 6	11 - 9	9 - 1	16 - 2	13 - 4	12 - 0	9 - 1	15 - 10	13 - 4	12 - 6	9 - 5	16 - 2	13 - 6	12 - 3	9 - 5
	24	14 - 2	11 - 10	11 - 1	8 - 5	13 - 10	11 - 1	9 - 7	7 - 5	13 - 7	10 - 11	9 - 10	7 - 5	13 - 4	10 - 11	10 - 2	7 - 8	13 - 7	11 - 1	10 - 0	7 - 8
2x10	16	20 - 8	17 - 9	16 - 7	12 - 7	20 - 2	16 - 7	14 - 5	11 - 2	20 - 4	16 - 3	14 - 8	11 - 2	19 - 11	16 - 3	15 - 3	11 - 6	20 - 4	16 - 7	15 - 0	11 - 6
	24	17 - 11	14 - 6	13 - 6	10 - 3	17 - 3	13 - 6	11 - 9	9 - 1	16 - 7	13 - 3	12 - 0	9 - 1	16 - 3	13 - 3	12 - 5	9 - 5	16 - 7	13 - 6	12 - 3	9 - 5

SPANS ARE CALCULATED USING REPETITIVE MEMBER VALUES INCREASED BY 15% FOR TWO MONTH DURATION OF LOADING AS FOR SNOW.
SPANS ARE SHOWN IN FEET - INCHES.

RAFTER SPANS

SPANS ARE FOR RAFTERS USED IN COVERED STRUCTURES. SPANS APPLY TO LUMBER SURFACED "GREEN" OR OR SURFACED "DRY" WHICH CONFORMS TO PS20-99 SIZES. APPLICABLE DESIGN CRITERIA ARE SHOWN IN THE HEADING FOR EACH TABLE. RAFTER SPANS ARE MEASURED ALONG THE HORIZONTAL PROJECTION (SEE FIGURE 1).

RAFTER SPANS – 7 PSF Dead Load/20 PSF Live Load/Light Roof/Slope Over 3:12

Size (in.)	Spac. (in.)	Scots pine - Austria/Czech Rep.				Scots pine - Finland				Scots pine - Germany				Scots pine - Lithuania/Estonia				Douglas fir - European Larch - Austria/Czech Republic/Germany			
		Sel. Str.	No. 1	No. 2	No. 3	Sel. Str.	No. 1	No. 2	No. 3	Sel. Str.	No. 1	No. 2	No. 3	Sel. Str.	No. 1	No. 2	No. 3	Sel. Str.	No. 1	No. 2	No. 3
2x4	16	10-0	9-8	8-10	6-9	9-8	9-5	9-2	7-6	9-10	9-5	8-8	6-9	9-8	9-2	8-7	6-6	10-3	10-0	9-10	7-7
2x4	24	8-9	8-0	7-3	5-6	8-5	8-3	8-0	6-3	8-7	7-9	7-3	5-6	8-5	7-6	7-0	5-4	8-11	8-4	8-3	6-3
2x6	16	15-9	14-4	13-0	9-10	15-2	14-9	14-5	11-3	15-6	13-11	13-0	9-10	15-2	13-5	12-6	9-6				
2x6	24	13-9	11-8	10-7	8-0	13-3	12-4	12-2	9-2	13-6	11-4	10-2	8-0	13-3	11-0	10-3	7-9				
2x8	16	20-10	18-1	16-5	12-5	19-11	19-2	18-11	14-3	20-5	17-7	16-5	12-5	19-11	17-0	15-10	12-0				
2x8	24	18-2	14-10	13-5	10-2	17-5	15-8	15-5	11-8	17-7	14-4	13-5	10-2	16-10	13-11	12-11	9-10				
2x10	16	26-6	22-2	20-1	15-2	25-5	23-5	23-1	17-5	26-0	21-6	20-1	15-2	25-2	20-9	19-4	14-9				
2x10	24	22-4	18-1	16-5	12-5	22-3	19-1	18-10	14-3	21-6	17-6	16-5	12-5	20-7	17-0	15-10	12-0				

RAFTER SPANS – 7 PSF Dead Load/30 PSF Live Load/Light Roof/Slope Over 3:12

Size (in.)	Spac. (in.)	Scots pine - Austria/Czech Rep.				Scots pine - Finland				Scots pine - Germany				Scots pine - Lithuania/Estonia				Douglas fir - European Larch - Austria/Czech Republic/Germany			
		Sel. Str.	No. 1	No. 2	No. 3	Sel. Str.	No. 1	No. 2	No. 3	Sel. Str.	No. 1	No. 2	No. 3	Sel. Str.	No. 1	No. 2	No. 3	Sel. Str.	No. 1	No. 2	No. 3
2x4	16	8-9	8-4	7-7	5-9	8-5	8-3	8-0	6-7	8-7	8-1	7-7	5-9	8-5	7-10	7-4	5-7	8-11	8-9	8-7	6-6
2x4	24	7-8	6-10	6-2	4-8	7-4	7-2	7-0	5-4	7-6	6-7	6-2	4-8	7-4	6-5	6-0	4-6	7-10	7-2	7-0	5-4
2x6	16	13-9	12-3	11-1	8-5	13-3	12-11	12-7	9-7	13-6	11-10	11-1	8-5	13-3	11-6	10-8	8-2				
2x6	24	12-0	10-0	9-1	6-10	11-7	10-7	10-5	7-10	11-10	9-8	9-1	6-10	11-4	9-4	8-9	6-8				
2x8	16	18-2	15-6	14-1	10-7	17-5	16-4	16-2	12-2	17-10	15-0	14-1	10-7	17-5	14-6	13-6	10-3				
2x8	24	15-8	12-8	11-6	8-8	15-3	13-4	13-2	9-11	15-0	12-3	11-6	8-8	14-5	11-10	11-1	8-5				
2x10	16	23-2	18-11	17-2	13-0	22-3	20-0	19-9	14-11	22-6	18-4	17-2	13-0	21-6	17-9	16-6	12-7				
2x10	24	19-1	15-5	14-0	10-7	19-1	16-4	16-1	12-2	18-4	15-0	14-0	10-7	17-7	14-6	13-6	10-3				

RAFTER SPANS – 7 PSF Dead Load/40 PSF Live Load/Light Roof/Slope Over 3:12

Size (in.)	Spac. (in.)	Scots pine - Austria/Czech Rep.				Scots pine - Finland				Scots pine - Germany				Scots pine - Lithuania/Estonia				Douglas fir - European Larch - Austria/Czech Republic/Germany			
		Sel. Str.	No. 1	No. 2	No. 3	Sel. Str.	No. 1	No. 2	No. 3	Sel. Str.	No. 1	No. 2	No. 3	Sel. Str.	No. 1	No. 2	No. 3	Sel. Str.	No. 1	No. 2	No. 3
2x4	16	8-0	7-5	6-9	5-1	7-8	7-6	7-3	5-10	7-10	7-2	6-9	5-1	7-8	7-0	6-6	4-11	8-1	7-9	7-8	5-9
2x4	24	7-0	6-1	5-6	4-2	6-8	6-5	6-4	4-9	6-10	5-10	5-6	4-2	6-8	5-8	5-4	4-0	7-1	6-4	6-3	4-9
2x6	16	12-6	10-10	9-10	7-5	12-0	11-6	11-4	8-6	12-3	10-6	9-10	7-5	12-0	10-2	9-6	7-3				
2x6	24	10-11	8-10	8-0	6-1	10-6	9-4	9-3	7-0	10-6	8-7	8-0	6-1	10-1	8-4	7-9	5-11				
2x8	16	16-6	13-9	12-6	9-5	15-10	14-6	14-4	10-10	16-2	13-4	12-6	9-5	15-7	12-11	12-0	9-1				
2x8	24	13-10	11-3	10-2	7-8	13-10	11-10	11-8	8-10	13-4	10-11	10-2	7-8	12-9	10-6	9-10	7-5				
2x10	16	20-9	16-9	15-3	11-6	20-2	17-9	17-6	13-3	19-11	16-3	15-3	11-6	19-1	15-9	14-8	11-2				
2x10	24	16-11	13-8	12-5	9-5	16-11	14-6	14-4	10-9	16-3	13-3	12-5	9-5	15-7	12-10	12-0	9-1				

SPANS ARE CALCULATED USING REPETITIVE MEMBER VALUES INCREASED BY 15% FOR TWO MONTH DURATION OF LOADING AS FOR SNOW.
SPANS ARE SHOWN IN FEET - INCHES.

2"
DECKING
SPANS

Listed spans are for decking 2" to 4" thick, 4" and wider graded under Paragraph 127 of Standard Grading Rules No. 17 used in covered structures. Spans apply to lumber surfaced "Green" or surfaced "Dry" which conforms to PS20-99 sizes.

LAY-UP PATTERN	DOUGLAS FIR		HEM - FIR		SITKA SPRUCE		WESTERN CEDAR	
	SELECT DEX	COMM. DEX	SELECT DEX	COMM. DEX	SELECT DEX	COMM. DEX	SELECT DEX	COMM. DEX
FLOOR DECKING 10 PSF Dead Load/40 PSF Live Load/l/360 Deflection Limit								
SIMPLE SPAN	6 - 1	6 - 0	5 - 9	5 - 7	5 - 9	5 - 6	5 - 2	5 - 0
RANDOM	6 - 8	6 - 6	6 - 3	6 - 1	6 - 3	6 - 0	5 - 8	5 - 6
ROOF DECKING 10 PSF Dead Load/20 PSF Live Load/l/240 Deflection Limit								
SIMPLE SPAN	8 - 9	8 - 7	8 - 3	8 - 1	8 - 3	7 - 11	7 - 5	7 - 3
RANDOM	9 - 7	9 - 5	9 - 0	8 - 10	9 - 0	8 - 7	8 - 2	7 - 11
ROOF DECKING 10 PSF Dead Load/30 PSF Live Load/l/240 Deflection Limit								
SIMPLE SPAN	7 - 8	7 - 6	7 - 3	7 - 1	7 - 3	6 - 11	6 - 6	6 - 4
RANDOM	8 - 4	8 - 2	7 - 11	7 - 8	7 - 11	7 - 6	7 - 1	6 - 11
ROOF DECKING 10 PSF Dead Load/40 PSF Live Load/l/240 Deflection Limit								
SIMPLE SPAN	7 - 0	6 - 10	6 - 7	6 - 5	6 - 7	6 - 3	5 - 11	5 - 9
RANDOM	7 - 7	7 - 5	7 - 2	7 - 0	7 - 2	6 - 10	6 - 5	6 - 3

JOIST & PLANK GRADES 8" AND NARROWER RUN TO PATTERN MAY BE USED AS FOLLOWS:

NO. 2 Grade -

Douglas fir use HEM-FIR Select Dex spans
HEM-FIR use Sitka Spruce Commercial Dex spans
SPF-S use Western Cedars Select Dex spans
Other species use Western Cedars Commercial Dex spans

No. 3 Grade -

Douglas fir use HEM-FIR Commercial Dex spans
HEM-FIR use Western Cedars Select Dex spans
SPF-S use Western Cedars Commercial Dex spans
Other species use Western Cedars Commercial Dex spans less 3 inches

SPAN RATED DECKING

Decking 5/4" to 2" in thickness graded under Paragraph 126 or Paragraph 126-r of Standard Grading Rules No. 17 is recommended for flatwise load applications where the design loading does not exceed 60 PSF uniform load or 220 lb. mid-span point load, and the span does not exceed 16" on center. A maximum span rating of 24" on center is permitted for qualified products when specifically indicated on the grade stamp.

Joist Spans

1) Floor joist 10PSF Dead load/ 40PSF Live load(일반주거용 공간)
$$48.93kg/㎡-195.72kg/㎡$$

부재	간격	Douglas Fir#2	Hem-Fir#2	S.P.F#2	
2×6	12	10-9	10-0	9-6	2,895mm
	16	9-9	9-1	8-7	2,616mm
	24	8-3	7-11	7-6	2,286mm
2×8	12	14-2	13-2	12-5	3,784mm
	16	12-9	12-0	11-4	3,454mm
	24	10-5	10-2	9-8	2,946mm
2×10	12	18-0	16-10	15-11	4,851mm
	16	15-7	15-2	14-6	4,420mm
	24	12-9	12-5	11-10	3,606mm
2×12	12	20-11	20-4	19-4	5,893mm
	16	18-1	17-7	16-10	5,130mm
	24	14-9	14-4	13-9	4,191mm

2) Ceiling joist 10PSF Dead load/ 20PSF Live load(다락공간 등)
$$48.93kg/㎡-97.86kg/㎡$$

부재	간격	Douglas Fir#2	Hem-Fir#2	S.P.F#2	
2×4	16	7-10	7-3	6-11	2,108mm
	24	6-10	6-4	6-0	1,829mm
2×6	16	12-3	11-5	10-10	3,302mm
	24	10-8	10-0	9-6	2,896mm
2×8	16	16-2	15-1	14-3	4,343mm
	24	13-8	13-1	12-6	3,810mm
2×10	16	20-2	19-3	18-3	5,563mm
	24	16-5	16-0	15-3	4,648mm
2×12	16	23-4	22-8	21-8	6,604mm
	24	19-1	18-6	17-8	5,385mm

3) Ceiling joist 5PSF Dead load/ 10PSF Live load(다락없는 공간)
$$24.461kg/㎡-48.93kg/㎡$$

부재	간격	Douglas Fir#2	Hem-Fir#2	S.P.F#2	
2×4	16	9-10	9-2	8-8	2,642mm
	24	8-7	8-0	7-7	2,311mm
2×6	16	15-6	14-5	13-8	4,166mm
	24	13-6	12-7	11-11	3,632mm
2×8	16	20-5	19-0	18-0	5,486mm
	24	17-10	16-7	15-9	4,800mm
2×10	16	26-0	24-3	22-11	6,985mm
	24	22-9	21-2	20-1	6,121mm
2×12	16	31-8	29-6	27-11	8,509mm
	24	27-0	25-9	24-5	7,442mm

Rafter spans

단위: PSF Dead Load/ PSF Live Load

1) Drywall Ceiling/ All slopes S.P.F. #2기준

부재	간격	15PSF/20PSF		15PSF/30PSF		15PSF/40PSF	
2×6	16	12-0	(3658)	10-7	(3226)	9-7	(2921)
	24	9-0	(2997)	8-8	(2642)	7-10	(2388)
2×8	16	15-2	(4623)	13-5	(4089)	12-1	(3683)
	24	12-5	(3785)	10-11	(3327)	9-11	(3023)
2×10	16	18-7	(5664)	16-5	(5004)	14-10	(4521)
	24	15-2	(4623)	13-5	(4089)	12-1	(3683)
2×12	16	21-6	(6553)	19-0	(5791)	17-2	(5232)
	24	17-7	(5359)	15-6	(4724)	14-0	(4267)

2) No Fimishing Ceiling/ 3:12 or less slopes

부재	간격	10PSF/20PSF		10PSF/30PSF		10PSF/40PSF	
2×6	16	12-5	(3,785)	10-10	(3,302)	9-10	(2,997)
	24	10-7	(3,226)	9-2	(2,794)	8-2	(2,489)
2×8	16	16-4	(4,978)	14-3	(4,343)	12-9	(3,886)
	24	13-5	(4,089)	11-7	(3,531)	10-5	(3,175)
2×10	16	20-1	(6,121)	17-5	(5,309)	15-7	(4,750)
	24	16-5	(5,004)	14-2	(4,318)	12-8	(3,861)
2×12	16	23-3	(7,087)	20-2	(6,147)	18-0	(5,486)
	24	19-0	(5,791)	16-5	(5,004)	14-8	(4,470)

3) Light Roof/ Slope Over 3:12

부재	간격	7PSF/20PSF		7PSF/30PSF		7PSF/40PSF	
2×6	16	8-8	(2,642)	7-7	(2,311)	6-11	(2,108)
	24	7-7	(2,311)	6-6	(1,981)	5-4	(1,626)
2×8	16	13-8	(4,166)	11-8	(3,556)	10-4	(3,150)
	24	11-2	(3,404)	9-6	(2,896)	8-6	(2,591)
2×10	16	17-4	(5,283)	14-9	(4,496)	13-1	(3,988)
	24	14-2	(4,318)	12-1	(3,683)	10-8	(3,251)
2×12	16	21-2	(6,452)	18-1	(5,512)	16-0	(4,877)
	24	17-3	(5,259)	14-9	(4,496)	13-1	(3,988)

APA Narrow Wall Bracing Method Framing Tips

APA 폭 16"이하의 내력벽 시공팁

The APA Narrow Wall Bracing Method is a simple, site-built solution that allows builders to construct segments as narrow as 16 inches next to window and door openings. Be sure to check for these essential details when constructing the APA Narrow Wall Bracing Method around garage openings.

For complete information on the APA Narrow Wall Bracing method and its applications in locations other than the garage, please see APA publication *Narrow Walls That Work*, Form D420.

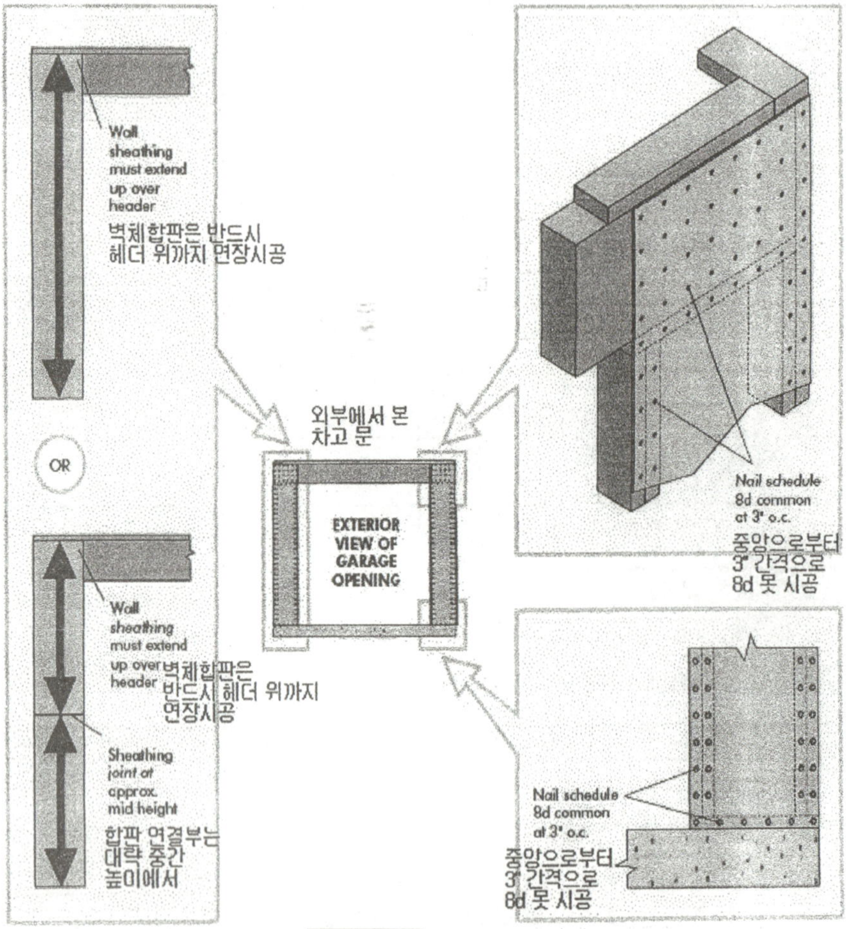

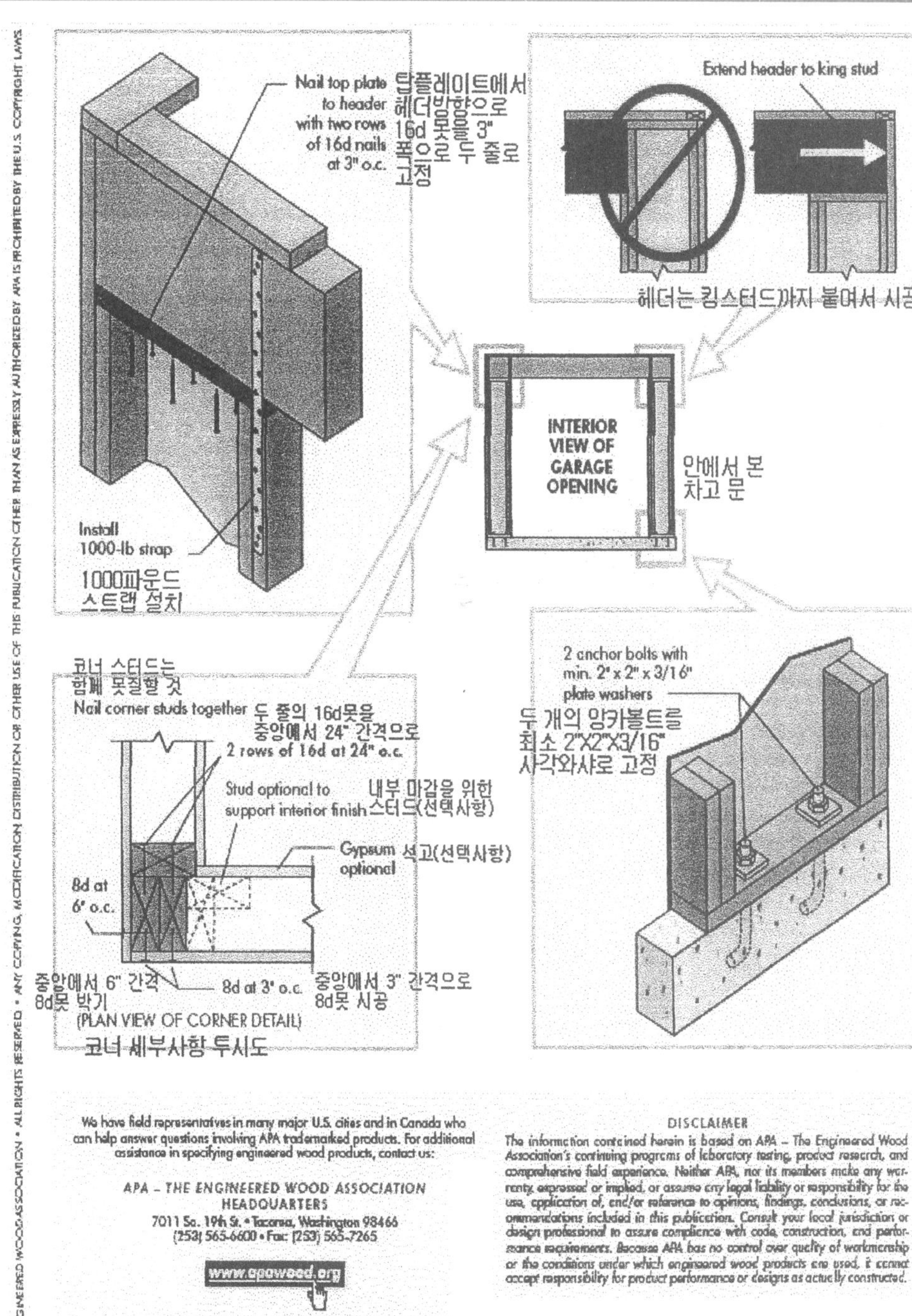

We have field representatives in many major U.S. cities and in Canada who can help answer questions involving APA trademarked products. For additional assistance in specifying engineered wood products, contact us:

APA – THE ENGINEERED WOOD ASSOCIATION HEADQUARTERS

7011 So. 19th St. • Tacoma, Washington 98466
(253) 565-6600 • Fax: (253) 565-7265

www.apawood.org

PRODUCT SUPPORT HELP DESK
(253) 620-7400 • E-mail Address: help@apawood.org

Form No. F425
Issued January 2006/0010

DISCLAIMER

The information contained herein is based on APA – The Engineered Wood Association's continuing programs of laboratory testing, product research, and comprehensive field experience. Neither APA, nor its members make any warranty, expressed or implied, or assume any legal liability or responsibility for the use, application of, and/or reference to opinions, findings, conclusions, or recommendations included in this publication. Consult your local jurisdiction or design professional to assure compliance with code, construction, and performance requirements. Because APA has no control over quality of workmanship or the conditions under which engineered wood products are used, it cannot accept responsibility for product performance or designs as actually constructed.

For Soffit Applications

APA trademarked panels can enhance the appearance of almost any roof over-hang. Quality APA panels are also an appealing alternative to other materials used in soffit applications. Other advantages include:

- Stiffness and strength
- Lightweight
- Negligible shrinkage, warping, or twisting
- Ease of fabrication and installation
- Availability

There is a variety of APA face grades from which to choose. Selecting the appropriate panel depends primarily on whether the soffit is open or closed.

Recommended spans for open and closed panel soffits are given in Tables 1 and 2. The recommendations in Table 1 for open soffits also apply to combined roof/ceiling construction. Panels are assumed continuous over two or more spans with the long dimension or strength axis across supports for both applications. For spans of 32 or 48 inches in open soffit construction, provide adequate blocking, tongue-and-groove edges, or other edge support such as panel clips. Minimum capacities are at least 30 psf live load, plus 10 psf dead load.

For open soffit construction, panels designated Exposure 1 (Interior with exterior glue) may be used.

FIGURE 1

OPEN SOFFIT 열린 소핏

TABLE 1 열린 소핏을 위한 지붕합판/천정 자재 리스트

APA PANELS FOR OPEN SOFFIT OR FOR COMBINED ROOF DECKING-CEILING[a][b] (Long dimension across supports) (긴 면이 하중을 지지할 때)

Maximum Span (inches)	Panel Description Exterior or Exposure 1 (Interior with exterior glue)	Species Group for Plywood
16	15/32" APA RATED SIDING 303	1,2,3,4
	15/32" APA MDO, Sanded and Touch-Sanded Plywood	1,2,3,4
24	15/32" APA RATED SIDING 303	1
	15/32" APA MDO, Sanded and Touch-Sanded Plywood	1,2,3
	19/32" APA RATED SIDING 303	1,2,3,4
	19/32" APA MDO, Sanded and Touch-Sanded Plywood	1,2,3,4
	APA RATED STURD-I-FLOOR 16 oc	—
32	19/32" APA RATED SIDING 303	1
	19/32" APA MDO, Sanded and Touch-Sanded Plywood	1
	23/32" APA Textured Plywood	1,2,3,4
	23/32" APA MDO, Sanded and Touch-Sanded Plywood	1,2,3,4
	APA RATED STURD-I-FLOOR 20 oc	—
48	1-1/8" APA Textured Plywood	1,2,3,4
	APA RATED STURD-I-FLOOR 48 oc	—

(a) All panels will support at least 30 psf live load plus 10 psf dead load at maximum span.

(b) For appearance purposes, blocking, tongue-and-groove edges or other suitable edge supports should be provided.

Exterior panels should be used for closed soffits (Figure 2). In open and closed soffit construction where Exposure 1 sheathing is used for roof decking, protect panel edges against direct exposure to the weather with fascia trim.

Finishing

Although unsanded and touch-sanded grades of plywood are often used for soffits, optimum appearance and finish performance is achieved by using panels with Medium Density Overlay (MDO), or textured (such as APA 303 Siding) or sanded A-grade faces. Top-quality acrylic latex house paint systems perform best and are the only systems recommended for A grade.

Face checking (separation between fibers parallel to the grain of the face veneer) can be expected on non-overlaid plywood which is exposed to the outdoors, even when finished. If a smooth, check-free surface is desired, use MDO plywood. Surface flaking of some Exposure 1 panels is normal in this application.

Additional Information 모든 합판 가장자리와 모서리 연결부에는 1/8˝ 틈을 둘 것. 모든 합판 가장자리는 지지되어야 함

For complete plywood or other structural wood panel application recommendations, see:

- *Engineered Wood Construction Guide*, Form E30

- *APA Product Guide: Performance Rated Sidings*, Form E300

〈1〉처마 모서리부는 영구적인 노출을 감안해 exposure 1 등급 합판을 사용

〈2〉적합한 종류의 APA 외부등급 합판

TABLE 2

APA PANELS FOR CLOSED SOFFITS[a][c]
(Long dimension across supports)

달힌 소핏을 위한 APA 합판 리스트
(긴 면이 하중을 받을 때)

Maximum Span (in.) All Edges Supported	Nominal Panel Thickness	Species Group	Nail Size and Type[a]
24	11/32˝ APA[b]	All Species Groups	6d nonstaining box or casing
32	15/32˝ APA[b]		
48	19/32˝ APA[b]		8d nonstaining box or casing

(a) Space nails 6 inches at panel edges and 12 inches at intermediate supports for spans less than 48 inches; 6 inches at all supports for 48-inch spans.

(b) Any suitable grade of Exterior panel which meets appearance requirements.

(c) For appearance purposes, blocking, tongue-and-groove edges or other suitable edge supports should be provided.

FIGURE 2

CLOSED SOFFIT 닫힌 소핏

We have field representatives in most major U.S. cities and in Canada who can help answer questions involving APA trademarked products. For additional assistance in specifying engineered wood products, contact us:

APA – THE ENGINEERED WOOD ASSOCIATION
HEADQUARTERS
7011 So. 19th St. ▪ P.O. Box 11700 ▪ Tacoma, Washington 98411-0700
(253) 565-6600 ▪ Fax: (253) 565-7265

Web Address:
www.apawood.org

PRODUCT SUPPORT HELP DESK
(253) 620-7400 ▪ E-mail Address: help@apawood.org

(International Offices: Bournemouth, United Kingdom; Mexico City, Mexico; Tokyo, Japan.)

The product use recommendations in this publication are based on APA – The Engineered Wood Association's continuing programs of laboratory testing, product research, and comprehensive field experience. However, because the Association has no control over quality of workmanship or the conditions under which engineered wood products are used, it cannot accept responsibility for product performance or designs as actually constructed. Because engineered wood product performance requirements vary geographically, consult your local architect, engineer or design professional to assure compliance with code, construction, and performance requirements.

Form No. N330H/Revised June 2002/0010

APA

SHEATHING FOR ROOF APPLICATIONS

Like all construction materials, APA Rated Sheathing panels must be installed correctly to insure best performance. Nearly all roof sheathing complaints are due to incorrect installation. Following these simple construction steps will provide best performance and minimize complaint callbacks.

STEP 1. Always check for level nailing surface. This can be done with a piece of lumber (6 feet to 10 feet long) or a long carpenter's level. Trusses or rafters should be shimmed as necessary to provide a level nailing surface.

If top chords of trusses or rafters are warped or bowed, install blocking to straighten.

STEP 2. Provide roof ventilation according to building codes (see *hints* below and sketch on next page).

Ventilation hints

1. Minimum net free ventilation area of 960 square inches for each 1,000 square feet of ceiling area is required. When 50% to 80% of vents are located near peak or along ridge and the balance are located at eaves or soffits for maximum air flow, or when a vapor barrier having a transmission rate of 1 perm or less is installed on the warm side of the ceiling, free vent area may be reduced (minimum 480 square inches per 1,000 square feet).*

2. Vent exhaust air from kitchens and bath to outdoors with vent pipes that run through the roof cavity or attic to roof ventilators. Do not vent exhaust air directly into roof cavity or attic.

3. Install baffles providing a minimum of 1 inch of clear space between framing and/or under roof sheathing at eaves to insure that ceiling or roof insulation does not block ventilation paths. For vaulted or cathedral roof construction, provide free ventilation path from eaves to ridge between all rafters.

STEP 3. Panels should be fastened with a minimum of 8d common nails spaced at a maximum of 6 inches on center at supported panel ends and edges. At intermediate supports, fasten panels 12 inches on center. In high wind areas more fasteners may be required.

*Based on the 2003 International Residential Code.

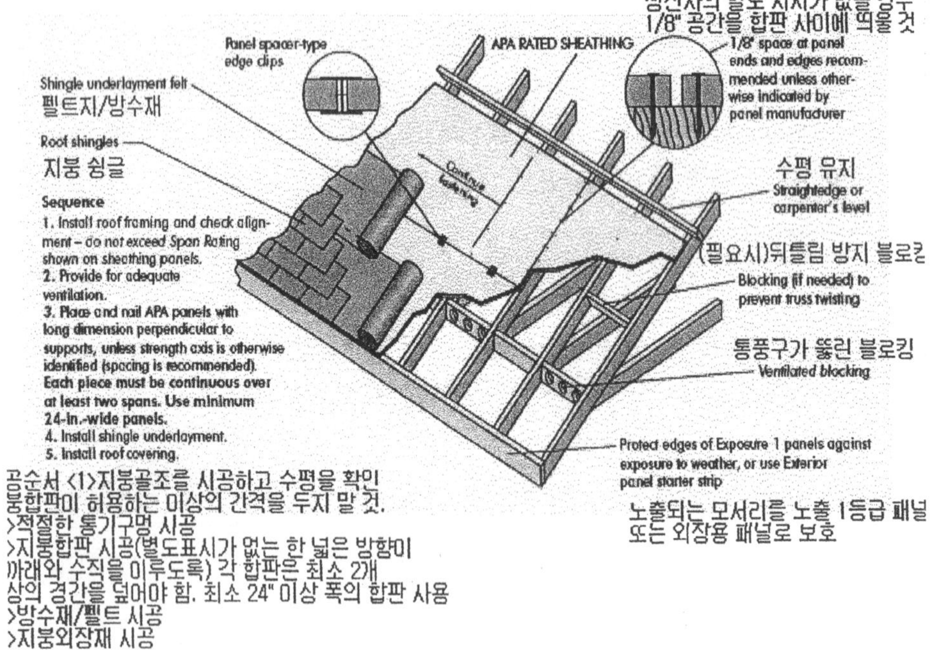

공순서 <1>지붕골조를 시공하고 수평을 확인
봉합판이 허용하는 이상의 간격을 두지 말 것.
>적절한 통기구멍 시공
>지붕합판 시공(별도표시가 없는 한 넓은 방향이 까래와 수직을 이루도록) 각 합판은 최소 2개 상의 경간을 덮어야 함. 최소 24" 이상 폭의 합판 사용
>방수재/펠트 시공
>지붕외장재 시공

노출되는 모서리를 노출 1등급 패널 또는 외장용 패널로 보호

Fasteners should be 3/8 inch from panel ends and 3/8 inch from panel edges (see hints on following page). For pitched roofs wear skid-resistant shoes. Place screened surface of panel or side with skid-resistant coating up.

Fastening hints

1. Position panel. Use temporary fasteners at corners if needed to square panel on framing.

2. Install fasteners at one panel end.

3. Remove temporary fasteners at corners.

4. Install intermediate fasteners, starting at panel edge. Use chalk line or straight edge to align fasteners on framing. Fasten panels in rows across the width, continuing this sequence along the length of the panel. This procedure keeps internal stress from accumulating in panels.

5. Stand on panel over framing near the fastener location to insure contact with framing while driving fasteners. Fasteners should be driven flush with the panel surface.

6. For improved performance, consider thicker roof sheathing panels, panel edge clips, or panels with tongue-and-groove edges.

7. When installing panels, a 1/8-inch space between adjacent panel end and edge joints is recommended, unless panel manufacturer indicates otherwise. Check building code requirements for installation of panel edge clips. Edge clip requirements depend on the relationship of the panel Span Rating to the actual distance between roof framing.

Spacing hints

1. Use a 10d box nail as a spacer to gauge 1/8-inch edge and end spacing between panels.

2. Spacer-type panel edge clips are available from some manufacturers.

3. If necessary, trim panel ends to center on framing.

STEP 4. Cover sheathing with shingle underlayment felt as soon as possible to minimize roof sheathing exposure to weather, unless otherwise recommended by sheathing manufacturer.

Roofing hints

1. Use shingle underlayment felt conforming to ASTM D 226 or ASTM D 4869, or check roofing manufacturer's recommendations if delays are anticipated during construction.

2. Remove wrinkles and flatten surface of shingle underlayment before installing asphalt or fiberglass shingles.

STEP 5. Install shingles according to manufacturer's recommendations.

Shingle hints

1. If using asphalt or fiberglass shingles, postpone shingle installation as long as possible. This will provide time for roof sheathing to adjust to humidity and moisture conditions.

2. For best appearance, use heavier weight shingles, or laminated or textured shingles. This will mask surface imperfections and reduce the risk of shingle ridging.

Additional Information

For more complete information, contact APA – The Engineered Wood Association for the following literature:

* *Engineered Wood Construction Guide*, Form E30.

* *How to Minimize Buckling of Asphalt Shingles*, Form K310.

* *Condensation – Causes and Control*, APA Technical Note X485.

We have field representatives in most major U.S. cities and in Canada who can help answer questions involving APA trademarked products. For additional assistance in specifying engineered wood products, contact us:

APA – THE ENGINEERED WOOD ASSOCIATION HEADQUARTERS
7011 So. 19th St.
Tacoma, Washington 98466
(253) 565-6600 • Fax: (253) 565-7265

Web Address
@
www.apawood.org

PRODUCT SUPPORT HELP DESK
(253) 620-7400
E-mail Address: help@apawood.org

DISCLAIMER
The information contained herein is based on APA – The Engineered Wood Association's continuing programs of laboratory testing, product research, and comprehensive field experience. Neither APA, nor its members make any warranty, expressed or implied, or assume any legal liability or responsibility for the use, application of, and/or reference to opinions, findings, conclusions, or recommendations included in this publication. Consult your local jurisdiction or design professional to assure compliance with code, construction, and performance requirements. Because APA has no control over quality of workmanship or the conditions under which engineered wood products are used, it cannot accept responsibility of product performance or designs as actually constructed.

Form No. N335M
Revised November 2004/0010

ROOF SYSTEM COMPONENTS 지붕 구성요소

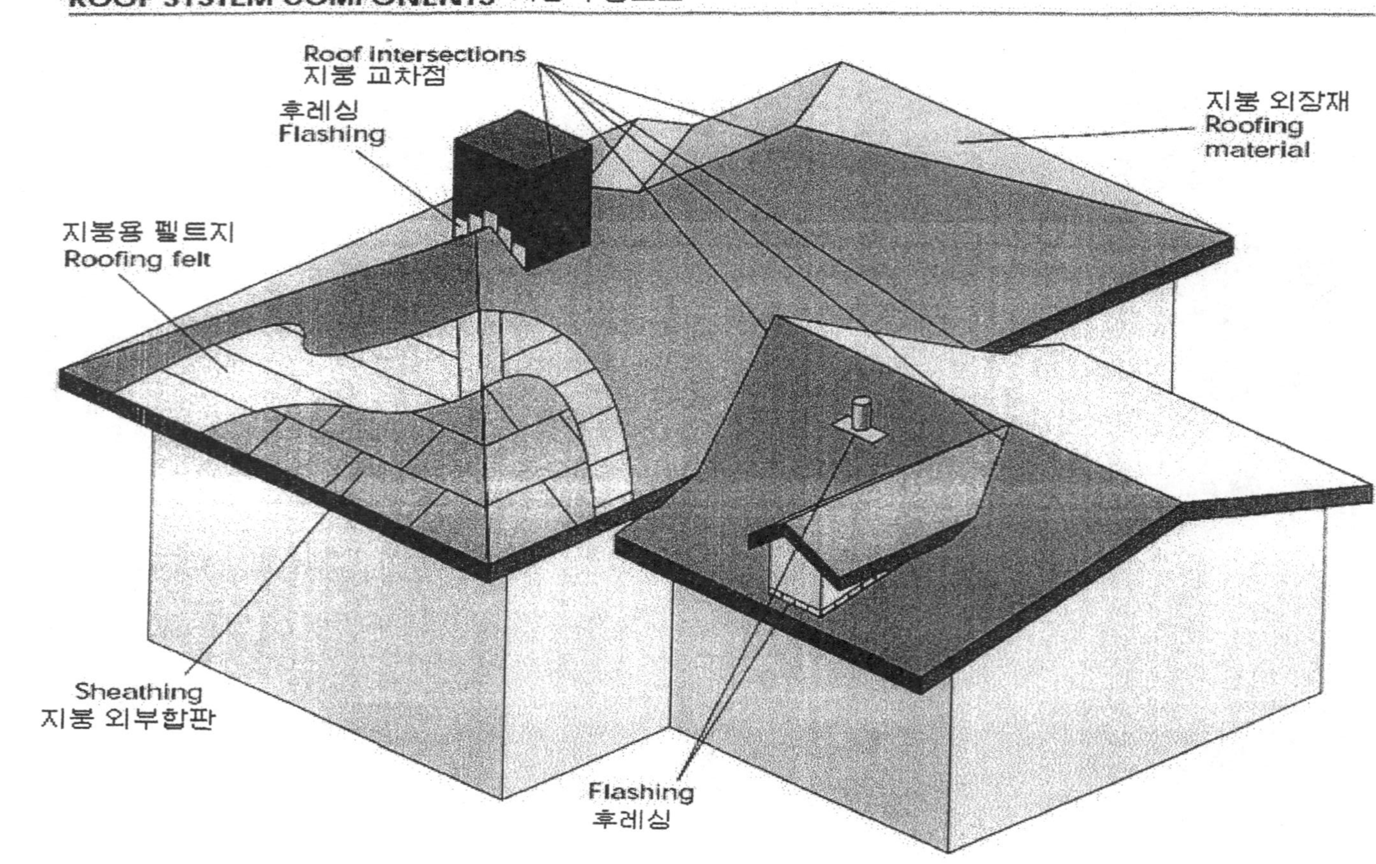

The roof is the first line of defense against the greatest source of unwanted moisture in and around a building: rain. Both the overall design of the roof and the finishing details are important factors in designing a building to withstand moisture penetration. Properly sized roof overhangs protect the siding of the house from all but wind-driven rain, and well-designed gutters discharge rainfall away from the foundation.

A CLOSER LOOK AT ROOF DESIGN

Low-slope and pitched roofs

Roofing systems fall into two categories: near-flat or low-slope roofs, and pitched roofs. Each type uses different waterproofing methods to keep water away from the interior. Pitched roof systems rely on the force of gravity and the surface friction of the roofing materials to direct the flow of water downward and outward. These systems rely on a series of overlapping elements - roofing felts, shingles, tiles, and flashing details – to redirect rainfall. The pitch of the roof provides the gravity and the detailing provides the redirection.

In low-slope roofing systems, water is kept outside of the building envelope by providing a perfect waterproofing barrier over the entire roof system and around every penetration in that roof. Instead of providing the redirecting force to channel water away from the inside of the building envelope, the force of gravity drives the water into every imperfection in the waterproofing system. Moderately high winds can force water to collect in areas that would normally drain adequately. Once standing water is present, even minor defects can cause major water leaks.

TABLE 1

APA 지붕합판의 경우 최소 권장 못박기 규정 (강풍지대에서는 보다 촘촘한 시공이 필요)

RECOMMENDED MINIMUM FASTENING SCHEDULE FOR APA PANEL ROOF SHEATHING (increased nail schedules may be required in high wind zones.)

Panel Thickness[b]		Nailing[a]	
(In.)	Size[c]	Maximum Spacing (In.)	
		Supported Panel Edges[d]	Intermediate
5/16 - 1	8d	6	12[e]
1-1/8	8d or 10d	6	12[e]

(a) Other code-approved fasteners may be used.

(b) For stapling asphalt shingles to 5/16-inch and thicker panels, use staples with a 15/16-inch minimum crown width and a 1-inch leg length. Space according to shingle manufacturer's recommendations.

(c) Use common smooth or deformed shank nails with panels to 1 inch thick. For 1-1/8-inch panels, use 8d ring- or screw-shank or 10d common smooth-shank nails.

(d) Fasteners shall be located 3/8 inch from panel edges.

(e) For spans 48 inches or greater, space nails 6 inches at all supports.

(d)못은 합판 모서리로부터 3/8" 지점에 박혀야 함
(e) 48"이상의 경간에서는 모든 연결부에서 6" 간격으로 못질할 것

The roofing system, whether pitched or low-slope, is made up of a number of different components: roof sheathing, underlayment, roofing material, roof intersections, flashing details, and ventilation. Each of these components must be correctly installed for the system to work as designed. (Figure 1)

Roof Sheathing

Roof sheathing is attached to the roof framing, trusses, or rafters, and provides the nail base for the other components of the roofing system. Follow the recommended nailing schedules (Table 1) for attaching sheathing to the framing, and install panels as shown in Figure 2.

In addition to performing as the structural base for the roofing system, the sheathing is an important part of the overall building frame, transferring water, snow, wind, and construction loads into the structural frame below. This is true for both pitched and low-slope roofs.

The most common sheathing materials used in residential and light commercial roofs are wood structural panels, such as APA Rated Sheathing.

FIGURE 2

APA 목구조 지붕합판의 시공법
INSTALLATION OF APA WOOD STRUCTURAL PANEL ROOF SHEATHING

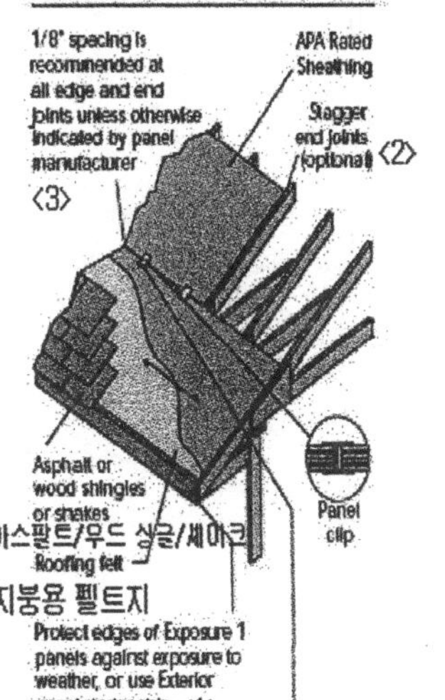

필요한 경우 패널 클립 또는 T&G 연결방식을 사용

〈1〉처마부위는 노출에 대비해 외장등급 또는 노출 1등급 합판으로 시공
〈2〉마지막 접합부는 엇갈리게 시공 (선택사항)
〈3〉별도의 생산자 규정이 없는 경우 모든 모서리와 끝단 연결부에는 1/8"의 간격을 둘 것.

systems; rolled on or poured on; vented or unvented; or any combination thereof. For installation recommendations, refer to Volume 1 of the NRCA Roofing and Waterproofing Manual, Fourth Edition, available from the National Roofing Contractors Association (NRCA) 10255 W. Higgins Road, Suite 600 Rosemont, Illinois 60018-5607, (847) 299-9070, (847) 299-1183.

Information is also available from the following:

ASPHALT ROOFING MANUFACTURERS ASSOCIATION (ARMA)
4041 Powder Mill Road
Suite 404
Calverton, Maryland 20706-3106
(301) 231-9050
(301) 881-6572 (fax)

NATIONAL TILE ROOFING MANUFACTURERS ASSOCIATION, INC.
P.O. Box 40337
Eugene, Oregon 97404-0049
(541) 689-0366
(541) 689-5530

CEDAR SHAKE AND SHINGLE BUREAU
P.O. Box 1178
Sumas, Washington 98295-1178
(604) 462-8961

METAL CONSTRUCTION ASSOCIATION
104 S. Michigan Ave. Suite 1500
Chicago, Illinois 60603
(312) 201-0193

SINGLE-PLY ROOFING INSTITUTE (SPRI)
200 Reservoir Street, Suite 309-a
Needham Heights, Massachusetts 02494
(781) 444-0242

FIGURE 3B

UNDERLAYMENT CENTERED IN VALLEY 밸리 중심부에서의 필트지/방수재 시공

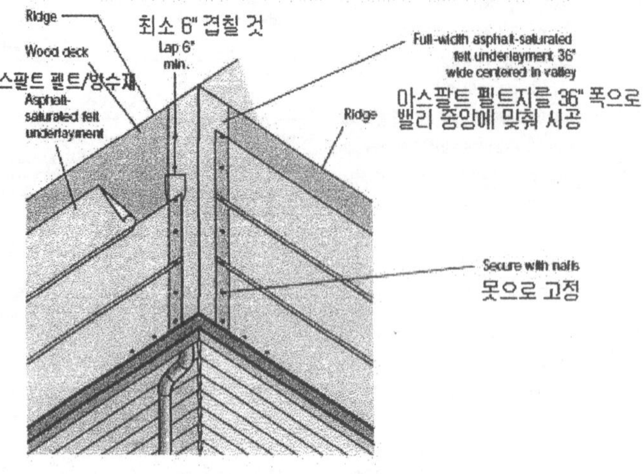

FIGURE 3C

WOOD SHAKE APPLICATION 우드 셰이크 설치법

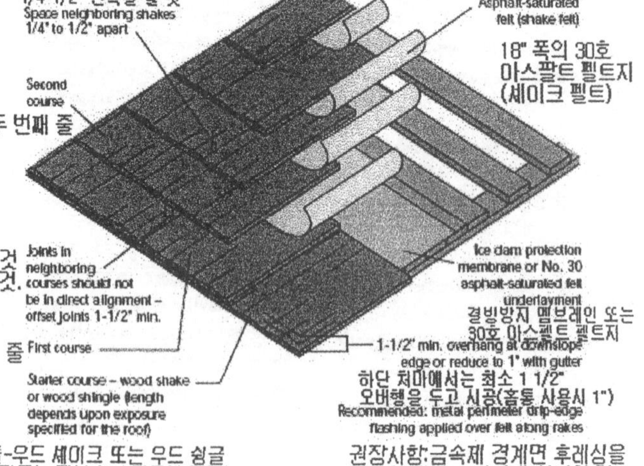

인접한 줄과 줄은 맞닿게 하지 말 것 -접합부에 최소 1 1/2" 간격을 둘 것

시작줄-우드 셰이크 또는 우드 쉼글 (노출 정도는 지붕 노출정도에 따라)

권장사항:금속제 경계면 후레싱을 펠트와 셰이크 사이에 설치할 것

FIGURE 4A 슁글 지붕의 용마루 세부사항(시작줄 세부사항 포함)
SHINGLE ROOF RIDGE DETAILS (starter course details also shown)

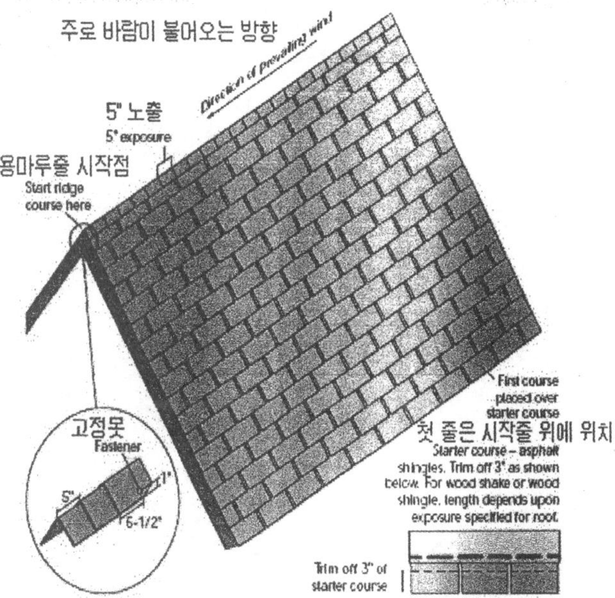

FIGURE 4B
SLATE ROOF RIDGE DETAILS 점판암 슬레이트 지붕의 용마루 세부사항

〈1〉 연접부에 폴리우레탄 씰란트 또는
아스팔트 루프 시멘트 또는 슬레이트용
시멘트 시공

〈2〉구리 용마루용 못 또는 특수못
(일반 슬레이트용 못보다 길 것)

〈3〉수직비탈용 아스팔트 루프
시멘트 또는 슬레이트용 시멘트

〈4〉용마루를 감싸 아스팔트 펠트를
시공하거나 아스팔트 펠트와 방수재를
도포.(용마루 벤트가 없는 경우)

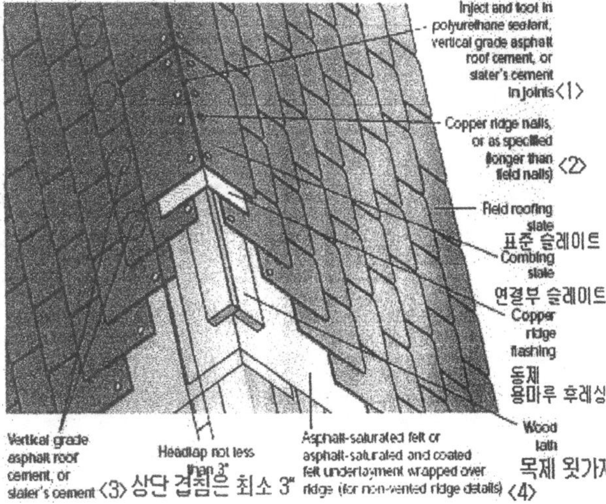

Figures 5A through 5D illustrate typical valley intersection details. Figure 5A shows an example of an open metal valley flashing suitable for all roofing types and Figure 5B shows closed mitered valley flashing for use with flat roofing materials such as slate or flat tile. A closed mitered valley should not be used with a wood roof if leaves or needles can be an impediment to rapid water runoff. Figures 5C and 5D are examples of common valley details for asphalt shingles.

<1>NRCA(전미 지붕업자 협회)가 권장하는 기와용 몰타르

<2>용마루용 못.(만약 용마루용 못박기 부재를 생략한 경우 일반 고정못보다 길 것)

<3,4>못박기용 부재.(방부목, 시다 또는 다른 방식의 방부목을 권장) 지붕용 펠트나 방수재로 감쌀 것.

<5>최소 두 장의 30호 아스팔트 펠트 또는 40호 펠트와 방수재 도포.

<6>기와의 줄과 줄 사이는 최소 3" 이상 겹칠 것.

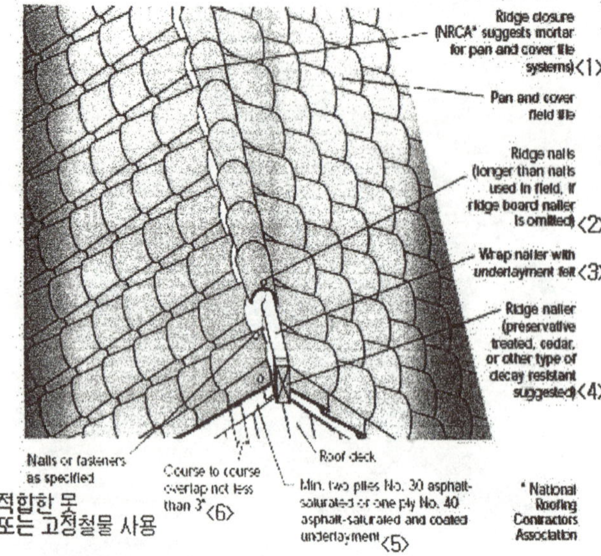

권장사항: 목제 용마루 아래를 아스팔트 펠트지로 덮을 것.

추가 방습/단열을 위해 벤트가 아닌 용마루의 경우 용마루부위까지 쉐이크/싱글을 엇갈려 덮을 것.

Figures 6A through 6C deal with hip roof intersections.
Figure 6A illustrates a typical example for flat roof products
such as slate or low-profile tile. Figure 6B shows common
hip details for asphalt shingles, and Figure 6C illustrates a
roof hip made with high-profile tile.

Figure 7 illustrates proper detailing at roof eaves and rakes.
Figure 7 provides the most common detail used for eaves and
rakes – the use of drip-edge material. Options A and B show
common rake details for tile roofs.

FIGURE 6A   경사지고 엮인 슬레이트 지붕의 힙 후레싱 시공 예시

MITERED HIP SHOWN WITH SLATE ROOFING AND INTERWOVEN HIP FLASHING

처마와 지붕경사면 모서리에서의 연장된 처마 거멀띠가 있는 후레싱 시공.
(아래 그림은 기와 시공시)
EXTENDED DRIP-EDGE METAL FLASHING AT EAVES AND RAKES FOR ROLL ROOFING AND SHINGLES.
OPTIONS A AND B SHOWN FOR TILE ROOF

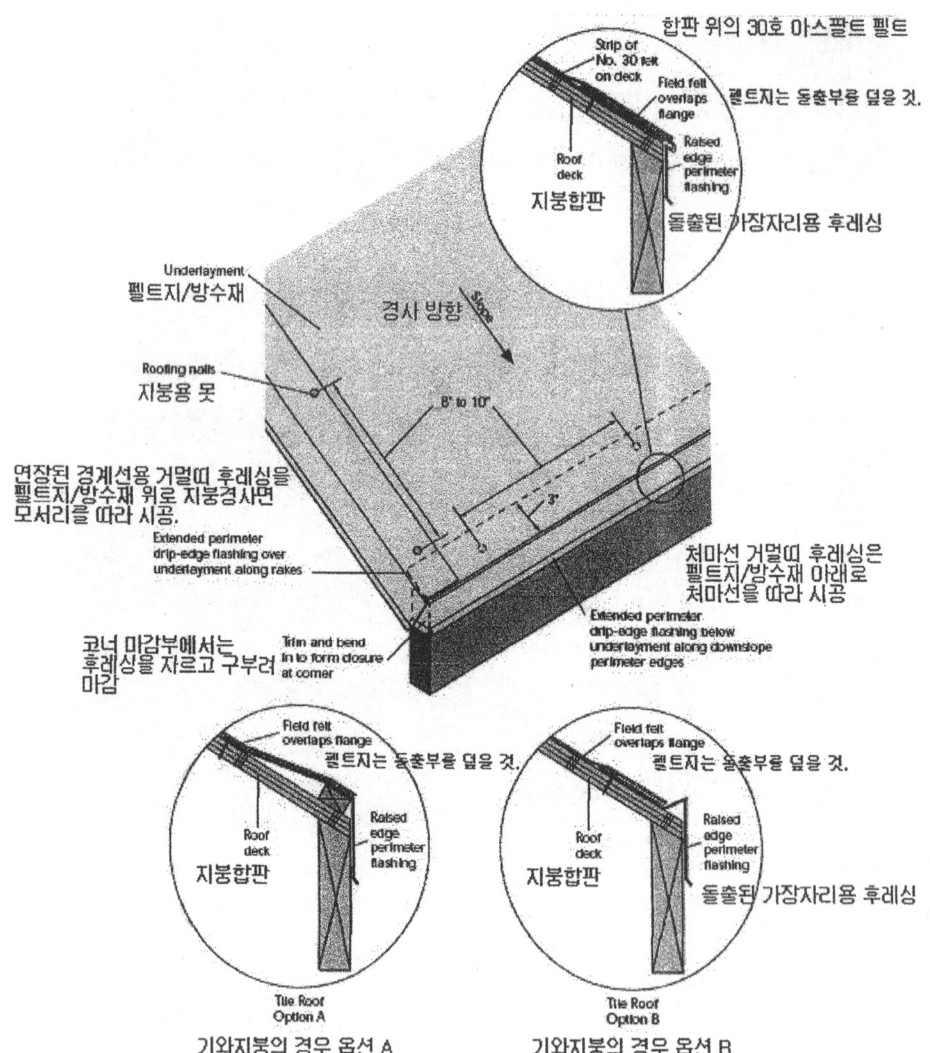

Wood cricket built on upslope side of chimney. (Recommended if chimney is 24" or wider, or roof slope is 6:12 or greater, or ice or snow accumulation is probable.)

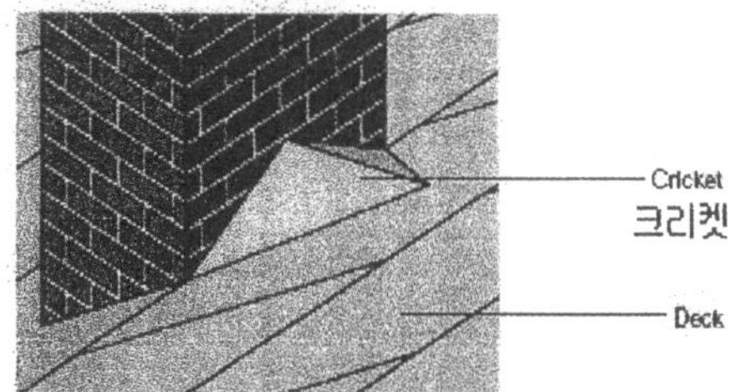

굴뚝 상단부에 목제 크리켓 설치.(굴뚝 폭이 24" 이상이거나
눈/얼음 퇴적이 우려될 경우 크리켓 경사각은 6:12 이상으로)

FIGURE 9B

Apron flashing for downslope portion of masonry chimney.
Underlayment shown pulled away from chimney.

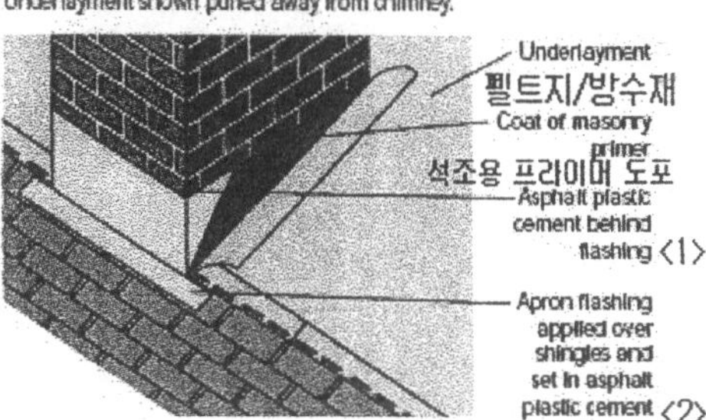

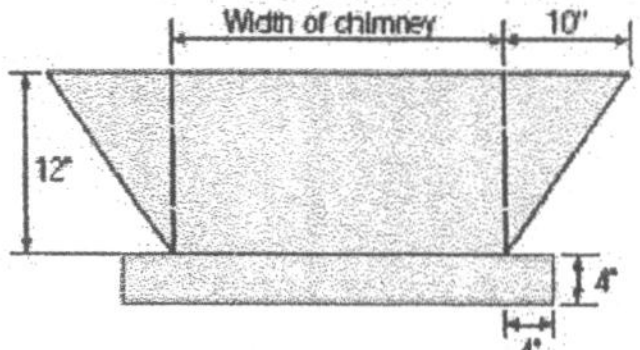

비흘림 후레싱을 굴뚝 하단부에 설치.
필트지는 굴뚝에서 떼어내 펼쳐놓음

⟨1⟩후레싱 안쪽에 아스팔트
플라스틱 시멘트(이하 APC)를 도포

⟨2⟩싱글 위에 비흘림 후레싱을
APC로 설치

⟨3⟩코너 후레싱은 측면 후레싱과 겹침.

⟨4⟩측면 후레싱은 APC로 고정

Interface step flashing with shingles. Set step flashing in asphalt plastic cement.

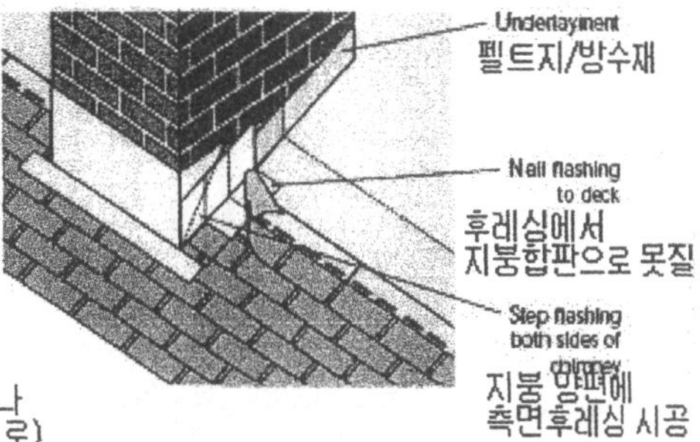

(3단계)측면 경사부의 싱글과 후레싱을
교차시공. 측면 후레싱은 APC로 시공

FIGURE 9D

Extend step flashing up chimney and around corner. Nail corner flashing to deck and cricket.

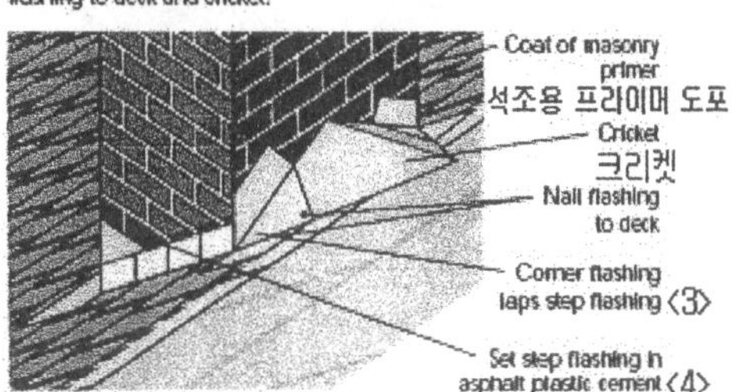

측면 후레싱을 코너까지 연장해 시공.
코너 후레싱을 데크와 크리켓에 못질해 고정.

FIGURE 9E

Place preformed cricket flashing over cricket and corner flashing.
Set cricket flashing in asphalt plastic cement.

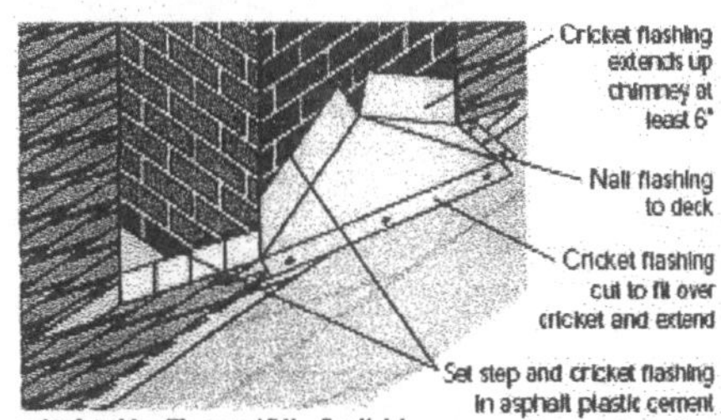

미리 짜놓은 크리켓 후레싱
(크리켓과 지붕을 덮게 만들 것)을
크리켓과 코너 후레싱 위에 APC로 시공.

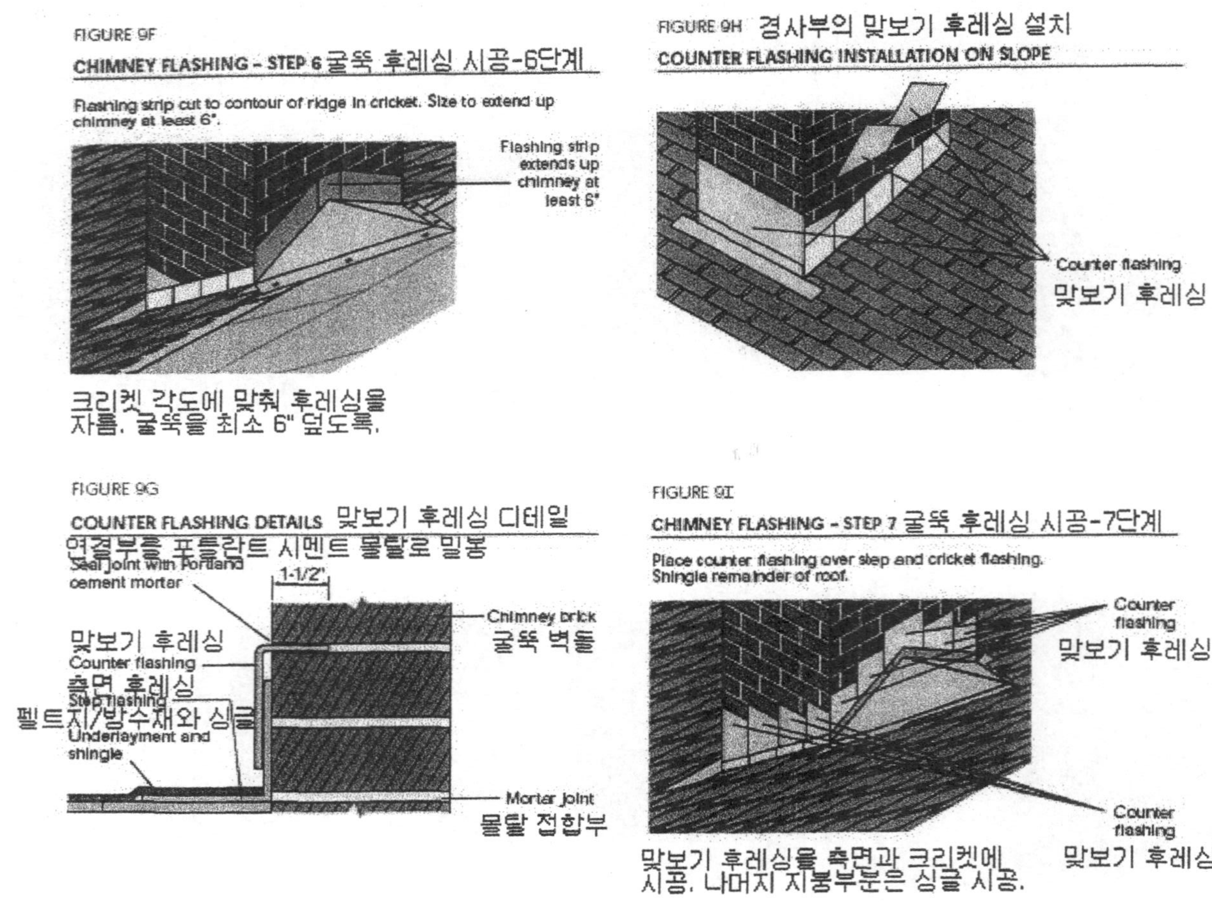

FIGURE 9F
CHIMNEY FLASHING – STEP 6 굴뚝 후레싱 시공-6단계
Flashing strip cut to contour of ridge in cricket. Size to extend up chimney at least 6".
Flashing strip extends up chimney at least 6"
크리켓 각도에 맞춰 후레싱을 자름. 굴뚝을 최소 6" 덮도록.

FIGURE 9H 경사부의 맞보기 후레싱 설치
COUNTER FLASHING INSTALLATION ON SLOPE
Counter flashing
맞보기 후레싱

FIGURE 9G
COUNTER FLASHING DETAILS 맞보기 후레싱 디테일
연결부를 포틀란트 시멘트 몰탈로 밀봉
Seal joint with Portland cement mortar
1-1/2"
Chimney brick
굴뚝 벽돌
맞보기 후레싱
Counter flashing
측면 후레싱
Step flashing
펠트지/방수재와 싱글
Underlayment and shingle
Mortar joint
몰탈 접합부

FIGURE 9I
CHIMNEY FLASHING – STEP 7 굴뚝 후레싱 시공-7단계
Place counter flashing over step and cricket flashing. Shingle remainder of roof.
Counter flashing
맞보기 후레싱
Counter flashing
맞보기 후레싱
맞보기 후레싱을 측면과 크리켓에 시공. 나머지 지붕부분은 싱글 시공.

Figures 10A and 10B illustrate the flashing details around a skylight or other similar applications. An example of a typical installation for low-profile roofing such as flat tile, slate, asphalt shingles, or wood shingles is provided as well as one showing such an installation with high-profile clay tile.

The flashing required in intersections between roofing elements and vertical walls immediately adjacent are shown in Figures 11A through 11C.

<1>상단부 후레싱은 위편으로
쉼글 3줄 이상 겹치도록 연장해서 시공
(눈의 퇴적이나 먼지로 인해 필요하다고
판단되는 경우 싱글 한 줄위로
후레싱을 들어올리고 위편에 못질함.)

<2>창틀을 감싸는
통짜 맞보기 거멀띠후레싱

FIGURE 10A 쉼글타입 평지붕에서의 천창 후레싱 시공

FLASHING AROUND SKYLIGHT WITH SHINGLE-TYPE FLAT ROOFING

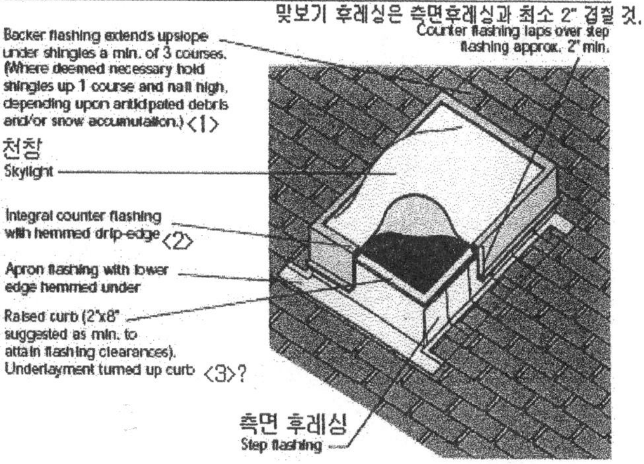

<1>상단부 후레싱은 위편으로 약 24"
연장되도록 설치.(눈의 축적이나 먼지로
인해 필요하다고 생각되는 경우 기와
한 줄 위로 들어올려 시공.

<2>선택사항:2차 후레싱
또는 맞보기 스커트 후레싱

FIGURE 10B 기와지붕에서의 천창 후레싱 시공

FLASHING AROUND SKYLIGHT - COVER AND PAN CONCRETE/CLAY ROOFING TILE

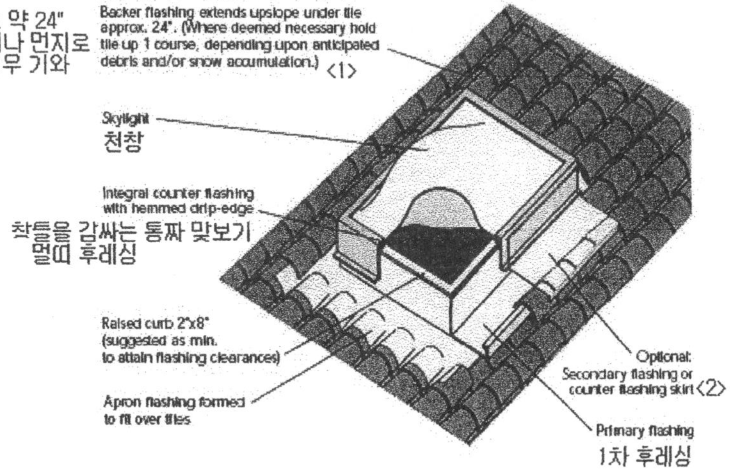

선택사항:2차 후레싱
또는 맞보기 스커트 후레싱

FIGURE 11C 벽면과 쉼글타입 지붕이 수평으로 교차할 때의 도해
A SHINGLE-TYPE ROOF AT A HORIZONTAL WALL-TO-ROOF INTERSECTION

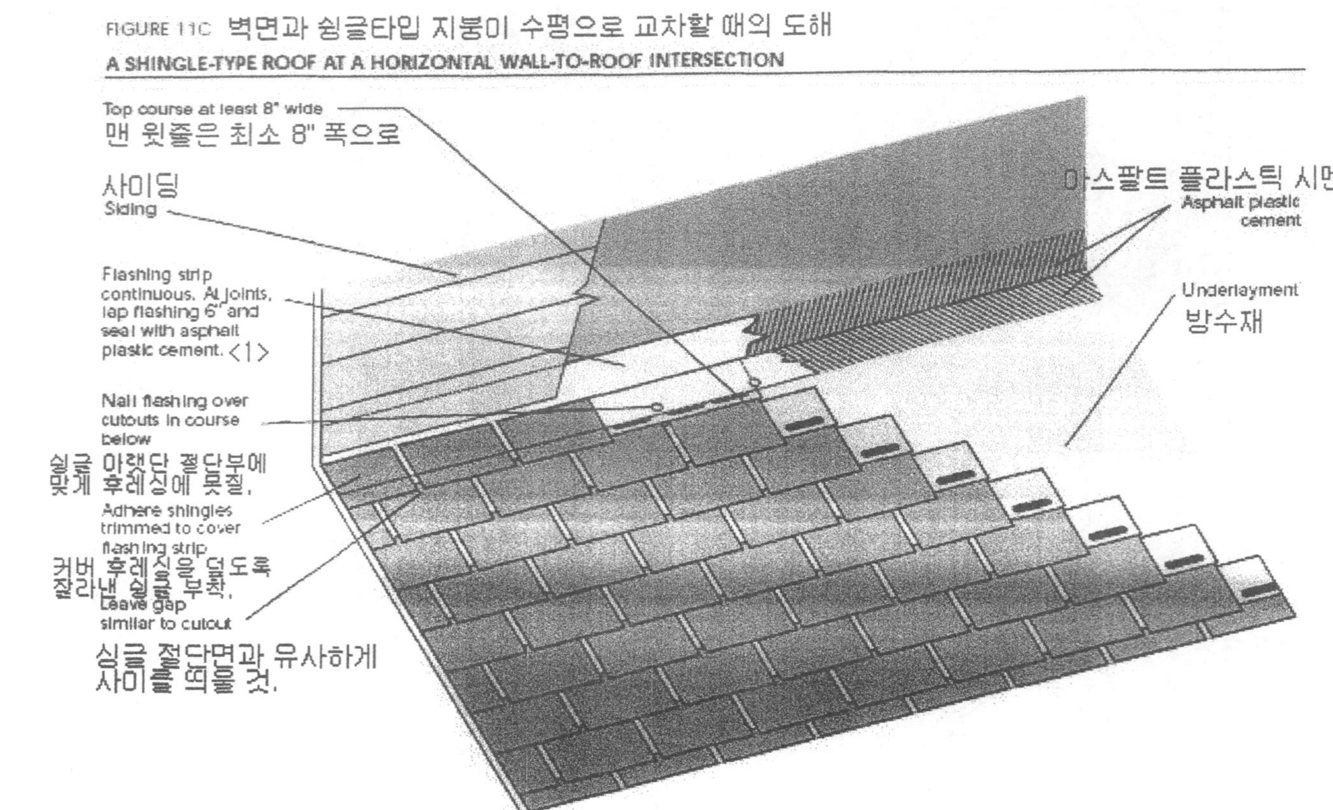

<1>연속된 후레싱. 연결부에서는 6" 이상 겹치게 시공하고 APC로 밀봉.

TYPICAL METAL OPEN VALLEY FLASHING

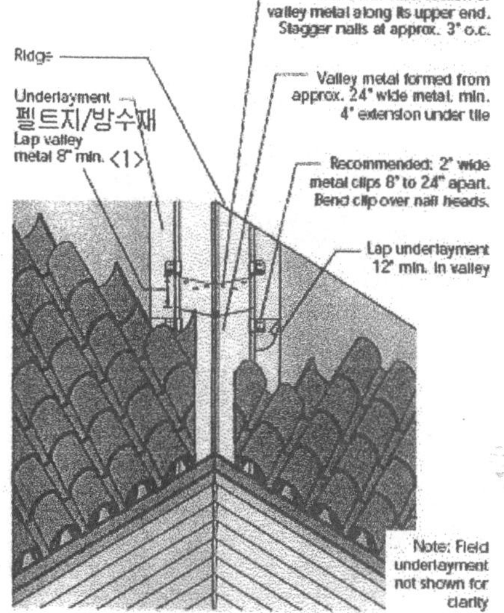

전형적인 금속제 오픈밸리 후레싱 시공법

밸리 후레싱 상단에 블라인드 네일을
중심에서 약 3" 떨어지게 시공

밸리용 후레싱은 최소 24" 폭이며
타일 밑으로 4" 연장되어야 함

권장사항:2" 폭의 금속제 클립을 8~24" 떨어지게 설치.
클립을 구부려 못머리를 감출 것.

후레싱이 하부방수재를 최소 12" 덮도록.

<1>밸리후레싱이 서로 최소 8" 겹치게 시공

 엮인 금속제 후레싱을 사용한 닫힌 경사진 밸리-평평한 타일 또는 슬레이트 지붕의 경우

CLOSED MITERED VALLEY WITH INTERWOVEN METAL VALLEY FLASHING – SHOWN WITH FLAT TILE OR SLATE ROOFING

방한멤브레인 또는 펠트지

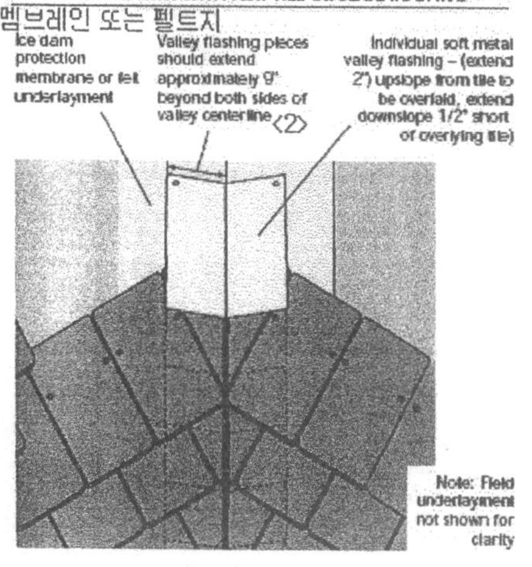

각각의 연질 금속 후레싱은 올라탈 타일과는
2" 이상, 위에 겹치는 타일과는 1/2" 이상
겹치도록 할 것.

<2>밸리후레싱들은 밸리 중심선에서 약 9"
양방향으로 연장되어야.

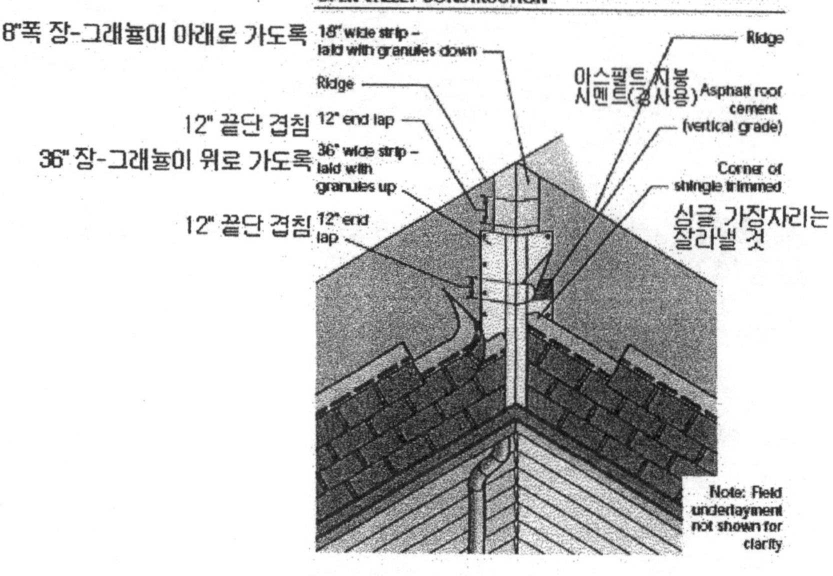

FIGURE 56 오픈 밸리 시공시 rolled roofing material 시공법
USE OF ROLLED ROOFING MATERIAL FOR
OPEN VALLEY CONSTRUCTION
18"폭 장-그래뉼이 아래로 가도록
18" wide strip – laid with granules down
Ridge
12" 끝단 겹침
12" end lap
36" 장-그래뉼이 위로 가도록
36" wide strip – laid with granules up
12" 끝단 겹침
12" end lap
Ridge
아스팔트 지붕 시멘트(경사용) Asphalt roof cement (vertical grade)
Corner of shingle trimmed
싱글 가장자리는 잘라낼 것
Note: Field underlayment not shown for clarity

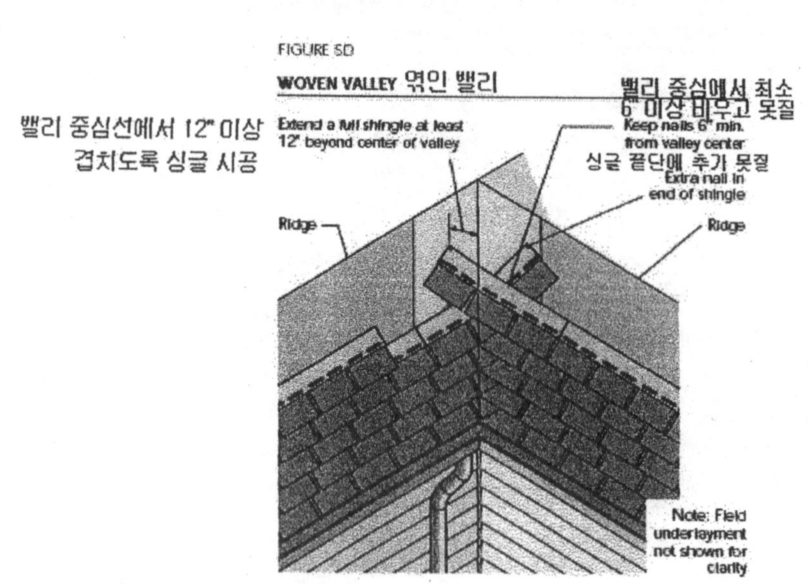

FIGURE 50
WOVEN VALLEY 엮인 밸리
밸리 중심선에서 12" 이상 겹치도록 싱글 시공
Extend a full shingle at least 12" beyond center of valley
Ridge
밸리 중심에서 최소 6" 이상 비우고 못질
Keep nails 6" min. from valley center
싱글 끝단에 추가 못질
Extra nail in end of shingle
Ridge
Note: Field underlayment not shown for clarity

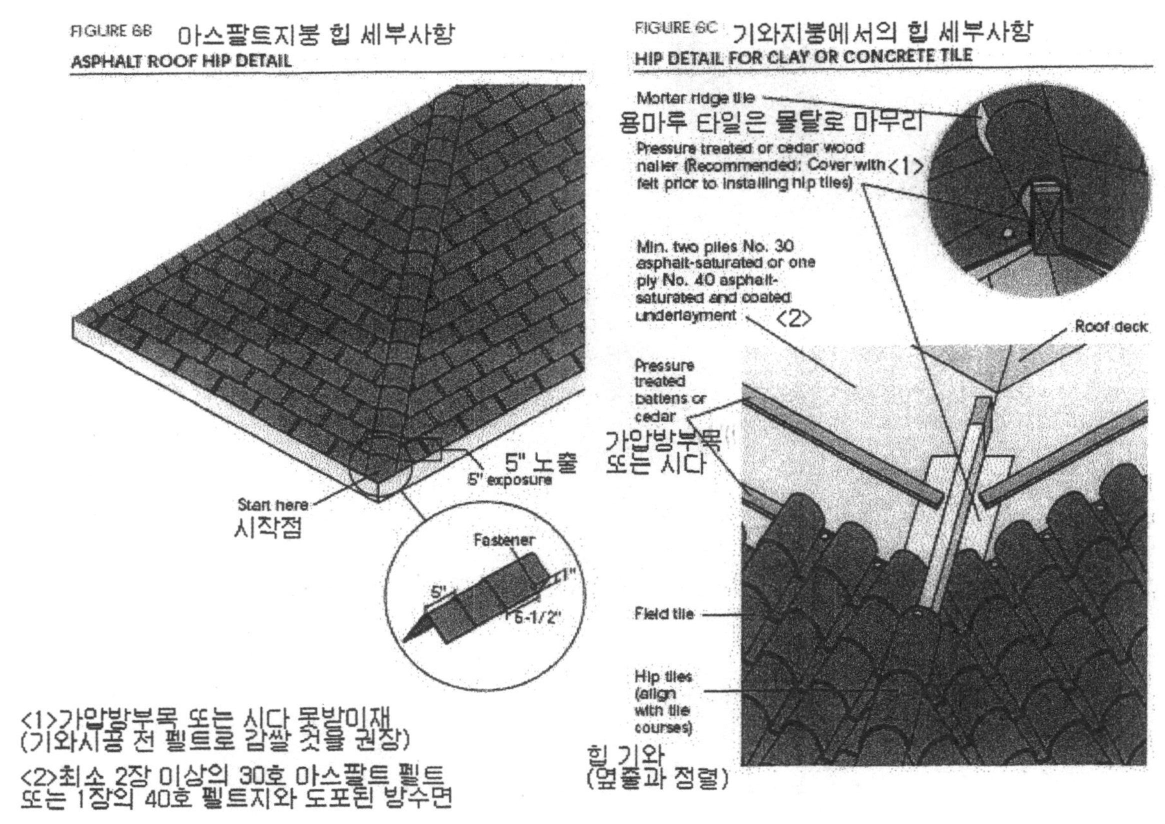

<1>가압방부목 또는 시다 못발미재
(기와시공 전 펠트로 감쌀 것을 권장)
<2>최소 2장 이상의 30호 아스팔트 펠트
또는 1장의 40호 펠트지와 도포된 방수면

Flashing Details

Flashing is made up of thin sheets of corrosion resistant material used in conjunction with the other elements of the roof system to prevent leaks around roof intersections and penetrations discussed above. Flashing is normally made up of galvanized steel, copper, aluminum, lead or vinyl. Often small roof penetrations such as vent stacks use flanged rubber boots in lieu of more conventional flashing because of the circular shape of the penetration.

In a pitched roof, regardless of the application or the type flashing used, the purpose of the flashing is to direct the flow of the water that leaks into the intersection down and away from the interior of the structure to the topside of the roofing material. In every case shown, the top edge of the flashing passes underneath the underlayment, the upper pieces of flashing pass over the lower pieces, and the lower edge of the flashing always passes over the top of the roofing material. In such a manner, the flashing never directs the flow of water to the bottom side of the underlayment, never putting it in contact with the wood structural panel sheathing.

Proper flashing installation details: Figure 8 is an illustration of a common vent stack penetration using a rubber or soft metal flashing. While the illustration shows a high-profile tile being used, the general procedure for properly installing the vent pipe flashing is the same for all roofing material types.

A series of illustrations are presented in Figure 9 showing the steps necessary to flash around a masonry chimney. Many of the steps shown are common to other applications in steeply pitched roof applications.

FIGURE 8 기와지붕에서의 벤트 스택을 위한 2단계 후레싱
TWO-STAGE FLASHING FOR SEALING PLUMBING VENT STACK WITH PAN-AND-COVER TILE ROOF

STEP 1

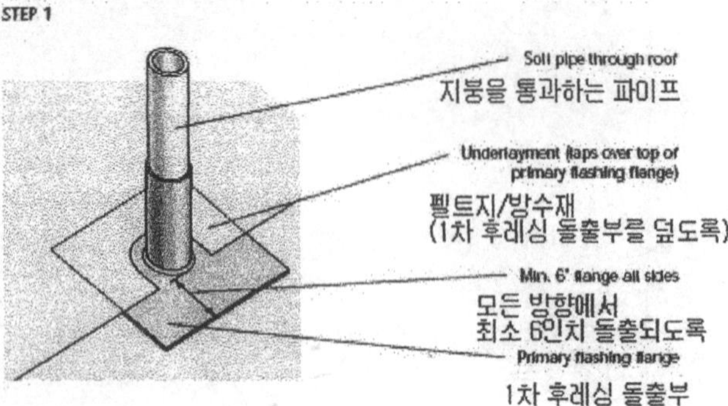

STEP 2

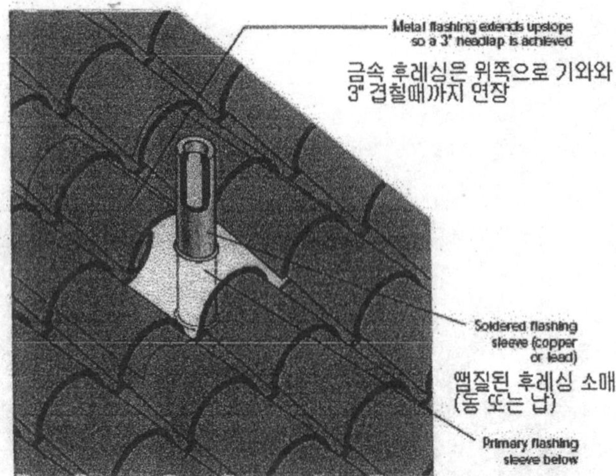

A SHINGLE-TYPE ROOF AT A SLOPED WALL-TO-ROOF INTERSECTION 경사진 벽과 쉼글타입 지붕 교차점 시공

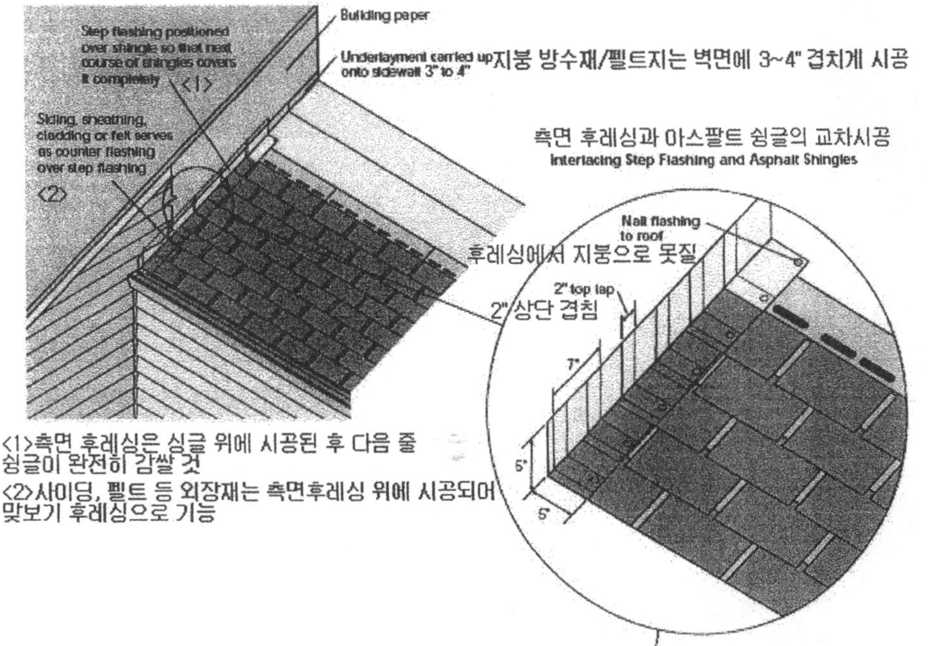
Building paper
Step flashing positioned over shingle so that next course of shingles covers it completely
<1>
Underlayment carried up onto sidewall 3" to 4"
지붕 방수재/펠트지는 벽면에 3~4" 겹치게 시공
Siding, sheathing, cladding or felt serves as counter flashing over step flashing
<2>
측면 후레싱과 아스팔트 쉼글의 교차시공
Interlacing Step Flashing and Asphalt Shingles
Nail flashing to roof
후레싱에서 지붕으로 못질
2" top lap
2" 상단 겹침
7"
5"
5"
<1>측면 후레싱은 쉼글 위에 시공된 후 다음 줄 쉼글이 완전히 감싸질 것
<2>사이딩, 펠트 등 외장재는 측면후레싱 위에 시공되어 맞보기 후레싱으로 기능

FIGURE 11B

CLOSE UP OF FLASHING DETAIL 후레싱 부분 확대도

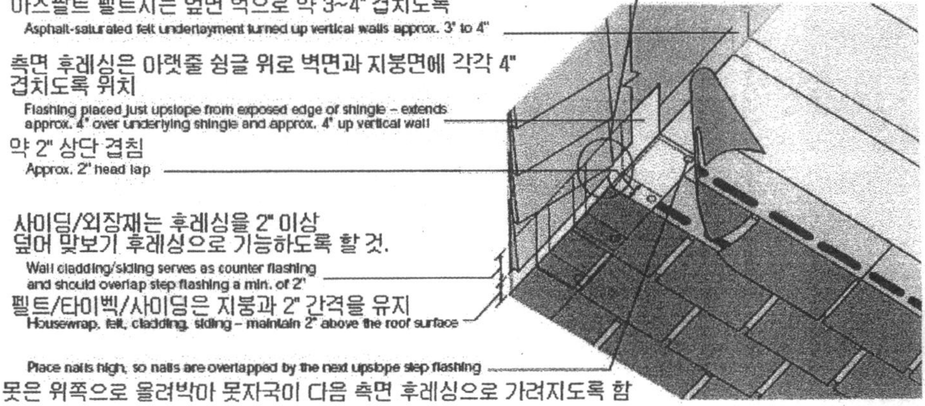
아스팔트 펠트지는 옆면 벽으로 약 3~4" 겹치도록
Asphalt-saturated felt underlayment turned up vertical walls approx. 3" to 4"
측면 후레싱은 아랫줄 쉼글 위로 벽면과 지붕면에 각각 4" 겹치도록 위치
Flashing placed just upslope from exposed edge of shingle – extends approx. 4" over underlying shingle and approx. 4" up vertical wall
약 2" 상단 겹침
Approx. 2" head lap
사이딩/외장재는 후레싱을 2" 이상 덮어 맞보기 후레싱으로 기능하도록 할 것.
Wall cladding/siding serves as counter flashing and should overlap step flashing a min. of 2"
펠트/타이벡/사이딩은 지붕과 2" 간격을 유지
Housewrap, felt, cladding, siding – maintain 2" above the roof surface
Place nails high, so nails are overlapped by the next upslope step flashing
못은 위쪽으로 올려박아 못자국이 다음 측면 후레싱으로 가려지도록 함

CROSS-SECTION OF WINDOW SHOWING INTEGRATION OF STRUCTURE'S
WEATHER-RESISTIVE SYSTEM IN A WALL WITH WOOD SIDING

우드 사이딩을 적용한 벽체의 창문부분 전체 방습/단열시스템의 단면도

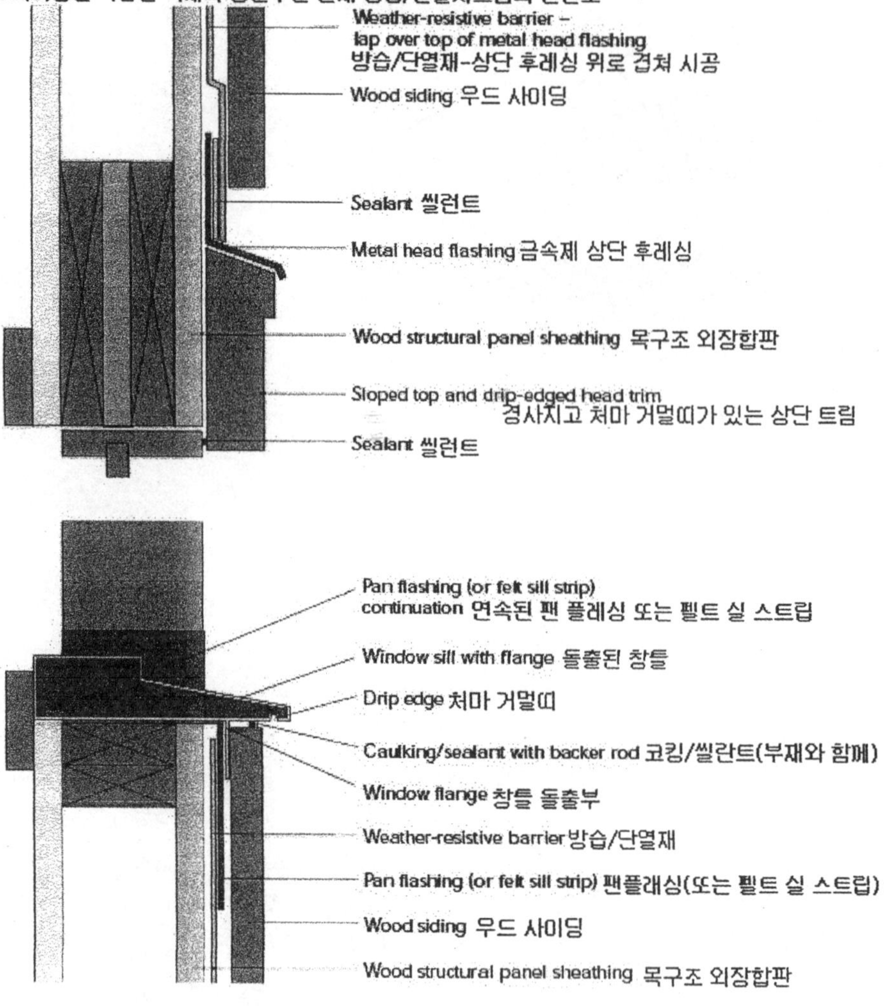

Weather-resistive barrier –
lap over top of metal head flashing
방습/단열재–상단 후레싱 위로 겹쳐 시공

Wood siding 우드 사이딩

Sealant 씰런트

Metal head flashing 금속제 상단 후레싱

Wood structural panel sheathing 목구조 외장합판

Sloped top and drip-edged head trim
경사지고 처마 거멀띠가 있는 상단 트림

Sealant 씰런트

Pan flashing (or felt sill strip)
continuation 연속된 팬 플래싱 또는 필트 실 스트립

Window sill with flange 돌출된 창틀

Drip edge 처마 거멀띠

Caulking/sealant with backer rod 코킹/씰란트(부재와 함께)

Window flange 창틀 돌출부

Weather-resistive barrier 방습/단열재

Pan flashing (or felt sill strip) 팬플래싱(또는 필트 실 스트립)

Wood siding 우드 사이딩

Wood structural panel sheathing 목구조 외장합판

APA

FLASHING WINDOW WHEN USING HOUSE WRAP 타이벡 시공시 창문부 후레싱 설치법

펠트지 시공시 창문부 후레싱 시공법

FIGURE 4

패티오의 문지방 방수

SILL FLASHING AT SLIDING GLASS DOOR

창턱/팬 후레싱은 데크 후레싱과 맞보게 하고 내벽은 방습/단열재로 보호

Sliding glass
door frame
패티오 창틀
Caulk/sealant between
frame and flashing
창틀과 후레싱 사이를 코크 또는 실란트 시공

Sill or pan flashing counter-flashes deck
flashing and/or weather-resistive barrier
protecting wall below
팬 후레싱과 데크 후레싱 사이를 코킹 또는 실란트 시공

Caulk/sealant or
solder between
pan flash and
deck flashing

Deck flashing
데크 후레싱

Seal all penetrations
through pan
팬 후레싱을 통과하는
모든 틈을 밀봉

Weather-resistive
barrier
방습/단열재

FIGURE 5

OSB가 사용된 단일벽체에서의 Z-후레싱 설치법

**PROPER INSTALLATION OF Z-FLASHING IN A
SINGLE WALL SYSTEM WITH APA RATED SIDING**

윗줄 방습/단열재는 Z-후레싱 위를 감싸도록 시공

Upper course of weather-resistive
barrier overlaps Z-flashing

Exterior
wall stud
외벽 스터드

모세관현상을 통한
수분이동을 방지하기
위한 1/8" 틈

1/8" gap
to prevent
wicking

Z-flashing
Z-후레싱

Lower panel 하단 합판

Lower course of weather-resistive barrier
아랫줄 방습/단열재

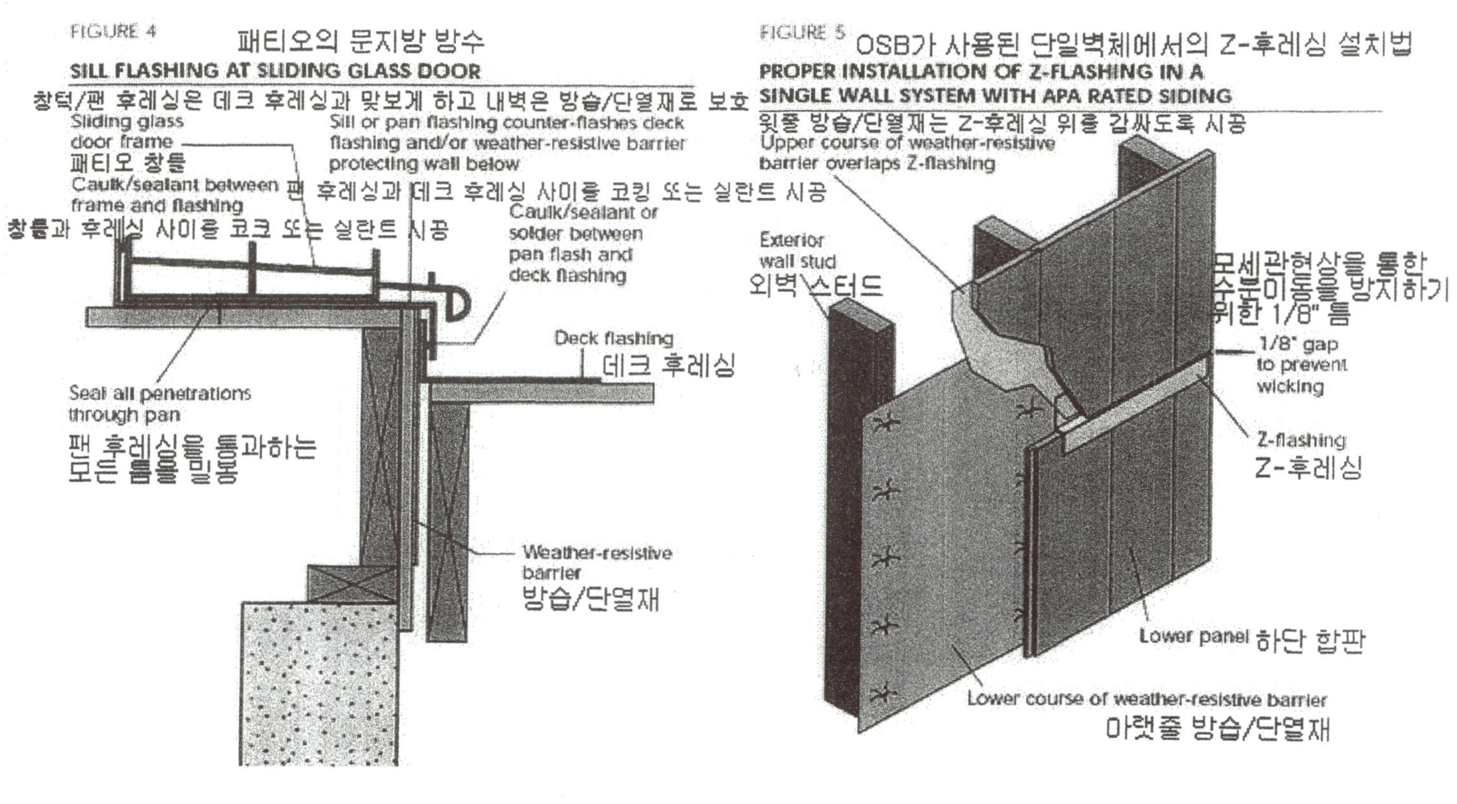

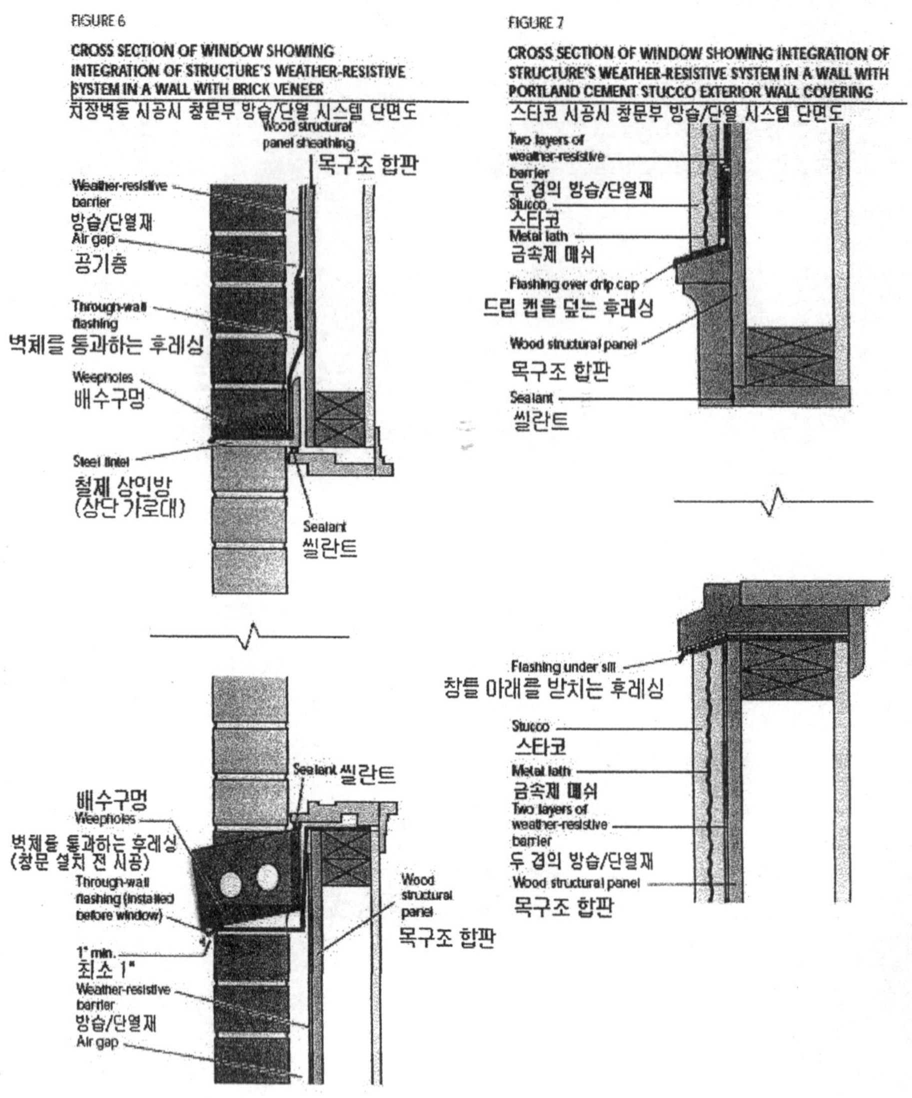

FIGURE 6

CROSS SECTION OF WINDOW SHOWING
INTEGRATION OF STRUCTURE'S WEATHER-RESISTIVE
SYSTEM IN A WALL WITH BRICK VENEER
지장벽돌 시공시 창문부 방습/단열 시스템 단면도

Wood structural
panel sheathing
목구조 합판

Weather-resistive
barrier
방습/단열재
Air gap
공기층

Through-wall
flashing
벽체를 통과하는 후레싱

Weepholes
배수구멍

Steel lintel
철제 상인방
(상단 가로대)

Sealant
씰란트

배수구멍
Weepholes
벽체를 통과하는 후레싱
(창문 설치 전 시공)
Through-wall
flashing (installed
before window)

Sealant 씰란트

1" min.
최소 1"
Weather-resistive
barrier
방습/단열재
Air gap

Wood
structural
panel
목구조 합판

FIGURE 7

CROSS SECTION OF WINDOW SHOWING INTEGRATION OF
STRUCTURE'S WEATHER-RESISTIVE SYSTEM IN A WALL WITH
PORTLAND CEMENT STUCCO EXTERIOR WALL COVERING
스타코 시공시 창문부 방습/단열 시스템 단면도

Two layers of
weather-resistive
barrier
두 겹의 방습/단열재
Stucco
스타코
Metal lath
금속제 매쉬

Flashing over drip cap
드립 캡을 덮는 후레싱

Wood structural panel
목구조 합판

Sealant
씰란트

Flashing under sill
창틀 아래를 받치는 후레싱

Stucco
스타코
Metal lath
금속제 매쉬
Two layers of
weather-resistive
barrier
두 겹의 방습/단열재
Wood structural panel
목구조 합판

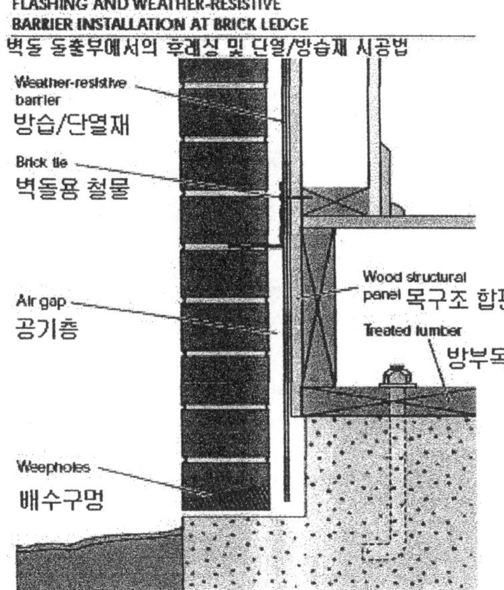

Wall Intersections and Penetrations

Unique construction detailing situations call for special attention, including:

- Deck to wall intersections
- Wall to roof intersections
- Gutter to roof or wall intersections
- Skylight installation

Figures 10 and 11 illustrate typical wall intersection details. Figure 12 shows a very common wall penetration detail. Figure 13 is an example of the detailing required at the intersection of an outside deck and an exterior wall. Figure 14 shows the flashing and use of building paper around a door opening.

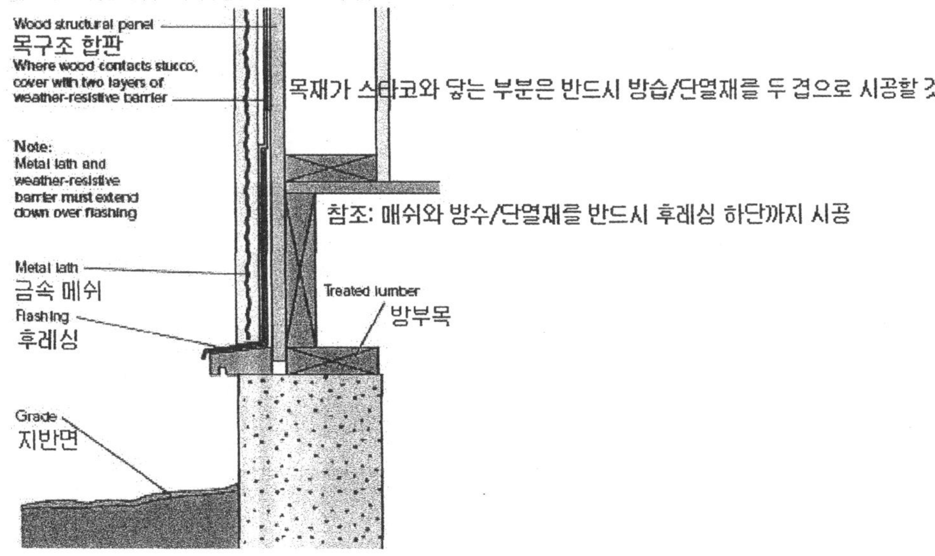

치장벽돌과 지붕이 만나는 부분에서의 후레싱 시공

FIGURE 10

FLASHING INSTALLATION AT BRICK VENEER-TO-ROOF INTERSECTION

스타코 외벽과 지붕이 만나는 부분에서의 후레싱 시공

FIGURE 11

FLASHING INSTALLATION AT PORTLAND CEMENT STUCCO-TO-ROOF INTERSECTION

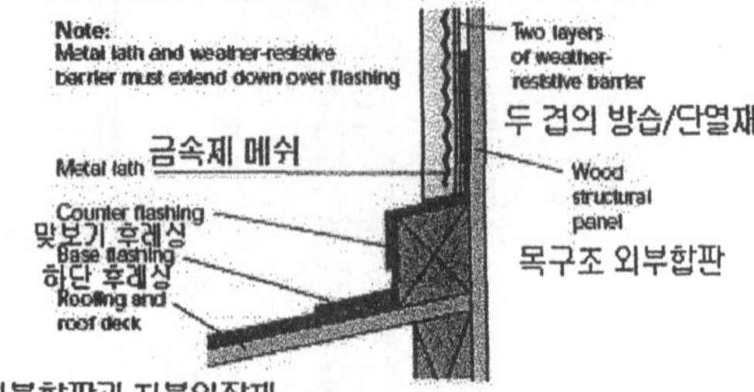

참고: 메쉬와 방습/단열재는 반드시 후레싱 위까지 연장 시공

FIGURE 12 전형적인 벽체 관통부에서의 방습/단열 체계

INTEGRATION OF STRUCTURE'S WEATHER-RESISTIVE SYSTEM AT A TYPICAL WALL PENETRATION

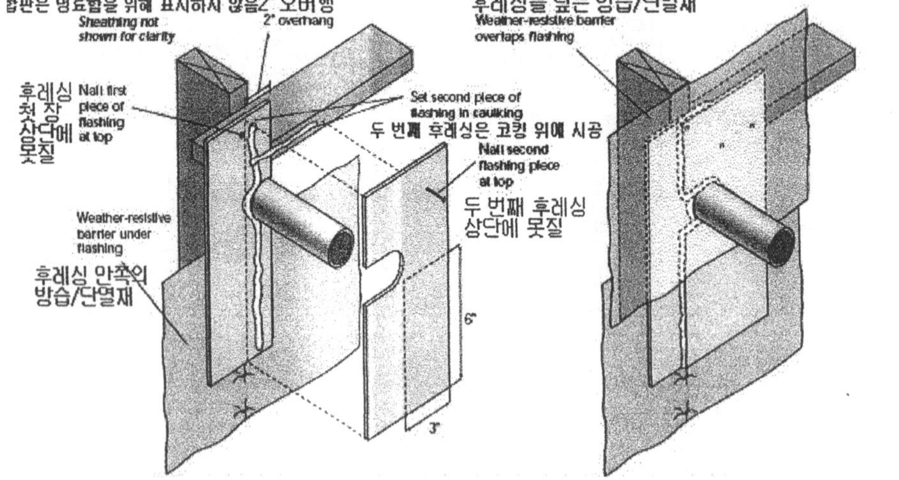

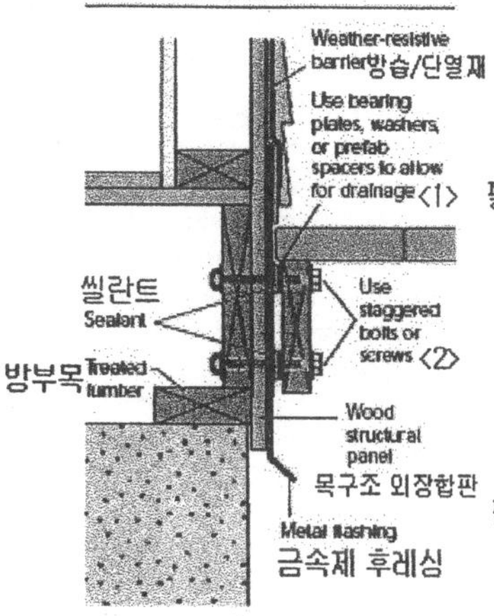

〈1〉배수를 위해 배어링
플레이트, 와샤 또는
기성품 스페이서를
사용
〈2〉엇갈린 볼트나
스크류를 사용

CAULKING AS A WATERPROOFING COMPONENT

Elastomeric exterior sealants, known as caulks, are a popular component of the waterproofing system used in modern structures. Used to seal the cracks between individual elements of the building's exterior finish, caulks help keep wind and water from penetrating the skin of the structure. Caulks are never perfect, even when carefully installed. However, caulks can be used as a secondary or tertiary part of the weather-protective system.

Caulks are not permanent! They have a limited lifetime and must be replaced on a periodic basis. As a result, a caulked joint cannot be the sole form of waterproofing at a given location. Intelligent building design, the use of back-up methods of waterproofing such as building paper or "house wrap," and

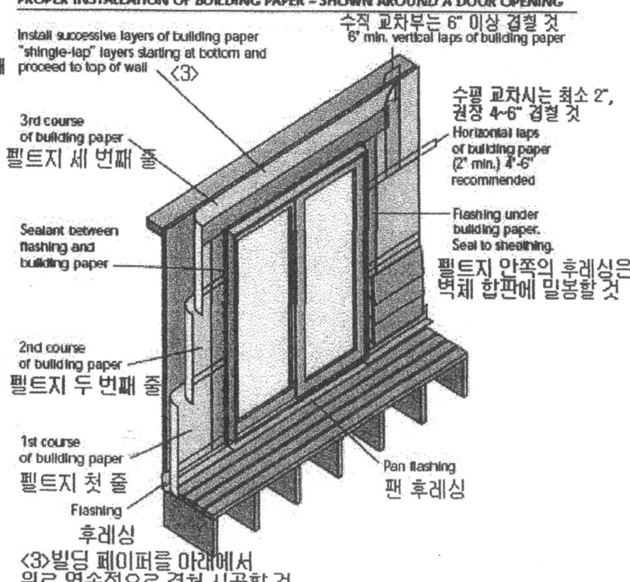

〈3〉빌딩 페이퍼를 아래에서
위로 연속적으로 겹쳐 시공할 것
proper placement of flashing should always be used in conjunction with caulked joints.

A caulked joint is ineffective if it is not properly applied to a clean surface. A well-caulked joint should maximize the surface area between the caulk and the application surface. It should also have a smaller cross section between the contact surface than it has at the mating surface. Figure 15 illustrates this. A smaller cross section in the middle of the caulked joint allows differential movement within the caulked joint, alleviating concentration at the mating surface between the caulk and the surface to which it is applied. While the caulk is flexible, the joint between the caulk and the mating surface is not. If stress is concentrated at the joint, it will cause premature failure of the joint.

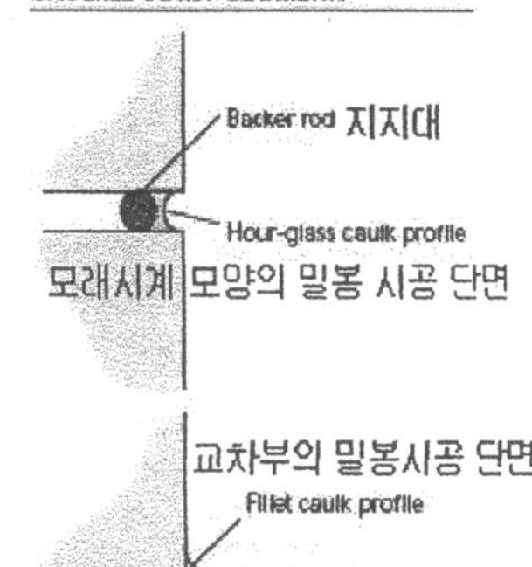

MOISTURE FROM CONDENSATION

Condensation of vapor is a source of moisture intrusion. Condensation occurs if there is a significant drop in the air's temperature as it passes through an insulated wall such that the air temperature falls below the dew point. The dew point is the temperature at which moisture vapor in the air condenses. If it happens to be within the wall cavity, the building materials absorb this moisture, and thus the moisture content of the building materials increases. The moist air can enter from the inside or the outside, depending on the vapor pressure differential across the wall. In a hot, moist climate with air-conditioned buildings, there could be infiltration from the outside to the inside. In cold, dry climates, the inside air leaking out could cause the problem.

Air Infiltration in Wood Wall Construction

Condensation in wall systems may be caused by air infiltration. Even relatively small differential pressures across a given wall can cause a large volume of moisture-laden air to leak into or out of a structure, thereby increasing the risk of condensation within the wall.

Air Infiltration Barriers

Differential air pressures existing across the wall cause air infiltration. This differential air pressure can be caused by an unbalanced ventilation system, the stack effect caused by hot air rising within the structure, the use of unvented heating appliances, or wind. The actual differential pressure does not have to be very large to cause a significant amount of air leakage in one direction or another. If the moisture-laden airflow persists for a significant length of time, the moisture buildup can cause moisture damage to the structure and degrade the living conditions therein.

An air infiltration barrier such as house wrap retards the flow of moisture-laden air into the wall cavity. Because it does not matter where the airflow is stopped, the air barrier can be placed on the inside or outside surface of the wall. In a cold climate that requires a warm-side vapor retarder, the vapor retarder may act as the air barrier as well, if properly applied and sealed.

FIGURE 16

2층 벽체의 경우 공기차단막 시공 예시 (비례를 무시한 도해)

PROPER AIR BARRIER INSTALLATION DETAILS TWO-STORY WALL SHOWN (not to scale)

INSTALLING RAIN-SCREEN WALLS

The entire exterior finish, weather-proofing, and flashing system in wood construction relies on gravity to keep bulk water out of the building envelope. Wind-driven rain can compromise these safeguards because the water is hitting the wall from a different angle. If wind-driven rain is an infrequent occurrence, the forgiving nature of wood construction can often account for the occasional influx of water into the building system. The moisture will be removed through capillary suction and the entire building frame will dry.

In areas where wind-driven rain is frequent, the amount of water driven into the wall system could be more damaging. In these cases, double-wall construction – also known as a rain-screen wall – is often used. Double-wall construction creates an air space between the exterior finish system and the weather-resistive system. This separation is made with the use of pressure-treated lumber spacers that are installed vertically and carefully detailed around openings and penetrations to allow drainage of any water that makes it through the exterior finish. This space – 3/4 to 1 inch – is open at the bottom to promote drainage and closed at the top to allow the air space to equalize with the exterior air pressure. The opening at the bottom has a pest screen. This system is often used with an interior air barrier to allow the air pressure in the interior of the wall to equalize with that in the air space behind the cladding. This will eliminate the driving force that causes water to leak into the wall.

FIGURE 1.8

RAIN-SCREEN WALL DETAILS 벽체 레인 스크린 시공 세부

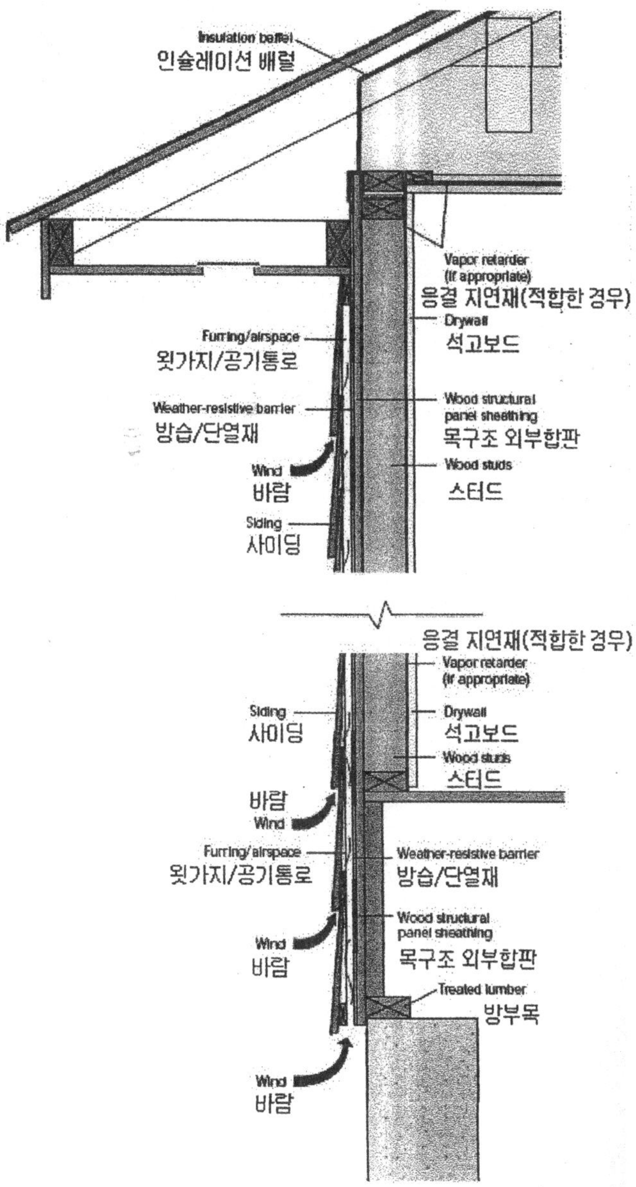

5. 건축구조설계기준 (국토해양부 고시 제2009-833호)

제1장 총칙

0101 일반사항

0101.1 목적

이 건축구조설계기준(이하 '이 기준')은 건설교통부의 승인 하에 건축법의 관련 규정에 따라 건축물 및 공작물의 구조체에 대한 설계, 실험 및 검사, 설계하중, 재료 강도, 제작 및 설치, 품질관리 등의 기술적 사항을 규정함으로써 건축물 및 공작물의 안전성, 사용성 및 내구성을 확보하는 것을 그 목적으로 한다.

0101.2 규정 내용

이 장에서는 이 기준의 적용범위, 구성, 관련 구조기준, 용어의 정의, 구조설계의 원칙, 절차, 구조설계법, 책임구조기술자에 관한 사항을 규정한다.

0101.3 적용범위

건축법에 따라 건축하거나 대수선하는 건축물 및 공작물의 구조체는 이 기준에 따라야 한다. 다만, 건축법시행령 제32조 「구조안전의 확인」 제①항의 규정에 해당하지 아니하는 소규모 건축물은 이 기준을 따르지 않을 수 있다.

0101.4 기준의 구성

이 기준은 8장으로 구성되며, 그 내용은 다음과 같다.

    1장 총칙

    2장 구조실험 및 검사

    3장 설계하중

    4장 기초구조

5장 콘크리트 구조

6장 조적식 구조

7장 강구조

8장 목구조

0101.5 관련 구조기준 및 시방서

다음에 열거하는 기준은 필요한 경우, 이 기준의 일부로 사용한다.

다만, 하중 및 하중계수는 이 기준을 따른다.

(1) 프리캐스트콘크리트 조립식 건축구조설계기준/ 대한건축학회/ 1992

(2) 경량 기포콘크리트 패널구조설계기준/ 대한건축학회/ 1997

(3) 경량 기포콘크리트 블록구조설계기준/ 한국ALC 협회/ 1997

(4) 강구조 한계상태 설계기준/ 대한건축학회/ 1998

(5) 강관구조설계기준/ 대한건축학회/ 1998

(6) 냉간성형강 구조설계기준/ 대한건축학회/ 1999

(7) 철골철근콘크리트구조계산기준/ 대한건축학회/ 2000

(8) 강구조용접부 비파괴검사기준/ 대한건축학회/ 1999

(9) 허용응력 설계법에 의한 강구조 설계기준/ 한국강구조학회/ 2003

(10) 콘크리트충전 강관구조설계 및 시공지침/ 한국강구조학회/ 2003

(11) 콘크리트충전 강관구조설계 및 시공 매뉴얼/ 대한건축학회/ 2004

(12) 콘크리트 구조설계기준/ 한국 콘크리트학회/ 2003

0102 용어의 정의

- **강도감소계수**: 재료의 공칭값과 실제 강도의 차이, 부재를 제작 또는 시공할 때 설계도와 완성된 부재의 차이, 그리고 내력의 추정과 해석에 관련된 불확실성을 고려하기 위한 안전계수를 말한다.
- **강도설계법과 한계상태설계법**: 구조부재를 구성하는 재료의 비탄성 거동을 고려하여 산정한 부재 단면의 공칭강도에 강도감소계수를 곱한 설계용 강도의 값이 계수하

중에 의한 부재의 단면력 이상이 되도록 구조부재를 설계하는 방법을 말하며, 강도설
계법은 콘크리트구조와 조적식 구조에, 한계상태설계법은 철골구조에 각각 적용한다.

- **건축물**: 토지에 정착하는 공작물 중 지붕과 기둥 또는 벽이 있는 것과 이에 부수
되는 시설물, 지하나 고가의 공작물에 설치하는 사무소, 공연장, 점포, 차고, 창
고, 기타 건축법이 정하는 것

- **계수하중**: 강도설계법이나 한계상태설계법으로 설계할 때 사용하중에 하중계수
를 곱한 하중을 말한다.

- **공작물**: 굴뚝, 장식 탑, 기념탑, 광고탑, 광고판, 고가수조, 옹벽, 지하대피호, 사일로
및 벙커, 철탑, 기계식주차장, 승강기 탑, 계단 탑, 기름 탱크, 냉각탑, 보일러 구조,
배관 지지대, 육교, 조형물, 항공관제탑, 교통관제시설, 기계 기초, 기타 지상 구조물

- **공칭강도**: 구조체나 구조부재의 하중에 대한 저항능력으로서, 적합한 구조역학원
리나 현장실험 또는 축소모형의 실험결과(실험과 실제 여건 간의 차이 및 모형화
에 따른 영향을 감안)로부터 유도된 공식과 규정된 재료 강도 및 부재 치수를 사
용하여 계산된 값을 말한다.

- **구조물**: 건축물과 공작물의 뼈대를 이루는 부분을 말하며, 구조 공학적인 측면에
서 건축물과 공작물을 일컬을 때 사용한다.

- **내구성**: 건축물 및 공작물의 안전성을 일정한 수준으로 유지하는 데 필요한 것으
로서, 장기간에 걸친 외부의 물리적, 화학적 또는 기계적 작용에 저항하여, 변질
하거나 변형되지 않고 처음의 설계조건과 같이 오래 사용할 수 있는 구조물의 성
능을 말한다.

- **내력 부재**: 건축물 및 공작물에 작용하는 각종 하중(3장의 규정에 따름)에 대하
여 그 건축물 및 공작물을 안전하게 지지하는 구조적으로 주요한 부재를 말한다.

- **단면력**: 하중 및 외력에 의하여 구조부재에 생기는 축방향력·휨모멘트·전단력·
비틀림 등의 힘을 말한다.

- **비선형해석**: 실제 구조물에 큰 변형이 예상되거나 변형률의 변화가 큰 경우, 또는
사용재료의 응력도-변형률 관계가 비선형인 경우에 이를 고려하여 가장 실제 단
면력과 변위에 가깝게 부재력이 산출되도록 하는 해석을 말한다.

- **사용성**: 과도한 처짐이나 불쾌한 진동, 장기 변형과 균열 등에 적절히 저항하여 건

축물 및 공작물 본래의 모양, 유지관리, 입주자의 쾌적성, 사용 중인 기계의 기능 등을 만족하기 위한 구조물의 성능을 말한다.

- **사용하중**: 고정하중 및 활하중과 같이 이 기준에서 규정하는 각종 하중으로서 하중계수를 곱하지 않은 하중을 말하며, 작용하중이라고도 한다.

- **설계하중**: 부재 설계 시 적용하는 하중을 말하며, 강도설계법 또는 한계상태설계법에서는 계수하중을 적용하고, 기타 설계법에서는 사용하중을 적용한다.

- **안전성**: 건축물 및 공작물의 예상되는 수명기간 동안 최대하중에 대하여 저항하는 능력으로서, 각 부재가 항복하거나 좌굴, 피로, 취성파괴 등의 현상이 생기지 않고 회전, 미끄러짐, 침하 등에 저항하는 구조물의 성능을 말한다.

- **응력도**: 하중 및 외력에 의하여 구조부재에 생기는 단위면적당 힘의 세기를 말한다.

- **인성**: 점성이 강하고 충격에 잘 견디는 성질로서 재료에 계속해서 힘을 가할 때 탄성적으로 변형되다가 소성변형 후 마침내 파괴될 때까지 소비한 에너지가 크면 인성이 크다고 말하며, 강도와 소성변형도(연성)의 곱으로 표현한다.

- **책임 구조기술자**: 건축구조 분야에 대한 전문적인 지식, 풍부한 경험과 식견을 가진 전문가로서, 이 기준에 따라 건축물 및 공작물의 구조체에 대한 설계 및 감리 등 관련 업무를 책임지고 수행할 수 있는 능력을 갖춘 기술자를 말한다.

- **탄성해석**: 구조물이 탄성체라는 가정 하에 응력도와 변형률의 관계를 1차 함수 관계로 보고, 구조부재의 단면력과 변위를 산출하는 해석을 말한다.

- **하중계수**: 하중의 공칭값과 실제 하중 사이의 불가피한 차이 및 하중을 작용 외력으로 변환시키는 해석상의 불확실성, 환경작용 등의 변동을 고려하기 위한 안전계수를 말한다.

- **허용응력도 설계법**: 탄성이론에 의한 구조해석으로 산정한 부재 단면의 응력도가 허용응력도(안전율을 감안한 한계응력도)를 초과하지 아니하도록 구조부재를 설계하는 방법을 말한다.

0103 구조설계의 원칙

0103.1 안전성

건축물 및 공작물의 구조체는 유효적절한 구조계획을 통하여 건축물 및 공작물 전체가 이 기준 3장(설계하중)의 규정에 의한 각종 하중에 대하여 이 기준 4장부터 8장까지의 규정에 따라 구조적으로 안전하도록 한다.

0103.2 사용성

건축물 및 공작물의 내력 부재는 사용에 지장이 되는 변형이나 진동이 생기지 않도록 충분한 강성을 확보하도록 하며, 순간적 파괴현상이 생기지 아니하도록 인성의 확보를 고려한다.

0103.3 내구성

내력 부재로서 특히 부식이나 마모훼손의 우려가 있는 것에 대해서는 모재나 마감재에 이를 방지할 수 있는 재료를 사용하는 등 필요한 조치를 취한다.

0104 구조설계의 절차

0104.1 구조계획

(1) 건축물 및 공작물의 구조계획에는 건축물 및 공작물의 용도, 사용재료 및 강도, 지반특성, 하중조건, 구조형식, 장래의 증축 여부, 용도변경이나 리모델링 가능성 등을 고려한다.

(2) 기둥의 배치는 건축 평면 계획과 잘 조화되도록 하며, 보춤을 결정할 때는 기둥 간격 외에 층고와 설비계획도 함께 고려한다.

(3) 지진하중이나 풍하중 등 수평 하중에 저항하는 구조 요소는 평면상 균형뿐 아니라 입면상 균형도 고려한다.

(4) 구조형식이나 구조재료를 혼용할 때는 강성이나 내력의 연속성에 유의하며, 사용성에 영향을 미치는 진동과 변형도 미리 검토한다.

0104.2 골조해석 및 부재 설계

(1) 골조해석은 탄성해석을 원칙으로 하되 필요한 경우 비선형해석도 함께 수행하여

실제 구조물의 거동에 가까운 부재력이 산출되도록 노력한다.

(2) 부재 설계는 아래 0105절(구조설계법)에 따른다.

0104.3 구조설계도서의 작성

(1) 건축물 및 공작물의 구조설계도서에는 구조계획서, 구조계산서, 구조설계도면, 구조체 공사 시방서 등을 포함한다.

(2) 구조설계도면은 구조평면도와 구조계산으로 산정된 부재의 단면과 접합부 상세를 표현하고, 아울러 구조계산서에는 포함되지 않았으나 구조실험이나 경험 등으로 구조 안전이 확인된 구조안전 관련 상세까지도 표현하여 구조설계취지에 부합하도록 작성하여야 한다. 구조설계도면에 포함할 내용은 다음과 같다.

① 구조설계기준

② 활하중 등 주요설계하중

③ 구조재료 강도

④ 구조부재의 크기, 단면, 위치

⑤ 제작/ 설치도면 작성에 필요할 경우 부재의 소요 강도

⑥ 기타 주요 구조설계조건

⑦ 책임구조기술자와 참여기술자 명단

⑧ 구조설계연월일

(3) 구조체 공사 시방서는 건설교통부 제정 건축공사표준시방서를 중심으로 작성하되, 이 기준 해당 장의 관련 부분을 포함하고, 별도의 특기시방서를 통하여 구조설계도면에 나타낼 수 없는 구조적인 시공상 특기사항을 기술함으로써 구조설계취지에 부합하도록 작성하여야 한다. 다만 이 기준의 내용과 건설교통부 제정 건축공사표준시방서의 내용이 일치하지 않을 때는 이 기준에 따른다.

0105 구조설계법

0105.1 구조설계법의 종류

내력 부재의 구조설계는 허용응력도 설계법, 강도설계법이나 한계상태설계법에 의

하거나 건설교통부 장관이 이와 동등 이상의 성능을 확보할 수 있다고 인정하는 구조
설계법에 의한다.

0105.2 허용응력도 설계법

허용응력도 설계법에 의하여 구조부재의 설계를 할 때에는 다음 방법에 의한다.

(1) 내력 부재에 대한 설계하중은 이 기준 3장(설계하중)의 규정에 의한 하중 및 외
력을 사용하여 산정한 단면력의 조합 중에서 가장 불리한 값으로 한다.

(2) 내력 부재의 설계하중에 의한 장기 및 단기의 응력도는 이 기준 6장(조적식 구
조) 및 8장(목구조)의 허용응력도 이하가 되도록 한다.

0105.3 강도설계법 또는 한계상태설계법

강도설계법 또는 한계상태설계법에 의하여 구조부재의 설계를 할 때에는 다음 방
법에 의한다.

(1) 내력 부재에 대한 설계하중은 3장(설계하중)의 규정에 의한 하중 및 외력에 하
중계수를 곱한 계수하중을 사용하여 산정한 단면력의 조합 중에서 가장 불리한 값으
로 한다.

(2) 내력 부재의 계수하중에 의한 설계용 단면력은 그 부재 단면의 공칭강도에 강도
감소계수를 곱한 설계용 강도를 초과하지 아니하도록 한다.

(3) 강도설계법이나 한계상태설계법에서 사용되는 하중계수, 강도감소계수, 하중의
조합 등 구조계산에 필요한 사항은 각각 이 기준 5장, 6장 및 7장에 따른다.

0106 책임 구조기술자

0106.1 책임 구조기술자의 자격

책임 구조기술자의 자격은 국가기술자격법에 의한 건축구조기술사나 동등 이상의
능력을 갖춘 기술자로 한다.

0106.2 책임 구조기술자의 책무

이 기준의 적용을 받는 건축물 및 공작물의 구조설계(구조계획, 구조계산 및 구조도면 작성), 구조분야 공사감리 및 정밀안전진단은 책임 구조기술자의 책임 하에 이 기준에 따라 수행하여야 한다.

0106.3 책임 구조기술자의 서명 날인

책임 구조기술자가 작성한 설계도서와 공사 감리한 감리보고서는 당해 기술자의 서명 날인이 있어야 유효하며, 특히 건축주나 공사책임자는 반드시 책임 구조기술자가 서명 날인한 설계도서로 각종 인허가 및 공사행위를 하여야 한다.

제8장 목구조

0801 일반사항

0801.1 적용범위

이 기준은 지면으로부터 순목조 부분의 지붕높이 18m, 순목조 부분의 처마높이 15m, 전체면적 3,000㎡ 이하(1,000㎡마다 방화구획)인 '일반목조건축물의 구조 부분' 및 '다른 구조와 병용한 건축물의 목조 부분', 그 밖의 '탑, 마스트 종류, 거푸집, 비계, 지주 등의 가설구조물'의 허용응력 및 허용내력 설계에 적용한다(단, 2,000㎡마다 방화구획을 하고, 스프링클러 설치 시에는 전체면적 6,000㎡ 이하). 특별한 조사나 연구에 의하여 설계할 때는 이 기준을 적용하지 않을 수 있다. 다만, 경골목구조인 경우에는 0806절에 준하여 설계할 수 있다.

0801.2 용어의 정의

- **건조사용조건**: 목구조물의 사용 중에 평형 함수율이 18% 이하로 유지될 수 있는 온도 및 습도조건
- **경간**: 지점의 중심으로부터 다른 지점의 중심까지의 거리
- **경골목구조**: 주요 구조부가 공칭 두께 50mm(실제 두께 38mm)의 규격재로 건축된 목구조

- **경사면**: 목재의 섬유 방향과 0°, 또는 90° 이외의 경사각으로 절단된 재면
- **구조용 집성재**: 규정된 강도 등급에 따라 선정된 제재목, 또는 목재 층재를 섬유 방향이 서로 평행하게 집성·접착하여 공학적으로 특정 응력을 견딜 수 있도록 생산된 제품
- **구조용 패널**: 합판이나 오에스비 등과 같이 구조용으로 사용되며, 목재를 원자재로 하여 제조된 판재
- **규격재, 또는 1종 구조재**: 공칭 두께가 50mm 이상, 125mm 미만(실제 두께 38mm 이상, 114mm 미만)이고, 공칭너비가 50mm(실제 너비 38mm) 이상인 구조용 목재
- **기계등급구조재**: 기계적으로 목재의 강도 및 강성을 측정하여 등급을 구분한 목재
- **기둥재, 또는 3종 구조재**: 두께와 너비가 공칭 125mm(실제 114mm) 이상이고, 두께와 너비의 치수 차이가 52mm 미만인 구조용 목재
- **끝면 나뭇결**: 목재 부재의 길이 방향(일반적으로 섬유 방향)에 수직인 단면의 나뭇결
- **내력벽**: 목구조의 벽체 중에서 수직 하중 및 수평 하중을 지지하는 벽체
- **다락 공간**: 천장과 지붕의 서까래 사이에 확보되어 주거용 또는 저장용으로 사용되는 공간
- **단일부재**: 동일한 기능을 갖는 부재가 인접하여 있지 않고 하나의 부재만이 사용되어 하중을 지지하는 구조부재
- **단판적층재**: 단판의 섬유 방향이 서로 평행하게 배열되어 접착된 구조용 목질 재료
- **대형목구조**: 주요 구조부가 공칭 치수 125mm×125mm(실체 치수 114mm×114mm) 이상의 부재로 건축되는 목구조
- **따냄**: 목재의 표면에 배관, 배선 또는 철물의 설치를 위하여 홈을 판 것
- **바닥 밑 공간**: 지하층이 없이 목구조로 1층의 바닥을 시공하는 경우에 목구조 바닥의 썩음 방지를 위한 환기와 내부수리 등의 목적을 위하여 바닥 밑에 확보되는 공간
- **바닥격막판구조**: 횡하중을 골조 또는 벽체 등의 수직재에 전달하기 위한 바닥이나 지붕틀 구조
- **박스못**: 목구조에서 판재와 구조용재 사이의 접합에 많이 사용되며, 동일한 길이

의 일반철못보다 지름이 가는 못

- **반복 부재**: 3개 이상의 부재가 인접하여 평행하게 배치되고, 그 위에 하중을 분산시킬 수 있는 구조체로 덮어져 있음으로써 작용하는 하중을 서로 분담할 수 있는 구조부재

- **방청못**: 목구조에서 외기에 노출되는 부위에 사용할 수 있도록 표면에 아연도금처리를 하여 녹스는 것을 방지한 못

- **방화재료**: 화재로부터 보호하기 위하여 설치되는 불연재료, 준불연재료 및 난연재료로 제조된 건축재료

- **보재, 또는 2종 구조재**: 두께와 너비가 공칭 125mm(실제 114mm) 이상이고, 두께와 너비의 치수 차이가 52mm 이상인 구조용 목재

- **보통못**: 일반적으로 목구조에 많이 사용되고, 철선으로 제조되었으며, 동일한 길이의 박스못보다 지름이 더 굵은 못

- **섬유주행경사**: 부재의 길이 방향에 대한 섬유 방향의 경사

- **순단면적**: 목재의 단면에서 볼트 등의 철물을 위한 구멍이나 홈의 면적을 제외한 나머지 단면적

- **스터드**: 경골목구조에서 벽체의 뼈대를 구성하는 수직부재

- **습윤 사용조건**: 목구조물의 사용 중에 평형 함수율이 18%를 초과하게 되는 온도 및 습도조건

- **실제 치수**: 목재를 제재한 후 건조 및 대패 가공하여 최종 제품으로 생산된 치수

- **I형 장선**: 플랜지부재와 웨브부재로 구성된 I형 단면으로 제조된 구조용 목질 재료

- **오에스비**: 강도와 강성을 향상하기 위하여 배향성을 부여한 스트랜드형 플레이크로 구성되는 일종의 파티클 패널 제품

- **육안등급구조재**: 육안으로 목재의 표면결점(옹이, 갈라짐, 섬유경사, 뒤틀림 등)을 검사하여 등급을 구분한 목재

- **인사이징**: 구조재에 방부제를 깊고 균일하게 침투시키기 위해 약제 처리가 어려운 목재의 재면에 칼자국 모양의 상처를 섬유 방향으로 낸 후 방부제를 처리하는 방법

- **재하기간**: 구조물의 수명 기간에 특정하중의 최대치(설계하중)가 연속하여 작용하는 것으로 가정되는 기간

- **절삭축**: 목재의 섬유 방향과 상대적인 경사면의 방향
- **제재 치수**: 목재를 원목에서 제재하여 건조 및 대패 가공이 되지 않은 치수
- **집성재**: 목재를 두께 방향으로 접착 적층하여 제조된 부재로서 용도에 따라서 구조용 및 수장용으로 구분
- **직각절삭면**: 목재의 끝면과 같이 섬유 방향과 직각으로 절삭된 재면
- **측면나뭇결**: 목재 부재의 길이 방향(일반적으로 섬유 방향)에 평행한 측면의 나뭇결
- **층 전단**: 합판의 표면에 수직인 면 내에 전단력이 작용하는 경우, 전단력의 방향에 직각으로 섬유 방향이 배열된 가장 약한 단판 내에서 섬유가 전단파괴되는 현상
- **파스너**: 목구조에서 목재 부재 사이의 접합을 보강하기 위하여 사용되는 못, 볼트, 래그 나사못 등의 조임용 철물
- **표면**: 긴 수평 보의 윗면, 밑면 및 측면과 같이 목재의 섬유 방향과 평행한 재면
- **플랫폼 구조**: 경골목구조에서 벽체의 스터드가 층마다 별도로 구조체로 건축되고 벽체 위에 위층의 바닥이 올려지고 그 위에 다시 위층의 벽체가 시공되는 공법
- **피에스엘**: 목재 단판 스트랜드를 평행한 방향으로 접착한 고강도 구조용 복합 목재로서, 일명 패럴램이라 한다.
- **헤더**: 목구조에서 평행하게 배치된 구조부재를 가로질러서 개구부(창, 문, 계단 등)가 설치되는 경우에 개구부에 의하여 끊어지는 구조부재에 작용하는 하중을 효과적으로 좌·우측의 부재에 전달하기 위하여 개구부의 양 끝에 평행부재를 가로질러 설치되는 구조부재
- **화염막이**: 구조체의 내부 공간을 타고 화염이 인접한 구역으로 전파되는 것을 방지하기 위하여 구조체 내부를 가로질러 설치되는 부재
- **호칭 치수**: 목재의 치수를 실제 치수보다 큰 25의 배수로 올려서 부르기 편하게 사용하는 치수

(0802부터 0805까지는 목구조의 구조계산에 관한 내용으로 생략)

0806 경골목구조

0806.1 일반사항

0806.1.1 적용범위

이 장은 구조 내력상 중요한 부분에 0802장에서 규정한 재료를 사용하여 방화구역 이외의 지역에서 경골목조건축공법으로 건축한 단독주택, 공동주택, 기숙사, 노유자시설, 근린생활시설, 근린공공시설의 3층까지 적용한다. 관련 기준에 따라 스프링클러를 전 층에 설치할 경우에는 4층까지 허용하며 4층인 경우에는 구조계산을 별도로 실시한다.

0806.1.2 재료

0806.1.2.1 토대, 바닥장선, 보, 서까래, 마룻대 등과 같이 구조 내력상 휨이나 인장하중을 지지하는 중요한 부분에 사용하는 구조재의 품질은 KS F 3020(침엽수 구조용재)의 2등급 이상, KS F3021(구조용 집성재) 및 KS F3119(목재 단판적층재)의 1급에 적합하거나 이와 동등 이상이어야 한다.

0806.1.2.2 깔도리, 스터드 등과 같이 압축하중을 지지하는 부재에는 KS F3020(침엽수 구조용재)의 3등급까지 사용할 수 있다.

0806.1.2.3 구조 내력상 주요한 부분에 사용하는 바닥, 벽 또는 지붕의 덮개는 KS F3113 (구조용 합판)의 2등급 또는 이와 동등 이상이어야 한다.

0806.1.2.4 구조 내력상 주요한 부분에 사용하는 못 또는 나사못의 품질은 목조건축용 철못(KS F4537), 일반용 철못(KS D3553), 석고판용 못(KS F3514), 스테인리스강 못(KS D7052), 목구조용 철물(KS F4514), 십자홈나사못(KS B1056)에 적합하며, 옥외에 면하거나 항시 습윤 상태로 유지되기 쉬운 부분에는 방청못, 또는 이와 동등 이상의 못을 사용한다.

0806.1.2.5 구조 내력상 주요한 부분에 사용하는 재료로서 위에 규정되지 아니한 재료에 대해서는 KS, 또는 이와 동등 이상의 성능이 있는 것을 사용한다.

0806.2 기초 및 토대

0806.2.1 기초

0806.2.1.1 모든 내력벽, 또는 전단벽의 아래에는 줄기초를 설치하여야 한다. 줄기초는 철근콘크리트구조, 무근콘크리트구조나 조적조로 하고 기초벽의 두께는 최하층 벽두께의 1.5배 이상으로서 150mm 이상이어야 한다.

0806.2.1.2 줄기초의 깊이는 동결선 아래까지 설치하며 지면으로부터 기초벽 상단까지의 높이는 300mm 이상으로 한다.

0806.2.1.3 기초의 두께와 너비는 각각 줄기초 두께와 같거나 2배 이상이어야 한다.

0806.2.2 토대

0806.2.2.1 1층 내력벽이나 전단벽의 아래쪽에 토대를 설치한다.

0806.2.2.2 토대는 앵커볼트, 또는 이와 유사한 강도를 갖는 철물에 의하여 기초에 고정한다.

0806.2.2.3 앵커볼트는 최소한 지름 12mm 및 길이 230mm 이상 되어야 하며 볼트의 머리 부분이 기초 내에 180mm 이상 묻히도록 설치한다.

0806.2.2.4 앵커볼트는 토대 끝면이나 개구부로부터 150mm 이내에 고정하고, 토대 1개당 2개 이상의 앵커볼트를 사용해야 하며 앵커볼트 사이의 간격은 1.8m 이하로 한다.

0806.2.2.5 토대에는 산림청 고시한 「목재의 방부·방충처리기준」 및 「임산물 품질인증규정」에 있는 목재의 사용 환경 범주 H3에 해당하는 목재를 사용해야 한다.

0806.3 바닥

0806.3.1 바닥장선

0806.3.1.1 바닥장선에는 KS F 3020의 1종 구조재로서 2등급이나 이와 동등 이상의
품질을 지닌 목재로서 너비 140mm 이상의 것을 사용한다.

0806.3.1.2 바닥장선은 〈표 0806.3.1.2(1)〉~〈표 0806.3.1.2(5)〉의 경간 기준에 따라서
구조 내력상 안전하게 설치한다. 단면 치수가 38×235mm 이상인 목재를
사용하는 경우(해당 장선을 2개 이상 접합하여 사용하는 경우 또는 경간
을 4.5m 미만으로 할 경우는 제외한다)에는 2.4m 이하의 간격으로 두께
38mm 이상의 보막이를 설치한다.

0806.3.1.3 바닥장선, 보, 기타 수평 구조부재는 부재의 중앙부 부근 아래쪽에 구조
내력상 지장이 있는 따내기를 할 수 없다.

0806.3.1.4 바닥장선 상호 간의 간격은 650mm 이하로 한다.

0806.3.1.5 바닥에 설치하는 개구부는 이를 구성하는 바닥장선과 같은 치수 이상의
단면을 가지는 바닥장선으로 보강한다.

0806.3.1.6 2층이나 3층의 내력벽 바로 아래에 내력벽을 설치하지 않는 경우에는 해
당 내력벽 바로 아래의 바닥장선을 구조 내력상 유효하게 보강한다.

0806.3.1.7 기둥-보 구조로 바닥을 지지하거나 철근콘크리트, 무근콘크리트, 또는
콘크리트블록의 줄기초 및 철근콘크리트조나 무근콘크리트조의 바닥을
설치하여 앞의 각 호에 정하는 것과 동등 이상의 성능을 갖도록 하는 경
우에는 이를 적용할 수 있다.

〈표 0806.3.1.2(1)〉 바닥장선 경간표(활하중 1,500N/㎡+고정하중 500N/㎡)

수종군	부재 크기 (mm)	경간(m)		
		중심 간격 300mm	중심 간격 400mm	중심 간격 600mm
G=0.50[1]	38×140	3.6	3.27	2.71
	38×185	4.74	4.31	3.55
	38×235	6.04	5.3	4.34
	38×286	7.11	6.17	5.02
G=0.45[1]	38×140	3.35	3.04	2.66
	38×185	4.41	4.01	3.45
	38×235	5.63	5.13	3.22
	38×286	6.85	5.99	4.9
G=0.40[1] G=0.35[1]	38×140	3.17	2.81	2.28
	38×185	4.11	3.55	2.89
	38×235	5	4.34	3.55
	38×286	5.81	5.02	4.11

1) 삼나무류: G=0.35, 잣나무류: G=0.40, 소나무류: G=0.45, 낙엽송류: G=0.50, 단풍나무 및 남부 소나무: G=0.55

〈표 0806.3.1.2(2)〉 바닥장선 경간표(활하중 2,000N/㎡+고정하중 500N/㎡)

수종군	부재 크기 (mm)	경간(m)		
		중심 간격 300mm	중심 간격 400mm	중심 간격 600mm
낙엽송류 (G=0.50)	38×140	3.27	2.97	2.51
	38×185	4.31	3.88	3.17
	38×235	5.48	4.74	3.88
	38×286	6.37	5.51	4.49
소나무류 (G=0.45)	38×140	3.04	2.76	2.41
	38×185	4.01	3.65	3.09
	38×235	5.13	4.62	3.78
	38×286	6.19	5.35	4.36
잣나무류 (G=0.40) 삼나무류 (G=0.35)	38×140	2.89	2.51	2.05
	38×185	3.68	3.17	2.59
	38×235	4.49	3.88	3.17
	38×286	5.2	4.49	3.68

1) 삼나무류: G=0.35, 잣나무류: G=0.40, 소나무류: G=0.45, 낙엽송류: G=0.50, 단풍나무 및 남부 소나무: G=0.55

〈표 0806.3.1.2(3)〉 바닥장선 경간표(활하중 2,500N/㎡+고정하중 500N/㎡)

수종군	부재 크기 (mm)	경간(m)		
		중심 간격 300mm	중심 간격 400mm	중심 간격 600mm
G=0.50[1]	38×140	3.02	2.76	2.28
	38×185	3.98	3.55	2.89
	38×235	5	4.34	3.55
	38×286	5.81	5.02	4.11
G=0.45[1]	38×140	2.81	2.47	1.98
	38×185	3.73	3.37	2.81
	38×235	4.74	4.21	3.45
	38×286	5.63	4.9	3.98
G=0.40[1] G=0.35[1]	38×140	2.64	2.28	1.87
	38×185	3.35	2.89	2.36
	38×235	4.08	3.55	4.11
	38×286	4.74	4.11	3.35

1) 삼나무류: G=0.35, 잣나무류: G=0.40, 소나무류: G=0.45, 낙엽송류: G=0.50, 단풍나무 및 남부 소나무: G=0.55

〈표 0806.3.1.2(4)〉 바닥장선 경간표(활하중 2,000N/㎡+고정하중 1,000N/㎡)

수종군	부재 크기 (mm)	경간(m)		
		중심 간격 300mm	중심 간격 400mm	중심 간격 600mm
G=0.50[1]	38×140	3.25	2.81	2.28
	38×185	4.11	3.55	2.89
	38×235	5	4.34	3.55
	38×286	5.81	5.02	4.11
G=0.45[1]	38×140	3.04	2.71	2.23
	38×185	3.98	3.45	2.81
	38×235	4.87	4.21	3.45
	38×286	5.63	4.9	3.98
G=0.40[1] G=0.35[1]	38 × 140	2.64	2.28	1.87
	38 × 185	3.35	2.89	2.36
	38 × 235	4.08	3.55	2.89
	38 × 286	4.74	4.11	3.35

1) 삼나무류: G=0.35, 잣나무류: G=0.40, 소나무류: G=0.45, 낙엽송류: G=0.50, 단풍나무 및 남부 소나무: G=0.55

〈표 0806.3.1.2(5)〉 바닥장선 경간표(활하중 2,500N/㎡+고정하중 1,000N/㎡)

수종군	부재 크기 (mm)	경간(m)		
		중심 간격 300mm	중심 간격 400mm	중심 간격 600mm
G=0.501)	38×140	2.99	2.59	2.1
	38×185	3.81	3.3	2.69
	38×235	4.64	4.01	3.27
	38×286	5.38	4.67	3.81
G=0.451)	38×140	2.8	2.51	2.05
	38×185	3.68	3.2	2.61
	38×235	4.52	3.91	3.2
	38×286	5.23	4.52	3.7
G=0.401) G=0.351)	38×140	2.43	2.13	1.72
	38×185	3.09	2.69	2.18
	38×235	3.78	3.27	2.69
	38×286	4.39	3.81	3.09

1) 삼나무류: G=0.35, 잣나무류: G=0.40, 소나무류: G=0.45, 낙엽송류: G=0.50, 단풍나무 및 남부 소나무: G=0.55

0806.3.2. 바닥 덮개

0806.3.2.1 바닥 덮개에는 두께 18mm 이상의 구조용 합판, 오에스비, 파티클보드, 또는 이와 동등 이상의 구조용 판재를 사용한다.

0806.3.2.2 바닥 덮개는 바닥장선과의 사이에 내수 접착제(페놀수지 목재 접착제(KS M3702), 멜라민-요소 공축합수지 목재 접착제(KS M3735), 또는 이와 동등 이상의 것)를 도포한 후 적정 치수의 못으로 〈표 0806.3.2.2〉에 따라서 고정한다.

0806.3.2.3 바닥의 각 부재들 사이, 그리고 바닥장선과 토대, 또는 위깔도리 사이는 각각 〈표 0806.3.2.2〉에 따라서 고정한다.

〈표 0806.3.2.2〉 못박기 기준

구분	접합부	못박기 기준[1]	
		못박기 방법	못치수와 개수
1)	장선과 토대, 또는 큰보	경사못박기	CMN 65 (8d) 못 3개
2)	보막이와 장선	경사못박기	각 끝면에 CMN 65 (8d) 못 2개
3)	밑깔도리와 장선, 또는 보막이	표면못박기	중심 간격 400mm로 CMN 90 (16d) 못
4)	위깔도리와 스터드	끝면못박기	CMN 90 (16d) 못 2개
5)	스터드와 밑깔도리	경사못박기	CMN 65 (8d) 못 4개
		끝면못박기	CMN 90 (16d) 못 2개
6)	2중 스터드	표면못박기	중심 간격 600mm로 CMN 90 (16d) 못
7)	2중 깔도리	표면못박기	중심 간격 400mm로 CMN 90 (16d) 못
8)	위깔도리 이음부	표면못박기	CMN 90 (16d) 못 2개
9)	헤더(2개의 부재 조립보)	표면못박기	중심 간격 400mm로 CMN 90 (16d) 못
10)	천장 장선과 위깔도리	경사못박기	CMN 65 (8d) 못 3개
11)	헤더와 스터드	경사못박기	CMN 65 (8d) 못 4개
12)	실내 칸막이벽 위에서 천장장선의 겹침 부위	표면못박기	CMN 90 (16d) 못 3개
13)	천장장선과 서까래	표면못박기	CMN 90 (16d) 못 3개
14)	서까래와 위깔도리	경사못박기	CMN 65 (8d) 못 3개
15)	모서리 스터드	표면못박기	중심 간격 600mm로 CMN 90 (16d) 못
16)	조립보	표면못박기	상하단에서 중심 간격 800mm로 20d 못, 끝면과 각 연결부에서 20d 못 2개

구분	접합부	못박기 기준[1]	
		못박기 방법	못치수와 개수
17)	두께 38mm 널판	표면못박기	각 지점 위에서 CMN 90(16d) 못 2개 (데크의 경우에는 방청못)
18)	바닥 밑판, 지붕 덮개 및 벽 덮개와 골조: 두께 12mm 이하의 구조용 판재 두께 15~25mm 이하의 구조용 판재 두께 28~31mm 이하의 구조용 판재		CMN 50 (6d) 못(방청못) CMN 65 (8d) 못(방청못) CMN 75 (10d) 못(방청못)
19)	구조용 판재 외벽널과 골조: 두께 12mm 이하의 구조용 판재 두께 15mm 이하의 구조용 판재		CMN 50 (6d) 못(방청못) CMN 65 (8d) 못(방청못)

(1) 못의 종류가 별도로 규정되지 않은 경우 일반용 철못을 사용한다.

0806.3.3 바닥의 처짐

바닥구조의 최대 처짐량은 〈표 0806.3.3〉의 값을 초과할 수 없다.

〈표 0806.3.3〉 주요 구조부의 최대 처짐 허용 한계

주요 구조부	활하중에 의한 처짐	총 하중에 의한 처짐
지붕	$L^{(1)}$/360L	L/240
바닥	L/240	L/180
벽	L/100	–

(1) L = 경간

0806.4 내력벽

0806.4.1 내력벽의 배치

0806.4.1.1 건축물에 작용하는 수직 하중 및 수평 하중을 안전하게 지지할 수 있도록 내력벽을 균형 있게 배치한다.

0806.4.1.2 내력벽 사이의 거리는 12m 이하로 하며 내력벽에 의하여 둘리는 부분의
수평투영면적은 40㎡(바닥장선을 깔도리에 연결할 때에 고정되는 부분이
구조 내력상 충분한 강도를 제공하며, 장선 사이에 적절하게 보막이가 된
경우에는 60㎡) 이하로 한다.

0806.4.1.3 외벽 사이의 교차부에는 길이 900mm 이상의 내력벽을 하나 이상 설치한다.

0806.4.1.4 경골목조건축물의 각 층에서 전체 벽 면적(실내 벽 포함)에 대한 내력벽
면적의 비율은 3층 건물의 1층에서는 40% 이상, 3층 건물의 2층(또는 2
층 건물의 1층)에서는 30% 이상, 그리고 3층 건물의 3층(또는 2층 건물의
2층이나 1층 건물의 1층)에서는 25% 이상 되어야 한다.

0806.4.2 스터드 및 골조부재

0806.4.2.1 내력벽의 스터드에는 KS F3020의 1종 구조재로서 2등급 또는 이와 동
등 이상의 강도와 강성을 지닌 목재를 사용하고 3층 건물의 1층에는
38mm×140mm 이상의 치수를 사용한다.

0806.4.2.2 내력벽에 사용되는 스터드의 간격은 〈표 0806.4.2〉에 따른다.

〈표 0806.4.2〉 건축물의 종류에 따른 스터드 간격

스터드 치수 (mm)	내력벽에서 스터드의 간격(mm)		
	단층 건물 2층 건물의 2층 3층 건물의 3층	2층 건물의 1층 3층 건물의 2층	3층 건물의 1층
38×89	650 이하	500 이하	450 이하
38×140	650 이하	650 이하	500 이하
38×184	650 이하	650 이하	650 이하

0806.4.2.3 내력벽의 모서리 및 교차부에는 각각 3개 이상의 스터드를 사용한다.

0806.4.2.4 내력벽의 상부에는 이중깔도리를 사용하여 내력벽 상호 간을 구조 내력
상 유효하게 연결한다.

0806.4.2.5 벽과 바닥, 이중깔도리, 또는 옆 기둥을 포함한 벽의 각 부재는 〈표
0806.3.2.2〉에 따라서 고정한다.

0806.4.2.6 지하층의 벽은 철근콘크리트조나 조적조로 한다.

0806.4.3. 벽 덮개

내력벽의 덮개에는 두께 12mm 이상의 구조용 합판, 오에스비, 파티클보드, 또는 이
와 동등 이상의 구조용 판재를 사용한다.

0806.4.4 개구부

0806.4.4.1 내력벽에 설치되는 개구부의 폭은 4m 이하로 하며 그 폭의 합계는 〈표
0806.4.4.1〉에 따른다.

〈표 0806.4.4.1〉 내력벽에서 개구부의 최대 허용 비율   (단위: %)

층 구분	1층 건축물	2층 건축물	3층 건축물
1층	75%	60%	40%
2층	–	75%	60%
3층	–	–	75%

0806.4.4.2 폭 900mm 이상의 개구부의 상부에는 개구부를 구성하는 스터드와 동
일 치수의 단면을 가지는 옆 기둥에 의하여 지지가 되는 헤더를〈표 0806.
4.4.2(1)〉~〈표 0806.4.4.2(7)〉에 따라서 구조 내력상 유효하게 설치한다.

⟨표 0806.4.4.2(1)⟩ 외부 내력벽에서 헤더 경간표 (활하중 2,000N/㎡)
(낙엽송류, 소나무류, 잣나무류 및 삼나무류 2등급 이상)

지지 조건	부재 크기 (mm)	경간(m)		
		건물의 폭 6.0m	건물의 폭 8.5m	건물의 폭 11.0m
지붕	2-38×89	1.09	0.96	0.86
	2-38×140	1.65	1.42	1.27
	2-38×185	2.08	1.8	1.62
	2-38×235	2.56	2.2	1.98
	2-38×286	2.97	2.56	2.28

⟨표 0806.4.4.2(2)⟩ 외부 내력벽에서 헤더 경간표(활하중 2,000N/㎡)
(낙엽송류, 소나무류, 잣나무류 및 삼나무류 2등급 이상)

지지 조건	부재 크기 (mm)	경간(m)		
		건물의 폭 6.0m	건물의 폭 8.5m	건물의 폭 11.0m
지붕 및 2층	2-38×89	0.93	0.83	0.73
	2-38×140	1.37	1.21	1.09
	2-38×185	1.75	1.52	1.37
	2-38×235	2.13	1.87	1.67
	2-38×235	2.46	2.15	1.95

⟨표 0806.4.4.2(3)⟩ 외부 내력벽에서 헤더 경간표(활하중 2,000N/㎡)
(낙엽송류, 소나무류, 잣나무류 및 삼나무류 2등급 이상)

지지 조건	부재 크기 (mm)	경간(m)		
		건물의 폭 6.0m	건물의 폭 8.5m	건물의 폭 11.0m
지붕 및 2층	2-38×89	0.81	0.71	0.63
	2-38×140	1.19	1.04	0.91
	2-38×185	1.52	1.32	1.16
	2-38×235	1.85	1.6	1.42
	2-38×286	2.15	1.85	1.65

<표 0806.4.4.2(4)> 외부 내력벽에서 헤더 경간표(활하중 2,000N/㎡)
(낙엽송류, 소나무류, 잣나무류 및 삼나무류 2등급 이상)

지지 조건	부재 크기 (mm)	경간(m)		
		건물의 폭 6.0m	건물의 폭 8.5m	건물의 폭 11.0m
지붕, 2층 및 3층	2-38×89	0.78	0.68	0.6
	2-38×140	1.14	0.99	0.88
	2-38×185	1.44	1.27	1.14
	2-38×235	1.75	1.54	1.39
	2-38×286	2.03	1.77	1.6

<표 0806.4.4.2(5)> 외부 내력벽에서 헤더 경간표(활하중 2,000N/㎡)
(낙엽송류, 소나무류, 잣나무류 및 삼나무류 2등급 이상)

지지 조건	부재 크기 (mm)	경간(m)		
		건물의 폭 6.0m	건물의 폭 8.5m	건물의 폭 11.0m
지붕, 2층 및 3층	2-38×89	0.63	0.55	0.48
	2-38×140	0.93	0.81	0.71
	2-38×185	1.16	1.01	0.91
	2-38×235	1.44	1.24	1.11
	2-38×286	1.67	1.44	1.29

<표 0806.4.4.2(6)> 실내 내력벽에서 헤더 경간표(활하중 2,000N/㎡)
(낙엽송류, 소나무류, 잣나무류 및 삼나무류 2등급 이상)

지지 조건	부재 크기 (mm)	경간(m)		
		건물의 폭 6.0m	건물의 폭 8.5m	건물의 폭 11.0m
2층	2-38×89	1.04	0.86	0.76
	2-38×140	1.49	1.27	1.11
	2-38×185	1.9	1.62	1.42
	2-38×235	2.33	1.98	1.75
	2-38×286	2.71	2.28	2

<표 0806.4.4.2(7)> 실내 내력벽에서 헤더 경간표(활하중 2,000N/㎡)
(낙엽송류, 소나무류, 잣나무류 및 삼나무류 2등급 이상)

지지 조건	부재 크기 (mm)	경간(m)		
		건물의 폭 6.0m	건물의 폭 8.5m	건물의 폭 11.0m
2층 및 3층	2-38×89	0.68	0.58	0.53
	2-38×140	1.01	0.86	0.76
	2-38×185	1.29	1.09	0.99
	2-38×235	1.57	1.34	1.19
	2-38×286	1.82	1.57	1.39

0806.4.5. 벽 구조의 처짐

벽 구조의 최대 처짐량은 <표 0806.3.3>의 값을 초과할 수 없다.

0806.5 지붕 및 천장

0806.5.1 천장장선 및 서까래

0806.5.1.1 지붕의 서까래 및 천장의 장선에는 KS F 3020의 1종 구조재로서 2등급
또는 이와 동등 이상의 강도와 강성을 지닌 목재를 사용하고 경간의 결
정은 <표 0806.5.1(1)>~<표 0806.5.1(5)>에 의한다.

0806.5.1.2 서까래 및 천장장선 상호 간의 간격은 650mm 이하로 한다.

0806.5.1.3 천장장선이 설치되거나 구조 내력상 유효한 방법으로 보강된 경우를 제
외하고 서까래에는 조름보를 구조 내력상 유효하게 설치한다.

0806.5.1.4 트러스는 작용하는 하중 및 외력에 대하여 구조 내력상 안전하게 설계한다.

0806.5.1.5 서까래나 트러스는 파스너를 사용하여 구조 내력상 안전하게 윗깔도리에 고정한다.

〈표 0806.5.1(1)〉 천장장선 경간표(활하중 500N/㎡ + 고정하중 250N/㎡)

수종군	부재 크기(mm)	지간 거리 (m)		
		중심 간격 300mm	중심 간격 400mm	중심 간격 600mm
G=0.50[1]	38×89	3.78	3.42	2.99
	38×140	5.94	5.38	4.57
	38×185	7.82	7.11	5.81
	38×235	9.98	8.68	7.08
G=0.45[1]	38×89	3.53	3.2	2.79
	38×140	5.53	5.02	4.39
	38×185	7.31	6.62	5.63
	38×235	9.32	8.02	6.88
G=0.40[1]	38×89	3.32	3.02	2.56
G=0.35[1]	38×140	5.23	4.57	3.73
	38×185	6.7	5.81	4.74
	38×235	8.17	7.08	5.79

1) 삼나무류: G=0.35, 잣나무류: G=0.40, 소나무류: G=0.45, 낙엽송류: G=0.50, 단풍나무 및 남부 소나무: G=0.55

〈표 0806.5.1(2)〉 천장장선 경간표(활하중 1,000N/㎡ + 고정하중 500N/㎡)

수종군	부재 크기(mm)	지간 거리(m)		
		중심 간격 300mm	중심 간격 400mm	중심 간격 600mm
G=0.50[1]	38×89	2.99	2.71	2.2
	38×140	4.57	3.96	3.25
	38×185	5.81	5.02	4.11
	38×235	7.08	6.14	5
G=0.45[1]	38×89	2.79	2.54	2.15
	38×140	4.39	3.86	3.14
	38×185	5.63	4.87	3.98
	38×235	6.88	5.96	4.87
G=0.40[1]	38×89	2.56	2.2	1.8
G=0.35[1]	38×140	3.73	3.25	2.64
	38×185	4.74	4.11	3.35
	38×235	5.79	5	4.08

1) 삼나무류: G=0.35, 잣나무류: G=0.40, 소나무류: G=0.45, 낙엽송류: G=0.50, 단풍나무 및 남부 소나무: G=0.55

〈표 0806.5.1(3)〉 서까래 경간표(활하중 1,000N/㎡+ 고정하중 500N/㎡)
(눈이 오지 않는 지역, 가벼운 지붕 마감재료, 석고보드 부착, 다락방이 없는 경우)

수종군	부재 크기(mm)	지간 거리(m)		
		중심 간격 300mm	중심 간격 400mm	중심 간격 600mm
G=0.50[1]	38×89	4.72	4.29	3.63
	38×140	6.22	5.61	4.59
	38×185	7.92	6.85	5.61
	38×235	9.19	7.65	6.5
G=0.45[1]	38×89	4.39	3.98	3.47
	38×140	5.79	5.25	4.47
	38×185	7.39	6.68	5.43
	38×235	8.94	7.74	6.32
G=0.40[1] G=0.35[1]	38×89	4.16	3.63	2.94
	38×140	5.3	4.59	3.75
	38×185	6.47	5.61	4.57
	38×235	7.51	6.5	5.3

1) 삼나무류: G=0.35, 잣나무류: G=0.40, 소나무류: G=0.45, 낙엽송류: G=0.50, 단풍나무 및 남부 소나무: G=0.55

〈표 0806.5.1(4)〉 서까래 경간표(활하중 1,000N/㎡ + 고정하중 500N/㎡)
(눈이 오지 않는 지역, 가벼운 지붕 마감재료, 천장이 없는 경우)

수종군	부재 크기(mm)	지간 거리(m)		
		중심 간격 300mm	중심 간격 400mm	중심 간격 600mm
G=0.50[1]	38×89	3.3	2.99	2.48
	38×140	5.13	4.44	3.63
	38×185	6.5	5.61	4.59
	38×235	7.92	6.85	5.61
G=0.45[1]	38×89	3.07	2.79	2.41
	38×140	4.85	4.31	3.53
	38×185	6.29	5.46	4.47
	38×235	7.69	6.68	5.43
G=0.40[1] G=0.35[1]	38×89	2.87	2.48	2.03
	38×140	4.19	3.63	2.94
	38×185	5.3	4.59	3.75
	38×235	6.47	5.61	4.57

1) 삼나무류: G=0.35, 잣나무류: G=0.40, 소나무류: G=0.45, 낙엽송류: G=0.50, 단풍나무 및 남부 소나무: G=0.55

〈표 0806.5.1(5)〉 서까래 경간표(활하중 1,500N/㎡ + 고정하중 750N/㎡)
눈이 오는 지역, 중간 무게의 지붕 마감재료, 석고보드 부착, 다락방이 없는 경우)

수종군	부재 크기(mm)	지간 거리 (m)		
		중심 간격 300mm	중심 간격 400mm	중심 간격 600mm
G=0.50[1]	38×89	4.01	3.47	2.84
	38×140	5.08	4.39	3.58
	38×185	6.19	5.38	4.39
	38×235	7.18	6.22	5.08
G=0.45[1]	38×89	3.83	3.37	2.76
	38×140	4.92	4.26	3.5
	38×185	6.04	5.23	4.26
	38×235	6.98	6.07	4.95
G=0.40[1] G=0.35[1]	38×89	3.27	2.84	2.31
	38×140	4.14	3.58	2.94
	38×185	5.08	4.39	3.58
	38×235	5.86	5.08	4.16

1) 삼나무류: G=0.35, 잣나무류: G=0.40, 소나무류: G=0.45, 낙엽송류: G=0.50, 단풍나무 및 남부 소나무: G=0.55

0806.5.2. 지붕 덮개

0806.5.2.1 지붕 덮개는 구조용 판재 중에서 두께 12mm 이상의 구조용 합판, 오에스비, 파티클보드, 또는 이와 동등 이상의 것으로 한다.

0806.5.2.2 지붕 골조의 목재 부재 사이 및 서까래와 윗깔도리, 또는 지붕 덮개 사이는 〈표 0806.3.2.2〉에 따라서 고정한다.

0806.5.3 개구부

0806.5.3.1 실험, 또는 계산으로 구조 내력상 안전하다고 확인된 경우를 제외하고 지붕에 설치하는 개구부의 폭은 2m 이하로 하며 그 폭의 합계는 해당 지붕의 하단 폭의 1/2 이하로 한다.

0806.5.3.2 지붕에 설치하는 폭 900mm 이상의 개구부의 상부에는 개구부를 구성

하는 스터드와 동일 치수의 단면을 가지는 옆 기둥에 의하여 지지가 되
는 헤더를 〈표 0806.4.4.2(1)〉～〈표 0806.4.4.2(7)〉에 따라서 구조 내력상
유효하게 설치한다.

0806.5.4 지붕구조의 처짐: 지붕 및 천장 구조의 최대 처짐량이 〈표 0806.3.3〉의 값을 초
과할 수 없으며, 천장 구조에는 〈표 0806.3.3〉의 바닥에 대한 값을 적용한다.

0806.6 계단 구조

0806.6.1 계단은 구조 내력상 안전하여야 하며 통행 및 가구 운반 등을 위한 적절한
상부 공간을 확보하여야 한다.

0806.6.2 실내계단은 디딤판의 두께가 38mm 이상, 옆판은 두께가 38mm 이상이
고 높이가 235mm 이상, 그리고 챌판은 두께가 20mm 이상이어야 한다.

0806.6.3 실외계단은 불연성 재료로 하여야 한다. 다만, 2층 이하의 건물에서는 두
께 38mm 이상의 목재가 계단챌판을 제외한 계단 각부에 사용할 수 있으
며, 계단챌판으로는 20mm 이상의 목재를 사용할 수 있다.

0806.6.4 계단 각부의 치수는 〈표 0806.6.4〉에 따른다.

0806.6.5 공동주택의 세대수, 또는 기숙사의 침실 수가 6을 초과하면 〈표 0806.6.5〉
에 따라서 피난계단을 설치한다.

0806.6.6 공동주택 내에는 나선형의 계단을 설치할 수 없다.

<段>〈표 0806.6.4〉 계단 각부의 치수

계단의 종류		계단의 폭	최대 챌판 높이	최소 디딤판 너비
주택의 계단	공동주택	1200mm 이상	230mm 이하	150mm 이상
	공동주택 이외의 주택	750mm 이상		

〈표 0806.6.5〉 공동주택 피난계단의 치수

계단의 종류	계단의 폭	최대 챌판 높이	최소 디딤판 폭
실내 계단	1200mm 이상	200mm 이하	240mm 이상
실외 계단	900mm 이상		

0806.7 접합부

0806.7.1 접합부는 부재와 부재 사이를 연결하면서 하중을 전달하는 기능을 가진다. 접합부에는 현저한 변형이 발생하거나 파스너의 강도를 초과하는 전단, 인장 및 휨 하중이 작용하지 않도록 설계한다.

0806.7.2 〈표 0806.3.2.2〉의 못박기 기준은 최소한의 요건이며 필요한 경우에는 별도의 구조계산을 통하여 이를 보강할 수 있다.

0806.7.3 못 이외의 철물을 이용한 접합부의 경우에는 해당 철물 제조업체에서 제공하는 허용 강도에 따라서 구조 계산을 해야 하며 이보다 더 높은 하중이 작용해서는 안 된다.

0806.8 구조계산

0806.8.1 0806의 기준은 허용응력 설계법에 근거하여 이루어진 것으로서 이에 따르지 아니하는 목구조 건축물은 0803, 0804 및 0805의 규정에 의하여 구조계산을 한다.

0806.8.2 건축물의 사용 중에 각 구조부재에 작용하는 응력이 0802의 규정에 의하

여 계산된 해당 재료의 허용응력을 초과할 수 없다.

0806.8.3 건축물의 사용 중에 각 부재에는 과도한 변형이 발생하지 않아야 하며 주요 구조부의 처짐이 〈표 0806.3.3〉의 값을 초과할 수 없다.

0806.8.4 경골목구조 건축물에서 구조 내력상 중요한 구조부로서 0806에서 규정되지 않은 부분은 적절한 공학적 방법에 의하여 구조설계를 실시한다.

0806.9 차음구조

0806.9.1 다음 각 호의 규정에 의한 건축물의 경계벽 및 칸막이벽, 바닥 등은 차음구조로 하고 벽체는 지붕 및 바로 위층 바닥판까지 닿게 한다.

- 공동주택의 각 세대 간 경계벽(발코니 부분은 제외한다) 및 바닥

- 학교의 교실, 의료시설의 병실, 숙박시설의 객실 및 기숙사의 침실 간의 칸막이벽 및 바닥

- 승강로와 인접한 주거 경계벽

0806.9.2 모든 차음구조는 〈표 0806.9.2〉의 차음성능 기준을 만족하여야 한다.

〈표 0806.9.2〉 차음성능 기준

구조명	차음 등급(STC)
경계벽 및 칸막이벽, 바닥	50 이상

주) 시험방법은 KS F2808(실험실에서의 음향투과손실 측정 방법)에 의하고 차음 등급(STC; sound transmission class) 산출 방법은 ISO 717-part1에 따르며, 주파수 범위는 125Hz~4,000Hz를 적용한다.

0806.10 건축물의 열 손실 방지

0806.10.1 경골목조건축물은 다음 각 호의 기준에 의하여 열 손실 방지 등의 에너지 이용 합리화를 위한 조치를 취하여야 한다.

0806.10.2 건축물의 각 부위는 〈표 0806.10.2〉의 열관류율 값을 만족하여야 한다.

〈표 0806.10.2〉 건축물의 지역별 부위별 열관류율 기준

(단위:W/㎡·K, 괄호 안은 단위: Kcal/㎡·h·℃)

지역 건축물의 부위			중부 지역[1]	남부 지역[2]	제주도
거실의 외벽	외기에 직접 면하는 경우		0.47 이하 (0.40) 이하	0.58 이하 (0.50) 이하	0.76 이하 (0.65) 이하
	외기에 간접 면하는 경우		0.64 이하 (0.55) 이하	0.81 이하 (0.70) 이하	1.10 이하 (0.95) 이하
지역 건축물의 부위			중부 지역[1]	남부 지역[2]	제주도
최상층에 있는 거실의 반자, 또는 지붕	외기에 직접 면하는 경우		0.29 이하 (0.25) 이하	0.35 이하 (0.30) 이하	0.41 이하 (0.35) 이하
	외기에 간접 면하는 경우		0.41 이하 (0.35) 이하	0.52 이하 (0.45) 이하	0.58 이하 (0.50) 이하
최하층에 있는 거실의 바닥	외기에 직접 면하는 경우	바닥 난방인 경우	0.35 이하 (0.30) 이하	0.41 이하 (0.35) 이하	0.47 이하 (0.40) 이하
		바닥 난방이 아닌 경우	0.41 이하 (0.35) 이하	0.47 이하 (0.40) 이하	0.52 이하 (0.45) 이하
	외기에 간접 면하는 경우	바닥 난방인 경우	0.52 이하 (0.45) 이하	0.58 이하 (0.50) 이하	0.64 이하 (0.55) 이하
		바닥 난방이 아닌 경우	0.58 이하 (0.50) 이하	0.64 이하 (0.55) 이하	0.76 이하 (0.65) 이하
공동주택의 측벽			0.35 이하 (0.30) 이하	0.47 이하 (0.40) 이하	0.58 이하 (0.50) 이하

공동주택의 층간 바닥	바닥 난방인 경우	0.81 이하 (0.70) 이하	0.81 이하 (0.70) 이하	0.81 이하 (0.70) 이하
	그 밖의 경우	1.16 이하 (1.0) 이하	1.16 이하 (1.0) 이하	1.16 이하 (1.0) 이하
창과 문	외기에 직접 면하는 경우	3.84 이하 (3.30) 이하	4.19 이하 (3.60) 이하	5.23 이하 (4.50) 이하
	외기에 간접 면하는 경우	5.47 이하 (4.70) 이하	6.05 이하 (5.20) 이하	7.56 이하 (6.50) 이하

1) 중부지역: 서울특별시, 인천광역시, 경기도, 강원도(강릉시, 동해시, 속초시, 삼척시, 고성군, 양양군 제외), 충청북도(영동군 제외), 충청남도(천안시), 경상북도(청송군)

2) 남부지역: 부산광역시, 대구광역시, 광주광역시, 대전광역시, 강원도(강릉시, 동해시, 속초시, 삼척시, 고성군, 양양군), 충청북도(영동군), 충청남도(천안시 제외), 전라북도, 전라남도, 경상북도(청송군 제외), 경상남도

0806.10.3. 온수 온돌로 난방하는 공동주택에 세대별 온수 보일러를 설치하는 경우에는 거실 바닥(최하층의 거실 바닥 및 외기에 접하는 바닥은 제외)의 열관류율은 1.0 이하로 하여야 한다.

0807 목조건축물의 내구계획 및 공법

0807.1 내구계획

0807.1.1 내구계획의 기본방침

내구계획의 기본방침은 아래와 같다.

(1) 내구성에 관한 목표설정

(2) 건축물의 전 사용기간을 통한 내구성의 중시

(3) 유지보전계획의 주지

0807.1.2 내구성을 고려한 계획·설계의 방법

내구성을 고려한 계획·설계는 목표사용연수를 설정하여 실시한다. 사용연수는 건

축물 전체와 각 부위, 부품, 기구마다 추정하고, 성능저하에 따른 추정치와 썩음에 의한 추정치중 작은 추정치를 구한다. 구조체는 성능저하의 추정치를 기본으로 하고, 썩음 방지를 위한 처리방법을 배려하여 설계한다.

0807.2 방부공법

0807.2.1 방부공법의 종류

방부공법에는 구조법과 방부제처리법이 있다. 이때 방부제처리법은 최소로 하고, 구조법을 우선으로 한다.

0807.2.1.1 구조법

건축물의 지붕, 내·외벽, 바닥, 개구부, 물이 접하는 부분 등은 방우, 방수, 결로방지 처리를 하고 구조체의 내부는 환기, 제습 장치를 한다.

0807.2.1.2 방부제 처리법

목재용 방부제를 사용하고, 가압주입·침지 및 도포 등의 방법으로 방부처리 한다. 방부 약제의 품질은 한국산업규격 KS M1701에 준한다.

0807.2.2 설계상의 주의

(1) 외벽에는 포수성 재료를 사용하지 않는다.

(2) 배수나 물 처리를 한다.

(3) 비처리가 불량한 설계를 피한다.

(4) 지붕 모양을 복잡하게 하지 않는다.

(5) 지붕 처마와 채양은 채광 및 구조상 지장이 없는 한 길게 한다.

0807.2.3 방부공법의 실시

건축물의 주위환경, 대지 조건, 건축물의 공법, 용도, 규모 및 사용 연한에 따라 다음과 같은 항목을 적용한다.

0807.2.3.1 구조법

(1) 주요부의 목재는 건조된 것을 사용한다.

(2) 썩기 쉬운 곳에는 내부후성이 있는 목재를 사용한다.

(3) 기초의 토대·바닥·외벽 등은 썩기 쉬우므로 필요한 환기구를 설치한다.

(4) 외벽·바닥 등은 내부 결로가 발생하지 않는 구조로 한다.

(5) 주방·욕실 등의 물이 접하는 부분에는 방수를 하고, 건조가 잘되도록 한다.

(6) 지붕 속의 환기를 위한 환기구를 설치한다.

0807.2.3.2 방부처리법

(1) 목재방부제의 품질기준은 한국산업규격 KS M1701에 준한다.

(2) 목재방부처리 기준은 산림청에서 고시한 「목재방부·방충처리기준」에 준한다.

(3) 맞춤이나 이음 등의 목재 가공부위는 방부제로 도포하거나 뿜칠처리를 한다.

(4) 시공 중 방부처리재의 양생, 약제의 보관, 작업장의 안전성을 고려한다.

0807.3 흰개미 방지공법

0807.3.1. 흰개미 방지공법의 종류

흰개미 방지공법에는 구조법, 방지제처리법, 토양처리법이 있다. 이때 약제 처리방법은 최소로 하고, 구조법을 우선으로 한다.

0807.3.1.1 구조법

구조적으로 방우, 방수, 결로방지를 하고, 흰개미가 건축물 내부로 침입하지 못하도록 조치한다.

0807.3.1.2 방의제 처리법

목재에 흰개미 방지약제를 주입, 침지 및 도포 등으로 처리하며 상세한 약제의 종류 및 처리방법은 산림청 고시에서 고시한 「목재의 방부·방충 처리기준」에 따른다.

0807.3.1.3 토양처리법

건물에 접촉하는 부분의 토양을 약제로 처리하여 개미가 침입하는 것을 막는다.

0807.3.2 흰개미 방지공법의 실시

흰개미 방지공법은 흰개미의 종류, 인근 건물의 피해 정도, 건축물의 구조, 용도, 규모 및 사용 연한 등에 따라 다음의 공법을 적용한다.

0807.3.2.1 구조법

(1) 기초를 단순하게 설계하여 토대와 기초의 접촉을 적게 한다.

(2) 금속판을 설치하여 흰개미 침입을 막는다.

(3) 마루 밑을 콘크리트 바닥으로 한다.

(4) 마루 밑, 벽 속 및 지붕 속의 환기에 유의한다.

(5) 주방, 욕실 등의 물이 접하는 부분에는 부재가 습윤하지 않은 구조로 한다.

0807.3.2.2 방의제 처리법

(1) 흰개미 방지처리는 처리 효과, 안전 관리와 시공성 등을 고려하여 적절한 방법을 선택한다.

(2) 이음 등의 목재 가공부위는 이음 시공 후 방의제로 도포하거나 뿜칠처리 한다.

(3) 시공 중 흰개미 방지처리재의 양생, 약제의 보관, 작업장의 안전성을 고려한다.

0807.3.2.3 토양처리법

시공은 유자격자에 의해 시행하고, 양생, 약제의 보관, 작업장의 안전성에 유의한다.

0808 건축물의 방화설계

0808.1 설계 고려 사항

0808.1.1 발화 및 화재 확대 방지

내부 마감재료는 방화상 지장이 없는 불연재료, 준불연재료, 또는 난연재료를 사용한다.

0808.1.2 방화구획을 통한 화재 확대 방지

건축물의 내부는 필요에 따라 내화구조의 방화구획을 설치하여 화재 발생 시 확대되지 않도록 한다.

0808.1.3 화재로 인한 건축물 붕괴 방지

수직 하중 및 수평 하중을 지지하는 내력 부재는 화재 시 고온 및 가열에 견디어 하중을 지지할 수 있는 내화 성능을 확보하도록 한다.

0808.1.4 인접 건축물로의 화재 확대 방지

건축물은 화재 시 발생하는 불똥, 화염 및 복사열 등에 의해 화재가 인접 건물로 확대되지 않도록 대책을 마련해야 한다.

0808.1.5 방화에 장애가 되는 용도의 제한

한 건축물 안에는 건축법에서 정하는 방화에 장애가 되는 용도를 분리함으로써 돌발적인 화재 발생을 방지한다.

0808.2 내화설계

0808.2.1 일반사항

건축법시행령 제56조(건축물의 내화구조)에 의한 용도 및 규모에 사용되는 목조 및 경골목구조의 주요 구조부 및 기타 구조에 적용한다.

0808.2.2 주요 구조부

0808.2.2.1 벽, 기둥, 바닥, 보, 지붕은 KS F2257(건축구조부재의 내화 시험 방법: 1999)에 의한 시험 방법으로 〈표 0808.2.2.1〉에 정한 것 이상의 내화 성능을 가진 것을 부재를 사용하여야 한다. 다만, 외벽 중 옥외측과 지붕의 표면은 불연성 재료로 만들거나 씌운 것으로 하며, 옥내 바닥의 표면측은 12mm 이상의 석고, 시멘트 모르타르 등을 바르거나 두께 40mm 이상의 목재로 된 것으로 하여야 한다.

〈표 0808.2.2.1〉 내화성능 기준

구분			내화 시간
벽	외벽	내력벽	1시간
		비내력벽 · 연소 우려가 있는 부분	1시간
		비내력벽 · 연소 우려가 없는 부분	30분
	칸막이벽		1시간
기 둥			1시간
바닥 (보 포함)			1시간
지 붕			30분

주 1) 지붕 및 바닥 아래 천장이 방화 재료로 피복되어 있을 때 해당 천장을 지붕 및 바닥 일부로 본다.
2) 외벽의 재하 가열 시험은 내측면만 가열한다.

0808.2.2.2 계단은 다음의 하나에 해당하는 구조로 하여야 한다(공동주택의 세대
내 계단은 제외).

  (1) 철근콘크리트조, 철골철근콘크리트조, 조적조, 철골조

  (2) 목조 계단에서는 계단을 구성하는 주요 목재(디딤판, 계단옆판)가 다음에 해
당하는 것

    ① 두께 60mm 이상인 것

    ② 두께가 38mm 이상 60mm 미만인 것은 계단이면과 계단옆판 외측에 두
께 12.5mm 이상의 방화 석고보드를 붙인 것

  (3) 기타 동등 이상의 내화 성능을 가진 것으로 인정하여 지정된 것

0808.2.2.3 기타

0808.2.2.1의 내화구조의 벽, 바닥, 천장 등은 다음의 구조로 하여야 한다.

  (1) 목재 피복 방화재료의 접합 부분, 이음 부분은 화염의 침입을 막을 수 있는
덧댐 구조로 하여야 한다.

  (2) 내화구조 이외의 주요 구조부인 벽에서는 피복 방화 재료 내부에서의 화염
전파를 방지할 수 있는 화염막이가 높이 3m 이내마다 설치된 구조로 하여야 한다.

  (3) 내화구조 이외의 주요 구조부인 벽과 바닥 및 지붕의 접합부와 계단과 바닥
의 접합부 등에 있어서는 피복 방화재료로 내부에서의 화염전파를 유효하게 하는
화염막이가 설치된 구조로 하여야 한다.

  (4) 피복 방화재료에 조명기구, 천장 환기구, 콘센트 박스, 스위치 박스, 기타 이와
유사한 설비가 설치된 경우에는 방화상 지장이 없도록 보강된 구조로 하여야 한다.

  (5) 접합용 철물을 사용할 때에는 원칙적으로 방화 재료로 충분한 방화 피복을
설치하든지 철물을 목재 내부에 삽입시켜야 한다.

0808.3 외벽 개구부의 방화

연소 우려가 있는 부분의 외벽 개구부는 방화문 설치 등의 방화 설비를 해야 한다.

0808.4 방화 구획

0808.4.1 주요 구조부가 내화구조나 불연재료로 된 건축물은 전체면적 1,000㎡(자동식 스프링클러 소화설비 설치 시 2,000㎡) 이내마다 방화 구획을 설치하여야 한다.

0808.4.2 0808.2의 구조가 아닌 건축물은 전체면적 1,000㎡ 이내마다 방화벽을 설치하여야 한다.

0808.4.3 상기 방화 구획 및 방화벽은 내화 2시간 이상의 내화구조로 하여야 한다.

0808.4.4 공동주택의 각 세대 간 경계벽은 내화구조로 지붕 속이나 천장 속까지 달하도록 하여야 한다.

0808.4.5 교육시설, 복지 및 감호시설, 숙박시설로 사용하는 건축물의 방화상 중요한 칸막이벽은 내화구조로 지붕 속 또는 천장 속까지 달하도록 하여야 한다. 이 경우 방화상 중요한 칸막이벽의 간격이 12m 이상일 경우에는 그 이내마다 지붕 속 또는 천장 속에 내화구조, 또는 양면을 방화구조로 한 격벽을 설치하여야 한다.

0808.4.6. 지하층, 또는 3층에 거실이 있는 경우 주거의 부분(세대의 층수가 2 이상인 것에 한함)과 공정으로 되어 있는 부분, 계단실, 승강기의 승강로 부분, 덕트 부분, 기타 이와 유사한 수직 샤프트는 기타 부분과 1시간 이상의 내화구조의

 목조주택 하나부터 열까지 따라하기

벽, 바닥, 또는 1시간 내화 성능이 있는 방화문으로 구획하여야 한다.

0808.4.7 0808.4.6의 규정에 의한 내화구조의 벽, 바닥이나 방화문에 접하는 외벽에서
는 이들 부분과 900mm 이상 부분은 내화 구조로 하여야 하며, 외벽 면으로
500mm 이상 돌출하여 내화 구조의 벽체나 바닥이 있는 경우에는 그러하지 아
니한다. 이 경우 내화구조로 해야 하는 부분에 개구부가 있으면 그 개구부에
는 1시간 내화 성능이 있는 방화문을 설치하여야 한다.

0808.4.8 전체면적이 200㎡ 이상인 경우 기타의 건물과 연결 복도를 설치할 경우 그 연
결 복도의 지붕틀이 목조로 그 길이가 4m 이상이면 지붕틀에 내화 구조나 양
면을 방화 구조로 한 격벽을 설치하여야 한다.

0808.4.9 방화구획에 설치되는 방화문은 항상 닫힌 상태로 유지하거나 자동으로 닫히
는 구조여야 한다.

0808.4.10 급수관, 배수관이나 기타의 관이 방화구획으로 되어 있는 부분을 관통할 때
는 관통부 및 관통부로부터 양측으로 1m 이내의 거리에 있는 배관은 불연 재
료로 하거나 불연 재료 등으로 피복하여야 하고, 그 관과 방화구획의 틈은 시
멘트 모르타르 등 내화충전 재료로 메워야 한다. 다만, 내화구조로 구획된 파
이프 샤프트 내의 배관은 그러하지 아니한다.

0808.4.11 환기, 난방, 또는 냉방시설의 풍도가 방화구획을 관통할 때는 방화 댐퍼를 설
치해야 한다.

〈참고문헌〉

『Encylopedia of Modern Architecture』 - Edited by Wolfgang Pehnt

『Encylopedia Dictionary of Architecture and Building Construction』, 이문보, 김규석, 이민섭 편역

『건축법규해설』, 전경배, 최찬환 공저

『목조건축용어해설』, 김진희 편역

『Introduction to Wood Building Technology』, Canadian Wood Council

『Glossary of Housing Terms』, CMHC

『Graphic Guide to Frame Construction』, Edited by Rob Thallon

『House Framing』, Edited by John D. Wagner

『Carpentry』, Edited by Gaspar Lewis

『건축표준시방서』(2013), 국토해양부

『목조주택시공가이드』, 박문제, 오세창 역, 김진희 감수

『건축구조설계기준』(2005), 대한건축학회

KS F1551:2002 〈목재 표준 용어-목재의 성질 및 결점〉

KS F1552:2002 〈목재 표준 용어-목조건축〉

KS F1554:2002 〈목재 표준 용어-목구조용 철물〉

KS F1611-1:2002 〈건축 구조 부재의 내화 성능 표준-제1부 경골 목구조 벽 및 바닥/천장〉

KS F1611-3:2002 〈건축 구조 부재의 내화 성능 표준-제3부 구조용 집성재 보 및 기둥〉

KS F3020:2002 〈침엽수 구조용재〉

KS F4537:2002 〈목조건축용 철물〉

KS F9002:2001 〈경골목조건축물 구조부의 시공 표준〉

*경골목구조 및 중목구조의 기술적 자료는 국내 및 외국의 참고문헌과 현재의 KS 규정을 병행하였고, 현재 통용되고 있는 외국어 표기와 KS 목재 관련 표준용어가 기준

*KS 표준용어에 표기되지 않은 외래용어는 영문으로 표기하였고 많은 외국의 용어는 이해의 편의를 위하여 영어 알파벳순으로 정리

*인치(Inch), 피트(Feet) 단위와 밀리미터(mm) 단위의 상호 환산은 경골목구조기술 기준의 확정 시까지는 소수점 이상 반올림한 치수로 표시

사단법인 한국목조건축기술협회
Korea Wood Building Association